Adolf-W. Sommer **Passivhäuser**

Passivhäuser

Planung – Konstruktion – Details – Beispiele

3., überarbeitete und erweiterte Auflage

mit 468 Abbildungen und 48 Tabellen

Dipl.-Ing. Adolf-W. Sommer
Inhaber eines Ingenieurbüros

RM Rudolf Müller

Bibliografische Information der Deutschen Nationalbibliothek
Die Deutsche Nationalbibliothek verzeichnet diese Publikation in der Deutschen Nationalbibliografie; detaillierte bibliografische Daten sind im Internet über http://dnb.dnb.de abrufbar.

3., überarbeitete und erweiterte Auflage 2018

Maßgebend für das Anwenden von Normen ist deren Fassung mit dem neuesten Ausgabedatum, die bei der Beuth Verlag GmbH, Burggrafenstraße 6, 10789 Berlin, erhältlich ist. Maßgebend für das Anwenden von Regelwerken, Richtlinien, Merkblättern, Hinweisen, Verordnungen usw. ist deren Fassung mit dem neuesten Ausgabedatum, die bei der jeweiligen herausgebenden Institution erhältlich ist. Zitate aus Normen, Merkblättern usw. wurden, unabhängig von ihrem Ausgabedatum, in neuer deutscher Rechtschreibung abgedruckt.

Wir freuen uns, Ihre Meinung über dieses Fachbuch zu erfahren. Bitte teilen Sie uns Ihre Anregungen, Hinweise oder Fragen per E-Mail: fachmedien.architektur@rudolf-mueller.de oder Telefax: 0221 5497-6141 mit.

Lektorat: Jan Stüwe, Köln
Umschlaggestaltung: Designbüro Lörzer, Köln
Satz: Satz+Layout Werkstatt Kluth GmbH, Erftstadt
Druck und Bindearbeiten: Westermann Druck Zwickau GmbH, Zwickau
Printed in Germany

ISBN 978-3-481-03279-1

FSC www.fsc.org
MIX
Papier aus verantwortungsvollen Quellen
FSC® C110508

Vorwort zur dritten Auflage

Das größer werdende Bewusstsein für den Umgang mit der Umwelt, die Endlichkeit fossiler Energieträger und somit für die Notwendigkeit von Luftreinhaltung, Klimaschutz und Umweltverträglichkeit führt immer mehr zu einem Umdenken. Auch neue Gesetzesvorgaben sorgen für ein ungebrochenes Interesse an Passivhäusern.

Die Energieeinsparverordnung EnEV 2014 ist ein weiterer Schritt zur Umsetzung der europäischen Richtlinie für energieeffiziente Gebäude. Die Bundesregierung beabsichtigt, ab 2021 nur noch Niedrigstenergieneubauten eine Baugenehmigung zu erteilen (bei öffentlichen Gebäuden schon ab 2019). Ein Passivhaus bietet die Umsetzung der Richtlinie schon heute.

Inzwischen sind Fachkenntnis und Praxiserfahrung weiter gewachsen. Die Standards für Passivhäuser sind festgelegt. Über 400 realisierte Projekte und fast 20 Jahre Passivhausbau bieten einen großen Erfahrungsschatz, der an erfahrene Praktiker, zukünftige Bauherren und Interessierte mit diesem Buch weitergegeben werden soll. Dafür ist jetzt die dritte, überarbeitete und erweiterte Auflage entstanden.

Das Internet bietet heute viele Möglichkeiten, um sich eingehend und gut mit dem Thema Passivhaus zu befassen. Bei Gesprächen mit Interessierten fällt das immer bessere und größere Wissen auf, das diese sich auf dem Onlineweg beschafft haben. Und das ist auch gut so, schafft dieses Wissen doch Vertrauen und trägt zu den richtigen Entscheidungen bei. Das Internet ist also ein Medium zur erfolgreichen Vermarktung.

Inzwischen sind 26 Jahre vergangen, seitdem in Darmstadt das erste deutsche Passivhaus gebaut wurde.

Heute hat sich die Industrie mit der Produktion passivhaustauglicher Materialien in Serie auf die Nachfrage eingestellt. Qualität und Preise stimmen. Der Gesetzgeber stellt Fördergelder bereit und Kommunen weisen Klimaschutzgebiete aus, in denen nur Häuser nach dem Passivhausstandard erstellt werden dürfen.

Bei Gesprächen mit Interessenten sind immer noch Bedenken gegenüber Häusern ohne herkömmliche Heizung und dem Umgang mit einem Passivhaus vorhanden. Doch diese Bedenken verlieren sich mehr und mehr. Zufriedene Passivhausbewohner, Standards und ein verbreitetes Wissen tragen maßgeblich dazu bei. Gestiegene Anforderungen der Gebäudenutzer hinsichtlich der Behaglichkeit stellen hohe Anforderungen an die Gebäudetechnik und wirken sich auf die Gestaltung der Klima- und Lüftungstechnik aus.

In dieser Neuauflage finden sich viele Änderungen wieder. So sind Abschnitte zum Energieausweis, zu Förderprogrammen, zum Brandschutz, zu Nichtwohngebäuden sowie neue Beispielprojekte hinzugekommen. Ebenso gibt es für den Leser eine übersichtliche Checkliste zur Planung und Ausführung eines Passivhausbaus.

Das Ziel eines minimalen Energieverbrauchs bedeutet einen hohen Einsatz an Material und Technik. Bauherren, Architekten und Ingenieure sind hier gefordert, den Einsatz und die Verwendung der Bauteile unter den Aspekten Nachhaltigkeit und Entsorgung nach der Nutzungsdauer in Einklang zu bringen.

Spezialisierung im Bereich Passivhausgestaltung und -bau ist ein attraktives, lukratives und anspornendes Arbeitsfeld. Ich wünsche meinen Lesern viel Freude und Erfolg dabei.

Nur mit fachlicher und persönlicher Unterstützung von vielen konnte ich der dritten Auflage weitere Erfahrungen hinzufügen. Allen gilt ein herzlicher Dank.

Danken möchte ich aber besonders meinen Mitarbeitern, die mich tatkräftig unterstützt haben: Richard Salentin, Dimas Petrauskas, Niels Pyka und Wolfgang Lanze.

Dank gilt auch den Mitarbeitern des Rudolf Müller Verlags für die Geduld und die Kompetenz.

Ohne meine Frau Doris und meinen Sohn Gereon aber wäre alles nichts. Danke, dass es Euch gibt.

Erkelenz, im Juni 2018 Adolf-W. Sommer

Online-Checkliste

Hinweise zum Download-Angebot

Die in Kapitel 1 enthaltene Checkliste steht für Buchkäufer zum Download bereit. Öffnen Sie dazu unsere Plattform www.baufachmedien.de/passivhaeuser.html. Dort finden Sie die Checkliste unter „Downloads“.

Inhaltsverzeichnis

Einleitung

Anfang 2018 lebten auf der Erde rund 7,6 Milliarden Menschen. Die UNO rechnet damit, dass die Weltbevölkerung bis 2030 auf 8,6 Milliarden ansteigen wird (vgl. United Nations, 2017). Heute sind ein Siebtel der Menschheit, d. h. etwas über eine Milliarde Menschen, die im sogenannten Wohlstand leben, für einen großen Teil des gesamten weltweiten Energie- und Rohstoffverbrauchs verantwortlich und damit Hauptverursacher des Treibhauseffekts. Der Klimawandel und sein Einfluss auf das bestehende Ökosystem zeigen durch jährlich wiederkehrende Naturkatastrophen, dass ein steigender Verbrauch weitreichende Folgen hat. Rasante Entwicklungen im Wirtschaftswachstum sind besonders in Asien und Südamerika zu verzeichnen. Die steigende Energienachfrage führte bereits zu neuen Rohstoffförderungen in Tiefseegebieten oder der Arktis und zu neuen Fördertechniken wie dem Fracking, bei denen die Risiken nicht absehbar sind.

Neue innovative Wege – und nicht die Einschränkung des Wohlstands – sollen das Ökosystem und den Klimawandel positiv beeinflussen. Etliche Industriezweige handeln bereits verantwortungsbewusst und setzen wissenschaftliche Erkenntnisse sowie modernste Technologien zur effektiveren Nutzung von regenerativen Energien und zur Umweltentlastung ein. Innovationen im Baugewerbe und festgelegte Standards lassen heute Häuser entstehen, die am Beispiel Passivhaus mit umgerechnet 1,5 l Heizöl (< 15 kWh) pro Quadratmeter Wohnfläche ein ganzes Jahr beheizt werden können. Inzwischen sind Häuser Realität, die als autark gelten. Es handelt sich um Nullenergiehäuser bzw. Plusenergiehäuser, die ggf. vom Bund gefördert werden.

Die Zukunft der Menschheit war Hauptbestandteil der Diskussionen, als sich der Club of Rome 1968 als weltweite Organisation mit über 100 Mitgliedern, bestehend aus Wissenschaftlern, Managern und Politikern, gründete. Im Laufe der Jahre beschäftigte sich der Club of Rome aufgrund des zunehmenden Verbrauchs der natürlichen Ressourcen und dessen ökologi-

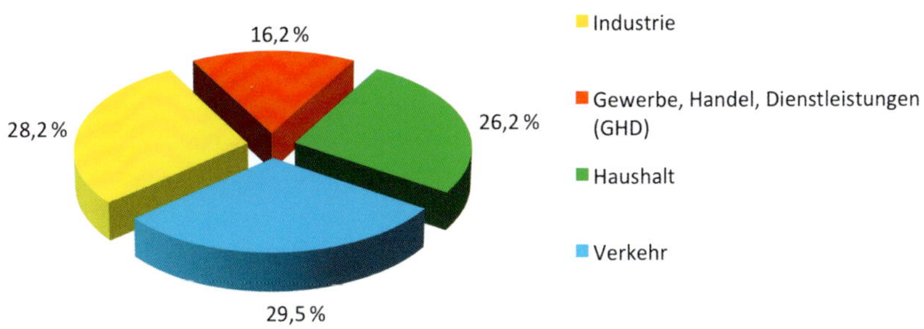

Abb. 0.1: Anteil der Verbrauchsenergie am Endenergieverbrauch im Jahr 2016 in % nach Umweltbundesamt (www.umweltbundesamt.de; Stand: September 2017)

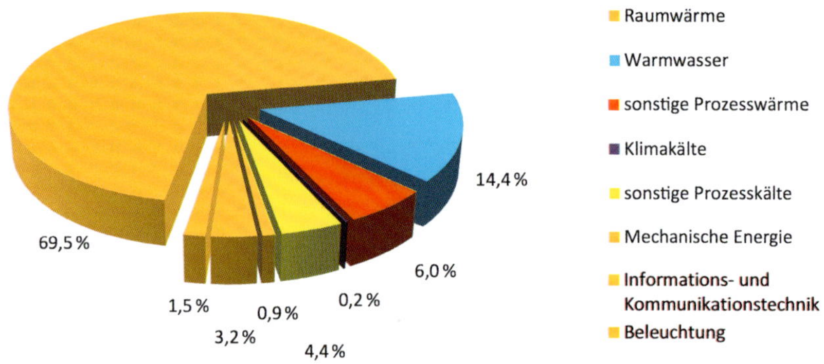

Abb. 0.2: Endenergieverbrauch der Haushalte im Jahr 2016 in % nach Umweltbundesamt (www.umweltbundesamt.de; Stand: Januar 2018)

schen Folgen mit der Minderung der CO_2-Emission. In dem Buch „Faktor Vier" von Dr. Ernst Ulrich von Weizsäcker, Amors B. Lovins und L. Hunter Lovins (Weizsäcker/Lovins/Lovins, 2004) werden Möglichkeiten aufgezeigt, den Wohlstand zu verdoppeln und trotzdem zeitgleich den Verbrauch natürlicher Ressourcen zu halbieren.

Energiesparendes Bauen ist – im Sinne von „Faktor Vier" – unabdingbar und wird immer bedeutender, da es die Schonung der Energieressourcen, die Minderung der Emissionen und die Verringerung der Klimaveränderungen zum Ziel hat. Die Notwendigkeit dafür wird deutlich, wenn die Aufteilung des gesamten Energieverbrauchs in Deutschland als westlichem Industrieland betrachtet wird (siehe Abb. 0.1).

Die für die privaten Haushalte benötigte Energie – hauptsächlich für Raumwärme und Warmwasser – liegt mit 26,2 % auf vergleichbarer Höhe wie die des gesamten Verkehrs und hat somit einen enormen Anteil am Endenergieverbrauch in Deutschland.

Etwa 70 % des gesamten Energieverbrauchs in Wohngebäuden entfallen auf den Wärmeenergiebedarf, ca. 14 % auf die Warmwasserbereitung (siehe Abb. 0.2).

Die Anteile für Prozesswärme, Haushaltsgeräte und Licht haben sich in den letzten 10 Jahren nur unwesentlich erhöht. Lediglich der prozentuale Anteil der Raumwärme am Endenergieverbrauch der privaten Haushalte ist um 8 Prozentpunkte gesunken. Dies ist mit den Auswirkungen der Wärmeschutzverordnung (WärmeschutzV) und den gestiegenen Anforderungen durch die Energieeinsparverordnungen (EnEV) bei Neubauten zu begründen. Das große Einsparpotenzial bei der Wärmeversorgung von Gebäuden, das im Gegensatz zum Energiebedarf für die Industrie relativ leicht zu erschließen ist, sollte zwingend ausgenutzt werden. Um dies zu erreichen, wurden mit den Wärmeschutzverordnungen zunehmende Anforderungen an den Heizwärmebedarf von Neubauten und die Begrenzung des Wärmedurchgangskoeffizienten von Bauteilen durch den Gesetzgeber gestellt. Abb. 0.3 verdeutlicht die Einsparungen des Jahresheizwärmeverbrauchs infolge der jeweils gestiegenen gesetzlichen Anforderungen.

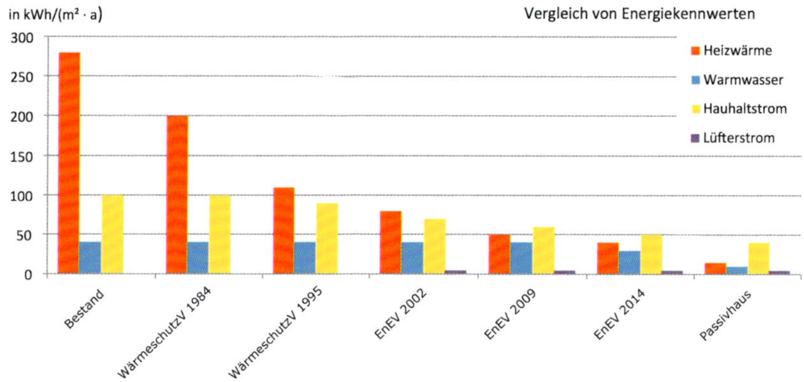

Abb. 0.3: Energiekennwerte nach den verschiedenen gesetzlichen Verordnungen

Zur Verdeutlichung der Situation wird im Folgenden der Jahresheizwärmebedarf (ohne Warmwasser) in benötigtem Heizölvolumen bei einem Wohnraum mit beispielhaft 150 m² Wohnfläche aufgezeigt:

• Bestand:	150 m² · 280 kWh (28 l)	→	4.200 l/a
• WärmeschutzV 1977:	150 m² · 220 kWh (22 l)	→	3.300 l/a
• WärmeschutzV 1984:	150 m² · 190 kWh (19 l)	→	2.850 l/a
• WärmeschutzV 1995:	150 m² · 140 kWh (14 l)	→	2.100 l/a
• EnEV 2002:	150 m² · 70 kWh (7 l)	→	1.050 l/a
• EnEV 2009:	150 m² · 50 kWh (5 l)	→	750 l/a
• EnEV 2014:	150 m² · 40 kWh (4 l)	→	600 l/a
• Passivhaus:	150 m² · 15 kWh (1,5 l)	→	225 l/a

Hinweis: Bei den aufgeführten Werten handelt es sich um ungefähre Angaben; lediglich für das Passivhaus sind diese festgelegt.

Die Bauweise nach heutigem Standard der EnEV 2014 weist mit weniger als ein Siebtel des Heizenergieverbrauchs eine deutliche Verringerung gegenüber dem älteren Wohnhausbestand auf.

Im Vergleich des Heizenergieverbrauchs eines Passivhauses von maximal 15 kWh/(m² · a) mit dem herkömmlicher Einfamilienhäuser zeigt sich, dass mit dem Verbrauch eines herkömmlichen Altbaus mehr als 18 Passivhäuser beheizt werden könnten oder 3 Häuser nach EnEV 2014. Der hohe Heizenergieverbrauch kann in bestehenden Gebäuden bei wirtschaftlich vertretbaren Kosten durch eine Verbesserung des Wärmeschutzes und den Einsatz hocheffizienter Wärmebereitstellungstechniken reduziert werden.

Wie zuvor schon dargestellt, entfallen etwa 70 % des gesamten Wärmebedarfs auf die Gewährleistung der Raumwärme. Zur Beheizung eines herkömmlichen Einfamilienhauses werden im Schnitt jährlich etwa 2.000 bis 2.500 l Heizöl verbraucht. Zur Lagerung des Tanks wird dabei oft ein ganzer Kellerraum benötigt. Der Verbrauch eines größenmäßig vergleichbaren Passivhauses liegt bei 150 bis 225 l und entspricht dem Fassungsvermögen eines durchschnittlichen Aquariums.

Dieser ungewöhnliche Vergleich zeigt, dass das Passivhaus nicht nur den geforderten „Faktor Vier" gewährleistet mit dem Ziel, aus 1 l Öl den vierfachen Nutzen zu erzielen, sondern weit mehr: Das Passivhaus erreicht eine Energieeffizienz von „Faktor Zehn", denn es hat nur 5 bis 10 % des Heizwärmebedarfs herkömmlicher Häuser. Im Gegensatz zum Standardhaus nach EnEV 2014 benötigt ein Passivhaus keine konventionelle öl-, gas- oder (über eine Wärmepumpe) strombetriebene Heizanlage und reduziert auf diese Weise die Umweltbelastung enorm.

Der niedrige Energieverbrauch eines Passivhauses basiert auf einzelnen bautechnischen Komponenten, die so aufeinander abgestimmt sind, dass entweichende und damit verloren gehende Wärme auf ein Minimum reduziert wird. Zeitgleich werden die im Haus ohnehin anfallende Wärme und das einfallende Sonnenlicht maximal genutzt.

1 Grundlagen Passivhaus

1.1 Einführung

Das Passivhaus ist die Weiterentwicklung des Niedrigenergiehauses. Seit 1991 steht in Deutschland – in Darmstadt-Kranichstein – das erste Passivhaus; es wurde vom Land Hessen gefördert. Realisiert wurde es von dem Architektenteam Prof. Bott/Ridder und Westermeyer, wobei die gesamte Entwicklung und Auswertung von Dr. Wolfgang Feist betreut wurde. Seit 1991 bewohnen 4 Familien dieses erste Passivhaus. Aufbauend auf den Erfahrungen dieses Pilotprojektes entwickelte das Passivhaus Institut das Konzept eines neuen ökologischen und ökonomischen Standards systematisch weiter.

Inzwischen sind allein in Deutschland etwa 30.000 Passivhäuser und weltweit über 65.000 Einheiten unterschiedlichster Nutzung errichtet worden (vgl. www.ig-passivhaus.de).

Mittlerweile wurde ein neuer, höchst ökologischer und technologischer Baustandard etabliert, der unter Erfüllung bestimmter Kriterien zum Optimum der Energieeinsparung führt. Demnach wird ein solches Gebäude nicht durch eine bestimmte Bauweise, sondern durch einen Baustandard bestimmt, den sog. Passivhausstandard. Dieser zielt durch Reduzierung der Wärmeverluste auf eine Senkung des Energiebedarfs auf nahezu 0 ab und bietet dennoch eine hohe Behaglichkeit in den Innenräumen.

Ein Passivhaus kommt ohne ein aktives herkömmliches Heizsystem aus. Dafür werden besondere Anforderungen an die Gebäudehülle gestellt. Dabei darf der erforderliche Dämmwert der Außenwandflächen einen bestimmten Wärmedurchgangswert nicht überschreiten, damit die innere Wandoberflächentemperatur nahe der Innenlufttemperatur liegt. Durch effiziente Maßnahmen, wie z. B. ein mechanisches Lüftungssystem mit Wärmerückgewinnung (WRG), wird der Heizwärmebedarf stark reduziert.

Abb. 1.1: Thermoskanne und Kaffeemaschine (Quelle: Passivhaus Institut Darmstadt)

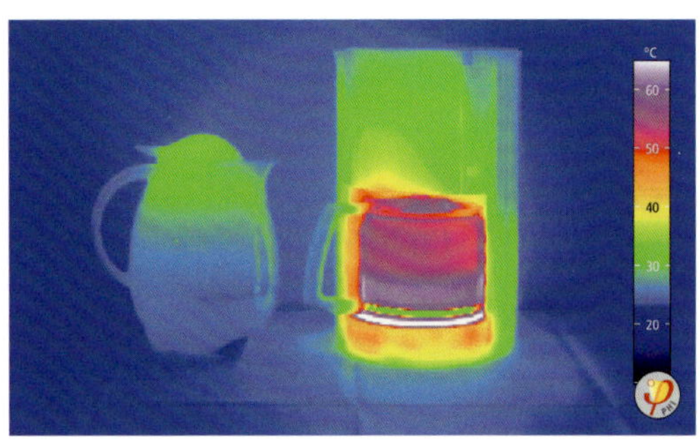

Abb. 1.2: Isothermografie der Kannen (Quelle: Passivhaus Institut Darmstadt)

Abb. 1.3: Oben: Altbauten, unsaniert (links) und saniert (rechts); rechts: Thermografieaufnahme der Altbauten (Quelle: Passivhaus Institut Darmstadt)

Die geringe Restnachheizung kann über eine WRG-Anlage mit einem Erdreichwärmetauscher (EWT) erfolgen.

Abb. 1.1 und 1.2 zeigen das Grundprinzip der optimierten Energieeffizienz anhand einer Thermoskanne und einer Kaffeemaschine. Beide dienen dem Warmhalten von Kaffee. Die Kaffeemaschine tut dies über eine Heizplatte mit Energieeinsatz, die Thermoskanne durch Vermeidung von Wärmeverlusten, was eine Heizplatte unnötig macht.

Heute stehen viele Alternativen zur Verfügung, ein Gebäude energieeffizient zu verbessern. Passivhausfenster, sog. Warmfenster, können im Gegensatz zu herkömmlicher Isolierverglasung 70 % der Wärmeverluste vermeiden und tragen so erheblich zur Energieeinsparung bei. Die nachträgliche Wärmedämmung einer Außenwand kann die Wärmeverluste um bis zu 90 % reduzieren. Wird zusätzlich eine Lüftungsanlage mit WRG integriert, kann der Energieverbrauch durch Reduzierung der Lüftungswärmeverluste im Gegensatz zu herkömmlichen Lüftungsanlagen um 75 bis 90 % gesenkt werden. Diese Maßnahmen schonen die Umwelt und Energieressourcen in hohem Maß, selbst wenn die Restenergie nicht von erneuerbaren Energieträgern übernommen wird.

Abb. 1.3 zeigt 2 Altbauten, von denen das linke Gebäude unsaniert ist, während beim rechten eine Wärmedämmung von 20 cm an der Außenwand angebracht wurde. Die thermografische Aufnahme zeigt die Abgabe der Wärme bis zur Außenwandoberfläche auf der ungedämmten Wand des linken Gebäudes und die hohe Oberflächentemperatur von 6 bis 7 °C. Das sanierte Gebäude weist an der Außenwandoberfläche lediglich eine Temperatur von unter 4 °C auf, welche auf den verringerten Wärmefluss von innen nach außen zurückzuführen ist. Ein geöffnetes Fenster an der linken Hausseite dieses Gebäudes verdeutlicht die hohe Innenraumtemperatur.

Neben der optimalen Energieeffizienz bietet das Passivhaus einen hohen Wohnkomfort. Die geringen Mehrkosten im Vergleich zu konventionellen Gebäuden führen im Lauf der Jahre aufgrund der guten Bauqualität zu einer Wertsteigerung und amortisieren sich rasch. Zudem kann ein Passivhaus in jedem Architektur- und Wohnstil erstellt werden, da der Passivhausstandard nicht an Materialien oder Formen gebunden ist. In Kapitel 6 werden anhand von Referenzobjekten die vielfältigen Anwendungsmöglichkeiten von Materialien und Formen mit unterschiedlichen technischen Lösungen aufgezeigt.

1.1.1 Begriffsdefinitionen Energiesparhäuser

Solarhaus, Autarkhaus, Energetikhaus, Energiesparhaus, Ultra-Niedrigenergiehaus, EnergieGewinnHaus, Passivhaus light, Bio-Sonnenhaus usw. – viele Gebäudekonzepte und (angebliche) Effizienzstandards kämpfen am Markt um Aufmerksamkeit. Nur wenige davon sind ernst zu nehmende und interessante Ansätze. Manchmal wird ein bestehendes Konzept um einen weiteren Aspekt bereichert, etwa indem besonders umweltfreundliche oder baubiologisch einwandfreie Materialien verwendet werden. Die meisten der Begriffe sind jedoch schlicht Marketingbegriffe, die in der Vermarktung der Gebäude eines Hausherstellers eine Alleinstellung suggerieren sollen. Für Bauherren ist es nahezu unmöglich, sich im Dschungel der Begrifflichkeiten zurechtzufinden.

Echte Baustandards sind daran zu erkennen, dass sie nicht von einem Unternehmen allein getragen werden, sondern dass viele Architekten, Hersteller, Hausanbieter und Dienstleister sich daran orientieren. Solche Konzepte sind verlässlich und erprobt. Das Passivhaus ist ein solcher Standard, der seit über 25 Jahren weltweit umgesetzt wird. Daneben gibt es nur einige wenige Begriffe, die es hier im Folgenden näher zu erläutern lohnt.

Niedrigenergiehaus/EnEV-Haus

Der Ausdruck Niedrigenergiehaus suggeriert ein energiesparendes Gebäude, das unter energetischen Aspekten zumindest besser als der Durchschnitt zu bewerten ist. Tatsächlich handelt es sich um eine umgangssprachliche Bezeichnung dessen, was der Gesetzgeber als absoluten Mindeststandard in der jeweils aktuellen Energieeinsparverordnung (EnEV) fordert. Der Begriff stammt aus den Anfangszeiten der EnEV, als es noch ambitioniert erschien, besser als in den 1990er-Jahren oder davor zu bauen. Weil sich das Niedrigenergiehaus auf die EnEV bezieht, wird synonym auch der Begriff EnEV-Haus benutzt. Und auch der wohlklingende Name Effizienzhaus 100 besagt lediglich, dass die gesetzlichen Vorgaben zu 100 % erfüllt werden. Während also Bauherren glauben sollen, ein innovatives Gebäude zu bekommen, wird ihnen mit dem Niedrigenergiehaus, dem EnEV-Haus oder dem Effizienzhaus 100 in Wirklichkeit ein Haus geliefert, das gerade noch gesetzeskonform ist und mit der nächsten Novelle der EnEV schon nicht mehr genehmigungsfähig wäre.

KfW-Effizienzhaus

Der Begriff Effizienzhaus allein sagt nichts über die energetischen Ansprüche an ein Gebäude aus, sondern gibt lediglich dem Bemühen Ausdruck, ein Haus mit überdurchschnittlicher Energieeffizienz zu beschreiben. Der Begriff ist nicht geschützt und kann somit ungestraft auf jedes Gebäude angewandt werden. Konkreter wird es, wenn vom KfW-Effizienzhaus die Rede ist.

Die Förderbank KfW nutzt das Effizienzhaus im Rahmen ihrer Förderprogramme, indem sie Gebäude je nach energetischer Qualität in Klassen einteilt, auf die dann bestimmte Förderstufen zutreffen. Die KfW bezieht sich dabei immer auf das EnEV-Haus als gesetzlichen Mindeststandard. Geförderte Kredite von der Bank gibt es dann, wenn das geplante Haus (Neubau oder Sanierung) in der energetischen Betrachtung um einen bestimmten Prozentsatz besser ist als das EnEV-Haus. Von zentraler Bedeutung ist deshalb die Zahl, die das KfW-Effizienzhaus näher bezeichnet.

Beim KfW-Effizienzhaus 55 gibt die Zahl 55 an, dass ein Gebäude dieser Effizienzklasse den Jahresenergiebedarf des vergleichbaren EnEV-Hauses um 45 % unterschreitet bzw. mit errechneten 55 % des Jahresprimärenergiebedarfs eines EnEV-Hauses auskommt. Analoges gilt für das KfW-Effizienzhaus 40. Bei der Variante 40 Plus gibt es keine weiteren Verschärfungen der Anforderungen an die Energieeffizienz, sondern es wird zusätzlich verlangt, dass am Gebäude Strom gewonnen und gespeichert wird und der Status von Energiegewinnung und -speicherung jederzeit ablesbar ist (vgl. Tabelle 1.1).

Der KfW muss für die gewünschte Förderung rechnerisch nachgewiesen werden, dass die Effizienzsteigerung gegenüber dem EnEV-Standard erreicht wird. Konkrete Anforderungen, wie dies erreicht wird, stellt die KfW nicht.

Tabelle 1.1: Anforderungen an Primärenergiebedarf und Transmissionswärmeverlust gegenüber EnEV nach KfW

	KfW-Effizienzhaus		
	40 Plus	**40**	**55**
Q_P in % $Q_{P\,REF}$	40	40	55
H'_T in % $H'_{T\,REF}$	55	55	70
zusätzliche Anforderungen	Plus Paket		

Q_P Jahresprimärenergiebedarf
$Q_{P\,REF}$ Jahresprimärenergiebedarf, Referenzgebäude nach EnEV
H'_T Transmissionswärmeverlust der Gebäudehülle
$H'_{T\,REF}$ Transmissionswärmeverlust der Gebäudehülle, Referenzgebäude nach EnEV

Plusenergiegebäude

Ein Plusenergiegebäude erhebt den Anspruch, mehr Energie auf dem Grundstück zu erzeugen, als das Haus in der Jahresbilanz verbraucht. Zur Erreichung des Ziels wird auf großzügige Fotovoltaikflächen gesetzt.

Die Kritik am Plusenergiegebäude betrifft vor allem die einseitige Betrachtung des Energiegewinns. Über die Qualität der Gebäudehülle oder den Komfort der Bewohner sagt der Plusenergiestandard zunächst nichts aus – allerdings müssen Neubauten im Plusenergiestandard zumindest die EnEV einhalten.

Problematisch ist die Plusenergie-Idee für die Netzstabilität, wenn der überschüssige Strom in das öffentliche Netz eingespeist wird. Die Umsetzung dieses Konzepts erscheint deshalb nur in Verbindung mit Batteriespeichern als ökologisch sinnvoll.

Der konkrete Begriff „Plusenergiehaus" ist übrigens durch den Freiburger Solararchitekt Rolf Disch markenrechtlich geschützt.

Sonnenhaus

Der Ansatz des Sonnenhauskonzepts ist es, den Primärenergiedarf eines Gebäudes zu minimieren, indem vor allem auf solar gewonnene Wärme gesetzt wird. Prägend für das Sonnenhaus sind 2 Kriterien (siehe auch Abb. 1.4):

- Das Gebäude ist konsequent nach Süden ausgerichtet, um über große Solarflächen viel Wärme einfangen zu können.
- Außerdem verfügt es im Inneren (also innerhalb der [gedämmten] Gebäudehülle) über einen sehr großen Wassertank, der die gewonnene Sonnenenergie in Form von warmem Wasser für die kalte Jahreszeit nutzbar hält.

Mehr als 50 % des Warmwasser- und Heizwärmebedarfs soll das Sonnenhaus solar abdecken. Dafür muss bei einem Einfamilienhaus die Solarkollektorfläche 30 bis 50 m^2 betragen, der Pufferspeicher benötigt ein Volumen zwischen 5.000 und 10.000 l. Die Restwärme wird im Sonnenhaus üblicherweise mit einem Holz- oder Pelletofen erzeugt. Was den Dämmstandard betrifft, verlangt das Sonnenhaus in seiner Definition den EnEV-Standard minus 15 % (vgl. www.sonnenhaus-institut.de/das-sonnenhaus/solarmodul-komponenten.html).

Problematisch am Sonnenhaus ist, dass die Kosten für Solarkollektor und Pufferspeicher zwar überschaubar sind, der Wassertank aber viel Wohnfläche benötigt bzw. zusätzlichen Flächenbedarf mit sich bringt. Unter anderem deshalb ist das Sonnenhaus vor allem für Neubau-Einfamilienhäuser außerhalb der städtischen Verdichtungsräume interessant; für Mehrfamilienhäuser oder Nichtwohngebäude stellt das Sonnenhaus meist keine Option dar.

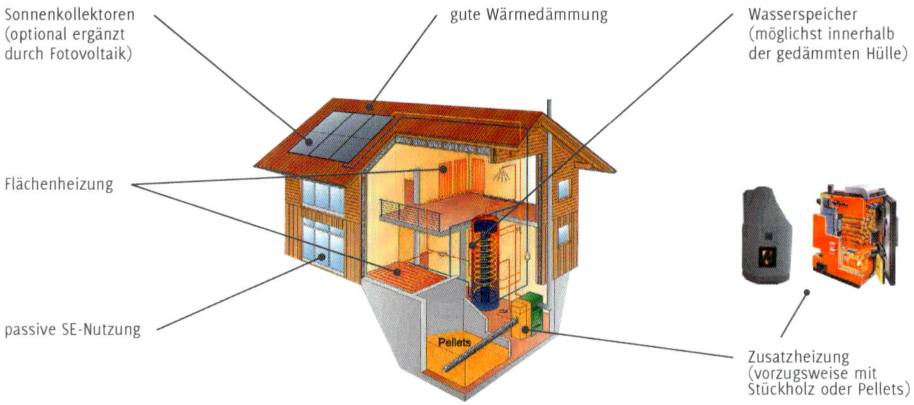

Abb. 1.4: Sonnenhaus mit Komponenten der klassischen Sonnenhaustechnik (Quelle: Sonnenhaus-Institut e. V., Deggendorf)

Aktivgebäude

Die Entwickler sog. Aktivgebäude wurden angetrieben von der Idee, die strengen Vorgaben an die Gebäudehülle eines Passivhauses zu lockern und das Augenmerk stärker auf die Energiegewinnung auf dem Grundstück zu legen – also stärker auf den Einsatz aktiver Komponenten als auf die größtmögliche Energieeffizienz.

In der Konzeptionsphase trennten sich die Initiatoren. Der Begriff „Aktivhaus" ist seither durch das Architekturunternehmen Werner Sobek markenrechtlich geschützt. Die anderen Vertreter der Idee sprechen deshalb von AktivPlus-Häusern. Inzwischen hat der Verein AktivPlus e. V. in einem Handbuch seine Vorstellungen eines Gebäudekonzepts vorgestellt (vgl. AktivPlus e. V., 2016). Neben Energiebedarf und -versorgung wurde eine Reihe weiterer Merkmale definiert, die ein AktivPlus-Gebäude nach Möglichkeit erfüllen soll. Die meisten der insgesamt 14 Merkmale fordern keine konkret zu erreichenden Grenzwerte. Der Grad ihrer Ausprägung soll jedoch in einem an den Energieausweis angelehnten sog. AktivPlus-Ausweis dargestellt werden.

Zur Erreichung einer AktivPlus-Qualität sind die Merkmale wie folgt zu erfüllen (vgl. AktivPlus e. V., 2016):

- Energie:
  - Netto-Endenergiebedarf: < 30 kWh/(m$^2 \cdot$ a)
  - Eigenversorgung: > 25 %
  - Gebäudeperformance: Transparenz durch Monitoring
- Nutzer:
  - Tageslichtqualität: Tageslichtfaktor > 2 %
  - Raumluftqualität: Lüftungskonzept nach DIN 1946 (Normangabe ohne Teil nach AktivPlus e. V., 2016)
  - thermische Qualität: Nachweis thermischer Komfort
  - Architekturqualität: Gestaltung, Gebrauchsqualität und langfristige Nutzbarkeit
  - Komfortfeedback: Befragung und Messungen über 2 Jahre

- Vernetzung:
  - E-Mobilität: Information
  - Smart Grid: Konzept/Schnittstellen
  - Smart Home: Konzept/Schnittstellen
- Lebenszyklus:
  - CO_2-Bilanz (Ökobilanz): 660 kg CO_2 pro Nutzer und Jahr
  - Lebenszykluskosten: Berechnung und Ausweis
  - CO_2-/Kosten-Entwicklung: Transparenz im Gebäudebetrieb

Erkennbar fordern nur wenige Merkmale des AktivPlus-Prinzips die Erfüllung bestimmter Kennzahlen. Jedoch wird von Planern erwartet, sich mit neuen Aspekten wie der Einbindung von Elektrofahrzeugen in das Gebäudekonzept oder der mehrjährigen Befragung von Nutzern zu beschäftigen. Dass das AktivPlus-Konzept versucht, viele Merkmale zu vereinen, ist auch der Mitgliederstruktur des Vereins geschuldet.

Niedrigstenergiehaus

Das Niedrigstenergiehaus (nicht zu verwechseln mit dem Niedrigenergiehaus) ist die europäische Perspektive des Bauens der Zukunft. Seine EU-weite verbindliche Einführung ist längst beschlossene Sache, und zwar in Form der europäischen Gebäuderichtlinie „Richtlinie 2010/31/EU des Europäischen Parlaments und des Rates vom 19. Mai 2010 über die Gesamtenergieeffizienz von Gebäuden“. Im englischen Text ist die Rede vom „*nearly zero-energy building*“, weshalb hierzulande das Niedrigstenergiehaus auch als Nahenullenergiehaus bezeichnet wird. Definiert ist das Niedrigstenergiehaus von der EU nur grob als ein Gebäude, dessen Energiebedarf fast bei 0 liegt oder sehr gering ist. Außerdem soll die Energie zu einem ganz wesentlichen Teil auf dem Grundstück selbst erzeugt und durch erneuerbare Energien gedeckt werden. Die konkrete Ausgestaltung der Definition wird den EU-Mitgliedstaaten überlassen.

Das Niedrigstenergiegebäude ist keine Zukunftsvision, sondern schon bald Realität: Die Richtlinie fordert von den Mitgliedstaaten, dass neue Behördengebäude ab dem 31. Dezember 2018 als Niedrigstenergiegebäude ausgeführt werden. Private (Wohn-)Neubauten müssen ab dem 31. Dezember 2020 den Niedrigstenergiestandard erfüllen. Wie Deutschland das Niedrigstenergiehaus definiert, ist noch nicht gesichert. Zum Redaktionsschluss dieses Buches gingen Verbände und Experten davon aus, dass das deutsche Niedrigstenergiehaus dem heutigen KfW-Effizienzhaus 55 entsprechen und damit keine Verschärfung gegenüber der bereits gängigen Baupraxis darstellen wird. Andere Länder sind ambitionierter, in Luxemburg etwa wurde bereits das Passivhaus als verpflichtender Baustandard der Zukunft festgelegt.

1.1.2 Konstruktionsmerkmale eines Passivhauses

Um die Prinzipien eines Passivhauses optimal einzuhalten, müssen einige konstruktive Kriterien erfüllt werden. Zunächst werden die planerischen Überlegungen bezüglich des Bautyps und des Baufelds betrachtet.

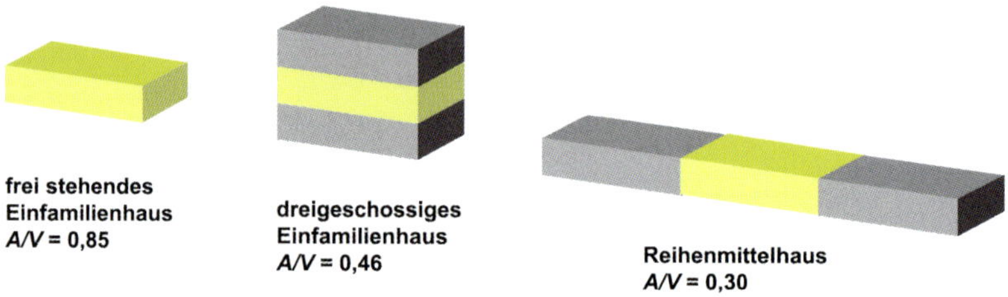

Abb. 1.5: Vergleich unterschiedlicher Bautypologien bezüglich ihrer A/V-Verhältnisse (Grundlage Wohnfläche 100 m² mit einer Raumhöhe von 3 m; nach Grobe, 2002)

Die **kompakte Bauweise** eines Gebäudes hilft, ein günstiges Verhältnis von Gebäudevolumen V, d. h. Bruttorauminhalt, zur Gebäudeoberfläche A zu erreichen. Das sog. A/V-Verhältnis bestimmt vorrangig den erforderlichen Heizwärmebedarf des Bauobjekts. Je niedriger der Wert ausfällt, desto geringer wird der Heizwärmebedarf, denn durch eine kleinere Außenwandfläche entstehen weniger Transmissionswärmeverluste, die durch Energie ausgeglichen werden müssen.

Im Bereich der Gebäudetypologie zeichnet sich ein Reihenmittelhaus (möglichst mehrgeschossig) durch ein wesentlich günstigeres A/V-Verhältnis als ein frei stehendes, eingeschossiges Einfamilienhaus aus, da sich die zu beheizenden Außenwandflächen und somit der Heizwärmebedarf reduzieren (siehe Abb. 1.5). In Kapitel 7 werden die unterschiedlichen Bautypologien differenziert betrachtet.

Die **Südorientierung** des Gebäudes innerhalb des Baugrundstücks ist ein wichtiges Kriterium zur Gewinnung passiv-solarer Energie. Im Sommer sollte die Einstrahlung durch Verschattungseinrichtungen zu regulieren sein, um einer Überhitzung des Gebäudes entgegenzuwirken. Kapitel 1.5 vertieft die planerischen Anforderungen.

Das in Abb. 1.1 und 1.2 demonstrierte Beispiel verdeutlicht die Effizienz von Thermoskannen. Allerdings gibt es qualitative Unterschiede: So bleibt der Kaffee in Kannen mit sehr guter Qualität über mehrere Stunden heiß, wogegen er bei qualitativ schlechten Kannen durch Transmissionswärmeverluste bereits nach ein bis 2 Stunden abkühlt. Dieses Prinzip findet sich auch bei einer schlecht bzw. gut gedämmten Gebäudehülle verwirklicht.

Die Gebäudehülle ist die Gesamtheit der Flächen aller Bauteile, die den beheizten Innenraum vom kalten Außenraum trennen – also Außenwände, Dach, Außentüren, Fenster und Boden. Für die Minimierung der Transmissionswärmeverluste ist eine **stark gedämmte Gebäudehülle** zwingend erforderlich, denn sie ermöglicht die Speicherung von Energie. Die Dämmung verhindert vor allem im Winter das Entweichen der Energie aus dem Gebäude und im Sommer das Eindringen der Hitze in das Gebäude.

Dabei sollte für den Wärmedurchgangskoeffizienten (*U*-Wert) bei lichtundurchlässigen Bauteilen, wie Wand-, Dach- und Fußbodenkonstruktionen, ein Wert von $U \leq 0{,}15\ \mathrm{W/(m^2 \cdot K)}$ angestrebt werden, um den Wärmeverlust im Winter möglichst gering zu halten. Die Innenoberflächentemperatur liegt dann ungefähr im Bereich der Lufttemperatur, sorgt so für hohe Be-

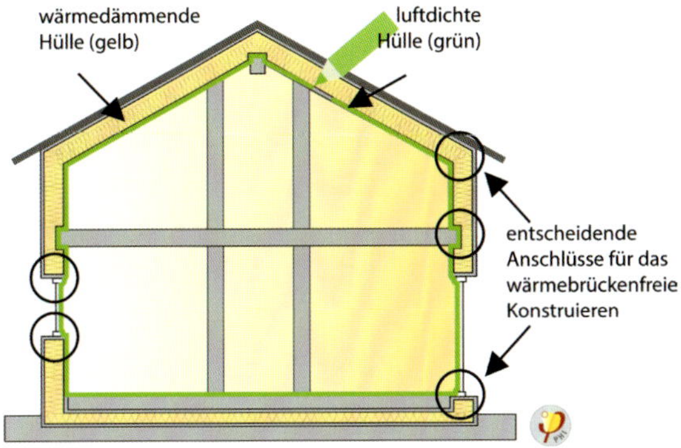

Abb. 1.6: Mögliche Wärmebrücken (eingekreist) und diese verhindernde Bauteilaufbauten; Gebäudehülle luftdicht (Quelle: Passivhaus Institut Darmstadt)

haglichkeit innerhalb des Wohnbereichs und vermeidet luftfeuchtebedingte Bauschäden. Der Wärmedurchgangskoeffizient der Fenster sollte bei $U_w \leq 0{,}8\ W/(m^2 \cdot K)$ liegen, der Gesamtenergiedurchlassgrad der Fenster (g-Wert) 50 bis 60 % betragen. Diese Anforderungen erfüllen sog. Warmfenster mit einem $U_w \leq 0{,}8\ W/(m^2 \cdot K)$ bei gleichzeitig hohem Energiedurchlassgrad $g \geq 50\,\%$.

Obwohl im Gebäudebestand nachträglich eine gute Wärmedämmung angebracht werden kann, sollte von Anfang an bei energiesparenden Neubauten – vor allem beim Passivhaus – nicht an Dämmstoffdicke gespart werden.

Eine **Wärmebrücke** ist ein Bereich in Bauteilen eines Gebäudes, über den die Wärme schneller nach außen transportiert wird als durch die anderen Bauteile. Dieser Bereich ist die Schwachstelle der Konstruktion, da in Wärmebrücken höhere Wärmeverluste entstehen und sich Feuchtigkeit niederschlagen kann. Da solche Konstruktionsfehler beim Passivhaus schon zur Überschreitung des Restheizwärmebedarfs führen würden, ist ein weiteres wichtiges Merkmal des Passivhauses die wärmebrückenfreie Konstruktion. Dabei sollte die Dämmung ohne Schwachstellen um das gesamte Gebäude eingebracht werden. So können weder kalte Ecken noch überhöhte Wärmeverluste entstehen. In Kapitel 2.6 wird detailliert auf Wärmebrücken und deren Vermeidung eingegangen.

Abb. 1.6 zeigt einige Möglichkeiten für die Entstehung von Wärmebrücken. Häufig sind diese z. B. beim Übergang vom Dach zum Mauerwerk oder von der Bodenplatte bzw. Geschossdecke zum aufgehenden Mauerwerk zu finden. Auch Vor- oder Rücksprünge führen oft zu fehlerhaften Konstruktionen.

Das Passivhaus zeichnet sich durch eine angenehme Behaglichkeit im Rauminneren aus, die jedoch nur durch eine konsequent luftdichte Bauweise erreicht werden kann. Heute wird von der EnEV nach den allgemein anerkannten Regeln der Technik eine gesicherte **Luftdichtheit** gefordert. Doch beim Passivhaus erlangt diese Ausführung besondere Bedeutung, da nur durch eine das gesamte beheizte Volumen umfassende, ununterbrochene luftdichte Hülle enorme Lüftungswärmeverluste vermieden werden können. Die Leckage durch unkontrollierte Fugen muss beim Test mit Unter- bzw. Überdruck von 50 Pa kleiner als 0,6 Hausvolumen pro Stunde sein.

Luftdichtheit vermeidet zudem Bauschäden, die durch im Luftzug mitgeführten Wasserdampf möglicherweise entstehen können.

Die Luftdichtheit muss unabhängig von der Ausführung der Wärmedämmung gewährleistet werden. So ist ein gut dämmendes Bauteil, wie z. B. eine Kokosfasermatte, eine Celluloseschüttung oder eine Mineralwolledämmung nicht luftdicht, da durch sie ohne Weiteres Luft hindurchgeblasen werden kann. Dagegen hat ein absolut luftdichtes Bauteil wie ein Aluminiumblech keine Wärmedämmeigenschaft.

Luftdichtheit sollte nicht mit Diffusionsdichtheit verwechselt werden, da ein ausreichend luftdichter Baustoff, wie z. B. ein normaler Innenputz aus Gips oder Zement, durchaus diffusionsoffen ist. Ebenso kann ein dauerhaft ausreichender Luftwechsel nicht durch Fugenlüftung sichergestellt werden. So stellte sich heraus, dass Häuser, die nach 1984 gebaut wurden, so dicht waren, dass die Fugenlüftung zur Lufterneuerung nicht mehr ausreichte. Trotzdem waren sie aus Sicht des Bautenschutzes zu undicht für schadensfreie Bauteile. Aus diesem Grund wurde mit der EnEV 2002 erstmals in Deutschland ein Zielwert für künftige Gebäude vorgegeben: Ohne Lüftungsanlagen sollen Drucktestkennwerte (n_{50}-Wert) von 3 h^{-1}, mit Wohnungslüftung 1,5 h^{-1}, nicht überschritten werden, wobei noch geringere n_{50}-Werte anzustreben sind. Bei Passivhäusern werden n_{50}-Werte zwischen 0,2 und 0,6 h^{-1} erreicht, wobei 0,6 h^{-1} der erlaubten Obergrenze für Leckagen in Passivhäusern entspricht.

Da bei Passivhäusern die Wärmeverluste, die durch Undichtigkeiten entstehen, nicht über einfaches Nachheizen ausgeglichen werden können, sollte in der Planungsphase ein Luftdichtheitskonzept erarbeitet werden. Dabei sollte die gesamte Gebäudehülle einschließlich aller Bauteilanschlüsse und Durchdringungen einbezogen werden (siehe Abb. 1.6).

Eine detaillierte Planung sollte für folgende Punkte vorliegen:

- Luftdichtheitsschicht
- Werkstoffe, die die Luftdichtheit bilden
- Übergänge für die Luftdichtheitsebene bei unterschiedlichen Baustoffen, z. B. der Anschluss des Sparrendachs an die Massivwand
- Durchdringungen der Luftdichtheitsebene, z. B. an Lüftungsrohren, Elektro- und Sanitärinstallationen
- Übergänge an Dach und Wand
- Einfügung bei Dachflächenfenstern
- Einsetzung einer Bodenluke bei unbeheizten Dachgeschossen
- Fenster- und Außentürenanschlüsse

1.1.3 Prinzipien der Lüftung und Heizung

Die kontinuierliche Luftzufuhr und die Deckung des hygienischen Lüftungsbedarfs werden im Passivhaus durch die **Lüftungsanlage** ermöglicht. Um ein einwandfreies Raumklima zu erhalten, werden verbrauchte Luft, CO_2 und entstehende Geruchsstoffe ständig abgesaugt. Dies verhindert zudem die Entstehung baulicher Schäden, die z. B. in der Folge von Tauwasserausfall mit dem daraus resultierenden Schimmelbefall auftreten können. Damit sich der CO_2-Gehalt im Innenraum nicht erhöht, benötigt ein

Mensch 30 m³ Frischluft pro Stunde. Um den Wohnkomfort zu erhalten, sollte die Temperatur der Zuluft > 16,5 °C betragen. Lüftungsanlagen in Passivhäusern sind daher mit einer effizienten WRG zu versehen.

Die genannten Funktionen der Raumtemperatur- und der Frischluftregulation werden bei Häusern im Bestand durch Heizen und Lüften erfüllt. Jedoch treten dadurch während der Heizperiode unkontrollierte Wärmeverluste auf. Ebenso kann es aufgrund konstruktiver Fehler, Undichtigkeiten in der Gebäudehülle oder eingebauter Wärmebrücken zu Schimmelbildungen kommen.

In einem Passivhaus wird auf ein herkömmliches Heizsystem verzichtet, denn durch den geringen Restheizwärmebedarf wäre jedes handelsübliche Heizsystem maßlos überdimensioniert. Das Passivhaus wird in Kombination mit einer Lüftungsanlage beheizt. Dabei bilden die Körperwärme der Bewohner, die Abwärme von elektrischen Geräten und Beleuchtung sowie die Solarstrahlung entscheidende Posten der Wärmebilanz. Wurden bisher diese Energien aus dem Gebäude hinausgelüftet, so nutzt das Passivhaus die wertvolle Energie zur Wiederbeheizung. Die Abluft gelangt mit der internen und freien Wärme aus dem Raum in die Lüftungsanlage, die einen WRG-Grad ≥ 75 % erreichen sollte; ihre Restenergie wird der Zuluft nach etwaigem Durchströmen des EWT als neue Energie in Form von Wärme zur Verfügung gestellt.

Der **Restheizwärmebedarf** von ≤ 15 kWh/(m² · a) beinhaltet schon in der Gesamtbilanz die freie Raumwärme. Als Energie kann dieser Restheizwärmebedarf mit elektrischem Strom in Form von Nachheizregistern zentral oder dezentral energetisch gedeckt werden. Strom bietet den entscheidenden Vorteil, da er sofort verfügbar und gut regulierbar ist. Er weist jedoch durch seinen hohen Primärenergiefaktor von 1,8 auch einen großen Nachteil auf: Um 1 kWh Strom abzunehmen, müssen fast 2 kWh Energie primär zugeführt werden.

Zur Senkung der Restenergie können Wärmepumpen eingesetzt werden, die mit hohen Arbeitszahlen – abhängig vom Temperaturunterschied zwischen der Energiequelle und der abgenommenen Wärmeleistung – für eine gute Leistungsfähigkeit und Energieeffizienz sorgen.

Solaranlagen, oft in Kombination mit Wärmepumpen, werden häufig genutzt, um das Brauchwasser zu erwärmen, und decken dabei ca. 60 % des Jahresbedarfs ab. Der Restwärmebedarf muss entweder über elektrische Heizstäbe oder über andere mögliche Nachheizsysteme abgedeckt werden.

Die inzwischen auf dem Markt angebotenen Solarspeichersysteme können mit Kleinstbrennwertthermen nachgeheizt werden, erfordern aber eine Zusatzversorgung mit Gas bzw. Öl, was weitere Investitions- und Nebenkosten verursacht. Die verschiedenen Kombinationsmöglichkeiten zur Nachheizung eines Passivhauses werden in Kapitel 3.5 detaillierter beschrieben.

Behaglichkeit ist ein subjektives Empfinden des Körpers, das vom Zusammenspiel mehrerer Komponenten beeinflusst wird. Das behagliche Wohlbefinden des Menschen hängt im Wesentlichen von der Raumluft- und der Oberflächentemperatur der umgebenden Bauteile wie Wände, Decke und

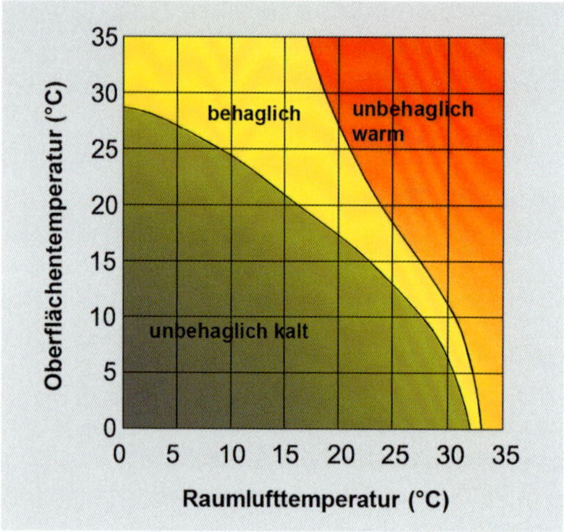

Abb. 1.7: Empfundene Behaglichkeit in Abhängigkeit von der Oberflächentemperatur nach www.klimatop.info/techn-daten

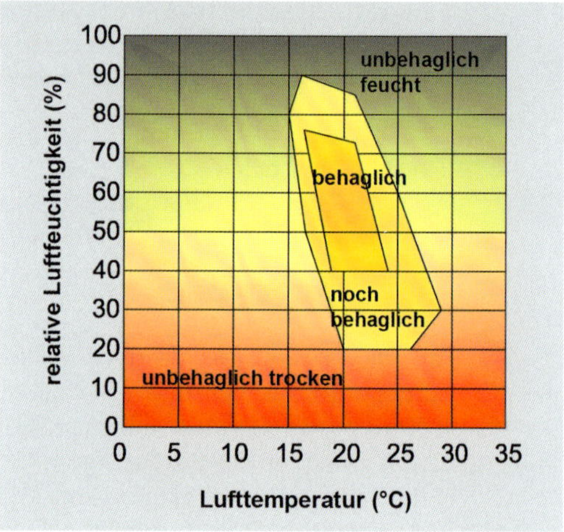

Abb. 1.8: Empfundene Behaglichkeit in Abhängigkeit von der relativen Luftfeuchtigkeit nach www.klimatop.info/techn-daten

Fußboden sowie von der relativen Luftfeuchtigkeit, der Art und Dauer der Lüftung und vom Wärmespeichervermögen der Bauteile ab, da der menschliche Körper ständig Wärme mit seiner Umgebung austauscht. Hierbei ergänzen sich Raumluft- und Bauteiloberflächentemperatur im Raum gegenseitig. Ein Passivhaus schafft hohe Behaglichkeit ohne ein aktives Heizsystem im Winter und ohne eine Klimaanlage im Sommer.

Liegt die Oberflächentemperatur der Wände bei 10 °C, kann trotz hoher Raumlufttemperatur nur ein unbehagliches Raumklima erzielt werden. Dem menschlichen Körper wird dann zu viel Wärme entzogen, besonders in Wandnähe. Wird dagegen die Temperatur von allen raumumschließenden Flächen auf 20 °C erhöht und gleichzeitig die Raumlufttemperatur auf 16 °C gesenkt, entsteht ein behagliches Raumklima. Diese Art der Heizung erlaubt zudem eine Einsparung von Heizenergie (siehe Abb. 1.7).

Bei einer relativen Luftfeuchtigkeit zwischen 40 und 70 % und einer Lufttemperatur von etwa 20 °C ist das menschliche Wohlbefinden am größten. Dies zeigt die Abhängigkeit der empfundenen Behaglichkeit von der relativen Luftfeuchte und der Lufttemperatur: Ein Sinken der Temperatur muss mit einem Anstieg der relativen Luftfeuchtigkeit kompensiert werden und umgekehrt. Dabei sollte die maximale Heizwärmelast ≤ 10 W/m² sein (siehe Abb. 1.8).

1.1.4 Funktionsweise und Vorteile eines Passivhauses

Abb. 1.9 zeigt die wesentlichen Merkmale eines Passivhauses: Es besitzt eine winddichte, wärmebrückenfreie und hochwärmegedämmte Gebäudehülle, die zur Speicherung der warmen inneren Raumluft und zum Abhalten der kalten Außenluft vom beheizten Raumvolumen dient.

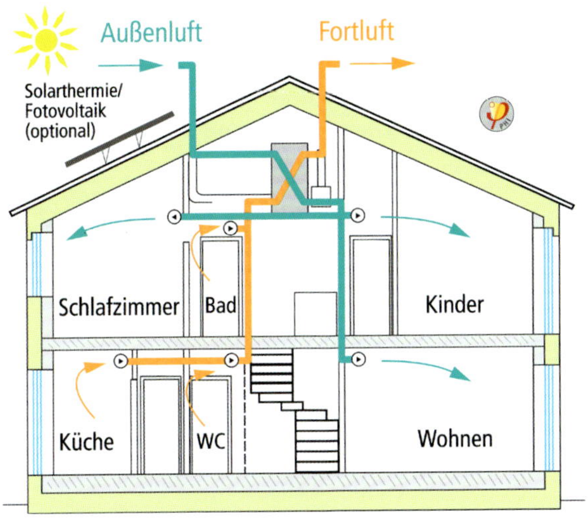

Abb. 1.9: Systemskizze Passivhaus (Quelle: Passivhaus Institut Darmstadt)

Zu den niedrigen Wärmeverlusten tragen ebenso die sog. Passivhausfenster mit ihren niedrigen Wärmedurchgangskoeffizienten bei, die aufgrund ihres hohen Energiedurchlassgrades wertvolle Sonnenenergie einfangen. Fußböden, Decken und Wände speichern diese Wärme. Solare Gewinne können mit diesen Fenstern sogar im Winter erzielt werden; sie zählen zu den gewinnbringenden Heizquellen.

Werden große Fensterflächen im Süden und Westen positioniert und kleinere im Norden und Osten, so lässt sich eine enorme Erhöhung der Sonneneinstrahlung erreichen. Zur Verschattung sollte ein Konzept erstellt werden, in dem sowohl die Beschaffenheit des Standortes als auch die temporären Verschattungsvorrichtungen berücksichtigt werden.

Die Nutzung **interner Wärmequellen** stellt ein weiteres Prinzip eines Passivhauses dar. Dazu zählt neben der Abwärme elektrischer Haushaltsgeräte auch die Abwärme der sich im Gebäude befindenden Personen. Bereits bei 2 Personen stellt sich eine behagliche Wärme ein, wenn diese sich längere Zeit in einem Raum aufhalten.

Bei Betrachtung der gebräuchlichen Bauweisen zeigt sich, dass das Passivhaus im Vergleich viele Vorteile bietet, wie

- die Unabhängigkeit hinsichtlich fossiler Energien,
- einen gesteigerten Wohnkomfort in Bezug auf
  - geringe Temperaturschwankungen im Gebäudeinneren,
  - die Vermeidung sommerlicher Überhitzung durch hohen Dämmstandard,
  - hohen Lichteinfall durch große Verglasungen im Süden,
  - die Vermeidung von Belästigung durch Lärm aufgrund geschlossener Fenster mit Lüftungssystem,
  - die Gesundheit durch Raumtemperaturabsenkung,
  - größere Behaglichkeit durch höhere Oberflächentemperaturen,
  - das Wegfallen störender Heizöfen,

- die sehr gute Luftqualität, da
  - durch Wegfall von Radiatoren Staubaufwirbelung vermieden wird,
  - durch den Einbau von Luftfiltern Allergiker keine Probleme haben,
  - eine Steuerung von CO_2 und Feuchtigkeit möglich ist,
  - keine Zugerscheinungen durch geöffnete Fenster auftreten,
  - durch Regulierung der Luftfeuchtigkeit kein Feuchte- oder Schimmelbefall entstehen kann,
- die hochwertige, detaillierte Planung und Ausführung sowie
- den Wiederverkaufswert, der aufgrund der Klimasituation zunehmend steigt.

1.1.5 Zusammenfassung

Tabelle 1.2 fasst die wichtigsten Passivhausmerkmale zusammen.

Tabelle 1.2: Passivhausmerkmale nach www.bund-bauen-energie.de/passivhs.htm

Skizze	Beschreibung
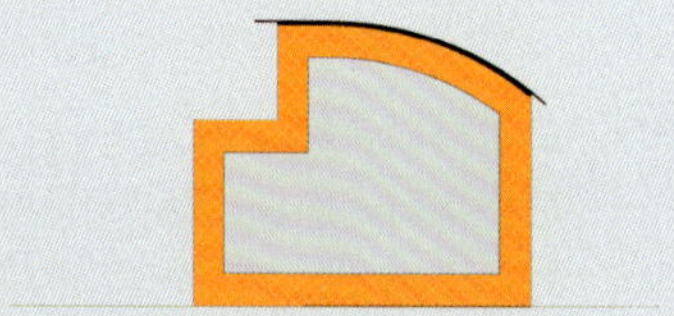	Gebäudehülle komplett umlaufend und hochwärmegedämmt mit Vermeidung von Wärmebrücken
	Gebäudehülle vollständig luftdicht
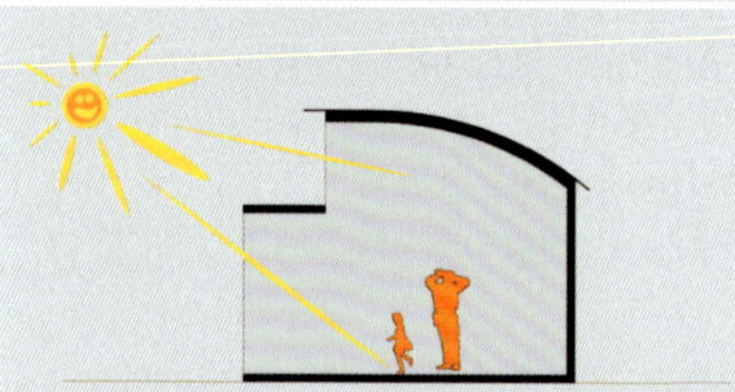	Südorientierung des Baukörpers in kompakter Bauform
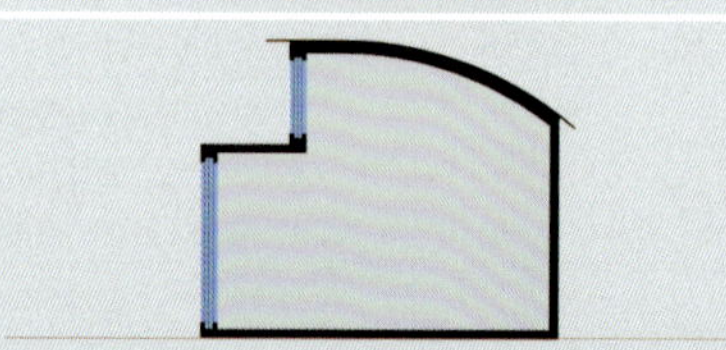	Passivhausfenster mit dreifacher Wärmeschutzverglasung, wärmebrückenfrei und mit wärmegedämmten Rahmen
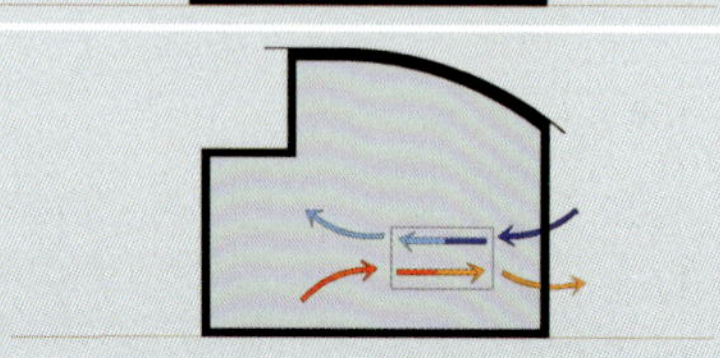	Versorgungs- bzw. Lüftungstechnik mit hoher WRG, die ein herkömmliches Heizsystem überflüssig macht

1.2 Anforderungen

Im Vordergrund einer heutigen Bauaufgabe steht das energiesparende Bauen, das Jahrzehnte zuvor bis ins 21. Jahrhundert völlig nebensächlich war. In dieser Zeit hatten bei einer Bauaufgabe die Gestaltung, die Statik und die Nutzung des örtlich vorhandenen Baumaterials Priorität. Hohe Transportkosten wurden eingespart, indem Holzbauten in Regionen mit günstigen Holzpreisen erstellt wurden; Ziegelbauten wurden in Gegenden geplant, in denen Ton gewonnen wurde, und Natursteinfassaden prägten ein Gebiet mit hohem Natursteinvorkommen. Dabei wurde der größere Wärmeverlust bei Häusern aus Naturstein in Kauf genommen. Dafür wurden nicht alle Räume gleichzeitig beheizt, was durch die standardmäßige Ofenheizung geregelt wurde. Zentralheizungen waren noch eher selten im Einsatz. Die Energieeinsparung lag daher in der Beschränkung des Verbrauchs und nicht in der Verbesserung der Wärmedämmung oder der energetischen Untersuchung der Baumaßnahme. Die Kohleförderung und der Einkauf von Rohöl wurden forciert, um den Bedarf an Heizmaterial zu decken. Heizöl und Erdgas boten eine praktischere Handhabung sowohl bei Einzelofenfeuerung als auch bei der Zentralheizung, und so wurde Mitte der 1950er-Jahre die Kohlefeuerung immer weiter zurückgedrängt.

In der ersten Ausgabe der Norm DIN 4108 „Wärmeschutz im Hochbau“ (1952) wurde die Wärmedämmung für Bauteile vorgegeben. Die Anforderungen erhöhten sich mit jeder Neuausgabe und deren Berechnungsergebnisse dienten als Grundlage für die Heizleistungsberechnung und die Dimensionierung der Heizkörper nach DIN 4701 „Regeln für die Berechnung des Wärmebedarfs von Gebäuden“ (1959). Beide DIN-Normen berücksichtigten jedoch nicht die Energieeinsparung.

Anfang der 1970er-Jahre stellte sich dann die erste Energiekrise der Nachkriegszeit ein, da die Erdöl fördernden Länder die Einfuhr nach Deutschland senkten und es zu einer enormen Steigerung der Heizölkosten kam. Erstmals rückte das Energiesparen in den Vordergrund des Interesses. Die ersten Energiesparversuche bezogen sich dann auf die Verbesserung der Dämmung der Außenwände und des Dachbereichs, wobei die erdberührten Bauteile zunächst nicht einbezogen wurden. Einfachverglasung in Fenstern wurde durch Isolierglas ersetzt.

Da Erdöl, Erdgas und Kohle zu den fossilen Ressourcen unserer Erde zählen und als nicht erneuerbar gelten, sind sie begrenzt verfügbar und werden weiterhin wertvoller und teurer. Der größte Risikofaktor für eine Klimaveränderung ist allerdings die Ausstoßung von CO_2. Um eine Reduzierung dieser Ausstoßung zu erreichen, standen Verbesserungen auf dem Primärenergie verbrauchenden Sektor an.

Auf dem Bausektor ist die Minderung der CO_2-Ausstoßung erstrangig durch Energieeinsparung von beheizten Gebäuden zu erreichen. Der Heizenergiebedarf wird bei Neubauten deutlich niedriger angesetzt; bei sanierten Altbauten wird die Optimierung des Heizenergiebedarfs verlangt. Die Einsparung von Primärenergie und die daraus resultierende Minderung des CO_2-Ausstoßes stehen heute bei allen Überlegungen an erster Stelle.

1.2.1 Normen und Verordnungen

Die **DIN 4108** beinhaltete, wie zuvor schon erwähnt, keine drastischen Einschränkungen der Energieverluste. Sie lieferte die Berechnungsgrundlagen für den Wärme- und den Feuchteschutz, der die Vermeidung von Tauwasserausfall auf inneren Bauteilen beinhaltet. Den Ländern der Bundesrepublik blieb es selbst überlassen, ob die DIN als rechtsverbindliche Norm in Verbindung mit der jeweiligen Landesbauordnung eingeführt wurde.

1981 wurde eine neue DIN 4108 herausgegeben, die den Wärmedurchgang in Bauteilen noch mehr begrenzte, die Einhaltung der Tauwasserfreiheit von inneren Bauteiloberflächen weiter forcierte und den Dampfdiffusionsnachweis der meisten Bauteile zur Schadensbegrenzung forderte. Ausnahmen, bei denen kein Dampfdiffusionsnachweis erbracht werden musste, wurden festgelegt. Die Zentralheizung ersetzte zunehmend die Einzelofenheizung; somit trat verstärkt das Problem der Lüftung und deren Wechselwirkung mit der Raumluftfeuchte in den Vordergrund. Entnahm die alte Einzelofenheizung ihre Verbrennungsluft dem beheizten Raum und wurde die notwendige Frischluft durch undichte Stellen an Fenstern und Türen zugeführt, so nahm diese relative trockene Außenluft die Feuchte der Raumluft auf, führte sie dem Verbrennungsraum des Ofens zu und entwich als Abgas dem Schornstein. Durch den Einbau einer Zentralheizung entfiel diese offene Feuerstelle und die Luftfeuchte des Raumes musste durch Fensterlüftung reduziert werden. Die vierte Ausgabe der DIN 4701 von 1983 berechnete die Lüftungsmenge nach den Fenster- und Türflächen, die ohne Lippendichtungen nicht dicht schließen konnten. Die Luftentfeuchtung wurde durch diese Zwangsentlüftung teilweise geregelt.

In der ersten **Wärmeschutzverordnung (WärmeschutzV** [1977]), erlassen von der Bundesregierung, wurde erstmals ein Standard formuliert, der die gültige DIN 4108 in ihren Anforderungen übertraf. Sie schrieb die Anwendung von Teilbereichen der DIN rechtsgültig vor. An beheizten Gebäuden sollte der Energieverbrauch durch Transmissionswärmeverluste deutlich gemindert werden und somit zur Einsparung von Heizenergie beitragen. Die WärmeschutzV war eine bundesweit gültige Verordnung – im Gegensatz zu den DIN-Vorschriften, die als Bestandteil der Landesbauordnungen durch Bekanntmachung rechtskräftig wurden. Sie galt für fast alle beheizten Gebäude.

1984 trat die zweite WärmeschutzV in Kraft, die die Anforderungen an die *k*-Werte (heute: *U*-Werte) der außen liegenden Bauteile erhöhte. Nachteilig war die Berechnung des mittleren *k*-Wertes für Wand und Fenster, denn je größer die Fenster geplant wurden, desto geringer musste der *k*-Wert der verbleibenden Wandteile bemessen werden. Dies war jedoch durch die Materialwahl eingeschränkt und so wurde die Größe der Fensterflächen stark eingegrenzt. Berechnungen aufgrund der WärmeschutzV, der sog. Nachweis, wurden am Ende der Planungen gemacht und hatten so geringen Einfluss auf notwendige Verbesserungen der Fehlbeträge beim Wärmeschutz. Auch bei der zweiten WärmeschutzV fehlte eine genau formulierte Energieeinsparung bezogen auf den Jahresheizwärmebedarf.

Die dritte WärmeschutzV von 1995 beinhaltete eine vage Bilanzierung von Energieverlusten und -gewinnen, jedoch verfälschten noch viele Vereinfachungen und Pauschalangaben das Bild. Trotzdem war ein Fortschritt erkennbar, da mit den neuen Vorgaben in der Praxis ein Durchbruch zum Niedrigenergiehaus geschaffen wurde und sich dies in zahlreichen Fördermaßnahmen niederschlug. Europäische Vorschriften forderten noch genauere Berechnungen bezüglich der Energieverluste und -gewinne; somit wurde sich den für die Energieeinsparung wichtigen bauphysikalischen Ansätzen genähert.

Die bauphysikalische Grundlage für die EnEV bildete die inzwischen zurückgezogene **DIN EN 832** „Wärmetechnisches Verhalten von Gebäuden – Berechnung des Heizenergiebedarfs – Wohngebäude" (2003). Deren Vorgaben wurden in den DIN-Normen übernommen. Somit wurden erstmals DIN-Vorschriften zum integrierten Bestandteil einer Verordnung: die DIN V 4108-6 „Wärmeschutz und Energie-Einsparung in Gebäuden – Teil 6: Berechnung des Jahresheizwärme- und Jahresheizenergiebedarfs" (2003) und die DIN V 4701-10 „Energetische Bewertung heiz- und raumlufttechnischer Anlagen – Teil 10: Heizung, Trinkwassererwärmung, Lüftung" (2003).

Die erste **EnEV** trat 2002 in Kraft und regelte den energiesparenden Wärmeschutz in Verbindung mit einer entsprechenden Anlagentechnik für neu zu errichtende und bestehende Gebäude. In Abhängigkeit von der Größe und Formgestaltung der Gebäude wurde nun für Neubauten zu Wohnzwecken die Einhaltung eines Jahresprimärenergiebedarfs für Heizung und Warmwasser von 80 bis 140 kWh/m^2 beheizter Nutzfläche gefordert. Die EnEV basiert zeitgleich sowohl auf der dritten WärmeschutzV als auch auf der letzten Heizanlagenverordnung (HeizAnlV [1998]). Mit der EnEV liegt eine Verordnung vor, die möglicherweise in ihren Grundlagen eine längere Lebensdauer aufweist, da sie auf viele DIN- und EN-Normen hinweist, die Bestandteil der EnEV sind (siehe Abb. 1.10). Sie stellt Anforderungen an zu errichtende Gebäude mit normalen und an solche mit niedrigen Innenraumtemperaturen einschließlich ihrer Heizungs-, raumlufttechnischen und zur Warmwasserbereitung dienenden Anlagen. Die EnEV beinhaltet nicht mehr die Rechenverfahren zur Bestimmung der Kenngrößen wie des spezifischen Transmissionswärmeverlusts, des Jahresheizwärmebedarfs und des Jahresprimärenergiebedarfs. Vielmehr nimmt sie Bezug auf nationale und internationale Normen und Regelwerke, die zum Teil erst als Vornormen vorliegen und in Zukunft ergänzt, überarbeitet und ersetzt werden.

Eine bestimmte Fassung der EnEV bezieht sich immer auf genau festgelegte Normen mit Jahresangaben; damit muss der Planer immer die von der EnEV geforderten Normen beachten. Eine Neufassung der EnEV beinhaltet meist natürlich auch neue Bezüge auf aktuellere Normen. Beim Nachweis entsprechend EnEV muss der Planer sicherstellen, dass die von ihm angewandten Rechenverfahren und Kenngrößen auf dem aktuellen Stand der Technik sind und die verwendete Software der aktuellen Fassung entspricht.

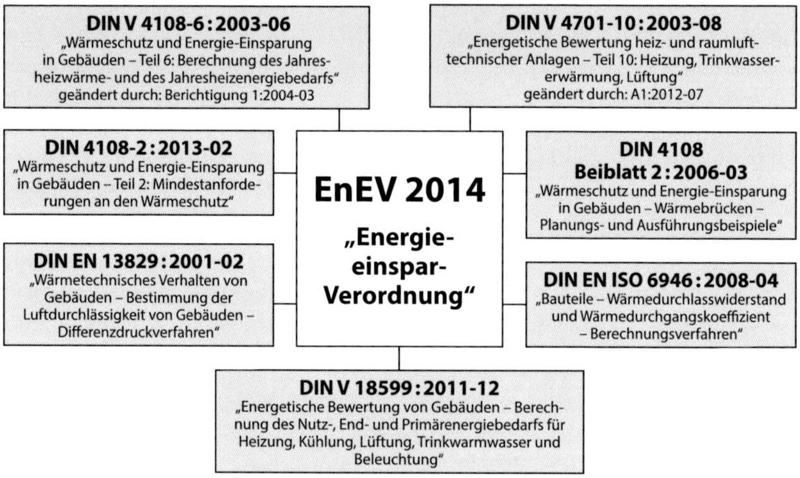

Abb. 1.10: Grundlegende Normen der EnEV 2014

Die wichtigste Änderung der EnEV gegenüber älteren Verordnungen besteht in der Regelung des Primärenergiebedarfs statt des Heizwärmebedarfs eines Gebäudes. Dieser wird an den Kriterien Gebäudebeheizung und -belüftung sowie Trinkwassererwärmung gemessen. Damit müssen Maßnahmen zur Wärmedämmung und anlagentechnische Maßnahmen erstmals als Ganzes gesehen werden.

EnEV im Überblick

Die EnEV 2014 im Verbund mit anderen Vorschriften, wie dem Erneuerbare-Energien-Wärmegesetz (EEWärmeG) und dem Erneuerbare-Energien-Gesetz (EEG), ist eine wichtige rechtliche Grundlage, um die Klimaschutzziele der Bundesregierung zu erreichen: Reduzierung der CO_2-Emissionen um 40 % gegenüber 1990 bis zum Jahr 2020 (siehe Abb. 1.11). Ihre wichtigsten Aussagen aus Sicht der Bauherren lassen sich wie folgt zusammenfassen:

- Die EnEV ist eine gesetzliche Mindestvorgabe zur Einsparung von Energie für Heizung und Warmwasserbereitung (Jahresprimärenergiebedarf).
- Sie bezieht sich auf Neubauten sowie auf die Sanierung von Altbestand.
- Ihre Anforderungen für Neubauten werden konsequent angehoben werden (erneut voraussichtlich in 2019).

Ab 2021 sollen laut EU-Beschluss alle Neubauten einem Standard „Niedrigstenergiehaus" entsprechen. Im öffentlichen Bereich gelten die Forderungen schon ab 2019.

Die in der EnEV geforderten Werte sind normiert und beziehen sich auf ein definiertes Referenzhaus. So können verschiedene Häuser verglichen werden.

Übrigens macht die EnEV keine Vorgaben, wie die definierten Energiewerte und Nebenforderungen erreicht werden können bzw. müssen. Das „Wie" und „In welcher Kombination" ist damit offen. Der Hausplaner kann an vielen Stellschrauben drehen, um die geforderten Werte zu erreichen, z. B.

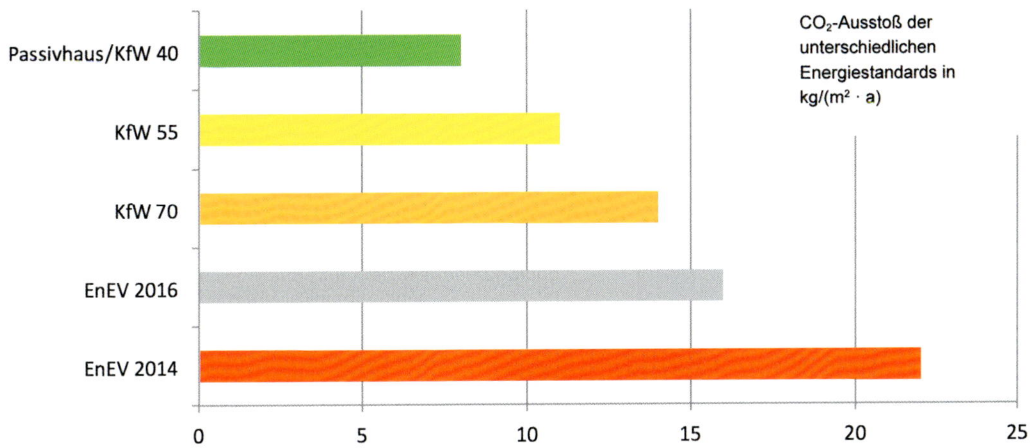

Abb. 1.11: CO_2-Ausstoß der unterschiedlichen Energiestandards

eine dickere Dämmung oder eine Dämmung mit besserem *U*-Wert wählen, doppelverglaste Fenster belassen und eine bessere Heizung einbauen. Was sinnvoll bzw. wirtschaftlich effizient ist, wird oft zu wenig beleuchtet, oder die Maßnahmen greifen zu kurz. Bei Bestandssanierung gilt: Wenn schon saniert wird, dann sollen auch alle Möglichkeiten der Energieeinsparung genutzt werden.

Beim **Passivhaus** wird durch das Passivhaus-Projektierungspaket (PHPP) sichergestellt, wie und mit welchen Materialqualitäten die Zielwerte erreicht werden (vgl. auch Kapitel 1.2.2). Das Zusammenspiel von Technik und Material wird berücksichtigt. Bei der Sanierung auf der Basis des Passivhausstandards werden diese Regeln eingehalten.

Nachfolgend werden die **Änderungen** der EnEV 2014 mit den Verschärfungen in 2016 im Vergleich zur EnEV 2009 im Kurzüberblick aufgelistet:

- Die Anforderungen an den Jahresprimärenergiebedarf wurden um bis zu 25 % gegenüber der EnEV 2009 verschärft.
- Die energetischen Anforderungen an Außenbauteile von neu gebauten Nichtwohngebäuden wurden um ca. 20 % verschärft.
- Es gelten für Wohngebäude im Vergleich zur EnEV 2009 rund 20 % höhere Anforderungen an zulässige Transmissionswärmeverluste über die Gebäudehülle.
- Austauschpflicht für alte Heizkessel, die mit flüssigen oder gasförmigen Brennstoffen betrieben werden: Kessel, die nach dem 1. Januar 1985 eingebaut wurden, müssen nach 30 Jahren außer Betrieb genommen werden. Wurden die entsprechenden Heizkessel vor 1985 eingebaut, dürfen diese schon seit 2015 nicht mehr betrieben werden. Ausnahmen gelten für Niedertemperatur- und Brennwertkessel sowie für bestimmte selbstnutzende Ein- und Zweifamilienhausbesitzer.
- Oberste Geschossdecken, die nicht die Anforderungen an den Mindestwärmeschutz erfüllen, müssen gedämmt werden – *U*-Wert $\leq$ 0,24 W/(m² · K). Die Anforderung ist erfüllt, wenn das Dach darüber gedämmt ist oder den Mindestwärmeschutz erfüllt.

- Neu eingeführt wurden die Energieeffizienzklassen A+ bis H im Energieausweis für Wohngebäude und eine Neuskalierung des Bandtachos bis 250 kWh/(m² · a).
- Es müssen im Fall des Verkaufs oder der Vermietung von Wohnungen oder Gebäuden in Immobilienanzeigen verpflichtend bestimmte Angaben aus dem Energieausweis genannt werden. Liegt ein Energieausweis mit Energieeffizienzklasse vor, muss die entsprechende Einstufung auch veröffentlicht werden.
- Verkäufer und Vermieter von Immobilien sind verpflichtet, den Energieausweis an Käufer bzw. Mieter zu übergeben. Der Energieausweis muss bereits bei der Besichtigung vorgelegt werden.
- Für Energieausweise und für Inspektionsberichte von Klimaanlagen wurden Stichprobenkontrollen eingeführt.
- In der Berechnung von Gebäuden sinkt der Faktor für die primärenergetische Bewertung von Strom auf 1,8.
- § 1 EnEV wurde eine Formulierung zum Zweck der Verordnung hinzugefügt (Einsparung von Energie in Gebäuden und Umsetzung der energiepolitischen Ziele der Bundesregierung bis zum Jahr 2050).
- Als neuer Referenzklimastandort wurde Potsdam eingeführt (bisher Würzburg).
- Die novellierte DIN V 18599:2011-12 und die Berichtigungen vom Mai 2013 wurden als Berechnungsgrundlage festgesetzt. Die Fassung DIN V 18599:2009-02 ist damit auch für den öffentlich-rechtlichen Nachweis nicht mehr gültig.

EnEV – Ermittlung des Primärenergiebedarfs

Die aktuelle EnEV 2014 regelt wie gesagt nicht mehr den Heizwärmebedarf, sondern den Primärenergiebedarf, der für die Gebäudebeheizung und -belüftung sowie für die Trinkwassererwärmung erforderlich ist. Die EnEV verlangt, Wärmedämm- und anlagentechnische Maßnahmen als Ganzes zu betrachten. Dazu gehören Berechnungsverfahren und natürlich konkrete Energiesparmaßnahmen im Gebäude. Für die meisten Maßnahmen, die im Rahmen der EnEV von Bauherren geplant sind, stellen EU, Bund, Länder und Gemeinden eine Förderung in Aussicht.

Die EnEV 2014 kann auf Nachweisregeln verzichten, da auf DIN V 4701-10:2003-08, DIN V 4108-6:2003-06 bzw. DIN V 18599:2011-12 verwiesen wird.

Für die Projektierung von **Passivhäusern** kommt es bei der Anwendung der Rechenvorschriften häufig zu Konflikten. Beim Versuch, ein Passivhaus nach dem Jahresverfahren gemäß DIN V 4108-6 zu errechnen, kann es passieren, dass sich ein Jahresheizwärmebedarf von 0 kWh/(m² · a) ergibt, der aus der Ungenauigkeit der Rechenangaben – 4,6 kWh/(m² · a) ± 5,0 – resultiert. Bei realisierten Gebäuden ergibt sich dann ein Wert von 15 kWh/(m² · a). Dabei tragen als Hauptursache die in der EnEV zu optimistisch angesetzten internen Wärmequellen und die um 1 K tiefere Raumtemperatur bei. Ein realistischer Wert für eine mittlere Raumtemperatur liegt bei 20 °C und nicht, wie in der EnEV vorgegeben, bei 19 °C.

1.2.2 PHPP- und EnEV-Berechnungen

Es gibt verschiedene Energiestandards für die Berechnung des Heizwärme- sowie Primärenergiebedarfs, zudem gibt es verschiedene Rechenverfahren. Die wichtigsten sind die Berechnung nach der jeweils aktuell gültigen **Energieeinsparverordnung** (zurzeit EnEV 2014) sowie die Berechnung nach dem **Passivhaus-Projektierungspaket** (PHPP) Version 9.6 (2016).

Mithilfe der vom Passivhaus Institut unter Leitung von Dr. Wolfgang Feist entwickelten Software lassen sich energetischen Kennwerte von Passivhäusern unter Berücksichtigung der Gebäudehülle und der Anlagentechnik ermitteln. Hierzu gehören z. B. die Konzeptionierung und Vordimensionierung der Gebäudehülle und der technischen Gebäudeausstattung, die Berechnung der Energiebezugs- und Hüllfläche, der Transmissions- und Lüftungswärmeverluste, der solaren und internen Wärmegewinne sowie die Ermittlung und Optimierung des Heizwärmebedarfs und des Primärenergiekennwertes. Es ist ein Planungsinstrument, mit dem ein Passivhaus ausgelegt und die Planung optimal unterstützt werden kann. Alle wichtigen Planungsdetails wie Wärmedämmung, Luftdichtheit, Vermeidung von Wärmebrücken, Passivhausfenster, Lüftung, Heizlast, Wärmebereitstellung, Sommerbehaglichkeit u. a. werden unterstützt. Die Sensibilität eines Passivhauses in Bezug auf Veränderungen seiner Lage, Qualität oder Haustechnik wurde über die Eingabe exakter – nicht pauschalisierter – Werte berücksichtigt.

Das PHPP dient auch als Nachweis für die Beantragung einer KfW-Förderung und als vereinfachter Nachweis nach der EnEV.

Verglichen mit den EnEV-Berechnungen sind die PHPP-Berechnungen als Grundlage für Wirtschaftlichkeitsberechnungen detaillierter.

Die Verfahren verwenden grundlegend unterschiedliche Rechengrößen sowie Berechnungsmethoden und -formeln (siehe Tabelle 1.3). Die so zustande gekommenen Ergebnisse können mitunter erheblich voneinander abweichen.

Tabelle 1.3: Gegenüberstellung der Berechnungsverfahren nach EnEV 2014 und PHPP

	Berechnung nach EnEV 2014	**Berechnung nach PHPP**
Berechnungs-verfahren	nach DIN V 4108-6, DIN V 4701-10 sowie DIN V 18599	nach Passivhaus-Projektierungs-paket (PHPP) des Passivhaus Instituts Darmstadt
Verbrauch bezogen auf	Gebäudenutzfläche (0,32 × Außenvolumen)	beheizte Wohnfläche (tatsächlich nutzbare Fläche in einem Gebäude)
Primärenergie-bedarf enthält	Heizung und Trinkwarmwasser	Heizung, Trinkwarmwasser und Haushaltsstrom

Es hat sich bei immer wieder stattfindenden Verbrauchsmessungen gezeigt, dass die mittleren Messwerte der PHPP-Berechnung sehr gut mit den zuvor berechneten Werten übereinstimmen. Die einzelnen Verbrauchswerte können aufgrund des unterschiedlichen Nutzerverhaltens dennoch abweichen.

Bei einer Berechnung des Heizwärmebedarfs für dasselbe Gebäude sowohl nach dem vereinfachten Verfahren der EnEV für Wohngebäude als auch nach dem Nachweisverfahren für Passivhäuser (PHPP) werden die beiden Endergebnisse durchaus nicht ganz unbedeutende Differenzen aufweisen. Dies kann eine Vielzahl von Gründen haben, die auf die **Unterschiede im jeweiligen Nachweisverfahren** hinweisen:

- Im Rahmen der solaren Wärmegewinne erfasst PHPP nicht nur die Orientierung und Größe der Fenster, sondern zusätzlich dazu auch die gradgenaue Ausrichtung des Gebäudes, inkl. der Verschattung durch Objekte in der Umgebung sowie deren genaue Position zum Bauwerk.
- Das PHPP verfügt über eine Fensterdatenbank, in der zahlreiche vom Passivhaus Institut zertifizierte Rahmen und Verglasungen mit ihren wärmetechnischen Eigenschaften erfasst sind. Dadurch lassen sich noch genauere Aussagen über deren Wirkung auf den gesamten Wärmehaushalt des Gebäudes machen. Zusätzlich wird auch die Einbausituation mit einbezogen.
- Die Eigenschaften des Erdreichs werden in PHPP ebenfalls als zusätzliche Information mit in die Berechnungen integriert.
- Während die EnEV eine DIN-entsprechende Ausführung der Wärmebrücken voraussetzt, erfasst PHPP die tatsächlichen Werte der Konstruktion, was die Genauigkeit erhöht.
- Über komplexere Eingabemöglichkeiten im PHPP werden die Lüftungswärmeverluste noch genauer erfasst als im EnEV-Nachweis, wo die Verluste der Lüftung nur über das Gebäudevolumen betrachtet werden.
- Auch das Außenklima steuert den Heizwärmebedarf eines Gebäudes, was im PHPP berücksichtigt wird und so zu einer weiteren Präzisierung der Berechnungen führt.
- Während der vereinfachte EnEV-Nachweis die Anlagentechnik mithilfe einer Anlagenaufwandszahl erfasst, ermöglicht PHPP mit vielen verschiedenen Eingabemöglichkeiten eine weitaus präzisere Berücksichtigung dieser wichtigen Komponente.

Durch die einfache Modellstruktur des PHPP (siehe Abb. 1.12) kann bereits im sehr frühen Planungsstadium eine detaillierte Genauigkeit erzielt werden. Denn das Paket erfasst das Gebäude als eine Zone. Die Vereinfachungen liegen u. a. im übersichtlichen Berechnungsgang und führen zu einem geringeren Aufwand in der Datenerhebung, da lediglich die Daten der Hüllfläche des Gebäudes und der Lüftung errechnet werden müssen.

Eine Vielzahl von Nachweisgrößen wurde im PHPP im Vergleich zum Berechnungsverfahren der EnEV sinnvoll geändert. Innerhalb von Wohngebäuden (ausgestattet mit effizienten Hausgeräten) liegen die Werte der inneren Wärmequellen während der Heizperiode um 2,1 W/m^2 (± 0,3) und nicht bei unrealistischen 5,0 W/m^2. Eine realistische mittlere Raumtemperatur liegt derzeit bei 20 °C und nicht bei 19 °C. Solare Gewinne werden im

Gebäudekennwerte mit Bezug auf Energiebezugsfläche und Jahr					Kriterien	alternative Kriterien	Erfüllt?[2]
	Energiebezugsfläche	m²	156,0				
Heizen	Heizwärmebedarf	kWh/(m²a)	13	≤	15	-	ja
	Heizlast	W/m²	10	≤	-	10	
Kühlen	Kühl- + Entfeuchtungsbedarf	kWh/(m²a)	-	≤	-	-	-
	Kühllast	W/m²	-	≤	-	-	
	Übertemperaturhäufigkeit (> 25 °C)	%	1	≤	10		ja
	Häufigkeit überhöhter Feuchte (> 12 g/kg)	%	0	≤	20		ja
Luftdichtheit	Drucktest-Luftwechsel n_{50}	1/h	0,2	≤	0,6		ja
Nicht erneuerbare Primärenergie (PE)	PE-Bedarf	kWh/(m²a)	40	≤	-		-
Erneuerbare Primärenergie (PER)	PER-Bedarf	kWh/(m²a)	32	≤	30	32	ja
	Erzeugung erneuerb. Energie (Bezug auf überbaute Fläche)	kWh/(m²a)	125	≥	120	124	

[2] leeres Feld: Daten fehlen; '-': keine Anforderung

Abb. 1.12: Screenshot (Ausschnitt) PHPP – Nachweisblatt der Ergebnisse für ein beispielhaftes Passivhaus-Einfamilienhaus (Quelle: Passivhaus Institut Darmstadt)

PHPP unter Beachtung des Grades der Verschattung und Verschmutzung errechnet. Hochwärmegedämmte Gebäude erhalten durch den pauschalierten Temperaturkorrekturfaktor einen viel zu niedrigen Wert, der z. B. dann für Dachgeschossdecken nicht bei 1,0, sondern bei 0,8 liegt. Die zusätzlichen Luftwechselraten hinsichtlich Undichtigkeiten und Fensteröffnungen sind bei der EnEV zu hoch angesetzt. Im PHPP wird der Wert der real gemessenen Luftdichtheit angenommen. Die Klimawerte im PHPP sind auf den Standort bezogen und legen keine mitteleuropäischen Klimawerte zugrunde. Diese und weitere Punkte führen zu Unterschieden bei den Berechnungen, die für stark energieeffiziente Gebäude wie das Passivhaus relevant sind.

Aufgrund der verschiedenen Rechenoperationen und der daraus resultierenden unterschiedlichen Ergebnisse ist ein Passivhaus mit dem öffentlich-rechtlichen Verfahren kaum zu berechnen, da die pauschalen und damit häufig zu günstigen Annahmen bezüglich der Gewinne sowie die zu hohen Annahmen bezüglich der Lüftungswärmeverluste das Passivhaus in der Praxis scheitern ließen. Auch wenn das PHPP ein nicht staatlich genormtes Verfahren ist, lässt es eine genaue, auf das Passivhaus zugeschnittene Berechnung zu. Während die EnEV 2014 auf einer Weiterentwicklung des Wärmeschutznachweises basiert, ist das PHPP aus Erfahrungs- und Messwerten höchst energieeffizienter Gebäude abgeleitet. Demnach sollten Passivhäuser nach heutigem Stand mit dem PHPP berechnet werden.

1.2.3 Energieausweis

In privaten Haushalten stellen die Heizkosten den größten Anteil an den Betriebskosten dar. Noch wird in Deutschland ein Drittel des gesamten Primärenergieverbrauchs durch Raumheizung und Warmwasserbereitung verursacht (siehe Einleitung). Dennoch ist – anders als bei vielen Haushaltsgeräten und Autos – der Energieverbrauch von Gebäuden für deren Nutzer meist eine unbekannte Größe.

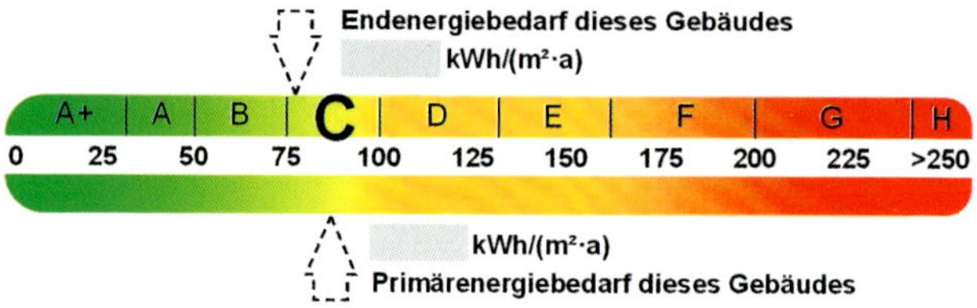

Abb. 1.13: Energieausweis – neuer Bandtacho mit Darstellung der Energieeffizienzklasse

Verlässliche Informationen über den Energieverbrauch sind vor Einzug meist nicht erhältlich, obwohl in Deutschland ca. 30 unterschiedliche kommunale oder regionale Energie- oder Gebäudepässe für den Gebäudebestand existieren. Sie weisen jedoch verschiedene Bezeichnungen, Klassifizierungen und Anforderungsgrößen auf. Ein bundesweit unkomplizierter Vergleich zwischen Gebäuden ist so kaum möglich. Dies hat die EnEV geändert. Bestandteil der EnEV ist u. a. der Energieausweis (siehe Abb. 1.13).

Der Energieausweis zeigt auf einfache Weise die energetische Qualität eines Gebäudes an. Er gibt Auskunft darüber, wie hoch der Brennstoffbedarf für Heizung und Warmwasserbereitung ist. Die Qualität der Wärmedämmung und die Effizienz der Heizungsanlage werden auf diese Weise deutlich. Mietern, potenziellen Käufern und Hausbesitzern werden konkrete Entscheidungshilfen sowie Anreize für sinnvolle Investitionen in Maßnahmen zur Energieeinsparung geboten.

Beim Ausstellen der Energieausweise kann entweder der tatsächliche Verbrauch (Verbrauchsausweis) oder der berechnete Energiebedarf (Bedarfsausweis) herangezogen werden.

Verbrauchsausweis:

- Erstellung auf Grundlage des gemessenen Energieverbrauchs der letzten 3 Jahre
- abhängig vom Nutzerverhalten
- sehr einfaches und kostengünstiges Verfahren

Bedarfsausweis:

- Erstellung auf Grundlage des ingenieurmäßig berechneten Energiebedarfs
- objektive Aussagen zur Gebäude- und Anlagenqualität unabhängig vom Nutzerverhalten
- Notwendigkeit einer detaillierten Datenerfassung

Bis zum 1. Oktober 2008 bestand für Wohngebäude eine uneingeschränkte **Wahlmöglichkeit** zwischen den beiden Verfahren. Für Gebäude ab 5 Wohnungen bleibt die Wahlfreiheit bestehen. Für Gebäude mit bis zu 4 Wohnungen, für die ein Bauantrag vor dem 1. November 1977 gestellt wurde, sind seit dem 1. Oktober 2008 nur noch Bedarfsausweise zulässig. Ausnahmen bestehen, wenn beim Bau selbst oder durch spätere Modernisierung mindestens das Anforderungsniveau der WärmeschutzV von 1977 erreicht wurde.

Für Neubauten und wesentliche Umbauten ist das Ausstellen von Energiebedarfsausweisen schon seit 1995 vorgeschrieben. Es muss bei Verkauf, Vermietung und Mieterwechsel, Verpachtung oder Leasing von Wohngebäuden, Wohnungen oder Teileigentum den Interessenten ein Energieausweis zugänglich gemacht werden.

Energieausweispflicht besteht

- seit 1. Juli 2008 für Wohngebäude mit Baujahr 1965 oder früher,
- seit 1. Januar 2009 für alle Wohngebäude,
- seit 1. Juli 2009 auch für Nichtwohngebäude.

Der Energieausweis hat 10 Jahre Gültigkeit. Nach Ablauf des Zeitraums muss bei Vermietung oder Verkauf ein neuer Energieausweis ausgestellt werden. Bei der Durchführung von Sanierungsmaßnahmen, die Auswirkungen auf die Energieeffizienz des Gebäudes haben, muss der Energieausweis nach der Sanierung neu ausgestellt werden.

Energiebedarf und -verbrauch

Der Energiebedarf eines Gebäudes ist abhängig

- vom beheizten Gebäudevolumen,
- von den Bauteilflächen der Fenster, Außenwände, Kellerdecken, sonstigen Decken und des Daches zu unbeheizten Räumen,
- von der Qualität der Heizungsanlage,
- von Baumaterialien und den Konstruktionsaufbauten der Bauteile,
- vom Luftwechsel im Gebäude (mögliche Undichtigkeiten),
- vom Gewinn durch solare Einstrahlung.

Die Höhe des Energieverbrauchs eines Gebäudes ist ausschließlich vom Nutzerverhalten abhängig.

Die Erstellung eines Energieausweises erfordert u. a. die Erfassung der Gebäudestruktur, der Abmessungen, der Bauteileigenschaften sowie der Daten zur Heizung und Warmwasserbereitung. Aus diesen Daten werden mithilfe eines Rechenprogramms verschiedene bedarfsorientierte Verbrauchswerte ermittelt und in eine vorgegebene Bewertungsskala eingeordnet.

Struktur des Energieausweises

Im Energieausweis (Bedarfsausweis) sind folgende Informationen enthalten:

Die wichtigste Information ist der **Primärenergiebedarf** des Gebäudes. Dieser Wert berücksichtigt die im Gebäude selbst benötigte Energie für Heizung und Warmwasserbereitung sowie die Energie, die für die Aufbereitung und den Transport des Energieträgers zum Gebäude aufgewendet worden ist. Die grafische Darstellung ermöglicht einen einfachen Vergleich mit anderen Gebäuden.

Über die aufgenommenen allgemeinen Gebäudedaten kann das Haus mit dem Energieausweis **energetisch bewertet** werden. Zudem wird eine eindeutige Identifikation des jeweiligen Gebäudes ermöglicht.

Der Energieausweis informiert über die **Qualität der Gebäudehülle,** also aller Außenbauteile. Dabei sind Dämmstandard, Luftdichtheit, eventuell vorhandene Wärmebrücken und Qualität der Anlagentechnik ausschlaggebend. Hierbei spielen der Wärmeträger, der Standort der Heizungsanlage bzw. Warmwasserbereitung, die Länge und die Dämmqualität der Rohrleitungen, die Energieeffizienz der Pumpen sowie die Güte von Heizflächen und Thermostatventilen eine Rolle.

Die **CO_2-Emission** ist ein Maßstab für die mit dem Energieverbrauch einhergehenden Umweltbelastungen.

Mit dem Hinweis auf den **Energiebedarf** werden die zu erwartenden Kosten, die für die Wärmeversorgung des Hauses aufzuwenden sind, ausgewiesen.

Die wenigsten Gebäude sind heute so effizient, wie sie sein könnten. Zur Realisierung sinnvoller Sanierungs- und Modernisierungsmaßnahmen kann der Energieausweis **Hinweise** geben.

Vorteile des Energieausweises für Mieter und Käufer:

- Die zu erwartenden Heizkosten können zukünftig von Anfang an mit einkalkuliert werden.
- Die energetische Qualität des Gebäudes wird bewertet und liefert eine wertvolle Entscheidungshilfe, um dauerhaft Energie sowie Heizkosten zu sparen.
- Der Vergleich zwischen unterschiedlichen Immobilienangeboten und deren Energiebedarf wird ermöglicht.

Vorteile des Energieausweises für Vermieter und Verkäufer:

- Der Energieausweis liefert ein Instrument, mit dem Kunden von der Qualität des Hauses überzeugt werden können.
- Immobilien mit nachgewiesen niedrigem Energiebedarf haben einen Wettbewerbsvorteil auf dem Immobilienmarkt.
- Energetisch sanierte Gebäude halten auch bei steigenden Energiepreisen die laufenden Kosten gering und lassen mehr Spielraum für eine höhere Kaltmiete.

Aussagekraft des Energieausweises

Diskussionen zur Aussagekraft und Nützlichkeit der verschiedenen Energieausweise bestehen bereits seit der Einführung.

Der **Energieverbrauchsausweis** für Wohnungen (siehe oben) ist abhängig vom Verbraucherverhalten. Zugrunde gelegt wird der Energieverbrauch der Bewohner in den letzten 3 Jahren. Zur Qualität der Gebäudehülle, der Heizungsanlage usw. trifft der Verbrauchsausweis keine Aussage. Er lässt daher keinen direkten und einfachen Vergleich der Energieeffizienz von Gebäuden zu.

Der **Energiebedarfsausweis** dagegen ist unabhängig vom Verbraucherverhalten. Die Ergebnisse der technischen Analyse sind objektiv. Der Energiebedarf wird dabei anhand von komplexen Berechnungsmethoden ermittelt. Je nach verwendetem Softwareprogramm kann es dabei zu unterschiedlichen Bewertungen kommen. Auf dem Markt gibt es zurzeit ca. 50 verschiedene Programme. Das Institut für angewandte Informatik im Bauwesen hat bei einer Qualitätsprüfung festgestellt, dass die Ergebnisse je nach individuell verwendeter Software um bis zu 30 % voneinander abweichen (vgl. Fehlauer/Winkler, 2009). Aufgrund dieser festgestellten Mängel wurde von mehreren Softwareherstellern 2009 die „18599 Gütegemeinschaft e. V." gegründet; diese hat sich zum Ziel gesetzt, bei den Softwareprodukten zur DIN V 18599 (alle Teile) die Streuung auf unter 1 % zu beschränken (siehe www.18599siegel.de).

Eine weitere Schwierigkeit stellt die Ermittlung der benötigten **Gebäudegrunddaten** dar, insbesondere bei Bestandsgebäuden. Nicht nur die verwendeten Softwareprogramme können also zur Streuung der Ergebnisse führen, sondern auch die Ausgangsvariablen sind häufig bereits kaum zuverlässig zu ermitteln.

Die Zweifel an der Aussagekraft der Energiebedarfsausweise gehen letztlich bereits auf das Jahr 2006 zurück. Die Deutsche Energie-Agentur (dena) stellte in Stichproben fest, dass der berechnete Energiebedarf teilweise um bis zu 100 % von dem tatsächlichen Energieverbrauch abwich. Einer Studie der Bundesvereinigung Spitzenverbände der Immobilienwirtschaft aus dem Jahr 2006 zufolge ermittelten unterschiedliche beauftragte Firmen für ein und dasselbe Gebäude Primärenergiebedarfswerte, die um bis zu 60 % voneinander abwichen.

Energieverbrauchsausweise dagegen sind ohne komplizierte Berechnungen zu erstellen. Die Grundlage dieser Ausweise ist der tatsächliche Verbrauch der Nutzer, der objektiv unter Zuhilfenahme von Verbrauchsabrechnungen ermittelt werden kann. Gerade wenn ein Objekt über viele verschiedene Nutzungseinheiten verfügt, dürfte ein Energieverbrauchsausweis eine stärkere Aussagekraft besitzen als ein Energiebedarfsausweis. Der zugrunde liegende Durchschnittsbedarf aller Nutzer im Objekt stellt regelmäßig eine relevante Größe dar, aus der sich die Energieeffizienz eines Gebäudes erschließen lässt. Die Deutsche Energie-Agentur empfiehlt bei Wohngebäuden, den Bedarfsausweis zu wählen sowie auf die Qualität des Ausweises zu achten.

Energieausweise werden für das ganze Gebäude ausgestellt. Damit können Mieter oder Käufer nur einen Energieausweis für das ganze Gebäude verlangen, nicht aber für eine einzelne Wohneinheit.

Bei Passivhäusern ist der Energiebedarf aufgrund der hochwärmegedämmten Gebäudehülle und der darauf abgestimmten optimierten Gebäudetechnik ohnehin sehr gering. Gegenüber Passivhauskauf- oder -mietinteressenten kann der Nachweis problemlos erfolgen – egal mit welchem Ausweis. Das kann diese in ihrem Interesse bestärken und zum Kauf- oder Mietabschluss führen.

1.2.4 Zusammenfassung

Die Energieeinsparung gilt als primäre Anforderung der heutigen Bauaufgabe. Die Entwicklung zur Energieeinsparung und damit zu festgelegten Baustandards erfolgt im Neubau über folgende rechtliche Grundlagen:

- **DIN 4108 (1952) und DIN 4701 (1959):** erste Vorreiter zur Energieeinsparung – DIN als Bestandteil der Landesbauordnung; noch keine Berücksichtigung der Energieeinsparung
- **WärmeschutzV (1977):** erster definierter Baustandard – erstmals bundesweit gültige Verordnung; Energieeinsparung durch Minderung der Transmissionswärmeverluste
- **WärmeschutzV (1984):** erhöhte Anforderungen an *k*-Werte (heute: *U*-Werte); noch keine formulierte Energieeinsparung bezogen auf den Jahresheizwärmebedarf
- **WärmeschutzV (1995):** erste Bilanzierung von Energieverlusten und -gewinnen; Durchbruch zum Niedrigenergiehaus, zahlreiche Fördermaßnahmen.
- **EnEV (2002):** erstmals DIN- und EN-Normen als integrierte Bestandteile einer Verordnung; Verbindung zwischen energiesparendem Wärmeschutz und entsprechender Anlagentechnik – Einhaltung eines Jahresprimärenergiebedarfs für Heizung und Warmwasser

Aktuelle Berechnungsmethoden:

- **EnEV (2014):** basiert auf Weiterentwicklung des Wärmeschutznachweises; gesetzmäßig verankertes, öffentlich-rechtliches Verfahren
- **PHPP (2016):** basiert auf Erfahrungs- und Messwerten höchst energieeffizienter Gebäude; Berechnungsgrundlage für Passivhäuser; verordnungskonforme Berechnungen durch implementierte EnEV

1.3 Bauphysik

Um ein Passivhaus verstehen zu können, ist es wichtig, einige Parameter der Bauphysik zu betrachten. Der Energiekennwert in kWh/(m^2 · a) wird im Bauwesen für das Maß des Energieverbrauchs verwendet. Die gesamte Energie, die in einem Jahr verbraucht wird, wird durch diesen Kennwert beschrieben. Der Verbrauch wird auf 1 m^2 Wohnfläche bezogen, um verschiedene Wohnungen und Häuser vergleichen zu können. Jedoch kommt es bei dieser Bezugsgröße zur Unterscheidung einzelner Teilbereiche, wie z. B. der Energie zur Erzeugung des warmen Brauchwassers, der für das Heizen verwendeten Energie und des Stromes für den Betrieb der technischen Anlagen und des Haushaltes.

1.3.1 Wichtige Kennwerte und Daten

Die **Energiebezugsfläche** bildet die Fläche, auf die sich der Kennwert eines Energiebilanzverfahrens bezieht. Sie wird nach EnEV aus dem Volumen abgeleitet und ist bei kleineren Gebäuden meist deutlich größer als die tatsächliche Wohn- und Nutzfläche. Beim PHPP leitet sich die Energiebezugsfläche nicht aus dem Volumen ab, sondern ergibt sich aus der Wohnfläche

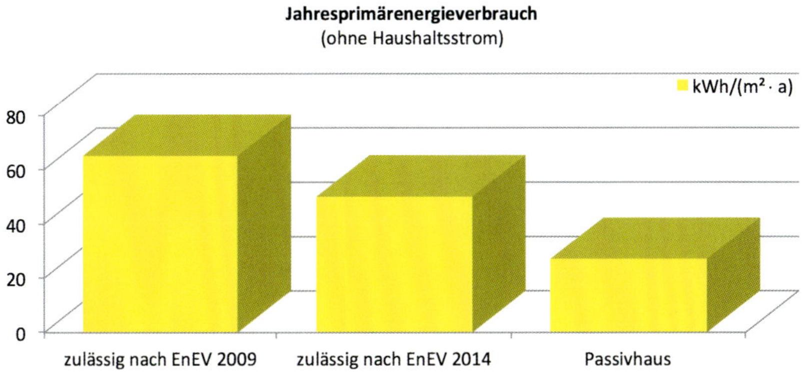

Abb. 1.14: Jahresprimärenergiebedarf nach EnEV und beim Passivhaus

mit Keller bzw. Abstellräumen, die mit 60 % angesetzt werden. Bezugsgröße für den Energiebedarf nach PHPP ist seit dem 31. Dezember 2003 die Wohnfläche, die in Anlehnung an die Wohnflächenverordnung (WoFlV) ermittelt wird. Bei Nichtwohngebäuden ist die Nutzfläche orientiert an DIN 277-1 „Grundflächen und Rauminhalte im Bauwesen – Teil 1: Hochbau" (2016) zu berechnen. Angerechnet werden nur Flächen, die innerhalb der thermischen Gebäudehülle liegen, d. h. Balkone, Terrassen usw. werden nicht angerechnet.

Alle Energien, die aus nicht erneuerbaren Energieträgern gewonnen werden (z. B. Öl, Gas und Kohle), werden als Primärenergie bezeichnet, wobei auch der normale Haushaltsstrom zum Teil durch Verbrennen von Primärenergie erzeugt wird. Um beim Passivhaus den entstehenden Restwärmebedarf zu mindern, sollte keine Steigerung der internen Wärmequellen (z. B. durch Elektrogeräte mit schlechtem Wirkungsgrad) stattfinden, da die verbrauchte Primärenergie bereits im Vorfeld durch den festgelegten **Primärenergiekennwert** auf maximal 120 kWh/(m² · a) begrenzt wird. Der komplett benötigte Energieverbrauch, d. h. die Heizenergie, die Warmwasserenergie und der Stromverbrauch des Hauses in einem Jahr, gehen in die Berechnung dieses Wertes ein (siehe Abb. 1.14).

Der **Jahresheizwärmebedarf** beschreibt die benötigte jährliche Wärmezufuhr eines Gebäudes zur Erhaltung normaler Innenraumtemperaturen bei gewöhnlichen äußeren Klimabedingungen und normalem Luftwechsel. Er ist die Summe aus Transmissions- und Lüftungswärmeverlusten sowie solaren und internen Wärmegewinnen. Somit ist der Jahresheizwärmebedarf die in einem normal kalten Jahr bei normaler Nutzung benötigte Menge an Heizenergie, die dem Haus über die Heizanlage zugeführt werden muss. Bei einem Haus mit einer beheizten Fläche von 150 m² ergibt sich ein Jahresheizwärmebedarf $Q_H = 150\ m^2 \cdot 15\ kWh/(m^2 \cdot a) = 2.250\ kWh/a$. Dies entspricht ca. 225 l Heizöl im Jahr.

In Abb. 1.15 sind die Energieflüsse bei einem Gebäude dargestellt. Im Folgenden wird die Berechnung des Jahresheizwärmebedarfs mithilfe dieser Energieflüsse erklärt. Dabei ist zu berücksichtigen, dass der Wärmeverlust eines Hauses auf unterschiedliche Weise stattfinden kann. Zum einem

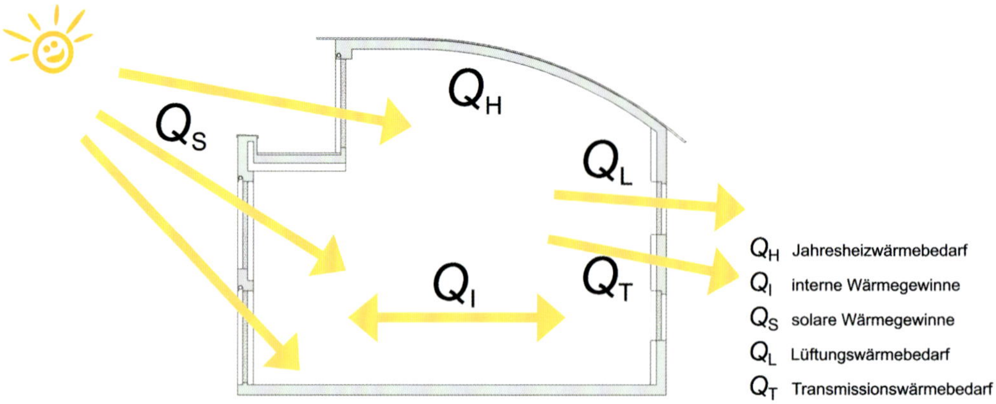

Abb. 1.15: Energieflüsse bei Gebäuden
(Quelle: Effizienz21 – Energieberatung, www.effizienz21.de)

dringt Wärme durch Bauteile wie Boden, Wand, Dach und Fenster nach außen – das ist der sog. Transmissionswärmeverlust. Dieser Verlust kann jedoch durch die Dämmeigenschaft des Bauteils, also die Art und Dicke der verwendeten Materialien u. Ä., reguliert und berechnet werden. Zum anderen kann ein hoher Wärmeverlust über die Lüftung entstehen, wenn z. B. im Winter die Fenster geöffnet werden und erhebliche Wärme nach außen dringt. Um nun eine behagliche Raumtemperatur zu erhalten, muss diese aufgrund von Transmission und Lüftung verloren gegangene Wärmemenge über das Beheizen des Innenraums ausgeglichen werden.

Da es aber auch Wärmegewinne bzw. Energiequellen wie die Sonnenstrahlen und interne Wärmequellen wie den Menschen oder Strom gibt, muss die tatsächlich benötigte Restheizwärme in einem Energiebilanzverfahren errechnet werden. Dieses Verfahren ermittelt zuerst die Werte der Transmissions- und Lüftungsverluste. Anschließend werden die aus der Solarstrahlung und den internen Wärmequellen zu erwartenden Wärmegewinne vom zuvor errechneten Wert subtrahiert. Der Jahresheizwärmebedarf, der auf die Anzahl der Quadratmeter umgelegt wird, basiert dann auf der entstandenen Differenz. Wie zuvor schon erwähnt, liegt dieser Wert bei einem Passivhaus bei maximal 15 kWh/(m² · a), was ca. 1,5 l Heizöl pro Quadratmeter und Jahr entspricht. Aufgrund dieses geringen Wertes kann auf eine herkömmliche und teure Heizungsanlage verzichtet werden und es erscheint sinnvoller, die benötigte Restwärme anderweitig aufzubringen.

Die durchschnittlichen Innen- und Außentemperaturen sowie eine mittlere Solareinstrahlung in Deutschland bilden die Basis bei der Berechnung des **Heizwärmebedarfs.** Da Passivhäuser mittlerweile europaweit und somit auch unter ganz anderen klimatischen Bedingungen gebaut werden, tritt zur internationalen Vereinfachung der Wert des jährlichen Heizwärmebedarfs von 15 kWh/(m² · a) in den Hintergrund. Die tatsächliche Heizlast pro Quadratmeter berücksichtigt u. a. regionale Unterschiede und wird somit vorrangig betrachtet.

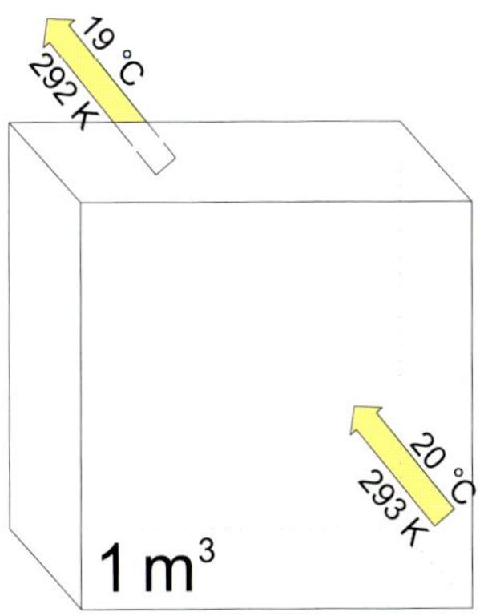

Abb. 1.16: Darstellung der Wärmeleitfähigkeit

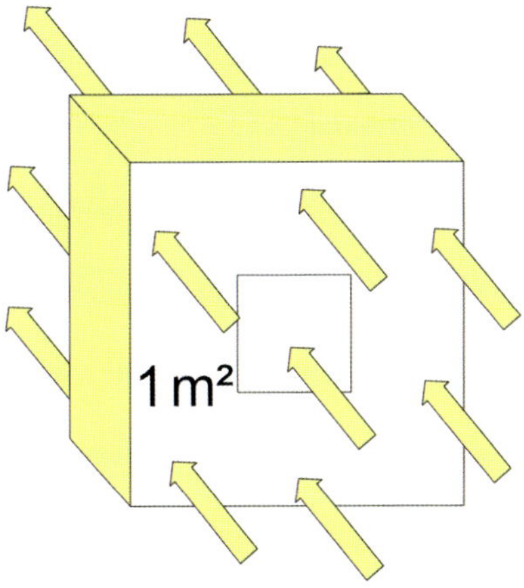

Abb. 1.17: Darstellung des *U*-Wertes (nach: http://www.heinze.de)

Die **maximale Heizlast** beschreibt die Menge der Wärmeleistung, die dem Haus am kältesten Tag des Jahres für das Heizen ohne Warmwasser zugeführt werden muss. An diesem Wert orientiert sich die Wahl der Heizungsanlage. Bei einem Haus mit z. B. 150 m² beheizter Fläche bedeutet dies: $150\ m^2 \cdot 10\ W/m^2 = 1.500\ W = 1{,}5\ kW$ Heizlast. Diese Vorgabe bezieht auch den Sonnenschein an kalten Wintertagen sowie die wärmeabgebenden internen Wärmequellen Menschen und Strom ein. Der Grenzwert liegt beim Passivhaus bei einer Heizlast von 10 W/m².

Die **Wärmeleitfähigkeit** gibt an, welche Wärmemenge durch eine Fläche von 1 m² eines Baumaterials von 1 m Dicke strömt, wenn die Temperaturdifferenz zwischen den beiden Seiten 1 K beträgt. Die Maßeinheit ist $W/(m \cdot K)$. Je größer der λ-Wert ist, desto besser leitet das Material die Wärme (siehe Abb. 1.16).

Der **Wärmedurchgangskoeffizient** (*U*-Wert) ist die wichtigste bauphysikalische Größe im Wärmeschutz; früher wurde er *k*-Wert genannt. Er gibt an, wieviel Wärmeenergie durch 1 m² Bauteil wie Wand, Fenster, Dach usw. bei einer Temperaturdifferenz von 1 K hindurchgeht – seine Einheit ist daher $W/(m^2 \cdot K)$. Im *U*-Wert sind alle relevanten Einflussfaktoren berücksichtigt; er gilt jedoch als rein rechnerische Größe. Wärmedämmeigenschaften von Baustoffen bzw. von Bauteilen, die sich aus mehreren Stoffen zusammensetzen, werden mithilfe des *U*-Wertes wiedergegeben. Auch können Transmissionswärmeverluste errechnet werden (siehe Abb. 1.17).

U-Werte sind die Maßeinheiten für den Wärmedurchgang durch Bauteile und geben den Wärmestrom in Watt an, der durch 1 m² eines nicht lichtdurchlässigen, d. h. opaken Bauteils bei einer Temperaturdifferenz zwischen innen und außen von 1 K fließt. Je kleiner der *U*-Wert, desto besser ist die Dämmwirkung. Ein *U*-Wert $\leq 0{,}15\ W/(m^2 \cdot K)$ an Bauteilen wie Wänden, Dächern und Decken erfordert ca. 30 cm Dämmung. Dächer werden meist noch stärker gedämmt, Kellerdecken und erdberührte Bauteile etwas weniger.

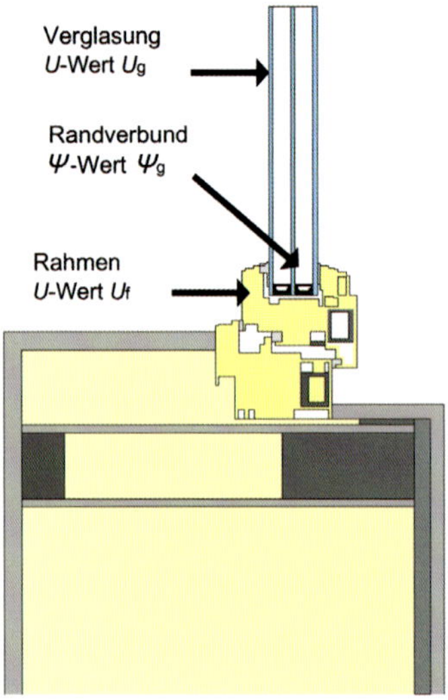

Abb. 1.18: Wärmedurchgangswerte für Fenster nach Passivhaus Institut Darmstadt

U_w-Werte (w – window) bezeichnen den Wärmedurchgang ganzer Fenster. Sie werden anhand der U_g-Werte (g = glass) der Gläser, der U_f-Werte (f = frame) der Rahmen sowie der Wärmebrücken am Glasrandverbund (Ψ_g) und am Einbaurand der Fenster berechnet. Ein U_w-Wert ≤ 0,8 W/(m² · K) verlangt Dreifachverglasung und wärmegedämmte Rahmen (siehe Abb. 1.18).

Der **Energiedurchlassgrad** ist die Kennzahl von Gläsern, die angibt, wie viel Prozent der auf die Scheibe treffenden Sonnenenergie diese durchdringt. Je höher der *g*-Wert ist, desto mehr solare Wärmegewinne erhält das Haus durch die Fenster. Dabei gilt: Je besser der *U*-Wert, desto geringer der *g*-Wert.

Der **Lüftungswärmebedarf** bezeichnet die Wärme, die für die Erwärmung der Frischluft nötig ist. Um Feuchteschäden zu vermeiden und sicherzustellen, dass das Lüften im Passivhaus mit WRG und nicht durch Ritzen oder Fugen erfolgt, benötigt ein Passivhaus eine hohe Luftdichtheit. Die EnEV 2014 und DIN 4108-7 „Wärmeschutz und Energie-Einsparung in Gebäuden – Teil 7: Luftdichtheit von Gebäuden – Anforderungen, Planungs- und Ausführungsempfehlungen sowie -beispiele“ (2011) begrenzen die Luftundichtigkeit der Gebäudehülle von Neubauten mit Lüftungsanlage auf einen maximal 1,5-fachen Luftaustausch pro Stunde bei 50 Pa Differenzdruck (n_{50}-Wert). Für Passivhäuser darf dieser Luftaustausch durch Ritzen und Fugen nicht höher bzw. sollte besser noch niedriger als 0,6-fach pro Stunde sein (Luftdichtheit $n_{50} \leq 0{,}6\ h^{-1}$).

Die Lüftungsanlagen, die in einem Passivhaus eingesetzt werden, müssen eine hohe Energieeffizienz der WRG-Anlage (Wirkungsgrad $\eta_{WRG} \geq 75\,\%$) und einen niedrigen Stromverbrauch (≤ 0,4 Wh/m³) haben. Zum Einsatz kommende Wärmepumpen müssen speziellen Anforderungen gerecht werden, die in Kapitel 3.5.3 erläutert werden.

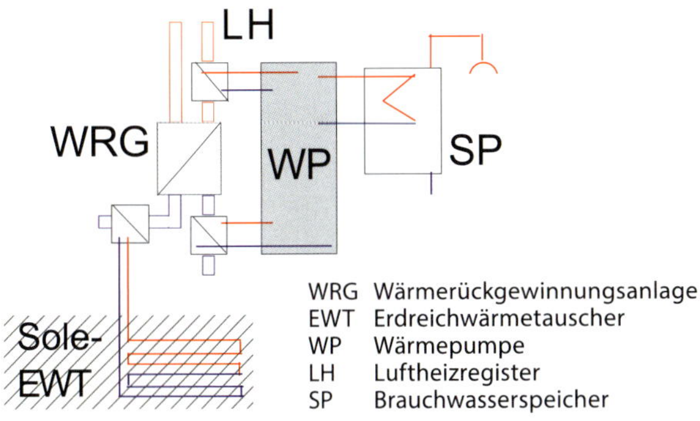

Abb. 1.19: Grundversorgungstechnik Passivhaus (Quelle: Niedrig-Energie-Institut, Detmold)

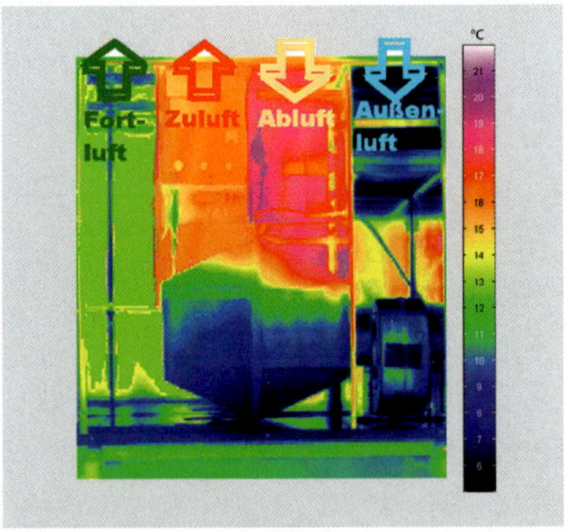

Abb. 1.20: Thermografieaufnahme einer WRG-Anlage (Quelle: Passivhaus Institut Darmstadt)

Die Versorgungstechnik in einem Passivhaus beinhaltet häufig eine (Abluft-)WRG-Anlage mit vorgeschaltetem EWT und einer angeschlossenen Wärmepumpe, die nach dem Wärmeentzug der Fortluft über ein Luftheizregister die Zuluft erwärmt (siehe Abb. 1.19). Gleichzeitig wird auch der Brauchwasserspeicher beheizt.

Abb. 1.20 zeigt eine Wärmebildaufnahme der Temperaturverläufe in einer Gegenstrom-WRG-Anlage. Durch den Wärmeentzug der deutlich erwärmten Abluft wird die eingetretene Außenluft erwärmt und dem Bewohner als wohltemperierte Zuluft in den Wohnräumen zugeführt. Erst nachdem der Abluft sämtliche Wärme entzogen wurde, verlässt sie als Fortluft das Gebäude. Durch diesen Vorgang ist ein WRG-Grad $\eta \geq 75\,\%$ möglich.

Hilfreich für die Effizienz ist es, wenn die Frischluft im Winter in einem Sole- oder Luftkanal-EWT vorerwärmt wird (siehe Abb. 1.21). Dagegen sollte im Sommer die erwärmte Frischluft durch das Erdreich abgekühlt werden (siehe Abb. 1.22).

Aufgrund direkter Sonneneinstrahlung durch transparente Bauteile wie Fenster ergeben sich **solare Wärmegewinne** im Gebäude. Diese Wärmegewinne werden bestimmt durch die Ausrichtung und Größe der Fenster, den Energiedurchlassgrad der Gläser sowie Einflüsse der Verschattung und der

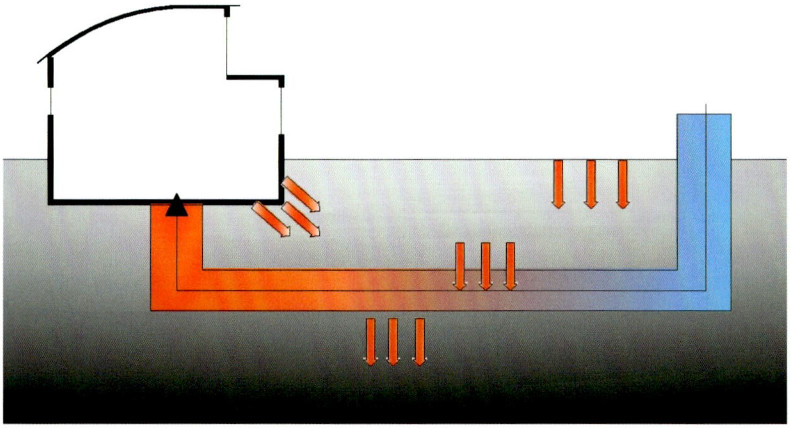

Abb. 1.21: Vorwärmung der Frischluft im Winter durch einen EWT

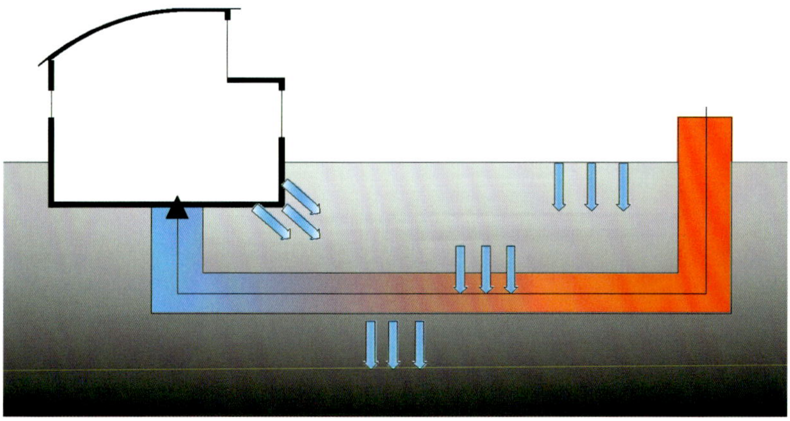

Abb. 1.22: Vorkühlung der Frischluft im Sommer durch einen EWT

Verschmutzung der Scheiben. Aber auch opake, d. h. undurchsichtige Bauteile lassen je nach Oberfläche und Farbe Energie durchdringen.

Interne Wärmegewinne Q_I werden aus der Abwärme von elektrisch betriebenen Geräten, von anderen Wärmequellen wie Gasherden und von in den Räumen lebenden Menschen erzielt. Ebenso bringen Baden und Duschen sowie die Abwärme der Beleuchtung interne Wärmegewinne.

1.3.2 Passivhauskriterien

Ein Passivhaus muss eine Reihe von Kriterien erfüllen, die vor allem die Qualität der Hülle, der Lüftungsanlage und in der Folge die Heizlast und den Jahresheizwärmebedarf betreffen. Das klassische Passivhauskonzept begrenzt auch den Jahresprimärenergiebedarf. Dieses Kriterium ist problematisch, weil es in hohem Maße politisch und deshalb nicht unbedingt ein geeigneter Kennwert für die Qualität eines Gebäudes ist. Das Passivhaus Institut hat deshalb 2015 einen neuen Wert zur Bewertung des Jahresener-

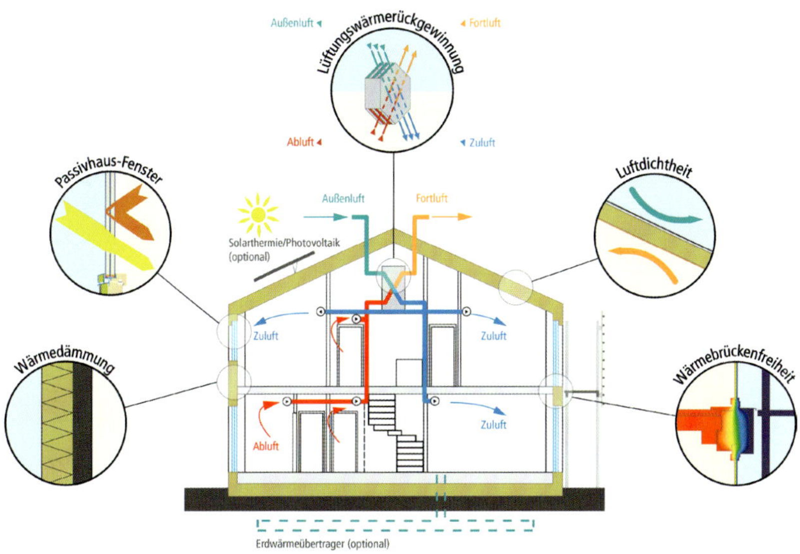

Abb. 1.23: Grundsätze beim Bau von Passivhäusern (Quelle: Passivhaus Institut Darmstadt)

giebedarfs eingeführt: das System der erneuerbaren Primärenergie (Primary Energy Renewable [PER]); gleichzeitig wurden dem Passivhaus Classic 2 neue Varianten – Passivhaus Plus und Passivhaus Premium – zur Seite gestellt, die weitere Kriterien erfüllen müssen. Die wesentlichen Anforderungen an alle Passivhäuser sind aber die gleichen geblieben und damit seit über einem Vierteljahrhundert unverändert.

Kriterien aller Passivhäuser

Zu den wichtigsten bauphysikalischen Kriterien eines Passivhauses zählen in kühl-gemäßigten Klimazonen folgende Kenndaten (siehe auch Abb. 1.23):

- Jahresheizwärmebedarf: $Q_H \leq 15$ kWh/(m² · a) oder maximale Heizlast $P_{HZ} < 10$ W/m²
- Jahresprimärenergiebedarf: $Q_P \leq 95$ kWh/(m² · a); Wert für Deutschland (Jahresprimärenergiebedarf soll nur noch übergangsweise ermittelt und als Kriterium herangezogen werden)
- Luftdichtheit: $n_{50} \leq 0{,}6\ h^{-1}$ (maximal 0,6-facher Luftwechsel pro Stunde aus unkontrollierter Lüftung bei 50 Pa Differenzdruck)
- U-Werte (Wärmedurchgangskoeffizienten)
  - für opake Außenbauteile (Außenwand, Dach und zum Erdreich): $U < 0{,}15$ W/(m² · K)
  - von Fenstern und anderen transluzenten Bauteilen: $U_w < 0{,}8$ W/(m² · K)
- Lüftungsanlage mit WRG $\eta \geq 75\,\%$

Wärmebrücken müssen bei Planung und Ausführung vermieden, zumindest aber so weit wie möglich minimiert werden.

Neben den genannten Kriterien sieht der Passivhausstandard eine Reihe weiterer Anforderungen vor, von denen nicht oder nur in begründeten Einzelfällen abgewichen werden kann. Dabei handelt es sich überwiegend um Anforderungen zur Sicherstellung der Behaglichkeit und Nutzerzufriedenheit. Beispielhaft seien folgende Anforderungen genannt:

- In Passivhäusern ohne aktive Kühlung darf an höchstens 10 % der Stunden im Jahr eine Raumtemperatur von über 25 °C herrschen.
- In jedem Aufenthaltsraum muss es mindestens ein Fenster geben, das geöffnet werden kann.
- Zur Vermeidung von Geräuschbelästigungen darf der Schallpegel der Lüftungsanlage in Wohn- und Schlafräumen bei maximal 25 dB(A) liegen.

Erneuerbare Primärenergie (PER)

Mit dem PER-System verfolgt das Passivhaus Institut seit 2015 einen neuen Ansatz der Bewertung des Energiebedarfs von Gebäuden. Anstelle des Primärenergiebedarfs soll nach einer Übergangszeit für das Passivhaus verbindlich der Bedarf an erneuerbarer Primärenergie (kurz: PER-Bedarf) ermittelt werden. Das PER-System wurde vom Passivhaus Institut entwickelt und bislang von keiner anderen Organisation oder politischen Institution übernommen (vgl. www.passipedia.de/zertifizierung/passivhaus-klassen/per).

Im Folgenden wird die Motivation zur Entwicklung des PER-Systems erläutert.

Bei der in der EnEV verankerten primärenergetischen Betrachtung wird der Endenergiebedarf bzw. -verbrauch eines Gebäudes unter Aspekten des Umwelt- und Klimaschutzes bewertet. Je nachdem, mit welchem Energieträger ein Haus beheizt wird, wird die benötigte Endenergie mit einem festgelegten Primärenergiefaktor multipliziert (vgl. Tabelle 1.4). Bei den fossilen Energieträgern Öl und Gas liegt der Primärenergiebedarf nahe dem Endenergiebedarf. Bei Holz dagegen wird aufgrund der CO_2-Neutralität von Holz ein so niedriger Faktor angesetzt, dass das Gebäude rechnerisch einen minimalen Energiebedarf aufweist. Beim Strom zeigt sich die ganze Problematik der primärenergetischen Betrachtung: Weil die Stromerzeugung aus fossilen Brennstoffen umweltschädlich ist und beim Transport von Strom hohe Verluste entstehen, wurde dem Energieträger Strom ein hoher Primärenergiefaktor von anfangs 3,0 zugewiesen. Inzwischen ist der Strommix hierzulande aber immer umweltfreundlicher, weil der Anteil erneuerbarer Energien kontinuierlich steigt. Deshalb wird der Primärenergiefaktor in politischen Entscheidungsprozessen regelmäßig gesenkt, seit Januar 2016 liegt er bei 1,8. Das führt dazu, dass z. B. mit Wärmepumpe beheizte Gebäude rechnerisch immer sauberer werden, ohne dass der Endenergieverbrauch sinkt.

Tabelle 1.4: In Deutschland geltende Primärenergiefaktoren gemäß EnEV (seit Januar 2016) nach Laible, 2017

Energieträger	Primärenergiefaktor EnEV
Heizöl	1,1
Erdgas, Flüssiggas	1,1
Steinkohle/Braunkohle	1,1/1,2
Holz	0,2
Nah- und Fernwärme aus Kraft-Wärme-Kopplung erneuerbare/fossile Energieträger	0,0/0,7
Nah-/Fernwärme aus Heizwerken erneuerbare/fossile Energieträger	0,0/1,3
Strom	1,8
„Umweltenergie" (Solarenergie, Umgebungswärme u. Ä.)	0,0

Wenn an der primärenergetischen Betrachtung der EnEV und bei den KfW-Effizienzhäusern festgehalten wird, sinkt der Anreiz für mehr Energieeffizienz im Gebäudesektor also stetig. Dieser kontraproduktiven Entwicklung soll das System der erneuerbaren Primärenergie entgegengesetzt werden. Dahinter steht die Idee, die absehbare weitere Entwicklung des Strommixes und damit des Primärenergiefaktors vorwegzunehmen und unsere Häuser heute schon so zu bewerten, als würden sie in der Zukunft gebaut – in einer Zeit nämlich, in der es nur noch erneuerbare Energien gibt. Diese Betrachtung erscheint sinnvoll, denn auch die Nutzung unserer Gebäude erfolgt ja nicht in der Gegenwartszeit des Planers, sondern in der Zukunft.

Auch im PER-System gibt es Faktoren, die mit dem Endenergiebedarf multipliziert werden. Diese sog. PER-Faktoren sind erforderlich, um die künftig notwendige Stromspeicherung und die damit verbundenen Speicherverluste zu berücksichtigen. Je nachdem, ob Energie in einem Gebäude parallel zur Erzeugung verbraucht oder aber kurzfristig bzw. langfristig gespeichert wird, werden unterschiedliche PER-Faktoren angesetzt.

Passivhausklassen: Classic, Plus und Premium

Die Entwicklung des PER-Systems war Basis und Anlass 2015 aus dem bisherigen Passivhaus eine „Passivhausfamilie" zu definieren – bestehend aus 3 Passivhausklassen samt weiterer Kriterien.

Die am Anfang des Kapitels genannten Passivhauskriterien gelten für alle Klassen. Das jetzt Passivhaus Classic genannte Konzept entspricht dabei dem bisherigen Passivhausstandard, lediglich der Primärenergiebedarf wurde durch den oben beschriebenen PER-Bedarf ersetzt. Beim Passivhaus Classic darf dieser bei maximal 60 kWh/(m^2 · a) liegen. Vom Passivhaus Plus wird mehr Effizienz erwartet; sein Maximalbedarf an erneuerbarer Primärenergie beträgt 45 kWh/(m^2 · a). Für das Passivhaus Premium wurde das Kriterium weiter verschärft: Der maximale PER-Bedarf liegt hier bei 30 kWh/(m^2 · a). Auf der Energieverbrauchsseite ist also das Passivhaus Plus

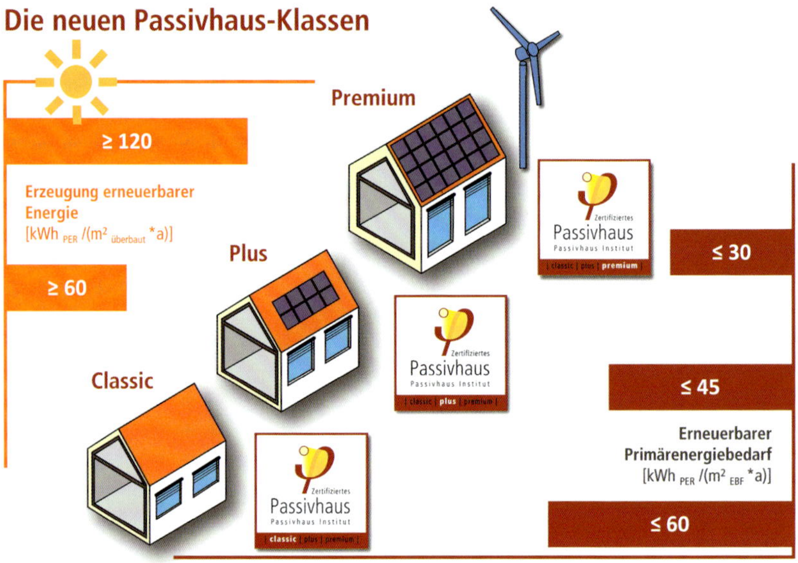

Abb. 1.24: Die 2015 eingeführten neuen Passivhausklassen im Überblick (Quelle: Passivhaus Institut Darmstadt)

um 25 % und das Passivhaus Premium um 50 % effizienter als das klassische Passivhaus.

Bei Passivhaus Plus und Passivhaus Premium kommt noch eine neue Komponente hinzu: die Erzeugung erneuerbarer Energie. Zwar leisteten auch in der Vergangenheit schon viele Passivhäuser ihren Beitrag zur Gewinnung erneuerbarer Energien, z. B. durch Fotovoltaikmodule auf dem Dach. Für die Berechnung des Gebäudes und für die Erreichung des angestrebten Passivhausstandards war dies aber unerheblich. Bei den neuen Plus- und Premiumpassivhäusern ist die Energiegewinnung integraler Bestandteil des Konzepts. Aber auch hier gibt es Besonderheiten, die mit der Art, wie andere Organisationen und Institutionen denken und rechnen, wenig gemein haben.

Zum einen ist es aus Sicht des Passivhaus Instituts für die Berechnung und Planung unerheblich, wo die Stromerzeugung erfolgt. So kann ganz klassisch Fotovoltaik auf dem eigenen Dach oder ein Kleinwindrad im Garten zum Einsatz kommen. Die Stromerzeugung muss aber nicht zwangsläufig auf dem eigenen Grundstück erfolgen, auch Solarstrommodule auf einem dafür angemieteten Nachbardach sind denkbar, genauso wie die Beteiligung an einem Bürgerkraftwerk andernorts.

Die zweite Besonderheit ist, dass die gewonnene Energie (kWh_{PER}) nicht auf die Wohnfläche, sondern auf die überbaute Grundstücksfläche (m^2_{Grund}) bezogen wird. Dadurch macht es für die Gebäudeperformanz keinen Unterschied, ob es sich um einen eingeschossigen Bungalow oder ein fünfstöckiges Mehrfamilienhaus auf gleicher Fläche handelt. So soll vermieden werden, dass solche Häuser rechnerisch begünstigt werden, die besonders viel

Fläche verbrauchen und deshalb auf dem Dach besonders viel Solarstrom produzieren können.

Das Passivhaus Plus verlangt mindestens 60 $kWh_{PER}/(m^2{}_{Grund} \cdot a)$ erzeugter Energie, das Passivhaus Premium mindestens 120 $kWh_{PER}/(m^2{}_{Grund} \cdot a)$.

In Abb. 1.24 werden die Gebäudeklassen einander gegenübergestellt. Zu beachten ist, dass beide Kennwerte – Verbrauch und Erzeugung – zwar Kilowattstunden erneuerbarer Primärenergie ausdrücken, aber nicht miteinander verrechnet werden können, weil sich der Verbrauch auf den Quadratmeter Energiebezugsfläche, die Gewinnung aber auf den Quadratmeter Grund bezieht.

1.3.3 Zusammenfassung

Wichtige Kennwerte und Daten zur Berechnung des Energieverbrauchs eines Hauses im Überblick:

- Energiekennwert: Maß des Energieverbrauchs pro Jahr
- Energiebezugsfläche: Bezugsfläche der Kennwerte eines Energiebilanzverfahrens – Unterschied in EnEV und PHPP
- Primärenergie: Energie aus nicht erneuerbaren Energieträgern
- Primärenergiekennwert: Energieverbrauch (Heiz-, Warmwasser- und Stromverbrauch) eines Hauses im Jahr
- Jahresheizwärmebedarf: Summe aus Wärmeverlusten und -gewinnen und daraus resultierender Wärmezufuhrbedarf (bezogen auf Anzahl der Quadratmeter)
- maximale Heizlast: Menge der Wärmeleistung, die für das Heizen (ohne Warmwasser) am kältesten Tag des Jahres dem Haus zugeführt werden muss
- Wärmeleitfähigkeit: Wärmemenge, die durch die Fläche von Baumaterial strömt → **λ-Wert**
- Wärmedurchgangskoeffizient: Maßeinheit für die Wärmeenergie, die durch ein Bauteil dringt → ***U*-Wert;** je nach Bauteil (z. B. Fenster) Unterteilungen möglich
- Energiedurchlassgrad: Prozentanteil der Sonnenenergie, die durch Glasscheiben dringt
- Lüftungswärmebedarf: Wärmebedarf zur Erwärmung der Frischluft
- Luftdichtheit: Wert zur Berechnung des Luftaustausches durch Ritzen und Fugen
- WRG-Grad: Wärme, die aus der verbrauchten Luft über die Lüftungsanlage zurückgewonnen wird

1.4 Förderung

Der Passivhausstandard ist wirtschaftlich betrachtet aufgrund der hohen Energieeinsparung langfristig günstiger als eine herkömmliche Bauweise. Am Anfang müssen jedoch höhere Investitionskosten aufgebracht werden, um das Bauvorhaben umsetzen zu können. Die Mehrkosten für die höherwertigen Fenster, eine Lüftungsanlage mit WRG und effektivere Dämmung können zu einem großen Teil durch Fördermittel aufgefangen werden.

Zuschüsse und Darlehen

Die Verwirklichung eines Passivhausbaus ist einfacher mit einer attraktiven Förderung, die in vielen Fällen aus öffentlichen Zuschüssen besteht. Dies können zinsgünstige Darlehen oder Zuschüsse zu den Investitionskosten sein, die nicht zurückgezahlt werden müssen. Im Allgemeinen muss vor Beginn der Arbeiten ein Förderantrag gestellt werden.

Oft können auch mehrere Fördermittel miteinander kombiniert werden. Bei manchen Programmen ist eine Kumulierung jedoch ausdrücklich ausgeschlossen. Auch die Fördersätze können sich im Lauf eines Jahres ändern. Die genauen Konditionen sollten daher direkt vor der Antragstellung beim jeweiligen Fördermittelgeber erfragt werden.

Den Überblick über die verschiedenen Fördermöglichkeiten und -quellen zu behalten, ist schwierig. Hilfe beim Beantragen bieten Bauträger, Baufinanzexperten und Verbraucherzentralen. Bauherren sollten diese Hilfen auch nutzen, damit ihnen bei der Finanzierung des Energiesparhauses aus Unwissenheit kein Geld verloren geht. Förderungen und Zuschüsse ändern sich immer wieder oder werden angepasst. Deswegen können an dieser Stelle keine Beispiele angegeben werden – die aktuellen Daten sollten stets individuell erfragt werden.

Förderprogramme der KfW

Die KfW Förderbank vergibt bundesweit Zuschüsse und Kredite für energiesparende Baumaßnahmen. Für das Passivhaus relevante Förderprogramme sind zum einen das Programm 153 „Energieeffizientes Bauen“ (bzw. Programm 276 für Nichtwohngebäude). Ein anderes nützliches Programm ist 431 „Energieeffizient Bauen und Sanieren – Zuschuss Baubegleitung“.

Beim Programm 153 erreicht das Passivhaus durch seinen guten Energiestandard auch den besten Standard nach diesem KfW-Programm: das Effizienzhaus 40. Über dieses Programm kann der Bauherr einen Kredit in Höhe von 100.000 € je Wohnung mit einem Zinssatz ab 1,55 % (Stand: 14. Juli 2018) erhalten. Zusätzlich wird ein Tilgungszuschuss in Höhe von 10.000 € pro Wohneinheit gewährt.

Da mit einem Passivhaus, wie bereits erwähnt, schon der Standard Effizienzhaus-40 erreicht wird, kann es außerdem sehr sinnvoll sein, noch auf den Standard Effizienzhaus-40 Plus aufzuwerten. Dafür sind zusätzlich lediglich eine Fotovoltaikanlage und ein Batteriespeicher erforderlich (Größe jeweils abhängig von der Anzahl der Wohneinheiten und der Gebäudenutzfläche). Wenn dieser Effizienzstandard erreicht wird, erhöht sich der Tilgungszuschuss um 5.000 € auf 15.000 €. Für ein beispielhaftes Einfamilienhaus mit 150 m^2 Nutzfläche muss die Fotovoltaikanlage mit 2,5 kWp und der Batteriespeicher mit 2,5 kWh dimensioniert sein. Diese Anlage ist schon für unter 8.000 € Investitionskosten realisierbar und wird somit zu einem Großteil von dem zusätzlichen Tilgungszuschuss abgedeckt; auf diese Weise kann das Gebäude also sehr günstig mit einer Fotovoltaikanlage ausgestattet werden.

Über den Zuschuss 431 der KfW können 50 % der Kosten (max. 4.000 €) für die Planung und Baubegleitung durch einen Experten für Energieeffizienz gefördert werden.

Alle aktuellen Programme und Konditionen sind über die Website der KfW abrufbar (vgl. www.kfw.de).

BAFA-Zuschüsse

Das Bundesamt für Wirtschaft und Ausfuhrkontrolle (BAFA) fördert regenerative Energiequellen. In Neubauten sind sie nur im Rahmen der sog. Innovationsförderung förderfähig (z. B. in Mehrfamilienhäusern oder größeren Nichtwohngebäuden). Ansonsten sind Anlagen nur im Gebäudebestand förderbar. Informationen zu den BAFA-Zuschüssen finden sich unter www.bafa.de.

Förderprogramm der Länder

Abhängig vom Bundesland, in dem gebaut wird, gibt es noch spezielle Baukredite und Förderungen der Länder (vgl. dazu www.baufoerderer.de).

Kommunale Förderprogramme

Selbst einzelne Kommunen haben Förderprogramme, um den Bau von Passivhäusern finanziell zu fördern. In Neubaugebieten werden immer öfter Bauabschnitte so ausgewiesen, dass nur Gebäude nach dem Passivhausstandard eine Baugenehmigung erhalten. Je nach Programm sind Zuschüsse von mehreren Tausend Euro möglich. Hauptansprechpartner sind die einzelnen Stadt- bzw. Gemeindeverwaltungen, die auch die jeweiligen Förderanträge zur Verfügung stellen. Weitere Informationen (Förderung nach Wohnort) bietet die Internetseite www.energiefoerderung.info.

1.5 Planung

In diesem Kapitel werden einige Vorüberlegungen zur Planung eines Passivhauses, d. h. zu den Anforderungen an den Bauplatz und zu den Entwurfsgrundlagen wie der Grundrissanordnung sowie der Gestaltung des Gebäudes ausgeführt. Durch eine Weiterbildung zum zertifizierten Passivhaus-Planer/-Berater können Fachplaner dem Bauherrn zeigen, dass sie über das für die Passivhausplanung notwendige Wissen verfügen.

1.5.1 Zertifizierter Passivhaus-Planer/-Berater

Passivhäuser zu bauen ist an sich nicht schwer – aber wie jede andere Kompetenz will auch diese erworben sein. Architekten, Fachingenieure und Baufachleute bringen eine Menge von Kenntnissen aus ihrer Grundausbildung und aus ihrer beruflichen Praxis mit. Zusätzlich benötigtes Know-how kann mit vertretbarem Aufwand erworben werden, z. B. über die Teilnahme an einer Weiterbildung.

Abb. 1.25: Logos für zertifizierte Passivhaus-Planer/-Berater (Quelle: Passivhaus Institut Darmstadt)

Das Kompetenznetzwerk IG-Passivhaus hat dafür zusammen mit der Wissensdatenbank Passipedia eine Zusatzqualifikation eingeführt – den „zertifizierten Passivhaus-Planer“ bzw. den „zertifizierten Passivhaus-Berater“ (siehe Abb. 1.25). Diese Qualifikationen sind geschützt und an die qualifizierte Person gebunden. Die Qualifikation kann auf 2 Wegen nachgewiesen werden:

- durch das Ablegen einer schriftlichen Prüfung
- durch die Dokumentation eines gebauten PHI-zertifizierten Passivhauses oder einer ausgeführten EnerPHit-Gebäudesanierung (jeweils verantwortlich von der betreffenden Person geplant).

Jeder zertifizierte Passivhaus-Planer beweist also beim Erwerb des Zertifikates, dass er das nötige Wissen besitzt und bei dessen sorgfältiger Anwendung ein Passivhaus planen kann.

Bauherren auf der Suche nach einem kompetenten Partner für den Bau ihres Hauses erhalten mit dem Zertifikat eine Hilfe bei der Wahl eines geeigneten Kandidaten. Über die Webseite www.passivhausplaner.eu können die zertifizierten Personen nach Region gefiltert angezeigt werden.

Für die Aufrechterhaltung des an die Person gebundenen Zertifikates ist regelmäßig alle 5 Jahre ein Nachweis darüber erforderlich, dass das einmal Gelernte durch Anwendung erhalten wird und auf dem aktuellen Stand bleibt. Dies geschieht auf dem Weg der Dokumentation eines ausgeführten zertifizierten Objekts. Damit ist sichergestellt, dass die Planung des dokumentierten Objekts durch eine unabhängige Gegenkontrolle geprüft wurde und keine Fehler enthält. Eine derartige Gegenkontrolle ist ein wertvolles Instrument der Qualitätssicherung und wird als gute fachliche Praxis allgemein empfohlen.

Alle Objektdokumentationen stehen als Download zur Verfügung, sie enthalten eine Vielzahl wertvoller Detailinformationen, die gleichermaßen interessant sind für Bauherren wie für interessierte Fachkollegen (www.passipedia.de/passipedia_de/bau/qualitaetssicherung/qualitätssicherung).

Detaillierte aktuelle Informationen zu den bisher zertifizierten Personen, zur Prüfungsordnung und zu den von verschiedenen Bildungsträgern angebotenen Kursen sind ebenfalls abrufbar unter www.passivhausplaner.eu.

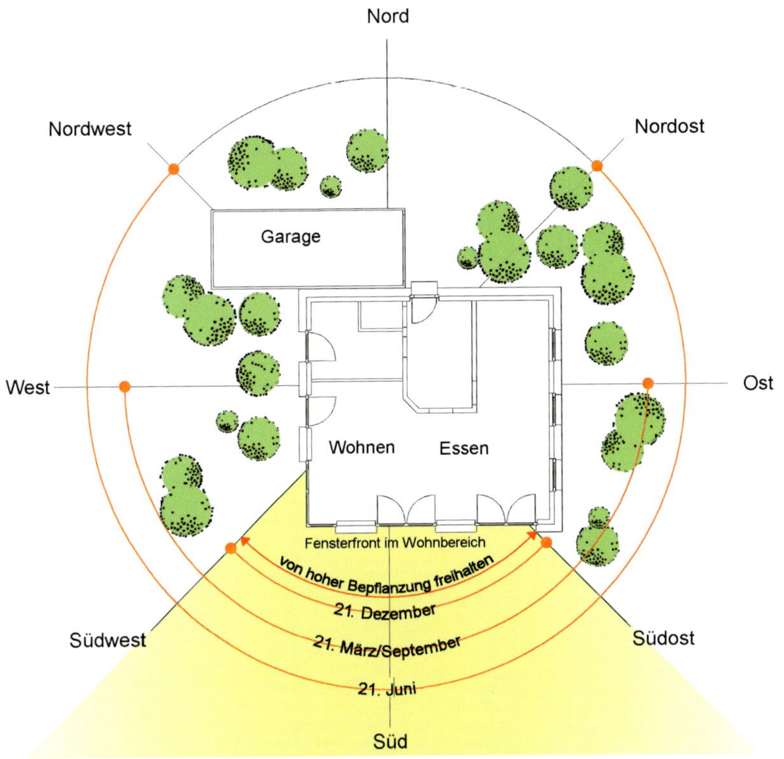

Abb. 1.26: Schematische Skizze zur optimalen Passivhausanordnung nach Graf, 2003, S. 27

1.5.2 Bauplatzanforderungen

Für die Lage und Orientierung eines Passivhauses auf einem Grundstück ist vorab zu klären, ob eine intensive Nutzung der Sonnenwärme gewährleistet werden kann. Es muss sichergestellt werden, dass die einfallenden Sonnenstrahlen das Haus auch erreichen können. So wirkt sich erhebliche Verschattung durch hohen Baumbestand oder angrenzende Gebäude nachteilig auf die solaren Wärmegewinne aus. Der Passivhausstandard ist leicht zu erreichen, wenn eine Südorientierung des Hauses und eine geringe Verschattung vorliegen.

Bei dem in Abb. 1.26 gezeigten Passivhaus liegt im Bereich von Südosten bis Südwesten keine Verschattung vor. Die Bepflanzung im Osten und Westen hält die tiefe Morgen- und Abendsonne ab.

1.5.3 Entwurfsgrundlagen

Die Grundlage für einen erhöhten oder niedrigen Energieverbrauch eines Passivhauses wird bereits durch die Form und den Grundriss des Gebäudes gelegt. In Kapitel 1.1.2 wurde bereits darauf eingegangen, dass Gebäude mit einer großen Hüllfläche A im Verhältnis zum umbauten Volumen V einen größeren Energieverbrauch haben als Gebäude, die eine kleinere Hüllfläche bei gleichem Volumen aufweisen. Somit sollte das A/V-Verhältnis möglichst

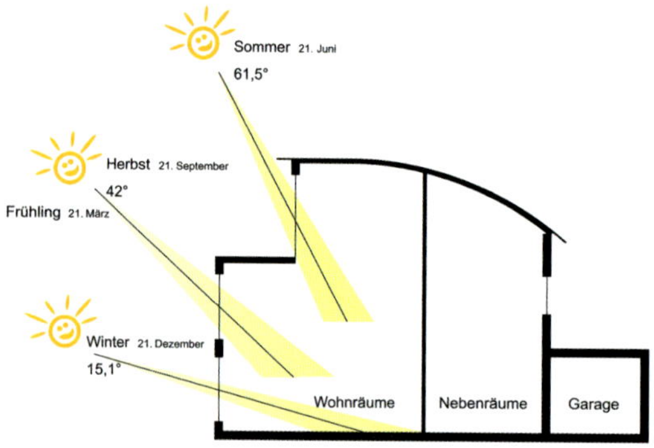

Abb. 1.27: Gebäudezonierung bezüglich der Sonnenstände nach Simon/Simon, 2004

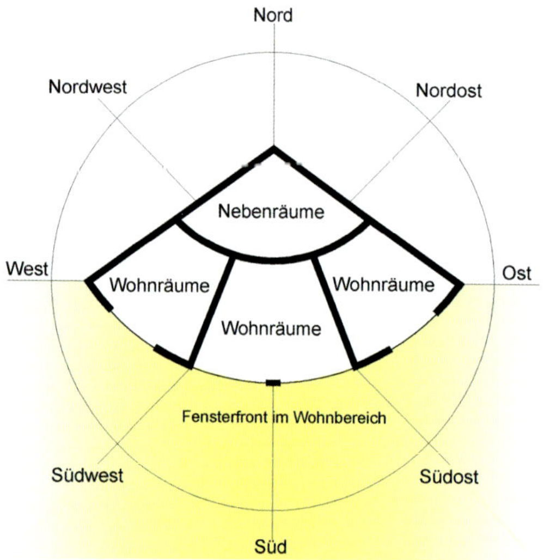

Abb. 1.28: Systemskizze 1 zur energetisch günstigen Orientierung eines Passivhauses nach Simon/Simon, 2004

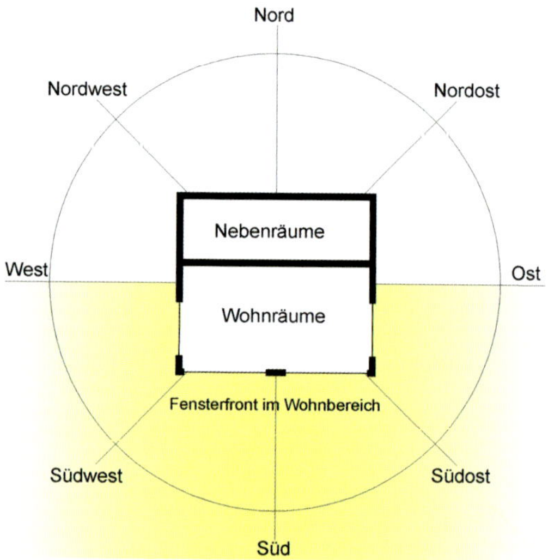

Abb. 1.29: Systemskizze 2 zur energetisch günstigen Orientierung eines Passivhauses

gering sein, um einen günstigen Energieverbrauch zu erreichen. Optimal wäre das Verhältnis bei einer Kugel. Ein Würfel erreicht durch seine kompakte und energetisch günstige Form das für ein Passivhaus bestmögliche *A*/*V*-Verhältnis. Wird ein solcher Gebäudewürfel durch Vor- bzw. Rücksprünge oder Erker aufgelöst, entstehen weitere äußere Flächen, die Wärme abgeben. Dazu kommen die höheren Baukosten. Die schwierigste Herausforderung stellen dabei frei stehende Einfamilienhäuser dar, da sie – anders als z. B. Reihen- bzw. Doppelhäuser – keine aneinandergrenzenden Wände haben, die keine Wärmeverluste aufweisen und damit thermisch neutral sind.

Um die Sonneneinstrahlung im Winter weit in das Gebäude hineinzulassen, sollte die Südfläche durch große Fensterflächen geprägt sein. Des Weiteren lässt sich der Energiegewinn durch Abschrägen der Fensterlaibungen günstig beeinflussen. Die Nordseite sollte lediglich so viel Fensterfläche erhalten, wie zur Belichtung der Räume unbedingt notwendig ist (siehe Abb. 1.27).

Bei der Planung der Grundrissaufteilung sollten die Wohnräume nach Süden und die Neben- sowie Abstellräume nach Norden orientiert werden, um ein Temperaturgefälle von Süden nach Norden – von den Aufenthalts- zu den Nebenräumen – zu erreichen.

Die in Abb. 1.28 skizzierte Dreiecksform als Gebäudegrundriss bietet die konsequente Optimierung der energetischen Rahmenbedingungen. Die gesamte Sonnenenergie im Laufe eines Tages kann genutzt und in Form von solaren Gewinnen umgesetzt werden.

Die für den Grundriss eines Gebäudes günstigere Form eines Rechtecks bzw. Quadrats in Abb. 1.29 nähert sich bei gleicher Orientierung der Wohnzonen einer Optimierung der energetischen Rahmenbedingungen an. Anbauten wie Garagen, Fahrradabstellräume oder Bereiche für Gartengeräte sollten nordseitig angeordnet werden. Diese unbeheizten Pufferräume wirken sich energetisch sehr günstig aus. Es sollte jedoch darauf geachtet werden, dass keine Lüftung von den beheizten in die unbeheizten Räume stattfindet. Dies würde unweigerlich zu Tauwasserbildung und daraus resultierenden Feuchteschäden führen. Auch sollte die Anordnung dieser kalten Räume, die lediglich einen Zugang von außen erhalten dürfen, außerhalb der beheizten und gedämmten Gebäudehülle geplant werden. Ausnahmen zu diesen unbeheizten Pufferzonen bilden Wintergärten, die vorzugsweise nach Süden ausgerichtet werden sollten.

Die oben aufgeführten Planungsgrundsätze lassen sich in der Praxis oft nicht vollständig realisieren, d. h., auf dem zu bebauenden Grundstück liegen nicht die optimalen Bedingungen vor, da z. B. die Ausrichtung des Baukörpers durch planungsrechtliche Festsetzungen bestimmt und nicht nach Süden orientiert ist. Auch sehen die Ansprüche der Bauherren häufig andere Zonierungen oder Baukörperformen vor.

Dennoch ist die Ausführung eines Passivhauses realisierbar; nur müssen dann genaue Berechnungen anhand des PHPP gemacht werden, um eventuell zu geringe Wärmegewinne (z. B. bei keiner günstigen Südorientierung) oder erhöhte Wärmeverluste (z. B. bei gewünschten Vor- oder Rücksprüngen des Baukörpers) auszugleichen. So lassen sich geringe Verglasungsmöglichkeiten auf der Südseite und daraus resultierende niedrigere Wärmegewinne durch größere Verglasungen auf der West- und Ostseite kompensieren. Gestaltungswünsche bezüglich Vor- oder Rücksprüngen des Baukörpers werden meist durch erhöhte Dämmstoffstärken an der Fassade oder im Dachaufbau ausgeglichen, da die Wärmeverluste über die Außenwandflächen größer werden. Diese zu berücksichtigenden Kriterien haben meist etwas höhere Kosten zur Folge, sollten aber die Verwirklichung eines Passivhauses nicht verhindern.

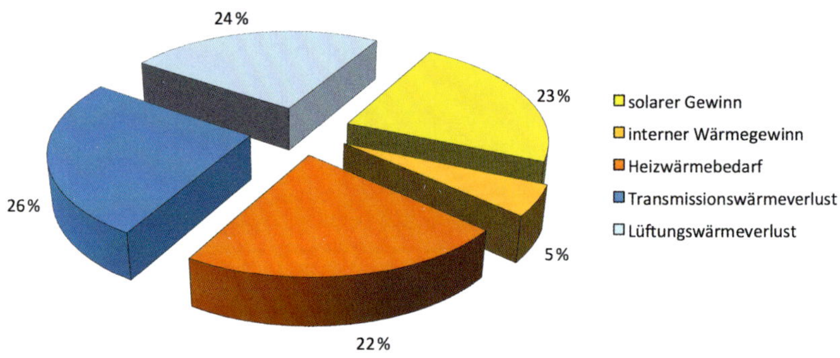

Abb. 1.30: Wärmegewinn- und -verlust-Rechnung eines Gebäudes

1.5.4 Bauphysikalische Planung

Bei der bauphysikalischen Planung gilt es, Energiegewinne, -verluste sowie -quellen so zu steuern, dass möglichst günstige Gesamtwerte erreicht werden.

Folgende **Verluste** sind zu berücksichtigen und zu reduzieren:

- Transmissionswärmeverluste über Außenbauteile, wie Fenster, Wände, Dach, Kellerdecken usw., durch Verbesserung des Wärmeschutzes
- Verluste aufgrund von Windundichtigkeiten durch flächendeckende Außenputze
- Optimierung von Wärmebrücken, z. B. Transmissionswärmeverluste durch Kragplatten der Balkone aus Beton mit thermischer Trennung
- Lüftungsverluste durch gezieltes Lüften und mittels Lüftungsanlagen mit oder ohne WRG

Folgende **Gewinne** sind zu optimieren:

- solare Wärmegewinne, die durch Größe und Orientierung der Fensterflächen positiv beeinflussbar sind
- interne Wärmegewinne, die z. B. durch Haushaltsgeräte und Bewohner entstehen
- gespeicherte Wärme, die z. B. durch massive und als Wärmespeicher dienende Bauteile kostengünstig nutzbar gemacht werden kann

Nach der Berechnung des maximal zulässigen Jahresheizwärmebedarfs werden die einzelnen Energieverlust- und Energiegewinnquellen berechnet (siehe Abb. 1.30). Diese wiederum fließen in den Jahresheizwärmebedarf des Neubaus ein.

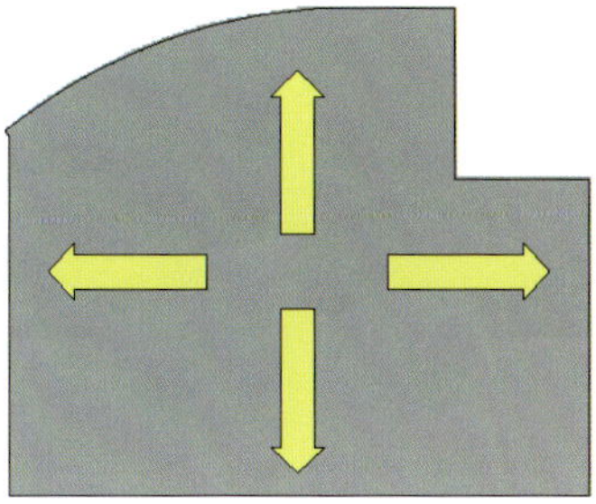

Abb. 1.31: Transmissionswärmeverlust

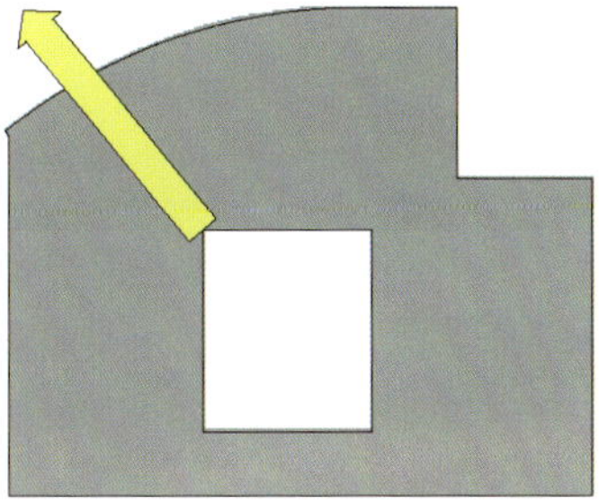

Abb. 1.32: Lüftungswärmeverlust

Beeinflussbare Faktoren

Der spezifische **Transmissionswärmeverlust H_T** in W/K (bei beheizten, an Außenluft grenzenden Zonen; siehe Abb. 1.31) in W/K wird wie folgt ermittelt:

$$H_T = \Sigma_i F_{xi} \cdot U_i \cdot A_i + A \cdot U_{WB} \qquad \text{in W/K}$$

mit

- H_T spezifischer Transmissionswärmeverlust in W/K
- F_{xi} Temperaturkorrekturfaktor des Bauteils
- U_i Wärmedurchgangskoeffizient der Bauteile in W/(m² · K)
- A_i wärmeübertragende Umfassungsfläche der Bauteile in m²
- A wärmeübertragende Umfassungsfläche in m²
- U_{WB} Wärmebrückenzuschlag; Pauschalwert 0,5 W/(m² · K)

Die wärmeübertragende Umfassungsfläche A in m² wird ermittelt aus der Summe aller Teilflächen, die das Gebäude bzw. den zu berechnenden Raum umgeben (z. B. aus dem Wandanteil [A_{AW}], dem Fensteranteil [A_W] usw.: $A = A_{AW} + A_W + \ldots$).

Dann wird der Wert auf die wärmeübertragende Umfassungsfläche bezogen:

$$H'_T = \frac{H'_T}{A} \qquad \text{in W/(K} \cdot \text{m}^2)$$

Der **spezifische Lüftungswärmeverlust H_V** in (W/K) (siehe Abb. 1.32) wird wie folgt ermittelt:

$$H_V = \rho \cdot c_p \cdot \dot{V} \qquad \text{in W/K}$$

mit

- H_V spezifischer Lüftungswärmeverlust in W/K
- ρ Dichte der Luft in kg/m³
- c_p spezifische Wärmekapazität der Luft in Wh/(kg · K)
- $\dot{V}$ Luftvolumenstrom in m³/h

Mit den Standardwerten der Dichte und der spezifischen Wärmekapazität der Luft kann die Formel folgendermaßen vereinfacht werden:

$$H_V = 0{,}34 \text{ Wh/(m}^3 \cdot \text{K)} \cdot \dot{V} \qquad \text{in W/K}$$

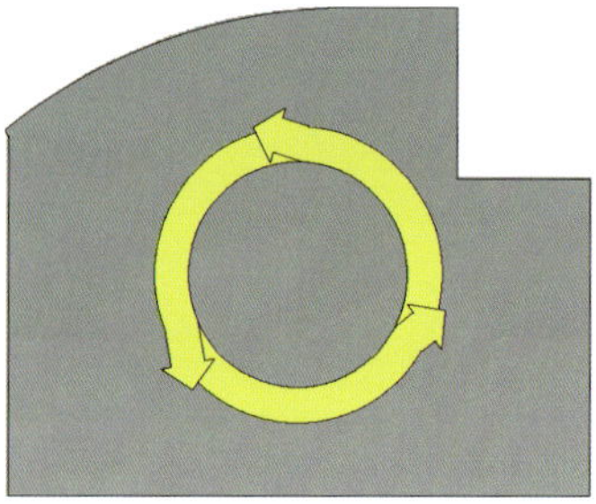

Abb. 1.33: Interne Wärmegewinne

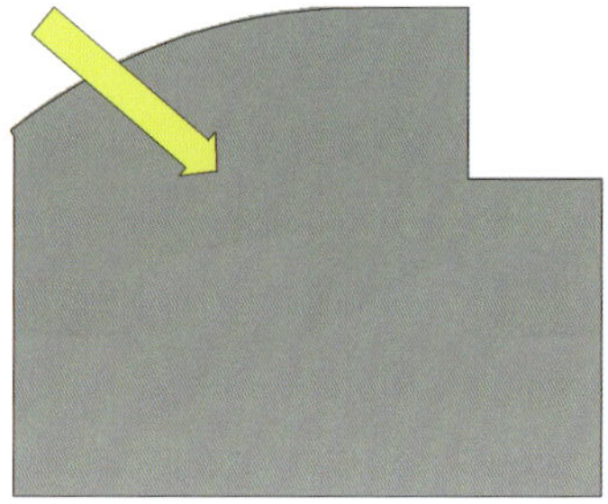

Abb. 1.34: Solare Wärmegewinne

Der Luftvolumenstrom setzt sich aus dem beheizten Luftvolumen des Gebäudes und des Luftwechsels zusammen:

$$\dot{V} = n \cdot V \qquad \text{in m}^3\text{/h}$$

mit

n Luftwechselrate in h^{-1}
V beheiztes Luftvolumen in m^3

Das beheizte Luftvolumen kann vereinfacht laut EnEV aus dem Gebäudevolumen berechnet werden. Dabei kann bei Wohngebäuden mit bis zu 3 Vollgeschossen der Faktor 0,76 angewandt werden und bei allen übrigen Fällen der Faktor 0,80.

Die Luftwechselrate kann nach DIN V 4108-6 bestimmt werden:

- ohne Nachweis der Luftdichtheit: $n = 0{,}7\ h^{-1}$
- mit Nachweis der Luftdichtheit bei freier Lüftung/Fensterlüftung: $n = 0{,}6\ h^{-1}$
- mit Nachweis der Luftdichtheit bei raumlufttechnischen Anlagen: $n = 0{,}4\ h^{-1} \cdot (1 - \eta_V) + n_x$

Im letzten Fall ist η_V der Nutzungsfaktor des Luft-Luft-WRG-Systems nach DIN V 4701-10; n_x kann bei Zu- und Abluftanlagen zu $0{,}2\ h^{-1}$ und bei reinen Abluftanlagen zu $0{,}15\ h^{-1}$ gesetzt werden.

Die **internen Wärmegewinne Q_i** in kWh/a (siehe Abb. 1.33) werden wie folgt ermittelt:

$$Q_i = 22\ \text{kWh/(m}^2 \cdot \text{a)} \cdot A_N \qquad \text{in kWh/a}$$

mit

A_N Gebäudenutzfläche in m^2

Interne Wärmegewinne dürfen bei Gebäuden berücksichtigt werden, je doch höchstens bis zu einem Wert von:

$$Q_i = 8\ \text{kWh/(m}^3 \cdot \text{a)} \cdot V \qquad \text{in kWh/a}$$

mit

V beheiztes Nettovolumen in m^3

Bei lichten Raumhöhen von nicht mehr als 2,60 m können die nutzbaren, auf die Gebäudenutzfläche A_N bezogenen, internen Wärmegewinne höchstens wie folgt angesetzt werden:

$$Q_i = 25\ \text{kWh/(m}^2 \cdot \text{a)} \cdot A_N \qquad \text{in kWh/a}$$

Für Gebäude und Gebäudeteile mit vorgesehener ausschließlicher Nutzung als Büro- oder Verwaltungsgebäude werden andere Werte für die nutzbaren internen Wärmegewinne zugrunde gelegt.

Nutzbare **solare Wärmegewinne Q_S** in kWh/a (siehe Abb. 1.34) aufgrund von Strahlungstransmission durch transparente Bauteile sind bei außen liegenden Fenstern und Fenstertüren sowie bei Außentüren geltend zu machen. Bei Fensteranteilen von mehr als 2/3 der der Wandfläche darf der solare Gewinn nur bis zu dieser Größe berücksichtigt werden.

Die solaren Wärmegewinne Q_S werden wie folgt ermittelt:

$$Q_S = (l_{s,HP})j \cdot 0{,}567 \cdot g_i \cdot A_i \qquad \text{in kWh/a}$$

mit

- $l_{s,HP}$ solare Einstrahlung in der Heizperiode je Orientierung in kWh/(m² · a)
- g_i Gesamtenergiedurchlassgrad für senkrechte Einstrahlung
- A_i Fläche der Fenster in m²
- j Zählindex für Orientierungen
- i Zählindex für Gesamtenergiedurchlassgrad

In Abhängigkeit von der Himmelsrichtung sind folgende Werte des Strahlungsangebotes pro Heizperiode anzusetzen:

- $l_{s,HP}$ = 129 kWh/(m² · a) für Nord
- $l_{s,HP}$ = 212 kWh/(m² · a) für Ost
- $l_{s,HP}$ = 359 kWh/(m² · a) für Süd
- $l_{s,HP}$ = 221 kWh/(m² · a) für West
- $l_{s,HP}$ = 339 kWh/(m² · a) der Dachflächenfenster mit Neigung < 30°

Hierbei ist unter „Orientierung" eine Abweichung der Senkrechten auf die Fensterflächen von nicht mehr als 45° von der jeweiligen Himmelsrichtung zu verstehen. In den Grenzfällen (NO, NW, SO, SW) gilt jeweils der kleinere Wert für l_s. Fenster in Dachflächen mit einer Neigung ≥ 30° sind wie Fenster in senkrechten Flächen zu behandeln.

Sind die Fensterflächen überwiegend verschattet, so ist der Wert l_s für die Nordorientierung anzusetzen.

Weitere zu berücksichtigende Faktoren sind:

- Ermittlung des Abminderungsfaktors F_c für Verschattung
- Gesamtenergiedurchlassgrad g der transparenten Bauteile
- Strahlungsabsorptionsgrad a verschiedener Oberflächen
- eventuell vorhandene Solarkollektorflächen

Eine gesonderte Ermittlung ist bei Wintergärten und transparenter Wärmedämmung anzusetzen.

Zu den genannten 4 beeinflussbaren Faktoren der bauphysikalischen Planung (Transmissions- und Lüftungswärmeverlust sowie interne und solare Wärmegewinne) kommen folgende Aspekte hinzu, die berücksichtigt werden sollten:

- topografische Lage
- Klimaeinflüsse wie Sonne, Regen, Wind und Temperatur
- vorhandener bzw. geplanter Bewuchs, z. B. schützende Bäume, Sträucher oder Kletterpflanzen
- Grundrissgestaltung, z. B. nordorientierte Nebenräume, Pufferzonen
- Gebäudeform und -größe
- Ausrichtung und Dimensionierung der Fenster
- passive Sonnenenergienutzung
- aktive Sonnenenergienutzung
- Art und Wahl der Heizung sowie Lüftung
- Art der WRG
- Formen der Wärmespeicherung
- Vermeidung von Wärmebrücken
- Feuchtigkeits- und Schlagregenschutz
- temporärer Wärmeschutz
- Luftdichtheit des Gebäudes

1.5.5 Technische Gebäudeausstattung (TGA)

Mit Technischer Gebäudeausstattung (TGA) sind alle technischen Einrichtungen und Anlagen gemeint, die in einem Gebäude installiert sind und zur Funktion oder dem Betrieb des Gebäudes benötigt werden bzw. erforderlich sind. Der Planung der TGA kommt aufgrund neuer gesetzlicher Rahmenbedingungen und kürzer werdender Innovationszyklen eine immer größere Bedeutung zu. Dies betrifft sowohl Neubauten als auch Sanierungsprojekte.

Die Betriebskosten von Gebäuden rücken immer stärker in den Fokus. Mithilfe verfügbarer Technologien lässt sich der Energieverbrauch von bestehenden Gebäuden deutlich senken, ohne den Komfort der Nutzer zu beschränken. Im Neubaubereich sind Lösungen erreichbar, die ein Höchstmaß an gestalterischer Eleganz mit moderner und zuverlässiger Technologie verbinden. Das Resultat sind nachhaltige Gebäude mit hohem Wiedererkennungswert und Nutzerkomfort bei kalkulierbaren Energiekosten.

Das Passivhauskonzept mit seinen Standards gibt die thermischen und energetischen Parameter bereits vor, und bildet damit ein optimales Konzept für einen energieeffizienten Betrieb und schafft so die Voraussetzung für eine nachhaltige Immobilie. Im Rahmen des Konzepts sind für den Bauherrn und den Architekten individuelle Wünsche und Freiheiten möglich, die den persönlichen Vorstellungen gerecht werden sollen.

Die folgenden Gewerke erfordern höchste fachliche Kompetenzen unter Einsatz von modernsten Arbeitsmethoden:

- **Gas-, Wasser-, Abwassertechnik** (Die Wasserver- und -entsorgung von Bauwerken als wesentliche Aufgaben der TGA-Planung).

- **Brandschutz-, Feuerlöschtechnik** (oberste Priorität von Personenschutz und die Rauchfreihaltung von Fluchtwegen im Brandfall: Entrauchungskonzepte, Planung von Anlagen zum vorbeugenden technischen Brandschutz sowie die Planung von brandschutztechnischen Sanierungen im Bestand).
- **Wärmeversorgungs-/Heizungstechnik** (Wärmepumpen, Blockheizkraftwerk-[BHKW-]Anlagen, Biomassefeuerungen über Geothermie-Anlagen bis hin zur Brennstoffzellentechnik).
- **Raumluft- und Kältetechnik** (Leistungsspektrum reicht von der Planung einfacher Lüftungssysteme über Kältetechnikplanungen bis zu innovativen Systemen, wie z. B. Geothermie.)
- **Mess-, Steuer- und Regeltechnik**
- **Elektro-Informationstechnik**

Die Planung der technischen Ausrüstung liegt der Honorarordnung für Architekten und Ingenieure (HOAI) zugrunde. Der Sachverhalt ist in den §§ 53 bis 56 HOAI beschrieben. Das Leistungsbild „Technische Ausrüstung" wird in § 55 HOAI behandelt und die entsprechenden Leistungen werden in Anlage 15 der HOAI nach Leistungsphasen gegliedert detailliert beschrieben (vgl. Tabelle 1.5).

Tabelle 1.5: Leistungsphasen bei der Planung der technischen Ausrüstung nach Anlage 15 HOAI

Leistungsphase nach HOAI	Erläuterung
Grundlagenermittlung	In dieser Phase ist mit dem Auftraggeber bzw. mit dem Architekten das Zielsystem abzustimmen. Dazu gehört beispielsweise die Klärung von Kostenbudgets und von Behaglichkeitsanforderungen.
Vorplanung	Für die Lösung der haustechnischen Versorgungsaufgaben in den einzelnen Gewerken sind verschiedene technische Varianten möglich. In den Vorplanungen werden diese Varianten zunächst planerisch untersetzt und dann umfassend bewertet. Ein Schwerpunkt ist die wirtschaftliche Bewertung. Werkzeuge sind die Verfahren der Investitionsbewertung bzw. die Nutzwertanalyse. Im Ergebnis ist ein Entscheidungsvorschlag herauszuarbeiten.
Entwurfsplanung	Die in der Vorplanung als optimal bewertete Variante wird in dieser Phase weiter planerisch durchgearbeitet. Dazu gehört beispielsweise auch die Durchführung von Lastberechnungen (Heizlast, Kühllast).
Genehmigungsplanung	Es sind die Vorlagen für die nach öffentlich-rechtlichen Vorschriften erforderlichen Genehmigungen oder Zustimmungen einzuholen. Außerdem sind beispielsweise Abstimmungen mit den entsprechenden Ver- und Entsorgungsunternehmen zu führen.
Ausführungsplanung	Anfertigung von Ausführungsplänen: Dazu gehören Grundrisszeichnungen, Schnitte und vor allem technologische Schemata, in denen die genaue Funktionsweise der einzelnen Anlagen verdeutlicht wird. Auf der Basis der Ausführungspläne erstellt der Anlagenverrichter später seine detaillierten Werkspläne, nach denen letztlich gebaut wird.
Vorbereitung der Vergabe	Aufstellen der von detaillierten VOB-gerechten Leistungsverzeichnissen oder Beschreibung der Bau- und Montageleistungen in Form einer Funktionalbeschreibung.
Mitwirkung bei der Vergabe	Anfertigen von Preisspiegeln, Ableiten von Vergabevorschlägen; Prüfen der Leistungsfähigkeit von Bietern; Vorbereitung und Teilnahme an Vergabeverhandlungen.
Objektüberwachung – Bauüberwachung	Überwachung des Objekts auf Übereinstimmung mit der Baugenehmigung oder Zustimmung, den Ausführungsplänen, den Leistungsbeschreibungen oder Leistungsverzeichnissen sowie mit den allgemein anerkannten Regeln der Technik und den einschlägigen Vorschriften.
Objektbetreuung	Diese Phase erstreckt sich im Allgemeinen über den Zeitraum der Gewährleistung der Errichterfirmen. Die Beseitigung von Mängeln ist zu überwachen und zu koordinieren.

1.5.6 Zusammenfassung

Bauplatzanforderungen

Die günstige Gebäudeorientierung ist zu wählen anhand

- der Himmelsrichtungen,
- der topografischen/klimatischen Bedingungen,
- der zu erwartenden Verschattungen und
- des vorhandenen bzw. geplanten Bewuchses.

Die optimale Ausnutzung der Sonnenenergie wird durch eine Südorientierung und eine geringe Verschattung des Gebäudes erreicht.

Entwurfsgrundlagen

- Formfindung:
  - kompakter Baukörper ohne Vor- bzw. Rücksprünge (optimal: Würfel) = energetisch günstige Form durch gutes *A*/*V*-Verhältnis
- Fassadenplanung:
  - großzügig geplante, vorwiegend verglaste Südseite
  - klein ausfallende, kaum verglaste Nordseite
- Grundrissplanung:
  - Wohnräume nach Süden
  - Neben- und Abstellräume nach Norden
  - = Temperaturgefälle von Süden (Wohnräume), nach Norden (Nebenräume)

Bauphysikalische Planung

- Wärmeverluste reduzieren:
  - Transmissionswärmeverlust
  - Lüftungswärmeverlust
- Wärmegewinne optimieren:
  - interner Wärmegewinn
  - solarer Wärmegewinn
  - = Heizwärmebedarf reduzieren

Planung TGA

- Betriebskosten durch Einsatz moderner Technologien senken
- Einsatz fachlicher Kompetenz und moderne Arbeitsmethoden

1.6 Besonderheiten bei Nichtwohngebäuden

Der Passivhausstandard ist nicht nur für Wohngebäude eine vernünftige Alternative. Auch Bürohäuser, Wohnheime, Produktionsgebäude, Ministerien, Turnhallen, Kindertagesstätten u. a. wurden bereits erfolgreich als Passivhaus gebaut (siehe beispielhaft Abb. 1.35 und 1.36).

Die herausragende Besonderheit von Nichtwohngebäuden gegenüber Wohngebäuden besteht in der anderen Nutzungsart; so werden Nichtwohngebäude meist tagsüber und mit einer wesentlich größeren Personendichte

Abb. 1.35: Begegnungsstätte Immerath; Innenansicht des Kapellenraums (siehe auch Kapitel 6.19)

Abb. 1.36: Bürogebäude der Firma Drekopf; Außenansicht (siehe auch Kapitel 6.18)

genutzt. Mit der anlagetechnischen Ausstattung muss auf die unterschiedlichen Anforderungen reagiert werden. Hier liegt das große Potenzial gegenüber einer konventionellen Ausführung – aber auch die Gefahr einer Übertechnisierung mit nachteiligen Auswirkungen auf Betriebs-, Instandhaltungs- und Wartungskosten.

Neben den Systemen zur Beheizung und Kühlung oder anderen technischen Komponenten wie Grundwasserwärmepumpen und regenerative Energieerzeugung ist das **Nutzerverhalten** von großer Bedeutung. Akzeptanz und Wissen über den Umgang mit einem Passivhaus beeinflussen erheblich die relevanten thermischen und energetischen Kennwerte in hocheffizienten Nichtwohngebäuden – z. B. wenn alle Fenster in Büro- und Besprechungsräumen öffenbar sind, um in der Zeit, in der keine Nachheizung oder Kühlung erfolgt, dem Nutzer die individuelle Lüftung zu ermöglichen. Die Einbindung des Nutzers spielt etwa auch eine Rolle bei der Steuerung der außen liegenden Verschattung und Beleuchtung, die zwar jeweils durch übergeordnete Steuerungssysteme geschaltet sind, jedoch vom Nutzer übersteuert werden können.

Statistische Auswertungen zeigen, dass Krankenhäuser zu den Spitzenverbrauchern gehören. Einsparpotenziale bei Modernisierung und Neubauvorhaben gilt es hier zu erkennen und zu nutzen. In Krankenhäusern erzeugt die Lüftung aufgrund der hohen Luftmengen, die zur Belüftung bestimmter Funktionsbereiche notwendig sind, einen hohen Anteil am gesamten Energiebedarf (besonders hohe Luftwechsel, z. B. im OP-Bereich, im Labor oder in der Sterilgutversorgung). Außerdem sind in Abhängigkeit von hygienischen und funktionalen Anforderungen an die einzelnen Funktionsbereiche teilweise (gerade für den OP-Bereich) eine hohe Anzahl an Einzelkomponenten für Luftfilterung und Luftbehandlung erforderlich, die in der Summe ihrer Einzeldruckverluste einen großen Einfluss auf die elektrische Leistungsaufnahme der Ventilatoren haben.

Auch Kantinen und Gewerbeküchen zählen zu den energieintensiven Gebäudenutzungen. Die typischen Anwendungen wie Kochen, Braten und Backen und ebenso das Geschirrspülen und die Lebensmittelkühlung sind einerseits mit hohem Energieeinsatz verbunden und erzeugen andererseits hohe interne Wärme- und Feuchtelasten, die mit entsprechend dimensionierten Küchenlüftungen abgeführt werden müssen. Energieeffiziente Küchentechnik hat daher gleich mehrfache Vorteile: Sie spart Energie, verringert in der Regel die internen Lasten und kann somit zu kleiner dimensionierten Lüftungsanlagen führen. Das Thema ist hochaktuell, da Schulküchen und -kantinen mit dem Ausbau der Ganztagsbetreuung verstärkt in den Fokus treten.

Spezielle Planungsaspekte bei Nichtwohngebäuden beziehen sich auf das **Sommerverhalten** (z. B. Sonnenschutz, Tageslicht, Kunstlicht, EDV und Wärmeabfuhr durch Nachtlüftung). Es geht um die Begrenzung des Temperaturanstiegs und die Wärmeabfuhr sowie um die Frage, welche zusätzliche Energie notwendig ist, um eine Überhitzung der Innenräume zu verhindern.

Bei der Sanierung von Nichtwohngebäuden haben vorhandene Bauteile Einfluss auf die Energiebilanz und Wirtschaftlichkeit und müssen besonders untersucht bzw. berücksichtigt werden.

1.7 Checklisten

Die Planung eines Gebäudes ist für die Bauherren ein großes Projekt, bei dem vieles durchdacht und überlegt sein will – angefangen mit der Finanzierung und den Grundstücksfragen über die Verträge mit dem Architekten und der Baufirma bis hin zur Schlussabnahme und darüber hinaus.

Der Bauherr ist verpflichtet, sein Bauvorhaben zu begleiten. Er muss das nicht selbst tun. Er kann auch jemanden damit beauftragen. Das kann z. B. ein Ingenieur sein oder auch einfach jemand seines Vertrauens. Diese Pflichten kommen vor, während und nach dem Hausbau auf ihn zu.

Gibt es ein Kontrollinstrument, das für alle Beteiligten verbindlich und klar ist, so trägt es maßgeblich dazu bei, geplante Ziele und Vereinbarungen einzuhalten, und hilft dem Bauherrn bzw. Planer dabei, auch „Herr des Verfahrens“ zu bleiben.

Checklisten stellen solch ein Kontrollinstrument dar. Bei ihrer Zusammenstellung wird versucht, alle Problemfelder des Istzustandes zu behandeln, um systematisch Schwachstellen finden zu können. Entscheidungsrelevante Merkmale werden – z. B. als Fragen formuliert – zu einem Katalog zusammengefasst. Bei der Zusammensetzung spielen sowohl die logische Betrachtung des Untersuchungsbereiches als auch die Erfahrungen aus der Praxis eine relevante Rolle.

Die Zielvorstellungen müssen bei der Erstellung beachtet werden. Zum einen sollen Schwachstellen und Mängel erkannt und zum anderen geeignete Lösungsmöglichkeiten gefunden werden.

Das vorliegende Buch behandelt die Besonderheiten im Zusammenhang mit Passivhäusern. Abb. 1.37 zeigt eine speziell auf Passivhäuser abgestimmte Checkliste (vgl. auch den Download-Hinweis auf S. 6).

Bauvorhaben/ Bauherr **Projekt-Nr.** **Datum**

Online-Checkliste +

Checkliste Entwurfsplanung, Ausführung, Inbetriebnahme Passivhaus

Nr.	✔	Datum	
			1. Bebauungplan
1.1			Anschluss ÖPNV
1.2			Südorientierung
1.3			Verschattungsfreiheit
1.4			vorhandenes Bodengutachten:
1.4.1			Wasserschutzzone
1.4.2			Gründungsverhältnisse
1.4.3			zu bemessender Höchstwasserstand Grundwasser
1.5			Nachbargebäude: Gründung/Gründungstiefe
1.6			beschattungsfreie Bepflanzung
1.7			möglichst kompakte Bauform; gereihte Gebäude vorteilhaft
			2. Vorplanung
2.1			kompakter Baukörper; Anbaumöglichkeiten nutzen
2.2			*A*/*V*-Verhältnis möglichst gering halten
2.3			Platzbedarf für Briefkasten berücksichtigen; Briefschlitze in Haustür ungeeignet
2.4			Verglasungsflächen nach Süden optimal; Ost-/West-/Nordfenster klein halten
2.5			Verschattungsfreiheit (kein bzw. sehr wenig Schatten im Winter durch Brüstungen, Vorbauten, Balkone, Dachüberstände, Trennwände usw.)
2.6			feststellen, ob Verschattungsmodell/Verschattungssimulation erforderlich
2.7			Verschattungsmöglichkeiten für den Sommerfall
2.8			einfache Hüllflächenstruktur (möglichst ohne Gauben, Versatz)

Abb. 1.37: Checkliste Passivhaus – Entwurfsplanung, Ausführung, Inbetriebnahme nach Passivhaus Institut Darmstadt

Nr.	✔	Datum	
2.9			innen liegende Müllräume vermeiden (zu große Abluftmengen)
2.10			Grundriss: Installationszone konzentrieren (z. B. Bäder über oder neben Küche), notwendige Lüftungskanäle berücksichtigen
2.11			Anzahl der Schächte pro Wohnung optimiert
2.12			Aufzugschacht: Schachtentrauchung nach Möglichkeit vermeiden
2.13			Abtrennung vorhandenes Kellergeschoss: luftdicht, wärmebrückenfrei
2.14			Kamin/Ofen vermeiden (überdimensioniert für Passivhaus)
2.15			Deckendämmung, Unterzüge und Technik bei lichter Höhe Tiefgarage berücksichtigt
2.16			bauordnungsrechtlich geforderte Wasch- und Trockenräume optimieren
2.17			Energiebilanz erstellen mit PHPP (auf Excel-Basis; erleichterte Eingabe in 3-D mit designPH [SketchUp-Plugin] möglich)
2.18			Fördermittel für Passivhaus, z. B. der KfW prüfen und beantragen
			3. Genehmigungsplan
3.1			Dämmdicke der Hülle einplanen; nach Möglichkeit Reduzierung der Dämmstärken (bessere Dämmqualität)
3.2			Wärmebrücken vermeiden
3.3			Hausanschlüsse (Strom, Gas, TV, Kommunikation) per Versorgungsanfrage bei möglichen Anbietern klären
3.4			Lüftungsgesuch
3.5			Platzbedarf/Aufstellorte/Schallimmissionen der Anlagentechnik beachten (insbesondere Kompressoren von Wärmepumpen, BHKW)
3.6			Möglichkeit von Bohrung für Erdwärmepumpe prüfen (Alternativen: Energiekörbe, Koaxialbohrung)
3.7			klären: vorhandene Fernwärme; Primärenergiefaktor
3.8			Möglichkeit Wärme-Contracting (eingebundener Anbieter)
3.9			Grundriss: kurze Leitungsführungen (Warmwasser, Kaltwasser, Abwasser) und kurze Lüftungskanäle
3.10			Kaltluftkanäle außerhalb der Hülle; warme Leitungen innerhalb der Hülle
			4. Ausführungsplanung Baukörper
4.1			hochgedämmte Regelkonstruktionen; Regel: $U \leq 0{,}15$ W/(m² · K); $U = 0{,}1$ W/(m² · K) anstreben
4.2			wärmebrückenfreie Anschlussdetails: Berechnung oder wärmebrückenfreies Konstruieren
4.3			luftdichte Anschlussdetails
4.4			Fassade:
4.4.1			Fensteroptimierung (Verglasungsart, Superrahmen, Glasanteil, Sonnenschutz)

Abb. 1.37 (Fortsetzung): Checkliste Passivhaus – Entwurfsplanung, Ausführung, Inbetriebnahme nach Passivhaus Institut Darmstadt

Nr.	✔	Datum	
4.4.2			bei Klinker(riemchen): Dicke und Qualität der Dämmschicht möglichst nach Passivhausstandard
4.4.3			Riemchenecken als Formstücke oder sichtbare Schnittkante
4.4.4			Brandriegel planen (nicht nötig bei Verwendung mineralischer Dämmung)
4.4.5			Vorsprünge > 3 cm mit Metallabdeckungen vorsehen
4.4.6			möglichst nur eine Außentür; Garagentüren vermeiden, da aufgrund von Brandschutz sehr schlechte *U*-Werte möglich
4.4.7			Raffstoreanlagen (Achtung: Windwächter)
4.5			Dach:
4.5.1			Entscheidung: Warmdach oder Umkehrdach
4.5.2			Entscheidung: gefällelos oder mit einfachem Gefälle (richtige Bestimmung der *U*-Werte)
4.5.3			technische Dachaufbauten: zumutbare Optik/Schallimmissionen
4.5.4			technische Aufbauten in der Nähe von Dachfenstern/Oberlichtern
4.5.5			etwaig vorgesehenen Austritt auf Dachfläche beachten
4.5.6			vorgesehene/mögliche Sekuranten (wärmebrückenfreie Befestigung)
4.5.7			Attika entweder komplett dämmen oder thermisch entkoppeln (z. B. als Dämmklotzelement)
4.6			TGA:
4.6.1			Wohnungsstationen oder „klassische" Wärmeverteilung
4.6.2			Länge der Stichleitungen und maximale Ausschusszeiten Warmwasser
4.7			Energiekennwertberechnung aktualisieren; PHPP verwenden
			5. Ausführungsplanung Lüftung
5.1			Kanalnetz: kalte Luftkanäle nicht innerhalb der Hülle (wenn, dann nur sehr kurz und hochwärmegedämmt); warme Luftkanäle nicht außerhalb der Hülle (wenn, dann nur sehr kurz und extrem gut wärmegedämmt)
5.2			kurze Kanäle; glattwandig; Strömungsgeschwindigkeiten 3 m/s
5.3			Mess- und Abgleichvorrichtungen einplanen; Schallschutz, Brandschutz
5.4			Luftauslässe: Kurzschlussluftströme vermeiden; Wurfweite; Abgleichmöglichkeit
5.5			Abluftdurchlässe: nicht über Heizkörper (falls vorhanden)
5.6			Überströmöffnungen auf $\Delta p \leq 1$ Pa dimensionieren
5.7			Lüftung: Zentralgerät, z. B. zertifiziertes Gerät aus der Komponentendatenbank auswählen (Bitte beachten: Für ein zertifiziertes Passivhaus müssen keine zertifizierten Komponenten verwendet werden, aber die Komponentenqualität muss nachgewiesen werden.)

Abb. 1.37 (Fortsetzung): Checkliste Passivhaus – Entwurfsplanung, Ausführung, Inbetriebnahme nach Passivhaus Institut Darmstadt

Nr.	✔	Datum	
5.8			Wärmetauscher nahe der thermischen Hülle aufstellen; gute Aufstellungsmöglichkeiten in der Hülle oder im Untergeschoss
5.9			Nachheizregister in der warmen Hülle
5.10			eventuell Zusatzdämmung von Zentralgerät und Nachheizregister
5.11			Rückwärmzahl ≥ 75 %; luftdicht (Umluft < 3 %); Stromeffizienz (< 0,4 Wh/m^3)
5.12			Regelbarkeit; Schalldämmung; gute Wärmedämmung Gehäuse
5.13			Regelung der Lüftung: nutzergesteuert „schwach“, „normal“, „stark“; eventuell zusätzliche Bedarfsschalter in Küche, Bädern und Toiletten
5.14			Dunstabzugshauben: hoher Auffanggrad bei kleinem Volumenstrom; Fettfilter
5.15			Dunstabzugshaube als Umlufthaube planen
5.16			EWT optional
5.17			Luftdichtheit; Abstände kalter Leitungsteile vom Haus; Bypass (Sommer)
			6. Ausführungsplanung übrige Haustechnik
6.1			Sanitär, Warmwasser: kurze Leitungen, gut gedämmt innerhalb der Hülle
6.2			Sanitär, Kaltwasser: kurze Leitungen, normal schwitzwassergedämmt
6.3			Warmwasser- und Heizungsarmaturen dämmen
6.4			Platzbedarf für Schallschutz/Brandschutz in Schächten berücksichtigen
6.5			Wassersparamaturen; Warmwasseranschlüsse an Wasch- und Spülmaschinen
6.6			Abwasser: kurze Leitungen (nur ein Fallrohr), Unterdachbelüfter (bevorzugt) oder gedämmtes Entlüftungsrohr
6.7			Sanitär und Elektro: möglichst keine Durchdringungen der luftdichten Gebäudehülle; wo unumgänglich: Dichtheit sicherstellen
6.8			energiesparende Haushaltsgeräte einsetzen (Bestandsaufnahme für PHPP sinnvoll)
6.9			Qualitätskontrolle Ausführung der gesamten Haustechnik durchführen
			7. Ausführung, Bauleitung Baukörper
7.1			Wärmebrückenfreiheit: Qualitätssicherungstermine auf der Baustelle
7.2			Dämmarbeiten: ununterbrochene Dämmschichten; Lufträume vermeiden
7.3			Luftdichtheit: Anschlussdetails kontrollieren, solange zugänglich
7.4			erster Luftdichtheitstest: während der Bauphase n_{50}-Test durchführen lassen (sobald luftdichte Hülle vollständig hergestellt, aber noch zugänglich ist, d. h. vor dem Innenausbau [Abstimmung Gewerke])

Abb. 1.37 (Fortsetzung): Checkliste Passivhaus – Entwurfsplanung, Ausführung, Inbetriebnahme nach Passivhaus Institut Darmstadt

Nr.	✔	Datum	
			8. Ausführung, Bauleitung Lüftung
8.1			Durchführungen: luftdicht
8.2			Kanäle: sauber einbauen, sorgfältig abdichten
8.3			Zentralgerät: Zugänglichkeit Filter zum Wechseln; Schalldämmung
8.4			Dämmung Kanäle (wo notwendig) kontrollieren
8.5			Einregulierung Luftströme im Normalbetrieb
8.6			Messung Zu- und Abluftströme; Balanceabgleich; Abgleich Zu- und Abluftverteilung; Messung der elektrischen Leistungsaufnahme
			9. Ausführung, Bauleitung übrige Haustechnik
9.1			Kontrolle: luftdichte Durchführungen
9.2			Kontrolle: Wärmedämmung der Leitungen
			10. Inbetriebnahme und Einregulierung Lüftung
10.1			Gerät:
10.1.1			Gerät in frostfreier Umgebung
10.1.2			Kondensatablauf am Lüftungsgerät angeschlossen und frostfrei verlegt
10.1.3			Gerät/Bedienelement/Sensoren elektrisch korrekt angeschlossen und betriebsbereit
10.1.4			Gerätefilter sauber und korrekt eingesetzt
10.1.5			Wärmetauscher sauber
10.2			Luftverteilung innerhalb des Gebäudes:
10.2.1			Lüftungsrohre korrekt am Gerät angeschlossen (Beschriftung beachten)
10.2.2			Geräteschalldämpfer zwischen Gerät und Verteilerkasten eingebaut
10.2.3			Lüftungsrohre korrekt am Verteilerkasten angeschlossen
10.2.4			ausreichende Isolierung der Zu-/Abluftleitungen in kalten Räumen und außerhalb der thermischen Hülle
10.2.5			Installation der Zu-/Abluftventile und Lüftungsleitungen gemäß Planung
10.2.6			Überströmmöglichkeiten zwischen Zu- und Ablufträumen und Überströmbereich
10.3			Luftverteilung zur Fort- und Außenluftführung:
10.3.1			Fortluft- und Außenluftleitungen ausreichend isoliert und richtig angeschlossen
10.3.2			richtiger Anschluss von Fort- und Außenluft an Außenluftgitter/Wanddurchführung bzw. Dachhaube
10.3.3			notwendige Schalldämpfer in Fort- und Außenluftleitung eingebaut

Abb. 1.37 (Fortsetzung): Checkliste Passivhaus – Entwurfsplanung, Ausführung, Inbetriebnahme nach Passivhaus Institut Darmstadt

Nr.	✔	Datum	
10.4			EWT (falls installiert):
10.4.1			Anschluss Kondensatablauf des EWT am tiefsten Punkt
10.4.2			vorgeschalteter Filter beim Lufteintritt
10.4.3			EWT entspricht hinsichtlich Länge und Verlegetiefe der Berechnung
10.4.4			Verlegung EWT-Rohr konsequent mit Gefälle (zum Kondensatablauf hin)
10.5			Sonstiges:
10.5.1			Kachelofen, Kamin oder Gasgerät: vorhandene Sicherheitseinrichtung (bauseits)
10.5.2			Einweisung des Betreibers durchgeführt (Bedienung, Steuerungsfunktionen, Wartungsarbeiten usw.)
			11. Hinweise/Bemerkungen

Geprüft: Name **Datum**

Abb. 1.37 (Fortsetzung): Checkliste Passivhaus – Entwurfsplanung, Ausführung, Inbetriebnahme nach Passivhaus Institut Darmstadt

2 Gebäudehülle

Um den Anforderungen eines Passivhauses gerecht zu werden, muss die gesamte Gebäudehülle in den Mittelpunkt des Interesses gerückt werden. Sie beinhaltet den Wand-, den Bodenplatten- und den Dachaufbau und muss hohe Ansprüche in Bezug auf das A/V-Verhältnis, die Wärmedämmung, Wärmebrücken sowie die Luft- und Winddichtheit erfüllen.

Vorrangig wird die thermische Gebäudehülle betrachtet, da sie alle beheizten Räume umschließt, deren Temperatur auch im Winter über 15 °C liegen sollte. Bereits bei der Planung sollte eine größtmögliche Wohnfläche mit minimaler Umfassungsfläche angestrebt werden. Treffen beheizte Räume auf unbeheizte Zonen, sollten die zur Trennung verwendeten opaken Bauteile (Außenwand-, Dach- und Bodenplattenbauteile) einen U-Wert $\leq 0{,}15$ W/(m^2 · K) oder besser noch $\leq 0{,}10$ W/(m^2 · K) aufweisen, was eine Dämmstärke zwischen 25 und 40 cm erforderlich macht. Die Bodenplatten stellen die Grenze zwischen kaltem und warmem Bereich dar. Daher wird bei einem beheizten Keller der Kellerboden, bei einem unbeheizten Keller bzw. nicht unterkellerten Haus der Erdgeschossboden betrachtet.

2.1 Außenwände

Die beschriebenen Anforderungen können massive Baustoffe allein nicht erfüllen. Somit werden bei Passivhäusern mehrschichtige Wandaufbauten verwendet. Die Lastabtragung erfolgt dabei über die massive Wandkonstruktion, meist das Mauerwerk, oder bei der Leichtbauweise über die Ständerkonstruktion aus Holz oder Metall. Der Einbau einer Wärmedämmung bringt den erforderlichen Wärmeschutz, wobei unterschiedliche Dämmstoffdicken von der Wärmeleitfähigkeitsgruppe (WLG) des Wärmedämmstoffes abhängen. Liegt eine geringe WLG des Dämmstoffes vor, wird bei gleicher Stärke ein besserer Wärmeschutz erreicht (siehe Abb. 2.1).

Die beste auf dem Markt verfügbare Wärmedämmung ist die Vakuumdämmung (Vakuumisolationspaneele [VIP]). Sie erreicht eine Wärmeleitfähigkeit von ca. 0,004 W/(m · K). Sie erlaubt somit wesentlich geringere Dämmstärken als herkömmliche Dämmstoffe.

Um den erforderlichen Witterungsschutz zu erhalten, muss ebenso an der Außenseite der Wände bzw. der Dämmung eine zusätzliche Schicht wie ein Putzaufbau, ein vorgehängtes Fassadensystem oder eine Holzverschalung angebracht werden. Außenwände, die das Erdreich berühren, sollten einen Wandaufbau mit außenseitiger Wärmedämmung (sog. Perimeterdämmung) erhalten. Wärmedämmstoffe benötigen für diese Anwendung eine Zulassung. Gegen drückendes Wasser muss eine zuverlässige Abdichtung im Wandaufbau enthalten sein.

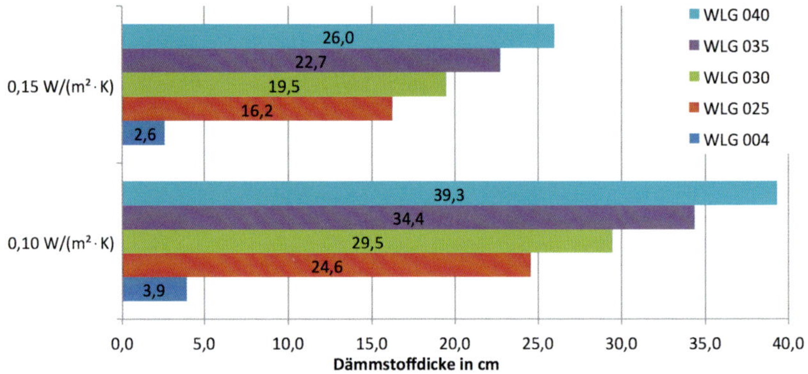

Abb. 2.1: Erforderliche Wärmedämmstoffdicken opaker Bauteile abhängig von der WLG der Dämmstoffe, um *U*-Werte von 0,15 bzw. 0,10 W/(m² · K) zu erreichen

Bei einem Passivhaus sind Bauweisen wie Massiv-, Holz- und Fertigbau, Schalungselementtechnik, Stahlbau und alle Formen von Mischbauten möglich. Bezüglich der Gestaltung und Materialauswahl bieten sich vielfältige Möglichkeiten. Bei der Errichtung der Außenwände wird zwischen Massiv- und Leichtbauweise unterschieden, wobei diese individuell vor Ort oder aus industriell produzierten Fertigteilen errichtet werden können.

2.1.1 Massivbauweise

Das traditionelle Mauerwerk mit unterschiedlichen Steinarten (Kalksandstein, Ziegel, Gas- oder Leichtbeton), sog. Massivwände, ist am weitesten verbreitet und bildet mit der zusätzlichen, außen liegenden Wärmedämmung ein Wärmedämm-Verbundsystem (WDVS). Auf die Innenschale mit einer statisch notwendigen Steinstärke von 15 bis 17,5 cm wird die außen angebrachte Wärmedämmung, die sog. Thermohaut, mit einer Stärke von 25 bis 40 cm aufgeklebt oder gedübelt und verputzt (siehe Abb. 2.2).

Seit über 40 Jahren ist das WDVS ein bewährtes System der Außenwanddämmung und kann bei fachgerechter Ausführung den überwiegenden Teil der auftretenden Wärmebrücken überdecken. Es werden je nach Verwendungszweck unterschiedliche Dämmstoffe gewählt.

Massivwände aus unterschiedlichen Steinarten bieten aufgrund ihrer hohen Wärmespeicherkapazität einen großen Vorteil. Durch die zeitversetzte Abgabe der Wärme in der massiven Wand erfolgt die Speicherung der Sonnenenergie im 24-Stunden-Rhythmus. Im Innenraum ergibt sich ein ausgeglichener Temperaturverlauf. Die Tiefe der solaren Speicherung reicht allerdings nur bis zu 12 cm. Somit bleiben die früher gängigen Wandstärken von 36 cm unwirksam hinsichtlich der kurzfristigen solaren Speicherfähigkeit.

Bei einem **zweischaligen Mauerwerk** mit Sichtmauerwerk, z. B. einer Klinkerfassade, können bei einem Passivhaus Probleme auftreten, die jedoch mit neuen Produkten und einer gründlichen Planungsphase zu lösen sind.

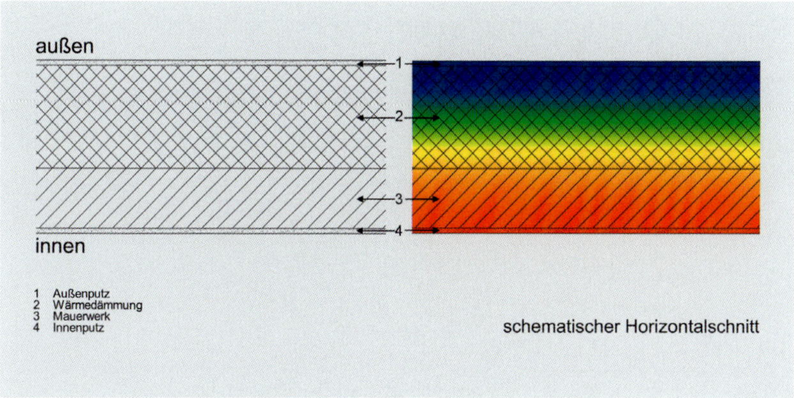

Abb. 2.2: Beispielhafter Aufbau einer massiven Steinwand im WDVS mit schematischem Thermografieverlauf

Der Abstand der Vorsatzschale wird durch die bauaufsichtliche Zulassung der Verankerung geregelt und beträgt meist maximal 20 cm. Dies erlaubt eine Kerndämmung mit maximaler Dämmstärke von 20 cm; eine hinterlüftete Fassade ist jedoch kaum zu realisieren. Um die für das Passivhaus benötigten Dämmwerte der Außenwand zu erreichen, müssen Dämmstoffe eingesetzt werden, die mit kleinerer WLG die Verringerung der Dämmstoffstärke kompensieren. Dies sollte im Vorfeld durch genaue Berechnungen ermittelt werden.

Des Weiteren bilden die Rückverankerungen der Vorsatzschale zahlreiche minimale Wärmebrücken, da jeder Anker die Dämmschicht durchbricht. Zur Vermeidung der vielfach entstehenden Wärmebrücken sollten heute auf dem Markt erhältliche Dübel- oder Edelstahlanker gewählt werden. Meist ist der Wärmebrückeneinfluss der Anker vernachlässigbar klein.

Bei der **Holztafelwand** wirkt die gesamte Wand aus Massivholz als statische Scheibe. Dabei kann die Wandscheibe als Brettschichtholzwand oder Brettstapelelement ausgeführt werden. Auch kreuzverleimte bzw. kreuzverdübelte Wände sind möglich. Die Dämmung wird in den meisten Fällen an der Außenseite angebracht.

Der Wandaufbau in Abb. 2.3 bietet den Vorteil, dass er als Bausatzsystem möglich und Holz als nachwachsender Rohstoff leicht verfügbar ist. Im Vergleich zur Holzständer-Leichtbauweise bietet die Massivholzwand eine bessere Wärmespeicherkapazität. Zugleich ist ein wärmebrückenfreier Aufbau durch die außen über der gesamten Hülle liegende Dämmung gewährleistet. Nachteilig sind der höhere Holzverbrauch sowie der dickere Wandaufbau bei gleicher Dämmeigenschaft. Eine Massivholzwand im Passivhaus birgt außerdem gegenüber der massiven Mauerwerkswand den Nachteil, dass sie eine geringere Wärmespeicherkapazität aufweist als eine Steinwand, da Holzbaustoffe über eine geringe Rohdichte verfügen.

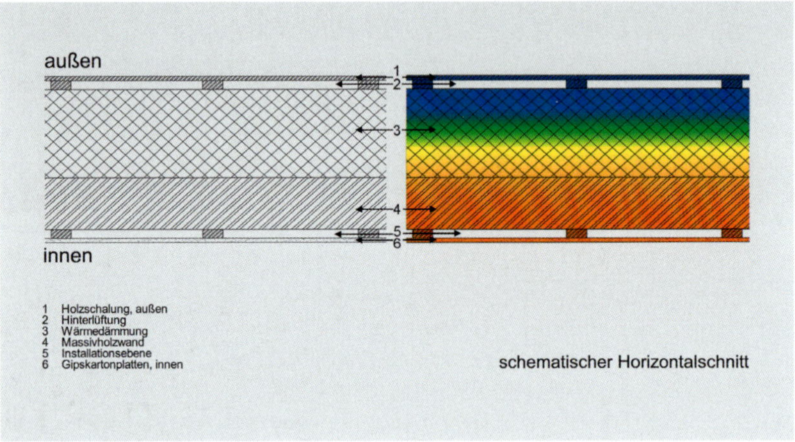

Abb. 2.3: Beispielhafter Aufbau eine massiven Holzwand im WDVS mit schematischem Thermografieverlauf

2.1.2 Leichtbauweise

Holzbaustoffe werden meistens für die Leichtbauweise verwendet. Dabei ist die **Holzrahmenkonstruktion** die gängigste Bauweise. Sie besteht aus einer beidseitigen Bekleidung aus Holzbauplatten mit dazwischenliegender Wärmedämmung. Die konstruktive Gesamtstärke der Leichtbauweise wird nicht durch statische Berechnungen, sondern durch die erforderlichen Dämmstoffdicken bestimmt. Der konstruktive Aufbau kann in mehreren Varianten ausgeführt werden: Neben der herkömmlichen Pfosten-Riegel-Konstruktion sind die Holzrahmenbauweise, das Balloon-Framing, Dickholz- und Brettstapelkonstruktionen, Hohlkörperelemente aus Dreischichtplatten sowie Trägerelemente aus dem Gerüstbau anzutreffen.

Bei der in Abb. 2.4 dargestellten Konstruktion bildet der massive Vollholzriegel eine Problemstelle, da er im Gegensatz zur dazwischenliegenden Dämmung mehr Wärme entweichen lässt. Er sollte daher einzeln überdämmt werden, was mit zusätzlichem Arbeits- und Materialaufwand verbunden ist.

Um eine Abminderung dieser Wärmebrücken zu erreichen, hat sich im Holzbau beim Passivhaus das System der **TJI-Träger** durchgesetzt. Hierbei handelt es sich um einen patentierten Träger, der sich aus einem Ober- und einem Untergurt mit dazwischenliegender Holzwerkstoffplatte zusammensetzt. Der dünne Steg der T-Form des Trägers minimiert den Wärmedurchgang; somit weist der U-Wert der Wand eine Verbesserung von 20 % gegenüber den Vollholzprofilen auf. Gleichzeitig bietet der TJI-Träger eine sehr hohe statische Festigkeit und Kostenäquivalenz.

Der Aufbau der TJI-Trägerkonstruktion in Abb. 2.5 besteht aus der Beplankung der Träger (innen wie außen) mit Holzplatten und einer kompletten Auffüllung des Zwischenraums mit Dämmstoff. Eingesetzt wird diese

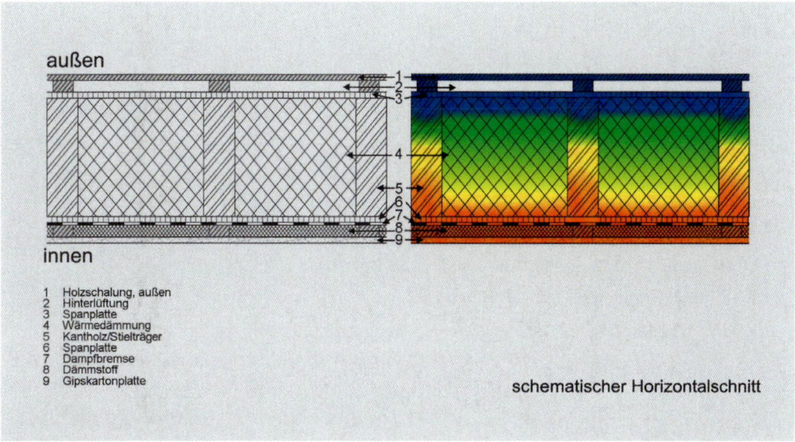

Abb. 2.4: Beispielhafter Aufbau eine Vollholzstiel-Trägerwand mit schematischem Thermografieverlauf

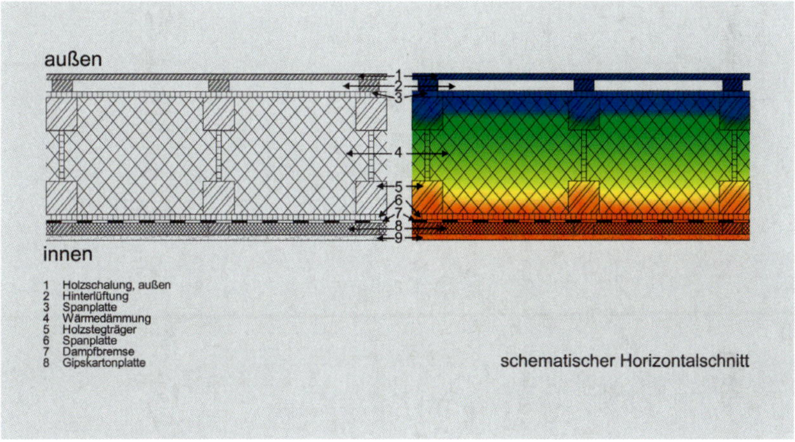

Abb. 2.5: Beispielhafter Aufbau einer Holzstegträgerwand mit schematischem Thermografieverlauf

Konstruktion im Wand-, Decken- und Dachbereich sowie als Dämmkonstruktion über Betonbodenplatten.

Vorteil der Ständerkonstruktion ist, dass durch Nutzung der gesamten Wanddicke zur Dämmung eine gute Wärmedämmung erzielt werden kann und der geringere Wandaufbau einen Raumgewinn bringt. Für diese Konstruktion können unterschiedliche Dämmstoffe verwendet werden. Der Fassadengestaltung wird durch die Hinterlüftung eine größere Variantenmöglichkeit in Form von Holz, Putz oder auch einer Vormauerung aus Ziegel geboten. Nachteilig zeigt sich die geringere Speichermasse, vor allem wenn die Innenwände ebenfalls in Leichtbauweise ausgeführt werden.

2.1.3 Zusammenfassung

Außenwandkonstruktionen sind in verschiedenen Bauweisen möglich und geprägt durch mehrschichtige Wandaufbauten. Deren Prinzipien sind:

- Die Lastabtragung erfolgt über Massivwände oder Ständerkonstruktionen.
- Der erforderliche Wärmeschutz wird durch auf- bzw. eingebrachte Wärmedämmung gewährleistet.
- Die Dämmstoffdicken sind abhängig von der Wärmeleitfähigkeit der Dämmstoffe (in W/m · K).
- Der Witterungsschutz erfolgt durch eine außen liegende Zusatzschicht (z. B. Putz oder Holzverschalung).
- Die sichere Abdichtung im Wandaufbau bei drückendem Wasser muss gegeben sein.

Bei der Errichtung der Außenwände wird zwischen Massiv- und Leichtbauweise unterschieden.

Massivbauweise

Massivsteinwand

Unterschiedliche Steinarten mit außen liegender Wärmedämmung (Thermohaut mit 25 bis 40 cm Stärke) und Witterungsschutz (meist Putz) ergeben ein WDVS.

Vorteile:
- hohe Wärmespeicherkapazität
- keine Wärmebrücken

Nachteile:
- Stein als Baumaterial (kein nachwachsender Rohstoff)
- stärkerer Wandaufbau

Zweischaliges Mauerwerk

Tragende massive Steinwand aus unterschiedlichen Steinarten mit vorgesetzter Schale (meist eine Klinkerfassade): Im Zwischenraum zwischen Massivwand und Vorsatzschale wird eine Wärmedämmung eingebracht. Das zweischalige Mauerwerk kann auch mit einer zusätzlichen Luftschicht ausgeführt werden; dies ist jedoch im Passivhausbau kaum möglich.

Vorteile:
- hohe Wärmespeicherkapazität
- guter Witterungsschutz durch Vorsatzschale

Nachteile:
- minimale Wärmebrücken durch Maueranker
- Dämmstoffstärken begrenzt (maximal 20 cm)
- kostenintensiver, da höhere WLG der Dämmstoffe nötig

Massivholzwand/Holztafelwand

Aufgebaut aus einer Brettschichtholzwand bzw. Brettstapelelement oder kreuzverleimten bzw. kreuzverdübelten Wänden werden sie mit außen liegender Wärmedämmung (Thermohaut mit 25 bis 40 cm Stärke) sowie einem Witterungsschutz (meist einer Holzverschalung) versehen und bilden ein WDVS.

Vorteile:
- gute Wärmespeicherkapazität
- keine Wärmebrücken
- Einsatz von Holz (nachwachsender Rohstoff)

Nachteile:
- stärkerer Wandaufbau
- hoher Holzverbrauch

Leichtbauweise

Rahmenkonstruktion aus Vollholzriegeln

Sie bestehen aus beidseitiger Bekleidung mit Holzbauplatten und dazwischenliegender Wärmedämmung. Die konstruktive Gesamtstärke ergibt sich aus der erforderlichen Dämmstoffdicke. Die Konstruktion erhält eine Hinterlüftung und einen Witterungsschutz (meist eine Holzverschalung).

Vorteil:
- Nutzung der gesamten Wandstärke zur Wärmedämmung

Nachteile:
- Wärmebrücken im Bereich der Vollholzriegel
- geringe Wärmespeicherkapazität

Rahmenkonstruktion aus TJI-Trägern

Der Träger aus Holzbauplatten mit beidseitiger Beplankung wird im Zwischenraum mit Dämmstoff aufgefüllt. Dabei ergibt sich die konstruktive Gesamtstärke durch die erforderliche Dämmstoffdicke. Zusätzlich wird die Konstruktion mit einer Hinterlüftung und einem Witterungsschutz (meist einer Holzverschalung) versehen.

Vorteile:
- Nutzung der gesamten Wandstärke zur Wärmedämmung
- Wärmebrückenminimierung im Stegbereich
- Einsatz verschiedener Dämmstoffe möglich

Nachteile:
- trotz Minimierung nicht ganz ohne Wärmebrücken
- geringe Wärmespeicherkapazität

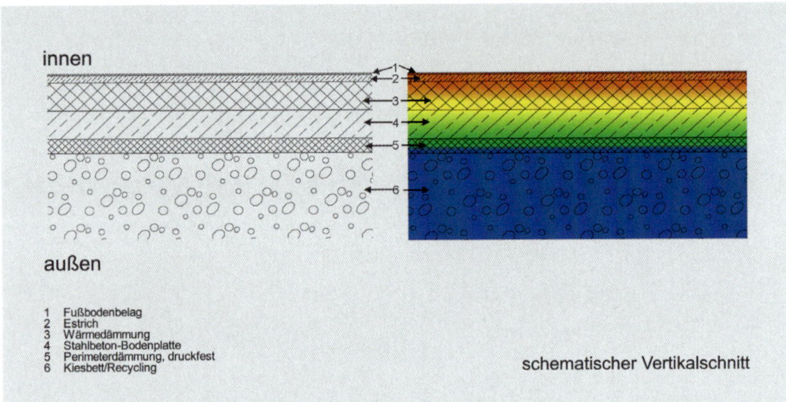

Abb. 2.6: Beispielhafter Aufbau einer Bodenplatte ohne Keller mit schematischem Thermografieverlauf

Abb. 2.7: Bodenplatte auf Schaumglasschotter gegründet

2.2 Bodenplatten

2.2.1 Dämmstoffe

Bodenplatten, die an das Erdreich stoßen, werden meist mit **Perimeterdämmung** unterhalb der Bodenplatten gedämmt. Die gewählte Wärmedämmung muss jedoch eine Zulassung zur Anwendung unterhalb von Bodenplatten aufweisen (siehe Abb. 2.6).

Ein ebenso sehr guter Dämmstoff unterhalb von Bodenplatten ist Schaumglasschotter. Dieser erfüllt nicht nur die Anforderungen der benötigten

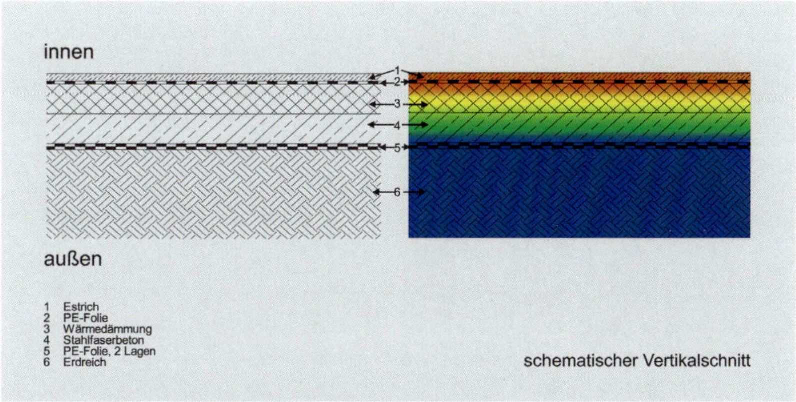

Abb. 2.8: Beispielhafter Aufbau einer Kellerbodenplatte mit beheiztem Keller; mit schematischem Thermografieverlauf

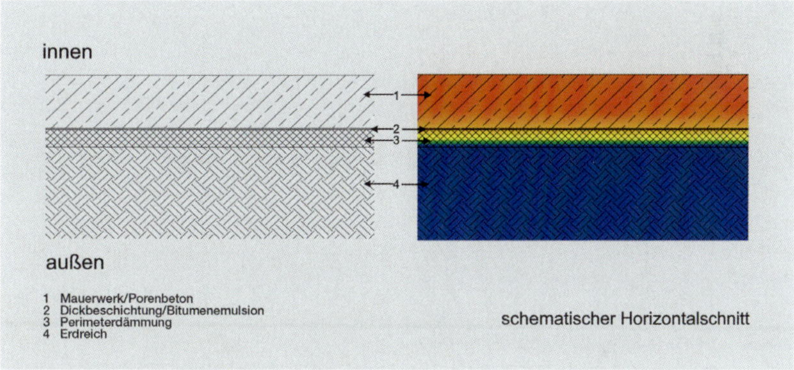

Abb. 2.9: Beispielhafter Aufbau einer Kellerwand mit beheiztem Keller; mit schematischem Thermografieverlauf

Wärmedämmung, sondern hat auch andere wichtige Funktionen. So lässt sich mit Schaumglasschotter ein tragfähiges Gründungspolster (bis 300 kN/m^2) erstellen, das bis zu einer Stärke von 70 cm eingebaut werden kann (siehe Abb. 2.7). Auch bei erforderlichem Bodenaustausch des Baugrunds bringt Schaumglasschotter als Gründung gleichzeitig die Wirkung einer kapillarbrechenden Schicht mit.

Wird das Haus unterkellert, so ist es sinnvoller, die Wärmedämmung im darüberliegenden Fußbodenaufbau zu integrieren (siehe Abb. 2.8). In diesem Fall sollte bei der Planung eine ausreichende Geschosshöhe im Keller berücksichtigt werden.

Unterkellerungen erfordern immer eine besondere Aufmerksamkeit der Bauleitung. Je nach Erfordernis – z. B. Ausführung mit einer Weißen Wanne oder einer Schwarzen Wanne – ist die Bauausführung in Bezug auf Dichtigkeit und Wärmebrücken intensiv zu begleiten. Sobald das Erdreich aufgefüllt ist, ist bei einer erforderlichen Nacharbeit mit hohem Arbeits- und Kostenaufwand zu rechnen.

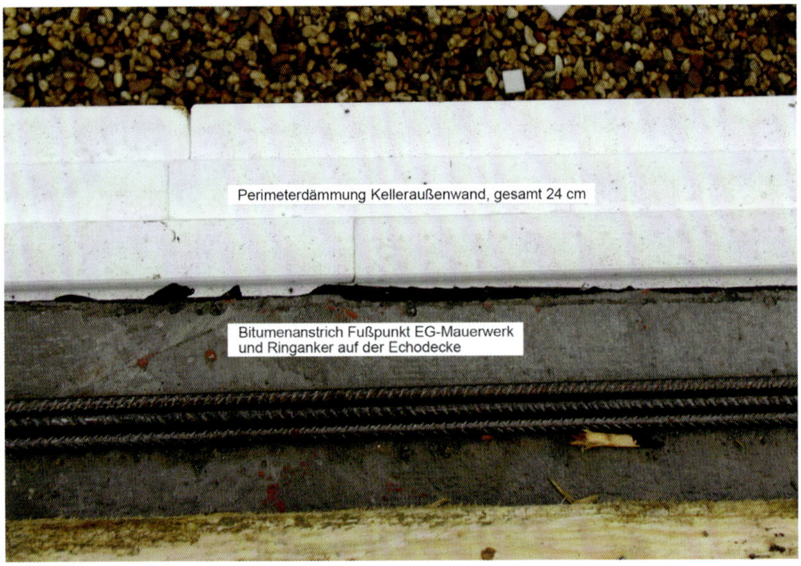

Abb. 2.10: Draufsicht eines massiven Wandaufbaus gegen Erdreich

Die vom Erdreich aufgehenden Wände sollten generell mit außenseitiger Perimeterdämmung ausgeführt werden (siehe Abb. 2.9 und 2.10). Dabei sollten nur Dämmstoffe mit einer entsprechenden Zulassung verwendet werden. Wichtig ist bei Wandaufbauten an das Erdreich, dass eine sichere Abdichtung angewendet wird, die auf drückendes Wasser abgestimmt ist.

2.2.2 Systeme zur Bodenplattendämmung

Für Passivhäuser haben sich mittlerweile neben Schaumglasschotter und lose verlegten Perimeterdämmplatten auch unterschiedliche Systeme zur Bodenplattendämmung etabliert. Dabei handelt es sich meist um eine Perfektionierung der Perimeterdämmung mit den geschäumten Polystyrol-Dämmstoffen XPS oder EPS. Ein wesentlicher Vorteil der Systemlösungen liegt darin, dass ihre Randelemente gleichzeitig die Schalung für die Bodenplatte darstellen (siehe Abb. 2.11). Die zeit- und kostenaufwendige klassische Betonschalung entfällt also. Damit die Bodenplattendämmung gleichzeitig Schalung sein kann, werden die Systeme für jedes Gebäude individuell und maßgenau angefertigt. Aus diesem Prozess ergeben sich weitere Vorteile.

Die Systemlösungen sind so konzipiert, dass sie wie Spielbausteine zusammengesteckt werden. Dadurch sind größere Fugen ausgeschlossen, die bei der Verlegung loser Dämmplatten nur bei größter Sorgfalt vermieden werden können. Auch das Problem der Verlegung in den sonst kritischen Randbereichen ist bei den vorgefertigten Bodenplattendämmungen gelöst.

Ein anderer Vorteil betrifft etwaige auf das spätere Gebäude wirkende Horizontallasten. Diese können bei schon geringer Hanglage durch permanenten Erddruck entstehen. Auch starker Winddruck führt zu einer Horizontallast, in deren Folge sich die Bodenplatte gegen die darunterliegende

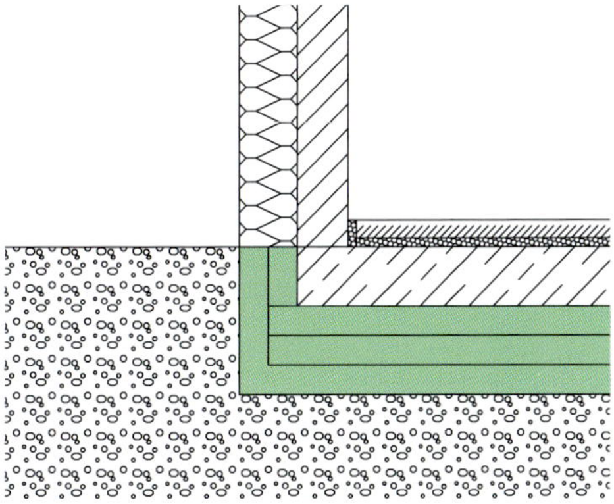

Abb. 2.11: Prinzip eines Passivhaus-Dämmfundaments – vorgefertigte wärmebrücken-optimierte Dämmung als kombiniertes Wärmedämm- und Schalungssystem

Abb. 2.12: Die meisten bauaufsichtlich zugelassenen Systeme beruhen auf mehrlagiger XPS- oder EPS-Dämmung. (Quelle: ISOQUICK GmbH & Co. KG, Niederzissen)

Dämmschicht verschieben kann. Bei mehrlagig verlegten Dämmplatten kann die Gleitfuge bei auftretenden Horizontallasten ebenfalls zum Problem werden. Hier sind die Systemlösungen im Vorteil, weil bei diesen mit Verzahnungen oder Schubriegeln gearbeitet wird.

Die vorgefertigten passgenauen Bodenplattendämmungen haben sich in der Praxis vielfach bewährt; trotz der Einsparungen bei den Schalungsarbeiten haben sie aber ihren Preis und erfordern Know-how oder zumindest eine Einweisung sowie ein „Mitdenken" bei der richtigen Zuordnung der Elemente. Viele Bauunternehmen setzen deshalb auch bei Passivhäusern bevorzugt auf die herkömmliche Bodenplattendämmung.

Bauaufsichtlich zugelassene Systeme zur Bodenplattendämmung unter Passivhäusern gibt es u. a. von den Herstellern IsoLohr, JACKON und Dow (jeweils mit XPS-Dämmung) sowie von ISOQUICK (mit EPS-Dämmung; siehe Abb. 2.12).

Auch aus Schaumglas gibt es inzwischen einen Systembaustein, der im Randbereich mit einer Schalungshilfe für den Betonbau ausgerüstet ist. Das Produkt von FOAMGLAS kann wie auch die Polystyrol-Lösungen sowohl bei bodennahen Gründungen als auch bei unterkellerten Gebäuden eingesetzt werden.

2.2.3 Zusammenfassung

Die Gründungspolster von Passivhausbauwerken können unterschiedlich ausgeführt werden. Viele Faktoren (z. B. Baugrund, Statik, Keller, erforderliche *U*-Werte usw.) müssen bei der Planung berücksichtigt werden.

Perimeterdämmung unterhalb der Bodenplatte

Vorteil:
- umlaufende Wärmedämmung an der Außenhaut

Nachteil:
- kostenintensiv; alternativ Aufteilung der benötigten Dämmstoffstärke unterhalb und oberhalb der Bodenplatte (Kostenminimierung, ohne Wärmebrücken zu verursachen)

Schaumglasschotter unterhalb der Bodenplatte

Vorteile:
- bildet tragfähiges Gründungspolster
- kapillarbrechende Schicht

Nachteile:
- kostenintensiver
- fachgerechter Einbau (Verdichtung) nötig

Systeme zur Bodenplattendämmung

Vorteile:
- sichereres, fugenminimiertes und wärmebrückenfreies Verlegen
- kein Verschieben bei Horizontallasten
- Zeit- und Kostenersparnis für entfallende Schalung

Nachteile:
- kostenintensiver
- Sorgfalt und Aufmerksamkeit beim Verlegen wegen passgenauer Fertigung nach Gebäudegrundriss (Ausnahme: Das Verlegen der ISO-QUICK-Bodendämmung erfolgt grundsätzlich durch den Hersteller. Bauseits wird nur ein Helfer benötigt.)

Grundsätzliches

Beim Passivhaus ist, wenn dies möglich ist, eine Bodenplattengründung ohne Streifenfundamente zu bevorzugen, da sich diese wie Kühlrippen auswirken.

Bei Passivhäusern gilt auch für erdberührte Bauteile der beheizten Gebäudehülle der maximale *U*-Wert von $\leq 0{,}15\ W/(m^2 \cdot K)$. Bodenplatten müssen damit auch bei unterkellerten Gebäuden zwingend gedämmt werden, sofern der Keller beheizt ist.

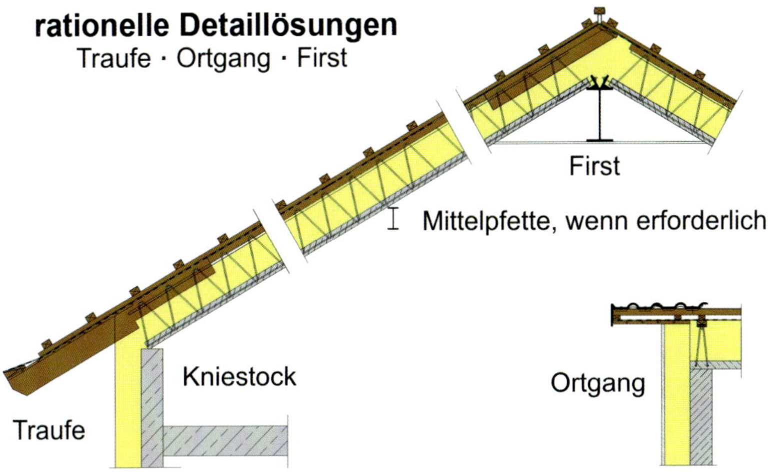

Abb. 2.13: Konstruktiver Aufbau eines Massivdaches (Quelle: A. Ambrosch – M&A Massivdach e. K., Wiesenstr. 39, 64331 Weiterstadt)

2.3 Dächer

Bei Wohngebäuden machen Dächer bzw. die oberste Decke unter einem Dachboden 20 bis 40 % der thermischen Hüllfläche aus. Zwischen 15 und 30 % der Wärmeverluste der Gebäudehülle fließen über diese Flächen ab und machen beim Passivhaus die stärkste Dämmung erforderlich. Die Dämmstoffstärken betragen 30 bis 54 cm; dabei liegen die *U*-Werte zwischen 0,14 und 0,07 W/(m² · K). Diese sind jedoch, was den Material- und Arbeitsaufwand angeht, relativ kostengünstig anzubringen, wobei unterschiedliche Materialien zur Anwendung genutzt werden können.

2.3.1 Massivbauweise

Die Grundkonstruktion des Massivdachelements ist vergleichbar mit einer Elementdecke. Jedoch wird als Tragkonstruktion ein spezieller Gitterträger mit besonderer Ausbildung im Obergurtbereich verwendet. Das Massivdach wird werkseitig bereits mit der erforderlichen Unterspannfolie, dem aufgesetzten Kantholz und der kompletten Dachlattung hergestellt. Die Elemente werden mit einem Kran direkt vom Lkw gehoben und montiert. Daher ist ein Massivdach schnell und kostensparend montiert (siehe Abb. 2.13 und 2.14).

Das Massivdach bietet gegenüber der Leichtbauweise Vorteile, wie z. B. hohen Brand- und Schallschutz sowie Wärme- und Wetterschutz. Durch die massive und verbindungssteife Konstruktion ist es dauerhaft luftdicht. Jedoch bleiben Individualität und Gestaltungsfreiheit sehr begrenzt. Ein nachträgliches Einbauen von Dachfenstern oder Gauben ist kaum möglich.

Abb. 2.14: Montage eines Massivdaches (Quelle: A. Ambrosch – M&A Massivdach e. K., Wiesenstr. 39, 64331 Weiterstadt)

2.3.2 Leichtbauweise

Die häufigsten Dachkonstruktionen bei Passivhäusern sind Dachkonstruktionen des Zimmermanns mit Stegträgern oder Sparren, deren Zwischenräume mit Wärmedämmung gefüllt werden. Außenseitig sollte eine Dampfsperre, die auch zur Winddichtheit erforderlich ist, und an der Innenseite die Luftdichtheitsfolie angebracht werden (siehe Abb. 2.15 und 2.16).

Häufig reichen jedoch die statisch errechneten Sparrenstärken und die darin eingebrachten Zwischensparrendämmungen nicht aus, um die erforderlichen *U*-Werte, die bis zu 40 cm Dämmstoffstärke entsprechen, für die Dachhaut zu erreichen. Lösungen bieten sog. zusätzliche Untersparren- und/oder Aufsparrendämmungen an. So lässt sich beispielsweise in der Untersparrendämmung auch die Installationsebene integrieren (siehe Abb. 2.17 und 2.18).

Bei einem Flachaufbau bieten sich Gefälledämmplatten an, um die erforderlichen Dämmstoffstärken zu erreichen.

In welcher Stärke und mit welchem Aufbau konstruiert werden muss, sollte zuvor anhand des PHPP ermittelt werden und statisch sowie konstruktiv bedacht werden.

Wird im Passivhaus das Dachgeschoss lediglich als Abstellraum genutzt, so ist es wärmetechnisch sinnvoller, die obere Geschossdecke anstatt des Daches zu dämmen. Die wärmeabgebende Hüllfläche und das daraus resultie-

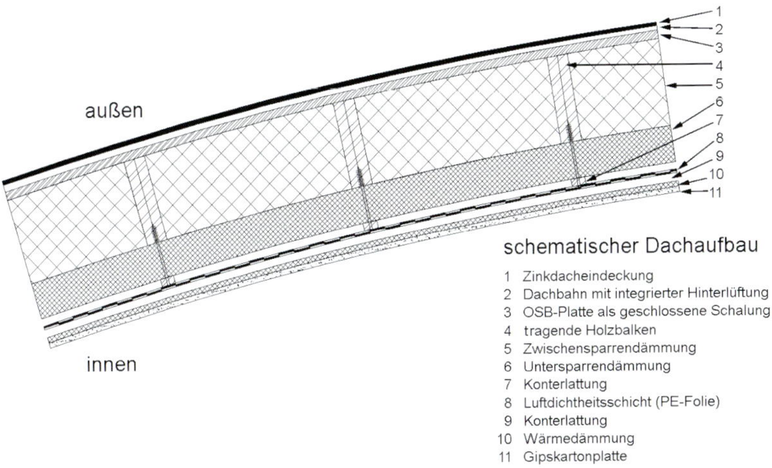

Abb. 2.15: Beispielhafter Aufbau eines Wölbdaches in Leichtbauweise

Abb. 2.16: Wölbdachkonstruktion während der Bauphase, bevor die letzte Dämmschicht und die Gipskartonplatten angebracht werden

rende zu beheizende Volumen sind dann kleiner. Dies führt zu geringerem Energieverbrauch, da die Wärmeverlustfläche eines gedämmten Daches größer ist als die einer gedämmten Geschossdecke. Folglich sollte bereits im Vorfeld der Planungen die spätere Nutzung des Dachgeschosses überlegt werden.

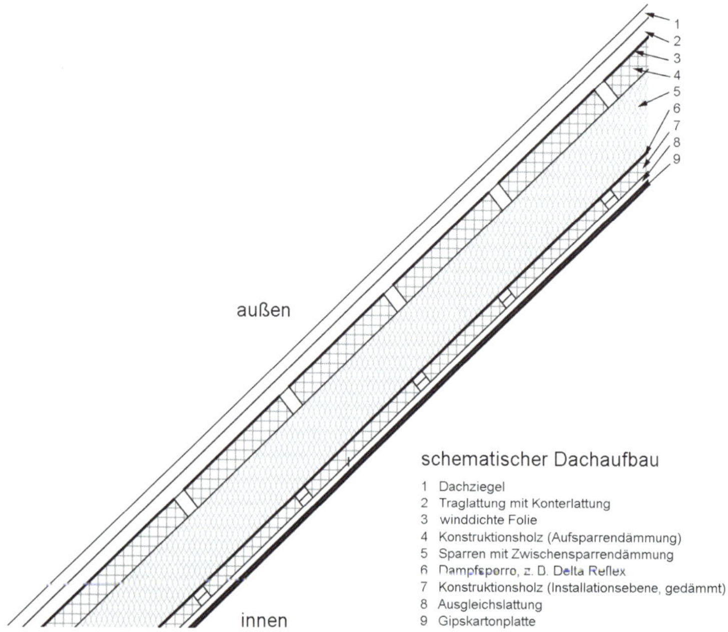

Abb. 2.17: Beispielhafter Aufbau eines Steildaches in Leichtbauweise mit Auf-, Zwischen- und Untersparrendämmung

Abb. 2.18: Aufbau eines Steildaches in Leichtbauweise mit luftdichter Folie und Vorbereitung der Installationsebene mit Untersparrendämmung

2.3.3 Zusammenfassung

Außenwand- und Dachkonstruktionen sind in verschiedenen Bauweisen möglich, sie sind jedoch immer durch mehrschichtige Aufbauten geprägt. Bei der Erstellung der Konstruktionen wird unterschieden zwischen

- Massivbauweise (massive Stein- oder Holzwand bzw. Decke) und
- Leichtbauweise (Holzständer- oder Rahmenkonstruktionen, Holzdachstuhlkonstruktionen).

2.4 Wärmedämmung

Da auf dem Baustoffmarkt viele unterschiedliche Arten von Wärmedämmstoffen angeboten werden, muss für den speziellen Anwendungsfall die am besten geeignete Dämmung gewählt werden. Als ausschlaggebendes Kriterium gelten dabei nicht nur die Wärmeleitfähigkeit und die Druckfestigkeit, sondern auch das Brandverhalten, die Temperaturbeanspruchung, die Alterungsbeständigkeit sowie die Umweltverträglichkeit. Abb. 2.19 zeigt eine Einteilung von Wärmedämmstoffen in unterschiedliche Kategorien.

Die Eigenschaft eines Werkstoffes, Wärme von der warmen zur kalten Seite eines Bauteils zu transportieren, wird durch die **Wärmeleitfähigkeit** beschrieben. Dieser von Prüfinstituten gemessene Wert wird in der Beschreibung des Dämmstoffes als Rechenwert λ mit der Maßeinheit W/(m · K) aufgeführt. Der λ-Wert gibt die Wärmemenge an, die durch einen ein Kubikmeter großen Würfel eines Stoffes dringt, wenn zwischen den beiden Seiten ein Temperaturunterschied von 1 K herrscht (vgl. auch Kapitel 1.3).

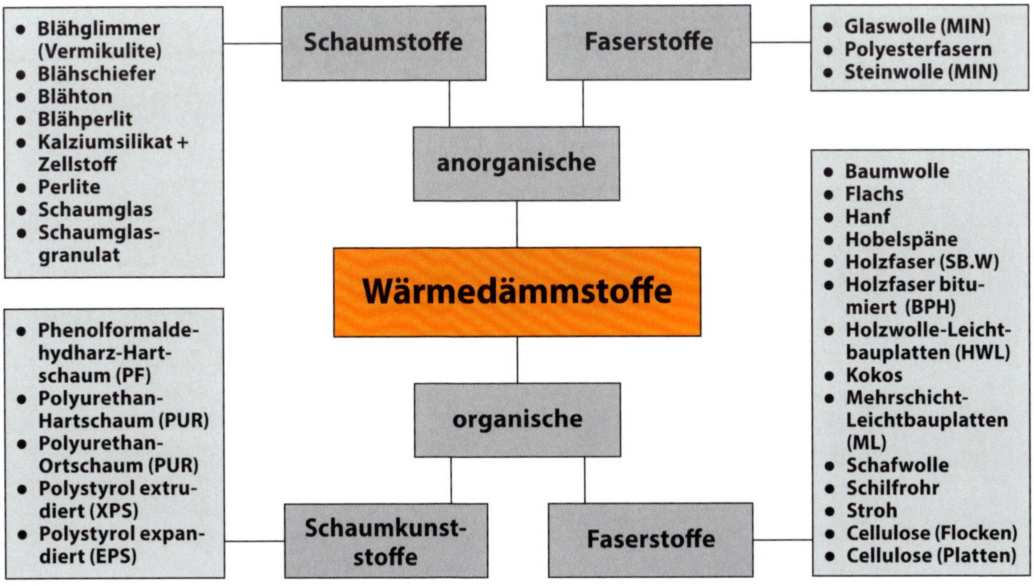

Abb. 2.19: Wärmedämmstoffe nach Kategorien

Dabei gilt: Je weniger Wärme durch die Wärmedämmung verloren geht, desto geringer ist die Wärmeleitfähigkeit dieses Stoffes. Auf www.waermedaemmstoffe.com/htm/uebersicht.htm findet sich eine Übersicht über die wichtigsten Dämmstoffe für den Passivhausbereich und deren Eigenschaften.

Der Widerstand, den jede Schicht von Außenbauteilen gegen **Wasserdampfdiffusion** vom Inneren des Gebäudes nach außen aufweist, nennt sich Wasserdampfdiffusionswiderstand und wird mit der Wasserdampfdiffusionswiderstandszahl beschrieben. Diese gibt den Faktor an, um den der Widerstand der Wärmedämmung gegen Wasserdampfdiffusion bei gleicher Temperatur im Vergleich zu einer ruhenden Luftschicht größer ist. Der Anfall des Tauwassers innerhalb eines Bauteils kann mithilfe der Wasserdampfdiffusionswiderstandszahl berechnet werden. Hierzu werden spezielle Rechenverfahren angewandt, die im Ergebnis anzeigen, ob der Einbau einer Dampfsperre erforderlich ist. Es darf bei allen Wärmedämmstoffen weder durch Tauwasseranfall infolge von Wasserdampfdiffusion noch durch anderweitige Wassereinwirkung der Feuchtegehalt erhöht werden, da dadurch eine erhöhte Wärmeleitfähigkeit entstehen kann und der Heizenergiebedarf steigt.

Die **Druckfestigkeit** bildet ein weiteres Unterscheidungskriterium von Wärmedämmstoffen. Bestimmte Einsatzgebiete erfordern Mindestwerte der Druckfestigkeit. So muss z. B. die Druckfestigkeit der Wärmedämmung auf einem Flachdach größer sein als bei einer Dämmung in einer Wand, da das Betreten des Flachdaches zu Wartungszwecken möglich sein muss. Eine dauerhafte Verformung sowie eine Verringerung der Dicke der Dämmung werden durch ausreichende Druckfestigkeit verhindert.

Die **Rohdichte** bestimmt das Gewicht der Wärmedämmstoffe. Wird das Dämmstoffmaterial an statisch beanspruchten Bauteilen wie an einem Dachstuhl oder anderen Holzkonstruktionen angewandt, muss die Rohdichte berücksichtigt werden. Das Gewicht der Wärmedämmung nimmt mit der Rohdichte zu.

Die Einteilung der Wärmedämmstoffe in die Baustoffklassen A und B gibt das **Brandverhalten** an. Baustoffe aus der Klasse A1 und A2 sind nicht brennbar. Die Baustoffe der Klasse B sind brennbar, werden jedoch durch weitere Unterkategorien in B1 als schwer entflammbar, B2 als normal entflammbar und B3 als leicht entflammbar unterschieden. Die Mindestanforderungen an den Brandschutz werden durch Gebäudeart oder -höhe gestellt, wobei die Baustoffklassen in den jeweiligen Landesbauordnungen der einzelnen Bundesländer geregelt sind. In Tabelle 2.1 sind die Baustoffklassen nach DIN 4102-1 „Brandverhalten von Baustoffen und Bauteilen – Teil 1: Baustoffe; Begriffe, Anforderungen und Prüfungen“ (1998) aufgeführt.

Die Unterscheidung der Wärmedämmstoffe findet auch in der oberen Temperaturanwendungsgrenze statt. Diese kann z. B. bei Langzeitbeanspruchung zwischen 80 und 85 °C (Polystyrol-Hartschaumplatten) und 430 bis 460 °C (Schaumglas) betragen. Beim Einbau ist besonders auf diese Temperaturbeanspruchung zu achten, da z. B. beim Flachdach die abdichtenden Bitumenbahnen mithilfe eines Gasbrenners verschweißt werden, wobei sehr

Tabelle 2.1: Baustoffklassen (Brandverhalten) nach DIN 4102-1

Klasse nach DIN 4102-1	Anforderung (Brandverhalten)	Beispiele/Eigenschaften
A	nicht brennbar	
A1	nicht brennbar ohne brennbare Bestandteile	Mineralfaserbauteile, Glaswolle, Beton, Mauerwerk, Böden (Sand, Kies usw.), Zemente, Mörtel, Steinzeug, Baukeramik, Glas, Schaumglas, massive Gipsbauteile (Gipsdielen), Gusseisen, Stahl, Aluminium
A2	nicht brennbar mit wenigen brennbaren Bestandteilen	Gipskartonplatten (mit geschlossener Oberfläche), Styroporbeton, Mineralwolle
B	brennbar	
B1	schwer entflammbar	brandschutzbehandelte Holzwerkstoffe, Hartschaumkunststoffe
B2	normal entflammbar	Holzbauteile und Holzwerkstoffe mit einer Dicke > 2 mm
B3[1]	leicht entflammbar	Holzbauteile mit Holzwerkstoffen mit einer Dicke < 2 mm, Stroh, Pappen, Papier

[1] Nach Musterbauordnung (MBO) dürfen Baustoffe, die nicht mindestens normal entflammbar sind (also Klasse B3), nicht verwendet werden (vgl. § 26 Abs. 1 Satz 2 MBO).

hohe Temperaturen entstehen. Diese dürfen die darunterliegende Wärmedämmung nicht verformen oder gar durch Brände zerstören.

Die **Alterungsbeständigkeit** von Wärmedämmstoffen ist abhängig von der Einbauart (ungeschützt oder geschützt), der Art des Werkstoffes, der klimatischen Beanspruchung bezüglich Sonneneinstrahlung, Feuchte und Temperatur sowie von dem Widerstand gegen tierische und pflanzliche Schädlinge. Auch chemische Beanspruchungen in Form von Kontakt mit Zement, Kalk, Gips oder weiteren Baustoffen während des Bauvorgangs beeinflussen den Alterungsprozess eines Wärmedämmstoffes.

Bei der **Umweltverträglichkeit** sind die Herkunft und die Verfügbarkeit eines Rohstoffes sowie der Energieeinsatz und die Umweltbelastung bei der Herstellung, beim Transport und beim Einbau wichtig. Aus ökologischen Gesichtspunkten werden immer häufiger auch der Primärenergieverbrauch bei der Herstellung und die energetische Amortisation betrachtet. Damit wird angegeben, wie lange ein Dämmstoff im Einsatz sein muss, um die bei der Herstellung verbrauchte Energie eingespart zu haben. Das ist aber selbst im ungünstigsten Fall (Polyurethan) nach spätestens 2 Jahren der Fall. Auch die Abgabe von gesundheitsschädlichen Stoffen und die damit verbundene Gesundheitsgefahr bei der Verarbeitung für die Handwerker und die Bewohner des Hauses sind zu beachten. Die Emission im Brandfall sowie die Recyclingmöglichkeiten nach der Verwendung sind ebenso wesentlich.

In den Kapiteln 2.4.1 bis 2.4.11 werden die unterschiedlichen Arten und Eigenschaften der am häufigsten verwendeten Wärmedämmstoffe geschildert (vgl. auch Dietrich, 2010; www.waermedaemmstoffe.com). Die Angaben zu den einzelnen Materialien und deren Eigenschaften sind ohne Gewähr; sie können von Hersteller zu Hersteller variieren (vgl. auch die weiterführenden Links in Kapitel 11).

Tabelle 2.2: Übersicht der Wärmeleitfähigkeitsgruppen (WLG) nach www.waermedaemmstoffe.com/htm/anorganisch.htm; Dietrich, 2010

Wärmedämmstoffe	Zuordnung WLG													
	005	010	015	020	025	030	035	040	045	050	055	060	065	070
Polystyrol-Hartschaum EPS							■	■	■					
Polystyrol-Hartschaum XPS						■	■	■						
Neopor						(■)								
Polyurethan-Hartschaum PUR					■	■	■	■						
Resolharz-Hartschaum				(■)	■									
Phenolharz-Hartschaum (PF)				(■)	■									
Polyesterfaser							■	■	■					
Mineralwolle							■	■	■	■				
Holzfaser							(■)	■	■	■				
Holzwolle												■	■	■
Kork								■	■	■	■	■		
Cellulosefaser								■	■					
Schaumglas							(■)	■	■	■	■	■		
Perlite								■	■	■	■	■	■	■
Schafwolle								■						
Baumwolle								■						
Flachs								■						
Hanf								■						
Kokos								■	■	■				
Kalziumsilikat										■	■	■	■	■
Vermikulit												■	■	■
Vakuumdämmplatten	■	■												

In Tabelle 2.2 werden die Wärmeleitgruppen verschiedener Dämstoffe zusammengefasst dargestellt.

2.4.1 Polystyrol-Hartschaum (EPS)

Beschreibung

EPS ist ein aus Rohstoffen der organischen Chemie hergestellter, überwiegend geschlossenzelliger und harter Wärmedämmstoff. Expandiertes Polystyrol entsteht durch Polymerisation von Styrol, wobei eine geringe Menge des Treibmittels Pentan beigefügt wird. Bei der Anwendung von EPS dürfen jedoch eine maximale kurzzeitige Gebrauchstemperatur von ca. 100 °C und eine langfristige Temperatur von ca. 80 bis 85 °C nicht über-

Abb. 2.20: Polystyrol-Hartschaumplatten (EPS bzw. Styropor®; Quelle: URSA Deutschland GmbH, Leipzig)

schritten werden. Auch können schädliche Wechselwirkungen auftreten, wenn bestimmte Werkstoffe in direktem Kontakt mit Polystyrol kommen. Im Handel werden Polystyrol-Hartschaumplatten (EPS oder Styropor®) als block-, platten- oder bandgeschäumtes Material angeboten (siehe Abb. 2.20).

Vorteile:
- gute Wärme- und Schalldämmung
- beständig gegen Feuchtigkeit, Alterung und Verrottung
- resistent gegen Ungeziefer
- gesundheitlich unbedenklich
- ökologisch akzeptabel bei Anwendung von CO_2-geschäumten Produkten

Nachteile:
- im Brandfall starke Qualmbildung
- nur sortenreiner Abfall recycelbar
- keine UV-Beständigkeit, da die Oberfläche unter Sonneneinstrahlung spröde wird
- diffusionsoffene Platten (gelocht) mit Aufpreis

Anwendungsbereiche:
- Außenwand:
  - Innen-, Kern- und Außendämmung
  - WDVS
  - Perimeterdämmung
- Dach:
  - geneigtes Dach über, unter und zwischen den Sparren
  - Flachdach
- Massivdecke:
  - Trittschalldämmung
  - unter Estrich

Eigenschaften

• Wärmeleitfähigkeit λ in W/(m · K)	**0,035**–0,045
• Baustoffklasse für Brandschutz	B1
• Wasserdampfdiffusionswiderstandszahl μ	20/50–40/100 je nach Rohdichte
• Rohdichte in kg/m³	10–30
• Materialdicke in cm	1–30
• Materialpreis für 10 cm Stärke in €/m²	ca. 8,00–10,00

Abb. 2.21: Extruderschaumplatten (Quelle: dow)

2.4.2 Polystyrol-Extruderschaum (XPS)

Beschreibung

XPS ist ebenfalls ein überwiegend harter Wärmedämmstoff, der eine homogene und geschlossene Zellstruktur besitzt (siehe Abb. 2.21). Bei der Herstellung wird meist geschmolzenes Polystyrol mit CO_2 – teilweise auch mit halogenisiertem Fluorchlorkohlenwasserstoff (FCKW) – als Treibmittel aufgeschäumt. XPS (pastellfarben; grün, gelb, rosa, lila und blau) nimmt praktisch kein Wasser auf und wird häufig als Dämmstoffplatte im Nassbereich eingesetzt. Weitere Einsatzbereiche sind feuchtigkeitsbelastete Orte wie z. B. Perimeterbereiche, Flachdächer, Sockelbereiche oder auch lastabtragende Dämmungen (aufgrund der hohen Druckfestigkeit).

Vorteile:
- hohe Druckfestigkeit
- beständig gegen Feuchtigkeit, Alterung und Verrottung
- vorteilhafte Dichtheit für die ausgewiesenen Anwendungsbereiche
- gesundheitlich unbedenklich
- ökologisch akzeptabel bei Anwendung von CO_2-geschäumten Produkten

Nachteile:
- im Brandfall starke Qualmbildung
- keine UV-Beständigkeit, da die Oberfläche unter Sonneneinstrahlung spröde wird
- Umweltbelastung bei der Herstellung von Styrol durch Emissionen (Erdölraffinerieprodukt)

Anwendungsbereiche:
- Außenwand:
  - Innen-, Kern- und Außendämmung
  - WDVS
  - Perimeterdämmung
- Dach:
  - geneigtes Dach über und unter den Sparren
  - Flachdach
  - Umkehrdach

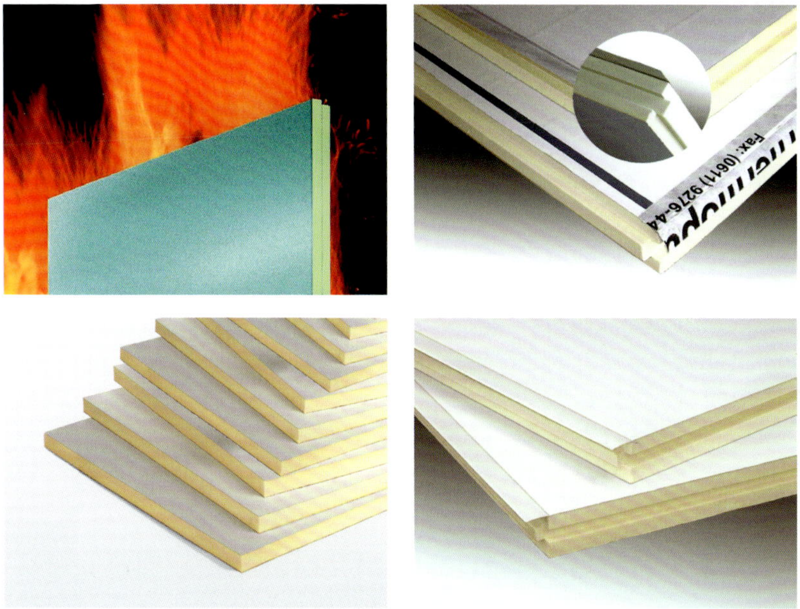

Abb. 2.22: Hartschaumplatten (Quelle: Recticel Dämmsysteme)

- Massivdecke:
  - unter Bodenplatte
  - als Perimeterdämmung

Eigenschaften

• Wärmeleitfähigkeit λ in W/(m · K)	0,03/**0,035**/0,04
• Baustoffklasse für Brandschutz	B1
• Wasserdampfdiffusionswiderstandszahl μ	80–250 je nach Treibmittel
• Rohdichte in kg/m^3	30–45
• Materialdicke in cm	2–18
• Materialpreis für 10 cm Stärke in €/m^2	ca. 30,00

2.4.3 Polyurethan-Hartschaum (PU, PUR)

Beschreibung

Polyurethan-Hartschaum ist ein aus dem Rohstoff Erdöl mit Zugabe von Katalysatoren und Treibmitteln (Pentan) hergestellter Schaum, der überwiegend eine geschlossene Zellstruktur aufweist. Bei der Herstellung geht aufgrund einer chemischen Reaktion mit hoher Wärmeentwicklung die flüssige Grundsubstanz in Gasform über. Die Abkühlung führt zum erstarrten Hartschaum. PU und PUR sind als Platte hochbelastbar und weisen, insbesondere mit Aluminiumkaschierung, äußerst gute Dämmwerte auf. PUR findet Anwendung z. B. als aluminiumkaschierte Platte für Aufsparrendämmungen oder als Ortschaum zum Dichten von Fenstern, Türen oder Mauerdurchführungen (siehe Abb. 2.22).

Vorteile:

- sehr gute Wärmedämmung mit diffusionsdichten Deckschichten
- beständig gegen Feuchtigkeit, Schimmel, Fäulnis, Alterung und Verrottung

Nachteile:

- im Brandfall Entstehung toxischer, gesundheitsgefährdender Gase bei ungenügender Luftzufuhr
- Platten bedingt recycelbar (z. B. zu Klebepressplatten)
- nicht kompostierbar
- hoher Energieaufwand bei der Herstellung
- gesundheitsgefährdender Montageschaum bei der Verarbeitung
- ökologisch fraglich, da Erdölprodukt mit bedenklichen Zwischenprodukten

Anwendungsbereiche:

- Außenwand:
  - Innen-, Kern- und Außendämmung
  - WDVS
- Dach:
  - geneigtes Dach über, unter und zwischen den Sparren
  - Flachdach
- Massivdecke:
  - unter Estrich und Rohdecke

Eigenschaften

• Wärmeleitfähigkeit λ in W/(m · K)	0,024/**0,03**/0,035
• Baustoffklasse für Brandschutz	B2
• Wasserdampfdiffusionswiderstandszahl μ	40–200
• Rohdichte in kg/m^3	30–50
• Materialdicke in cm	2–30
• Materialpreis für 10 cm Stärke in €/m^2	ca. 30,00

2.4.4 Mineral-, Stein- und Glaswolle

Beschreibung

Mineral-, Stein- und Glaswolle bestehen zu 90 % aus mineralischen Rohstoffen und unterscheiden sich nur durch die Zusammensetzung der Ausgangsprodukte, wobei ihre Eigenschaften praktisch identisch sind (siehe Abb. 2.23). Für die Herstellung werden z. B. Mineralfasern aus Altglas bzw. Glasrohstoffen meist durch Zentrifugieren gewonnen. Durch Beifügen von Kunstharzen und anderen Zuschlagstoffen werden die Eigenschaften modifiziert. Im Handel wird Stein- oder Glaswolle als Filz bzw. Platte angeboten. Neben Polystyrol zählt Steinwolle zu den am meisten in Deutschland verwendeten Dämmstoffen.

Abb. 2.23: Mineralwolle (Quelle: Promat GmbH, Ratingen)

Vorteile:

- sehr gute Wärme- und Schalldämmung
- beständig gegen Verrottung
- resistent gegen Schimmel und Ungeziefer
- diffusionsoffen
- leichte Verarbeitung
- nicht brennbar
- als Rohstoff ausreichend vorhanden
- deponiefähig

Nachteile:

- empfindlich gegen Feuchtigkeit
- hoher Energieaufwand bei der Herstellung
- nicht kompostierbar

Anwendungsbereiche:

- Außenwand:
  - Innen-, Kern-, Außendämmung
  - WDVS
- Dach:
  - geneigtes Dach über, unter und zwischen den Sparren
  - Flachdach
- Massivdecke:
  - unter Estrich
  - Trittschalldämmung
- Leichtbau (Trennwand/-decke):
  - zwischen Holz- bzw. Metallständern
  - zwischen Holzbalken

Eigenschaften

• Wärmeleitfähigkeit λ in W/(m · K)	0,0032/**0,04**–0,07
• Baustoffklasse für Brandschutz	A1/A2/B1
• Wasserdampfdiffusionswiderstandszahl μ	1–2
• Rohdichte in kg/m³	20–220
• Materialdicke in cm	3–22
• Materialpreis für 10 cm Stärke in €/m²	5,00–20,00

Abb. 2.24: Holzfaserdämmplatten (Quelle: www.pavatex.com)

2.4.5 Holzfaserdämm-, Holzweichfaserplatten

Beschreibung

Holzfaserdämm- und Holzweichfaserplatten werden aus Rest- bzw. Abfallholz hergestellt, indem es zu Hackschnitzeln zerkleinert und danach zerfasert wird (siehe Abb. 2.24). Der unter Zugabe von Wasser entstehende Faserbrei wird ohne Zusätze unter Druck und mit erhöhter Temperatur (ca. 350 °C) zu Platten verarbeitet. Die Verbindung der Fasern erfolgt nur über die holzeigenen Harze. Feuchtigkeitsbeständige Platten werden zusätzlich mit Naturharzen oder Bitumen imprägniert. Da aus diesen bituminierten Holzfaserplatten Schadstoffe ausgasen könnten, sollte ein Einsatz im Innenbereich vermieden werden.

Vorteile:
- sehr gute Wärme- und Schalldämmung
- sehr gute Speicherfähigkeit
- diffusionsoffen
- Herstellung aus Abfallprodukten eines nachwachsenden heimischen Rohstoffes
- recycelbar

Nachteile:
- hoher Energieaufwand bei der Herstellung
- Schadstoffausgasung bei bituminierten Platten möglich
- imprägnierte Platten nicht kompostierbar

Anwendungsbereiche:
- Außenwand:
  - Innendämmung
  - WDVS
  - hinterlüftete Außendämmung
- Dach:
  - geneigtes Dach über, unter und zwischen den Sparren
  - Flachdach
- Massivdecke:
  - Trittschalldämmung unter Estrich, Trockenestrich, Dielenfußböden, Parkett, Laminat
- Leichtbau (Trennwand/-decke):
  - zwischen Holzständern bzw. -balken

Abb. 2.25: Schaumglas, Foamglas (Quelle: Deutsche FOAMGLAS® GmbH)

Eigenschaften

• Wärmeleitfähigkeit λ in W/(m · K)	0,038/**0,040**–0,050
• Baustoffklasse für Brandschutz	B2
• Wasserdampfdiffusionswiderstandszahl μ	5
• Rohdichte in kg/m³	110–160
• Materialdicke in cm	2–20
• Materialpreis für 10 cm Stärke in €/m²	ca. 28,00

2.4.6 Schaum-, Foamglas

Beschreibung

Schaumglas wird aus natürlichen Rohstoffen wie Quarzsand oder Recyclingglas (z. B. alten Autoscheiben) hergestellt. Bei der Erzeugung wird der Rohstoff bei Temperaturen von über 1.000 °C erhitzt und mit einem Treibmittel (Kohlenstoff) aufgeschäumt. Durch Freisetzung von CO_2 bilden sich viele kleine Glaszellen, die das Gas einschließen. Da beim Abkühlen des Schaumglases hohe Temperaturspannungen entstehen und somit eine Strangabfertigung nicht möglich ist, wird es in Formen hergestellt und zu Platten verarbeitet. Die Industrie bietet auch besonders druckfeste Platten in Steinmaßen an, um die Wärmebrückenwirkung der untersten Steinreihe bei Wänden zu minimieren, indem diese durch Schaumglasplatten ersetzt wird (siehe Abb. 2.25).

Vorteile:

- sehr gute Wärmedämmung, selbst bei Nässe
- unempfindlich gegen Feuchtigkeit
- einfache Verarbeitung
- dicht gegen Wasser und Dampf
- beständig gegen Frost
- resistent gegen Schädlinge, Fäulnis und Verrottung
- resistent gegen Säure und beständig gegen Chemikalien
- hohe Druckfestigkeit
- ohne Stauchung formstabil
- FCKW-frei
- nicht brennbar
- im Außenbereich Ersatz für Polystyrol
- kurze Transportwege
- gesundheitlich unbedenklich
- Rohstoffe unbegrenzt verfügbar
- deponierbar als Bauschutt

Abb. 2.26: Schaumglasschotter

Nachteile:
- bei Verarbeitung teilweise Verklebung mit Bitumen
- Schaumglas ist starr, daher schlechte Aufnahme von Punktlasten
- relativ teuer (kann im Gesamtsystem jedoch durchaus wirtschaftlich sein)

Anwendungsbereiche:
- Außenwand:
  - Innen- und Kerndämmung
  - Perimeterdämmung
- Dach:
  - Flachdach
  - begeh- bzw. befahrbare Kompaktdächer
- Massivdecke:
  - unter Estrich und Bodenplatte
  - Perimeterdämmung
- Leichtbau (Trennwand/-decke):
  - nicht einsetzbar

Eigenschaften

• Wärmeleitfähigkeit λ in W/(m · K)	0,038/**0,04**–0,05
• Baustoffklasse für Brandschutz	A1 (ohne Kaschierung)
• Wasserdampfdiffusionswiderstandszahl μ	dampfdicht
• Rohdichte in kg/m³	105–165
• Materialdicke in cm	4–13
• Materialpreis für 10 cm Stärke in €/m²	ca. 50,00

2.4.7 Schaumglasschotter

Beschreibung

Das Ausgangsmaterial für Schaumglasschotter ist Recyclingglas (ca. 96 %) unterschiedlichster Herkunft. Das zuvor vermahlene Glas wird in einem thermischen Verfahren (Blähbrandöfen) durch Zugabe von mineralischen Zuschlagstoffen bei einer Hitze von 700 bis 800 °C gebläht und anschließend durch Schockkühlung gebrochen. Es entstehen verschiedene Körnungsgrößen, die als lose Schüttware, abgepackt in Säcke oder als Lkw-Lieferung, angeliefert werden können (siehe Abb. 2.26).

Vorteile:

- zu 100 % natürlicher, umweltverträglicher und ressourcenschonender Baustoff
- alterungs- und verrottungsbeständig, resistent gegen Kohlenwasserstoffe
- nicht nur wärmedämmend, sondern auch schallabsorbierend
- frostsicher
- keine Wasseraufnahme, dadurch gewichtsstabil
- feuerbeständig und resistent gegen jegliche Umwelteinflüsse
- lastabtragende Dämmung mit hoher Tragfähigkeit
- druckbeständig
- kapillarbrechende Schicht durch hervorragende Sickerleistung
- ersetzt Rollierung
- bauteilaktivierte Bodenplatte möglich
- leicht inert

Nachteile:

- hoher Materialpreis
- schwierig bei Fremdverarbeitung; Rüttelplatte kann zu unterschiedlichen Verdichtungen und Lagen führen
- Verdichtungsnachweis und Kontrolle schwierig

Anwendungsbereiche:

- Dach:
  - Flachdach
  - Gründach
  - Terrassendämmung
- Massivdecke:
  - unter Bodenplatte
  - im Fußbodenaufbau
  - befahrbare Deckenkonstruktionen/Parkdecks
- sonstiger Bau:
  - z. B. Garten-, Landschafts- und Straßenbau

Eigenschaften

• Wärmeleitfähigkeit λ in W/(m · K)	0,077–0,120 abhängig vom Feuchtegehalt der Einbausituation und Verdichtung
• Baustoffklasse für Brandschutz	A1
• Wasserdampfdiffusionswiderstandszahl μ	dampfdicht
• Rohdichte in kg/m³	120–190
• mit Verdichtungsfaktor (1,3 : 1)	189–247
• Materialdicke in cm, lose Schüttung, Verdichtungsfaktor (1,3 : 1)	
– Mindesteinbaustärke, verdichtet	12,00
– Maximaleinbaustärke, verdichtet	unbegrenzt in Lagen von 50 cm
• Materialpreis für 10 cm Stärke in €/m³	ca. 65,00

Abb. 2.27: Perlite, Blähperlite
(Quelle: KNAUF PERLITE GmbH, Dortmund)

2.4.8 Perlite, Blähperlite, Perlite-Dämmplatten

Beschreibung

Perlite werden aus Perlitgestein (erstarrte Lavamasse), das unter sehr hoher Temperatur von ca. 1.000 °C schockartig aufgebläht wird, hergestellt (siehe Abb. 2.27). Das Gesteinswasser dehnt sich als Wasserdampf stark aus und bläht das Volumen des gemahlenen Rohperlits dadurch bis auf das Zwanzigfache auf. Das Produkt wird ohne Zusätze als Trockenschüttung verwendet. Besteht Feuchteeinwirkung, sollte es mit Zusätzen (Bituminierung) behandelt werden. Perlite-Dämmplatten sind Platten aus expandiertem Perlitgestein, die unter Zugabe von Bindemittel (Kunstharzen, Bitumen) gepresst werden.

Vorteile:
- feuchtigkeitsregulierend
- beständig gegen Ungeziefer und Verrottung
- gute Belastbarkeit bei verdichteter Schüttung
- geringes Eigengewicht
- sehr gute Rieselfähigkeit für Hinterfüllung von Hohlräumen
- nicht brennbar
- natürlich vorkommender Rohstoff

Nachteile:
- geringe Wärme- und Schalldämmung
- Entwicklung von Staub bei unsachgemäßer Anwendung
- gesundheitlich und ökologisch bedenklich aufgrund bituminierten Materials
- hoher Energieaufwand bei der Herstellung
- Rohstoff eingeschränkt verfügbar
- lange Transportwege

Anwendungsbereiche:
- Außenwand:
  - Kerndämmung
- Dach:
  - Gefälledämmung im Flachdach
- Massivdecke:
  - Trittschalldämmung unter Estrich

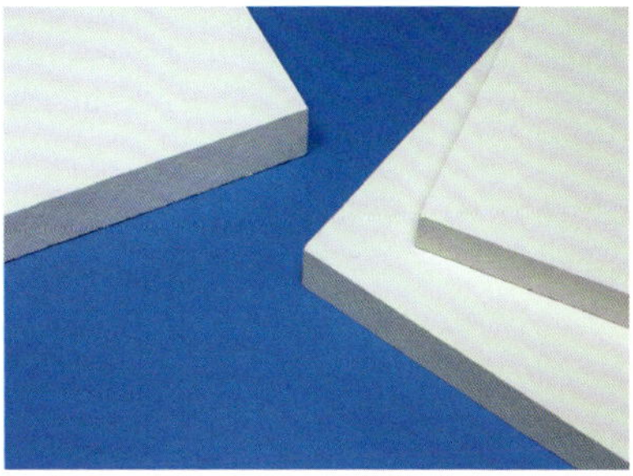

Abb. 2.28: Kapillardämmplatte, Kalziumsilikatplatte (Quelle: Promat GmbH, Ratingen)

- Leichtbau (Trennwand/-decke):
  - zwischen den Holzbalken

Eigenschaften

• Wärmeleitfähigkeit λ in W/(m · K)	0,04/**0,05**–0,07
• Baustoffklasse für Brandschutz	A1 (ohne Zusätze)
• Wasserdampfdiffusionswiderstandszahl μ	3–5
• Rohdichte in kg/m^3	150–210
• Materialdicke in cm	–
• Materialpreis für 10 cm Stärke in €/m^2	ca. 20,00 (Schüttung)

2.4.9 Kapillardämmplatte, Kalziumsilikatplatte

Beschreibung

Kapillardämm- bzw. Kalziumsilikatplatten sind geschichtete Dämmplatten, deren einzelne Schichten aus Materialien mit hoher kapillarer Saugfähigkeit bestehen (siehe Abb. 2.28). Häufig werden poröse Kalksilikate, aber auch hydrophobe (wasserabweisende) Schichten verwendet. Diese kapillar aktiven Dämmstoffplatten werden vorwiegend bei der Innenwanddämmung eingesetzt, da sie sporadisch auftretende Feuchtigkeit der inneren Außenwandseite zwischenspeichern können. Der geringe Diffusionswiderstand der Kalziumsilikatplatten lässt die aufgenommene Feuchte im Innenraum gut austrocknen und erfordert somit keinen weiteren Einsatz von Dampfbremsen bzw. -sperren.

Vorteile:
- gute Schalldämmung
- bei schwierigen Wänden gut als Innendämmung einsetzbar
- hohe Beständigkeit gegen Feuchte
- resistent gegen Pilze
- hohe Druckfestigkeit und Formstabilität
- nicht brennbar bzw. schwer entflammbar
- recycelbar

Nachteile:
- im Verhältnis zu anderen Dämmstoffen relativ teuer (jedoch sollte das Gesamtsystem verglichen werden – also alle erforderlichen Schichten und die erforderliche Arbeitszeit)

Abb. 2.29: VIP-Vakuumdämmplatte (Quelle: va-Q-tec AG)

Anwendungsbereiche:
- Außenwand:
  - Innendämmung
  - WDVS
- Dach:
  - nicht einsetzbar
- Massivdecke:
  - nicht einsetzbar
- Leichtbau (Trennwand/-decke):
  - nicht einsetzbar

Eigenschaften

• Wärmeleitfähigkeit λ in W/(m · K)	0,05–**0,06**–0,09
• Baustoffklasse für Brandschutz	A1/A2
• Wasserdampfdiffusionswiderstandszahl μ	2–6
• Rohdichte in kg/m^3	200–400
• Materialdicke in cm	2,00–10,00
• Materialpreis für 10 cm Stärke in €/m^2	ca. 80,00

2.4.10 VIP-Vakuumisolationspaneel, Vakuumdämmplatte

Beschreibung

VIP-Vakuumdämmplatten bestehen aus einem Kern, der aus mikroporöser Kieselsäure oder Polyurethan hergestellt wird und mit einer hochgasdichten Verbundfolie (Hüllfolie) umgeben und dann luftleer eingeschweißt wird (siehe Abb. 2.29). Das Kernmaterial wird häufig aus pyrogener Kieselsäure hergestellt, doch kommen auch andere organische oder anorganische Dämmstoffe mit sehr offenen Zellstrukturen und kleinen Poren zur Verarbeitung. Für die bauliche Anwendung eignen sich nur Dämmplatten, deren Kernmaterial ausschließlich aus pyrogener Kieselsäure besteht, da nur diese eine Nutzungsdauer von mehreren Jahrzehnten ermöglicht. Das umgebende Folienmaterial setzt sich aus verschiedenen Folientypen zusammen, die bestimmte Funktionen wie z. B. Gas- und Wasserdichtheit übernehmen. Dabei stellen metallbedampfte Folien die gängigsten Folientypen dar; aufgrund der Wärmebrückenbildung im Randbereich werden Aluminiumverbundfolien weniger häufig angewandt. Zur Steigerung der Lebensdauer werden auch gasabsorbierende Stoffe zugesetzt.

Vorteile:
- sehr gute Wärme- und Schalldämmung bei geringer Materialstärke (vorteilhaft bei der Altbausanierung)
- extrem geringe Wärmeleitfähigkeit (zehnmal geringer als bei herkömmlichen Dämmstoffplatten)
- langlebig
- nicht brennbarer Kern
- hitzebeständig bis 80 °C

Nachteile:
- hohe Wärmeleitfähigkeit an den Plattenrändern bzw. den Aluminiumteilen der Folien
- steigende Wärmeleitfähigkeit mit technischer Nutzungsdauer, da das Vakuum nicht beständig erhalten bleibt
- sorgfältige Planung notwendig, da die Platten nicht nachträglich zugeschnitten werden können
- empfindlich gegen mechanische Beschädigung
- Qualitätsanforderung bei der Verarbeitung an der Baustelle sehr hoch
- relativ teuer (jedoch sollte die geringe Materialstärke bedacht werden)

Anwendungsbereiche:
- Außenwand:
  - Innen-, Kern- und Außendämmung
  - WDVS
  - im Verbund mit Pfosten-Riegel-Konstruktion
- Dach:
  - Innendämmung
- Massivdecke:
  - unter Estrich bei geringer Aufbauhöhe, insbesondere bei Bauerneuerung
- Leichtbau (Trennwand/-decke):
  - zwischen Holzständern bzw. -balken

Eigenschaften

• Wärmeleitfähigkeit λ in W/(m · K)	0,004–**0,006**–0,010
• Baustoffklasse für Brandschutz	A2
• Wasserdampfdiffusionswiderstandszahl μ	dampfdicht
• Rohdichte in kg/m³	160
• Materialdicke in cm	2,0–3,6
• Materialpreis für 2 bis 3,6 cm Stärke in €/m²	100,00–200,00 (inkl. Abdeckung)

2.4.11 Sonderlösung gefüllte Ziegel

Beschreibung

Für monolithisch erstellte Passivhauswände bietet sich eine Lösung an, die die übliche Trennung von funktionaler tragender Wand aus Stein einerseits und der Wärmedämmung andererseits auflöst: mit Dämmstoff gefüllte Ziegel.

Abb. 2.30: Ein mit Mineralwolle gefüllter 49er UNIPOR W07 CORISO-Ziegel mit der Zulassungsnummer Z-17.1-935 (Quelle: UNIPOR-Ziegel Marketing GmbH)

Die meisten Ziegelhersteller bzw. die meisten Vermarktungsverbunde wie „Mein Ziegelhaus“ oder UNIPOR haben mittlerweile gefüllte Ziegel im Programm, nur wenige stellen aber für die Erstellung von Passivhauswänden geeignete Sonderlösungen dar. Dabei handelt es sich zunächst um einen klassisch hergestellten Planziegel mit einem bereits für den Wärmeschutz optimierten Lochbild, bei dem die Luftkammern mit Dämmstoff gefüllt werden.

Ohne Dämmung lässt sich mit Ziegeln keine monolithische Passivhauswand herstellen. Selbst bei den größten (und schwersten) Produkten für 49 cm Wandstärke ist ein *U*-Wert von bestenfalls 0,18 W/(m^2 · K) erreichbar. Für das Passivhaus füllen die Hersteller nun ihre 49er-Ziegel mit Dämmstoff und erreichen so einen *U*-Wert von 0,14 W/(m^2 · K).

Die Art des verwendeten Dämmstoffs unterscheidet sich je nach Hersteller. Bei dem von UNIPOR vermarkteten Ziegel CORISO kommt Mineralwolle zum Einsatz. Genauso machen es die Hersteller des Produkts MZ70 von „Mein Ziegelhaus“. Wienerberger setzt bei seinem Produkt POROTON® dagegen auf Perlitdämmung.

Die Verarbeitung der gefüllten Ziegel auf der Baustelle ist in der Regel unproblematisch. Allein bei den mit Perlit gefüllten Ziegeln ist ein Schneiden der Bausteine oder ein Mauern mit Überstand nur eingeschränkt möglich, weil die Füllung dann möglicherweise herausrieselt.

Vorteile:
- einfaches Bauen – kein Anbringen von WDVS nötig
- keine Wärmebrücken durch Wände, die die Dämmebene durchbrechen

Nachteile:
- erhöhte Kosten
- statisch nicht so belastbar wie Kalksandstein oder Stahlbeton
- Löcher/Schlitze in der Wand problematisch (Dämmstoff kann herausrieseln)

Anwendungsbereiche:
- Außenwand:
  - monolithische Außenwand

Eigenschaften

• Wärmeleitfähigkeit λ in W/(m · K)	0,070
• Baustoffklasse für Brandschutz	A2
• Wasserdampfdiffusionswiderstandszahl μ	5/10
• Rohdichte in kg/m³	≤ 600
• Materialdicke in cm	36,5–49,0

2.4.12 Zusammenfassung

Entscheidende Kriterien der Wärmedämmung je nach Anwendung:

- Wärmeleitfähigkeit
- Wasserdampfdiffusion
- Druckfestigkeit
- Brandverhalten
- Temperaturbeanspruchung
- Alterungsbeständigkeit
- Umweltverträglichkeit

Stoffe für Wärmedämmungen:

- Kunststoffe (geschäumt), z. B. Polystyrol und Polyurethan
- Elastomere (geschäumt), gummiartiges Material, wie z. B. Neopren-Kautschuk, Ethylen-Propylen-Dien-Kautschuk (EPDM)
- anorganische Dämmstoffe, z. B. Perlite und Mineralwolle
- Vakuumdämmplatten (in Folien verpackte Dämmstoffe), z. B. VIP-Vakuumdämmung

2.5 Fenster und Verglasung

In einem Passivhaus dienen die Fenster, neben der Belichtung der Räume, auch zur Nutzung der passiven Solarenergie. Gerade in der Winterzeit sollte möglichst viel Solarenergie in das Gebäude gelangen. Gleichzeitig sollten die Verluste tagsüber und nachts weitgehend reduziert werden. Fenster weisen einen ca. dreimal höheren Wärmeverlust als die sonstigen Außenbauteile auf, wobei die Verglasung des Fenstersystems im Gegensatz zum Fensterrahmen der energetisch hochwertigere Teil ist. Zu den solaren Energiegewinnen tragen lediglich die Verglasungen bei; die Rahmen stellen nur Verluste dar. Daher ist es sinnvoller, einige große als mehrere kleinere Fenster zu planen.

Folgendes Beispiel demonstriert den Vorteil von hochwärmegedämmten, dreifach verglasten Fenstern: Die Außenthermografieaufnahme des unsanierten Altbaus in Abb. 2.31 zeigt im Vergleich zum sanierten Altbau mit Dreischeibenverglasung in Abb. 2.32, dass die Außenwandoberfläche des sanierten Altbaus gleichmäßig kalt ist (blau, d. h. ca. 5 °C). Beim unsanierten Altbau hingegen sind die Flächen farbig, d. h., es herrschen unterschiedliche Oberflächentemperaturen von bis zu 9 °C. Somit sind deutlich die hohen Wärmeverluste zu erkennen.

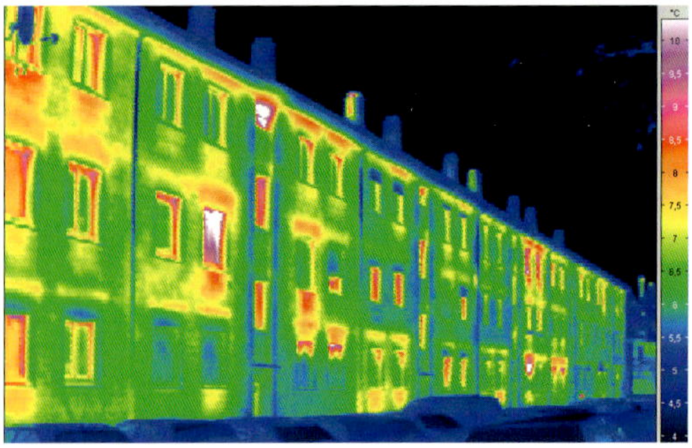

Abb. 2.31: Unsanierter Altbau mit einfacher Isolierverglasung (Quelle: Passivhaus Institut Darmstadt)

Abb. 2.32: Sanierter Altbau mit Dreischeibenverglasung (Quelle: Passivhaus Institut Darmstadt)

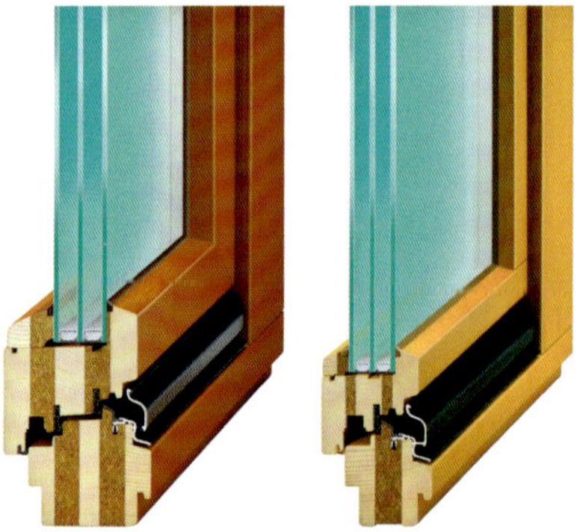

Abb. 2.33: Fenstervergleich;
links: ewithem® 0,8 Passivhaus;
rechts: ewithem® 1,0 Niedrigenergiehaus
(Quelle: Winter Holzbau GmbH)

Daher gilt es, nicht die Fenster nur als Glasscheibe, sondern das gesamte Fenstersystem zu betrachten. Neben der Verglasung und der Rahmenkonstruktion gehören auch die Rollläden dazu. Beim gesamten Fenstersystem eines Passivhauses muss der Fensterwärmeverlustkoeffizient $\leq 0{,}8$ W/(m² · K) sein, um die gewünschte Behaglichkeit in den Räumen eines Passivhauses zu gewährleisten.

Abb. 2.33 vergleicht ein Passivhausfenster mit einem Niedrigenergiehausfenster.

Der **effektive Wärmedurchgangskoeffizient** für die gesamte Fenstersituation kann folgendermaßen errechnet werden:

$$U_{w,eff} = \frac{A_g \cdot U_g + A_f \cdot U_f + s_g \cdot \Psi_{1+2} + s_{Einbau} \cdot \Psi_{Einbau}}{A_w} \quad \text{in W/(m}^2 \cdot \text{K)}$$

mit

$U_{w,eff}$ effektiver Wärmedurchgangskoeffizient des Fensters (w = window) in W/(m² · K)
A_g Fläche der Verglasung (g = glazing) in m²
U_g Wärmedurchgangskoeffizient der Verglasung in W/(m² · K)
A_f Fläche des Rahmens (f = frame) in m²
U_f Wärmedurchgangskoeffizient des Rahmens in W/(m² · K)
s_g Umfang des Glasrands in m

Abb. 2.34: Passivhausfensterrahmen (Quelle: Rehau AG + Co., Erlangen)

Ψ_{1+2} Wärmebrückenverlustkoeffizient (psi) des Glasrands in W/(m · K)
s_{Einbau} Einbauumfang des Fensters in m
Ψ_{Einbau} Wärmebrückenverlustkoeffizient (psi) durch den Einbauzustand in W/(m · K)
A_w Fensterfläche (w = window) in m²

Die Forderung nach passiven solaren Energiegewinnen, d.h. nach größeren Wärmegewinnen über die Gesamtfensterfläche als Wärmeverlusten durch Transmission, ist ein weiteres wichtiges Kriterium beim Passivhaus.

2.5.1 Verglasungen

Früher galten bei Zweifachisolierverglasungen U_g-Werte von 1,0 bis 1,1 W/(m² · K) als gut und wurden standardmäßig eingebaut. Heute stehen Isoliergläser mit Werten von 0,5 bis 0,7 W/(m² · K) zur Verfügung.

Isolierverglasungen mit dieser guten Wärmedämmung setzen sich aus 3 Glasscheiben statt den bisher üblichen 2 zusammen. Der Zwischenraum wird zur Verbesserung der Wärmedämmung nicht nur mit Luft, sondern ab einem bestimmten Scheibenabstand mit speziellen Gasen gefüllt, z.B. Argon, Krypton oder Xenon. Bei einem Scheibenzwischenraum bis 12 mm wird Argon, bei einem Abstand von 8 bis 10 mm Krypton eingefüllt. Diese Edelgase leiten die Wärme schlechter als Luft. Durch einen größeren Scheibenabstand kann keine bessere Dämmwirkung erzielt werden, da durch die einsetzende Konvektion verstärkt die Wärme von der inneren zur äußeren Scheibe befördert wird.

Um möglichst wenig der im Raum vorhandenen langwelligen Wärmestrahlung nach außen dringen zu lassen, wird eine nicht sichtbare, hauchdünne Metalloxidschicht (meist Silber), aufgetragen. Das Emissionsvermögen der Glasoberflächen wird damit von 84 % bei unbeschichtetem Glas auf 4 % reduziert. Der Randbereich der Verglasung sollte dabei eingehender betrachtet werden: Herkömmliche Isoliergläser verwenden am Glasrand metallische Abstandhalter, die jedoch eine Wärmebrücke darstellen. Durch ihre hohe Wärmeleitfähigkeit tragen die Aluminiumelemente bis zu 20 % der Wärmeverluste des Fensters bei. Daher sollten in Passivhausfenstern nur Verglasungen mit nicht metallischen Abstandhaltern verwendet werden.

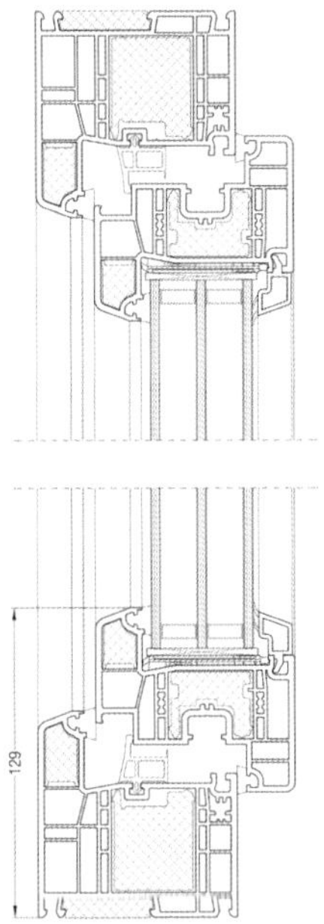

Abb. 2.35: Vertikalschnitt Blendrahmen/Flügel (Quelle: Rehau AG + Co., Erlangen)

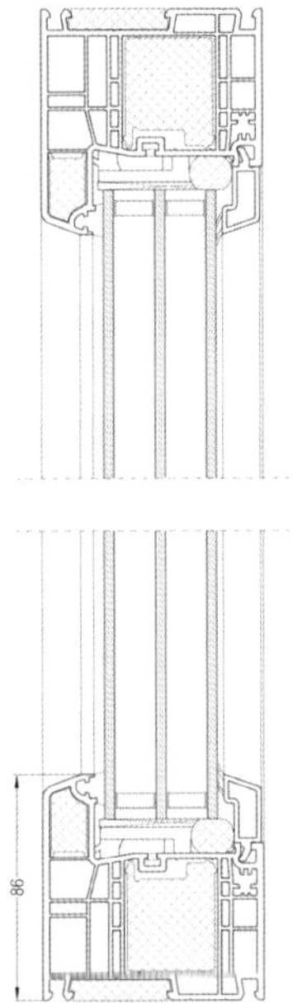

Abb. 2.36: Vertikalschnitt Fensterverglasung (Quelle: Rehau AG + Co., Erlangen)

Auf dem heutigen Markt werden neben dem normalen Fensterrahmen mittlerweile auch vielfältige Lösungen der Rahmengestaltung angeboten. So sind neben flächenversetzten Rahmen auch Festverglasungen in Passivhausfensterausführung zu erhalten (siehe Abb. 2.34).

2.5.2 Rahmenkonstruktionen

Der Anteil der Rahmen macht einen Flächenanteil von 30 bis 35 % des gesamten Fensters aus. Bisher war der Rahmen die eigentliche Schwachstelle. Die herkömmlichen Konstruktionen stellten mit *U*-Werten um 3,3 W/(m^2 · K) extreme Wärmebrücken dar. Aus diesem Grund wurden speziell für die Anforderungen des Passivhauses die Entwicklungen im Rahmenbereich vorangetrieben. Inzwischen bieten meist mittelständische Betriebe eine ganze Reihe von Rahmen an, die für den Einsatz in Passivhäusern geeignet sind. Zusätzlich zur Wärmedämmung garantieren Dreifachdichtungen die Luftdichtheit zwischen Flügel und Rahmen.

Passivhausfenster gibt es in unterschiedlichen Rahmenausführungen. Neben den herkömmlichen Varianten in Holzausführung oder als Kunststoffrahmen werden auch Rahmen im Holz-Aluminium-Verbund angeboten.

Die Abb. 2.35 bis 2.38 zeigen in Schnitten verschiedene Ausführungen von Kunststofffenstern, Abb. 2.39 und 2.40 in Schnitten verschiedene Ausführungen von Holzfenstern. In Abb. 2.41 sind Holz-Aluminium-Passivhausfenster in verschiedenen Ausführungen dargestellt.

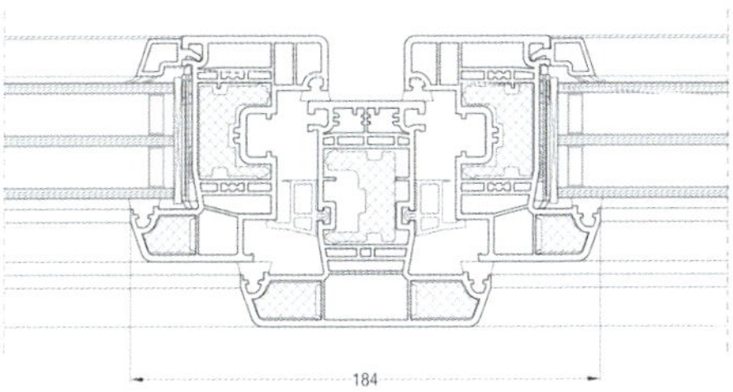

Abb. 2.37: Horizontalschnitt Pfosten-Rahmenkonstruktion (Quelle: Rehau AG + Co., Erlangen)

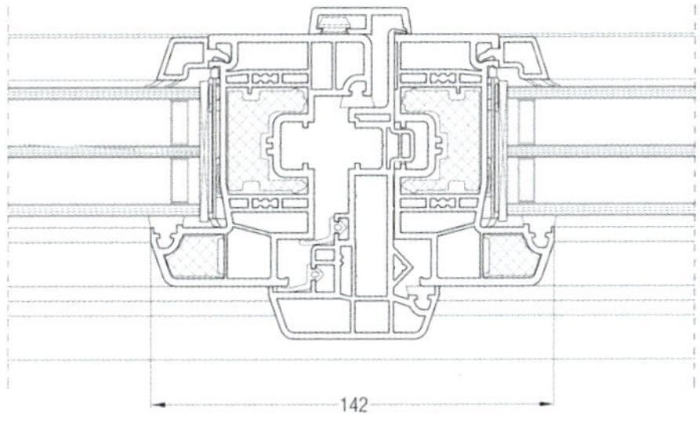

Abb. 2.38: Horizontalschnitt Stulp-Rahmenkonstruktion (Quelle: Rehau AG + Co., Erlangen)

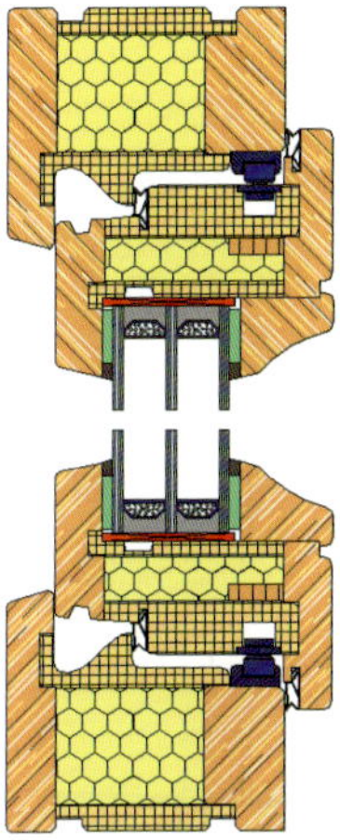

Abb. 2.39: Horizontalschnitt eines Passivhausholzfensters, Flügel (Quelle: Sachsenland Bauelemente GmbH, Chemnitzer Platz 1, 08371 Glauchau, www.warmfenster.de)

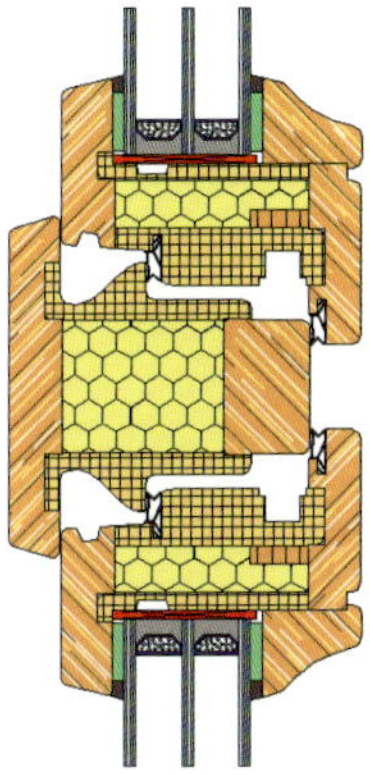

Abb. 2.40: Horizontalschnitt eines Passivhausholzfensters mit Pfostenelement (Quelle: Sachsenland Bauelemente GmbH, Chemnitzer Platz 1, 08371 Glauchau, www.warmfenster.de)

Abb. 2.41: Holz-Aluminium-Passivhausfenster (Quelle: www.kneer-suedfenster.de)

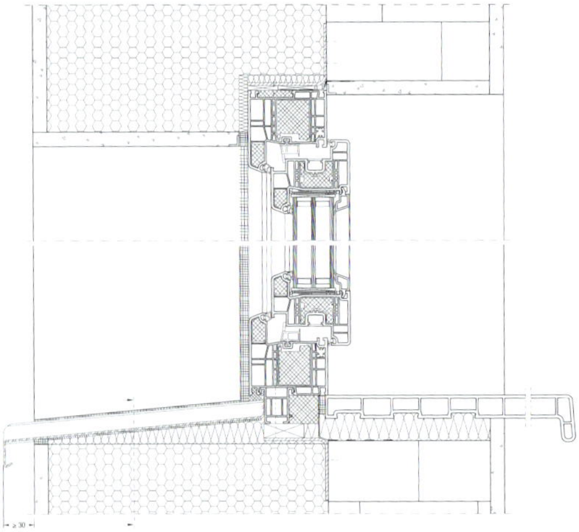

Abb. 2.42: Montage eines Passivhausfensters in einem WDVS (Quelle: Rehau AG + Co., Erlangen)

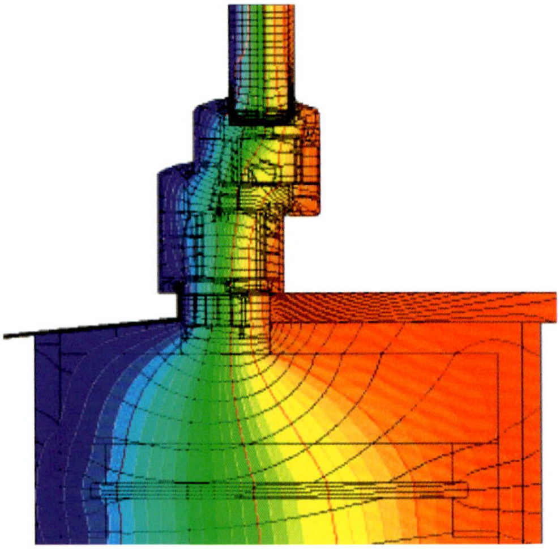

Abb. 2.43: Isothermenverlauf des unteren Anschlusses bei Einbau in einem WDVS (Quelle: Rehau AG + Co., Erlangen)

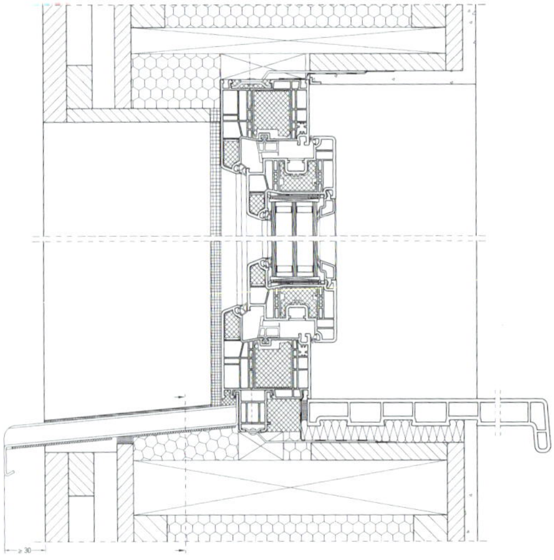

Abb. 2.44: Montage eines Passivhausfensters in einer Holzfassade (Quelle: Rehau AG + Co., Erlangen)

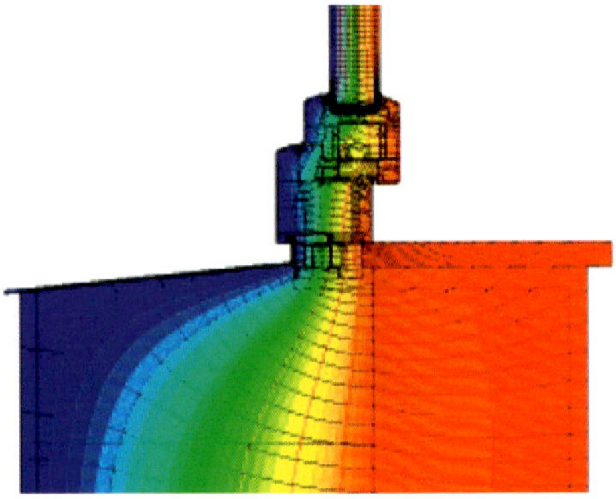

Abb. 2.45: Isothermenverlauf des unteren Anschlusses bei Einbau in einer Holzfassade (Quelle: Rehau AG + Co., Erlangen)

2.5.3 Anschlüsse

Um die thermische Behaglichkeit in einem Passivhaus zu erhalten, muss beim Einbau der Passivhausfenster besonders auf die Anschlüsse geachtet werden. Obwohl sie als thermischen Komfort das Einfangen der Sonnenenergie bieten, muss sichergestellt werden, dass keine höheren Wärmeverluste durch die Fensterkonstruktionen zustande kommen (siehe Abb. 2.42 bis 2.45).

Hauptproblemstelle ist der Anschluss der Fenster an die Wärmedämmung der Außenwand- bzw. Dachkonstruktion.

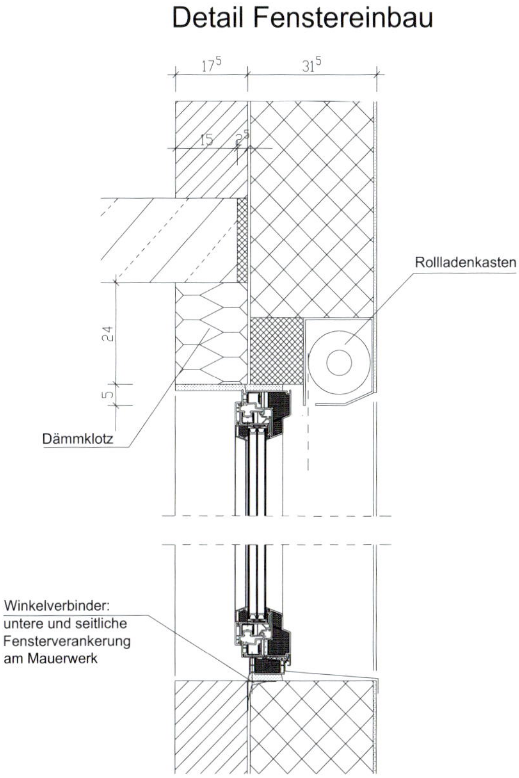

Abb. 2.46: Detailschnitt: Einbau eines Passivhausfensters

Abb. 2.47: Eingebaute Passivhausfenster und Terrassentür mit Abklebung

Abb. 2.48: Eingebaute Passivhausfenster mit Abklebung

Abb. 2.49: Eingebaute Haustüre mit Seitenglasteil in satinierter Ausführung

Der Einbau von Passivhausfenstern sollte innerhalb der Dämmebene der Außenwandfläche stattfinden, da sonst über den Rahmen eine Wärmebrücke entstehen kann. Demnach wird das Fenster mittels Winkel unmittelbar vor das Mauerwerk in die Dämmebene gesetzt und nicht, wie sonst üblich, in das Mauerwerk (siehe Abb. 2.46).

Des Weiteren muss dem luftdichten Anschluss besondere Aufmerksamkeit geschenkt werden, da hier sehr häufig große Schwachstellen im Übergang vom Fenster zur Außenwand entstehen (siehe Abb. 2.47 und 2.48; vgl. auch Kapitel 2.7.2).

Im Passivhaus müssen nicht nur die Fenster die Anforderungen des Wärmeschutzes erfüllen, sondern auch die Haustüren, da diese Öffnung ebenso einen Schwachpunkt in der Gebäudehülle darstellt. Neben dem gewünschten Wärmedämmwert muss auch die geforderte Luftdichtheit gewährleistet werden. Bei der Auswahl einer Passivhaushaustür spielen viele Faktoren eine Rolle. Neben den gestalterischen und wohnlichen Ansprüchen muss sie auch den technischen Anforderungen an ein Passivhaus genügen.

Es gibt Haustüren mit eingebauter innerer Dämmschicht, die ca. 10 cm dicker als herkömmliche Haustüren und dementsprechend schwerer sind. Sie sind nicht einsehbar und bieten mehr Privatsphäre. Verglaste Haustüren erfüllen aber nicht nur die hohen Anforderungen des Wärmeschutzes und der Luftdichtheit, sondern bieten auch noch die Möglichkeit, solare Wärmegewinne zu erzielen. Um dennoch eine Abschirmung von der Öffentlichkeit zu erreichen, lassen sie sich mit satinierten Scheiben ausführen (siehe Abb. 2.49).

Der Einbau einer Passivhaushaustüre unterliegt den gleichen Kriterien wie der des Fenstereinbaus, d. h., es muss ein wärmebrückenfreier Anschluss hergestellt werden und die Luftdichtheit muss über entsprechende Abklebungen der Anschlussstellen gewährleistet sein.

2.5.4 Sonnenschutz und Verschattung

Bei einem Passivhaus wird über die großflächigen Südfenster ein wesentlicher Anteil der solaren Wärmegewinne erzielt, die in der kühleren Jahreszeit den Energieeintrag fördern und ohne die das Passivhaus nicht funktionieren würde. So wichtig die solaren Gewinne in den kühleren Jahreszeiten sind, so unerwünscht sind sie jedoch bei sehr warmen Außentemperaturen im Sommer. Um das Gebäude vor einer sommerlichen Überhitzung zu schützen, sollte ein Sonnenschutz an der Südfassade angebracht werden. Je größer der Anteil der südorientierten Fensterflächen, desto zwingender wird ein Sonnenschutz benötigt, besonders wenn keine Rollläden vorgesehen sind. Für die Ost- und Westfenster ist ebenfalls eine Verschattung empfehlenswert. Dabei gibt es mehrere Alternativen, um das Gebäude vor zu großer Einstrahlung zu schützen, auf die im Folgenden eingegangen wird.

Bewegliche Verschattungseinrichtungen

Bewegliche Verschattungseinrichtungen sind temporäre und individuell einstellbare Sonnenschutzsysteme wie z. B. Rollläden, Außenjalousien und Raffstores, Markisen oder vertikale verschiebbare Lamellensysteme. Sie bieten den Vorteil, dass die Bewohner bzw. die Benutzer eines Gebäudes die Verschattung individuell regulieren können; so kann auf die jeweiligen Bedürfnisse (Abdunkelung der Räume bzw. Steuerung des Lichteinfalles) und Anforderungen (Schutz vor Überhitzung) eingegangen werden.

Die am häufigsten gewünschte Verschattungsvorrichtung sind **Außenjalousien und Rollläden,** letztere bieten neben dem Sonnenschutz auch die bestmögliche Abdunkelung von Schlafräumen.

Außenjalousien haben den Vorteil, dass sie im Hinblick auf den Lichteinfall besser regulierbar sind, da sich die Lamellen in verschiedene Richtungen drehen lassen. Das heißt, dass individuell auf die Sonneneinstrahlung reagiert werden kann, ohne vollständig zu verdunkeln. Der Nachteil ist, dass eine komplette Abdunkelung der Räume nicht gegeben ist, da durch die Lamellenschlitze immer noch etwas Licht einfällt. Der eng verwandte Raffstore wird mit der Jalousie häufig synonym verwendet. Für einen geringeren Pflegeaufwand bieten Hersteller inzwischen Jalousien mit einer Schmutz abweisenden Beschichtung an.

Heutzutage gibt es unterschiedliche Arten von Jalousien- und Rollladenkästen, wobei nicht alle für den Passivhausbau geeignet sind. Wichtig ist, dass die Kästen vor der Dämmebene sitzen oder in die Dämmebene integriert werden und im eingebauten Zustand keine Wärmebrücke bilden.

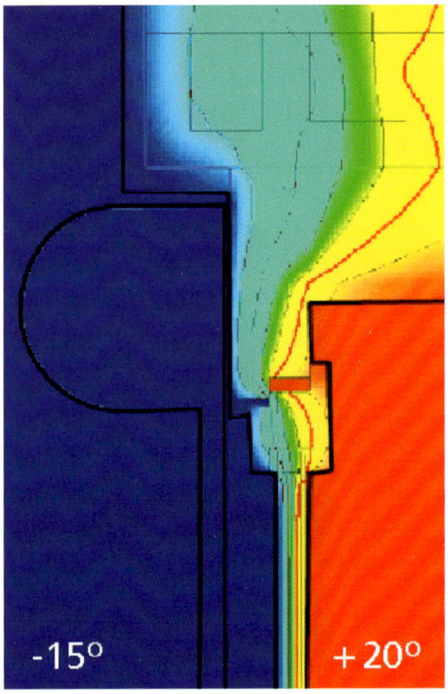

Abb. 2.50: Wärmeverlauf bei einem Vorbaurollladenkasten (Quelle: Roma KG)

Abb. 2.51: Beispielhafte Anwendung eines Außenvorsatzrollladens (Quelle: Roma KG)

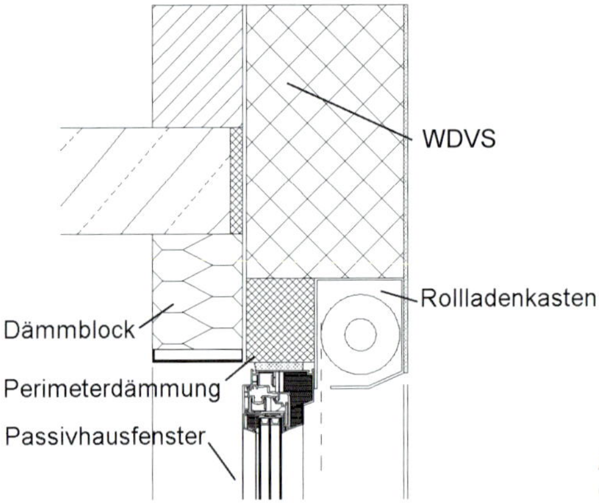

Abb. 2.52: Detail zum Einbau eines Rollladenkastens

Sogenannte Vorbaurollladenkästen können entweder direkt auf der Außenseite des Fensters oder auf der Außenwand des Hauses angebracht werden und bilden so einen wärmebrückenfreien Anschluss (siehe Abb. 2.50 und 2.51). Aufgrund der vorgesetzten Montage entsteht keine Wärme- oder Schallbrücke. Eine nachträgliche Montage zu einem späteren Zeitpunkt ist auf diese Weise ebenfalls problemlos möglich.

Aus gestalterischen Gründen sind diese vorgesetzten Jalousien- oder Rollladenkästen häufig jedoch unerwünscht, da sie sichtbar die Fassadengestaltung beeinflussen.

Um die Jalousien- und Rollladenkästen in die äußere Fassade zu integrieren, sollten diese unter Vermeidung einer Wärmebrücke in die Dämmebene eingesetzt werden. Dies kann wie in Abb. 2.52 bis 2.54 dargestellt erfolgen.

Abb. 2.53: Eingebaute Rollladenkästen

Abb. 2.54: Rollladenkästen mit Kabelanschluss für die elektrische Rollladenführung

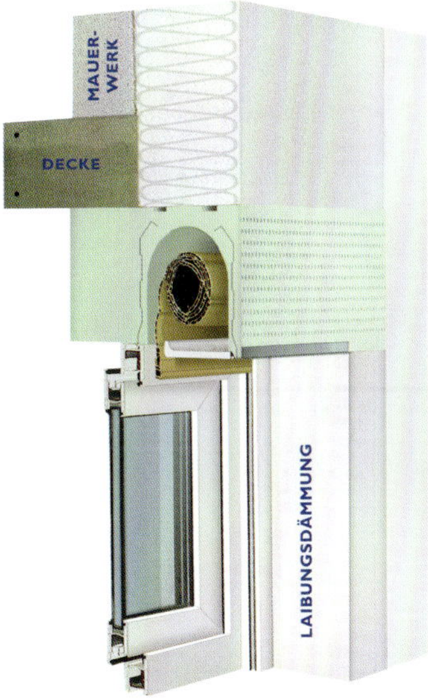

Abb. 2.55: Einbau eines wärmegedämmten Rollladenkastens (Quelle: Beck+Heun GmbH)

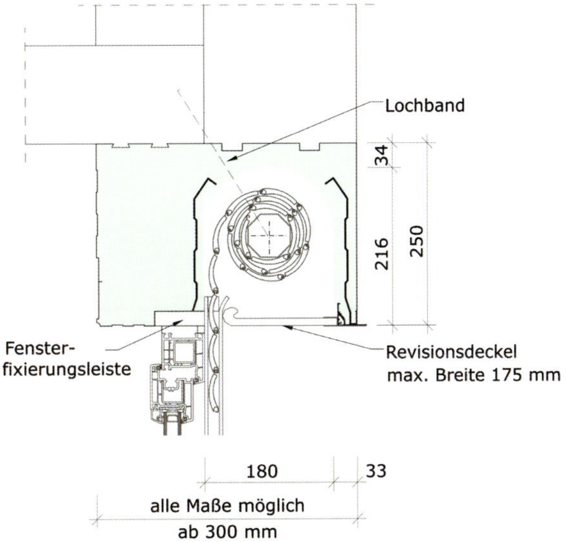

Abb. 2.56: Einbausituation (Quelle: Beck+Heun GmbH)

Da der Rollladenkasten in die äußere Dämmebene rückt, lässt sich hinter dem Kasten Perimeterdämmung und ein Dämmklotz einsetzen, der den Wärmedurchlauf verhindert und einen wärmebrückenfreien Anschluss bildet.

Eine weitere Möglichkeit besteht darin, bereits vorgefertigte wärmegedämmte Kästen in die Dämmebene zu integrieren, um eine lückenlose Umschließung der Gebäudehülle mit Dämmung zu gewährleisten (siehe Abb. 2.55 und 2.56).

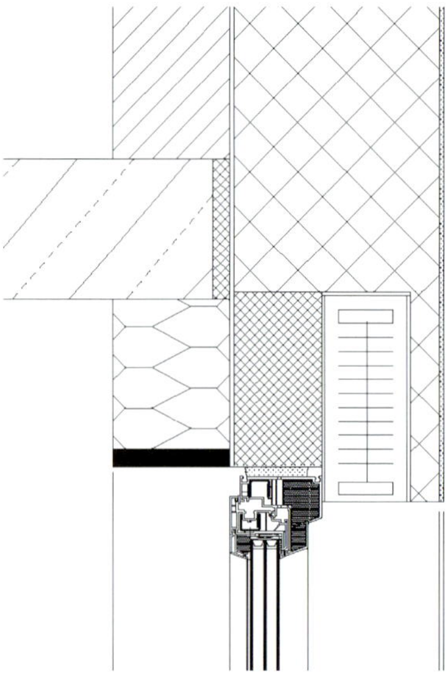

Abb. 2.57: Detail zum Einbau eines Aufsetzraffstores

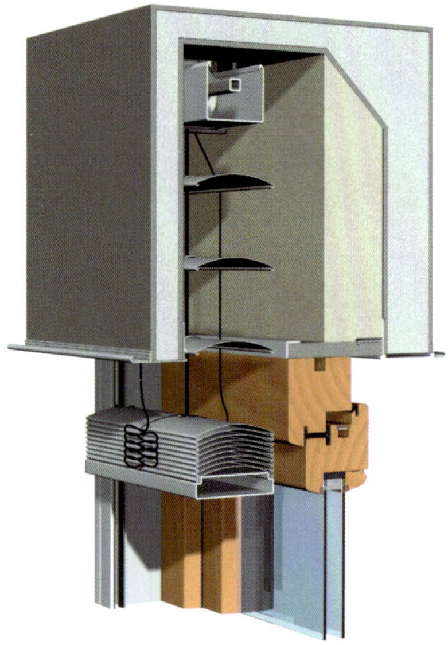

Abb. 2.58: Neubau-Aufsetzraffstores (Quelle: Warema Renkhoff SE)

Abb. 2.59: Ansicht von Rollläden (rotes Haus) und Außenraffstores (gelbes Haus)

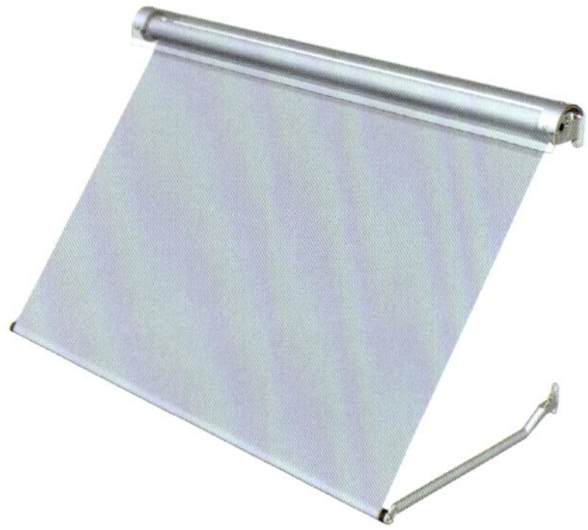

Abb. 2.60: Kassettenfallarmmarkise, (Quelle: Warema Renkhoff SE)

Abb. 2.61: Kassettenmarkise mit Volantrollo (Quelle: Warema Renkhoff SE)

Abb. 2.62: Außenraffstores und Sonnensegel (Quelle: Warema Renkhoff SE)

Abb. 2.63: Textiler Sonnenschutz für außen (Quelle: Warema Renkhoff SE)

Raffstores bzw. Jalousien müssen außenseitig angebracht werden, um den nötigen Überhitzungsschutz zu bieten. Innen liegende Systeme dienen lediglich dem Blendschutz, da die solare Wärmeeinstrahlung trotzdem über die Fenster in den Innenbereich transportiert werden kann und es dann im Zwischenraum zwischen Scheibe und Jalousie zur Überhitzung kommt.

Der Einbau der Außenjalousien gleicht dem Einbau von Rollläden, d.h., sie sollten in die äußere Dämmebene integriert und ohne Wärmebrücke angeschlossen werden (siehe Abb. 2.57 bis 2.59).

Auf Gurtdurchführungen sollte bei Passivhäusern verzichtet werden. Solche Durchführungen stellen immer Schwachstellen der Luftdichtheit dar, die nicht vollständig beseitigt werden können. Besser ist es, die Rollläden bzw. Außenraffstores entweder mechanisch über eine Kurbel oder elektrisch zu bedienen.

Auch **Markisen oder Sonnensegel** können als Verschattungselement bzw. Überhitzungsschutz bei Passivhäusern eingesetzt werden. Meist eignen sie sich jedoch nur als Verschattungslösung im Erdgeschoss. Markisen lassen sich individuell ausfahren oder ausklappen, Sonnensegel hingegen werden meist für einen bestimmten Zeitraum (Frühjahr bis Herbst) angebracht und sind so kaum individuell steuerbar, stellen aber eine preiswertere Alternative dar. Beide Systeme sind wind- und witterungsanfälliger als Rollläden bzw. Außenraffstores. Markisen und Sonnensegel gibt es in unterschiedlichen Ausführungen und Variationen (siehe Abb. 2.60 bis 2.63).

Weitere Verschattungssysteme sind Fensterläden, die es als Klapp- oder Faltschiebeläden gibt und die – auch hinsichtlich des Materials – in vielen verschiedenen Ausführungen erhältlich sind. Abb. 2.64 bis 2.66 zeigen eine Produktübersicht verschiedener Schiebeläden.

Verschiebbare Lamellenelemente sind Läden, die in einer festen Konstruktion eingesetzt sind. Sie laufen mit Rollen auf oder in einer Schiene, sind platzsparend und können ebenso elektronisch angetrieben werden (siehe Abb. 2.67).

Fest stehende Verschattungseinrichtungen

Es gibt verschiedene fest stehende Systeme, die konstanten Sonnenschutz gewährleisten. Zum einen kann aus der Kubatur des Baukörpers heraus eine Verschattung erreicht werden durch den Entwurf von z. B. Dachüberständen, Auskragungen, Vor- und Rücksprüngen und Balkonen; diese gestaltungsprägenden Eingriffe müssen bereits früh im Entwurfsprozess überlegt werden, da sie einen erheblichen Einfluss auf das Erscheinungsbild des Baukörpers haben.

Zum anderen gibt es viele unterschiedliche Systeme, die konstruktiv auf die Fassade aufgebracht werden und ebenso einen Einfluss auf das Erscheinungsbild der Fassade ausüben, wie z. B. starre horizontale oder vertikale Lamellen oder linear-horizontal montierte Auskragungen wie Gitterroste (siehe Abb. 2.68 bis 2.70).

Der Vorteil dieser Sonnenschutzsysteme liegt darin, dass das schräg einfallende Sonnenlicht die Fenster im Winter erreichen und die Einstrahlung im Sommer bei hohem Sonnenstand verhindert werden kann. Meist weisen sie gute Witterungsbeständigkeit und eine Unempfindlichkeit gegenüber auftretenden Windlasten auf.

Nachteilig wirkt sich allerdings aus, dass diese fest installierten Konstruktionen an trüben Wintertagen die gerade dann benötigten solaren Wärmegewinne nicht eindringen lassen, sodass wenig Licht einfällt, was zu unnötig dunklen Räumen führt.

Abb. 2.64: Schiebeladen mit Holzlamellen (Quelle: A.S.T. Alu-System-Technik GmbH, www.ast.eu)

Abb. 2.65: Schiebeladen mit Blechfüllung und Lochung (Quelle: A.S.T. Alu-System-Technik GmbH, www.ast.eu)

Abb. 2.66: Schiebeladen mit Soltisbespannung (Quelle: A.S.T. Alu-System-Technik GmbH, www.ast.eu)

Abb. 2.67: Direkt an die Fassade gesetztes Lamellenschiebeelement (Quelle: Regina Gaigl Architektin, München)

Abb. 2.68: Fest stehender Sonnenschutz durch vorgesetzte Lamellenelemente (Quelle: Regina Gaigl Architektin, München)

Abb. 2.69: Lamellenelement in vorgesetzter Konstruktion (Quelle: Architekt Dipl.-Ing. Achim Stadter, Rheinzabern)

Abb. 2.70: Kombination aus fest stehendem und zugleich variabel schaltbarem Sonnenschutz durch eine thermisch getrennte, vorgesetzte Stahlkonstruktion mit Glasdach und darüberliegender ausfahrbarer Markise

Eine weitere Möglichkeit der Abschattung bieten Sonnenschutzfolien. Sie können eindringende Sonnenenergie um bis zu 80 % verringern. Allerdings sind diese Produkte für Passivhäuser aufgrund ihrer optischen Eigenschaften und hinsichtlich des zusätzlichen Heizbedarfs im Winter ungeeignet.

Bei allen angebrachten Sonnenschutzsystemen gilt es besonders beim Passivhaus, eine wärmebrückenfreie Konstruktion zu erzielen, denn die meisten Ausführungen durchbrechen aufgrund der statischen Erfordernisse immer die Dämmebene. Hier können im Vorfeld bereits durch frühe Planungen wärmebrückenfreie Anschlüsse zur Vorbereitung in die Dämmebene integriert werden, selbst wenn die Sonnenschutzsysteme erst zu einem späteren Zeitpunkt angebracht werden sollen.

Die Steuerung der Sonnenschutzsysteme kann entweder manuell oder automatisch erfolgen, wobei bei der automatischen Steuerung die Kosten für einen Wind- und Sonnenwächter sowie die benötigte Elektronik anfallen.

Beim Passivhaus sollten, wie zuvor bereits erwähnt, zwingend die Verglasungen auf der Südseite verschattet werden. Jedoch wird ebenso eine bewegliche Verschattungseinrichtung für die Ost- und Westseite empfohlen, denn die solare Wärmeeinstrahlung ist im Sommer nicht unerheblich und eine Verschattung dient der Gesundheit sowie dem Wohlfühlaspekt.

Der Sonnenschutz ist auch unter dem Aspekt der Energieeinsparung zu betrachten. Je besser der sommerliche Wärmeschutz ausgelegt ist, umso weniger Kühlenergie wird benötigt, ggf. sogar gar keine. Weitere Kühlungsmöglichkeiten über Erdwärmetauscher oder Kompaktlüftungsanlagen mit integriertem Bypass-System oder Kühlmöglichkeit werden in Kapitel 3 beschrieben.

Zeitgemäße Sonnenschutzsysteme sollten einen ganzen Komplex von Anforderungen erfüllen:

- Klimaregulierung
- Überhitzungsschutz
- Schutz vor Sonnenblendung
- Lichtregulierung
- Kälteschutz
- wärmebrückenfreie Anschlussmöglichkeiten
- Wirtschaftlichkeit

2.5.5 Zusammenfassung

Planungshinweise und Ausführungsregeln:

- Das gesamte Fenstersystem eines Passivhauses darf einen Wärmedurchgangskoeffizienten von 0,8 W/(m² · K) nicht überschreiten.
- Der gesamte Energiedurchlassgrad sollte > 0,45 sein.
- Die Südseite sollte überwiegend verglast sein, während an der Nordseite geringe Verglasung erforderlich ist.
- Günstig ist eine Integrierung der Fenster- und Haustürrahmen in die Fassadenwärmedämmung, d. h. eine Überlappung der Rahmen mit der Wärmedämmung.
- Die Fensterrahmenanteile an der Fensterfläche sollten möglichst klein gehalten werden.
- Bei Anwendung von Rollläden sollte die Anordnung außerhalb bzw. innerhalb der Dämmebene stattfinden. Die Bedienung der Rollläden sollte über eine Kurbel bzw. elektrisch erfolgen und nicht über ein Gurtsystem.
- Das Anbringen eines Sonnenschutzes gegen sommerliche Überhitzung ist vorrangig für die Südfenster, aber auch für die Ost- und Westfenster ratsam.

2.6 Wärmebrücken

Wärmebrücken entstehen an Stellen in der Gebäudehülle, an denen der Wärmedurchgang abweichend ist von dem der Regelbauteile wie Wand, Dach und Decke. Beim Passivhaus spielt das Konzept der geschlossenen wärmegedämmten Gebäudehülle eine wichtige Rolle, um den Jahresheizwärmebedarf von 15 kWh/(m² · a) und die damit verbundene Behaglichkeit im Rauminneren zu erreichen. Daher sollten Problemstellen wie der Anschluss von Zwischen- und Geschossdecken, der Übergang vom aufgehenden Mauerwerk zum Dach und der Anschluss der Fenster an die Dämmung ausführlich geplant werden.

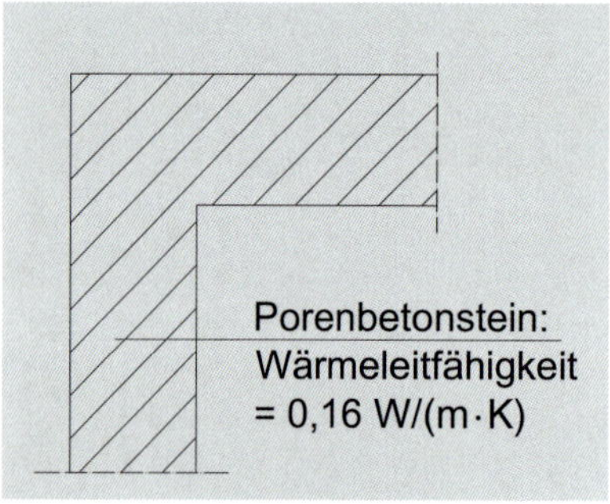

Abb. 2.71: Geometrische Wärmebrücke (Quelle: nach Vorlesung Bauphysik – Hochschule München)

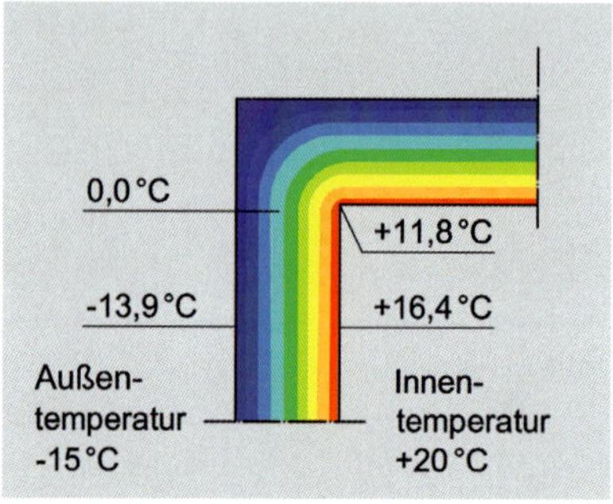

Abb. 2.72: Temperaturverlauf in geometrischer Wärmebrücke (Quelle: nach Vorlesung Bauphysik – Hochschule München)

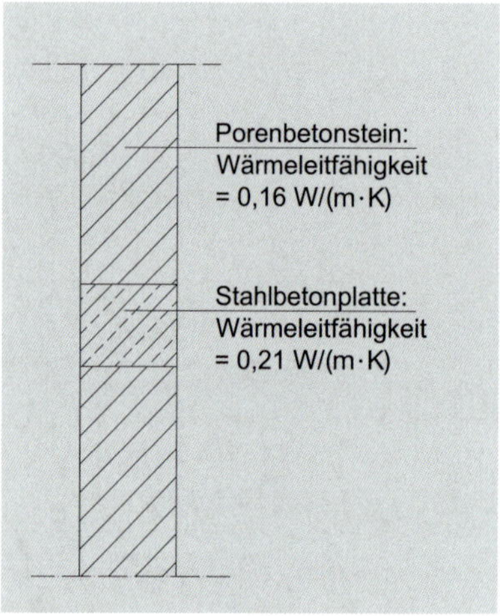

Abb. 2.73: Konstruktive bzw. stoffliche Wärmebrücke (Quelle: nach Vorlesung Bauphysik – Hochschule München)

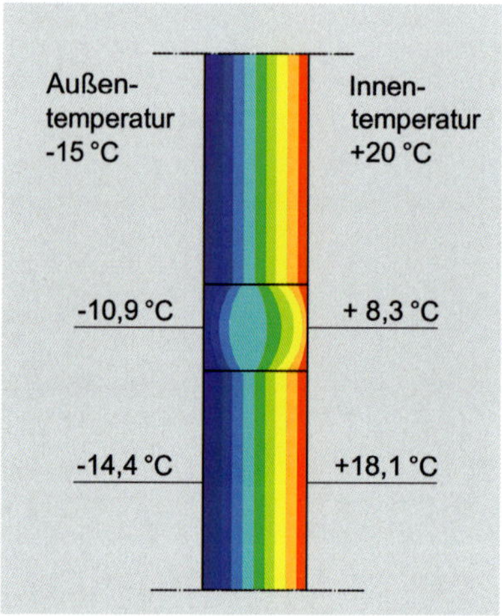

Abb. 2.74: Temperaturverlauf in konstruktiver bzw. stofflicher Wärmebrücke (Quelle: nach Vorlesung Bauphysik – Hochschule München)

Ist der Regelwärmeschutz eines Gebäudes sehr hoch, kann der Einfluss von Wärmebrücken erheblich sein und folglich die wärmeschützende Gebäudehülle unwirksam werden. Bei Wärmebrücken wird zwischen linien- und punktförmigen Wärmeverlusten unterschieden, wobei die punktförmige Form wesentlich weniger häufig vorkommt und in den meisten Fällen vernachlässigt werden kann. Wärmebrücken mit linienförmigem Wärmeverlust werden unterschieden in geometrische Wärmebrücken (z. B. Kanten und Ecken; siehe Abb. 2.71 und 2.72) sowie materialbedingte bzw. konstruktive Wärmebrücken (z. B. bei Durchdringungen und Anschlüssen; siehe Abb. 2.73 und 2.74). Bei Letzteren kann der Wärmeverlust durch eine bauphysikalisch einwandfreie Konstruktion vermieden bzw. minimiert werden (siehe Abb. 2.75).

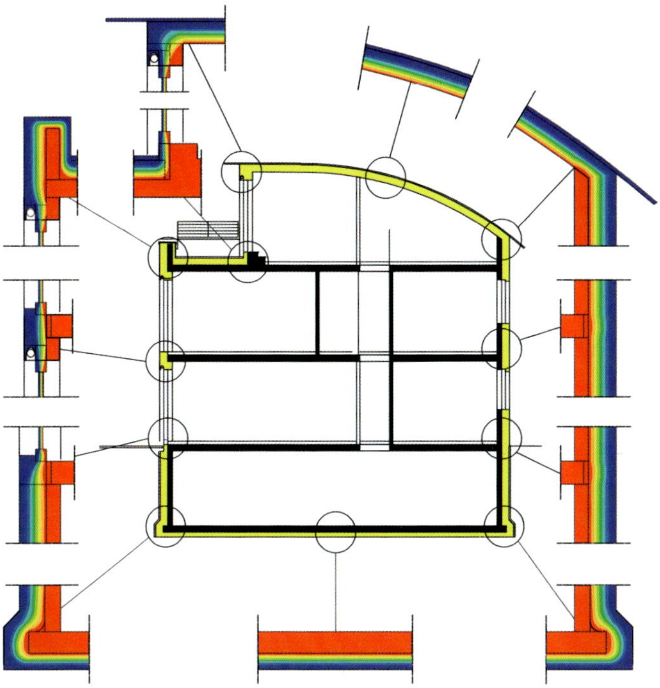

Abb. 2.75: Umlaufende Wärmebrückenminimierung

Im Massivbau entstehen Wärmebrücken häufig in schweren, stark wärmeleitenden Materialien, wie z. B. Metall, Beton oder Kalksandstein. Diese transportieren aufgrund ihrer hohen Wärmeleitfähigkeit sehr viel Energie nach außen. Vorzufinden ist dies häufig bei einer direkten Verbindung von einer Betonbalkonplatte oder einer Podestplatte zur Betondecke. Im Leichtbau hingegen sind weniger Wärmebrücken von großer Auswirkung zu erwarten, da selten einschalige Konstruktionen ausgeführt werden, in denen von innen nach außen durchlaufende Holzbalken, wie z. B. Holzständer verwendet werden.

2.6.1 Vermeidung von Wärmebrücken

Das wärmebrückenfreie Konstruieren verhindert einen Wärmeverlust über Stellen mit erhöhtem Wärmestrom innerhalb eines Regelbauteils. Ebenso werden Bauschäden in Form von Tauwasseranfall und daraus resultierender Schimmelpilzbildung vermieden.

Die Planung eines Passivhauses erfordert eine Optimierung aller Wärmebrückendetails, um den nötigen Energieeinsatz zu minimieren und das technische sowie ökonomische Optimum zu erreichen (siehe beispielhaft Abb. 2.76 bis 2.84).

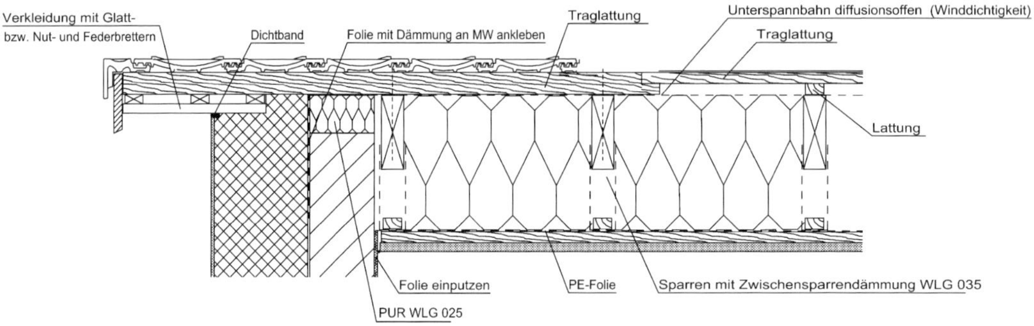

Abb. 2.76: Detail Ortgang in Massivbauweise mit Leichtbaudach

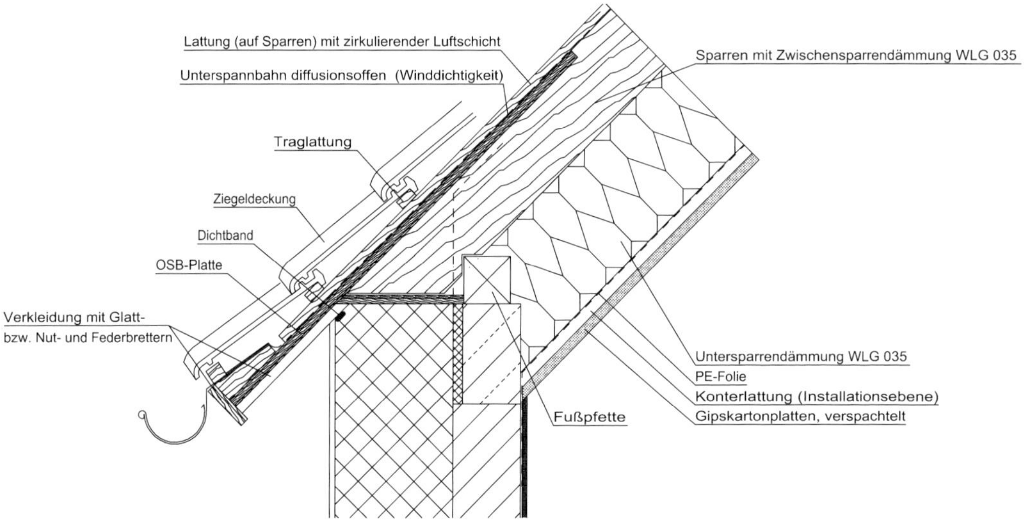

Abb. 2.77: Detail Traufe in Massivbauweise mit Leichtbaudach

Bei Passivhausinteressenten oder -bauherren kann es verständlicher sein, von „Kältebrücken“ zu sprechen, da so ein in Form von Feuchtigkeitsniederschlag bekannter und fühlbarer bzw. sichtbarer Umstand ggf. nachvollziehbarer beschrieben wird.

Typische Beispiele für gefährdete Bereiche und für die Entstehung von Wärmebrücken:

- **Betondecken, die die Außenwand durchdringen,** führen zur Wärmebrücke, auch wenn ihre Ober- bzw. Unterseite gedämmt ist. Mit einer durchgehenden, gleich starken Außendämmung oder einer durchgehenden sog. Kerndämmung kann diese Schwachstelle vermieden werden.
- **Auskragende Baukörper** sollten komplett außerhalb des Dämmbereiches angebracht werden, um sie energetisch vollständig vom Baukörper zu trennen. Dabei sollte eine separate statische Aufhängung genutzt werden, um die Außendämmung eines Gebäudes nicht mit dem Befestigungselement zu durchdringen.

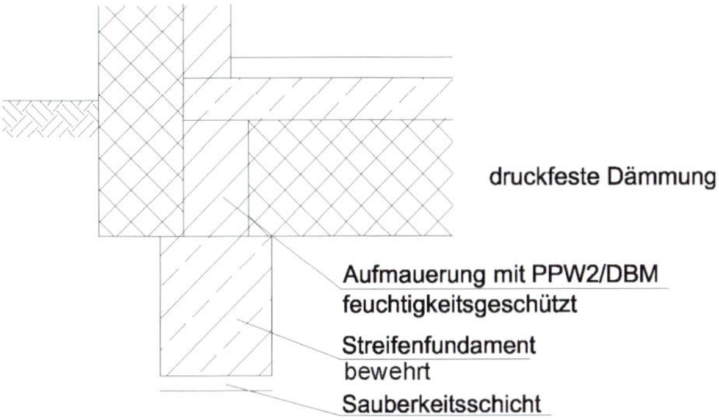

Abb. 2.78: Detail Streifenfundament (PPW2: Festigkeitsklasse 2 [Porenbeton/Planstein/wärmedämmend]; DBM: Dünnbettmörtel)

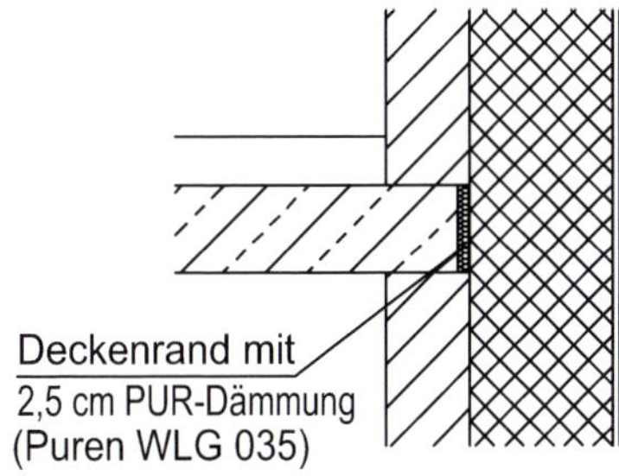

Abb. 2.79: Detail Deckenbalken

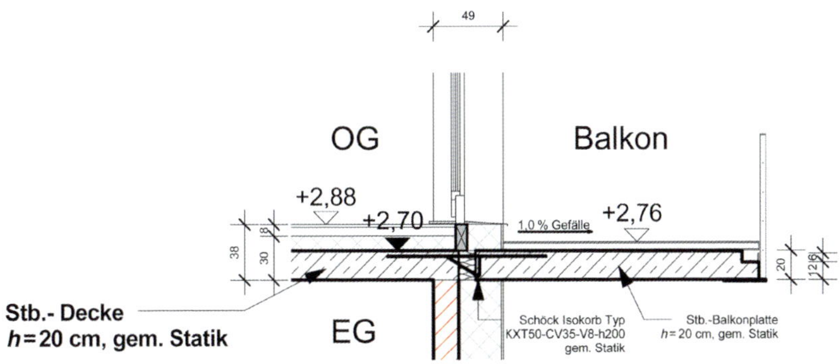

Abb. 2.80: Detail auskragender Balkonanschluss mit Schöck Isokorb® XT, Typ KXT50-CV35-V8-h200

- **Balkone,** die aus entwurfstechnischen oder konstruktiven Gründen nicht entkoppelt werden können, sollten über sog. Schöck Isokörbe® mit der Stahlbetondecke verbunden werden. Speziell für den Passivhausbau wurde von Schöck der Isokorb® XT mit Dämmkörperdicke 120 mm entwickelt und vom Passivhaus Institut in Darmstadt als „wärmebrückenarme Konstruktion“ zertifiziert.
- **Der Sockelbereich** eines Gebäudes führt schnell zu Wärmebrücken. Werden z. B. Kellerdecken kellerseitig gedämmt, um passive Solarenergiegewinne zu speichern, sollten sie keinesfalls durchgehend konstruiert sein. Wird hingegen die Außendämmung bis unter die Bodenplatte hinuntergeführt, kann eine Wärmebrücke vermieden werden.
- **Eine kalte Kellerdecke,** d. h. eine nur oberseitig gedämmte, führt zu einer durchgehenden Wärmebrücke, wenn die auf ihr stehende erste Steinreihe der warmen Innenmauern hochwärmeleitfähig ist. Die Verluste lassen sich minimieren, wenn ein Stein gewählt wird, der schlecht Wärme leitet (z. B. Porenbeton).
- **Fensterlaibungen,** die ungedämmt eingebaut werden, stellen eine sehr starke Wärmebrücke dar, da die Wärme nur einen kleinen Teil der Außenwand überwinden muss. Um dies zu verhindern, sollten die Lai-

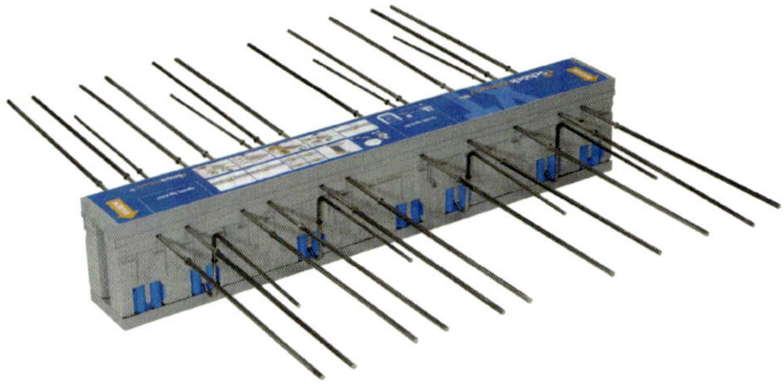

Abb. 2.81: Schöck Isokorb® XT zur wärmebrückenfreien Befestigung von auskragenden Balkonen (Quelle: Schöck Bauteile GmbH)

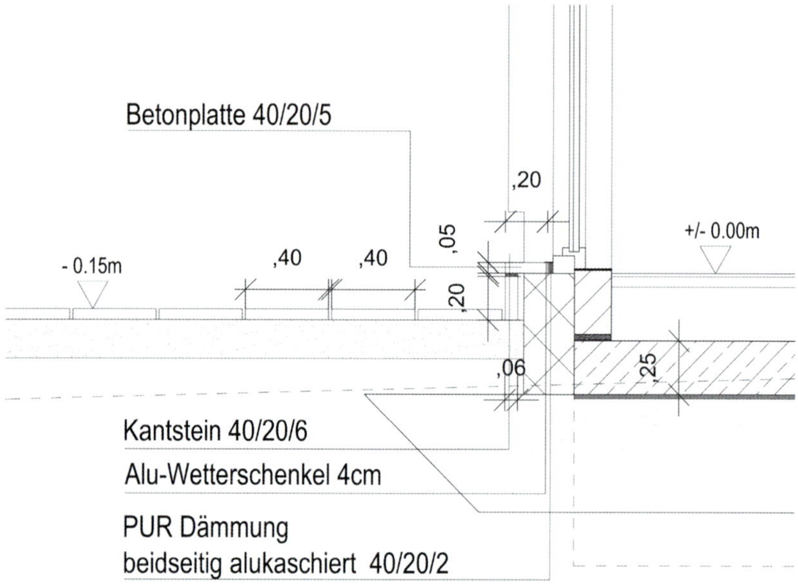

Abb. 2.82: Detail Übergang Terrassentür/Außenbelag

bungen gut gedämmt sein, in der gleichen Ebene wie die Wanddämmung liegen und noch etwas überdämmt sein.

- **Türaustritte** bzw. Übergänge bei Terrassen- und Haustüren, d. h. vom unteren Türrahmen zum Terrassenbelag, führen zu Wärmebrücken an der unteren Rahmenseite. Das Einbringen einer Wärmedämmung mit sehr guter WLG zwischen Belag und Rahmen – überdeckt durch einen am Rahmenelement angebrachten Wetterschenkel – vermeidet die Wärmebrücke bzw. verringert diese enorm.
- **Rollladenkästen** sollten eine Innendämmung erhalten, sodass die Rollläden energetisch außerhalb des Gebäudes liegen.
- **Dämmschichten,** die verrutschen, führen zu Wärmeverlusten und sollten ausreichend verklebt oder mechanisch befestigt werden. Eine Durchdringung der Dämmschicht mit metallischen Befestigungselementen sollte aber weitgehend vermieden werden. Um das Entstehen von Wärmebrücken zu vermeiden, sollten Durchdringungen der dämmenden

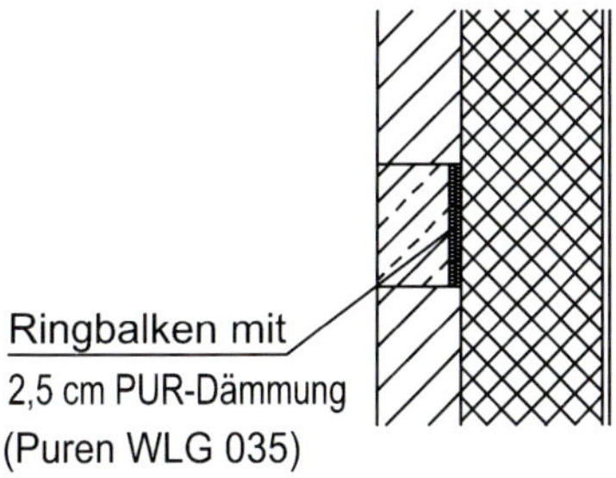

Abb. 2.83: Detail Ringbalken

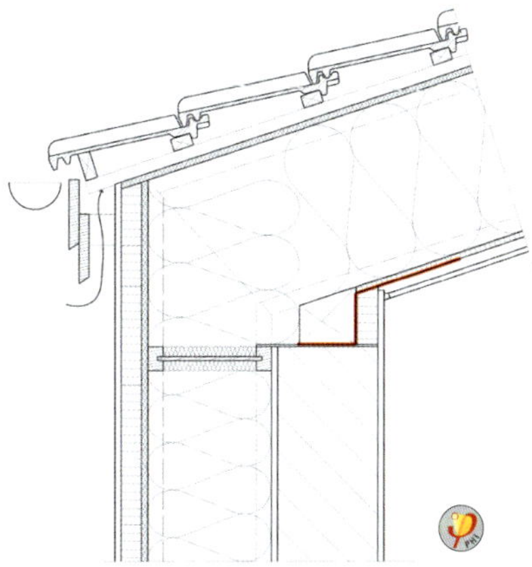

Abb. 2.84: Detail Traufe mit wärmebrückenfreiem Anschluss in Holzbauweise (Quelle: Passivhaus Institut Darmstadt)

Gebäudehülle am besten vermieden werden. Erfordert das Bauwerk dennoch ein Durchstoßen der Dämmung, so sollten Bauteile gewählt werden, die einen geringen Wärmedurchgangswiderstand aufweisen, und die Dämmlagen sollten an diesen Bauteilanschlüssen ineinander übergehen.

2.6.2 Zusammenfassung

Planungshinweise und Ausführungsregeln:

- Beim Passivhaus muss die gesamte beheizte Gebäudehülle lückenlos von der Wärmedämmung umfasst werden. Diese sollte möglichst überall die gleiche Dicke und Qualität aufweisen.
- Trifft die Wärmedämmung unterschiedlicher Bauteile aufeinander, so sollte an den Stoßfugen die Dämmung möglichst in gleicher Dicke ausgeführt werden. Erfordert die Konstruktion eine geringere Dämmstärke, so sollte diese trotz geringerer Dicke die gleiche Wärmeleitfähigkeit aufweisen.
- Um Wärmelecks zu verhindern, muss die Gebäudehülle luftdicht ausgeführt werden.
- Die Wärmedämmebene sollte weitestgehend frei von Durchdringungen sein.
- Die Verwendung eines Wärmedämmsteines als erste Steinlage bei massivem Mauerwerk ist ratsam, wenn der Wärmeschutz durch eine außen liegende Wärmedämmung gesichert ist.
- Erfordert die Konstruktion auskragende Bauteile, so sollten diese thermisch getrennt werden. Besser ist es jedoch, Auskragungen zu vermeiden.
- Fordert der Entwurf Balkone, so sollten diese als selbsttragende, vorgestellte Konstruktionen geplant werden. Ist dies nicht möglich, so sollten sie in Form vorgefertigter wärmebrückenminimierender Bauteile (Schöck Isokorb®) angebracht werden.

- Die Fassadenwärmedämmung sollte auf die Fensterrahmen geführt werden.
- Bei Anwendung von Rollladen- oder Lamellenkästen sollten diese außerhalb der Wärmedämmebene angebracht werden; ist dies nicht möglich, so sollten sie sehr gut wärmegedämmt sein.
- Hauseingangstüren benötigen einen erhöhten Wärmeschutz.
- Bei Haustür- oder Terrassenaustritten sollte eine Wärmedämmung mit geringer Wärmeleitfähigkeit zwischen Belag und unterem Türrahmenbereich eingebracht werden.
- Vor der Wärmedämmung sollte raumseitig eine separate Installationsebene eingeplant werden.

2.7 Luftdichtheit

Die Luftdichtheit im Passivhaus ist ein wichtiges Kriterium, um den Heizenergiebedarf zu reduzieren und Feuchteschäden im Bauwerk zu verhindern. Somit sollten Luftbewegungen von innen nach außen durch offene Bauteilfugen vermieden werden, da in diese feuchte Raumluft eindringt und bei deren Abkühlung Tauwasser ausfallen kann (siehe Kapitel 1.1.2).

Zudem ist die Luftdichtheit für den effizienten Betrieb einer Lüftungsanlage ausschlaggebend. Ist diese noch mit einer WRG ausgestattet, unterbindet sie unkontrollierte Zuluftströme in den einzelnen Räumen. Unkontrollierter Luftaustausch entsteht als Folge der zwischen innen und außen herrschenden Luftdruckunterschiede. Das Aufsteigen warmer Luft in den oberen Teil eines Gebäudes lässt dort einen Überdruck entstehen. Liegen nun in der Konstruktion Undichtigkeiten vor, wird diese erwärmte Luft durch den Überdruck nach außen gedrückt. Infolge des daraus resultierenden Unterdrucks im unteren Bereich des Gebäudes strömt kalte Außenluft durch vorhandene Fugen ins Gebäudeinnere. Windkräfte auf der windzugewandten Seite eines Gebäudes führen zu einem noch größeren Druck und ziehen zusätzlich Außenluft in den Innenbereich. Auf der windabgewandten Seite hingegen wird durch entstehenden Unterdruck das Ausströmen der Raumluft verhindert.

Bereits in der Planung sollte die luftdichtende Hülle ohne Unterbrechung konstruiert werden. Dabei ist die Abstimmung des Dichtheitskonzepts auf das Dämmsystem wesentlich, denn Wärmedämmstoffe sind im Allgemeinen nicht luftdicht.

Im Massivbau wird ein durchgehender Innenputz als luftdichtende Ebene genutzt, wobei im Holzbau vorwiegend Holzwerkstoffplatten mit verklebten Stößen verwendet werden. Als Materialien bieten sich Aluminium- oder Polyethylenfolien bzw. Gipskarton- oder Holzwerkstoffplatten als Bekleidungen an.

2.7.1 Konzept zur Luftdichtheit

Kriterien für ein Konzept zur Luftdichtheit:

- Welche Bauteilschicht übernimmt für jedes der Außenbauteile die Luftdichtung?
  Dies kann bei einer gemauerten Wand der Innenputz, bei einer Dachkonstruktion die Grobspanplatte (OSB-Platte) oder die Dampfbremsfolie und zwischen Keller und Erdgeschoss die Betondecke sein. Im Schnitt bzw. im Grundriss sollte dabei die Lage dieser luftdichtenden Ebene als rote Linie eingezeichnet werden. Es gilt, das beheizte Volumen vollständig von luftdichtenden Ebenen einzuschließen.
- Wie werden an den Stößen die luftdichten Bauteilschichten dauerhaft luftdicht verbunden?
  Ein Fensterrahmen sollte z. B. durch ein überputzbares Klebeband an die luftdichtende Ebene der Außenwand (etwa an den Innenputz) beständig luftdicht angeschlossen werden.
- Wie werden eventuell erforderliche Durchdringungen, wie z. B. Elektroleitungen und Rohre, die durch eine Kellerdecke gehen, oder Steckdosen in Außenwänden abgedichtet?
  Für Kabel- und Rohrdurchführungen gibt es auf dem Markt spezielle Manschetten, um diese Durchführungen luftdicht ausführen zu können.

Allgemeine **Grundregeln** zur Ausführung der luftdichten Ebene:

- Luftdichtheit der verwendeten Materialien
- Abstimmung der eingesetzten Materialien aufeinander, da nicht alle Werkstoffe untereinander verträglich sind (z. B. passender Klebstoff zur Dichtungsbahn)
- dauerhafte Dichtheit der gebrauchten Materialien z. B. gegen Feuchte und UV-Strahlen
- Anbringen der Luftdichtheitsschicht immer raumseitig (innenseitig der Dämmebene)
- Beachtung der Verarbeitungsrichtlinien
- trockene und staubfreie Fugenflanken
- Voranstrich bei porösen Materialien

Abb. 2.85 zeigt die 3 bei der Ausführung des Luftdichtheitskonzepts zu beachtenden Kategorien.

Im Folgenden werden verschiedene dauerhaft luftdichte Materialien für Bauteilflächen und deren Übergänge und solche, die ungeeignet für die Konstruktion der luftdichten Hülle sind, aufgelistet:

- **geeignete luftdichte Materialien:**
  - Innenputz auf Mauerwerk
  - Folien
  - armierte Baupappe
  - harte Holzwerkstoffplatten (z. B. OSB, Bau-Furniersperrholz [BFU])
  - Beton (fachgerecht verarbeitet)
  - dichte Anschlüsse

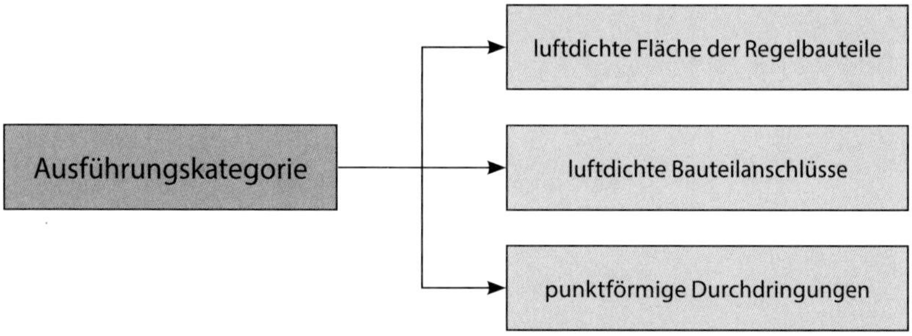

Abb. 2.85: Ausführungskategorien zur Luftdichtheit (Quelle: Textbausteine: Definition auf Basis eigener Erfahrungswerte, Bau- und Energiekonzepte, Uelzen)

- Verkleben von Folien mit Butylkautschukklebeband und zusätzlicher Anpresslatte
- Verkleben von Folien mit elastischer Klebemasse gemäß bauaufsichtlicher Zulassung
- sachgerecht verwendetes, vorkomprimiertes Dichtungsband mit Anpresslatte
- angepresste Dichtlippe
- geeignete Betonmischung zum Ausgießen von Durchdringungen
- verspachtelte Fugen
- luftdichtes Acrylklebeband

- **nicht geeignete, undichte Materialien:**
  - unverputztes Mauerwerk
  - Holzwolle-Leichtbauplatten und Holzweichfaserplatten
  - perforierte Folien
  - Polystyrol-Hartschaumplatten
  - Nut- und Federschalung
  - nicht dauerhaft dichte Anschlüsse
  - Paketklebeband, Kreppband o. Ä.
  - zu trockener Beton (schwer dichtend einzubringen)
  - zu nasser Beton (Schwindfugen)
  - PU-Montageschaum
  - Verfugung mit Silikon

2.7.2 Anschlüsse und Übergänge

Um Problemstellen von Anfang an zu vermeiden, sollten schon bei der Planung bauliche Durchdringungen wie z. B. innen sichtbare Sparren vermieden werden. Auch die Fensteranschlüsse müssen sorgfältig geplant werden, da ein Versetzen mit Bauschaum und Mörtel nicht ausreicht. Risikostellen sind jedoch nicht nur Durchdringungen von Bauteilen, sondern auch alle Bauteilanschlüsse und ausgeführten Materialwechsel (siehe Abb. 2.86 und 2.87).

Eine Trennung von **Rohrdurchführungen** wie in Abb. 2.88 ist zu empfehlen, da Abdichtungen gebündelter Rohrdurchführungen durch PU-Schaum schwierig sind und keine dauerhafte Dichtheit sicherstellen. Lösungen für

Abb. 2.86: Waagerechte Abklebung

Abb. 2.87: Abklebung am Übergang Kellergeschosswand/Kellergeschossdecke/Erdgeschosswand

Abb. 2.88: Rohrdurchführungen

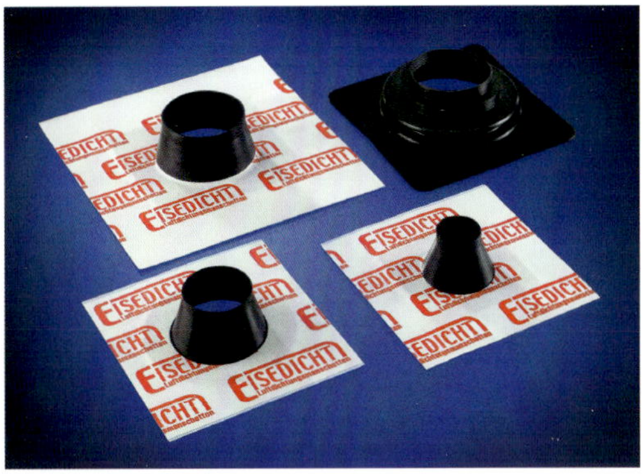

Abb. 2.89: Manschetten (Quelle: Eisedicht Luftdichtungsmanschetten, Rinteln)

die Abdichtung von Rohrdurchführungen stellen z. B. spezielle Bänder oder Manschetten dar (siehe Abb. 2.89).

Innerhalb der Gebäudehülle kann die **Belüftung des Abwassersystems** mit einem Ventilaufsatz erfolgen und damit die Durchdringung vermieden werden. Dabei sind die jeweiligen Einbaubedingungen dieser Rohrbelüfter zu beachten.

Dichte Ausführungen von **Gurtführungen der Rollläden** sind kaum möglich; daher wird ein Elektroantrieb empfohlen, wobei aber auch hier auf eine dichte Leitungsführung zu achten ist.

Häufig wird eine Anschlusstür vom Haus in die angrenzende Garage gewünscht. Solch eine Übergangstür, die aus brandschutztechnischen Gründen als Stahltür ausgeführt werden muss, bildet schnell eine Schwachstelle in der Luftdichtheitsschicht. Um dies weitestgehend zu vermeiden, ist zwingend eine **Brand-/Rauchschutztür** erforderlich. Diese Türen beinhalten eine absenkbare Bodenabdichtung, die bei geschlossener Tür herunterfährt und luftdicht abschließt. Die Übergänge an den Türzargen sind ebenfalls mit geeigneten Folien auszuführen und einzuputzen.

Abb. 2.90: Verspachtelte Giebelwand vor Anbringen der Sparren

Da Stahltüren auch wärmetechnisch eine Schwachstelle bilden, sollte vorzugsweise der Übergang zur Garage z. B. über den Haustechnikraum und nicht über einen Wohnraum erfolgen. Des Weiteren muss diese Schwachstelle in der Gebäudehülle bei der PHPP-Berechnung mitberücksichtigt werden.

Damit **massive Mauerwerkswände** dauerhaft luftdicht sind, müssen sie mindestens an einer Seite eine Putzschicht aufweisen. Diese Luftdichtheit wird meist durch den Innenputz erreicht und muss den gesamten Bereich des Bauteils überdecken. Es dürfen keine Lücken entstehen, auch nicht in nicht einsehbaren Bereichen. Dabei sollte immer vom Rohfußboden bis zur Rohdecke geputzt werden, selbst wenn der Fußbodenaufbau dies optisch nicht nötig macht. Des Weiteren sollten auch die Stirnseiten der Türöffnungen verputzt werden, um mögliche Undichtigkeiten zu vermeiden. Betonbauteile hingegen gelten auch ohne Putz als luftdicht. Um Undichtigkeiten am Giebel, am Kniestock oder bei Übermauerungen und Brüstungen zu vermeiden, sollten auch diese komplett verputzt werden (siehe Abb. 2.90). Fensterbrüstungen sollten mit Bitumenpappe oder Mörtel abgeschlossen sein, bevor die Fenster eingebaut werden. Beim späteren luftdichten Einbau der Fenster ist ein sauberer Glattstrich hilfreich.

Massivwände sollten auch bei einem Trockenputz mit Ausbauplatten (Gipskartonwand) verputzt werden; ansonsten ist wie bei der Leichtbauweise eine Dampfbremse nötig. Erfolgt eine Vormauerung im Sanitärbereich oder wird eine Leichtbaudrempelwand errichtet, wird durch Verputzen der Massivwand die luftdichte Ebene hergestellt. Bevor Bade- und Duschwannen oder Spülkästen montiert werden, müssen die Außenwände zuvor verputzt sein, ebenso Stellen wie der Montagebereich der Lüftungskanäle, die später nicht mehr zugänglich sind. Da der Estrich auf dem Boden keine Luftdichtheit herstellt, sollten die Fugen bei Fertigteildecken verschlossen oder ver-

Abb. 2.91: Luftdichtheitsschicht im Wölbdach

Abb. 2.92: Überlappende Luftdichtheitsschicht am Drempel, die später am Mauerwerk eingeputzt wird

Abb. 2.93: Überlappende Luftdichtheitsschicht an der Giebelwand; die Luftdichtheitsschicht wird später am zuvor im Übergangsbereich verspachtelten Mauerwerk eingeputzt

putzt werden. Die Aussparungen für den Gasanschluss oder Elektroverteiler sollten von allen Seiten verputzt werden. Nach dem Einbau der Installationsleitungen werden die Schlitze mit Mörtel verfüllt.

Die Funktion der Luftdichtheitsschicht wird bei der **Leichtbauweise** sowie im Dachbereich meist von der Dampfbremse bzw. -sperre übernommen (siehe Abb. 2.91). Die eingesetzten Folien überdecken dabei lückenlos den gesamten Bereich und werden luftdicht an die angrenzenden Anschlussbereiche angebracht. Hierbei sollte große Sorgfalt auf die luftdichte Verlegung der Dampfbremse gelegt werden, gerade bei Durchdringungen wie Sanitär- und Elektroverrohrung, Halogenspots, Entlüftungsrohren usw. sowie bei Bauteilanschlüssen wie Dachflächenfenstern, Giebelwand und Abseitenwand. Schließt die Dampfbremse an das Mauerwerk an, sollte die Folie ausreichend lang in die Putzschicht stehen. Als Putzträger dient ein Streckmetall. Die Folie muss mit eingeputzt und darf nicht irrtümlich abgeschnitten werden (siehe Abb. 2.92 und 2.93; siehe auch Abb. 2.104). In den Ecken treten häufig Problemstellen durch unsaubere Verklebungen und Überlappun-

Abb. 2.94: An Sparren angebrachte Luftdichtheitsfolie für den späteren luftdichten Anschluss der Kehlbalkenlage

Abb. 2.95: Angebrachte Luftdichtheitsfolie im Kehlbalkenbereich

Abb. 2.96: Ein luftdichter Anschluss der Kehlbalkenlage an die Sparren ist möglich, weil zuvor Luftdichtheitsfolie angebracht worden ist.

Abb. 2.97: Anschluss der Luftdichtheitsfolie an die zuvor angebrachte Luftdichtheitsfolie der Sparren; auf dieser Ebene folgt die Installationsebene mit zusätzlicher Untersparrendämmung

gen auf. Diese sollten über eine sorgfältige Ausführung vermieden werden, d. h. Überlappungen sollten dicht verklebt oder verschweißt werden. Für einen ausreichenden Anpressdruck beim Verkleben sorgt die Verarbeitung auf einem festen Untergrund. Ist dieser nicht vorhanden, sollte eine zusätzliche Unterkonstruktion angebracht werden. Eine Installationsebene vor der Dampfbremse verhindert viele mögliche Fehlerquellen.

Um einen sicheren Anschluss einer Kehlbalkenlage an die Sparren zu erreichen, ist es eine sinnvolle Lösung, die zuvor großzügig geschnittene Luftdichtheitsfolie an die Sparren in Lage des Kehlbalkenanschlusses anzubringen. Bei weiterem Dachausbau kann dann die Folie luftdicht an diesen Anschlussstellen befestigt werden (siehe Abb. 2.94 bis 2.97).

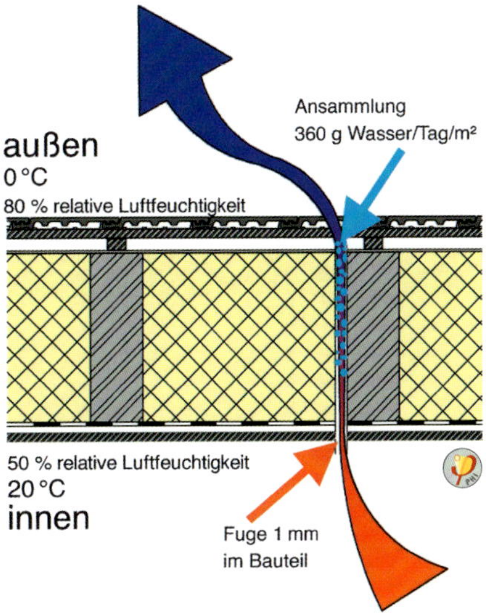

Abb. 2.98: Fugendurchströmung bei Leckage (Quelle: Passivhaus Institut Darmstadt)

Wenn es für eine der o. g. Lösungen zu spät ist, können kleine Undichtigkeiten auch mit einem speziellen Zweikomponentenschaum verklebt werden. Normaler Bauschaum oder auch Silikon sind als dauerhafte Dichtungsmittel dagegen ungeeignet.

Trotz der Forderung nach Luftdichtheit sollte ein Haus **diffusionsoffen** sein, um eine Austrocknung von eventueller Feuchtigkeit in der Konstruktion zu ermöglichen. Die Diffusionsoffenheit der Wände hat aber nichts mit einer Undichtigkeit des Bauwerkes zu tun.

Diffusion ist ein sehr langsamer Vorgang und steht eben nicht für die Durchströmung des Bauteils mit Luft. Wenn die Dämmung von der Luft durchströmt wird, ist diese wirkungslos, weil die Wärme dann das Haus mit der Luft durch die Dämmung hindurch verlässt. Außerdem kann die Feuchtigkeit der warmen Luft an den kalten Teilen der Konstruktion kondensieren, was zu Tauwasseranfall und Bauschäden führt. Die Feuchtigkeit im Haus muss in jedem Fall durch aktives Lüften beseitigt werden. Nur bei sehr undichten Häusern kann der unkontrollierte Luftaustausch über die Fugen ausreichen. Diese Häuser haben aber einen viel zu hohen Energieverbrauch und ein eher zugiges und unkomfortables Raumklima.

Das Passivhaus „atmet" durch die gezielte und kontrollierte Lüftung, nicht durch die Wände. Die Dämmung (Isolierung) ermöglicht normalerweise die Diffusion. Nur spezielle Materialien verhindern die Diffusion vollständig, wie z. B. XPS oder Schaumglas. Der Zweck der Isolierung ist die Verringerung des Wärmeflusses aus dem Haus und des Energieverbrauchs – nicht die Verhinderung eines Feuchteaustausches durch Diffusion.

2.7.3 Typische Konstruktions- und Ausführungsfehler

Warme, feuchte Luft kann von der Innenseite zur Außenseite strömen, wenn keine ausreichend luftdichten Bauteile konstruiert wurden (siehe Abb. 2.98). Ein erheblicher Tauwasseranfall entsteht dann an den kalten Teilen

Abb. 2.99: Fehlender Putz an der Wand (Quelle: Dipl.-Ing. H. Trauernicht, Gebäudemesstechnik, www.luftdicht.de)

Abb. 2.100: Fehlender Putz an den Fugen der Außenwand hinter dem Spülkasten

Abb. 2.101: Fehlender Putz unter der Fensterbank (Quelle: Dipl.-Ing. H. Trauernicht, Gebäudemesstechnik, www.luftdicht.de)

der Konstruktion. Solche Fehlkonstruktionen verursachen einen Großteil zu beobachtender Bauschäden.

Fehlender Putzauftrag und mangelnde Folienverbindung

Massivwände müssen überall an der Rauminnenseite, an der keine Folienabdichtung stattfindet, verputzt werden, da die massive Steinwand selbst keine Luftdichtheit aufweist. Hier entstehen häufig die größten Fehler bei der Ausführung.

In Abb. 2.99 wurde hinter einer Rigipsverkleidung ein Teil der Massivwand nicht verputzt, was unweigerlich zu einer Leckage in der Luftdichtheitsschicht führte.

Abb. 2.100 zeigt die offenen unverputzten Fugen der Außenwand hinter dem vorgesetzten Spülkasten. In Abb. 2.101 tritt durch eine nach oben und außen offene Steinwand eine Leckage an der Fensterbank auf, da die Wand nicht abgedichtet wurde.

Abb. 2.102: Fehlende Luftdichtheitsfolie (Quelle: Dipl.-Ing. H. Trauernicht, Gebäudemesstechnik, www.luftdicht.de)

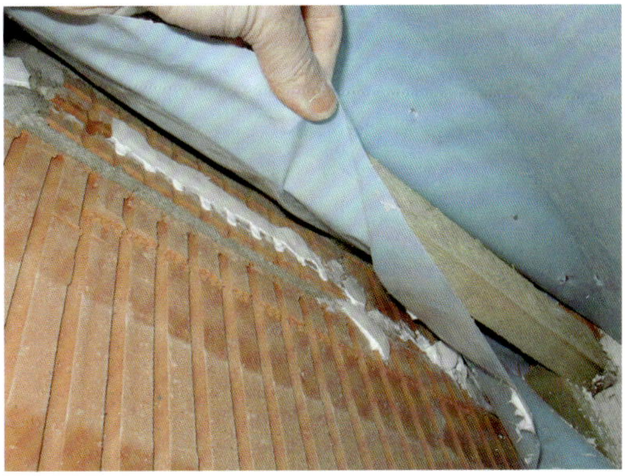

Abb. 2.103: Loser Anschluss (Quelle: Dipl.-Ing. H. Trauernicht, Gebäudemesstechnik, www.luftdicht.de)

Hinweis

Bei innen liegenden Fensterbänken ist darauf zu achten, dass die Brüstungen auch oberseitig sorgfältig verputzt werden. Ansonsten sind aufgrund der Steinfugen selbst bei nachträglich aufgebrachten Natursteinplatten große Luftundichtigkeiten zu erwarten. Hochlochziegel sind beim Passivhausbau sehr sorgfältig zu verplanen, wenn sie überhaupt eingesetzt werden.

Die Luftdichtheitsfolie des Dachaufbaus in Abb. 2.102 ist nicht am gesamten Drempel heruntergeführt worden; aufgrund der nicht verputzen Massivwand kommt es zum Außenlufteintritt zwischen Folie und Gipskartonplatten.

Übergang der Luftdichtheitsfolie an Massivwände

Die Übergangsstellen von der luftdichten Folie an das massive Mauerwerk bzw. an den angebrachten Innenputz tragen erheblich zur luftdichten Schicht der Gebäudehülle bei. Bei der Ausführung muss eine professionelle Arbeitsweise vorausgesetzt werden, da Leckagen in diesem Bereich später schwer zu orten sind und nur mit erheblichem Aufwand behoben werden können.

In Abb. 2.103 besteht ein loser Übergang zwischen Folie und Mauerwerk aufgrund eines unzweckmäßigen Klebers, der mit der Folie keine Verbindung eingeht. Die unverputzte Massivwand bietet einen schlechten Klebeuntergrund.

In Abb. 2.104 wurde die angebrachte Luftdichtheitsfolie nicht – wie zwingend erforderlich – miteingeputzt, sondern nur nach oben getackert.

In Abb. 2.105 wurde die Folie nur über einen Kleber fixiert, der jedoch keine Bewegungen des Bauwerks zulässt. Der angebrachte Putz wurde zudem unter der Folie aufgetragen.

Abb. 2.104: Fehlender Anschluss
(Quelle: Dipl.-Ing. H. Trauernicht, Gebäudemesstechnik, www.luftdicht.de)

Abb. 2.105: Falscher Anschluss
(Quelle: Dipl.-Ing. H. Trauernicht, Gebäudemesstechnik, www.luftdicht.de)

Abb. 2.106: Wegen nachträglich angebrachter Stütze durchbrochene Luftdichtheitsfolie

In Abb. 2.106 wurde die schon richtig angebrachte Folie nachträglich durchtrennt, um die abgebildete Stütze anbringen zu können. Nach dem Aufschneiden der Folie und dem Anbringen der Stütze wurde diese Fehlstelle jedoch nicht korrigiert.

Ein sauberer luftdichter Übergang zwischen Massivwand und Luftdichtheitsfolie kann mit einem sog. Anschlussband erreicht werden. Das Band wird über Klebestellen dauerhaft an der Wand fixiert und die Folie mit dem Klebestreifen verbunden. Anschließend wird das Armierungsgewebe überputzt.

Übergang zwischen Luftdichtheitsschicht und Massivwand

Der Schnitt in Abb. 2.107 zeigt exemplarisch den Übergang zwischen Luftdichtheitsschicht und Massivwand. Die Luftdichtheitsschicht wird mittels eines Putzträgers unter dem Putz eingebracht. Der Putzträger ermöglicht das dauerhafte Anhaften des Putzes an die Folie.

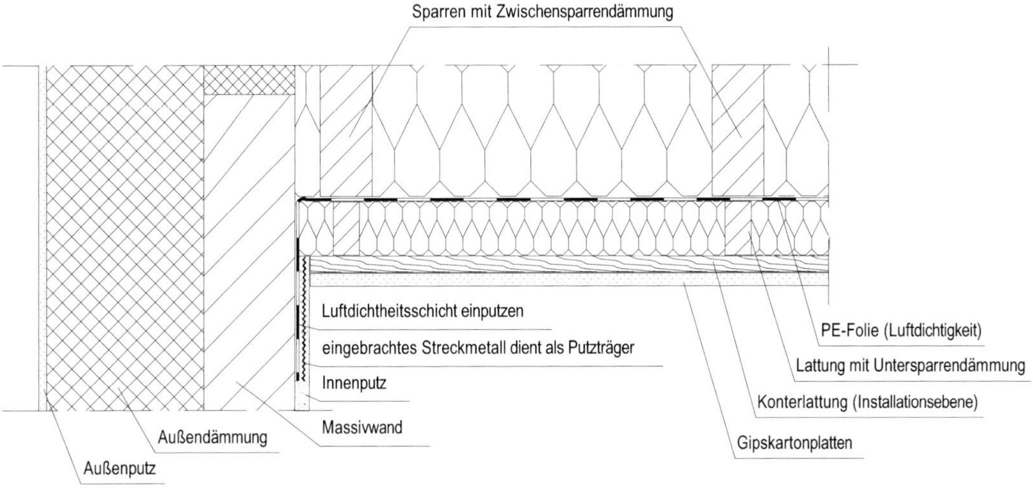

Abb. 2.107: Horizontalschnitt durch ein Sparrendach mit korrekt ausgeführter Luftdichtheitsschicht

Dabei sollte darauf geachtet werden, dass die massive Wand erst verputzt wird, nachdem die Folie angebracht worden ist. Ist dies aus dem Bauablauf nicht möglich, so sollte der Putzer im Bereich der späteren Folie nicht verputzen und es sollte beigeputzt werden, nachdem die Folie angebracht worden ist. Spannung in der Folie sollte vermieden werden, da sich diese ansonsten im noch frischen und nassen Putz wieder lösen kann. Hier können mechanische Befestigungen der Folie hilfreich sein.

Liegt im Sparrendach eine Kehlbalkenlage, sollte der letzte Balken nicht zu nah an der Giebelwand angebracht werden, damit der Putzer die Massivwand hinter dem Balken noch verputzen kann.

Übergang zwischen massiver Außenwand und flankierendem Bauteil

Häufig wird den Übergängen von anschließenden Bauteilen, wie z. B. Beton-Fertigteiltreppen, Trockenbauwänden usw., die in direktem Kontakt zur Außenwand stehen, zu wenig Beachtung geschenkt. Hier ist darauf zu achten, dass alle Steinfugen vor Einbau der anschließenden Bauteile durch Spachtel- bzw. Putzauftrag verschlossen werden.

In Abb. 2.108 ist deutlich der fehlende Innenputz im Bereich der flankierenden Fertigteiltreppe zu sehen. Diese so entstandene Fuge entlang der Treppe führt zu einer erheblichen Luftundichtigkeit.

Abb. 2.109 zeigt die eingebaute Treppe und verdeutlicht die Größe der unverputzten Fläche entlang des Treppenlaufs. Eine nachträgliche Korrektur bzw. ein Verputzen der Wandfläche ist konstruktiv oft nicht möglich oder mit erheblichem Aufwand verbunden.

In Abb. 2.110 ist die zuvor verspachtelte Anschlussstelle einer Trockenbauwand an die Außenwand zu sehen. Durch das Schließen der Steinfugen ist die Luftdichtheit an dieser Stelle gewährleistet, selbst wenn der später aufgetragene Innenputz nicht hinter die Trockenbauwand reicht.

Abb. 2.108: Fehlender Putzauftrag an der Außenwand

Abb. 2.109: Eingebaute Fertigteiltreppe

Abb. 2.110: Verschlossener Anschluss der Trockenbauwand an die Außenwand

Abb. 2.111: Falsch eingebrachtes Passivhausfenster (Quelle: Dipl.-Ing. H. Trauernicht, Gebäudemesstechnik, www.luftdicht.de)

Anschlüsse der Fensterrahmen

Die Fensterrahmen in einem Passivhaus müssen absolut luft- und diffusionsdicht eingebracht werden, da ansonsten erhebliche Leckagen in diesem Übergangsbereich entstehen können. Häufig kommt es jedoch gerade hier zu nennenswerten Konstruktionsfehlern, da die Rahmen – wie im konventionellen Hausbau oft üblich – mittels Bauschaum eingesetzt werden. Der angewandte Bauschaum ist jedoch nicht luftdicht und diffusionsoffen.

In Abb. 2.111 wurde ein Fenster mittels Bauschaum eingesetzt, was später zu erheblichen Leckagen führt.

Eine Lösung des Problems zeigt Abb. 2.112; hier wird ein Dachflächenfenster mit einer vorgefertigten Anschlussschürze an die Maße des Fensters angepasst. Ebenso möglich ist ein mit Luftdichtheitsfolie eingesetztes Fenster

Abb. 2.112: Dachflächenfenster mit Anschlussschürze (Quelle: Velux Deutschland GmbH)

Abb. 2.113: Mit Luftdichtheitsfolie eingebautes Passivhausfenster

Abb. 2.114: Mit Folie angeschlossenes Dachflächenfenster

Abb. 2.115: Anschluss der Luftdichtheitsfolie an das Passivhausfenster mit Überlappung zum Einputzen

wie in Abb. 2.113, bei dem die Folie im weiteren Bauverlauf eingeputzt wird (siehe auch Abb. 2.114 und 2.115). Die angewendeten Folien, Bänder oder Dichtstoffe müssen zum luftdichten Einbau von Fenstern zugelassen sein (z. B. Bänder der Firmen Dörken, Illbruck oder Knauf).

Durchdringungen der Luftdichtheitsschicht

Manche Durchdringungen der Luftdichtheitsschicht, wie z. B. durch Kabelführungen, lassen sich nicht vermeiden. Daher sollte deren Ausführung genaue Beachtung geschenkt werden, um im Nachhinein keine großen Leckagen zu erhalten.

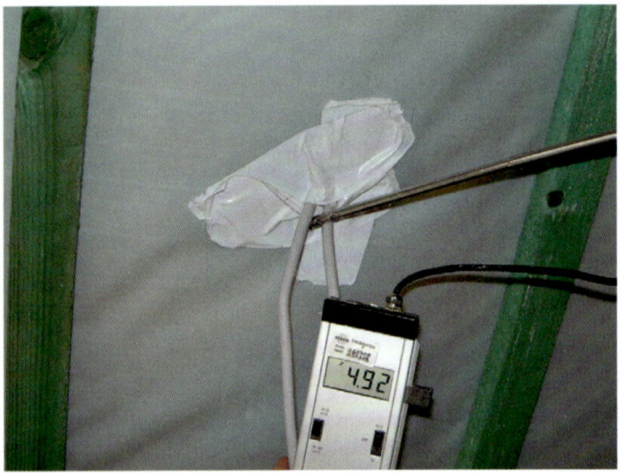

Abb. 2.116: Mangelhafte Kabeldurchführung (Quelle: Eisedicht Luftdichtungsmanschetten, Rinteln)

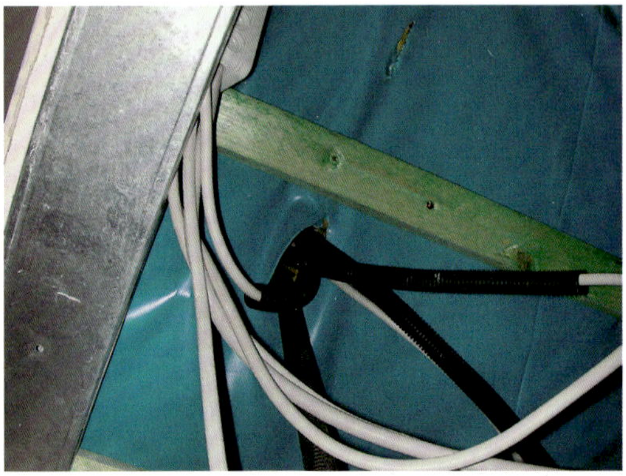

Abb. 2.117: Fehlende Abklebung der Kabeldurchführung (Quelle: Eisedicht Luftdichtungsmanschetten, Rinteln)

Abb. 2.118: Mangelhafte Abdichtungen der Kabeldurchführung (Quelle: Eisedicht Luftdichtungsmanschetten, Rinteln)

Abb. 2.119: Luftdichte Schalter- und Steckdosen garantieren, dass keine Zugluft entsteht. (Quelle: © ELEKTRO+/Kaiser)

Abb. 2.116 zeigt Kabeldurchdringungen der Luftdichtheitsschicht, die mit einer ungeeigneten Klebefolie ungenau abgedichtet sind und zu großen Luftdurchströmungen führen.

Eine Aussparung in einer Dampfsperre im Dachbereich zwecks Kabeldurchführung führt ohne Abklebung zu einer Leckage (siehe Abb. 2.117).

Die Durchdringung der Luftdichtheitsfolie aufgrund eines Lüftungsrohres in Abb. 2.118 zeigt erhebliche Luftdurchströmungen an, da auch hier mit ungeeigneter Folie abgedichtet wurde.

Eine weitere Möglichkeit der Abdichtung bieten vorgefertigte Kabeldurchführungen, die für die verschiedensten Kabeldurchmesser erhältlich sind. Bei Strangentlüftungen der Toiletten muss sorgfältig auf eine korrekte und dichte Abklebung geachtet werden. Um mögliche Undichtigkeiten zu vermeiden, sollten die Originaldichtungsmanschetten der Hersteller verwendet werden.

2.7.4 Luftdichte Elektroschalter und -dosen

Eine hilfreiche Lösung zum Erhalt der Luftdichtheit bei Elektroinstallationen sind luftdichte Dosen für Lichtschalter und Steckdosen (siehe Abb. 2.119). Sie sind an ihrer Rückseite mit einer elastischen Dichtungsmembran ausgestattet. Wird diese flexible Membran mit der Elektroleitung durchstochen, so legt sie sich um das Kabel und schließt luftdicht ab.

Die Vorteile luftdichter Installationsdosen liegen nicht nur im Vermeiden von Lüftungswärmeverlusten. Diese Lösungen vermeiden auch die Bildung von Kondensfeuchte in der Dämmung rund um die Dose. Auch spürbare Zugerscheinungen, die sich aus Temperaturunterschieden, z. B. zwischen den Hohlkammern der Ziegel und dem beheizten Wohninnenraum ergeben, werden vermieden.

Luftdichte Dosen entsprechen der Norm DIN 4108-7, es gibt sie sowohl als Hohlwanddosen für den Leichtbau wie auch als Unterputzdosen für den Massivbau.

2.7.5 Zusammenfassung

Planungshinweise und Ausführungsregeln:

- Die Planung des Luftdichtheitskonzepts muss eine lückenlose Umschließung des Passivhauses mit einer luftdichten Schicht beinhalten.
- Für die spezielle Anwendung der Luftdichtheit müssen alle verwendeten Werkstoffe vom Hersteller hierfür zugelassen sein.
- Die zur Anwendung kommenden Werkstoffe müssen eine Verträglichkeit miteinander aufweisen.
- Luftdichtheit beim Mauerwerk liegt nur dann vor, wenn mindestens eine Putzschicht aufgetragen wurde.
- Eine Installationsebene sollte raumseitig an der luftdichtenden Schicht angebracht werden.
- Bevor Bekleidungen angebracht werden, müssen alle Anschlussstellen überprüft werden.
- Während der Bauphase sollte eine Überprüfung der Luftdichtheit durch eine Blower-Door-Messung stattfinden (vgl. Kapitel 4.1). Dabei sollten die Luftdichtheitsschicht und die Anschlüsse noch zugänglich und Fenster bzw. Türen bereits eingebaut sein.

2.8 Brandschutz

Unter Brandschutz werden alle Maßnahmen verstanden, durch die

- der Entstehung eines Brandes oder der Ausbreitung eines Brandes durch Feuer oder Rauch vorgebeugt wird (vorbeugender Brandschutz oder Brandverhütung),
- die Rettung von Menschen und Tieren sowie wirksame Löscharbeiten bei einem Brand ermöglicht werden (abwehrender Brandschutz).

Brandschutz ist vielschichtig und findet sich in vielen Bereichen des täglichen Lebens. In Deutschland sind die Anforderungen an den Brandschutz in einer Vielzahl von Gesetzen, Vorschriften und Richtlinien geregelt – wie

z. B. den Feuerwehrgesetzen und Bauordnungen der 16 Bundesländer sowie zahlreichen weiteren Gesetzen, Verordnungen und Richtlinien.

Abhängig von Gebäudegröße und -nutzung ist ein entsprechendes Brandschutzniveau sicherzustellen, um eine Brandausbreitung zu verhindern sowie Rettungswege funktionsfähig zu halten. Welche Maßnahmen dazu im Einzelnen gefordert sind, wird für die verschiedenen Gebäudeklassen dargestellt.

In Deutschland werden Gebäude gemäß den Landesbauordnungen der einzelnen Bundesländer klassifiziert. Die Einstufung eines Gebäudes in eine Gebäudeklasse richtet sich nach der Höhe und nach der Fläche des Gebäudes. Jedes Bundesland regelt in den jeweiligen Landesbauordnungen die Einteilung der Gebäudeklassen unterschiedlich. Die Einteilung der Gebäude in verschiedene Gebäudeklassen hängt hierbei mit unterschiedlichen Bauteil- und Baustoffanforderungen zusammen. Je höher z. B. die Gebäudeklasse ist, desto höher sind auch die Anforderungen an die Feuerwiderstandsdauer der Bauteile. Tabelle 2.3 zeigt die Einteilung von Gebäuden gemäß Musterbauordnung (MBO).

Nach den jeweiligen Länderbauordnungen und Gebäudeklassen muss von einem vereidigten und staatlich anerkannten Sachverständigen ein **Brandschutzkonzept** erstellt werden.

2.8.1 Lüftungssysteme und Brandschutzklappen

Zum Grundkonzept von Passivhäusern gehört ein durchgängiges Lüftungssystem, das einen kontinuierlichen Luftwechsel sicherstellt. Ein solches System jedoch steht nicht selten den Anforderungen eines effektiven Brandschutzes entgegen – vor allem in größeren Gebäuden, da die entsprechenden Bestimmungen vorsehen, dass die Gebäude in Brand- sowie Rauchabschnitte unterteilt werden. Diese Abschnitte müssen komplett voneinander getrennt werden können; das gilt auch für Lüftungskanäle.

Tabelle 2.3: Gebäudeklassen nach § 2MBO

	Gebäudeklasse (GK)					
	GK 1 (a, b) frei stehendes Gebäude	**GK 2**	**GK 3**	**GK 4**	**GK 5**	**Sonderbauten**
Höhe Oberkante Fertigfußboden (OKFFB)	≤ 7 m	≤ 7 m	≤ 7 m	≤ 13 m	≤ 22 m	
Nutzungseinheiten	maximal 2 Stück < 400 m² insgesamt oder land-/forstwirtschaftliches Gebäude	maximal 2 Stück < 400 m² insgesamt		< 400 m² je Nutzungseinheit		
Beispiele	Einfamilienhaus, kleines Bürogebäude	Doppelhaushälfte, Reihenhäuser	Mehrfamilienhaus, Bürogebäude	Mehrfamilienhaus, Bürogebäude	Mehrfamilienhaus, Bürogebäude	Hotels, Kindergärten, Schulen, Sportstätten, Krankenhäuser

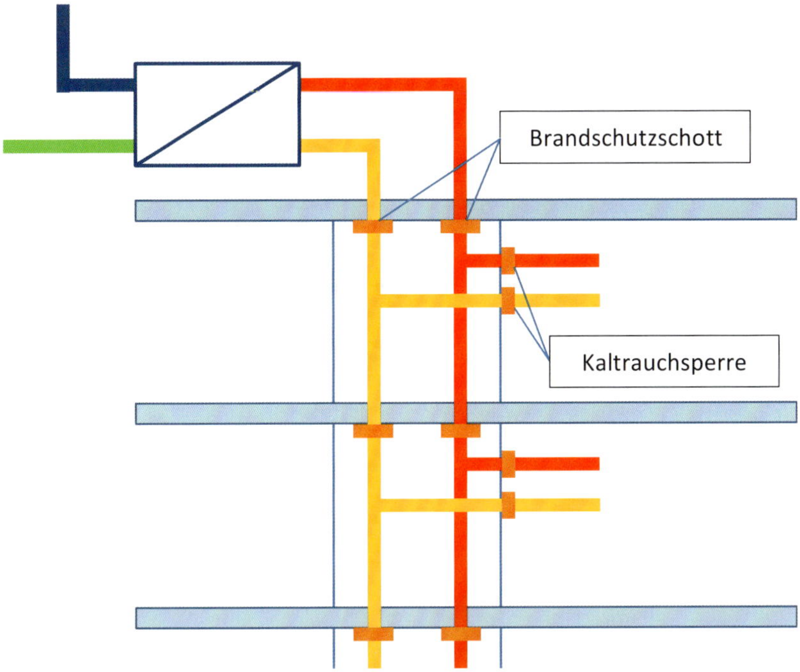

Abb. 2.120: Lüftungssystem mit WRG und Einsatz von Brandschutzschotten

Besonders bei öffentlichen Einrichtungen wie Schulen kommt diesen Anforderungen eine große Bedeutung zu. Denn hier haben es die Architekten in der Regel mit mehreren Brand- und Rauchabschnitten zu tun. Das Lüftungssystem muss also entsprechend angepasst werden.

In der Vergangenheit konnte eine Trennung der Brandabschnitte in Lüftungssystemen durch den Einsatz von Brandschutzschotten einfach hergestellt werden (siehe Abb. 2.120). In jede Luftleitung, die Räume aus verschiedenen Abschnitten miteinander verbindet, wird eine solche Vorrichtung eingebaut. Diese Brandschutzschotten sind Manschetten, die um die Lüftungsrohre gelegt werden und sich im Brandfall infolge der Hitzeeinwirkung ausdehnen, wodurch die Rohre zugedrückt und verschlossen werden. Diese Systeme waren günstig in der Anschaffung und wartungsfrei. Seit 2012 dürfen diese Brandschutzschotten nur in Anlagen ohne WRG eingesetzt werden und können deshalb in dieser Art nicht in Passivhäusern verwendet werden.

Eine alternative Lösung ist der Einbau von Brand- und Rauchschutzklappen (siehe Abb. 2.121). Sie verhindern das Übertreten von heißen Brandgasen in andere Brand-/Bauabschnitte (über Brandwände, Geschossdecken) durch automatisches Öffnen und Schließen. Die Klappen sind mit temperatur- und rauchempfindlichen Sensoren ausgestattet und verschließen die Leitung im Notfall automatisch. Doch gerade in großen Gebäuden, in denen viele solcher Brand- und Rauchschutzklappen notwendig werden, kann diese Lösung sehr kostspielig werden.

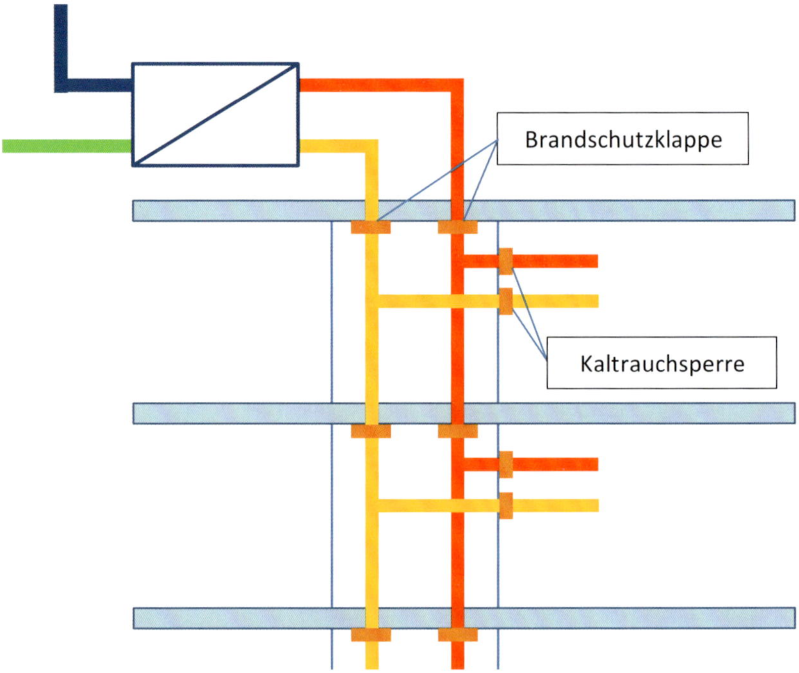

Abb. 2.121: Lüftungssystem mit WRG und Einsatz von Brandschutzklappen

Kosten verursacht dabei vor allem die vorgeschriebene regelmäßige Wartung. So müssen für Brand- und Rauchschutzklappen jährlich etwa 20 bis 50 € an Wartungskosten pro Stück angesetzt werden. Hinzu kommt, dass solche Vorrichtungen immer potenzielle Fehlerquellen im Brandschutzsystem darstellen.

Eine andere Möglichkeit besteht darin, weiterhin die Brandschutzschotten einzusetzen und durch Jalousieklappen im Steigschacht eine freie Abströmung im Brandfall zu gewährleisten (siehe Abb. 2.122). Diese Klappen öffnen im Brandfall die Steigleitungen und sorgen so dafür, dass die WRG-Einheit nicht belastet wird. Damit umgeht diese Lösung die seit 2012 geltende Einschränkung, was einen Einsatz auch mit WRG ermöglicht. Die Brandschutzschotten selbst bleiben wartungsfrei, allerdings sind hier die erhöhten Investitionskosten durch die Jalousieklappen sowie das für ihren Betrieb notwendige Meldesystem zu beachten.

In der als Passivhaus gebauten Riedbergschule in Frankfurt gingen die Verantwortlichen den anderen Weg: Dort wird die Abluft aus den Gruppen- und Klassenräumen über den Flur geführt – mit dem entsprechenden Einsatz von Brandschutzklappen. Das Fazit des zuständigen Hochbauamts fällt eindeutig aus: Angesichts der im Laufe des Projekts gestiegenen Anforderungen u. a. an den Brandschutz und der damit zusammenhängenden Investitions- und Wartungskosten wird in Zukunft bei ähnlichen Projekten untersucht, ob ein Abluftkanalsystem nicht kostengünstiger ist (vgl. Bretzke, 2005).

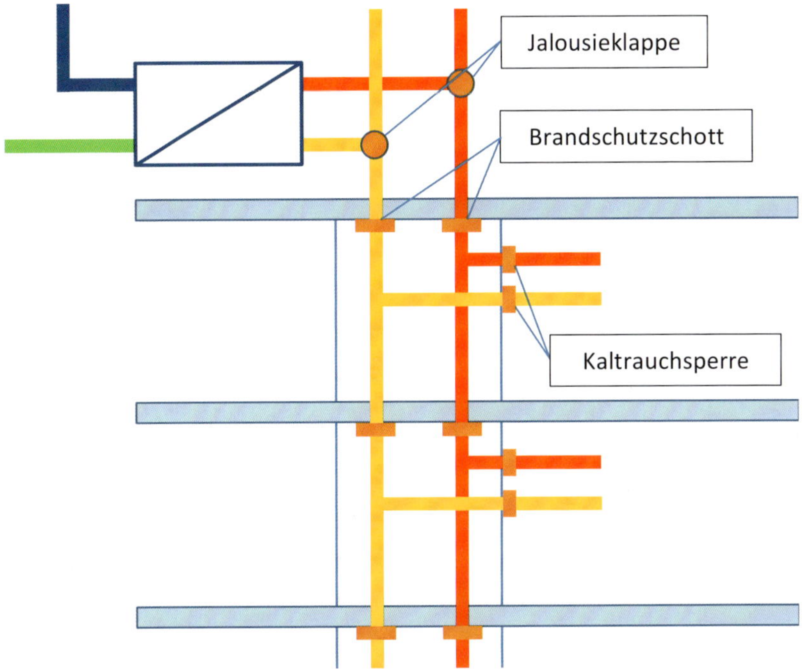

Abb. 2.122: Lüftungssystem mit WRG und Einsatz von Brandschutzschotten zusammen mit Jalousieklappen im Steigschacht

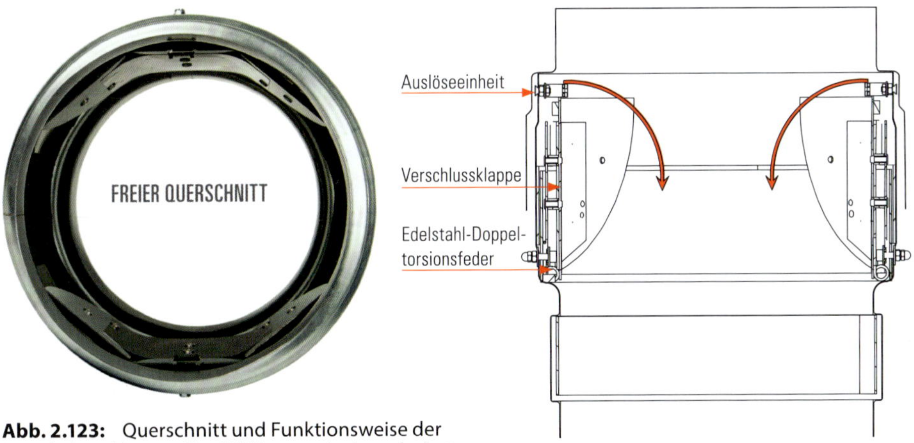

Abb. 2.123: Querschnitt und Funktionsweise der Brandschutzklappen Typ WFK von geba brandschutz (Quelle: Bartholomäus GmbH, Emerkingen)

Eine neue Lösung auf dem Markt stellt eine Brandschutzklappe der Firma Bartholomäus GmbH dar, die keine Revisionsöffnungen von außen benötigt. Diese Klappen haben einen freien Querschnitt, da sie an der Rohraußenseite sitzen und das Rohr durch einzelne Segmente im Brandfall schließen (siehe Abb. 2.123). Für diese Klappen müssen lediglich Revisionsklappen in der Steigleitung (oben, unten und bei Verzügen) vorgesehen

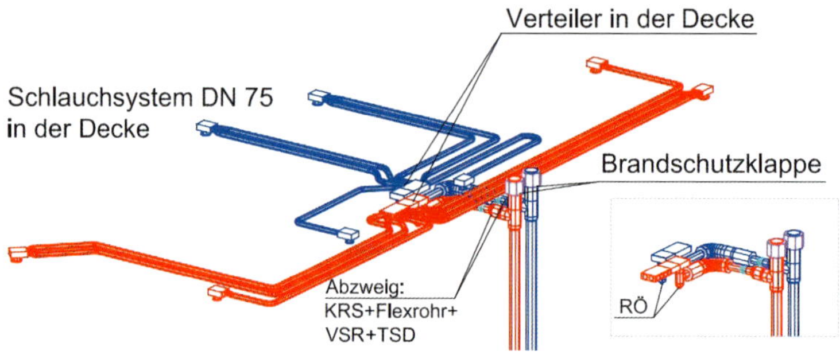

Abb. 2.124: Prinzip Luftverteilung innerhalb einer Wohnung in einem Mehrfamilienhaus (Quelle: Döring Dahmen Joeressen Architekten, Düsseldorf)

sein, damit von dort aus eine Sichtung der Leitung und Klappen per Kamera erfolgen kann. Dies sollte alle 5 Jahre geschehen. Bei festgestellten Verschmutzungen in den Leitungen müssen diese zusammen mit den Klappen gereinigt werden. Die Brandschutzklappen sollen laut Herstellerangaben voraussichtlich im März 2018 zugelassen werden.

Neben dem Einbau von Brandschutzklappen oder speziellen Kanalsystemen, die für abgeschlossene Lüftungseinheiten sorgen, gibt es aber noch weitere Maßnahmen, die den Brandschutz beim Einsatz einer Lüftungsanlage verbessern. So rät z. B. das Passivhaus Institut, im zuluftseitigen Kanal der Lüftungsanlage vor Eintritt in das Gebäude einen Rauchmelder zu platzieren. So kann die Zuluft im Brandfall abgeschaltet werden. Dagegen ist es aus Sicht des Passivhaus Instituts nicht kritisch, die Abluft weiterlaufen zu lassen, da dies sogar zur Entrauchung beitragen kann (vgl. Blume/Ludwig/Otte, 2001).

Um unerwartete Kosten zu vermeiden, sollten sich Architekten schon frühzeitig mit Lüftungstechnikern sowie Brandschutzexperten beraten und ihre Pläne entsprechend anpassen. In Zukunft wird dies sogar noch in verstärktem Maße notwendig sein.

Abb. 2.124 zeigt ein Prinzipbeispiel für eine Luftverteilung innerhalb einer Wohnung (Mehrfamilienhaus). Neben den oben beschriebenen Brandschutzklappen sind hier auch die Kaltrauchsperre (KRS), Volumenstromregler (VSR) sowie der Telefonieschalldämpfer (TSD) berücksichtigt; diese Module sind jeweils nach der Abzweigung von der Steigleitung eingebaut. Die Kaltrauchsperren dienen dazu, die Lüftungskanäle zu verschließen, wenn infolge von Feuer in anderen Brandabschnitten Rauch in die nicht betroffenen Bereiche ziehen würde. Diese Sperren funktionieren unabhängig von Strom und schließen allein aufgrund des vorhandenen Überdrucks (Rauch).

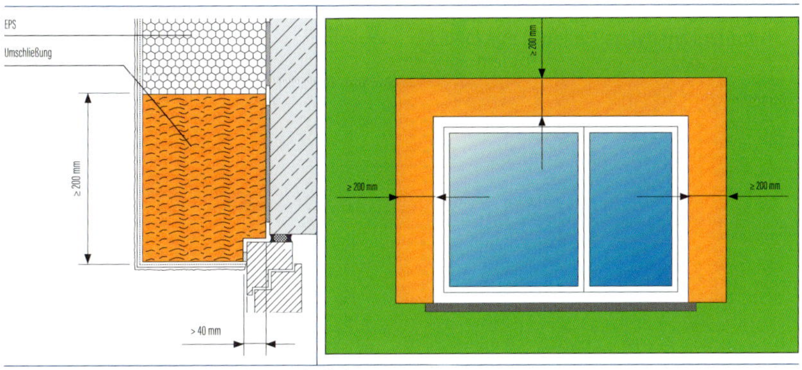

Dreiseitige Umschließung von Fenstern, deren Rahmen mehr als 40 mm vor die Rohbaukante ragt

Abb. 2.125: Dreiseitige Umschließung eines Fensters in der Dämmebene mit Brandbarrieren (Quelle: Fachverband Wärmedämm-Verbundsysteme e. V., 2016, S. 31, Abb. 26)

2.8.2 Brandbarrieren

Für Gebäude der Gebäudeklasse 1 (z. B. Einfamilienhäuser, vgl. Tabelle 2.3) gibt es besondere Lösungen für das WDVS. Soll das Dämmsystem als schwer entflammbares System ausgeführt werden, ist bei allen Gebäudeöffnungen, wie z. B. Fenster und Türen, eine sog. Brandbarriere aus nicht brennbaren Mineralwolldämmplatten einzubauen.

Da sich bei Passivhäusern die Fenster meist in der Dämmebene befinden, d. h. vor dem Mauerwerk, müssen diese Brandbarrieren gemäß allgemeiner bauaufsichtlicher Zulassung nicht nur am Sturz, sondern auch seitlich an den senkrechten Laibungen ausgeführt werden (siehe Abb. 2.125).

Bei der Berechnung der Wärmebrücken müssen diese Brandbarrieren mitberücksichtigt werden.

2.8.3 Rauchmelder

Die meisten Bundesländer haben inzwischen eine Rauchmelderpflicht eingeführt. Rauchmelder sind eine sinnvolle Investition in die Sicherheit der Bewohner. Zum jeweiligen Stichtag müssen alle Neubauten mit Rauchmeldern ausgestattet sein. Für Bestandsbauten gibt es eine Übergangsfrist. Wie die Wohnungen im Einzelnen mit Rauchmeldern ausgerüstet sein müssen, wer dafür verantwortlich ist und wie die gesetzliche Regelung aussieht, ist in den jeweiligen Landesbauverordnungen festgelegt (vgl. auch Kapitel 3.1.9).

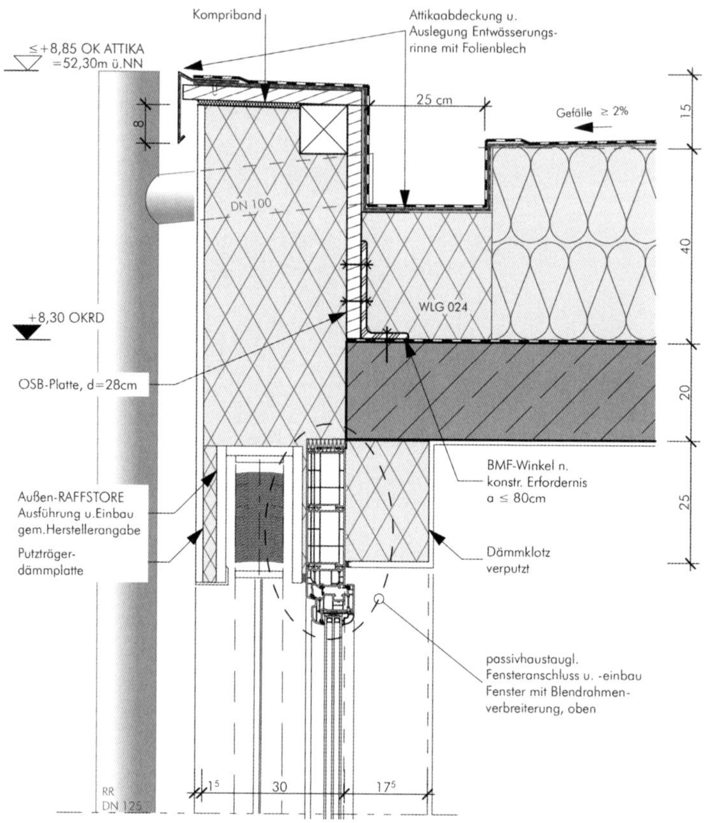

Abb. 2.126: Anschluss Außenwand mit Fenster und Raffstore ans Flachdach (Quelle: Krense Architekten, Köln)

2.8.4 Zusammenfassung

Brandschutz gelangt immer mehr in das Bewusstsein von Bauherren und Bauministern. Durch die beim Passivhaus eingesetzte Lüftungsanlage und deren Leitungen entstehen – gerade beim Mehrfamilienhaus – hohe Anforderungen an den Brandschutz. Diese müssen in einem Brandschutzkonzept Beachtung finden und können über verschiedene technische Lösungen bewältigt werden.

2.9 Beispiele von Ausführungsdetails

In diesem Kapitel sollen einige Details, die bei der Planung von Passivhäusern in der Vergangenheit genutzt wurden, dargestellt und betrachtet werden.

Im ersten Detail (siehe Abb. 2.126) ist der Anschluss einer Außenwand mit Fensterelement und Raffstore an das Flachdach gezeigt. Dabei ist zu sehen, dass die durch den Raffstore verringerte Dämmschicht innenseitig durch einen entsprechenden Dämmklotz ausgeglichen wird. Die Attika ist in die-

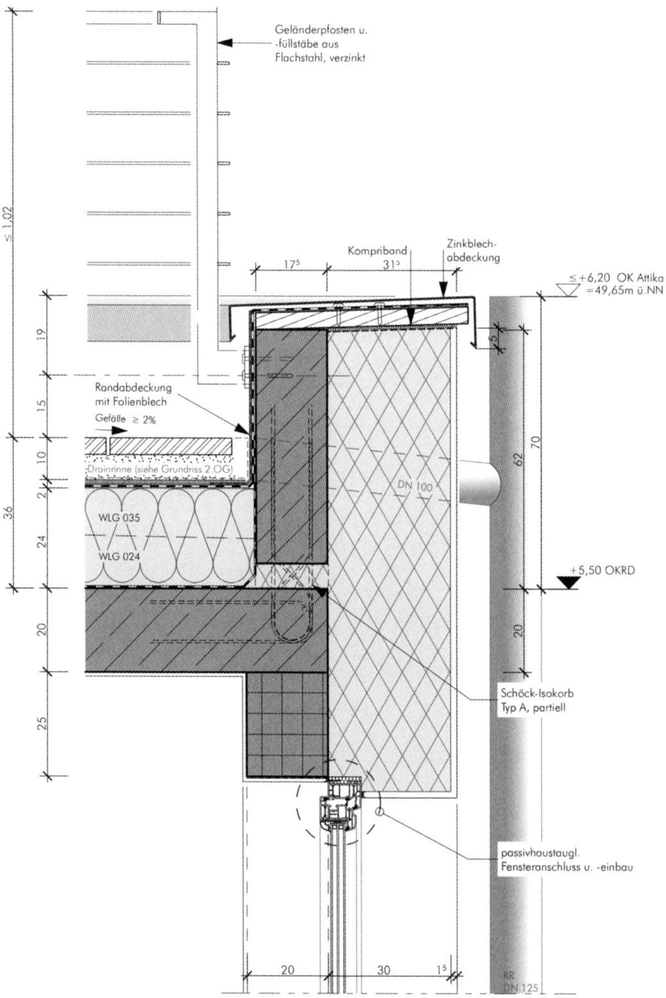

Abb. 2.127: Anschluss Außenwand mit Fenster an Terrasse (Quelle: Krense Architekten, Köln)

sem Detail rein über die Außendämmung verwirklicht, lediglich eine OSB-Platte durchtrennt die Dämmung; damit wird die sonst übliche Wärmebrücke bei einer Betonattika vermieden. Die etwas dünnere Dämmschicht hinter der Attika ist durch eine bessere Dämmung (geringere Wärmeleitfähigkeit) ausgeglichen worden. Das Regenwasser kann durch die Attika geführt werden, weswegen auch an dieser Stelle keine Wärmebrücke gegeben ist.

Im nächsten Detail (siehe Abb. 2.127) ist der Anschluss der Außenwand mit Fenster an die Terrasse dargestellt. In diesem Fall ist der Einfluss der Wärmebrücke der Attika durch den Einsatz eines Schöck Isokorbs® verringert worden. Der Stahlbeton der Attika ist damit thermisch von der Betondecke getrennt. Um den Bodenaufbau der Terrasse gering zu halten, wurde eine

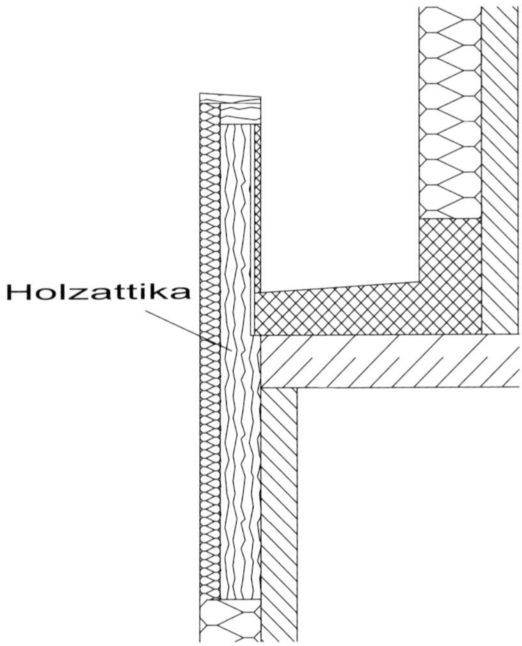

Abb. 2.128: Dachterrasse mit Holzattika

Wärmedämmung mit guter Dämmeigenschaft gewählt (WLG 023). Das Regenwasser wird wie im zuvor beschriebenen Detail auch hier durch die Attika geführt.

Das Beispiel in Abb. 2.128 zeigt wiederum einen Anschluss an eine Terrasse. In diesem Fall wurde die Attika mit einem Holzelement ausgeführt. Aufgrund der wesentlich geringeren Wärmeleitfähigkeit von Holz gegenüber Stahlbeton konnte so die Wärmebrücke durch die Attika stark reduziert werden. Ebenso konnte über den Versprung der Attika mehr Fläche im Dachgeschoss nutzbar gemacht werden.

Die Abb. 2.129 bis 2.133 zeigen verschiedene Fensteranschlüsse. Dabei ist zu beachten, dass bei Rollladeneinsatz wie im Detail mit Raffstore (vgl. Abb. 2.126) innenseitig ein Dämmklotz zum Einsatz kommt. Da auch hier, also in den Abb. 2.129, 2.130 und 2.133, der Rollladenkasten einen Einschnitt der Außendämmung bewirkt, dient diese innere Dämmung zu dessen Ausgleich (Rollladen sind aber trotzdem in der Berechnung des Passivhauses mithilfe des PHPP anzurechnen). Die in Abb. 2.133 dargestellte Attika wurde rundherum mit Dämmung versehen, um so die Wirkung der Wärmebrücke zu verringern.

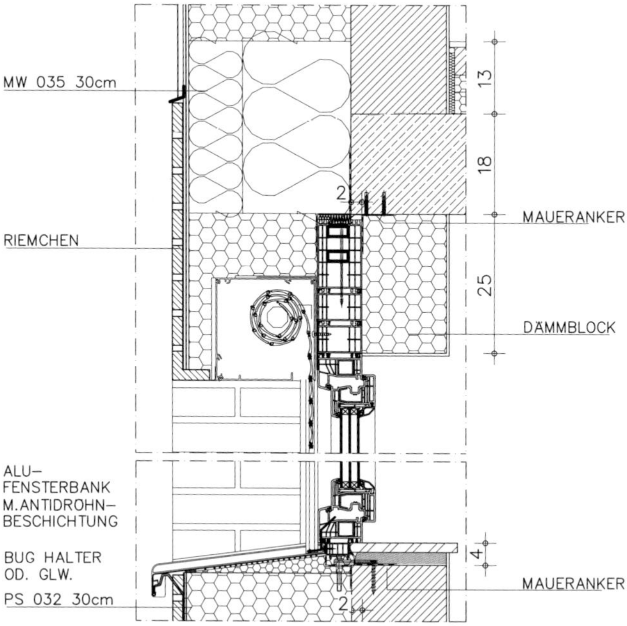

Abb. 2.129: Fensterbrüstung und -sturz mit Rollladenkasten
(Quelle: MIKSCH • RÜCKER • MALCHARTZECK • ARCHITEKTEN/BDB PART MBB)

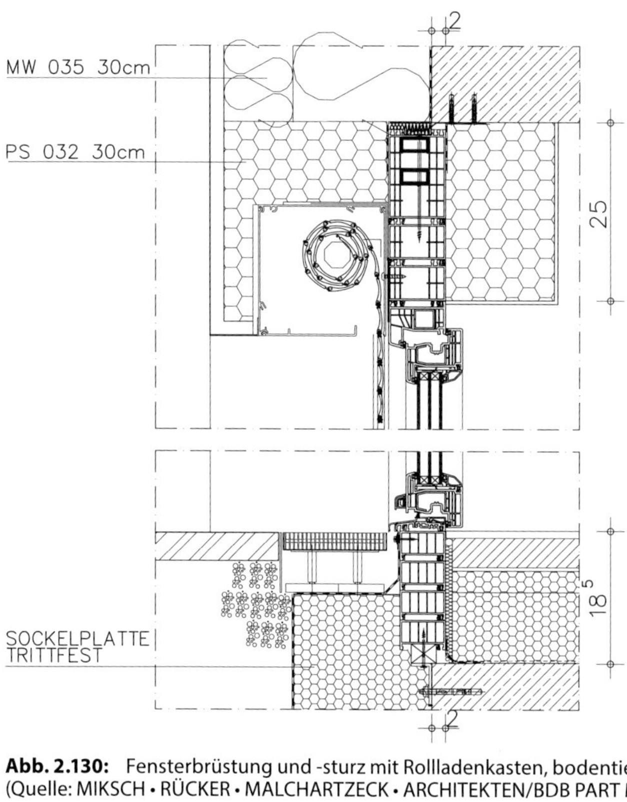

Abb. 2.130: Fensterbrüstung und -sturz mit Rollladenkasten, bodentiefes Fenster
(Quelle: MIKSCH • RÜCKER • MALCHARTZECK • ARCHITEKTEN/BDB PART MBB)

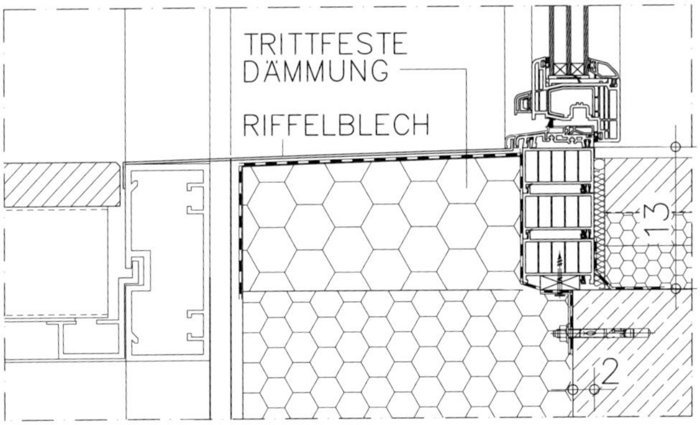

Abb. 2.131: Unterer Fensteranschluss bei einer Balkonkonstruktion (Quelle: MIKSCH • RÜCKER • MALCHARTZECK • ARCHITEKTEN/BDB PART MBB)

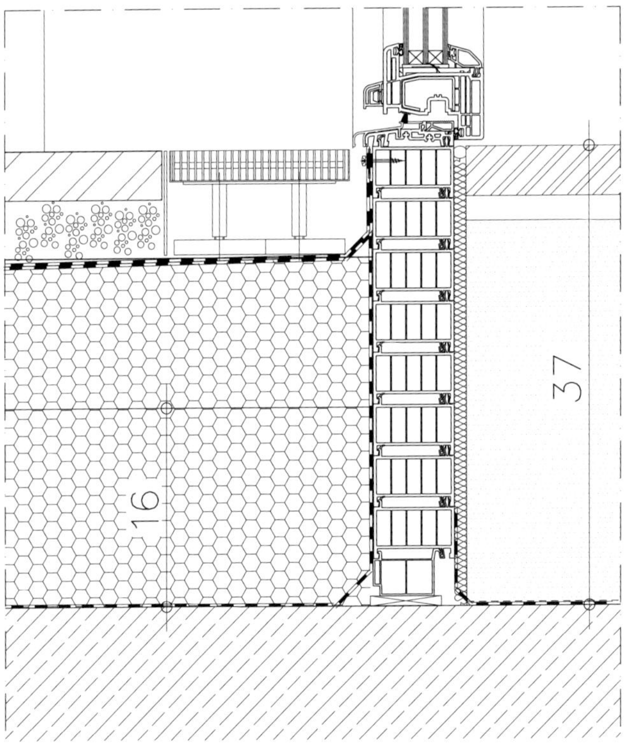

Abb. 2.132: Unterer Fensteranschluss bei einer Dachterrasse (Quelle: MIKSCH • RÜCKER • MALCHARTZECK • ARCHITEKTEN/BDB PART MBB)

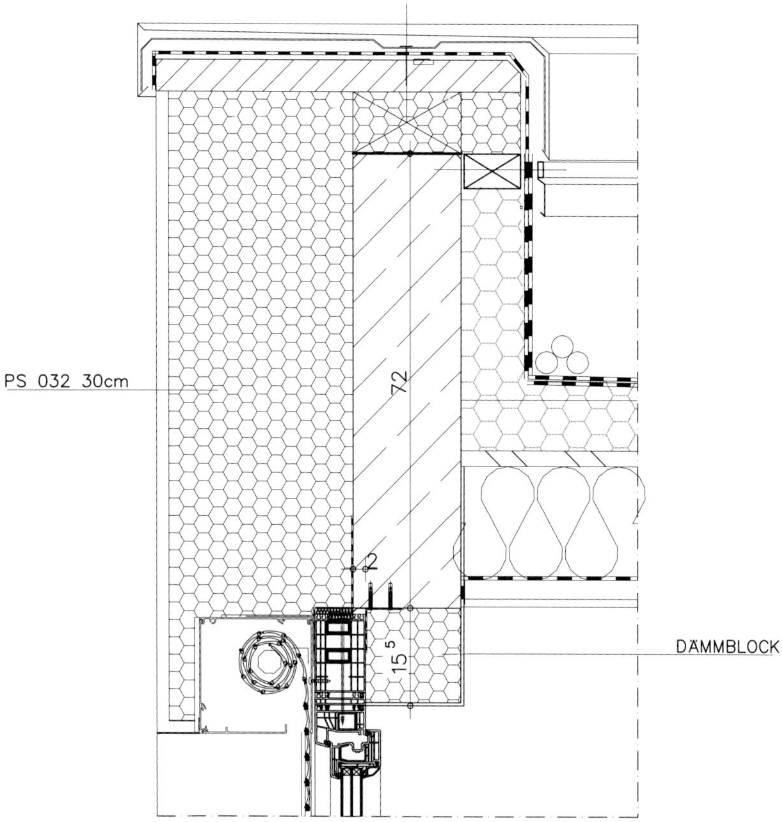

Abb. 2.133: Oberer Fensteranschluss an Flachdach mit Attika
(Quelle: MIKSCH • RÜCKER • MALCHARTZECK • ARCHITEKTEN/BDB PART MBB)

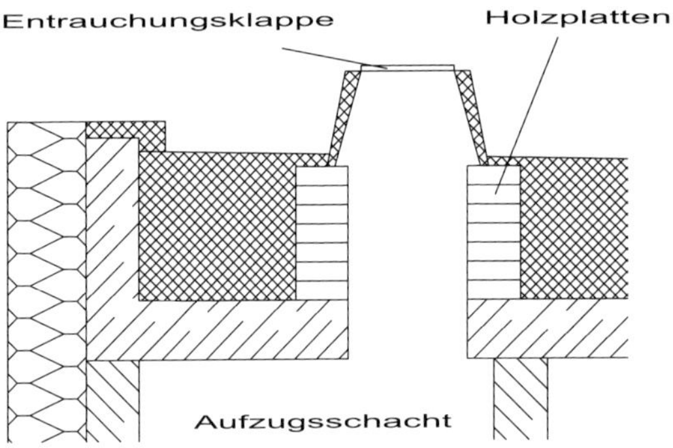

Abb. 2.134: Attika und Schachtentrauchungsklappe

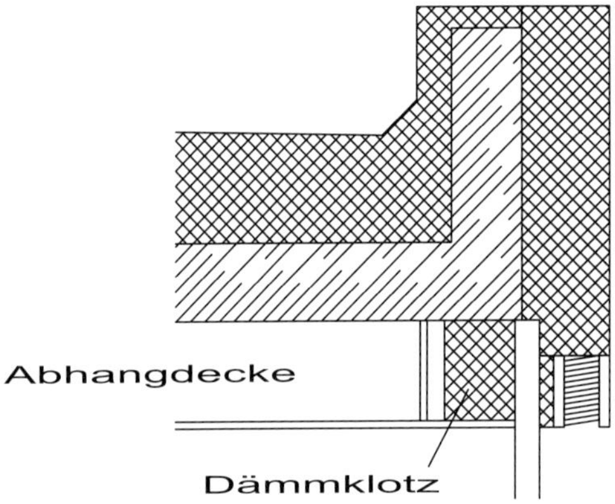

Abb. 2.135: Außenwandanschluss an Flachdach mit Attika

Abb. 2.134 zeigt ein Detail mit dem Anschluss einer Schachtentrauchungsklappe über einem Aufzugsschacht. Diese Klappe ist durch eine Holzkonstruktion aufgeständert, um ihre Höhe über der Dämmschicht zu erreichen. Auch hier wurde wegen des geringen Wärmedurchlassgrades Holz als Material gewählt.

Abb. 2.135 stellt das Detail eines Wandanschlusses an ein Flachdach dar. In diesem Fall ist die Attika rundherum mit Dämmung umgeben. Der Dämmklotz hinter der Raffstoreanlage ist auch hier erkennbar; er ist durch eine Abhangdecke im Innenraum verborgen.

3 Gebäudetechnik

Das Passivhaus benötigt nur eine sehr geringe Menge an Heizenergie, da die Gebäudehülle aus heutiger Sicht ein Optimum erreicht hat und auf ein konventionelles Heizsystem verzichtet werden kann. Trotzdem ist der Warmwasserbedarf in einem Passivhaus genauso hoch wie in einem herkömmlichen Gebäude. Infolgedessen benötigt ein Passivhaus hinsichtlich des sehr niedrigen Jahresheizwärmebedarfs, des dennoch hohen Warmwasserwärmeanteils und der äußerst geringen Heizlast eine gute Versorgungstechnik, die auf unterschiedliche Arten ausgeführt werden kann. Dabei steht die Versorgungstechnik in engem Bezug zum Gebäude selbst, da mehrere Parameter der Gebäudehülle die benötigte Technik beeinflussen. Der Heizwärmebedarf und der Gesamtenergieverbrauch werden durch unterschiedliche Einflussgrößen bestimmt, die im Nachfolgenden beispielhaft veranschaulicht werden.

Passivhaus und Energieverbrauch

Ausgangsbasis der in den Abb. 3.1 bis 3.3 dargestellten Abhängigkeiten des Heizwärmebedarfs bildet ein Passivhaus, das eine hohe kompakte Gebäudehülle aufweist und wärmebrückenfrei konstruiert wurde. Des Weiteren wird angenommen, dass der mittlere *U*-Wert der opaken Gebäudehülle 0,1 W/(m² · K) und der mittlere *U*-Wert der gesamten Fensterfläche 0,8 W/(m² · K) beträgt. Die Gesamtfensterfläche beträgt das 0,4-fache der Wohnnutzfläche, der südorientierte Fensterflächenanteil 70 % und die gewünschte Raumtemperatur 20 °C.

Aus den Ergebnissen wird deutlich, dass ein geringer *U*-Wert der opaken Bauteile, eine Raumtemperatur von 20 °C sowie ein höherer Anteil der nach Süden ausgerichteten Fenster den Heizwärmebedarf günstig beeinflussen.

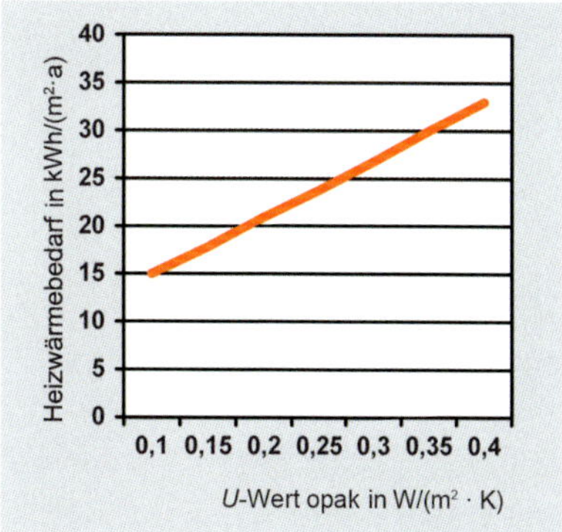

Abb. 3.1: Heizwärmebedarf abhängig vom *U*-Wert

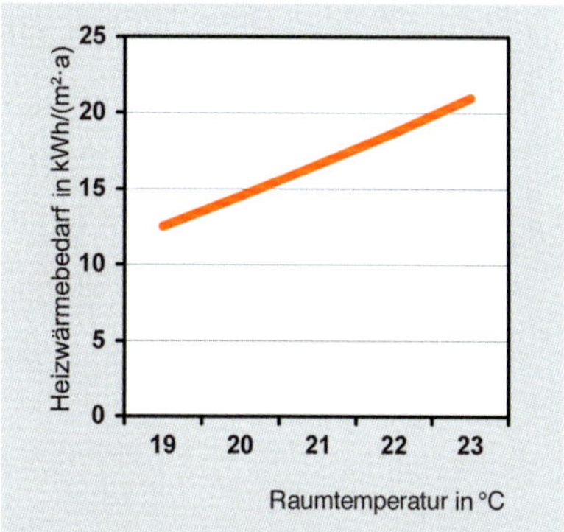

Abb. 3.2: Heizwärmebedarf abhängig von der Raumtemperatur

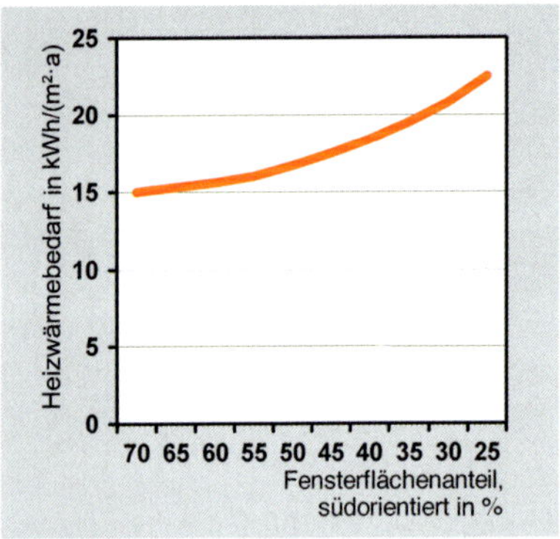

Abb. 3.3: Heizwärmebedarf abhängig vom südseitigen Fensterflächenanteil

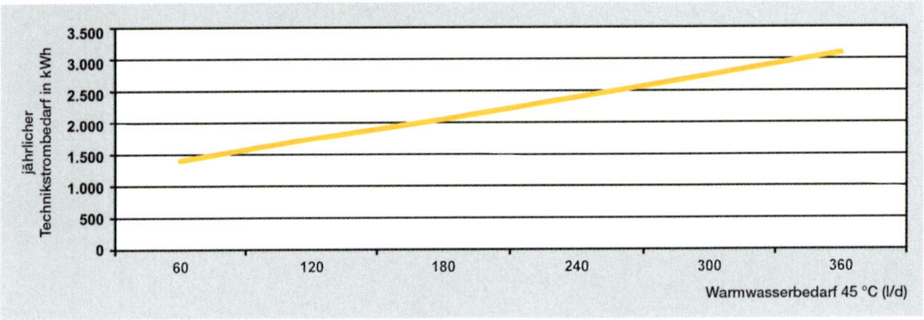

Abb. 3.4: Abhängigkeit des Technikstrombedarfs vom Warmwasserverbrauch

Wird der durchschnittliche tägliche Warmwasserverbrauch von 180 l in einem Vierpersonenhaushalt (ca. 45 l pro Person) zugrunde gelegt, so zeigt Abb. 3.4 den sinkenden bzw. steigenden jährlichen Strombedarf, sobald eine Abweichung von diesem Wert entsteht. Der gesamte Strombedarf der Technik wird vorwiegend durch den Warmwasserverbrauch bestimmt, der infolgedessen im Passivhaus eine einflussreiche Rolle spielt.

Versorgungstechnik

Ein Passivhaus benötigt ca. 90 % weniger Energie als ein herkömmliches Gebäude im Bestand, da es einen außergewöhnlichen thermischen Komfort bietet. Und selbst im Vergleich zu einem durchschnittlichen Neubau wird mehr als 75 % Energie eingespart. Zugleich herrscht in einem Passivhaus aufgrund einer mechanisch betriebenen Lüftungsanlage stets eine wohltuende Luftqualität. Eine **Heizungsanlage** im üblichen Sinne ist nicht notwendig, da ein Passivhaus einen so geringfügigen Heizwärmebedarf aufweist, dass dieser mithilfe der installierten Lüftungsanlage abgedeckt werden kann. Ob und wie der Restwärmebedarf in einem Passivhaus gedeckt wird und welche Technologie ggf. zum Einsatz kommt (z. B. Einsatz von EWT oder Fernwärme), hängt von mehreren Faktoren ab und ist individuell zu entscheiden. Hier kann auch die Einstellung der Bewohner zu ökologischen Aspekten eine zentrale Rolle spielen, wenn es z. B. das Ziel ist, sich von fossilen Energieträgern wie Öl oder Gas unabhängig zu machen.

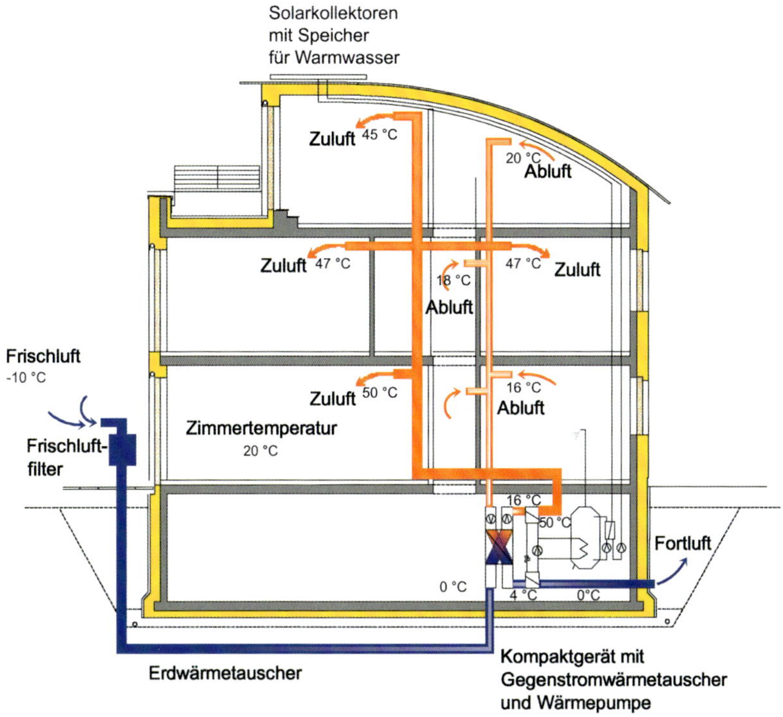

Abb. 3.5: Schematische Darstellung einer Grundversorgungstechnik in einem Passivhaus mit ungefähren Temperaturangaben

Doch während eine Heizanlage optional ausgewählt werden kann, ist es nicht möglich, in einem Passivhaus auf eine **Lüftungsanlage** zu verzichten, da das Gebäude dann aus energetischer und bauphysikalischer Sicht nicht mehr funktionieren würde.

Die Dimensionierung einer Technikanlage sollte im Optimalfall über das PHPP erfolgen, in dem neben dem Jahresheizwärmebedarf auch die Heizlast errechnet wird. Resultiert die Ermittlung der Heizlast aus der Berechnung nach der bis 2003 gültigen DIN 4701-1 „Regeln für die Berechnung des Wärmebedarfs von Gebäuden – Grundlagen der Berechnung“ (1983), so liegen häufig überdimensionierte Heizanlagen vor, da die Norm solare Wärmegewinne nur eingeschränkt und interne Wärmegewinne gar nicht berücksichtigt. Im PHPP dagegen werden generell alle Wärmegewinne bezüglich der Bewohneranzahl, der solaren Gewinne und auch der elektrischen Wärmeleistungen von Haushaltsgeräten miteinbezogen.

Die optimierte Gebäudehülle führt zu einer thermischen Trägheit des Passivhauses, d. h. äußere Temperaturschwankungen beeinflussen nur sehr langsam das Gebäude und führen so kaum zu Leistungsspitzen und zu einer geringen Heizlast. In einem Passivhaus würden z. B. zur Erwärmung eines 20 m² großen Wohnraums ein PC mit 350 Watt Netzteil sowie ein Flachbildschirm, der 6 Stunden in Betrieb ist, ausreichen. Die im Raum befindliche Personenzahl und die daraus resultierende abgestrahlte Körperwärme erhöht die Raumtemperatur zusätzlich.

Hauptaufgabe der Technikanlage in einem Passivhaus ist die Deckung des Bedarfs an Restheizwärme und Warmwasser sowie die Sicherung der Versorgung der Lüftungsanlage. Nebenbei sollte sie eine hohe WRG erzielen, um möglichst wenig der internen Wärmegewinne aus dem Gebäude zu transportieren.

Die beispielhafte Grundversorgungstechnik eines Passivhauses in Abb. 3.5 beinhaltet Details, die im Folgenden genauer definiert werden.

Die WRG der Lüftungsanlage sollte einen hohen Wirkungsgrad von über 80 % aufweisen, um die Wärmeverluste durch die Lüftung so niedrig wie möglich zu halten. In Kombination mit einem EWT, der die Außenluft durch das Erdreich vorerwärmt, wird über diesen hohen WRG-Grad eine ganzjährige Zulufttemperatur von über 17 °C erreicht, was dazu führt, dass selbst bei einer Außentemperatur von –10 °C häufig kein Heizbedarf auftritt. Ein EWT wird vorgeschaltet, um eine Vereisung der WRG durch einströmende Außenluft von Temperaturen unter –5 °C zu verhindern. Der EWT gibt nicht nur die Wärmeenergie des Erdreiches an das Lüftungsgerät ab, sondern verhindert zusätzlich ein Gefrieren des Kondensatwassers, das in der kalten Abluft entsteht (siehe Kapitel 3.1).

Der Restheizwärmebedarf kann über verschiedene Energieträger wie Holz und Pellets, aber auch Strom für kleine Wärmepumpen abgedeckt werden. Moderne Kleinstwärmepumpen liefern Jahresarbeitszahlen oberhalb der Primärenergiekennzahl, d. h. für 1 kWh investierten Strom werden ca. 3,5 kWh thermische Energien eingefahren. Im Einfamilien- und Reihenhausbau bieten sie die niedrigsten Investitionskosten und sind sowohl ökologisch als auch wirtschaftlich sehr gut zu vertreten. Speziell in Verbindung mit einer Solaranlage können diese effizienten Wärmepumpen gleichzeitig für die Brauchwassererwärmung genutzt werden.

3.1 Lüftung

Kontinuierlich frische Luft in Wohngebäuden bereitzustellen, ist für jedes Gebäudekonzept eine zentrale Herausforderung. Die Lüftungsanlage und die damit verbundene Frischluftzufuhr müssen bestimmte hygienische Voraussetzungen erfüllen. Ventilatorgestützte Anlagen mit WRG sind für hocheffiziente Gebäude notwendig, um die Lüftungswärmeverluste in dem Maße zu senken, dass die erforderlichen Energiekennwerte erreicht werden. Neben der Begrenzung der nutzerbedingten Belastungen gilt es, die Immissionen von Schadstoffen auszugleichen und Luftfeuchte abzuführen.

Die hohen Effizienzanforderungen an bauliche Standards führen dazu, dass bisher übliches Lüftungsverhalten in Form von Fensteröffnen nicht mehr ausreicht, um die anfallende Feuchtigkeit sicher auszuleiten. Immerhin entstehen in einem Vierpersonenhaushalt allein durch Kochen, Trocknen oder Duschen täglich durchschnittlich 10 bis 15 l Feuchtigkeit, die nach außen geleitet werden müssen, um feuchte Wände oder gar Stockflecken oder Schimmelpilz zu verhindern. Mehr Luftfeuchtigkeit hat zwangsläufig auch einen höheren CO_2-Anteil in der Raumluft zur Folge. Also kann nicht nur die Bausubstanz, sondern auch die Gesundheit der Bewohner Schaden nehmen.

Eine kontrollierte Wohnraumlüftung schafft hier Abhilfe; die entsprechenden Rahmenbedingungen sind in der geltenden EnEV dokumentiert. Ausgehend davon, dass die Raumluftqualität oberste Priorität bei der Planung hat, müssen bei der Lüftungsplanung für die Auslegung des Luftwechsels folgende Punkte beachtet werden:

- Die Gebäudehülle muss eine Luftdichtheit von $n_{50} \leq 0{,}6\ h^{-1}$ aufweisen, da ansonsten kalte Außenluft einströmen bzw. warme Innenluft ausströmen kann, was zu unkontrollierten Wärmeverlusten führt. Diese Wärme kann nicht innerhalb des Gebäudes als Energie zurückgeführt werden und geht unnötigerweise verloren.
- Der CO_2-Gehalt der Raumluft kann als Leitwert gewählt werden, er ist durch die Nutzer verursacht und auch ein guter Indikator für das Vorhandensein anderer schädlicher Stoffe in der Luft. Der lange Zeit gültige hygienische Grenzwert von 0,15 Vol.-% (1.500 ppm) nach DIN 1946-2 „Raumlufttechnik; Gesundheitstechnische Anforderungen (VDI-Lüftungsregeln)“ (1994; zurückgezogen) kann bei der Zufuhr von 20 m^3 frischer Außenluft pro Stunde und Person eingehalten werden. In der aktuellen DIN 1946-6 „Raumlufttechnik – Teil 6: Lüftung von Wohnungen – Allgemeine Anforderungen, Anforderungen zur Bemessung, Ausführung und Kennzeichnung, Übergabe/Übernahme (Abnahme) und Instandhaltung“ (2009) wird als Mindestanforderung 30 m^3 Frischluft pro Stunde für jede Person bei normaler Tätigkeit vorgesehen.
- Die Schadstoffkonzentration im Gebäude und gesundheitsbeeinträchtigende Einflüsse müssen so gering gehalten werden, dass Restschadstoffe über den festgelegten Luftwechsel ausreichend abführt werden können. Gebäudeplaner eines energiesparenden Gebäudes sollten vor diesem Hintergrund Materialien mit minimiertem Emissionsverhalten vorsehen. Energetisches Bauen ist somit immer auch gesundheitsverträgliches Bauen.
- Die Raumluftfeuchte stellt einen weiteren Leitwert für den Luftwechsel dar. Der CO_2-gesteuerte Luftwechsel ist während der Heizzeit ausreichend für den Abtransport des täglichen Feuchteanfalls der Bewohner. Bei der Planung muss beachtet werden, dass der Luftwechsel nicht zu hoch ist, um eine angemessen hohe Raumluftfeuchte sicherzustellen. In der Übergangszeit und im Sommer ist ein höherer Luftwechsel erforderlich. Die Fensterlüftung kann dafür selbstverständlich herangezogen werden.
- Eine ausreichende Durchströmung jedes einzelnen Raumes entsprechend seiner Nutzung muss erzielt werden. Bad, Küche und WC bedürfen eines erhöhten Luftwechsels, was durch ihre Funktion als Abluftraum im Allgemeinen sehr gut zu lösen ist.
- Die Lüftungsanlage sollte auf einfache Art und Weise in hygienisch einwandfreiem Zustand gehalten werden können. Das bezieht sich auf Luftansaugung, Filter, Rohrnetz und Gerät.

3.1.1 Systeme der Wohnungslüftung

Unter **freier Lüftung** wird Querlüftung (z. B. über Fensterfalz) oder Schachtlüftung (Auftriebslüftung) verstanden. Für alle Systeme der freien Lüftung ist aufgrund der direkten Abhängigkeit von klimatischen Rahmenbedingungen (Windlast, Temperaturdifferenzen) keine sichere Erfüllung der EnEV- bzw. DIN-Vorgaben erreichbar. Darüber hinaus bietet die freie Lüftung auch für die Anforderungen aus Themenfeldern wie Lüftungskomfort, WRG, Schallschutz, Pollen- und Insektenschutz keine zufriedenstellenden Lösungen.

Im Bereich der **ventilatorgestützten Lüftung** wird hauptsächlich zwischen Abluftsystemen und kombinierten Zuluft-/Abluftsystemen unterschieden. Bei Abluftsystemen saugen Ventilatoren in den Feuchträumen (z. B. Küche, Bad) die Luft ab und führen diese nach draußen. Frische Luft strömt über Außenluftdurchlässe in den Aufenthaltsräumen (z. B. Wohnzimmer, Schlafzimmer) nach. Mit der abgeführten Luft wird die vorhandene Feuchtigkeit zwar sicher entfernt, aber mit ihr geht auch die darin enthaltene Wärme verloren. Eine energetisch optimale Lösung bieten nur Zu-/Abluftsysteme mit WRG. Diese Systeme stehen als zentrale und dezentrale Lösungen zur Verfügung. Bei fachgerechter Planung erfüllen sie die Anforderungen der EnEV bzw. der Norm DIN 1946-6 in vollem Umfang: Energieeinsparung bei gleichzeitiger Sicherstellung optimaler Luftqualität.

Grundsätze für die Planung

Um mit geringem Aufwand dauerhaft wirtschaftlich betrieben werden zu können, sollten Lüftungsanlagen so einfach wie möglich geplant werden. Die beste Wahl stellen kompakte Wohnungslüftungsgeräte dar, die als bewegliche Teile vor allem Ventilatoren besitzen und mit minimalen Leistungsaufnahmen von 20 bis 50 W für einen Vierpersonenhaushalt auskommen. Zentrale Anlagen für Wohnungsbau und Nichtwohnbau sind bei optimierter Planung wirtschaftlicher als kleine Anlagen zu realisieren. Pro aufgewendeter Kilowattstunde Strom werden von einer Anlage mit WRG 10 bis 20 kWh Heizenergie eingespart. Die Regelung von Lüftungsanlagen sollte jeweils so einfach wie möglich und damit von den Nutzern ebenso einfach und intuitiv bedienbar sein.

Welche Vorgaben in enger Zusammenarbeit abgestimmt werden müssen, ist in Tabelle 3.1 dargestellt.

Lüftungskonzept für Feuchteschutz und Luftqualität

Nach DIN 1946-6

Die Erstellung eines Lüftungskonzepts sollte nach den Kriterien der Passivhausplanung erfolgen. Ein guter Plan integriert dabei die Anforderungen nach DIN 1946-6 in angemessener Form. Die Norm gilt für die freie und für die ventilatorgestützte Lüftung von Wohnungen und gleichartig genutzten Raumgruppen (Nutzungseinheiten). Die für die Planung, die Ausführung und Inbetriebnahme, den Betrieb und die Instandhaltung notwendigen Lüftungskomponenten bzw. die Geräte für Einrichtungen zur freien

Tabelle 3.1: Übersicht über die relevanten Normen für die Auslegung der Lüftungsanlagen

Thema	Norm	Kurzinhalt
Raumlufttechnik	DIN 1946-6:2009-05	allgemeine Anforderungen, Anforderungen zur Bemessung, Ausführung und Kennzeichnung, Übergabe/Übernahme (Abnahme) und Instandhaltung
Berechnungen	DIN 1946-6 Beiblatt 1:2012-09	Beispielberechnungen für ausgewählte Lüftungssysteme
Lüftungskonzept	DIN 1946-6 Beiblatt 2:2013-03	Maßnahmen, Auswahl von Lüftungssystemen
Kellerlüftung	E DIN 1946-6 Beiblatt 5:2015-12 (Norm-Entwurf)	Das Beiblatt 5 (Entwurf) gibt ergänzend zu DIN 1946-6 spezielle Empfehlungen für die Lüftung von Kellerräumen.
Lüftung von Gebäuden	DIN EN 13141-7:2011-01 (deutsche Fassung von EN 13141-7:2010)	Leistungsprüfungen von Bauteilen/Produkten für die Lüftung von Wohnungen
	DIN EN 16798-7:2017-11 (deutsche Fassung von EN 16798-7:2017)	Berechnungsverfahren zur Bestimmung der Luftvolumenströme in Gebäuden
Bemessung	PD CEN/TR 14788:2006-05-31	Ausführung und Bemessung der Lüftungssysteme von Wohnungen
Abnahme	DIN EN 14134:2004-04 (deutsche Fassung von EN 14134:2004)	Leistungsprüfung und Einbaukontrollen von Lüftungsanlagen von Wohnungen
energetische Bewertung	DIN V 4701-10:2003-08 alternativ DIN V 18599-6:2011-12 (gemäß EnEV 2014; aktuelle Fassung: DIN V 18599-6:2016-10)	Berechnung des Nutz-, End- und Primärenergiebedarfs für Heizung, Kühlung, Lüftung, Trinkwarmwasser und Beleuchtung (Energiebilanz) von Gebäuden
Bauteile/Produkte	DIN EN 13142:2013-06 (deutsche Fassung von EN 13142:2013)	geforderte und frei wählbare Leistungskenngrößen
Anforderungen	DIN 4719:2009-07	Leistungsprüfungen und Kennzeichnung von Lüftungsgeräten

Lüftung und für ventilatorgestützte Lüftungssysteme werden in der Norm unter Berücksichtigung bauphysikalischer, lüftungstechnischer, hygienischer sowie energetischer Gesichtspunkte beschrieben.

Die Luftbehandlungsarten aktives Kühlen sowie aktives Be- und Entfeuchten werden in DIN 1946-6 nicht behandelt. Die Lüftung von fensterlosen Räumen, die der bauaufsichtlichen Richtlinie über die Lüftung fensterloser Küchen, Bäder und Toilettenräume in Wohnungen unterliegt (vgl. Fachkommission Bauaufsicht der Bauministerkonferenz, 2010), ist zusätzlich in DIN 18017-3 „Lüftung von Bädern und Toilettenräumen ohne Außenfenster – Teil 3: Lüftung mit Ventilatoren“ (2009) geregelt. Lüftungskonzepte für Nichtwohngebäude müssen nach DIN EN 16798-3 „Energetische Bewertung von Gebäuden – Lüftung von Gebäuden – Teil 3: Lüftung von Nichtwohngebäuden – Leistungsanforderungen an Lüftungs- und Klimaanlagen und Raumkühlsysteme“ (2017) erstellt werden.

Es ist wichtig, dass die Planung durch erfahrene Fachleute erfolgt und die ausführende Firma Referenzen für den Bau und die fachgerechte Inbetriebnahme der Anlagen vorweisen kann. Der notwendige Gebäudeluftwechsel ist auf Basis eines Lüftungssystems – bezogen auf die gesamte Nutzungseinheit – exakt zu berechnen.

Weil die Nutzungsbedingungen einer Wohnung zu unterschiedlichen Zeiten extrem variieren können, fordert DIN 1946-6 den Nachweis von 4 Lüftungsstufen:

- Die Lüftung zum Feuchteschutz (LFS) legt die nutzerunabhängige Mindestlüftung fest, die zur Vermeidung von Schimmelpilz und Feuchteschäden zwingend erforderlich ist; diese Lüftungsanforderung betrifft jede Wohnung, ob leer stehend oder bewohnt (30 % der Nennlüftung bei hohem Wärmeschutz bzw. 40 % bei niedrigem Wärmeschutz). Diese Stufe muss gemäß der Norm ständig und nutzerunabhängig sichergestellt sein.
- Die reduzierte Lüftung (RL) ist die zusätzlich notwendige Lüftung, die unter üblichen Nutzungsbedingungen (Feuchte- und Schadstofflasten) die Mindestanforderung an die Raumluftqualität auch bei zeitweiliger Abwesenheit des Nutzers gewährleistet (70 % der Nennlüftung). Diese Stufe muss gemäß der Norm weitestgehend nutzerunabhängig sichergestellt sein.
- Die Nennlüftung (NL) stellt die notwendige Lüftung zur Gewährleistung des Bautenschutzes sowie der hygienischen und gesundheitlichen Erfordernisse bei Normalnutzung (in Abhängigkeit von der Bewohnerzahl) einer Wohnung dar (100 % der Nennlüftung).
- Die Intensivlüftung (IL) dient dem Abbau von Lastspitzen, z. B. durch Kochen, Duschen und Waschen (130 % der Nennlüftung). Hier kann der Nutzer teilweise mit aktiver Fensterlüftung herangezogen werden.

Die besondere Leistung dieser differenzierten Betrachtung und Einteilung in Lüftungsstufen ist es, dass alle Faktoren herangezogen werden, die Einfluss auf die Feuchtesituation und Raumluftqualität haben. Einfach ausgedrückt kann gesagt werden, dass der Mindestluftwechsel

- von der Größe der Wohnung und der Anzahl der Bewohner abhängt,
- die unterschiedlichen Nutzungssituationen und das unterschiedliche Nutzungsverhalten der Bewohner berücksichtigt.

Die wichtigsten Anforderungen der DIN 1946-6 im Überblick:

- Bei neu gebauten oder (teil-)sanierten Wohngebäuden ist eine ausreichende Lüftung zu planen und nachzuweisen.
- Es werden 4 Lüftungsstufen definiert.
- Die Stufen Feuchteschutz und reduzierte Lüftung sind auch bei Abwesenheit des Nutzers zu gewährleisten.
- Die genauen Luftmengen werden in Abhängigkeit zur Wohngröße und Nutzeranzahl definiert.

Folgende Beiblätter wurden als Ergänzung zur DIN 1946-6 erstellt (Beiblatt 5 befand sich bei Redaktionsschluss noch in der Entwurfsphase):

- DIN 1946-6 Beiblatt 1 „Raumlufttechnik – Teil 6: Lüftung von Wohnungen […] Beiblatt 1: Beispielberechnungen für ausgewählte Lüftungssysteme" (2012)
- DIN 1946-6 Beiblatt 2 „Raumlufttechnik – Teil 6: Lüftung von Wohnungen […] Beiblatt 2: Lüftungskonzept" (2013)
- DIN 1946-6 Beiblatt 3 „Raumlufttechnik – Teil 6: Lüftung von Wohnungen […] Beiblatt 3: Gemeinsamer und nicht gemeinsamer Betrieb von Lüftungsgeräten und Einzelraumfeuerstätten für feste Brennstoffe – Installationsregel" (2017)
- DIN 1946-6 Beiblatt 4 „Raumlufttechnik – Teil 6: Lüftung von Wohnungen […] Beiblatt 4: Gemeinsamer Betrieb von Lüftungsgeräten und Einzelraumfeuerstätten für feste Brennstoffe – Installationsbeispiele" (2017)
- E DIN 1946-6 Beiblatt 5 „Raumlufttechnik – Teil 6: Lüftung von Wohnungen […] Beiblatt 5: Kellerlüftung" (2015)

Die Anlagen sind so auszulegen, dass eine Ausgewogenheit zwischen thermischem Komfort, Luftqualität, Energieverbrauch und individuellen Eingriffsmöglichkeiten gegeben ist.

Um ein stimmiges Konzept für die Passivhausanforderungen zu erhalten, stehen im PHPP die Arbeitsblätter zur Lüftung zur Verfügung sowie zur Unterstützung das Programm PHluft, mit dem die Wärmeabgabe, der EWT sowie die Temperaturen und Wärmebereitstellungsgrade von Wärmetauschern berechnet werden können.

In Wohngebäuden haben sich die folgenden Projektierungsansätze bewährt:

- Zuluft: 20 bis 30 m^3/h/Person verteilt auf ganze Wohnung, nicht je Raum
- Abluft (Volumenstrom):
  - Küchen: 60 m^3/h (45 m^3/h nach DIN 1946-6)
  - Bäder: 40 m^3/h (45 m^3/h nach DIN 1946-6)
  - WC, Vorrat o. Ä.: 20 m^3/h (25 m^3/h nach DIN 1946-6)
- Minimum: 0,30-facher Luftwechsel (bezogen auf gesamte Wohnung und 2,50 m Raumhöhe)

Der rechnerisch größte dieser 3 Volumenströme sollte dabei für die Dimensionierung des Lüftungsgeräts herangezogen werden.

Die Regelung der Anlage sollte an den tatsächlichen Bedarf angepasst werden können. 20 bis 30 m^3/h/Person sind dabei für eine gute Raumluftqualität völlig ausreichend. Ein höherer Außenluftwechsel sollte an sehr kalten und trockenen Wintertagen sogar vermieden werden, damit die Raumluft nicht zu stark austrocknet. Bei Bedarf sollte der Volumenstrom vom Nutzer sogar weiter reduziert werden können.

Nach DIN EN 16798 für Nichtwohngebäude

Um den Mindestluftvolumenstrom in Nichtwohngebäuden zu berechnen, kann der Norm-Entwurf E DIN EN 16798-1 „Gesamtenergieeffizienz von Gebäuden – Teil 1: Eingangsparameter für das Innenraumklima zur Auslegung und Bewertung der Energieeffizienz von Gebäuden bezüglich Raumluftqualität, Temperatur, Licht und Akustik“ (2015) als Grundlage verwendet werden.

Der Mindestluftvolumenstrom wird dabei abhängig von der Personenanzahl und Raumfläche errechnet:

$$q_{tot} = n \cdot q_P + A_R \cdot q_B \qquad \text{in l/s}$$

mit

- q_{tot} Gesamtaußenluftvolumenstrom in l/s
- n Anzahl der Personen
- q_P Außenluftvolumenstrom zur Abfuhr von Lasten durch Personen in l/(s · Person)
- A_R Raumfläche in m^2
- q_B Außenluftvolumenstrom zur Abfuhr von Lasten durch das Gebäude/Interieur in l/(s · m^2)

Der Außenluftvolumenstrom pro Person bzw. Quadratmeter kann Tabelle 3.2 entnommen werden.

Beispiel

Für ein 15 m^2 großes Büro für 2 Personen ergibt sich bei Luftqualität nach Kategorie II in einem schadstoffarmen Gebäude folgender Luftvolumenstrom:

$$q_{tot} = 2 \cdot 7\ \text{l/s} + 15\ \text{m}^2 \cdot 0{,}7\ \text{l/(s} \cdot \text{m}^2\text{)} = 24{,}5\ \text{l/s} = 88{,}2\ \text{m}^3\text{/h}$$

Der Mindestluftvolumenstrom kann alternativ dazu auch über die Konzentration von CO_2 in der Raumluft bestimmt werden. Die Lüftungsanlage sollte dabei so ausgelegt werden, dass die CO_2-Konzentration der Raumluft die Außenluftkonzentration um nicht mehr als 1.000 ppm überschreitet.

Tabelle 3.2: Außenluftvolumenstrom pro Person bzw. m^2 in Abhängigkeit von dem Erwartungsniveau an die Luft nach E DIN EN 16798-1

Kategorie	Niveau der Erwartung	Außenluftvolumenstrom pro Person in l/(s · Person)	Außenluftvolumenstrom pro Grundfläche in l/(s · m^2)		
			sehr schadstoffarmes Gebäude	schadstoffarmes Gebäude	nicht schadstoffarmes Gebäude
I	hohes Maß	10,0	0,50	1,0	2,0
II	normales Maß	7,0	0,35	0,7	1,4
III	annehmbares moderates Maß	4,0	0,20	0,4	0,8
IV	geringes Maß	2,5	0,15	0,3	0,6

Nach Passivhauskriterien

Voraussetzung für eine Passivhaus-Lüftungsanlage ist zunächst ein effizientes Lüftungsgerät mit gutem Wärmebereitstellungsgrad bei möglichst geringer elektrischer Leistungsaufnahme. Die geräteseitigen energetischen Mindestanforderungen gemäß den Zertifizierungskriterien des Passivhaus Instituts sind definiert mit einem Wärmebereitstellungsgrad WBG von ≥ 75 % sowie einer elektrischen Leistungsaufnahme von ≤ 0,45 Wh/m³. Dabei sollen die Lüftungsgeräte in Abhängigkeit von der Luftleistung folgende Druckdifferenzen überwinden können:

- Wohnungsweise Lüftungsanlagen mit Luftleistungen ≤ 600 m³/h sollen eine externe Luftpressung von 100 Pa je Luftstrom bereitstellen können.
- Für größere Zentralgeräte mit Luftleistungen ≥ 600 m³/h ergibt sich abzüglich der geräteinternen Filter eine tatsächlich verfügbare externe Pressung von 200 bis 250 Pa für das Kanalnetz.

Für den effizienten Betrieb der Lüftungsanlage muss das Kanalnetz entsprechend dimensioniert werden, damit Druckdifferenzen eingehalten werden können.

Zu-/Abluftanlagen mit WRG

Aus energetischer Sicht ist die Verbindung von Lüftung und WRG die sinnvollste Lösung. Hierbei wird frische Außenluft angesaugt, gefiltert und über einen Wärmetauscher in die Aufenthaltsräume geleitet, wobei die kalte Außenluft bei Wärmebereitstellungsgraden des Lüftungsgerätes nahezu auf Raumlufttemperatur gebracht wird. Die Luft wird über die Rohrleitungen verteilt und durch Luftventile in den Raum gebracht. Dort strömt die Luft nur sehr langsam und verteilt sich gleichmäßig. Über Türen oder schallgedämpfte Wandelemente strömt sie dann durch Überströmbereiche wie Flure zu den Ablufträumen. Die Absaugung erfolgt über Abluftelemente. Die verbrauchte warme Luft wird zum Lüftungsgerät geleitet, wo 75 bis über 90 % der enthaltenen Energie im Wärmetauscher auf die frische Außenluft übertragen werden und diese von z. B. –3 °C auf etwa 18 °C erwärmt wird.

Ventilatorgestützte Lüftungsanlagen sind zum Erreichen einer guten Luftqualität der manuellen Fensterlüftung sowie Schacht- und Fugenlüftungen deutlich überlegen, da diese von Thermik und Winddruck abhängig sind. Allerdings gilt es dabei, die Anlagen so auszulegen, dass eine Ausgewogenheit zwischen thermischem Komfort, Luftqualität, Energieverbrauch und individuellen Eingriffsmöglichkeiten gegeben ist.

3.1.2 Zentrale und dezentrale Lüftung

Bei der Haustechnik in Passivhäusern werden Bauherren und Planer oft mit den Alternativen der zentralen oder dezentralen Lüftungsanlage konfrontiert. Häufig geraten dabei die Begrifflichkeiten durcheinander oder diese sind stark interessensgeleitet, weil viele Hersteller nur eines der beiden Systeme liefern können. Auch werden Erkenntnisse aus Bauten mit niedrigen Effizienzstandards häufig auf das Passivhaus übertragen, obwohl dort an die Lüftungsanlage ganz andere Anforderungen gestellt werden.

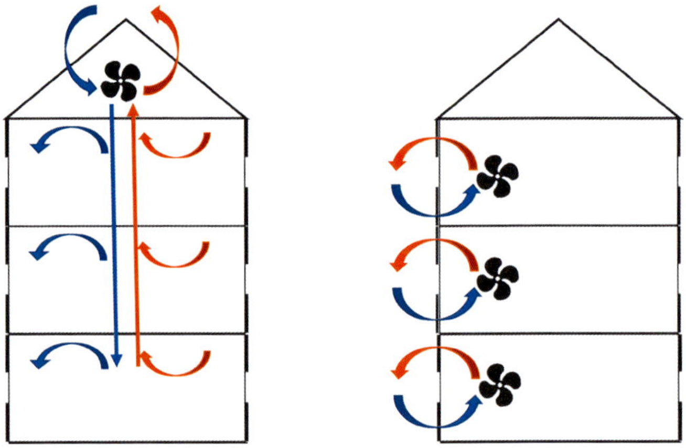

Abb. 3.6: Das Prinzip der gebäudezentralen (links) und der wohnungszentralen (rechts) Lüftung (Quelle: Laible Verlagsprojekte, Allensbach)

Wenn von zentralen oder dezentralen Lüftungsgeräten die Rede ist, muss zunächst die Perspektive geklärt werden: Ist von ganzen Gebäuden die Rede oder von einzelnen Wohneinheiten? Wenn z. B. ein Mehrfamilienhaus betrachtet wird, bei dem jede Wohneinheit eine eigene autark arbeitende Lüftungsanlage hat, ist diese aus Sicht des Gebäudes Teil einer dezentralen Lüftung. Aus Sicht der Wohneinheit handelt sich dagegen um ein zentrales Gerät. Wird eine einzelne Wohnung mit mehreren (Einzelraum-)Lüftungsgeräten versorgt, handelt es sich aus Wohnungssicht wie auch aus Gebäudesicht um eine dezentrale Lüftung. Umgekehrt wird aus jeder Perspektive von einer zentralen Lüftung gesprochen, wenn eine einzige Lüftungsanlage alle Wohneinheiten versorgt.

Präziser sind die Bezeichnungen, die sich im Passivhauswohnbau langsam beginnen durchzusetzen: Bei einem Gerät für alle Wohneinheiten wird hier von **gebäudezentraler Lüftung** gesprochen und bei einer **wohnungszentralen Lüftung** ist ein eigenes Gerät für jede Wohneinheit vorhanden (siehe Abb. 3.6); eine dezentrale Lüftung liegt dann bei mehreren Geräten je Wohneinheit vor. Letzteres wird im Passivhausneubau eher selten der Fall sein, kann aber z. B. bei einer Sanierung eines Bestandsgebäudes in Richtung Passivhaus vorkommen.

Auch im Nichtwohnungsbau sind zentrale und dezentrale Lüftungslösungen bekannt. So können etwa in Schulen alle Klassenräume durch eine einzige zentrale Lüftungsanlage versorgt werden – oder aber jedes Klassenzimmer hat sein eigenes, autarkes und damit dezentrales Lüftungsgerät. Ähnliches gilt für Sonderbauten wie Seniorenheime oder Studierendenwohnheime.

Stärken und Schwächen

Keine der beiden Lüftungsansätze ist per se die bessere. Jede Lösung kann aber abhängig vom konkreten Bauvorhaben besondere Vorteile aufweisen.

Kosten sind oft das zentrale Entscheidungskriterium bei haustechnischen Einrichtungen und somit auch beim Lüftungssystem. Während manche Quellen davon sprechen, dass dezentrale Lüftungssysteme Kostenvorteile haben, sehen andere die zentrale Lüftung preislich im Vorteil. Tatsache ist: So einfach lässt sich die Kostenfrage gar nicht beantworten. Außerhalb der Passivhauswelt mag dezentrale Lüftung grundsätzlich eine günstige Lösung sein. Schon für wenige Hundert Euro können Lüftungsgeräte mit WRG zur Versorgung einzelner Räume direkt in der Außenwand platziert werden; damit werden ganze Einfamilienhäuser günstiger ausgestattet als mit einer zentralen Lüftung.

In Passivhäusern sind Lüftungsanlagen aber mehr als ein optionales „Tool“ für etwas mehr Komfort: Sie sind das technologische Herz des Hauses und die Anforderungen an Qualität der Lüftungsanlage und ihren WRG-Grad daher deutlich höher. Daher scheiden Einzelraumlüftungsgeräte – und damit dezentrale Lösungen – für Neubau-Einfamilienhäuser im Passivhauswohnbau konzeptionell in der Regel aus. So bleibt also die Entscheidung zwischen einer wohnungszentralen und einer gebäudezentralen Lösung. Hier werden die Preisvorteile mit zunehmender Gebäudegröße aufseiten der zentralen Lüftungsanlagen liegen. Dies gilt neben den Investitions- auch für die Folgekosten von Energieverbrauch und Wartungsaufwand.

Ein wichtiges und oft unterschätztes Kriterium ist die **Akzeptanz der Nutzer.** In dieser Hinsicht ist im Geschosswohnungsbau die wohnungszentrale (aus Sicht des Gebäudes also dezentrale) Lüftung deutlich überlegen. Dahinter stecken vor allem psychologische Parameter. Bewohner haben das Bedürfnis nach Individualität und Autarkie, sie möchten das sichere Gefühl haben, ihr Wohnklima selbst steuern zu können. Auch die Angst vor „Lufttourismus“ spielt dabei mit; damit werden Befürchtungen umschrieben, Gerüche und Geräusche anderer Wohneinheiten könnten in die eigene eingebracht werden. Andererseits kann bei wohnungszentralen Anlagen der Schallpegel der Lüftungsanlage für mangelnde Akzeptanz sorgen. Im Einfamilienhaus lässt sich dies durch einen separaten, z. B. im Keller platzierten Technikraum lösen. Im Geschosswohnungsbau wird hier aber die gebäudezentrale Anlage deutlich im Vorteil sein.

Der **Installations- und Wartungsaufwand** muss für jedes Bauvorhaben abgeschätzt werden. Zentrale Lüftungslösungen scheinen dabei im Nachteil, weil ein weitverzweigtes Luftverteilsystem unumgänglich ist. Dies gilt erst recht für die Sanierung von Gebäuden, bei denen verteilte Lösungen weniger Eingriff in die Bausubstanz erfordern. Allerdings ist in großen Gebäuden die Installation sehr vieler wohnungszentraler oder gar dezentraler Geräte ebenfalls mit hohem Aufwand verbunden, vor allem aber wird der spätere Wartungsaufwand klar für die zentrale Anlage sprechen.

Neben den genannten Aspekten gibt es weitere Punkte, die in einzelnen Bauvorhaben mehr oder weniger relevant sind. So erfordern zentrale Lüftungslösungen oft weitgehende **Brandschutzmaßnahmen.**

Demgegenüber erfolgt bei dezentralen bzw. wohnungszentralen Lösungen eine Vielzahl von Eingriffen in die Fassade mit Auswirkungen auf den Wetterschutz, weil jedes Gerät seine eigenen Luftauslässe benötigt. Der Regelungs- und Automatisierungsaufwand ist bei zentralen Geräten eher gering, weil nur ein einzelnes Gerät gesteuert werden muss, während die Vernetzung zahlreicher Lüftungsgeräte einen doch erheblichen Aufwand darstellt.

Tabelle 3.3 stellt die Stärken und Schwächen der konkurrierenden Lüftungssysteme – insbesondere in Mehrfamilienhäusern und im Geschosswohnungsbau – gegenüber. Je nach Bauvorhaben können die einzelnen Aspekte deutlich stärker oder schwächer ausgeprägt sein.

Semizentrale Lüftung

Manche Hersteller verwenden neben den Begriffen der dezentralen und zentralen Lüftungssystemen auch den Begriff der semizentralen Lüftungskonzepte. Allerdings ist nicht eindeutig, was darunter zu verstehen ist. So meinen die einen Hersteller damit ein Lüftungsgerät, dessen Leistung so

Tabelle 3.3: Stärken (+) bzw. Schwächen (–) der konkurrierenden Lüftungssysteme nach Laible, 2017

	Stärken und Schwächen der Lüftungssysteme	
	gebäudezentrale Lüftung	**wohnungszentrale/ dezentrale Lüftung**
Kosten	+/–	+/–
Installation und Wartung		
Installationsaufwand	–	+
Eingriffe in Fassade	+	–
Überschaubarkeit	+	–
Wartung	++	––
bei Sanierung geeignet	–	+
Möglichkeiten der Luftkonditionierung		
Qualität der Filtration	+	–
Luftvorerwärmung	+	–
Lufterwärmung	+	+
WRG	++	+
Kühlung möglich	+	–
Feuchterückgewinnung	++	+
Nutzeraspekte		
Akzeptanz	––	++
Schallpegel	+	–
Wartungsaufwand	++	––
Betrieb		
Energieaufwand im Betrieb	+	–
zentrale Regelung und Automatisierung	++	––

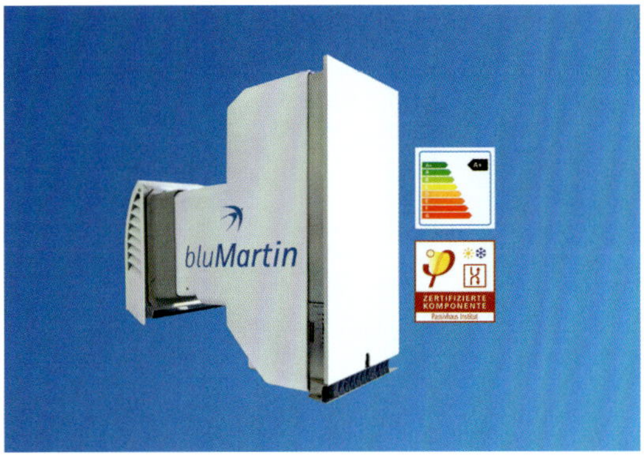

Abb. 3.7: Das passivhauszertifizierte Lüftungsgerät freeAir 100 wird direkt in der Außenwand platziert. Optional können weitere Räume angeschlossen werden. (Quelle: bluMartin GmbH, Weßling)

ausgelegt ist, dass zwar mehrere Räume, aber nicht die gesamte Wohneinheit mit einem Gerät belüftet werden kann. Andere verstehen unter semizentral den geschossweisen Einsatz zentraler Lüftungsgeräte. Und bei Drexel und Weiss, einem Hersteller von Passivhaus-Lüftungsgeräten, wird semizentrale Lüftung wiederum ganz anders verstanden: Demnach gibt es ein zentrales Lüftungsgerät, das mehrere Wohneinheiten mit Frischluft versorgt und auch die WRG übernimmt; die Restwärme dagegen wird wohnungsweise über Kleinstwärmepumpen erzeugt (vgl. www.drexel-weiss.at).

Einzelraumlüftung im Passivhaus

Während Einzelraumlüftung in herkömmlichen Wohnbauten und bei Sanierungen einen Boom erlebt, wird diese bei Passivhäusern bislang so gut wie gar nicht eingesetzt. Der Grund liegt darin, dass die Geräte aufgrund ihrer technischen Daten in der Regel die Kriterien für die Zertifizierung als passivhausgeeignete Komponente nicht erfüllen. So sind neben einer hohen WRG auch eine bedarfsgeführte Volumenstromregelung nach CO_2 oder Raumluftfeuchte erforderlich. Außerdem müssen die Lüfter sehr leise sein, mit der Filterklasse F7 arbeiten und eine hohe Elektroeffizienz aufweisen (vgl. Passivhaus Institut, 2015). Das sind für die meisten der zahlreichen im Markt befindlichen Geräte zu viele Anforderungen. So ist denn auch bislang nur einem Gerät vom Passivhaus Institut die Eignung als Einzelraumlüftungsgerät in Passivhäusern bescheinigt worden.

Das Gerät freeAir 100 des deutschen Herstellers bluMartin erfüllt den Anforderungskatalog mit hohem Wärmebereitstellungsgrad (siehe Abb. 3.7). Die bedarfsgeregelte Steuerung berücksichtigt gleich mehrere Parameter (Raumluftfeuchte, CO_2 und Temperatur) und arbeitet wie größer dimensionierte Lüftungsanlagen mit einem Sommerbypass. Das Gerät wurde bisher in Ein- und Mehrfamilienhäusern bei Neubauten und Sanierungen eingesetzt. Auch ein Studentenwohnheim in Frankfurt wurde mit den freeAir-Geräten ausgestattet. Allerdings muss festgehalten werden, dass Passivhausgeräte für die dezentrale Einzelraumlüftung nicht nur in der Leistung, sondern auch im Preis nicht mit herkömmlichen Einzelraumlüftern zu vergleichen sind.

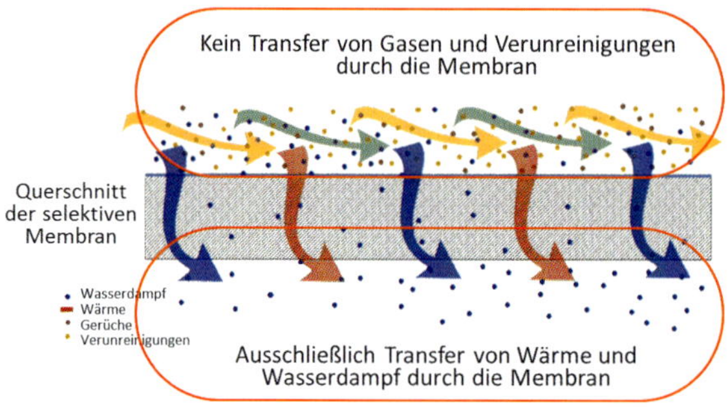

Abb. 3.8: Funktionsweise und Eigenschaften der Feuchterückgewinnung mit Polymermembran (Quelle: PAUL Wärmerückgewinnung GmbH)

3.1.3 Feuchterückgewinnung

Dass im Passivhaus hocheffiziente Wärmetauscher eingesetzt werden, die rund 80 % der Wärme aus der Abluft für die Zuluft bereitstellen, ist von Anfang an Teil des Konzepts und weithin bekannt. Zunehmend aber halten Wärmetauscher Einzug, die eine weitere Funktion übernehmen: die Feuchterückgewinnung. Feuchterückgewinnung ist durchaus umstritten und unter den Befürwortern gibt es Anhänger zweier konkurrierender technischer Prinzipien.

Herkömmliche Wärmetauscher in Lüftungsgeräten arbeiten mit einer Vielzahl von wärmeleitfähigen Kunststoff- oder Aluminiumplatten, die die Wärme von der Abluft auf der einen Seite der Platte auf die Zuluft auf der anderen Seite der Platte übertragen. Dabei kühlt die Abluft zunehmend ab und kondensiert im Wärmetauscher. Das entstehende Kondenswasser wird ungenutzt abgeführt. Anders arbeitet die neuere Generation der Wärmeübertrager, die neben der Wärme- auch die Feuchterückgewinnung beherrschen und unter den Bezeichnungen Enthalpietauscher oder Enthalpieübertrager bekannt sind.

Bei den in Passiveinfamilienhäusern eingesetzten Systemen arbeitet der Wärmetauscher in der Regel mit einer **dampfdiffusionsoffenen Membran** anstatt mit Aluminium- oder Kunststoffplatten (siehe auch Abb. 3.9). Dampf aus der feuchten Abluft wird an der kühleren Oberfläche der Membran adsorbiert und wandert durch die Membran zur Zuluftseite. Triebkraft des Prozesses ist das Konzentrationsgefälle der Feuchtigkeit von der Abluft- zur Zuluftseite. Somit wird im Winter die trockene Zuluft durch die feuchtere Abluft befeuchtet. Im Sommer kann nach demselben Prinzip eine willkommene Entfeuchtung stattfinden. Mithilfe der Membran können bis zu 65 % der Luftfeuchtigkeit von der einen zur anderen Seite übertragen werden. Die sog. selektive Permeabilität der Polymermembran garantiert dabei einen langfristig hygienisch unbedenklichen Betrieb (siehe Abb. 3.8).

Ein alternatives Verfahren arbeitet mit **Rotationswärmeübertragern** (siehe Abb. 3.9). Rotierende Wärmetauscher kommen vor allem in großen Lüftungsgeräten zum Einsatz, wo sie etwa Geschosswohnungsbauten oder Bürogebäude mit Frischluft versorgen. Das Prinzip sieht vor, dass eine rotierende Speichermasse mit vielen Luftkanälen z. B. in der unteren Hälfte von

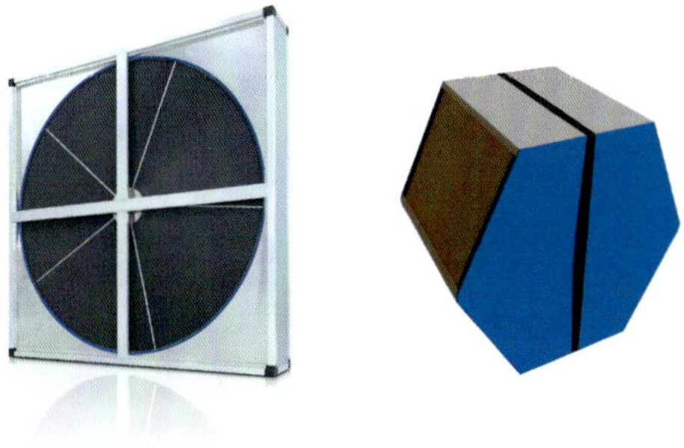

Abb. 3.9: Ein Ziel, 2 Prinzipien: Wärme- und Feuchterückgewinnung mit (links) Rotationswärmetauscher oder (rechts) Plattenwärmetauscher mit Membran (Quelle: Klingenburg GmbH, Gladbeck [links]; Zehnder Group Deutschland GmbH, Lahr [rechts])

der einen Seite mit der Zuluft und in der oberen Hälfte von der anderen Seite mit der Abluft durchströmt wird. Durch die Drehung erreicht die von der Zuluft erwärmte Speichermasse den kalten Außenluftstrom. Dabei überträgt sich die Wärme und je nach Material und Beschichtung des Speichers gleichzeitig auch die Feuchte.

In Passivhäusern ist die Feuchterückgewinnung vor allem im Winter eine Option, wenn die Raumluft zunehmend trockener wird, worauf sensible Personen gelegentlich mit Beschwerden reagieren. Allerdings kann die Feuchterückgewinnung keine Wunder vollbringen. In der Branche wird davon ausgegangen, dass sich durch Enthalpietauscher die relative Feuchte in den Räumen eines Passivhauses um 10 bis 15 % erhöhen lässt. Allerdings kann keine Feuchterückgewinnung stattfinden, wenn es keinen Feuchteeintrag gibt. In einer menschenleeren Wohnung wird sich die Feuchte der Raumluft im Winter trotz Feuchterückgewinnung schnell der trockenen Außenluft anpassen. In einem bewohnten Haus jedoch kann die Feuchterückgewinnung dabei helfen, dass Feuchtelasten (z. B. infolge von Kochen, Duschen, Wäschetrocknen) genutzt werden und der Prozess des Austrocknens zumindest verlangsamt wird.

3.1.4 Bedarfsgeführte Lüftung

Das Problem der saisonal trockenen Luft (siehe Abb. 3.10), dem – wie in Kapitel 3.1.3 erläutert – teils mit Feuchterückgewinnung begegnet wird, entsteht oft durch hohe Luftwechselraten: Weil die Lüftungsanlagen in guter Absicht so eingestellt wurden, dass die Raumluft in kurzer Frequenz komplett durch frische, unbelastete Zuluft ausgetauscht wird, wird Feuchte, die beim Kochen, Duschen oder Wäschetrocknen entsteht, sofort abgeführt. Diese eigentlich positive Eigenschaft der Lüftung kann in den Wintermonaten zu einem Austrocknen der Raumluft führen. Ziel der Haustechnik-Hersteller ist es deshalb, die geförderten Luftmengen möglichst genau dem Bedarf der Bewohner anzupassen.

Neben der trockenen Luft gibt es noch weitere Aspekte, die dafür sprechen, den Volumenstrom bedarfsabhängig zu steuern: Hohe Ventilatordrehzahlen bedeuten immer auch einen höheren Energieverbrauch für den Betrieb der Motoren. Außerdem senken hohe Luftwechselraten die Effizienz des

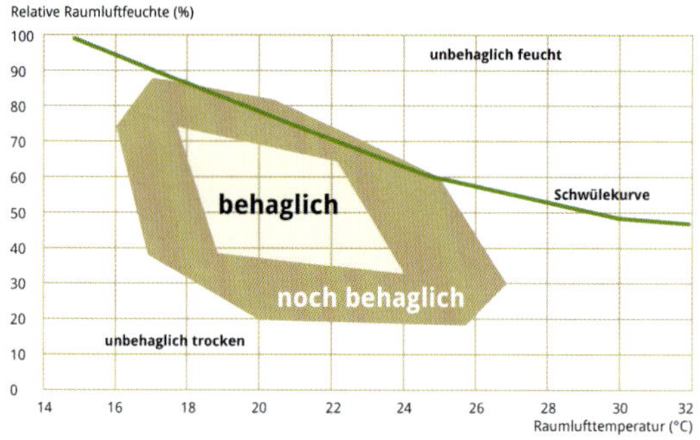

Abb. 3.10: Temperatur und relative Luftfeuchte sind wesentliche Parameter für die Behaglichkeit eines Raumes (Quelle: Bayerisches Institut für nachhaltige Entwicklung, Piding, www.bifne.de)

Wärmeübertragers; bei hohen Strömungsgeschwindigkeiten im Wärmetauscher kann weniger Wärme von der Ab- auf die Zuluft übertragen werden. Ein Kostenfaktor im Passivhaus ist der regelmäßige Wechsel von Zuluft- und Abluftfiltern. Wenn die Luftwechselrate reduziert wird, müssen die Filter weniger Luft reinigen und die Filterlaufzeit verlängert sich automatisch.

Neben den genannten Aspekten, die gute Gründe zur Senkung der Luftwechselrate darstellen, gibt es natürlich auch Situationen, in denen der voreingestellte Volumenstrom (kurzfristig) erhöht werden soll, z. B. wenn aufgrund von Gästen deutlich mehr Frischluft benötigt wird.

Insgesamt gilt deshalb: Das Optimum von Energieeffizienz einerseits und Komfort andererseits wird dann erreicht, wenn für den Erhalt der Luftqualität immer die genau richtige Menge an Luft befördert wird. Um die Luftwechselrate den lufthygienischen Erfordernissen im Haus anzupassen, hat deshalb traditionell jede Passivhauslüftung verschiedene, durch den Bewohner schaltbare Betriebsstufen. Neben dem Normalbetrieb (Nennlüftung) lassen sich nach unten abweichende Betriebsmodi, wie z. B. ein Urlaubsmodus oder eine Mindestlüftung zum Feuchte- und Schimmelschutz oder nach oben abweichende Lüftungsstufen, wie z. B. Partylüftung oder Intensivlüftung, einstellen.

Bedarfsführung mit Sensoren

Das manuelle Regeln durch die Bewohner erfordert Disziplin, die erfahrungsgemäß rasch erlahmt. Moderner erfolgt die bedarfsgeführte Lüftung deshalb mittels Sensoren, die die Luftqualität im Raum ermitteln und Steuersignale an das Lüftungsgerät senden. Verschiedene Parameter werden dafür in der Praxis eingesetzt.

Die **Raumtemperatur** ist der klassische Steuerungsparameter. Er ist auch Bestandteil jeder Passivhauslüftung, regelt jedoch nur die einzubringende Wärme. Über die Raumluftqualität lässt sich mittels Temperaturfühler keine Erkenntnis gewinnen.

Die **relative Luftfeuchte** ist ein Parameter, der in einigen Passivhauslüftungsgeräten bereits zur Steuerung der Luftmenge genutzt wird. Allerdings sagt die Luftfeuchte allein noch nichts über die Luftqualität aus bzw. ist nur bei extremen Ausschlägen als Impuls sinnvoll; bei besonders hoher Luftfeuchte muss die Lüftung zum Feuchteschutz mehr Frischluft fördern, bei besonders niedriger Feuchte wird die Luftmenge eher reduziert.

VOC (volatile organic compounds) steht für flüchtige organische Verbindungen. Damit sind Gase, Ausdünstungen und Feinstäube unterschiedlichster Quellen gemeint. Die Messung von VOC-Konzentrationen mittels Sensoren ist ein hervorragend geeignetes Mittel zur Regulierung der Luftmengen. Über VOC-Sensoren werden auch Gerüche zuverlässig erkannt. Weil die Fühler ein sehr breites Spektrum an unerwünschten Substanzen abdecken, ist es allerdings wichtig, dass die Messwerte richtig interpretiert werden.

Im Wesentlichen durchgesetzt hat sich die Steuerung mittels CO_2. Dabei nimmt das Kohlenstoffdioxid die Rolle eines zuverlässigen Indikators ein: Die Praxis zeigt, dass hohe CO_2-Konzentrationen ein zuverlässiges Anzeichen dafür sind, dass auch andere Parameter erhöht sind (z. B. Feuchte, VOC). Dass einzelne Substanzen wie unangenehme Gerüche bei der Messung von CO_2 untergehen, wird billigend in Kauf genommen.

Beim Einsatz einer bedarfsgeführten Lüftung, die über Sensoren gesteuert wird, stellen sich einige Fragen im Zusammenhang mit der Haustechnikplanung: Braucht jeder Raum eigene Fühler oder genügt ein zentraler Sensor in der Abluft? Reagiert die Anlage abhängig von der Tageszeit unterschiedlich auf Veränderungen der gemessenen Parameter? Müssen die Fühler gewartet oder regelmäßig neu kalibriert werden? Mit Unterstützung des Geräteherstellers wird der Lüftungsplaner für jedes Passivhaus die geeignete Lösung finden.

3.1.5 Filter – Kriterien für die Auswahl von Luftfiltern in Wohn- und Nichtwohngebäuden

Mehr als 90 % aller Europäer sind durch ihre jeweiligen Außenluft Schwebstoffbelastungen ausgesetzt, die die WHO-Richtwerte in der Regel überschreiten. Mangelhafte Außenluftwerte führen oft zu noch viel mehr belasteten Innenraumsituationen, da sich die Verschmutzungen im Gebäude bis auf das Fünfzigfache der Außenluftwerte ansammeln können. Zu den Verunreinigungen in der Innenraumluft tragen Verkehrsabgase ebenso bei wie lungengängige Partikel, die von Heizungsanlagen emittiert werden, chemische Emissionen aus Bau-, Innenausstattungs- und Reinigungsprodukten, Verbrennungspartikel, die etwa beim Braten oder beim Abbrennen von Kerzen entstehen, sowie Emissionen aus Haushalts- und elektronischen Geräten. Weil sich der Mensch durchschnittlich 90 % seiner Lebenszeit in geschlossenen Räumen aufhält, verwundert es nicht, dass laut WHO noch im Jahr 2010 rund 600.000 Menschen in der europäischen Region vorzeitig an den Folgen von Luftverschmutzungen gestorben sind (vgl. WHO, 2015).

Die Europäische Kommission verfolgt mit dem „Clean Air for Europe"-Programm das Ziel, bis zum Jahr 2020 eine Luftqualität zu erreichen, die keine erheblichen negativen Auswirkungen auf die menschliche Gesundheit und die Umwelt hat (vgl. European Commission, 2006). Es wird aber wohl noch einige Jahre dauern, bis die sog. thematische Strategie zur Luftreinhaltung in allen Regionen der EU greift.

Tabelle 3.4: Partikel und deren Grenzwerte nach Richtlinie 2008/50/EG

Partikelgröße	Grenzwert
$PM_{2,5}$ lungengängiger Feinstaub mit einem Durchmesser von weniger als 2,5 µm	Jahresmittelwert: 25 $\mu g/m^3$ ab 01.01.2020: 20 $\mu g/m^3$ als Jahresmittelwert, keine Überschreitungen mehr zulässig
PM_{10} Feinstaub mit max. Durchmesser von 10 µm	Jahresmittelwert: 40 $\mu g/m^3$ Tagesgrenzwert: 50 $\mu g/m^3$, bis zu 35 Überschreitungen pro Jahr zulässig

In der Richtlinie 2008/50/EG des Europäischen Parlaments und des Rates vom 21. Mai 2008 über Luftqualität und saubere Luft für Europa (Luftqualitätsrichtlinie 2008/50/EG), der das Europäische Parlament als Ergebnis des Programms im Dezember 2007 zugestimmt hat, wurden u. a. Ziel- und Grenzwerte für $PM_{2,5}$ (Feinstaub mit Partikelgröße von weniger als 2,5 µm) festgelegt (siehe Tabelle 3.4).

Um eine entsprechende Luftqualität im Gebäude erreichen zu können, werden bestimmte Anforderungen an die Filter der Lüftungsanlage gestellt. Grundlage für die gesamte Auslegung in Nichtwohngebäuden ist DIN EN 16798-3. Die erforderlichen Filter sind dabei abhängig von der Qualität der Außenluft (ODA). Diese wird nach DIN EN 16798-3 in 3 Kategorien eingeteilt:

- ODA 1: Außenluft, die nur zeitweise staubbelastet sein darf (z. B. Pollen)
- ODA 2: Außenluft mit hoher Konzentration an Staub oder Feinstaub und/oder gasförmigen Verunreinigungen
- ODA 3: Außenluft mit sehr hoher Konzentration an gasförmigen Verunreinigungen und/oder Staub oder Feinstaub

Diese zum Teil belastete Außenluft wird nun in den Filtern der Lüftungsanlage behandelt und danach als Zuluft (SUP) in die Räume eingebracht. In Abhängigkeit davon, wie gut die Qualität dieser Zuluft sein soll, müssen die Filter bestimmte Mindestabscheidegrade erreichen (siehe Tabelle 3.5).

Zur Beurteilung und zum Vergleich von Luftfiltern hat sich die Einteilung in Filterklassen bewährt (siehe Tabelle 3.6). Die Einteilung erfolgt dabei nach DIN EN ISO 16890-1 „Luftfilter für die allgemeine Raumlufttechnik – Teil 1: Technische Bestimmungen, Anforderungen und Effizienzklassifizierungssystem, basierend auf dem Feinstaubabscheidegrad (ePM)“ (2017) in 4 Gruppen, abhängig vom Abscheidegrad bestimmter Partikelgrößen.

Tabelle 3.5: Mindestabscheidegrad basierend auf der Außenluftqualität (Feinstaub) nach DIN EN 16798-3

Außenluftqualität	Zuluftqualität (Abscheidegrad)				
	SUP 1	**SUP 2**	**SUP 3**	**SUP 4**	**SUP 5**
ODA 1	88 %	80 %	80 %	80 %	nicht angegeben
ODA 2	96 %	88 %	80 %	80 %	60 %
ODA 3	99 %	96 %	92 %	80 %	80 %

Tabelle 3.6: Filterklassen nach DIN EN ISO 16890-1

Filterklassen	geforderter Mindestabscheidegrad nach Partikelbereich			Referenzwert zur Ermittlung der Filterleistung
	ePM_1	$ePM_{2,5}$	ePM_{10}	
ISO ePM_1	≥ 50 %			ePM_1
ISO $ePM_{2,5}$		≥ 50 %		$ePM_{2,5}$
ISO ePM_{10}			≥ 50 %	ePM_{10}
ISO coarse			< 50 %	Anfangsabscheidegrad

Um einer Kategorie zugeordnet zu werden, müssen die Filter einen Abscheidegrad in der entsprechenden Partikelkategorie von mindestens 50 % erreichen. Der genaue Abscheidegrad (auf 5 % abgerundet), wird bei den Filterbezeichnungen noch angehängt. So berücksichtigt z. B. die Angabe ISO $ePM_{2,5}$ 75 %, dass der Filter im Bereich $PM_{2,5}$ (0,3 bis 2,5 µm) einen Abscheidegrad von 75 bis 79 % erreicht. Grobstaubfilter, die nicht die Kategorie ISO ePM_{10} erreichen, werden in der Kategorie ISO coarse zusammengefasst.

Bei der Filterauswahl stellen sich 4 wichtige Fragen, die auch im Hinblick auf die Wirtschaftlichkeit von Bedeutung sind:

- Was kostet der Luftfilter in der Anschaffung?
- Welche minimale und durchschnittliche Filterleistung erbringt er (Filterklasse)?
- Wie lange ist seine reguläre Betriebszeit ausgelegt (Standzeit)?
- Wie viel Energie wird benötigt, um die Filterleistung im Lauf der ausgelegten Betriebszeit erbringen zu können (Energieeffizienz)?

Transparenz und Vergleich

Um den Luftfiltervergleich transparenter zu machen, haben die nach Eurovent zertifizierten Luftfilterhersteller 2012 ein europaweit einheitliches Klassifizierungssystem verabschiedet und sich verpflichtet, alle für den Verkauf wichtigen Informationen anzugeben. So ist auf den Produktlabeln der Hersteller die Filterklasse mit dem über DIN EN 779 „Partikel-Luftfilter für die allgemeine Raumlufttechnik – Bestimmung der Filterleistung“ (2012 [Norm zurückgezogen]; übergangsweise Anwendung) bzw. über DIN EN ISO 16890-1 (spätestens ab Juli 2018) definierten Mindestwirkungsgrad zu finden sowie der Anfangswirkungsgrad, der jährliche Energieverbrauch und die für Luftfilter Anfang 2015 neu definierten Energieeffizienzklassen A+ bis E (siehe Kapitel 3.1.6).

Welche Filterart für welchen Einsatzort?

Hier ist die Beratung durch einen Fachmann zu empfehlen, der die optimale Zuordnung von Grobstaub-, Feinstaub-, Schwebstoff- oder Molekularfilter zu den vor Ort vorherrschenden Anforderungen kennt.

Die Filterauslegung sollte zum Schutz der gesamten Anlage, zur Vermeidung eines höheren Staubanfalls innerhalb der Gebäude und unter Berücksichtigung der Energieeffizienz optimal ausgelegt werden.

Den Zeitpunkt des Filterwechsels sollte der zuerst erreichte Grenzwert in Bezug auf tatsächlich geleistete Betriebsstunden, den empfohlenen Installationszeitraum oder die Enddruckdifferenz bestimmen.

3.1.6 Filter – Energieklassen

In Europa werden zwischen 10 und 20 % der elektrischen Energie im industriellen und gewerblichen Bereich für den Betrieb von Ventilatoren in raumlufttechnische Anlagen (RLT-Anlagen) eingesetzt. Ungefähr ein Drittel davon wird dazu benötigt, um den Strömungswiderstand (Druckverlust) der Luftfilter zu überwinden.

Steigende Energiekosten und das Ziel, die CO_2-Emissionen zu senken, rücken den Energieverbrauch von RLT-Anlagen in den Vordergrund.

Maßnahmen zur Energieeinsparung in RLT-Anlagen sind die Umrüstung oder der Einsatz frequenzgeregelter Lüfter mit hohem Wirkungsgrad. Eine vergleichsweise einfache und effektive Methode zur signifikanten Energiekostenreduktion ist daneben der Einsatz energieeffizienter Luftfilter.

Noch vor 5 Jahren war der Stromverbrauch von Lüftungsanlagen ein untergeordnetes Thema. Dank der Einführung von Energieeffizienzklassen für Luftfilter ist der Stromverbrauch neben der Schutzwirkung gegen Feinstaub heute ein wichtiges Entscheidungskriterium beim Kauf von Feinstaubfiltern geworden.

Um dem Anwender die Wahl möglichst energieeffizienter Luftfilter zu erleichtern, hat Eurovent, der europäische Verband der Hersteller von lufttechnischen und Trocknungsanlagen, ein europäisches Energieeffizienz-Klassifizierungssystem für Luftfilter im Rahmen der Eurovent-Zertifizierung erarbeitet. Die Klasse A+ steht dabei für sehr gute Energieeffizienzwerte, die Klasse E für sehr schlechte.

Namhafte europäischer Hersteller von Luftfiltern haben ein markeneigenes ABC-Energierating als Eurovent-Norm verabschiedet: Eine beim Luftfilterkauf hilfreiche Klassifizierung der Energieeffizienz vereinfacht künftig den objektiven Produktvergleich auf Basis der modifizierten EN 779; angegeben werden der Hersteller, die Filterbezeichnung, die Nennluftmenge in m^3/h, der Anfangswirkungsgrad in %, der Mindestwirkungsgrad in % und der jährliche Energieverbrauch in kWh/a (siehe Abb. 3.11).

Die Norm DIN EN 779 ist zwar inzwischen von der DIN EN ISO 16890-1 abgelöst worden, wird aber noch übergangsweise von den Herstellern und der Eurovent-Zertifizierung benutzt. Eine Umstellung wird für Mitte 2018 erwartet. Die folgenden Angaben beziehen sich noch auf das Verfahren nach DIN 779, da zum Redaktionsschluss dieses Buches keine genauen Informationen zur Verwendung der DIN EN ISO 16890-1 bei der Eurovent-Zertifizierung vorlagen.

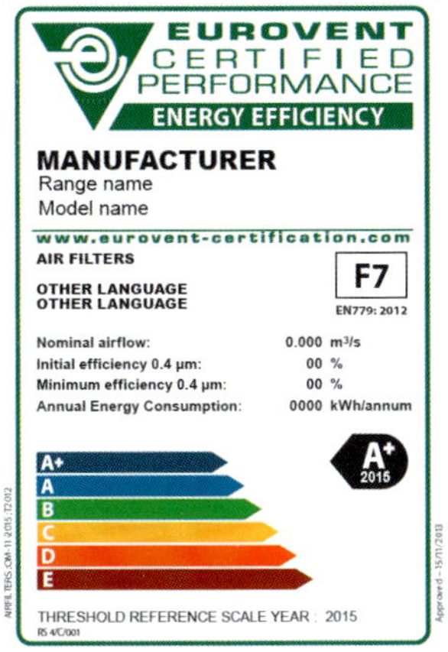

Abb. 3.11: Energieeffizienzklassifizierung für Luftfilter nach Eurovent (Quelle: Eurovent Certita Certification SAS, Paris)

Seit dem 1. Januar 2015 hat die Organisation die Anforderungen an den Stromverbrauch deutlich verschärft. Die alte Richtlinie Eurovent 4/11 ist nicht mehr gültig, sie wurde durch die Richtlinie 4/21 ersetzt. Gleichzeitig ist eine neue Farbskala und die neue Klasse A+ eingeführt worden. Früher war die Farbskala identisch mit der der EU-Energieeffizienzklassen, die 7 farbige Pfeile von Klasse A (grün) bis zur Klasse G (rot) aufweist; diese Skala ist in der EU weitverbreitet und wird weiterhin für Haushaltgeräte und andere Produkte wie Leuchtmittel verwendet.

Die neue Klassifizierung will mit der veränderten Anforderung eine weitere deutliche Verbesserung der Effizienz von Feinstaubfiltern erzielen. Für alle 5 geltenden Feinstaubfilterklassen von M5 bis F9 nach DIN EN 779 sind deshalb wesentlich tiefere Energieverbrauchswerte definiert worden als bisher.

Ein F7-Filter der alten Energieeffizienzklassen A durfte früher bis zu 1.200 kWh verbrauchen, gerechnet auf eine Filterstandzeit von ca. einem Jahr bzw. 6.000 Stunden Betriebszeit. Heute ist für die Energieeffizienzklasse A+ in der Filterklasse F7 eine Obergrenze von 800 kWh vorgeschrieben. Die damit erreichte Reduktion von 400 kWh bedeutet für den Betreiber eine erhebliche Stromeinsparung, wenn er Produkte der alten Klasse A durch die der neuen Klasse A+ ersetzt.

Je höher der Wirkungsgrad und damit die Schutzwirkung des Filters nach DIN EN 779 ist, desto höher fällt auch dessen Stromverbrauch aus. Ein Filter der Filterklasse M5 verbraucht weniger Strom als einer der Filterklasse F9, weil das Filtermedium des letzteren dichter aufgebaut ist und somit der Durchströmung einen höheren Widerstand entgegensetzt. Es verbraucht in jeder Filterkategorie ein Filter der Energieeffizienzklasse D doppelt so viel Strom wie der entsprechende A+-Filter. Für alle Betreiber von Lüftungsanlagen lohnt es sich demzufolge erheblich, nach Eurovent 4/21 zertifizierte Filter der Klassen A oder A+ einzusetzen.

Berechnung des Energieverbrauchs

Im Rahmen des Laborprüfverfahrens für Luftfilter nach DIN EN 779 wird bei 3.400 m^3/h neben den Filtereffizienzen auch die Druckdifferenz als Funktion der Staubbeladung gemessen. Aus der über die Staubeinlagerung gemittelten Druckdifferenz kann ein repräsentativer Energieverbrauch berechnet werden, mit dem das energetische Verhalten des Filters über eine Betriebsdauer von einem Jahr (6.000 Betriebsstunden) im Labor simuliert werden kann. Die Methode zur Berechnung ist in der Eurovent-Richtlinie 4/21 beschrieben. Der repräsentative Energieverbrauchswert wird für eine Einteilung der Luftfilter in Energieeffizienzklassen herangezogen.

Die Ende 2014 veröffentlichte EU-Verordnung 1253/2014 zur umweltgerechten Gestaltung von Lüftungsanlagen ist zwar mit zwei- beziehungsweise vierjährigem Vorlauf schrittweise umzusetzen, hat aber dennoch ein ambitioniertes Ziel: Die Europäische Union schätzt das jährliche Einsparpotenzial an Primärenergie in 2025 auf 15 % in Wohngebäuden und sogar auf 85 % in Nichtwohngebäuden. Wie bei allen Ökodesign-Vorhaben der EU stehen auch hierbei vor allem jene Parameter im Fokus, die zur Effizienzsteigerung und unmissverständlichen Kennzeichnung von energieverbrauchenden Produkten dienen.

Die EU-Verordnung differenziert zwischen reinen Zu- bzw. Abluftanlagen sowie kombinierten Zu-/Abluftanlagen, die aufgrund ihrer stärkeren Verbreitung im Fokus der folgenden Erläuterungen stehen.

Zentrale Lüftungsanlagen in Nichtwohngebäuden mit Luftvolumenströmen über 1.000 m^3/h müssen künftig neben einem klar definierten Maß an Energieeffizienz weitere Auflagen erfüllen, die nach entsprechender Prüfung mit einem CE-Zeichen bestätigt werden: So muss die Drehzahl der Ventilatoren seit 2016 entweder mehrstufig oder stufenlos regelbar sein. Außerdem ist ein Mindestwirkungsgrad der WRG von 63 % bei Kreislaufverbundsystemen und von 68 % bei allen übrigen Systemen (Platten-, Rohr- oder Rotationswärmetauschern) verpflichtend. Ab 2018 ist darüber hinaus ein integriertes Warnsystem erforderlich, das via Messung des Druckverlusts ein Signal gibt, sobald ein Filter ausgewechselt werden muss. 2018 steigen auch die Mindestanforderungen an die Wirkungsgrade hinsichtlich WRG bei Kreislaufverbundsystemen auf 67 % und bei alternativen Konzepten auf 73 % an. Außerdem wurde ein Maximalwert für die elektrische Leistungsaufnahme des Ventilators festgelegt, die auch durch die Druckverluste der Luftfilter und WRG im RLT-Gerät beeinflusst wird. Fehlt bei der Messung einer der beiden für die Zu- und Abluftreinigung benötigten Filter, schlägt dieser Mangel mit einem Malus zu Buche. Andererseits wird jeder Prozentpunkt, mit dem die integrierte WRG-Technik den erlaubten Mindestwert überschreitet, mit einem Bonus von 30 $W/(m^3/s)$ belohnt.

Seit Januar 2016 ist zudem die Angabe der energetischen Eigenschaften und vorzugsweise die Energieeinstufung der eingesetzten Filter mit einer Aussage zum jährlichen Energieverbrauch gefordert. Hersteller und Betreiber von RLT-Anlagen sind gut beraten, ihr Hauptaugenmerk auf die Auswahl effizienter Luftfilter zu richten. Damit ist nicht nur eine umweltgerechte, sondern auch vergleichbar preisgünstige Optimierung des Energieverbrauchs von Lüftungsgeräten möglich.

3.1.7 Raumlufthygiene

Bei Sanierung und Neubau muss die Gebäudehülle luftdicht ausgeführt werden, Zugluft wird in der modernen Wohnung nicht mehr toleriert und Bauschäden durch Kondensation in Fugen sollten vermieden werden. Richtiges Fensterlüften ist recht aufwendig. Wer will und kann schon alle 2 Stunden stoßlüften? Wie sieht es nachts aus? Manchmal sprechen noch weitere Faktoren gegen Fensterlüftung, z. B. die Lärmbelästigung. Wird dann nicht ausreichend gelüftet, entsteht eine zu hohe CO_2-Konzentration und eine zu hohe Luftfeuchtigkeit. Die Wohnungslüftungsanlage soll bei einem Hygieneproblem Abhilfe schaffen und nicht zusätzlich ein neues Hygieneproblem schaffen.

In der Wohnungslüftungsanlage wird per Definition gemäß DIN 1946-6 nicht aktiv gekühlt und nicht aktiv be- und entfeuchtet. Auch in der praktischen Umsetzung sollten diese Luftbehandlungsarten unbedingt vermieden werden, denn sie würden Feuchtigkeit in das System bringen und so die Gefahr einer Verkeimung deutlich erhöhen.

Bei der Planung zu Beachtendes

Konkrete Vorgaben für die Hygiene in Lüftungsanlagen im Betrieb und eine möglichst einfache Reinigung gibt die Lüftungsnorm DIN 1946-6 vor. Bei Lüftungsgeräten ist der Wärmetauscher ein kritischer Punkt, denn hier kann Kondensation und damit Feuchtigkeit auftreten. Zudem sind die Luftkanäle im Wärmetauscher sehr eng und die Oberfläche ist groß (je größer, desto besser für den WRG-Grad); auf dieser Oberfläche können sich mitgeführte Verunreinigungen ablagern. Der Wärmetauscher sollte daher leicht demontierbar und mit Haushaltsmethoden wie dem Duschschlauch gereinigt werden können.

Filter für Wohnungslüftungsanlagen

Besonders wichtig für die Hygiene in Wohnungslüftungsanlagen sind die Filter (siehe dazu Kapitel 3.1.5 und 3.1.6).

Die meisten Wohnungslüftungsgeräte haben Filter mit höheren Filterklassen. Zum Schutz des Lüftungsgerätes und des Leitungssystems vor Ablagerungen, die wiederum Verschmutzungen an die geführte Luft abgeben können, gilt folgendes Prinzip:

- Grobfilter am Eintritt der Außenluft in das Lüftungsgerät
- Feinfilter in der Zuluft
- Grobfilter am Eintritt der Abluft (aus der Wohnung) in das Lüftungsgerät
- zusätzlicher Grobfilter an der Ansaugöffnung besonders bei langen Außenluftansaugungen (wie etwa bei EWT)

Grobfilter sind in der Regel Filtermatten, die auch kostengünstig als Meterware eingekauft und zugeschnitten werden können. Die Feinfilter bestehen aus gefaltetem Spezialpapier, meist in einem Papprahmen von gerätespezifischer Größe, und sind recht kostenintensiv. Das sollte bei der Berechnung der Betriebskosten berücksichtigt werden. Wichtig ist die regelmäßige Wartung. Ein Differenzdrucksensor der Filter im Zentralgerät und eine entsprechende Anzeige helfen dabei, die Wartungsarbeiten auszuführen.

Möglichst kurze Leitungen bzw. Lüftungskanäle

Die Außenluftansaugung muss in ausreichender Höhe angeordnet werden, umso die am wenigsten belastete Luft anzusaugen und Kurzschlüsse mit der Fortluft und anderen Abluftsystemen zu vermeiden. Die Leitungen sollten so kurz wie möglich sein. Bereits bei der Planung muss die Zugänglichkeit der Rohrleitungen für die spätere Inspektion, Wartung und Reinigung berücksichtigt werden. Diese beinhaltet beispielsweise eine einfache Leitungsführung mit möglichst geraden Rohrstücken gleichen Querschnitts und wenigen Richtungswechseln sowie eine sinnvolle Anordnung von Revisionsöffnungen. Scharfkantige und spitze Teile im Luftstrom sind zu vermeiden. An rauen Oberflächen können sich schnell Schmutzpartikel festsetzen, die sich auch nicht durch Reinigungssysteme befriedigend säubern lassen. Sehr gute Erfahrungen machen Fachleute nach wie vor mit den klassischen Wickelfalzrohren. Sie sind preisgünstig, aber auch stabil und stehen in zahlreichen Formstücken zur Verfügung. Die Rohrquerschnitte sollten lüftungstechnisch nicht zu klein gewählt werden. Kritisch sind Kunststoffrohre in Bezug auf Materialausdünstungen zu betrachten: Geben diese selbst giftige Stoffe wie Weichmacher ab, die die Bewohner dann einatmen? Hier sind eventuell Prüfzertifikate der Hersteller einzufordern.

Neben einer guten Planung ist die Ausführung für eine hochwertige Lüftungsanlage von Bedeutung. Hierzu gehört neben der sauberen Anlieferung auch eine einwandfreie Lagerung und Einbau der Rohrleitungen und aller Komponenten, die zur Lüftungsanlage gehören. Gelangt bereits auf der Baustelle Schmutz in Teile der Anlage, nützt die beste Planung nichts. Der Einbau der Lüftungsanlage darf z. B. nicht erfolgen, wenn parallel dazu staubende Trockenbauarbeiten vorgenommen werden. Den Bau mithilfe der Lüftungsanlage trockenzulegen, überfordert die Anlage in der Regel komplett. Wichtig ist bei der Ausführung eine sorgfältige luftdichte Ausführung des gesamten Leitungssystems. Dazu gehören geeignete Manschetten für luftdichte Anschlüsse ebenso wie dauerhaft luftdicht abgeklebte Rohrverbindungen oder eine wärmebrückenfreie, diffusionsdichte Dämmung durch den Wandaufbau hindurch.

Die ursprünglich für Büro- und Versammlungsräume, später auch für Gewerbe- und Produktionsbetriebe entwickelte VDI-Richtlinie 6022 „Hygieneanforderungen an Raumlufttechnische Anlagen und Geräte“ findet im Wohnungsbau noch selten Anwendung. Dennoch steht es jedem Bauherrn frei, diese höheren Anforderungen an die Raumluftqualität auch im eigenen Haus umzusetzen. Die Richtlinie fordert beispielsweise für die dem Raum zuzuführende Zuluft mindestens Filterklasse F7, besser sogar F9.

Besondere Bedenken haben Bauherren gegenüber Schimmelsporen, die sich in den Rohrleitungen ansammeln und im ganzen Haus verteilen könnten. Schimmel entsteht immer in einem feuchten Milieu. Daher ist es auf jeden

Fall notwendig, solche Rohrleitungen mit warmer Luft zu dämmen, die durch eine kalte Zone geführt werden. Andernfalls kondensiert die warme Luft im Rohr an der kühleren Rohrinnenwand und Feuchtigkeit fällt aus. Auch das ist in der DIN 1946-6 geregelt. In Effizienzhäusern kann diese Situation ausgeschlossen werden, da hier in der Regel keine kalten Zonen vorhanden sind.

Feuchteeintrag in das System gilt es auf jeden Fall zu vermeiden. Dazu gehört beispielsweise auch, die Ansaugstutzen vor Flugschnee und Schlagregen zu schützen. Systeme mit einem Luftbe- und -entfeuchter können ein Problem darstellen, wenn Feuchtigkeit in der Kondenswanne liegen bleibt, weil der dazugehörige Ablauf blockiert oder verstopft ist. Die Abläufe müssen regelmäßig inspiziert werden. Systeme mit aktiver Befeuchtung sind in Einfamilienhäusern nicht gebräuchlich. Grundsätzlich fällt bei Geräten mit WRG im Wärmetauscher Kondensat an, für das ein frostfreier Anschluss an eine Abwasserleitung erforderlich ist. Auf eine Luftbefeuchtung kann eventuell ganz verzichtet werden. Trockene Luft empfindet der Mensch oft nur dann als störend, wenn sie staubig ist. Die Investition in die Filterklasse kann also durchaus sinnvoller als der Einbau eines Befeuchters sein.

Filterwechsel und Reinigungsintervalle

Der regelmäßige Filterwechsel und die Wartung der Lüftungsanlage sind unbedingt notwendig. Der Filterwechsel wird vom Hersteller vorgegeben bzw. vom Gerät angezeigt. Die Herstellerangaben sollten Vorrang vor der Empfehlung der VDI-Richtlinie 6022 haben. Die Wartung des Lüftungsgerätes und der Leitungen sollte regelmäßig erfolgen. Dazu empfiehlt die Richtlinie ein Wartungsintervall von 2 Jahren. Vorrang hat aber auch hier die Herstellerangabe.

3.1.8 Energieeffizienz von Lüftungsgeräten

Moderne und besonders energieeffiziente Lüftungsanlagen können über WRG, Bedarfsregelung und effiziente Ventilatoren zum Energieeinsparen beitragen. Dieses Bestreben soll durch die Richtlinie 2009/125/EG des Europäischen Parlaments und des Rates vom 21. Oktober 2009 zur Schaffung eines Rahmens für die Festlegung von Anforderungen an die umweltgerechte Gestaltung energieverbrauchsrelevanter Produkte (Ökodesign-Richtlinie 2009/125/EG) weiter forciert werden.

Seit dem 1. Januar 2016 müssen die Kennzahlen von Wohnungslüftungsgeräten europäisch einheitlich angegeben und in den nationalen energetischen Bewertungsverfahren verwendet werden können (in Deutschland nach EnEV). Geräte mit einem Nennluftvolumenstrom bis 1.000 m³/h werden generell als Wohnungslüftungsgeräte betrachtet. Sie müssen zur besseren Verbraucherinformation zusätzlich ein Energielabel gemäß EU-Verordnung 1254/2014 zur Kennzeichnung von Wohnraumlüftungsgeräten in Bezug auf den Energieverbrauch tragen. Ausnahmen gibt es für kleinere Abluftgeräte unter 30 W Leistung sowie für Geräte mit einem Nennluftvolumenstrom zwischen 250 und 1.000 m³/h, wenn sie als RLT-Gerät für den Einsatz in Nichtwohngebäuden wie etwa in Schulen deklariert werden. Diese Geräte müssen kein Energielabel tragen und die spezifischen energetischen Anforderungen an RLT-Geräte im Nichtwohnbereich erfüllen.

Das EU-Energielabel klassifiziert die betreffenden Wohnungslüftungsgeräte mithilfe eines Kennwertes für den sog. spezifischen Energieverbrauch (SEV). Dieser Wert spiegelt die mögliche Primärenergieeinsparung (Stromaufwand für Ventilatoren minus Heizenergieeinsparung) dieses Lüftungsgerätes in Relation zu einer Fensterlüftung gleicher Luftqualität. Je niedriger dieser Wert ist, desto mehr Primärenergie spart das Gerät ein.

Beispiel

Klasse G: SEV = 0 bedeutet gleichwertig zur Fensterlüftung,
Klasse A: SEV = −40 eine Primärenergieeinsparung von 40 kWh/($m^2 \cdot a$)

Der spezifische Energieverbrauch SEV setzt sich aus folgenden Geräteeigenschaften zusammen:

- Ventilatoren: Stromverbrauch und Regelung
- WRG: Art und Güte
- Regelung der Geräte: manuell, zeit- oder bedarfsgesteuert mittels Luftqualitätssensoren

Zusätzlich gibt das Energielabel Informationen über den Nennluftvolumenstrom und den Schallleistungspegel des Gerätes. Der Nennluftvolumenstrom dient zur Feststellung, ob die Größe des Gerätes zur Wohnungsgröße passt. Grundlage für die Auslegung ist in Deutschland die DIN 1946-6. Für eine mittlere Wohnung können zur Abschätzung etwa 1,3 m^3/h Nennluftvolumenstrom pro m^2 Wohnfläche angesetzt werden. Ein Gerät mit 130 m^3/h Nennluftvolumenstrom ist also etwa für 100 m^2 ausreichend. Im Hinblick auf den Schallleistungspegel muss beachtet werden, dass dieser nur die Geräteabstrahlung betrifft und nicht den Wert, der tatsächlich im Wohnraum oder beim Bewohner ankommt. Bei raumweisen Geräten ist der Schalldruckpegel je nach Raumgröße und Raumabsorption ca. 6 bis 10 dB(A) niedriger. Bei zentralen Geräten, die meist nicht in Aufenthaltsräumen, sondern in Dach- oder Kellerbereichen installiert werden, hängt der Schallleistungspegel von der Installation und dem Luftverteilnetz ab. Schalldämmmaßnahmen können den Wohnbereich vollständig abkoppeln, womit die Lüftungsanlage für den Bewohner nicht zu hören ist. Dies muss bei der Planung und Installation berücksichtigt und gegenüber dem Verbraucher klar kommuniziert werden.

Grenzen der Labelpflicht

Aufgrund der bereits beschriebenen Obergrenze von 1.000 m^3/h Nennluftvolumenstrom und der Untergrenze von 30 W Geräteleistung sind einige Wohnungslüftungsgeräte faktisch von der Labelpflicht ausgenommen. Nicht in den Anwendungsbereich fallen etwa die meisten Ventilatoren, die ausschließlich zur Bad- und Toilettenentlüftung etwa nach DIN 18017-3 dienen. Zentrale Zu- und Abluftanlagen mit WRG in Mehrfamilienhäusern haben in den meisten Fällen Nennluftvolumenströme über 1.000 m^3/h, gelten als RLT-Gerät und entfallen dadurch ebenso aus der Labelpflicht. Zentralsysteme für Abluft mit Abwärmenutzung durch Wärmepumpe oder

Zuluftsysteme mit solarer Lufterwärmung sind Sonderfälle, die ebenfalls nicht gelabelt werden müssen.

Typischerweise fallen zentrale Zu- und Abluftgeräte mit WRG je Wohneinheit, d.h. Zentralgeräte im Einfamilienhaus oder wohnungsweise Zentralgeräte im Mehrfamilienhaus, unter die Labelpflicht. Diese Geräte liegen typischerweise über 30 W Geräteleistung und erreichen keine 1.000 m^3/h. Zeitgesteuerte Geräte erreichen typischerweise Energieeffizienzklassen bis A, bedarfsgeregelte Geräte bis Energieeffizienzklasse A+.

Auch zentrale und dezentrale Abluftgeräte in Mehrfamilienhäusern fallen im Normalfall mit über 30 W Geräteleistung unter die Labelpflicht. Zeitgesteuerte Geräte erreichen in der Regel die Energieeffizienzklasse E oder F, bedarfsgeregelte Geräte bis Energieeffizienzklasse B.

3.1.9 Rauchwarnmelder und kontrollierte Lüftung

In Deutschland besteht in allen Bundesländern für Neubauten eine Rauchwarnmelderpflicht. Diese ist in den einzelnen Länderbauordnungen verankert. Die Anwendungsnorm DIN 14676 „Rauchwarnmelder für Wohnhäuser, Wohnungen und Räume mit wohnungsähnlicher Nutzung – Einbau, Betrieb und Instandhaltung“ (2012) liegt allen Gesetzestexten zugrunde.

DIN 14676 ist die deutsche Norm für Rauchwarnmelder in Wohnhäusern, Wohnungen und Räumen mit wohnungsähnlicher Nutzung (Einbau, Betrieb und Nutzung).

In der Landesbauordnung Nordrhein-Westfalen (BauO NRW) wird die vorgeschriebene Anbringung von Rauchmeldern in § 49 Abs. 7 prägnant beschrieben:

„In Wohnungen müssen Schlafräume und Kinderzimmer sowie Flure, über die Rettungswege von Aufenthaltsräumen führen, jeweils mindestens einen Rauchwarnmelder haben. Dieser muss so eingebaut oder angebracht und betrieben werden, dass Brandrauch frühzeitig erkannt und gemeldet wird.“

Besonderheiten bei Gebäuden mit kontrollierter Lüftungsanlage

In DIN 14676 heißt es in Abschnitt 4.3.3 (Rauchwarnmelder in zuggefährdeter Umgebung):

„Um sicherzustellen, dass der Rauch den Rauchwarnmelder erreicht, darf dieser nicht in stark zuggefährdeter Umgebung installiert werden (z.B. in der Nähe von Klima- und Lüftungsauslässen).“

In Räumen, in denen Lüftungsanlagen und/oder Klimaanlagen eingesetzt sind, ist darauf zu achten, dass die Luftbewegung das Eindringen des Brandrauches in den Rauchwarnmelder nicht beeinträchtigt.

Wo genau der Rauchwarnmelder in einem Raum mit Lüftungsauslässen montiert werden sollte, muss vor Ort von einer Fachkraft festgelegt werden. In zwangsbelüfteten Räumen müssen perforierte Decken, die der Belüftung dienen, im Radius von 0,50 m um den Melder geschlossen sein.

3.1.10 Zusammenfassung

Eine effiziente Lüftung im Passivhaus wird nur erreicht, wenn einige wichtige Voraussetzungen erfüllt werden:

- Die Gebäudehülle muss eine Luftdichtheit von $n_{50} \leq 0{,}6\ h^{-1}$ aufweisen, da ansonsten kalte Außenluft einströmen bzw. warme Innenluft ausströmen kann, was zu unkontrollierten Wärmeverlusten führt. Diese Wärme kann nicht innerhalb des Gebäudes als Energie zurückgeführt werden und geht unnötigerweise verloren.
- Die elektrischen Hilfsenergien oder Gleichstrommotoren, die vorrangig zum Antrieb der Lüfter eingesetzt werden, müssen eine Energieeffizienz von < 0,4 Wh/m³ Luft aufweisen, langlebig und laufruhig sein.
- Die Luftdurchströmung im Passivhaus muss als gerichtete Strömung angelegt werden, d. h. Wohnräume wie z. B. Schlafzimmer und Wohnzimmer zählen als Zulufträume, Feuchtbereiche wie Küche, Bad und WC als Ablufträume. Flure und Treppenhäuser bilden den Überströmungsbereich.

3.2 Erdreichwärmetauscher

EWT bestehen meist aus Kunststoffrohren oder Soleleitungen, die im frostfreien Erdreich verlegt werden. Durch das relativ gleichbleibende Temperaturgefüge des Erdreichs ist der Boden im Winter wärmer und im Sommer kühler als die Außenluft. Der vor das Lüftungsgerät geschaltete EWT dient daher im Winter zur Vorerwärmung und im Sommer zur Kühlung der angesaugten Frisch- bzw. Zuluft. Die im Winter eintretende Luft muss vor dem Lüftungsgerät die Frostgrenze überschreiten. Die erreichbaren Temperaturdifferenzen über den EWT hängen von dessen Eigenschaften und Verlegung ab.

Um eine Vereisung des Lüftungsgerätes bzw. des Wärmetauschers in der WRG-Anlage zu vermeiden, muss sichergestellt werden, dass die einströmende Frisch- bzw. Zuluft auf Temperaturen über den Gefrierpunkt erwärmt werden. Die Erhöhung der Temperatur hängt vom jeweiligen Tauscherwirkungsgrad der WRG-Anlage ab; so entsteht z. B. bei einer Außentemperatur von –10 °C und einer WRG von 80 % eine Erwärmung auf –4 °C. Beim Einbau einer WRG-Anlage mit 99 % würde eine Zulufttemperatur von +1 °C erreicht. Bei solch einer niedrigen Außentemperatur muss eine Vorwärmung der Zuluft stattfinden. Ansonsten würde die Temperatur der aufgewärmten Abluft des Gebäudes im Wärmetauscher des Lüftungsgerätes unter den Gefrierpunkt sinken und in der Folge der Wasserdampf der Abluft nicht nur auskondensieren, sondern sogar zu Eis gefrieren und den Wärmetauscher blockieren.

Selbst bei WRG-Anlagen mit integriertem Frostschutz, der lediglich die Drosselung oder Abschaltung des Zuluftventilators regelt, sollte dennoch nicht auf eine Vorerwärmung der Außenluft verzichtet werden. Ohne die eingebrachte Zuluft kann keine WRG stattfinden, da lediglich Abluft hinaustransportiert wird. Durch den daraus resultierenden Unterdruck im

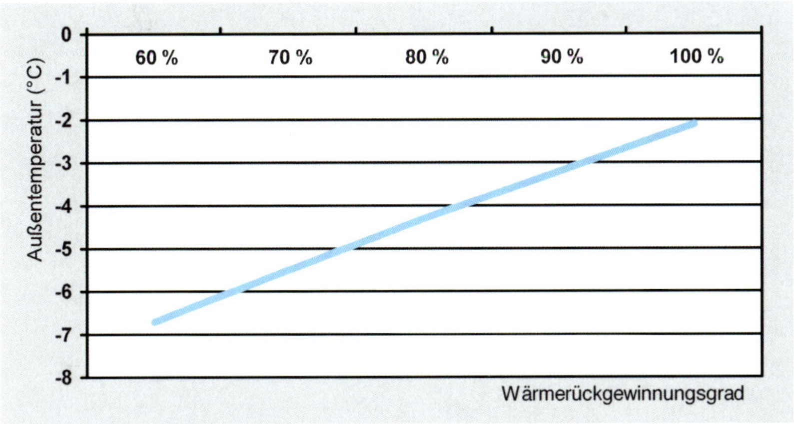

Abb. 3.12: Abhängigkeit des WRG-Grades von der Außentemperatur, bei der die Vereisungsgefahr einsetzt

Gebäude dringt die fehlende Zuluft über mögliche Fugen innerhalb der Gebäudehülle ein, was zu unangenehmen Zugerscheinungen führen kann. Eine effiziente Ausnutzung der WRG und eine ausgewogene Lüftung in den kalten Wintermonaten können nur durch eine Vorerwärmung der Zuluft gewährleistet werden (siehe Abb. 3.12).

Um eine unerwünschte Überhitzung im Sommer zu vermeiden, sollte der direkte Zugang der warmen Außenluft ins Rauminnere vermieden werden. Dies wird auch durch eine Lüftungsanlage mit vorgeschaltetem EWT erreicht. Da das Erdreich im Sommer bis in eine Tiefe von 1 bis 3 m wesentlich kühler als die warme Außenluft ist, wird im Haus durch die Vorkühlung im Erdreich kältere Zuluft eingeblasen und warme Abluft abgeführt. Neben der Lüftungsanlage mit EWT trägt auch die gute Wärmedämmung des Passivhauses sowie eine Verschattung und Verschließung der Fenster dazu bei, auf eine Klimaanlage und den damit verbundenen hohen Stromverbrauch verzichten zu können.

3.2.1 Bauarten

EWT gibt es in verschiedene Bauarten. Es wird unterschieden zwischen Frischluftkanälen aus Kunststoff- bzw. Betonrohren, die ins Erdreich verlegt werden, und Soleleitungen, die in der Erde vergraben werden. Bei den Frischluftkanälen wird die vorhandene Erdwärme direkt auf die durchströmende Frisch- bzw. Zuluft übertragen und zum Wärmetauscher der Lüftungsanlage transportiert. Die Soleleitungen sind mit Sole, d. h. mit Wasser und Frostschutzmittel, gefüllt, die die Erdwärme aufnimmt. In einem Sole-Luft-Heizregister wird dann die Wärme an die Frisch- bzw. Zuluft abgegeben. Um die kostenlose Energie der Erdwärme nutzen zu können, wird bei den Frischluftkanälen im Zuluftventilator ein leicht erhöhter Ventilatorstrom benötigt und bei den Soleleitungen geringe Strommengen für die Solepumpe.

Abb. 3.13: Verlegung des EWT im Erdreichgraben; im Vordergrund ist eine Regenwasserzisterne zu sehen

Abb. 3.14: Verfüllen des EWT mit Erdreich

Lufterdwärmetauscher

Bei einem EWT mit erdverlegten Frischluftkanälen handelt es sich meist um verschweißte Kunststoffrohre mit einem Durchmesser von 150 bis 200 mm, die in ca. 1,5 bis 2 m Tiefe im Erdreich verlegt werden. Dabei beträgt die Rohrleitungslänge bei einem Einfamilienhaus ca. 30 bis 50 m. Um einen guten Wärmeübergang vom Erdreich an die Luft zu gewährleisten, sollten die Rohre dünnwandig sein, jedoch eine hohe Stabilität aufweisen, um nicht unter späteren Erd bzw. Verkehrslasten zu brechen. Eine raue oder wellige Oberfläche optimiert eine Wärmeübertragung, sollte jedoch an der Innenoberfläche vermieden werden, da dies zu erhöhtem Stromverbrauch der Ventilatoren und zur Erschwerung des Kondensatablaufs führt. Die Rohre sollten ebenso eine Dichtigkeit gegen von außen drückendes Wasser aufweisen.

Häufig kommt es bei unsachgemäßer Planung nach starkem Regen oder bei hohem Grundwasserstand zu einem Volllaufen der Rohre. Dies sollte unbedingt vermieden werden. Die Reinigung und Inspektion des EWT erfordert ein Durchfahren der Rohrleitungen mit entsprechenden Geräten. Daher sollten im Verlegsystem nur Bögen und Abzweigungen gewählt werden, die dies zulassen. Revisionsschächte, die zur Reinigung dienen, müssen mit einem Geruchsverschluss (Siphon) ausgestattet werden.

Um die erdverlegten Frischluftkanäle vor Schimmelpilzbildung und Verschmutzung zu schützen und damit die geforderten hygienischen Bedingungen zu erfüllen, müssen vor dem EWT im Bereich der Luftansaugung hochwertige Filter angebracht werden, die in Abhängigkeit von den Außenluftbedingungen ca. alle 3 Monate gewechselt werden sollten.

Die Kunststoffrohre des EWT lassen sich relativ leicht im Erdreich verlegen, wobei der umgebende Boden gut verdichtet werden sollte. Dabei wirkt sich eine hohe Feuchtigkeit, Rohdichte und Wärmeleitfähigkeit des Erdreichs günstig auf den Wirkungsgrad des EWT aus (siehe Abb. 3.13 und 3.14). Zur Verlegung der Rohre stehen unterschiedliche Verlegvarianten zur Verfügung, die individuell auf das Bauprojekt und den Baugrund abgestimmt werden können.

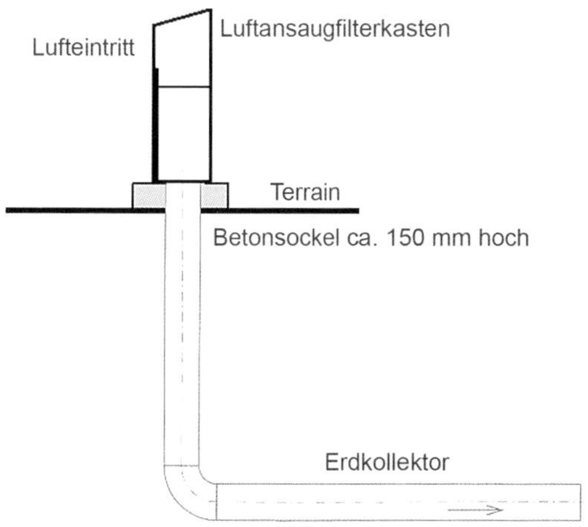

Abb. 3.15: Luftansaugfilterkasten bei Unterkellerung

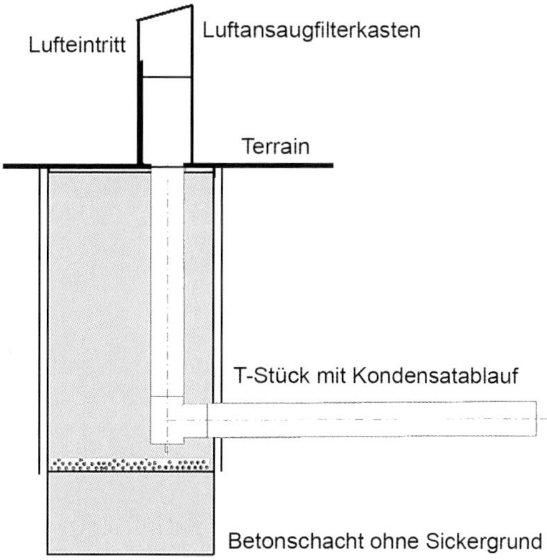

Abb. 3.16: Luftansaugfilterkasten ohne Unterkellerung

Da das bei sommerlicher Kühlnutzung anfallende Kondensat abgeleitet werden sollte, müssen die Kanäle mit einem Gefälle von mindestens 2 bis 3 % abwärts in Luftströmungsrichtung verlegt werden. Das Kondensat muss zu einer Entwässerungseinrichtung an der tiefsten Stelle, dem Kondensatablauf mit Entwässerungsventil, geführt und dort entwässert werden, wobei kein außen rückströmendes Wasser eindringen darf.

Bei einem unterkellerten Gebäude findet die Entwässerung von Reinigungswasser und Kondensat meist im Keller statt; dies erfordert einen entsprechenden Ablauf (siehe Abb. 3.15). Der Luftansaugfilterkasten wird meist in Form von frei stehender Konstruktion bzw. Wandmontage im Freibereich des Gebäudes angebracht. Findet die Montage z. B. in einem Carport statt, so muss ein weiteres Rohr im Freien die Frischluft zum Filter führen. Die Kondensation an Rohren und Gehäuse aufgrund höherer Temperaturen im platzierten Bereich kann mit entsprechender Isolation verhindert werden. Der Feinstaubfilter am Luftansaugstutzen kann mit einem Wetterschutzgitter ausgestattet werden.

Bietet sich keine Möglichkeit im Keller zu entwässern, z. B. weil das Gebäude nicht unterkellert ist, muss ein Schacht gesetzt werden, in dem die Entwässerung möglich ist (siehe Abb. 3.16). Das Kondensat und Reinigungswasser kann dort zur Versickerung in ein Kiesbett geleitet werden. Befindet sich das Baugrundstück in einem grundwassergefährdeten Gebiet, so ist es möglich, den Schacht zu schließen und das T-Stück über eine Kondensatpumpe zu entwässern. Das gesamte Rohrsystem muss absolut dicht ausgeführt werden. Die Anbringung des Feinstaubfilters kann innerhalb des Schachtes oder aber im Freibereich erfolgen. Dabei ist eine Ausführung mit integriertem Wetterschutzgitter zu empfehlen.

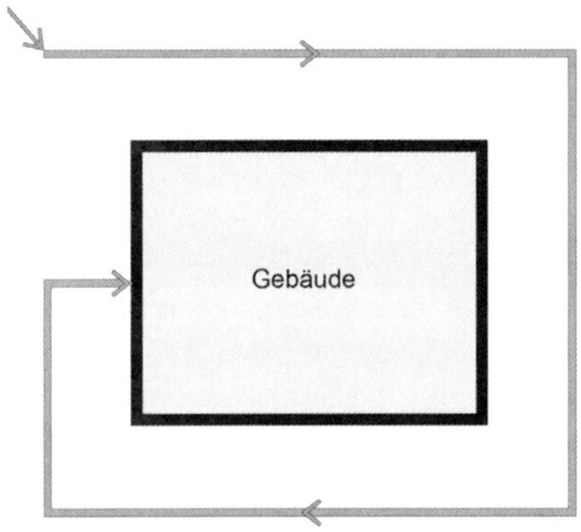

Abb. 3.17: Einrohrverlegung Ringleitung (Quelle: Ingenieurbüro Bauer-Solar, Esprehm)

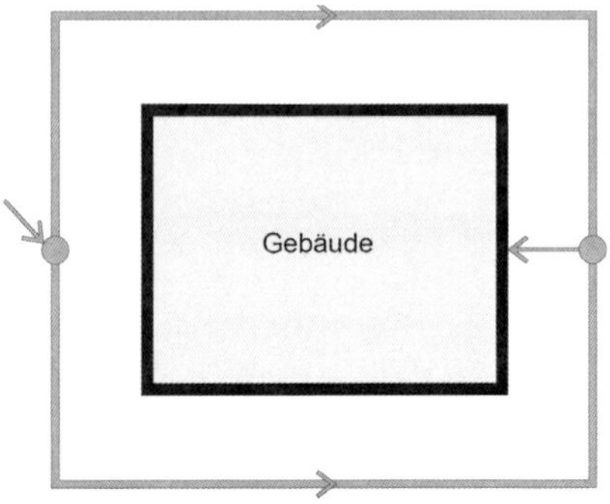

Abb. 3.18: 2 Halbschlaufen (Quelle: Ingenieurbüro Bauer-Solar, Esprehm)

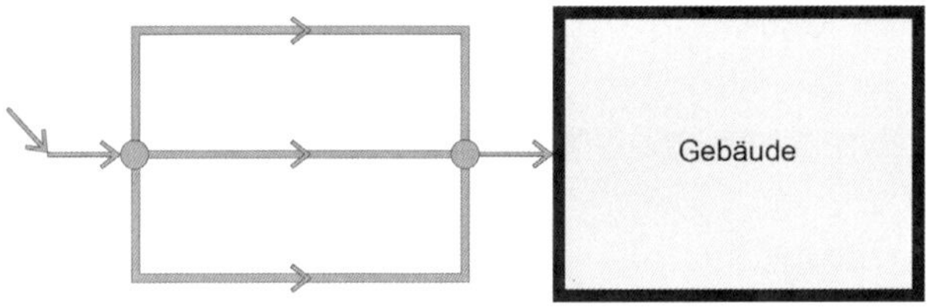

Abb. 3.19: Registerverlegung (Quelle: Ingenieurbüro Bauer-Solar, Esprehm)

In den meisten Fällen bestimmt die Grundstücksgröße die Verlegungsart der EWT-Frischluftkanäle, die als Ringleitung (siehe Abb. 3.17), in Form von 2 Halbschlaufen (siehe Abb. 3.18) oder als Registerverlegung (siehe Abb. 3.19) ausgeführt werden kann. Bei Einfamilienhäusern wird vorzugsweise die Einrohrverlegung bzw. Ringleitung angewandt, da es sich um kleinere EWT-Anlagen handelt, die nur einige Formteile benötigen und deshalb wirtschaftlicher sind.

Die Auslegung des EWT, d. h. die Berechnung des Durchmessers und der Rohrlänge, wird in Abhängigkeit folgender Komponenten bestimmt:

- Volumen des Gebäudes
- Material der Rohre
- Tiefe der Verlegung
- Luftwechselrate
- Art der Verlegung (Ringleitung oder Register)
- Klima am Standort
- Kennwerte des Bodens
- Stand des Grundwassers

Eine maximale Strömungsgeschwindigkeit von ca. 3 m/s bestimmt den Rohrdurchmesser. Bei Überschreiten dieses Wertes tritt eine negative Beeinflussung bezüglich des Druckverlustes und des Wärmeübergangs auf. Die optimale Auslegung kann über ein spezielles Programm (Software PHLUFT) des Darmstädter Passivhaus Instituts ermittelt werden.

Abb. 3.20: Sole-EWT (Quelle: C. Grobe/NEI Detmold)

Soleerdwärmetauscher

Soleleitungen eines EWT werden aus einem biegbaren, aber sehr stabilen PE-Rohr hergestellt, durch das die Sole (Wasser und Frostschutzmittel) fließt und die Erdwärme übertragen wird. Bei einem Einfamilienhaus sind die Leitungen ca. 80 bis 150 m lang und werden in einer Bodentiefe von 1,5 bis 2,5 m vergraben. Sie weisen einen Durchmesser von 3,2 cm auf (DN 25). Aufgrund vorhandener Erfahrungen lässt sich die Länge der Soleleitungen mithilfe der Luftförderungsmenge der Lüftungsanlage festlegen, wonach die Leitungslänge der Hälfte der Luftfördermenge entspricht. Bei einem Lüftungsgerät mit einer Luftförderung von 200 m^3/h beträgt die Länge der Soleleitung also 100 m (siehe Abb. 3.20).

Um die Übertragung der Wärme von der Sole auf die Frischluft zu erreichen, wird in der Zuluftleitung vor dem Lüftungsgerät ein Sole-Luft-Wärmetauscher eingebaut. Zur Förderung der optimalen Menge an Sole in den verschiedenen Jahreszeiten und den damit verbundenen unterschiedlichen Temperaturen ist ein Pumpenregler im Sole-EWT integriert (siehe Abb. 3.21).

Soleleitungen können, um möglichst energieeffizient zu arbeiten, unterschiedlich verlegt werden. Ein geringer Verlegaufwand unter Bezugnahme auf die vorhandenen Grundstücksbedingungen sollte als möglichst wirtschaftliche Lösung bei der Planung angestrebt werden.

Bei einem Neubau mit Unterkellerung bietet sich durch die ohnehin vorhandene Baugrube eine Verlegung der Soleleitungen rund um das Kellergeschoss wie in Abb. 3.22 an. Die für die zu erwärmende Luftmenge erforderliche Leitungslänge bei ein- bis zweigeschossigen Häusern ergibt meist eine Verlegung zweimal rund um das Haus. Bei mehrgeschossigen Bauobjekten,

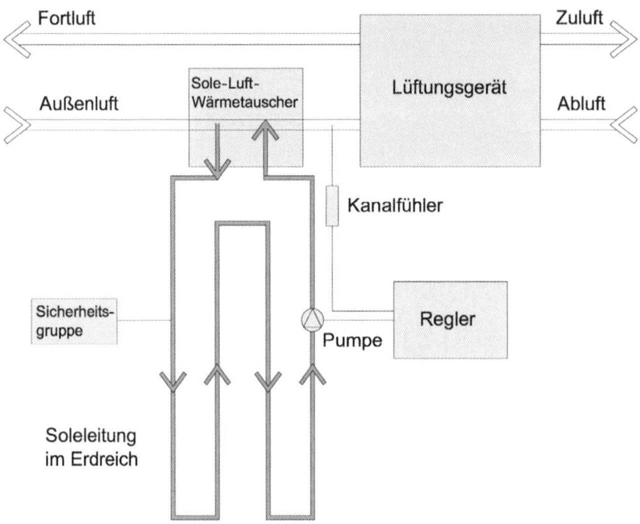

Abb. 3.21: Funktionsschema Sole-EWT nach www.systemair.com

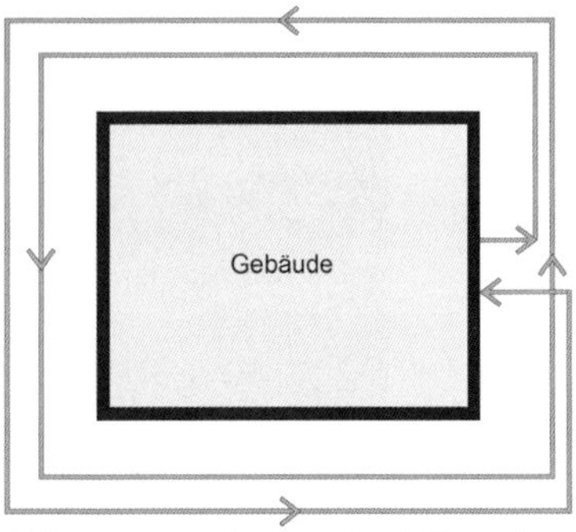

Abb. 3.22: Verlegung des EWT rund um den Keller nach Pregizer, 2002

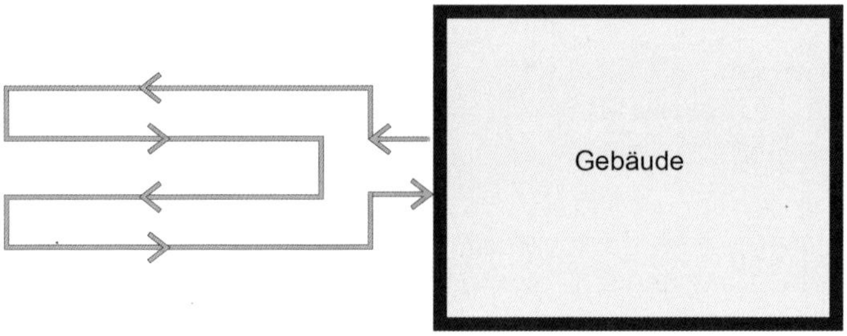

Abb. 3.23: Verlegung des EWT im Garten nach Pregizer, 2002

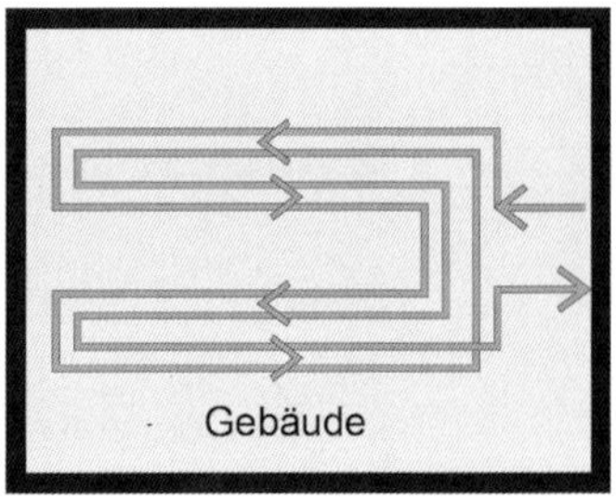

Abb. 3.24: Verlegung des EWT unter der gedämmten Sohlplatte nach Pregizer, 2002

die eine größere Frischluftmenge benötigen, müssen die Leitungsringe erweitert werden.

Bei einem Neubau ohne Kellergeschoss, aber mit Garten besteht die Möglichkeit, die Soleleitung wie in Abb. 3.23 in einem Graben im Garten zu verlegen, der eine Tiefe von mindestens 1,5 m aufweisen muss. Erfordert die geringe Gartengröße ein Übereinanderlegen der Solestränge, so sollte der vom Haus kommende Vorlauf oben und der zurück zum Haus laufende Rücklauf unten eingebracht werden.

Bei einem Neubau ohne Keller und Garten ist eine Verlegung der Leitungen unterhalb der Sohlplatte wie in Abb. 3.24 möglich, jedoch muss diese dann eine unterseitige hohe Wärmedämmung aufweisen. Da im Sommer die Wärmezufuhr an das Erdreich entfällt, muss in dieser Zeit eine gezielte Wiedererwärmung der Erdmasse erfolgen, z. B. durch überschüssige Wärme einer Solaranlage. Bei einem Neubau auf Pfahlgründung ist eine Integration der Soleleitungen innerhalb der Bohrpfähle möglich.

3.2.2 Zusammenfassung

EWT aus **Frischluftkanälen:**

- Die Frischluftkanäle sind meist verschweißte Kunststoffrohre, deren Durchmesser 150 bis 200 mm betragen sollte.
- Die Strömungsgeschwindigkeit sollte < 2 bis 3 m/s betragen.
- Die Länge der Frischluftrohre variiert, abhängig von den Gegebenheiten, zwischen 30 und 50 m.
- Die Verlegtiefe der Frischluftkanäle sollte 1,5 bis 2 m betragen, um Frostfreiheit zu garantieren.
- Die Rohrleitungen sollten zum Ablauf hin ein Gefälle von 2 bis 3 % aufweisen.
- Zwischen den einzelnen Rohren und zum Gebäude sollte ein Abstand von mindestens 1 m eingehalten werden.
- Die Verlegung sollte möglichst in gewachsenem Boden stattfinden, der um das Rohrleitungssystem gut verdichtet werden muss, um einen effizienten Wärmeübergang zu erreichen.
- Zur Ableitung des anfallenden Kondensat und Reinigungswassers innerhalb der erdverlegten Rohrleitungen ist bei unterkellerten Häusern ein Ablauf innerhalb des Hauses mittels Siphon, bei nicht unterkellerten Häusern ein Pumpenschacht vorzusehen.
- Die Bauplatzgröße entscheidet häufig über die Verlegart des EWT: als Einrohrverlegung oder Register.

EWT aus **Soleleitungen:**

- Die Soleleitungen werden aus biegbarem, sehr stabilem PE-Rohr hergestellt, dessen Durchmesser bei 3,2 cm (DN 25) liegt.
- Die Länge der Soleleitungen variiert zwischen 80 und 150 m bei einem Einfamilienhaus und ist von der Luftförderungsmenge der jeweiligen Lüftungsanlage abhängig (Leitungslänge = Hälfte der Luftförderungsmenge).
- Die Verlegtiefe der Soleleitungen sollte 1,5 bis 2,5 m betragen, um Frostfreiheit zu garantieren.
- Vor dem Lüftungsgerät wird in der Zuluftleitung ein Sole-Luft-Wärmetauscher eingebaut.
- Die Integration eines Pumpenreglers bestimmt die Fördermenge der Sole.
- Die Bauplatzgröße entscheidet häufig über die Verlegart des EWT, z. B. um das Gebäude herum, unterhalb der Bodenplatte oder in Bohrpfählen.
- Der Druckverlust des Wärmetauschers sollte weniger als 10 Pa betragen.

3.3 Luftvorwärmung ohne Erdreichwärmetauscher

Eine Luftvorerwärmung für den winterlichen Frostschutz hocheffizienter Lüftungsanlagen kann auch ohne Erdwärme erreicht werden. Alternativen zur Erdwärme sind elektrische oder Warmwasser-Luftvorheizregister mit Anschluss an die Zentralheizung, die in den Frischluftkanal eingebaut werden. Aufgrund seiner genannten Vorteile sollte ein vorgeschalteter EWT beim Bau eines Passivhauses immer in Erwägung gezogen werden.

Elektrische Luftvorheizregister sind meist mit Überhitzungsschutz und Luftstromüberwachung ausgestattet, jedoch ist eine genaue Regelung der Heizregister problematisch. In vielen Fällen wird die eintretende Frischluft zu stark erwärmt und führt dann zu höherem Stromverbrauch sowie zu einer Minderung des WRG-Grades der Lüftungsanlage. Findet an den heißen Elektroglühdrähten eine Verschwellung von Staubpartikeln statt, erhält die einströmende Frischluft einen unangenehmen Geruch. Des Weiteren eignen sich diese Vorheizregister lediglich zur Vermeidung des winterlichen Frostschutzes; eine Vorkühlung der eindringenden Frischluft im Sommer ist nicht möglich.

Eine sehr aufwendige Installation benötigen Warmwasser-Luftvorheizregister, die aus dem Heizungskreislauf des Hauses beschickt werden. Ein Frostschutzthermostatventil des Heizwasserkreises drosselt den Heizwasserdurchgang anhand der Temperatur im Luftkanal. Auch dieses Heizregister lässt sich nur unpräzise regeln und führt wie das elektrische Luftvorheizregister zu höherem Energieverbrauch und zu einer Minderung des WRG-Grades der Lüftungsanlage. Ebenso kann die Pumpensteuerung der Heizungsanlage problematisch werden, wenn die Hausheizung nachts abgesenkt wird, das Frostschutzheizwasser aber herangepumpt werden muss.

Ein vorrangiges Problem der Warmwasser-Luftvorheizregister besteht in der Gefahr des Einfrierens, was durch Ausfall der Heizpumpe verursacht werden kann. In diesem Fall enthält der zum Sole-EWT führende Heizwasserkreislauf kein Frostschutzmittel mehr, obwohl die Lüftungsanlage weiterläuft. So kann es zum Platzen des Heizregisters oder zum Leerlaufen des Heizwasserkreises kommen. Ein Stillstand der ganzen Heizung des Hauses wäre die Folge. Vorbeugende Maßnahmen wie ein gesondert installierter Heizkreis mit Frostschutzmittel sind aufwendig und unwirtschaftlich.

3.4 Lüftungsanlage mit Wärmerückgewinnung

Eine mechanische Lüftungsanlage mit hocheffizienter WRG ist in einem Passivhaus unverzichtbar, da der Lüftungswärmebedarf minimiert, jedoch zeitgleich der benötigte Luftwechsel gewährleistet werden muss. Sie ist die Zentrale des Passivhauses bezüglich der Frischluft und Wärmeversorgung (siehe Abb. 3.25 und 3.26). Das Lüftungszentralgerät bzw. WRG-System muss einige Kriterien erfüllen, um passivhaustauglich zu sein.

Die Frischluft (Außenluft), deren Ansaugung über einen Filter erfolgt, wird in einer konstanten Menge nach Durchströmen des EWT zum Zentralgerät der Lüftungsanlage befördert. Die Abluft, die aus Bereichen wie Badezimmer oder Küche abgesaugt wird, erreicht zeitgleich das Lüftungsgerät. Der durchströmenden Abluft wird im Wärmetauscher des Lüftungsgerätes die Wärmeenergie entzogen und auf die einströmende Frischluft übertragen, ohne dass eine Vermischung der Luftströme stattfindet. Durch die Trennung der Luftströme wird verhindert, dass die nun erwärmte Frischluft durch Gerüche oder Schadstoffe verunreinigt wird. Ebenso verhindert ein Filter vor dem Wärmetauscher, dass sich Staub bzw. Schmutzpartikel absetzen können.

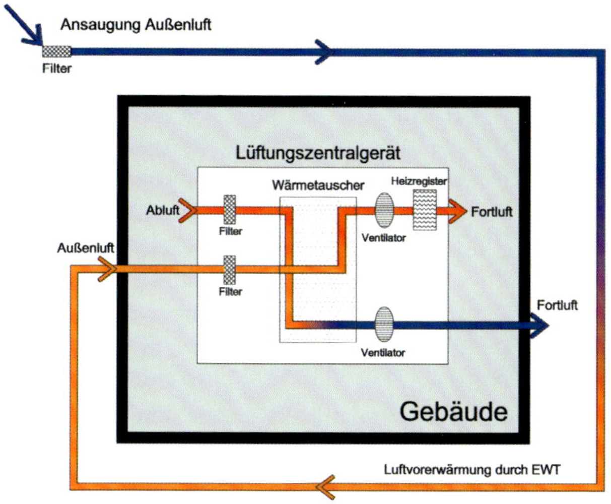

Abb. 3.25: Funktionsschema einer Lüftungsanlage mit WRG

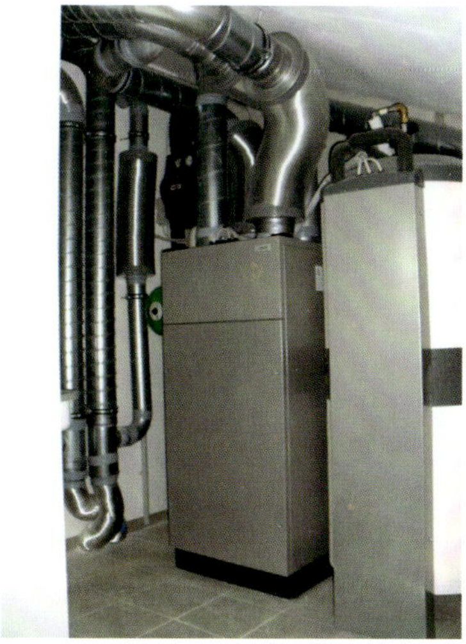

Abb. 3.26: Versorgungstechnik Passivhaus

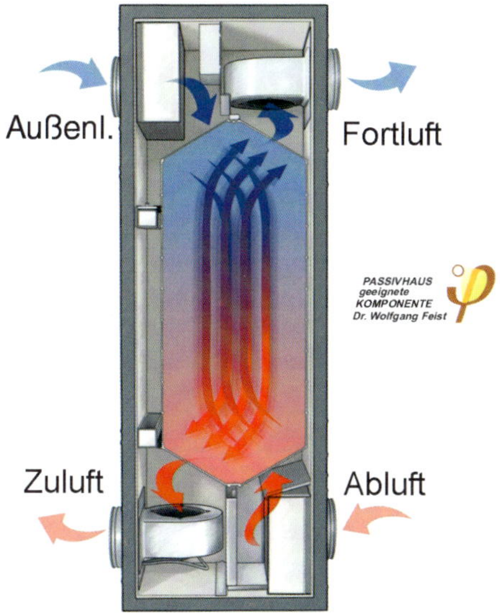

Abb. 3.27: Wärmetauscher (Quelle: Sachsenland Bauelemente GmbH, Glauchau, www.lueftungssysteme.de)

In den Wohnbereichen wie Wohn- oder Schlafzimmer wird die erwärmte und gefilterte Frischluft als sog. Zuluft eingebracht. Damit erübrigt sich die Fensterlüftung, die hohe Wärmeenergieverluste mit sich bringen würde.

Die nach Verlassen des Wärmetauschers durch Abgabe der Wärmeenergie abgekühlte und verbrauchte Abluft wird als sog. Fortluft über einen Lüftungskanal in den Außenbereich geführt. Der in die Zuluftbereiche eingebrachte Luftvolumenstrom liefert eine zuvor errechnete und eingestellte Luftmenge und bewirkt so eine optimale Raumluftqualität.

Der Wärmetauscher des Lüftungsgerätes (siehe Abb. 3.27) sollte einen hohen Wirkungsgrad haben, um der abgesaugten Abluft effizient die Wärmeenergie entziehen zu können. Liegen extrem niedrige Außentemperaturen vor, reduziert bereits der vorgeschaltete Wärmetauscher den Bedarf an Ergänzungsheizungen. Sollte dennoch eine Nachheizung erforderlich sein, so bieten sich verschiedene Techniken an, die in Kapitel 3.5 erläutert werden.

Die **Zulufttemperatur** muss ≥ 16,5 °C sein, da sonst die benötigte Heizlast nicht erreicht werden kann. Ein Nachheizen kann bei extrem kalten Temperaturen erfolgen, z. B. mithilfe eines Nachheizregisters.

Der **WRG-Grad** des Lüftungsgerätes sollte ≥ 75 % sein; ansonsten werden die Anforderungen der Energieeffizienz des Gerätes nicht erfüllt und das Passivhaus „funktioniert" nicht. Je höher der WRG ist, desto effizienter wird die Wärmeenergie des Gebäudes genutzt. Auf dem Markt werden bereits Geräte mit einem Wirkungsgrad von bis zu 96 % angeboten.

Der spezifische **Strombedarf** des Lüftungsgerätes (Ventilatoren, Steuerung und Regelung) muss ≤ 0,45 Wh/m³ sein, d. h. je 1 m³ transportierter Luftmenge dürfen 0,45 W/h nicht überschritten werden. Um das Kriterium des geringen Stromverbrauchs zu erfüllen und der Energiebilanz des Passivhauses gerecht zu werden, muss dieser Wert eingehalten werden.

Um die geforderte **Raumlufthygiene** zu erzielen, werden Filter eingesetzt. Dabei sollte der Außenluftfilter die Mindestfilterklasse G4 vorweisen und der für die Abluft eingesetzte Filter ebenfalls der Filterklasse G4 entsprechen. Für Allergiker sind die Filterklassen F5 oder F7 empfehlenswert. Das Auswechseln der Filter sollte einfach sein und nach den Vorgaben des Herstellers erfolgen.

Des Weiteren sollte die Lüftungsanlage bezüglich der Dämmung, der Leckagen und des Ventilatorenstroms gute Voraussetzungen mitbringen, um eine hocheffiziente WRG zu erzielen:

- Die Wärmedämmung des Lüftungsgerätes sollte einen geringen *U*-Wert haben; optimal ist ein Wert von 0,5 W/(m² · K). Die Wärme würde ansonsten an die Umgebung abgegeben und den effektiven Wärmebereitstellungsgrad verschlechtern.
- Der Aufstellort des Lüftungsgerätes sollte möglichst in der gedämmten Gebäudehülle befinden. Frischluft- und Fortluftleitungen sollten möglichst kurz und gut gedämmt ausgeführt sein.
- Die WRG-Systeme sollten, um energieeffizient zu arbeiten und die Luftqualität zu erhalten, nur geringste Leckagen von ≤ 3 % aufweisen.
- Das Lüftungsgerät sollte mit einer guten Regelbarkeit ausgestattet sein, d. h. mit mindestens 3 Stufen (Grund, Standard und Stoßlüftung) und einer Ausschaltung. Integrierte Programme, die z. B. selbstständig nach einem bestimmten Zeitraum von einer Stoßlüftung in die Grundlüftung zurückschalten, sind zu empfehlen.
- Das Verhältnis der Zu- und Abluftmenge darf in keiner Lüftungsphase unausgeglichen sein, da ansonsten ein Über- bzw. Unterdruck innerhalb des Hauses entstehen könnte.
- Bei einer Lüftungsanlage ohne EWT müssen Vereisungen vermieden werden. Eine vor die Anlage geschaltete Defrosterheizung (siehe Abb. 3.28) verhindert die Vereisung der Frischluft und die Balance des Systems

Abb. 3.28: Defroster
(Quelle: Ingenieurbüro Bauer-Solar, Esprehm)

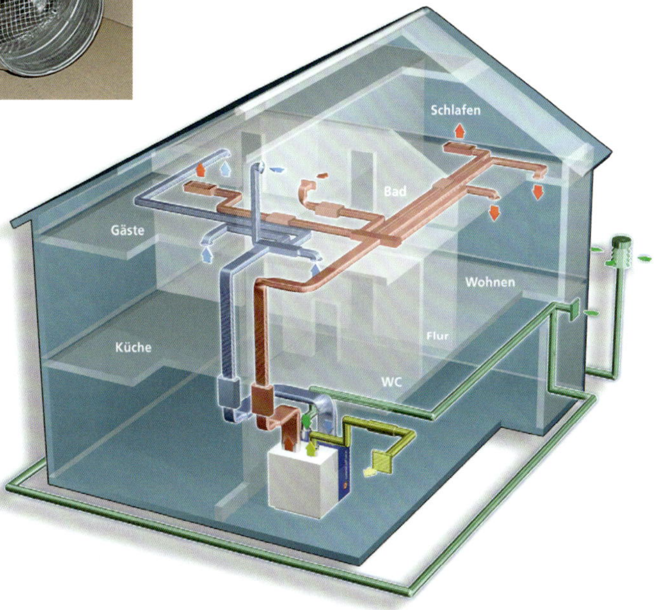

Abb. 3.29: Rohrverteilungssystem mit kontrollierter Zu- und Abluftführung
(Quelle: Westaflexwerk GmbH, Gütersloh)

wird erhalten. Wird auf einen Defroster verzichtet und wird die Zuluft zur Enteisung abgeschaltet, so kommt es zu einem Unterdruck im Gebäudeinneren, der kalte Außenluft durch die Gebäudehülle infiltrieren lässt. Dabei kann die Heizlast auf ein Drei- bis Fünffaches ansteigen.

- Befindet sich die Lüftungsanlage im Standardbetrieb, so muss der **Schalldruckpegel** $\leq$ 35 dB(A) sein. Strengere Anforderungen gelten für die Lüftungsleitungen.
- Die Lüftungsanlage im Passivhaus sollte bereits im Vorfeld genau geplant werden, um sie individuell auf verschiedene Kriterien abzustimmen.

3.4.1 Lüftungsverteilung und Zuluftmenge

Die beheizten Wohnbereiche eines Passivhauses werden, wie bereits erwähnt, durch die Lüftungsanlage be- und entlüftet, wobei die Lüftungsverteilung über die installierten Lüftungskanäle stattfindet (siehe Abb. 3.29). Zur Erstellung des Lüftungsnetzes stehen unterschiedliche Rohrverteilungssysteme und Materialien zur Verfügung, die individuell auf das Bauprojekt abgestimmt werden sollten. Die Größe des Luftvolumenstroms ergibt sich aus den Nutzerbedingungen, wobei es pauschalierte Überschlagswerte zu beachten gilt.

In der Regel wird der Maximalvolumenstrom nach folgenden Kriterien ermittelt:

- Je Bewohner sollten 30 m³ Zuluft pro Stunde kalkuliert werden.
- Je Stunde sollte eine Luftwechselrate 1/h ≥ 0,3 eingehalten werden.
- Die kennzeichnende Abluftbedingung für Funktionsräume sollte berücksichtigt werden.

Die einströmende Zuluftmenge kann individuell eingestellt werden, angepasst an die ganz unterschiedlichen Nutzungsbedingungen in den einzelnen Wohnräumen. So kann z. B. für Wohnbereiche mit hoher Aufenthaltsdauer die Standardlüftung eingestellt werden, in Abstellräumen läuft dagegen die Grundlüftung. Die Regelbarkeit funktioniert über in den Zuluftkanal eingebaute Klappen. Unangenehme Infiltrationen, z. B. wenn durch ein Ungleichgewicht entstandener Unterdruck kalte Außenluft durch Leckagen leichter einströmen lässt, sollten durch eine ausbalancierte Lüftungsverteilung vermieden werden. Die Einstellung der Luftmengenverteilung am Zentralgerät, die dann variabel gesteuert und gleichbleibend in balancierter Lüftung läuft, hat sich als die wirtschaftlichste und einfachste Methode erwiesen.

3.4.2 Rohrleitungen, Schallschutz und Raumlufthygiene

Normalerweise werden beim Bau des Lüftungskanalnetzes die Zu- und Abluftleitungen in oder auf den Decken und in Installationsschächten verlegt. Sollte dies nicht möglich sein, so können spezielle Kanäle auch auf den Putz verlegt werden. Vorzugsweise sollten glatte Rohrleitungen verwendet werden, denn sie verhindern die Ansammlung von Staub und unnötige Druckverluste. Umlenkungen sollten einen großen Radius aufweisen, um einen Druckabfall und Strömungsgeräusche zu vermeiden.

Das Lüftungssystem sollte aus starr und dicht verlegten glattwandigen Rohren bestehen (**starres Luftkanalsystem**). Neben runden gibt es auch eckige Rohrleitungen, wobei die runden den eckigen vorzuziehen sind, da sie niedrigere Druckverluste verursachen und daher energieeffizienter sind (siehe Abb. 3.30 und 3.31). Die Rohrleitungen dürfen im Betrieb keine Strömungsgeräusche verursachen und müssen den Forderungen nach Hygiene und Reinigungsmöglichkeiten entsprechen. Dünnwandige Rohre aus verzinktem Stahlblech, wie z. B. Wickel- oder Spiralfalzrohre, entsprechen diesen Anforderungen und eignen sich daher optimal als Lüftungsrohre. Die Befestigung des Kanalsystems sollte mit Rohrschellen oder Lochbändern (immer mit Gummieinlagen) erfolgen.

Rundkanäle wie in Abb. 3.32 finden meist Anwendung, wenn einzelne Geschosse über Stegleitungen verbunden werden sollen. Auch können sie zur Verlegung in Schächten oder unter Kellerdecken verwendet werden. Flachkanäle wie in Abb. 3.33 weisen eine sehr geringe Höhe auf und werden daher meist im Fußbodenaufbau, in abgehängten Deckenkonstruktionen oder in engen Schächten verlegt.

Abb. 3.30: Rundkanalleitungsstück

Abb. 3.31: Flachkanalleitungsstück

Abb. 3.32: Montage Rundkanäle

Abb. 3.33: Verlegung Flachkanäle

Neben den starren Rohrsystemen eignen sich auch sehr gut **flexible Schlauchsysteme** (z. B. Hekatherm®) als Luftkanäle. Sie sind beweglicher in der Anordnung und weisen keine Übergangs- und Schnittstellen auf, die zu eventuellen Undichtigkeiten führen könnten. Diese flexiblen Schläuche sind innen ebenso glatt ausgeführt, sodass sich auch hier keine Schmutzpartikel absetzen oder Druckverluste entstehen können. Das System der flexiblen Schläuche eignet sich sehr gut, um die Lüftungsleitungen in die betonierte Decke zu integrieren (siehe Abb. 3.34). Die Außenwandbeschaffenheit ist geriffelt, sodass sich der Beton von der Decke gut um die Schläuche ausbreiten kann, wodurch ein eventuelles Verrutschen vermieden wird. Die Verlegung in die Stahlbetondecke verringert den folgenden Bodenaufbau um einige Zentimeter. Dennoch sollte die errechnete Betondeckenhöhe nicht nur den statischen Erfordernissen entsprechen, sondern auch genügend Betonüberdeckung der Bewehrung und der auf der unteren Bewehrung liegenden Schlauchsysteme gewährleisten.

Die Rohrleitungen sind in verschiedenen Durchmessern erhältlich, um auf die unterschiedlichen Anforderungen der Luftvolumenstrommenge eingehen zu können. Über Luftverteilerkästen, getrennt für Zu- und Abluft,

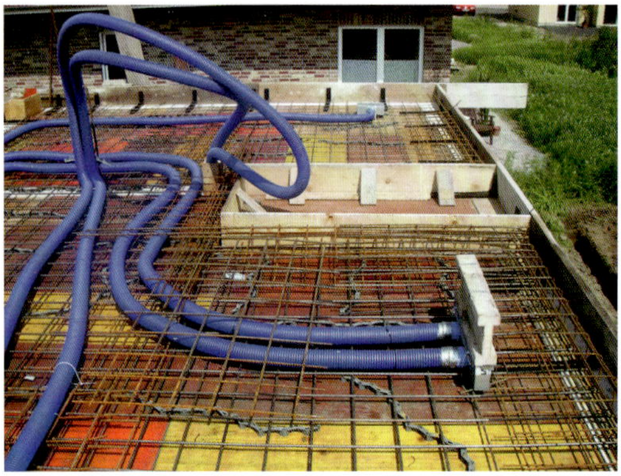

Abb. 3.34: Flexibles Schlauchsystem
links: verlegtes Schlauchsystem auf der unteren Bewehrung der Stahlbetondecke
rechts: vorn erkennbar die Zuluftdeckenöffnung für den Wohnraum im Erdgeschoss, bereits in die Decke integriert
unten: rechts erkennbar der spätere Zuluftbodenauslass für den Schlafraum im Dachgeschoss

werden die Schläuche miteinander verbunden und von da aus zu den jeweiligen Räumen und zur Haustechnikanlage geführt (siehe Abb. 3.35).

Bei Verteilersystemen muss darauf geachtet werden, sie im Bereich des Verteilerkastens sorgfältig mit Beton zu unterspritzen, was bei eng stehenden Auslässen anspruchsvoll ist. In Abb. 3.36 ist ein Beispiel zu sehen.

Abb. 3.37 zeigt einen sechseckigen Verteilerkasten, der genügend Abstand zur Betoneinbringung lässt.

Die Anwendung eines flexiblen Schlauchsystems erlaubt eine flexiblere Gestaltung der Zu- und Abluftventile. So können diese aus der Decke die unteren Wohnräume durch Deckenventile und im darüberliegenden Geschoss die Wohnräume über Wandventile oder über Bodenauslässe belüften.

Jedoch sind in der Baupraxis eine gute Koordination und Absprache zwischen Haustechniker und Rohrbauer sowie eine sorgfältige Arbeitsweise auf der Baustelle unerlässlich, um eventuelle Spätschäden zu vermeiden.

Die **Zu- und Abluftventile,** die als Luftdurchlässe in den Wohnbereich geführt werden, sollten die unterschiedlichen Einstellungen des Luftvolumenstroms gewährleisten und durch eine ausreichende Dimensionierung eine zug- und geräuschfreie Luftführung ermöglichen (siehe Abb. 3.38 und 3.39). Momentan gibt es viele unterschiedliche Formen von Luftdurchlässen

Abb. 3.35: Verteilerkasten für die Abluftschläuche

Abb. 3.36: Luftverteilersystem mit eng stehenden Auslässen

Abb. 3.37: Sechseckiges Luftverteilersystem

Abb. 3.38: Abluftventil (Quelle: AEREX Haustechnik Systeme GmbH, Villingen-Schwenningen)

Abb. 3.39: Zuluftsysteme (Quelle: AEREX HaustechnikSysteme GmbH, Villingen-Schwenningen)

wie z. B. Tellerventile. Speziell die Abluftventile müssen mit integrierten großflächigen Vorsatzfiltern ausgestattet werden, um Lüftungsleitungen und Ventilatoren hygienisch sauber zu halten.

Der **Schallschutz** in den Zu- und Abluftleitungen wird über einen unmittelbar nach dem Lüftungsgerät installierten Schalldämpfer erreicht. Telefonieschalldämpfer begrenzen die Schallübertragung zwischen den Räumen untereinander, vor allem wenn sich eine kurze Lüftungsleitung zwischen einzelnen Räumen befindet.

Die **Außenluft- und Fortluftdurchführungen** können in verschiedenen Bereichen der Gebäudehülle vorgenommen werden. Ausschlaggebend sind die baulichen Gegebenheiten und der Ort, an dem das zentrale Lüftungs-

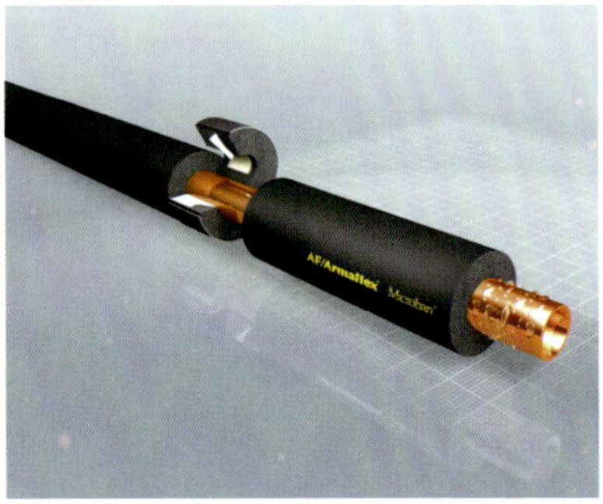

Abb. 3.40: Isolierung zur Verhinderung von Tauwasser (Quelle: www.armacell.com)

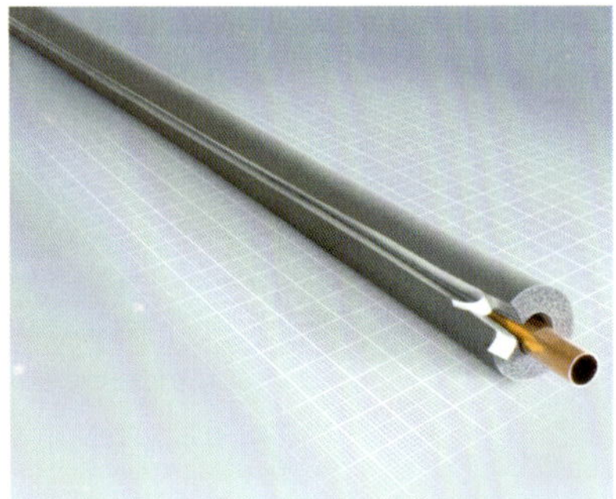

Abb. 3.41: SH/Armaflex® Rohrisolierung (Quelle: www.armacell.com)

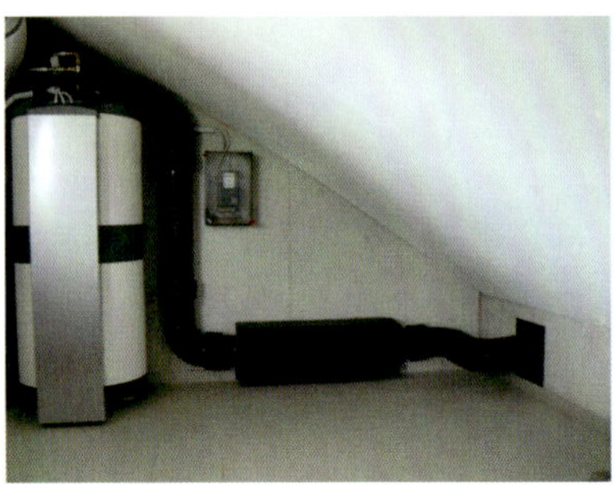

Abb. 3.42: Lüftungsgerät und Warmwasserspeicher
links: vor Isolierung der Fortluftleitung
rechts: mit Armaflex® isolierte Fortluftleitung
unten: isolierte Fortluftleitung mit integriertem Schalldämpfer

gerät aufgestellt wird. So können die Lüftungsdurchführungen z. B. in der Wand oder im Dachbereich installiert werden. Dabei sollte jedoch darauf geachtet werden, dass sich die Luftströme nicht miteinander vermischen. So sollte der Abstand zwischen der Außenluft-Ansaugöffnung und der Fortluft-Ausblasöffnung mindestens 2 m betragen. Optimalerweise wird je eine Öffnung an unterschiedlichen Gebäudeseiten, die jedoch windabgewandt sein sollten, angebracht. Das Hineinblasen von Verunreinigungen wird mit einer vorteilhaften Positionierung der Ansaugstelle für Außenluft erreicht (z. B. unter einem Dachüberstand).

Das Kanalnetz der Lüftungsleitungen muss gut wärmegedämmt werden, wenn es durch einen unbeheizten Bereich verlegt wird. Ansonsten treten hohe **Wärmeverluste und Kondenswasserbildung** auf. Geeignetes Dämmmaterial ist in Form vorgefertigter Halbschalen aus Mineral- oder Glaswolle, aber auch aus Schaummaterialien erhältlich. Die Leitungen, die den Transport zwischen Außen- und Innenluft leisten, also Außen- und Fortluftleitungen, müssen dampfdicht ummantelt werden, damit keine Durchfeuchtung der Wärmedämmung entsteht. Hier eignen sich besonders die Ummantelungsmaterialien der Firma Armacell (z. B. Armaflex®; siehe Abb. 3.40 bis 3.42). Für das Lüftungszentralgerät ist kein nachträglicher Wärmeschutz nötig, da die Geräte bereits serienmäßig mit Wärmedämmung ausgerüstet sind.

3.4.3 Zusammenfassung

Lüftungsanlagen in Wohngebäuden ermöglichen eine besser dosierbare Luftzufuhr zu allen Aufenthaltsräumen und eine komfortablere Geruchs- und Feuchteabfuhr aus Küche, Bad und WC als die Fensterlüftung. Neben dem Komfortgewinn leistet die nur mit ihnen mögliche Abluft-WRG einen erheblichen Beitrag zur Energieeinsparung. Durch intensive Entwicklungsarbeit der Hersteller ist heute eine Reihe von Lüftungsanlagen mit WRG-Graden ≥ 80 % bei zugleich niedrigem Stromverbrauch verfügbar.

Um die bei Außentemperaturen unter 0 °C mögliche Vereisung der Fortluft im Wärmetauscher mit einfachen Mitteln zu vermeiden, wird in Passivhäusern die Frischluft im kalten Winter meist mit Erdwärme vorerwärmt. Dazu kommen neben erdvergrabenen Luftleitungen vor allem Sole-EWT infrage, die robust, hygienisch unbedenklich und gut regelbar sind. Im Sommer kann warme Außenluft auch mit EWT vorgekühlt werden.

Um Lufthygiene langfristig sicherzustellen, müssen Lüftungsanlagen mit leistungsfähigen Primärfiltern ausgestattet sein, die einen Schmutzeintrag vor allem in die Zuluftwege verhindern. Ihr Leitungsnetz muss reinigungsfähig sein. Dies verlangt stabile, glattwandige und möglichst geradlinig verlegte Rohrmaterialien und bei längeren Rohrstrecken auch den Einbau zugänglicher Revisionsöffnungen. Weiterhin sind leicht zugängliche Anzeigen für Filterwechsel sinnvoll.

Bei der **Planung der Lüftungsanlage** sollten folgende Kriterien beachtet werden:

- Berechnung des Volumenstroms innerhalb des Gebäudes
- Dimensionierung der Kanäle aufgrund der Berechnungen
- Planung des Verlegsystems
- individuelle Abstimmung der gesamten Versorgungstechnik auf das Gebäude
- Simulation des EWT
- Anlageabnahme durch Sachkundige
- Instruktion der Bewohner zum Umgang mit dem Lüftungssystem

Einer optimalen Planung der Versorgungstechnik im Passivhaus sollte eine große Sorgfalt, präzise Planung und eine vorzeitige Zusammenarbeit mit dem Bauherrn zugrunde liegen.

Bei Bestandssanierungen sollte geprüft werden, ob vorgegebene, noch funktionstüchtige und wirtschaftlich akzeptierbare Wärmeerzeugungssysteme mit in die moderne Lüftungstechnik einbezogen werden können.

3.5 Heizungsanlage

Auch wenn der Heizwärmebedarf von Passivhäusern um etwa 75 % niedriger ist als der von üblichen Neubauten, ist in der Regel während einer kurzen Periode – etwa von November bis März – ein kleines Heizsystem nötig. Messwerte aus zahlreichen Passivhäusern belegen, dass ein solches Heizsystem nur eine sehr geringe Heizleistung von maximal 10 W/m^2 Wohnnutzfläche erbringen muss. Diese sehr geringen Wärmemengen können ohne separates Wärmeverteil- und Wärmeabgabesystem bereitgestellt werden. Es müssen auch keine Heizungsrohrsysteme und Heizkörper installiert werden. Stattdessen kann die erforderliche Heizwärme über die ohnehin vorhandenen Lüftungsleitungen verteilt werden. Die Zuluft wird dazu an kalten Tagen auf maximal 50 °C erwärmt. Ein Teil der Wärme wird von den Lüftungsrohren bzw. der durch Zuluft erwärmten Decke als Wärmestrahlung an die Räume abgegeben. Der Rest dringt als warme frische Zuluft ein.

Voraussetzungen für eine optimale Lüftungszufuhr sind,

- dass eine Verschwellung des Staubes verhindert wird, indem die Wärmetauscherflächen des zentralen Lüftungsgerätes 55 °C nicht überschreiten und
- dass die relative Luftfeuchtigkeit im Winter nicht zu stark sinkt, indem nur die wirklich benötigte Luftmenge zugeführt wird.

Im Gegensatz zu konventionellen Gebäuden kann die Nachheizung der Zuluft über das Warmwasserbereitungssystem erfolgen. Es wird also nicht wie bisher das Warmwasser über die Heizungsanlage bereitet. Durch Einsatz einer Kleinstwärmepumpe wird Wärme aus der Fortluft hinter dem Luft-Luft-Wärmetauscher entzogen und dem Gebäude erneut zugeführt. Durch Vorschalten eines EWT in der Frischluftzufuhr ist die entzogene Wärme der Abluft (meist über 5 °C) höher temperiert als die Außenluft und reduziert so enorm den weiteren Wärmebedarf.

Dieses gut funktionierende Kompaktsystem kann in einem Passivhaus Lüftung, Heizung und Warmwasserbereitung übernehmen, d. h. die Anlage deckt den gesamten Warmwasserbedarf und den Restheizwärmebedarf mit einem Stromeinsatz von nur 1.500 bis 2.200 kWh pro Jahr. Bei Betrachtung des gängigen Stromverbrauchs von einem Vierpersonenhaushalt mit ca. 3.500 bis 4.500 kWh Strom pro Jahr wird die Energieeffizienz einer Kompaktanlage deutlich. Weitere Vorteile sind die einfache Installation der Anlage während der Bauphase und der Umstand, dass keine weiteren Energieträger zur Versorgung des Hauses benötigt werden.

Wünscht der Bauherr trotzdem eine gängige Heizfläche, wie z. B. eine Fußboden oder Wandheizung, so ist deren Installation aufgrund der thermisch qualitativ guten Gebäudehülle überall möglich und muss nicht an der Fensterlage orientiert werden. Nachteilig sind jedoch die zusätzlichen Investitionskosten.

Eine weitere Alternative der Restwärmebereitstellung ist der Einsatz eines Ofens für Holzpellets oder eines Kaminofens für Stückholz, die über eine von der Raumluft unabhängige Verbrennungsluftzufuhr betrieben und dadurch im Passivhaus eingesetzt werden können. Die begrenzte Regelbarkeit eines Kaminofens kann allerdings zu höheren Raumtemperaturen führen. Auf die Heizmöglichkeiten im Passivhaus wird detaillierter in Kapitel 3.5.3 eingegangen.

3.5.1 Restheizung und Warmwasserbereitung

Die geringe Heizlast von Passivhäusern von etwa 10 W/m² führt dazu, dass z. B. Einfamilienhäuser mit 150 m² Wohnfläche selbst am kältesten Tag nur eine Heizleistung um 1,5 kW benötigen, während des größten Teiles der Heizperiode sogar noch weniger. Herkömmliche Heizanlagen für Gas, Öl, Holz oder Kohle mit so geringer Leistung sind bisher nicht auf dem Markt erhältlich. Für Einfamilienpassivhäuser geeignete Heizleistungen gibt es jedoch schon bei Wärmepumpen und bei Gas-Warmlufterzeugern. Für größere Passivhäuser oder Gemeinschaftsheizanlagen können übliche Wärmeerzeuger in entsprechender Auslegung eingesetzt werden. Verschiedene fertiggestellte Passivhäuser haben auch Fernwärmeanschlüsse oder sind über Nahwärmeleitungen an Heizanlagen anderer Gebäude angebunden.

Die im Passivhaus vorhandene Möglichkeit, die geringe benötigte Heizwärme ausschließlich über die Zuluft in die einzelnen Räume einzubringen, ermöglicht, wie bereits erwähnt, den Wegfall des gesamten konventionellen Heizwärmeverteilungssystems. Ein in der Lüftungsleitung der Zuluft eingearbeitetes Luftheizregister wird aus dem Warmwasser oder der warmen Raumluft gespeist. Bei der **Wärmeverteilung** zwischen einer zentralen Erzeugungsanlage und mehreren Brauchwasser- und/oder Heizwärmeverbrauchern werden üblicherweise nicht nur Heizwärme, sondern auch Brauchwasserverteilungssysteme verlegt. Der niedrige Heizwärmebedarf eines Passivhauses kann aber auch als Rücklaufabsenkung aus dem Brauchwasserkreislauf entnommen werden. Allerdings sollte der Lufterhitzer trinkwassergeeignet und die Systemtemperatur auf zulässiger Mindesthöhe sein. Somit genügt ein Rohrsystem für die Versorgung von Heizung und Warmwasser.

Die **Brauchwasserversorgung** sollte wie bei gängigen Gebäuden gesichert sein, d. h. treten hohe Leistungsspitzen wie beim Duschen oder beim Befüllen einer Badewanne auf, muss genügend Warmwasser zur Verfügung stehen. Um für diese Leistungsspitzen keine groß angelegten Warmwassersysteme einbauen zu müssen, werden meist Speicher installiert. Sie ermöglichen kurzzeitig eine hohe Warmwasserentnahme – unabhängig von der Leistungsfähigkeit des Wärmeerzeugers.

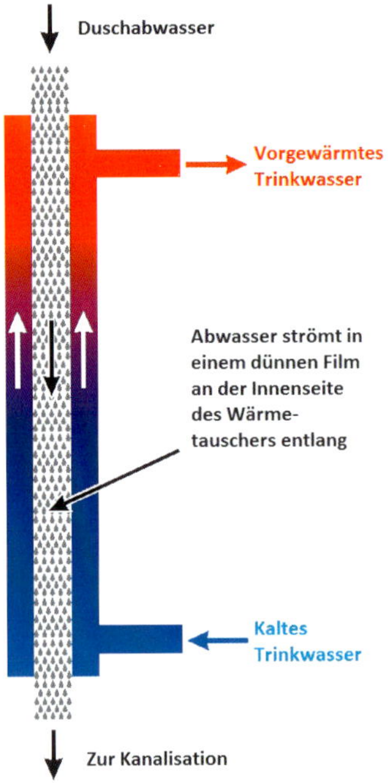

Abb. 3.43: Prinzip DWWT (Quelle: Dutch Solar Systems)

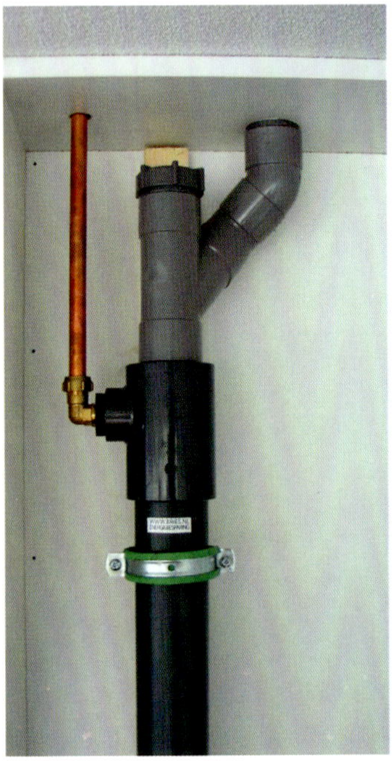

Abb. 3.44: Einbaulage DWWT (Quelle: Dutch Solar Systems)

Der Passivhausgrundsatz, bei halbem Energieverbrauch den doppelten Komfort zu erzielen, gilt auch beim **Warmwasserbedarf.** Dieser kann durch folgende Maßnahmen reduziert werden:

- Sämtliche Warmwasserleitungen sollten im beheizten Gebäudebereich verlegt werden.
- Das Leitungsnetz des Warmwassers sollte kurze Installationswege aufweisen und gut wärmegedämmt sein.
- Der Warmwasserspeicher sollte sich im beheizten Bereich befinden und gut wärmegedämmt sein.
- Der Träger der Badewanne sollte wärmegedämmt sein.
- Geräte mit Warmwasseranschluss wie Spül oder Waschmaschine sollten ebenso wassersparend sein wie die Armaturen.

3.5.2 Duschwasser-Wärmerückgewinnung

Der Energieverbrauch für Warmwasserbereitung ist in einem Passivhaus anteilig am gesamten Energieverbrauch sehr hoch, da die anderen Energieverluste sehr gering sind. So können bis zu 45 % des Energieverbrauchs auf die Warmwasserbereitung fallen (vgl. ASEW, 2008). Fast die gesamte Energie zur Aufheizung des Wassers geht zusammen mit dem Abwasser verloren. Eine Möglichkeit, diese Energie zum Teil zurückzugewinnen, kann mit Duschwasser-Wärmetauschern (DWWT) realisiert werden. In diesen wird das Kaltwasser der Dusche durch das noch relativ warme Abwasser vorgewärmt.

Abb. 3.45: DWWT für senkrechten Einbau (Quelle: Dutch Solar Systems)

Abb. 3.46: DWWT, horizontaler Einbau (Quelle: Dutch Solar Systems)

Mit einem DWWT können ca. 59 % der Wärme aus dem Duschwasser zurückgewonnen werden. Lohnend ist der Einbau zurzeit bei einer Haushaltsgröße ab 5 Personen. Die durchschnittliche Energieeinsparung von 2.000 kWh Wärmeenergie im Jahr entspricht bei dieser Haushaltsgröße etwa 300 € Stromkosten. Die Materialkosten liegen bei ca. 500 €. Die Einbaukosten sind dabei noch nicht berücksichtigt.

Zu beachten sind auch die baulichen Gegebenheiten. Die Verwendung des DWWT ist möglich, wenn die Dusche im ersten Obergeschoss oder darüber liegt und senkrecht montiert wird (siehe Abb. 3.43 bis 3.45). Die Erwärmung des Gerätes durch in der Nähe befindliche Warmwasserleitungen oder Elektroanlagen muss vermieden werden. Inzwischen gibt es auch horizontale Duschwasser-WRG-Systeme.

Ebenso gibt es auf dem Markt weitere Systeme wie Duschwannenmatten mit integriertem Wärmetauscher, oder Duschwannen mit Abflussflachwärmetauscher (siehe Abb. 3.46).

3.5.3 Techniken zur Wärmeerzeugung

Die Anzahl der auf dem Markt befindlichen Heizungssysteme ist groß; jedoch sind im Zeitalter der Energiewende die mit erneuerbaren Energien betriebenen Heizanlagen im Vormarsch. Aber auch konventionell betriebene Heizsysteme, wie der Gas-Brennwert, der Öl-Brennwert oder der Niedertemperaturkessel, verfügen mittlerweile über eine wesentlich verbesserte Energieeffizienz.

Wärmepumpen

Eine der derzeit besten Alternativen zu konventionellen Heizungssystemen stellt der Einsatz von Elektrowärmepumpen dar. Wärmepumpen verwenden die im Erdreich, im Grundwasser oder in der Luft gespeicherte Sonnenwärme mithilfe geringer Mengen Strom zur Erzeugung von Wärme für ein Heizungssystem. Moderne Wärmepumpen können ganzjährig als Wärmelieferant sowohl für Heizzwecke als auch zur Trinkwassererwärmung eingesetzt werden. Wärmepumpen lassen sich am wirksamsten nutzen, wenn die Temperaturdifferenz zwischen Wärmequelle und Wärmeabnehmer möglichst gering ist. Grundsätzlich gilt, dass Wärmepumpen bevorzugt werden sollten, da sie unter den Heizungssystemen die höchste Effizienz erreichen.

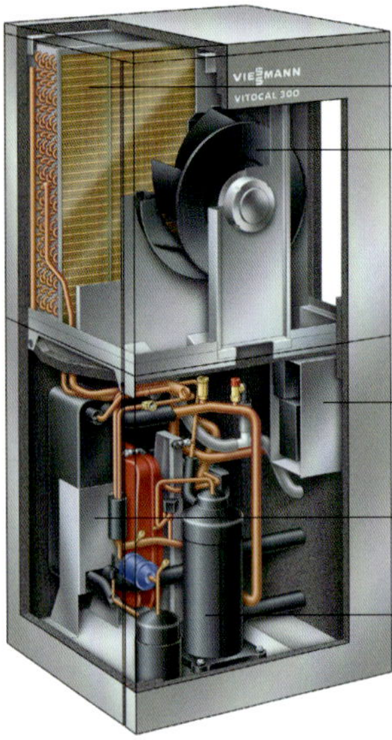

Abb. 3.47: Wärmepumpe (Quelle: Viessmann)

Die Funktionsweise einer Wärmepumpe entspricht im Prinzip der eines Kühlschranks (siehe Abb. 3.47). In einem geschlossenen Kreislauf zirkuliert eine Wärmeträgerflüssigkeit (Sole), die z. B. beim Erdwärmesystem die Wärme aus dem Erdreich aufnimmt. In einem ersten Wärmetauscher, dem Verdampfer, wird die Wärmeenergie der Sole an ein flüssiges Kältemittel abgegeben, das dabei verdampft. Ein Kompressor erhöht den Druck und damit die Temperatur; das Kältemittel wird auf ein höheres Energieniveau gepumpt. Ein zweiter Verdampfer sorgt dafür, dass die Wärme in das Umlaufsystem der Lüftung abgegeben wird. Der abschließende Druckabbau erfolgt über das Expansionsventil – und der Kreislauf beginnt von vorn. Das Verhältnis nutzbarer Heizenergie zu aufgewendeter Elektroenergie (für Pumpen und Verdichter) wird als Leistungszahl (COP) bezeichnet.

Wenn Erdwärmesysteme korrekt dimensioniert sind, erzielen sie eine Leistungszahl von > 4, d. h. aus 1 kWh Elektroenergie werden 4 kWh Heizenergie gewonnen. Für 100 % Heizwärme werden dabei 75 % der Energie aus der kostenlosen Umgebungswärme und 25 % über zugeführte Energie (Strom) eingesetzt. Zum Vergleich hat eine moderne Gasheizung eine Leistungszahl von ca. 1,02.

Mittlerweile stehen Wärmepumpen in den unterschiedlichsten technischen Ausführungen in Heizleistung, Brauchwasservolumen, Abmessung und Aussehen zur Verfügung.

Bei einer Wärmepumpe mit **reversibler Betriebsweise** hat sich der Einbau eines Vierwegeventils und eines zweiten Expansionsventils im Kältemittelkreislauf bewährt. Die Umschaltung der Fließrichtung kann automatisch für die gesamte Anlage über das Vierwegeventil erfolgen, durch dessen Einbau der Verdichter, unabhängig von der jeweiligen Funktion (Heizen oder Kühlen), seine ursprüngliche Förderrichtung immer beibehalten kann. Im **Heizbetrieb** befördert der Verdichter das gasförmige Kältemittel zum Wärmetauscher für das Heizsystem. Hier kondensiert das Kältemittel und gibt

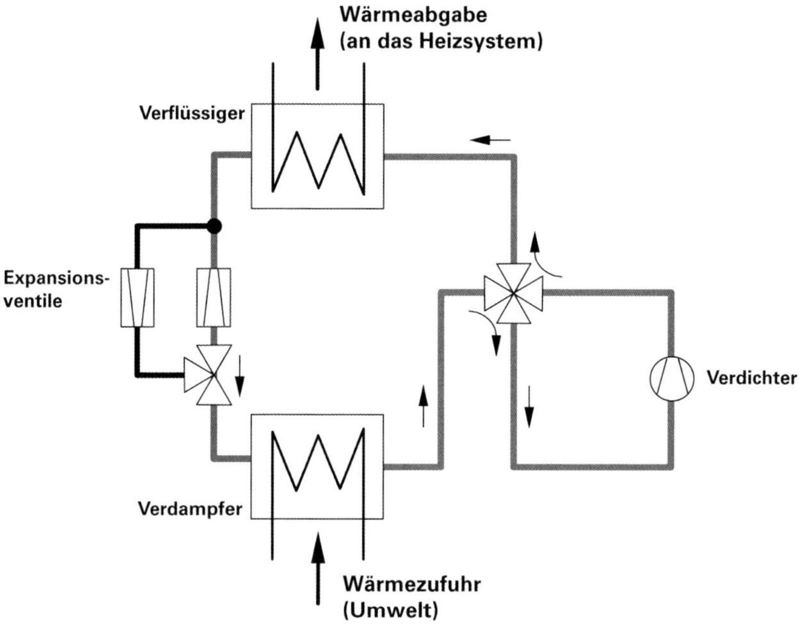

Abb. 3.48: Vereinfachtes Funktionsschema für eine reversible Wärmepumpe im Heizbetrieb (Quelle: Viessmann)

dabei die Wärme an das Heizsystem (Warmwasser oder Luftheizung) ab (siehe Abb. 3.48).

Bei einer **Wärmepumpe mit reversibler Betriebsweise im Kühlbetrieb** wird die Fließrichtung mithilfe des Vierwegeventils umgekehrt. Der ursprüngliche Verflüssiger ist jetzt der Verdampfer, der die Wärme vom Heizsystem – das wiederum die Wärme aus den Räumen aufgenommen hat – auf das Kältemittel überträgt. Das gasförmige Kältemittel gelangt wieder über das Vierwegeventil zum Verdichter und von dort zum Wärmetauscher, der die Wärme an die Umgebung abgibt (siehe Abb. 3.49).

Bei einem **Passivhauskompaktgerät** handelt es sich um eine **Luft-Wasser-Wärmepumpe,** die mit einer mechanischen Wohnungslüftung kombiniert wurde (siehe Abb. 3.50). Im Heizbetrieb (Nennwärmeleistung 1,5 bis 2,0 kW) nutzt die Wärmepumpe den Wärmeanteil der Abluft, der von der WRG der Lüftung nicht verwertet werden kann, und verwendet ihn zur Nacherwärmung der Zuluft oder zur Trinkwassererwärmung. An warmen Sommertagen wird zunächst der Wärmetauscher der mechanischen Wohnungslüftung, der zur WRG dient, durch eine Bypass-Schaltung überbrückt. So wird z. B. die im Vergleich zur warmen Innenraumluft kühlere Außenluft in der Nacht direkt in die Räume geleitet. Wird vom Nutzer noch kühlere Luft in den Räumen gewünscht, schaltet die Abluft-Wasser-Wärmepumpe automatisch in den reversiblen Betrieb um. Im Verdampfer der Wärmepumpe wird der Zuluft nun aktiv Wärme entzogen und die abgekühlte Luft zur Raumkühlung verwendet. Das Kompaktgerät erreicht dabei eine Kühlleistung von maximal 1 kW. Die warme Luft in den Räumen wird über die Fortluft abgeführt.

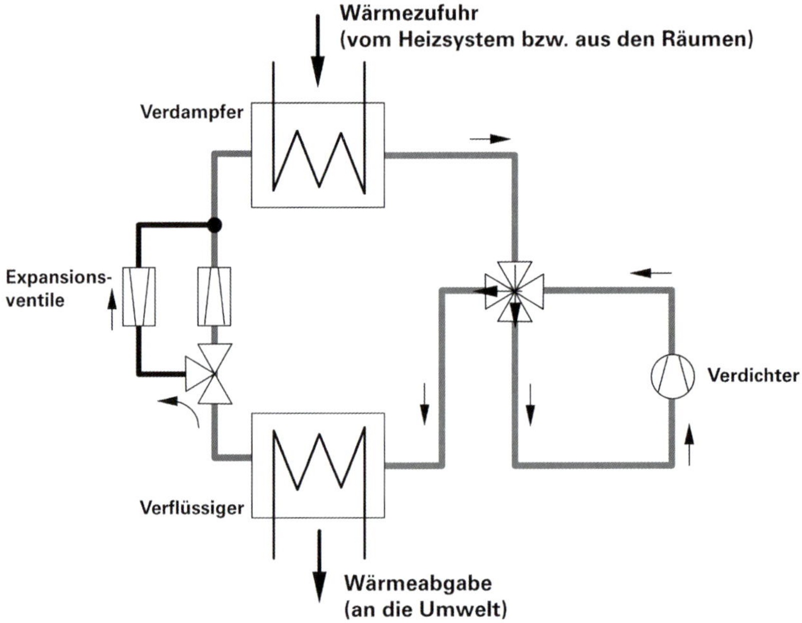

Abb. 3.49: Vereinfachtes Funktionsschema für eine reversible Wärmepumpe im Kühlbetrieb (Quelle: Viessmann)

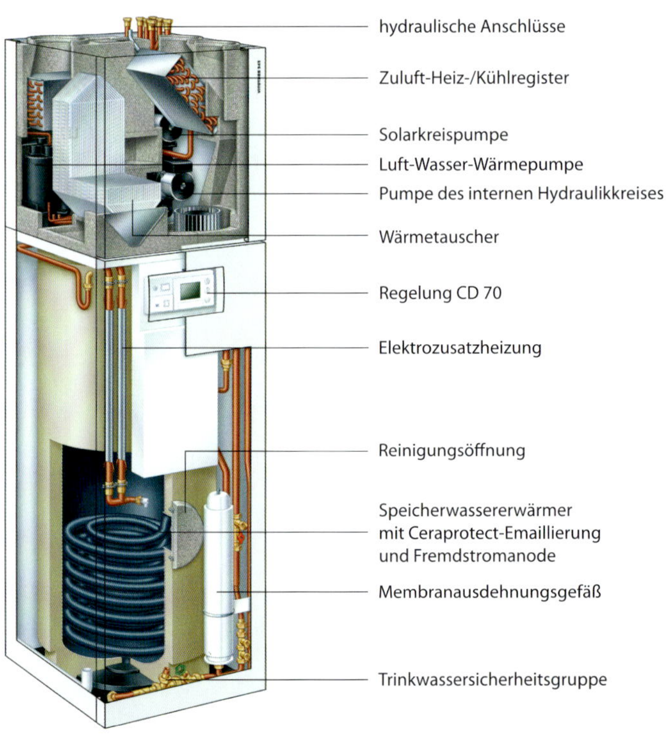

Abb. 3.50: Beispiel für ein Passivhauskompaktgerät (Quelle: Viessmann)

Die Heizleistung von reversibel arbeitenden Kompressionswärmepumpen ist immer etwas höher als die Kühlleistung. Im Heizbetrieb wird die Energieaufnahme für den Antrieb im Verdichter in Wärme umgewandelt und zum Heizen genutzt. Im Kühlbetrieb entsteht diese Wärme ebenfalls, da auch bei dieser Betriebsweise der Verdichter arbeiten muss. Diese zwangsläufig anfallende Wärme verringert aber in der Bilanz die theoretisch mögliche Kühlleistung. Die erreichbare COP im Kühlbetrieb ist bei reversibel arbeitenden Wärmepumpen schlechter als im Heizbetrieb.

Die Wärmepumpe ist nur indirekt auf Sonnenenergie angewiesen. Sie heizt mit gespeicherter Sonnenwärme aus der Umwelt oder mit Erdwärme. Es gibt 3 Möglichkeiten, um eine Wärmepumpe mit Wärmeenergie zu versorgen – über das Erdreich, die Außenluft oder das Grundwasser (siehe die folgenden Abschnitte). Jede dieser 3 Wärmequellen verfügt über ausreichend Wärmeinhalt, damit der Wärmepumpenprozess stattfinden und so aus Wärme niedriger Temperatur Wärme höherer Temperatur entstehen kann.

Für jeden Anwendungsfall gibt es die passende Wärmepumpe; welche Wärmequelle die ideale ist, wird z. B. anhand des erforderlichen Wärmebedarfs, der Möglichkeiten vor Ort und natürlich nach individuellen Wünschen entschieden. Erdwärmesonden werden zurzeit bevorzugt als Wärmequelle eingesetzt. Sie eignen sich gut, wenn es sich um kleine Grundstücke handelt, aber auch für die Heizungsmodernisierung. Erdwärmekollektoren sind dann sinnvoll, wenn genügend Grundstücksfläche vorhanden ist und beim Neubau der Garten noch nicht angelegt wurde. Grundwasser ist ab einem Wärmebedarf von ca. 10 kW gut als Wärmequelle geeignet. Allerdings muss es in ausreichender Tiefe vorhanden sein. Außenluft ist überall vorhanden und für einen Wärmebedarf von bis zu ca. 30 kW einsetzbar.

Die Wärmepumpentechnik hat sich weiter verbessert:

- Das Anschließen lässt sich schneller und mit weniger Montageaufwand bewerkstelligen.
- Bei Fußbodenheizung ist eine Einzelregelung realisierbar.
- Eine Reduzierung der Raum-Ist-Temperatur durch zusätzliche Kühlmodule in Verbindung mit einer Fußbodenheizung ist leicht möglich.
- Die Geräte sind platzsparend.
- Die Bedienung ist einfach.

Energiequellen für Wärmepumpen

Die Umweltwärme steht als Erdwärme bereit oder wird in Form von Sonneneinstrahlung bzw. indirekt über Wärme aus Regen und Luft vom **Erdreich** aufgenommen. Die im Erdreich gespeicherte Wärme ist bei richtiger Dimensionierung nahezu unbegrenzt. Sie wird über Wärmepumpen in nutzbare Energie umgewandelt: über senkrecht eingebrachte Wärmetauscher, Erdwärmesonden, Energiekörbe oder über horizontal verlegte EWT – auch als Erdwärmekollektoren oder Flachkollektoren. Die Anlagen werden monovalent betrieben, d. h. es heizt ausschließlich die Wärmepumpe.

Dem relativ hohen Mehraufwand an Investitionskosten für Erdwärmesonden stehen Primärenergie- und damit Verbrauchskosteneinsparungen gegenüber, die in hohem Maße von der Auslegungsgüte der Erdwärmeson-

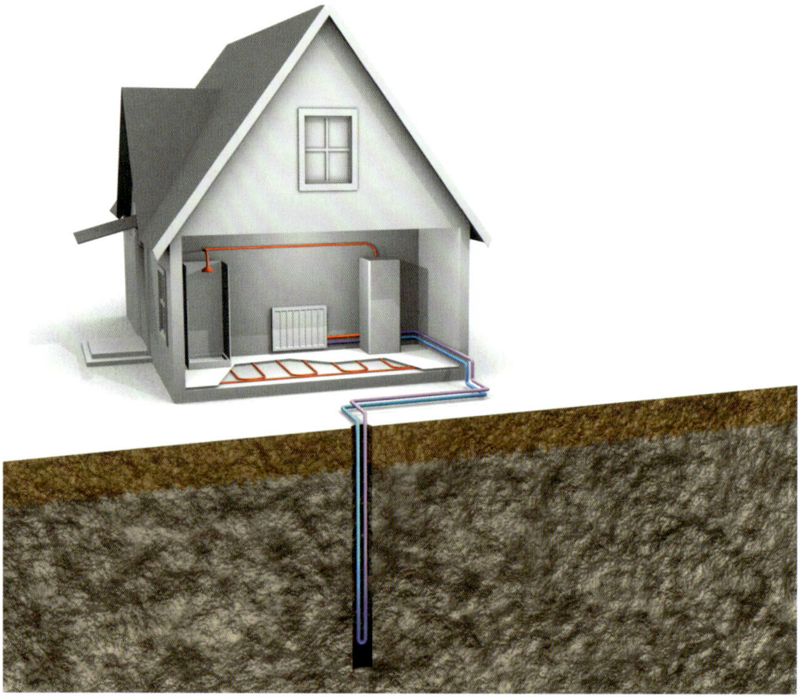

Abb. 3.51: Erdsonde (Quelle: IWS GmbH, Wärmepumpen und Spiralkollektoren, Celle, www.iws-waerme.de)

de abhängig sind. Eine sorgfältige Planung ist daher Voraussetzung für eine effiziente und wirtschaftliche Anlage.

Die Auslegung komplexer Erdwärmesondenanlagen erfolgt durch den Fachingenieur mit entsprechendem geologischem Wissen und dynamischen Simulationswerkzeugen.

Die Temperatur des Erdreichs ist abhängig von der geografischen Lage sowie der Erdtiefe und variiert mit den Jahreszeiten. Sobald aber die Frostgrenze unterschritten wird, sind diese Schwankungen deutlich geringer. Die Wärme wird vom Erdreich an den Hilfskreis, von dort an das Arbeitsmittel und im Verdampfer der Wärmepumpe über den Arbeitsmittelkreislauf an das Heizsystem abgegeben.

Mithilfe von bis zu 100 m tief in die Erde eingelassenen **Erdsonden** wird im Erdreich eingelagerte Energie gewonnen (siehe Abb. 3.51). Die Tiefe der Bohrlöcher hängt vom zu beheizenden Haus, der Größe der Wärmepumpe und den Voraussetzungen des Grundstücks ab.

Vorteile von Erdsonden:
- geringer Platzbedarf
- passive Kühlung möglich
- geringer Eingriff ins Grundstück

Erdsonden sind insbesondere für Grundstücke geeignet, auf denen bereits angelegter Bewuchs nicht beeinträchtigt werden soll. Ihr Flächenbedarf ist

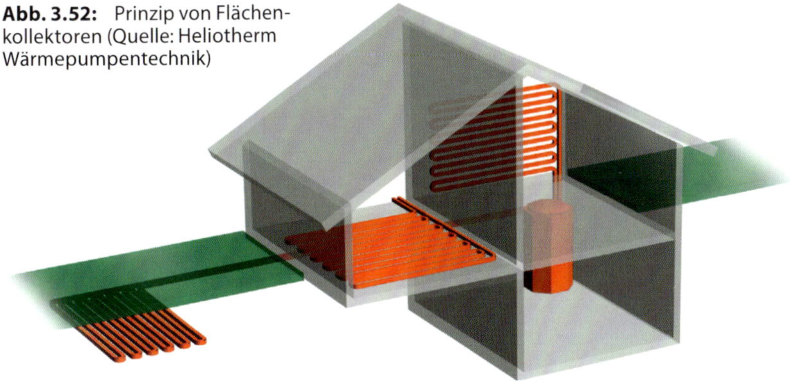

Abb. 3.52: Prinzip von Flächenkollektoren (Quelle: Heliotherm Wärmepumpentechnik)

gering, u. a. deshalb sind sie der am meisten verbreitete Anlagentyp. Die Erdsonden werden in vertikalen Bohrungen installiert. Die ausgelegte Sondenlänge kann auf mehrere Bohrungen aufgeteilt werden, um bei gleicher Sondenlänge eine geringere Bohrtiefe zu erreichen.

Als Sondenmaterial kommen Doppel-U-Rohre aus beständigen Kunststoffen (z. B. Polyethylen) zum Einsatz. Im Sondenkreislauf zirkuliert eine ungiftige und biologisch abbaubare Wärmeträgerflüssigkeit (Sole), um die im Boden, Gestein und Grundwasser vorhandene Wärme aufzunehmen und über ein Verteilersystem an die Wärmepumpe der Heizungsanlage weiterzuleiten.

Das Niederbringen einer Bohrung für Erdsonden bedarf in der Regel einer Bohranzeige bei der zuständigen Fachbehörde, insbesondere wenn ein Einwirken auf das Grundwasser zu erwarten ist. Für die Auslegung der erforderlichen Bohrtiefe und Erdsondenanzahl sind die geologisch-hydrogeologischen Gegebenheiten des Grundstücks zu berücksichtigen. Die Auslegung erfolgt nach der VDI-Richtlinienreihe 4640 „Thermische Nutzung des Untergrunds".

Erdreich- oder Flächenkollektoren sind horizontal im Boden verlegte Polyethylen-Rohrsysteme, in denen eine Wärmeträgerflüssigkeit zirkuliert, um die im Boden gespeicherte Wärme aufzunehmen und an die Wärmepumpe der Heizungsanlage weiterzuleiten (siehe Abb. 3.52). In der Regel werden Erdreichkollektoren in einer Tiefe von 1 bis 1,5 m verlegt. Aufgrund der in diesem Tiefenbereich niedrigen Bodentemperaturen im Winter muss das Rohrsystem eine relativ große Gesamtlänge aufweisen, die mit einem entsprechenden Flächenbedarf verbunden ist. Die Kollektorfläche darf weder überbaut noch versiegelt werden. Für ein Einfamilienhaus kann die Kollektorfläche überschlägig mit der doppelten zu beheizenden Fläche veranschlagt werden.

Vorteile von Flächenkollektoren:
- geringe Installationskosten
- Kühlfunktion bei größeren Flächen möglich

Die optimale Lage der Kollektoren liegt im sonnigen Grundstücksbereich. Je nach Bodenbeschaffenheit und Bewuchsart kann es durch den Wärme-

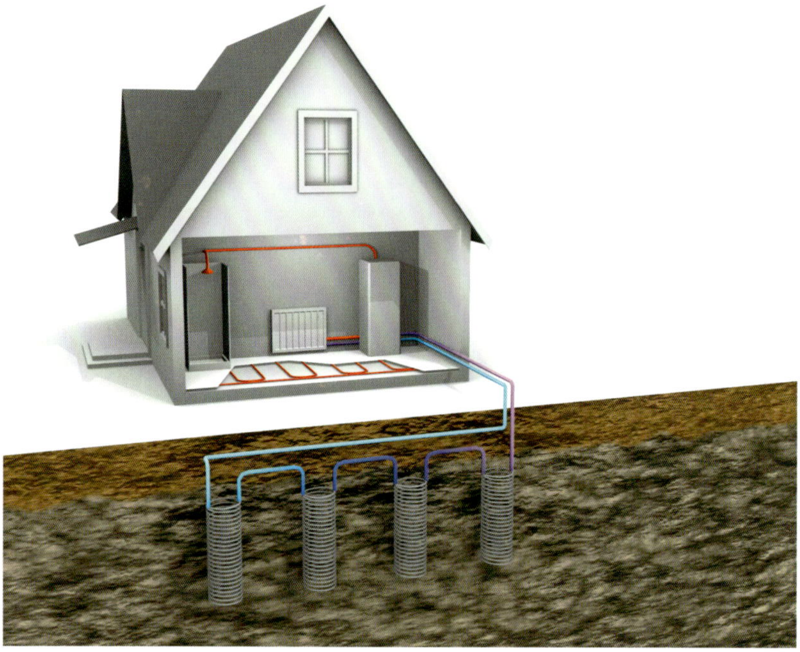

Abb. 3.53: Prinzip von Spiralkollektoren (Quelle: IWS GmbH, Wärmepumpen und Spiralkollektoren, Celle, www.iws-waerme.de)

entzug zu einer vierwöchigen Wachstumsverzögerung der Vegetation kommen. Für die Berechnung der erforderlichen Erdreichkollektorfläche müssen Bodenart und -wassergehalt sowie die Wärmeentzugsleistung bestimmt werden.

Die gespeicherte Energie des Erdreichs kann auch über **Spiralkollektoren** aufgenommen werden (siehe Abb. 3.53). Die Spiralkörbe werden, je nach vorhandenen Bodenverhältnissen, liegend oder stehend in einem Abstand von 2 m und einer Tiefe von ca. 3,5 m eingesetzt. Die Stückzahl der Körbe hängt von der Leistung des zu beheizenden Wohngebäudes ab.

Vorteile von Spiralkollektoren:
- schnelle Ausführung
- passive Kühlung möglich
- geringer Platzbedarf
- hohe Betriebsbereitschaft
- optimales Preis-Leistungs-Verhältnis

Bei der Planung und beim Bau von erdgekoppelten Wärmepumpen sind in Deutschland die Bestimmungen des Wasserhaushaltsgesetzes (WHG) und die wasserrechtlichen Regelungen bzw. die Wassergesetze der Länder zu beachten. Werden Erdwärmesonden oder Energiekörbe eingesetzt, kann je nach Bundesland und Bodenbeschaffenheit ein Genehmigungsverfahren erforderlich sein. Außer in Wasserschutzgebieten ist der Einsatz von Erdwärmesonden grundsätzlich überall erlaubt. Dienen Erdwärmekollektoren als Wärmequelle, genügt meist eine Anzeige bei der zuständigen Kreisverwaltungsbehörde.

Abb. 3.54: Energiepfahl RAUGEO® (Quelle: Rehau AG + Co., Erlangen)

Abb. 3.55: Energiepfahl (Quelle: Energiepfahl Centrum Pfähle GmbH, www.centrum.de)

Die effektivste Wärmequelle aus der Umwelt ist das **Grundwasser,** sofern dieses in geeigneter Qualität und Tiefe vorhanden ist. Die Temperatur von Grundwasser beträgt selbst an kältesten Tagen zwischen 7 und 12 °C.

Für die Erdwärmeanlage kann über Brunnen Grundwasser entnommen werden, das als Wärmequelle direkt über eine Wärmepumpe geleitet wird. Das um ca. 5 °C abgekühlte Wasser wird anschließend in einem Schluckbrunnen wieder in den Untergrund eingeleitet. Der Schluckbrunnen wird in ausreichendem Abstand und abwärts der Grundwasserfließrichtung zum Förderbrunnen errichtet, um einen Temperaturkurzschluss und eine damit verbundene Abnahme der Wärmeentzugsleistung zu verhindern. Zwischen beiden Brunnen sollte ein Abstand von ca. 10 bis 15 m eingehalten werden.

Da bei einer solchen Anlage das Grundwasser direkt als Wärmeträgermedium genutzt wird, entstehen nur geringe Wärmetauscherverluste. Für die Wärme- oder Kühlenergiegewinnung sind deshalb Grundwasserbrunnen im Vergleich zu Erdreichkollektoren oder Erdwärmesonden energetisch günstiger zu beurteilen.

Für die Auslegung von Grundwasseranlagen ist die Erfassung hydrogeologischer Parameter (Durchlässigkeit des Untergrunds, Fließrichtung und Fließgeschwindigkeit des Grundwassers) notwendig. Mit diesen Daten kann die Ausbreitung von Temperaturfeldern und die erforderliche Distanz zwischen Förder- und Schluckbrunnen berechnet werden. Zusätzlich muss eine chemische Analyse des Grundwassers durchgeführt werden. Diese dient zur Beurteilung des Brunnenbetriebs in Bezug auf Verockerungen (Eisen-/Manganausfällungen) und zur Feststellung der Verträglichkeit des Wassers für den Wärmepumpenverdampfer.

Für die Grundwasserbrunnen der Erdwärmeanlage ist bei der zuständigen Fachbehörde eine Genehmigung einzuholen.

Energiepfähle sind im Erdreich verankerte Betonbauteile, z. B. Gebäudefundamente, in denen ein Rohrsystem eingebaut ist, mit dem Energie aus dem Untergrund dem Gebäude zugeführt wird (siehe Abb. 3.54 und 3.55). Sie funktionieren im Prinzip wie kurze Erdwärmesonden und können sowohl zum Heizen als auch zum Kühlen eingesetzt werden. Energiepfahlanlagen werden in Neubauten, wie z. B. Gewerbeobjekten, Bürogebäuden und Mehrfamilienhäusern eingesetzt, bei denen Gründungen erforderlich sind bzw. Fundamente errichtet werden. Insbesondere werden bei Gewerbeobjekten und Bürogebäuden in Kombination mit einer Wärmepumpe durch Umkehr des Kreislaufs die Energiepfähle als kostengünstige Alternative zum Kühlen der Gebäude genutzt.

Erdwärmesonden können auch mit **Koaxialrohren** erstellt werden. Dabei fließt im ringförmigen Außenraum eines Koaxialrohres das Wärmeträgermedium nach unten und im Innenrohr wieder nach oben. Auf dem Markt erhältlich ist heute ein EWS-System (EWS: Erdwärmesonde), das mit relativ kurzen, auf der Außenseite gewellten Koaxialrohren operiert. Mehrere solcher Koaxialrohre werden von einem zentralen Schacht schräg und sternförmig in den Boden eingebracht.

In Fällen, in denen nur eine geringe Bohrtiefe von etwa 10 bis 30 m zugelassen sind, können koaxiale Rohre eine interessante Alternative darstellen.

Die koaxiale Bauweise der Sonde ermöglicht aufgrund der langsamen Abwärtsströmung und der großen Sondenoberfläche eine optimale Entzugsleistung aus dem Erdreich in das Wärmeträgerfluid. Ein kleineres Innenrohr sorgt für die Rückführung des Wärmeträgerfluids zur Erdoberfläche mit höherer Geschwindigkeit und damit für eine Reduzierung des Wärmeverlustes. Eine auf dem Innenrohr aufgebrachte Wärmeisolierung kann den thermischen Kurzschluss zusätzlich mindern. Wegen der auf diese Weise erhöhten Fluidtemperatur arbeitet die angeschlossene Wärmepumpe mit einer besseren Jahresarbeitszahl.

Vorteile von Koaxialrohren:
- Nutzung auch bei Tiefenbeschränkung
- optimal bei eingeschränkten Platzverhältnissen
- leichte Bohrtechnik

Für die Auslegung von Energiepfahlanlagen sind detaillierte Informationen über Geologie und Grundwasserverhältnisse notwendig. Die Berechnung der Wärmeentzugsleistung kann mit Methoden analog derjenigen für Erdwärmesonden erfolgen.

Luft kann als Wärmequelle ohne großen baulichen Aufwand erschlossen werden. Ventilatoren führen die Außenluft am Verdampfer der Wärmepumpe vorbei, wobei ihr Wärme entzogen wird. Da mit fallender Außentemperatur die Leistung der Wärmepumpe nachlässt, unterstützt ein Elektroheizstab die Wärmepumpe an den wenigen sehr kalten Tagen des Jahres. Luft-Wasser-Wärmepumpen gibt es in 3 charakteristischen Bauformen:

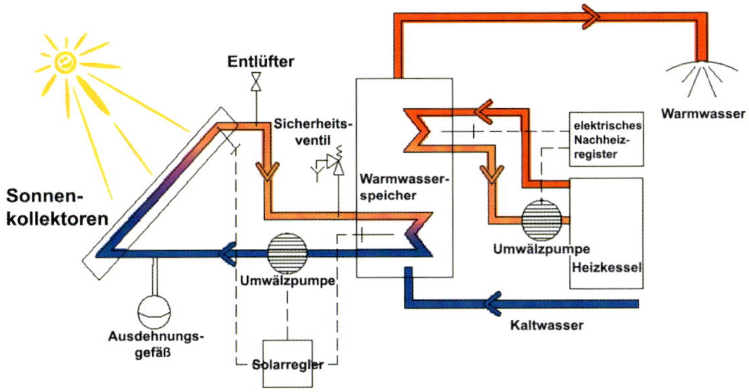

Abb. 3.56: Schema einer Solaranlage für Brauchwassererwärmung mit bivalentem Speicher

- Kompaktwärmepumpen für die Außenaufstellung
- Kompaktwärmepumpen für die Innenaufstellung
- SplitWärmepumpen mit einem Innen- und einem Außenteil

Die Nutzung der Wärmequelle Luft ist genehmigungsfrei.

Thermische Solaranlagen

Solaranlagen können zur Unterstützung des Heizungssystems dienen. Sie sind in Deutschland zu einer gängigen Technik geworden, die bisher überwiegend bei Neubauten verwendet wird. Doch die Zahl der Nachrüstungen im Gebäudebestand wächst. Bei der thermischen Nutzung der Sonnenenergie wird ein Wärmeträger mit Solarkollektoren erwärmt.

Die aufgenommene Wärme kann zur Trinkwassererwärmung und bei großen Anlagen auch zur Unterstützung des Heizungssystems genutzt werden. Neben einem guten Kollektor sind auch die übrigen Komponenten der Solaranlage ausschlaggebend für die Wirkungsweise. Deshalb sollten alle Komponenten sehr sorgfältig ausgewählt und aufeinander abgestimmt werden (siehe Abb. 3.56).

Eine Solaranlage zur Warmwasserbereitung hat folgende Komponenten:

- Kollektorfeld
- Solarkreislauf mit Pumpe, Ausdehnungsgefäß und Sicherheitseinrichtung
- Solarregler
- Speicher mit 2 Wärmetauschern, Kaltwasserzulauf und Warmwasserauslauf
- Nachheizung mit Heizkessel, Speicherladepumpe und zugehöriger Regelung

Bei einer Solaranlage bilden ein oder mehrere Kollektoren das Kollektorfeld. Am besten wird das Kollektorfeld der Solaranlage auf einer südlich ausgerichteten, geneigten Dachfläche aufgestellt. Dabei sind folgende Orientierungen möglich: eine Neigung zwischen 30 und 60° und eine Ausrichtung nach Südost bis Südwest. Sollte der Aufstellungswinkel der

Abb. 3.57: Solarflächen auf dem Dach

Solaranlage stark abweichen, so muss mit einem deutlich geringeren Energieertrag gerechnet werden. Dies könnte nur durch eine größere Kollektorfläche ausgeglichen werden.

Bei einer Solaranlage lassen sich Kollektoren z. B. als Flachkollektoren in die Dachhaut integrieren oder als Vakuumflach- und Vakuumröhrenkollektoren darüber aufständern (siehe Abb. 3.57). Probleme mit der Statik des Dachstuhls sind nicht zu befürchten. Vielfach sind die Kollektoren der Solaranlage bei der Dachintegration leichter als die entfernten Dachziegel an dieser Stelle. Wichtig ist die fachgerechte Basis einer guten Luftzufuhr, ein detailliert geplantes Rohrverteilungssystem, das hinsichtlich der Strömung eine Strömungsgeschwindigkeit von 3 m pro Sekunde nicht überschreiten, richtig dimensioniert sein und hygienisch einwandfreie Bedingungen bieten sollte, eine Abdichtung der Dachdurchdringung sowie ein Blitzschutz.

Sollten keine geeigneten Dachflächen vorhanden sein, so lassen sich für eine Solaranlage oft andere Lösungen finden. Bei Flachdächern wird der Kollektor auf ein Gestell mit entsprechender Ausrichtung montiert. Auch an Fassaden können ähnliche Gestelle angebracht werden. Bei manchen Röhrenkollektoren kann durch Drehen der Röhren die Absorberausrichtung variiert werden. Das Kollektorfeld kann in unterschiedlich ausgerichtete Flächen aufgeteilt werden. Da sich die Bestrahlungsintensität im Laufe des Tages ändert, muss allerdings jeder Teilkollektor eigens geregelt werden. Auch außerhalb von Gebäuden können Kollektorstandorte für die Solaranlage gefunden werden; z. B. bieten sich dafür eine Pergola oder Garage an. Für die Aufstellung eines Kollektorfeldes sind örtlich zum Teil Baugenehmigungen nötig. Dies ist in der jeweiligen Landesbauordnung geregelt.

Solarkreislauf

Der Solarkreislauf einer Solaranlage besteht aus dem Rohrsystem, in dem das Wärmeträgermedium zirkuliert, der Solarkreispumpe, der Regelung, dem Ausdehnungsgefäß und unterschiedlichen Sicherheitseinrichtungen. Das Wärmeträgermedium im Solarkreislauf einer Solaranlage ist in der Regel ein Gemisch aus Wasser und Frostschutzmittel; sein Gefrierpunkt liegt unter –15 °C.

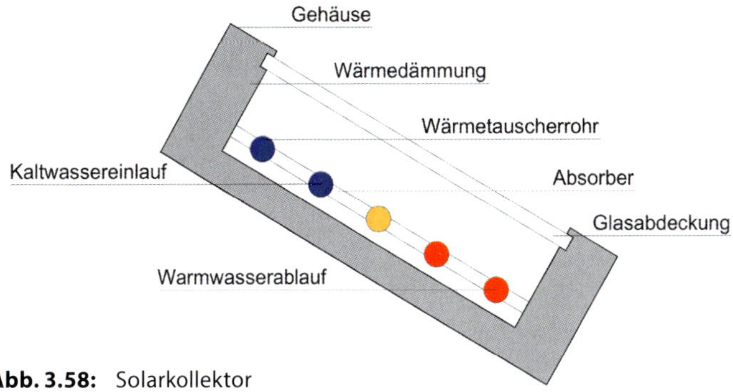

Abb. 3.58: Solarkollektor

Alle Rohrleitungen mit Armaturen und Rohrbögen innerhalb der Solaranlage sollten hochwertig wärmegedämmt sein. Die Dämmung sollte doppelt so dick sein wie der Rohrdurchmesser. Außen liegende Leitungen sollten regendicht und UV-beständig ummantelt werden. Je kürzer die Leitungen einer Solaranlage sind, desto geringer ist der Wärmeverlust.

In einer Solaranlage wird ein geringer Stromverbrauch durch eine möglichst klein dimensionierte Solarkreispumpe (z. B. 20 W) erreicht. Eine Gleichstrompumpe kann (anstelle der Wechselstrompumpe) durch einen zusätzlichen Solargenerator (UV-Modul) mit Strom versorgt werden. Wird bei einer Solaranlage der Speicher oberhalb des Kollektorfelds aufgestellt, kann auf eine Umwälzpumpe verzichtet werden. Das Wärmeträgermedium wird bei Erwärmung im Kollektor leichter und steigt deshalb ohne Hilfsenergie in den Speicher. Ein Ausdehnungsgefäß im Solarkreislauf nimmt die Volumenausdehnung des Wärmeträgermediums bei Erwärmung auf. Ein Sicherheitsventil bläst bei zu hohem Druck kleine Mengen des Wärmeträgermediums in einen Behälter ab. Der Anlagendruck wird mit einem Manometer kontrolliert. Ferner muss das Rohrsystem an seinem höchsten Punkt mit Handventil und Schnellentlüfter entlüftet werden können.

Solarkollektoren

Die wichtigsten Komponenten einer Solaranlage sind die Solarkollektoren (siehe Abb. 3.58). Solarkollektoren haben die Aufgabe, das Sonnenlicht einzufangen und die gewonnene Energie in nutzbarer Form abzugeben. Solarkollektoren bestehen aus dem Absorber und dem umschließenden Gehäuse. Sie wirken wie eine „Falle" für das auftreffende Sonnenlicht und haben auf der Oberseite eine lichtdurchlässige Abdeckung, z. B. eine Glasscheibe. Die Sonnenstrahlen fallen auf den Absorber der Solarkollektoren, von dem sie fast vollständig absorbiert werden. Die Sonnenenergie wird bei diesem Vorgang in Wärme umgewandelt. Da der Absorber vollständig vom Gehäuse umschlossen ist, kann kaum noch Wärme entweichen und die Temperatur des Absorbers steigt bei Sonneneinstrahlung an. Die absorbierte Wärme wird ihm durch das Wärmeträgermedium entzogen, das durch Rohre und Kanäle im Absorberblech strömt.

Abb. 3.59: Flachkollektor (Quelle: Wolf GmbH, Mainburg)

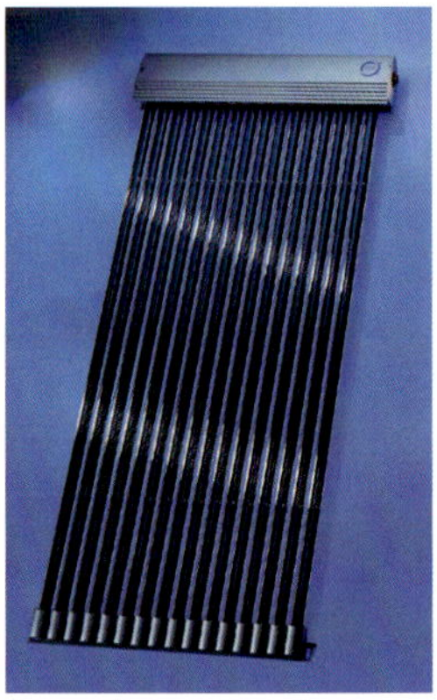

Abb. 3.60: Röhrenkollektor (Quelle: Wolf GmbH, Mainburg)

Es existieren sehr unterschiedliche Bauarten von Solarkollektoren; das dargestellte Wirkungsprinzip der Solarkollektoren ist jedoch immer dasselbe. Die Bauarten der Solarkollektoren unterscheiden sich vor allem hinsichtlich der jeweiligen Techniken zur Begrenzung der Wärmeverluste.

Der **Flachkollektor** in Abb. 3.59 entspricht der gewöhnlichen Bauart für Brauchwassersolaranlagen. Solche Solarkollektoren verfügen über einen Absorber mit großer Fläche und sind von einem kastenförmigen Gehäuse umgeben. Als transparente Abdeckungen dienen meist Glasscheiben, es gibt sie aber auch mit Kunststoffabdeckung in Form von Folien oder Platten. Auf der Rückseite und an den Seiten reduzieren temperaturbeständige Dämmmaterialien wie Mineralfaser- oder PU-Platten die Wärmeverluste. Das Gehäuse besteht aus verzinktem Stahlblech oder Aluminium. Hersteller von Solarkollektoren bieten auch Bausätze für Flachkollektoren an.

Trifft Sonnenlicht auf den Flachkollektor, so wird lediglich ein Teil der Wärme durch den Wärmeträger abgeführt. Kleinere Mengen des einfallenden Lichtes werden an der Glasabdeckung und am Absorber reflektiert – dies sind die optischen Verluste. Aber auch ein Teil der vom Absorber aufgenommenen und in Wärme umgewandelten Sonnenenergie kann nicht genutzt werden – dies sind dann die thermischen Verluste der Solarkollektoren.

Der **Vakuumflachkollektor** ist eine Variante des Flachkollektors und ähnlich aufgebaut. Die Dämmwirkung wird beim Vakuumflachkollektor allerdings durch einen Unterdruck im Gehäuse erreicht. Er verringert den Wärmetransport durch Luftströmung (Konvektion). An der Rückseite sind Stützen aufgebaut, die den von außen einwirkenden Luftdruck aufnehmen. Ab und zu müssen die Solarkollektoren nachevakuiert werden, um den Druckanstieg durch konstruktionsbedingte Undichtigkeiten auszugleichen.

Vakuumröhrenkollektoren – wie in Abb. 3.60 – bestehen aus einem Gestell mit mehreren Glasröhren, in denen sich jeweils ein Absorberstreifen befindet. Die Röhren sind evakuiert, das Vakuum ist wesentlich besser als in Vakuumflachkollektoren.

Es werden 2 Funktionsprinzipien dieser Bauart von Solarkollektoren unterschieden:

- direkt umflossene Vakuumröhren
- Heat-Pipe-System

Bei den direkt umflossenen Vakuumröhren wird das in der Mitte des Absorberstreifens verlaufende Rohr direkt vom Wärmeträgermedium durchströmt. Energie wird durch das Zirkulieren der speziellen Flüssigkeit durch Verdampfen und Kondensieren innerhalb des Absorberrohres transportiert. Ein Wärmetauscher gibt die Wärme am Rohrende an den Solarkreis ab. Ein Vorteil dieser Solarkollektoren besteht darin, dass defekte Rohre leichter ausgetauscht werden können.

Beim Heat-Pipe-System wird ein mit Unterdruck eingebrachtes Wärmerohr mit Wasser oder Alkohol gefüllt und gibt schon bei niedrigen Temperaturen (ab 25 °C) Dampf ab. Nachdem der Dampf am oberen Ende des Wärmerohrs kondensiert ist, wird er über einen Kondensator an die durchströmende Wärmeträgerflüssigkeit abgegeben.

Im Gegensatz zu Röhren mit Heat-Pipe-System, die im Winkel von 25° montiert werden müssen, können direkt durchflossene Vakuumröhrenkollektoren auch horizontal angebracht werden, z. B. auf Flachdächern.

Die Glasröhren werden bei der Herstellung dauerhaft abgedichtet. Bei besonderer mechanischer oder thermischer Belastung kann es vorkommen, dass einzelne Rohre beim Transport oder Einbau undicht werden. Der Vakuumverlust ist daran erkennbar, dass die defekte Glasröhre außen wesentlich wärmer wird als die Umgebungstemperatur. Deshalb sollten die einzelnen Röhren nach der Montage überprüft werden.

Speicherkollektoren finden sich vor allem in südlichen Regionen. Bei Speicherkollektoren sind Solarkollektoren und Warmwasserspeicher in einem Gehäuse zusammengefasst, das im Freien aufgestellt wird. Für westeuropäische Breitengrade gibt es Systeme der Solarkollektoren, die mit transluzenter Wärmedämmung abgedeckt sind. Dies ist ein lichtdurchlässiges Kunststoffmaterial mit sehr guten Dämmeigenschaften. Speicherkollektoren lassen sich als komplett anschlussfertig gelieferte Systeme einfach montieren. Da hier Leitungswasser im Außenbereich eingesetzt wird, ist eine Frostschutzsicherung dieser Solarkollektoren notwendig. Keinesfalls sollte eine Zusatzheizung wie ein Wärmetauscher oder ein elektrischer Heizstab direkt in den Speicher eingebaut werden. Ansonsten werden die Verluste an die Außenluft – insbesondere im Winter, wenn hoher Zusatzwärmebedarf besteht – wesentlich höher als bei separaten Speichern, die im Gebäude aufgestellt sind.

Bei Solaranlagen in Ein- und Zweifamilienhäusern sind bivalente Speicher mit 2 Wärmetauschern, sog. **Latentwärmeschichtenspeicher,** üblich: ein unterer für den Anschluss an den Kollektorkreis zur solaren Erwärmung des Trinkwassers und ein oberer für den Anschluss an die Nacherwärmung durch den Heizkessel. Aufgrund der unterschiedlichen Dichte von warmem und kaltem Wasser sowie der Be- und Entladevorgänge im Speicher stellt sich eine Temperaturschichtung ein.

Die Speichergestaltung und der Einbau bewirken, dass sich das erwärmte Trinkwasser in der Ebene gleicher Temperatur einschichtet. Auf diese Weise gelangt die Solarwärme schneller auf das Niveau der Nutztemperatur. Schichtenspeicher sind das zentrale Element der Heizungsanlage. Die Wärme für den Heizungsvorlauf wird aus dem oberen Drittel des Speichers entnommen, die Rücklaufwärme fließt in der passenden Höhe in den Speicher zurück. Die Trinkwassererwärmung ist in dieses System integriert, natürlich ohne dass sich das Trinkwasser und das Wasser des Heizungskreislaufs miteinander vermischen können. Zur hygienisch notwendigen Trennung zum Heizungskreislauf dient ein kleiner Behälter, der im oberen Drittel des Schichtenspeichers untergebracht ist. So wird mit geringen Verlusten Warmwasser bereitgehalten.

Der Schichtenspeicher kann aber auch als Durchlauferhitzer genutzt werden, indem das Trinkwasser durch einen Wärmetauscher den Speicher von den kühleren unteren hin zu den oberen Schichten mit höherer Temperatur durchfließt. So müssen keine größeren Trinkwassermengen mit gebrauchsfertiger Temperatur über längere Zeit vorgehalten werden, und die Legionellengefahr ist sehr gering. Eine andere Möglichkeit, mit einer Solaranlage warmes Trinkwasser zu erzeugen, bietet ein Durchlauf-Plattenwärmetauscher, der von der heißesten Stelle des Speichers bedient wird. So wird warmes Wasser immer nur bei Bedarf erzeugt.

Im Ein- und Zweifamilienhaus erfreuen sich **Kombispeicher** zur kombinierten Trinkwassererwärmung und Heizungsunterstützung wachsender Beliebtheit. Die Speicher sparen Platz und sind einfach in das Heizsystem und die Trinkwassererwärmung einzubinden. Im Kombispeicher befindet sich Heizungswasser. Während die Solaranlage über einen Wärmetauscher den gesamten Speicherinhalt erwärmt, heizt der Heizkessel nur den Bereitschaftsteil. Die Trinkwassererwärmung kann folgendermaßen realisiert werden: Beim Durchflusssystem wird das Trinkwasser über einen internen Wärmetauscher erwärmt, der den gesamten Speicher durchzieht. Das Tank-in-Tank-System hält innerhalb des Pufferspeichers einen kleineren Speicher bereit, den Trinkwasserspeicher. Die Wärme wird durch das umgebende Heizungswasser abgegeben.

Für die im Einfamilienhaus benötigten Leistungszahlen eignen sich Schichten sowie Kombispeicher innerhalb einer Solaranlage. Sie sorgen aufgrund der geringen bevorrateten Trinkwassermengen für eine hygienische und sichere Trinkwassererwärmung. Bei größerem Trinkwarmwasserbedarf, oder wenn z. B. für eine Holzheizung größere Pufferspeichervolumen benötigt werden, kommt eine Zweispeichersolaranlage zum Einsatz. Hier werden bivalenter Solarspeicher und Heizungspufferspeicher räumlich getrennt installiert.

Um bei der Verwendung einer Solaranlage einen Ausgleich zwischen Zeiten mit hohem Strahlungsangebot am Mittag und solchen mit großem Warmwasserverbrauch – etwa morgens und abends – zu schaffen, ist ein Warmwasserspeicher erforderlich. Je größer der Speicher ist, desto größer ist die Ausbeute der Solaranlage.

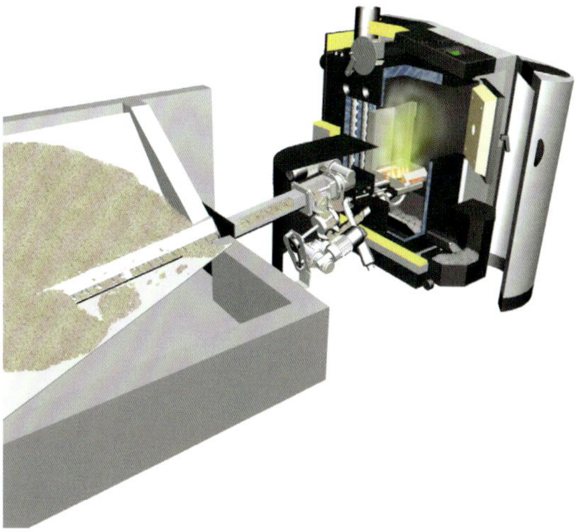

Abb. 3.61: Pelletheizung (Quelle: Fröling Heizkessel- und Behälterbau GmbH, Grieskirchen)

Nachheizung

Da die Solaranlage im Winter nur wenig Ertrag liefert, muss nachgeheizt werden. Empfehlenswert ist der Anschluss der Solaranlage an die Heizungsanlage, da hier die Wärme energetisch effizient bereitgestellt wird. Die meisten Kesselregelungen können die Steuerung der Speicherladepumpe mit übernehmen: Wenn die Temperatur im Bereitschaftsteil unter eine festgelegte Grenze fällt, wird die Pumpe eingeschaltet und die Wärme wird aus dem Kessel über einen zusätzlichen Wärmetauscher in den Speicher transportiert. Im Sommer sollte der Kessel wegen des geringen Zusatzwärmebedarfs nicht ständig in Bereitschaft gehalten werden, sondern erst anlaufen, wenn ein bestimmter Speicherladezustand unterschritten wird. Möglich ist auch eine nachgeschaltete Erwärmung des im Speicher durch die Solaranlage vorerwärmten Wassers.

Holz ist der wichtigste CO_2-neutrale Brennstoff, da bei der Verbrennung nicht mehr CO_2 freigesetzt wird, als während des Holzwachstums der Atmosphäre entzogen wurde. Die Verbrennung von Holz setzt fast kein Schwefeldioxid frei, das hauptverantwortlich für den sog. sauren Regen gemacht wird. Der Einsatz für Heizungssysteme ist ökologisch unbedenklich.

Eine noch recht neue Art der Biomasseverfeuerung ist die Verbrennung von **Holzpellets** (siehe Abb. 3.61). Pellets sind kleine Presslinge, die unter hohem Druck aus reinem Holzmehl ohne Bindemittel erzeugt werden. Durch die hohe Pressung der Pellets entsteht ein homogenes Brennmaterial mit sehr geringem Wasseranteil. Dadurch ergeben sich Vorteile beim Transport und der Lagerung sowie eine hohe Energiedichte. Der Heizwert von Pellets liegt bei 4,9 bis 5,0 kW/kg, was ca. 0,5 l Heizöl entspricht.

Nach Größe und Gewicht genormt, sind Holzpellets sicherlich eine Alternative zu Gas und Öl. Sie werden für die Pelletheizung in Säcken oder auch lose geliefert. Sie können in Einzelöfen oder Kesseln verfeuert werden. Unter den Kesselpelletheizungen gibt es halbautomatische Anlagen, die mit der Hand zu befüllen sind. Bei vollautomatischen Modellen werden die Pellets mit einer elektrisch betriebenen Förderschnecke oder Saugleitung aus einem Tank, Silo oder Lagerraum in den Kessel gefördert. Die Kessel haben eine elektrische Zündung sowie eine Steuerung der Zuführung der Holzpellets und der Verbrennungsluft. Die entstehende Asche kann als Gartendünger fast überall sinnvoll eingesetzt werden.

Die Pelletheizung kann im Keller aufgestellt werden. Preiswerte Geräte kleiner Leistung gibt es auch für eine Aufstellung im Wohnraum, die etwa in Niedrigenergie- oder Passivhäusern als alleinige Wärmeerzeuger eingesetzt werden können. Im Ofen sind Wassertaschen eingebaut, sodass bis zu 80 % der entstehenden Wärme dem Heizungssystem zugeführt werden können. Da 20 % der Wärme direkt in den Raum abgestrahlt werden, ist die Erzeugung von Warmwasserwärme außerhalb der Heizperiode nicht unproblematisch. Die Kombination mit einer Solaranlage bietet hier eine gute Lösung. Beim Einsatz einer kontrollierten Wohnungslüftung ist darauf zu achten, dass die Pelletheizung unabhängig von der Raumluft betrieben wird. Teurer als Pelletkessel sind die leistungsstärkeren Zentralpelletheizungen, die meist im Keller aufgestellt werden.

Biogas entsteht durch den bakteriellen Abbau organischer Substanzen, wie z. B. tierischer Exkremente, von Pflanzenfasern oder Speise, und Schlachtabfällen in einem Faulbehälter. Die Dauer des Zersetzungsprozesses hängt von den Materialien ab. Bei richtiger Steuerung des Prozesses werden gut brennbare Gase wie Methan (CH_4) gewonnen.

Die Biogasproduktion bietet landwirtschaftlichen und Gartenbaubetrieben auch wirtschaftlich interessante Möglichkeiten, zumal als Abfallprodukt des Prozesses hochwertige Dünger anfallen. Das erzeugte Biogas wird meist über ein Blockheizkraftwerk im Betrieb direkt in elektrische Energie umgewandelt. Dabei unterstützt ein großer Teil der anfallenden Wärme den Zersetzungsprozess. Biogas kann ins Gasnetz eingespeist und so auch für ein Heizungssystem nutzbar gemacht werden.

Das Heizen mit organischen Reststoffen umfasst eine Vielzahl von Brennstoffen. Neben Großkraftwerken, die mit Strohballen befeuert werden, kann Energie für das Heizungssystem auch aus Laub, Gras, Dung, Klärschlamm und organischem Hausmüll gewonnen werden.

Eine weitere Unterstützung zur raumlufttechnischen Anlage ist ein **elektrisches Nachheizregister.** Dieses addiert im Bedarfsfall direkt elektrische Restwärme, um die gesamte Heizenergie zu erzielen. Andererseits kann es auch auf Warmwasserbasis arbeiten. Dieser Wärmetauschprozess wird durch Speisung solarer Wärme herbeigeführt. Eine Solarthermie ist dann unverzichtbar.

Bei der **Kraft-Wärme-Kopplung (KWK)** wird mit hoher Effizienz Wärme für Wohngebäude gewonnen. Die Idee besteht darin, die elektrische Energie dort zu erzeugen, wo die anfallende Wärme gebraucht wird. Statt eines Großkraftwerks arbeiten bei der KWK kleine oder kleinste Kraftwerke. Das Kernstück einer solchen Anlage besteht meistens aus einem Verbrennungsmotor, der einen Generator antreibt. So entsteht neben Strom auch Wärme. Diese Abwärme wird für das Heizungssystem genutzt. Kleinere Anlagen, die sich auch für Wohngebäude eignen, nennt man Blockheizkraftwerke.

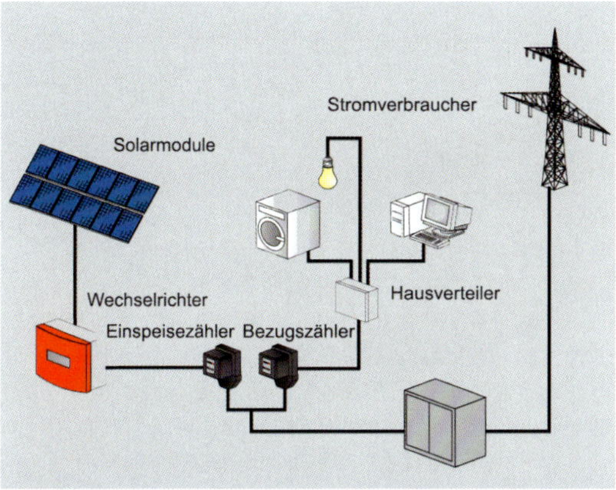

Abb. 3.62: Funktionsschema Fotovoltaik

Abb. 3.63: Integration einer Fotovoltaikanlage in die Dachterrassenbrüstung

Auch hier erzeugt ein mit Gas oder Diesel betriebener Generator elektrische Energie. Die gute Brennstoffausnutzung von KWK-Anlagen macht sich beim Primärenergiefaktor positiv bemerkbar.

Ein Mini-Blockheizkraftwerk (Mini-BHKW) basiert auf dem Prinzip der KWK. Hierbei findet eine Nutzung der gleichzeitig erzeugten Elektrizität und Wärme statt. Ein Generator wird von einem Gasmotor angetrieben und stellt dadurch elektrischen Strom zur Verfügung. Die Abwärme des Motors wird über einen Kühlwasserwärmetauscher zur Heizwasser- oder Brauchwassererwärmung verwendet. Auch die im Abgas enthaltene und in üblichen Kraftwerken nicht weiter genutzte Wärme wird mittels eines Abgaswärmetauschers zur Erwärmung verwendet.

Im Bereich der Raumwärmebereitstellung wird das Mini-BHKW-System meistens durch einen Spitzenkessel und einen Wärmespeicher ergänzt. Am wirtschaftlichsten arbeiten solche Anlagen dort, wo neben dem Strom ganzjährig Wärme abgenommen werden kann, wie z. B. im Bereich der Brauchwassererwärmung. Dies bezieht sich vor allem auf die Bereiche Küche und Bad im Passivhaus. Dabei wird oft auf einen Pufferspeicher zurückgegriffen, der durchgängig erwärmt wird, sodass Temperaturen bis zu 85 °C entstehen. Das Brauchwasser wird mithilfe des Wassers aus dem Pufferspeicher über einen Stromwärmetauscher auf ca. 60 °C erwärmt – jedoch nur so viel wie gerade notwendig. Dadurch können Wärmeverluste kompensiert werden.

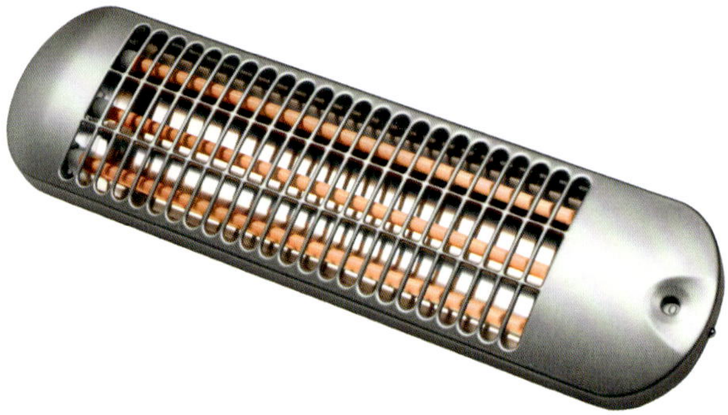

Abb. 3.64: Infrarotstrahler sind günstig in der Anschaffung und erzeugen in Badezimmern oder über dem Wickeltisch sofort angenehme Strahlungswärme. (Quelle: Glen Dimplex Deutschland GmbH)

Zur KWK können neben konventionellen Diesel- und Gasmotoren auch Dampf- oder Gasturbinen und im Hinblick auf neuere Technologien auch Brennstoffzellen oder Stirling-Motoren herangezogen werden.

Fotovoltaik ist die Umwandlung von Sonnenlicht in elektrischen Strom mithilfe von Solarzellen. Diese bestehen aus dünnen Scheiben kristallinen Siliziums. Strahlt die Sonne auf eine solche Zelle, baut sich zwischen der Ober- und Unterseite eine Gleichspannung auf. Der so erzeugte Gleichstrom wird über einen Wechselrichter geführt und in Wechselstrom mit einer Spannung von 230 V umgewandelt. Diese Energie kann entweder direkt genutzt werden oder in das öffentliche Stromnetz eingespeist werden (siehe Abb. 3.62 und 3.63).

Seit dem 1. Mai 2013 fördert die KfW mit einem zinsgünstigen Kredit sowie einem Tilgungszuschuss aus Mitteln des Bundesministeriums für Wirtschaft und Energie (BMWi) Neuinstallationen von stationären Batteriespeichersystemen in Kombination mit Fotovoltaikanlagen (vgl. weitere Informationen zum KfW-Förderprogramm 275 unter www.kfw.de/275).

Häufig eingesetzte Lösungen zur Erzeugung benötigter Wärme in Passivhäusern sind punktuelle **Zusatzheizungen.** Es handelt sich dabei um elektrisch betriebene Heizkörper oder -geräte, die dort eingesetzt werden, wo Bewohner ein höheres Wärmebedürfnis haben. Vor allem in Badezimmern ist der Wunsch nach höheren Temperaturen anders als in den anderen Räumen oft nicht über die Passivhaus-Haustechnik zu lösen, weil diese meist für eine gleichmäßige Raumtemperatur im gesamten Gebäude sorgt. Eine kostengünstige, einfach zu installierende und damit pragmatische Lösung sind Infrarotstrahler für Badezimmer oder auch über dem Wickeltisch (siehe Abb. 3.64). Der Strombedarf bleibt erfahrungsgemäß überschaubar, weil die Geräte meist nur an wenigen Tagen im Jahr und dann nur für wenige Minuten eingeschaltet werden.

Wegen ihrer Mobilität sind grundsätzlich auch Rippen-Radiatoren mit Laufrollen interessant. Die meist mit Öl gefüllten Geräte erinnern an klassische Heizkörper. Sie sind dann sinnvoll, wenn einzelne Räume für überschaubare Zeiträume höher temperiert werden sollen. Das könnte z. B. der Fall sein, wenn ein Zimmer von einer kranken oder pflegebedürftigen Person bewohnt wird – oder weil in der ersten Heizperiode wegen der noch nicht abgeschlossenen Bauaustrocknung mehr Wärme benötigt wird. Als reine Bedarfsheizung sind Radiatoren auch im Passivhaus eine gute Lösung. Radiatoren sind wie auch Heizkörper relativ träge und deshalb ungeeignet, wenn z. B. ein Badezimmer kurzfristig erwärmt werden soll.

Diesen Nachteil haben auch Handtuchwärmer, die für Passivhäuser eher nicht geeignet sind; mit ihrer geringen Heizleistung könnten sie zwar bei etwas Geduld ein Badezimmer spürbar erwärmen, die Lüftungsanlage arbeitet aber kontinuierlich gegen das Gerät und führt erwärmte Luft stetig ab. Ähnliches gilt auch für elektrische Wandheizungen. Diese können in oder vor der Wand installiert werden; für die sichtbare Montage gibt es viele Angebote, die mit ihrem Design überzeugen möchten. Eine effiziente Form, zusätzliche Wärme in ein Passivhaus zu bringen, stellen elektrische Wandheizungen jedoch nicht dar.

Heizlüfter-Geräte (sog. Schnellheizer) sind denkbar, fallen aber meist durch ihr Gebläse bzw. die durch dieses verursachten Geräusche unangenehm auf. Die meisten Bewohner haben auch kein gutes Gefühl, Heizlüfter ohne Aufsicht zu betreiben.

3.5.4 Zusammenfassung

Die Heizungsanlage in einem Passivhaus entspricht nicht den gängigen Heizungssystemen in konventionellen Gebäuden. Sie dient lediglich zur **Deckung des Restheizwärmebedarfs und der Warmwasserbereitung.**

- Ein Heizsystem im Passivhaus muss nur sehr geringe Heizleistungen von maximal 10 W/m^2 Wohnnutzfläche erbringen.
- Die Wärmeverteilung kann über die Zuluftleitungen der Lüftungsanlage erfolgen.
- Das gesamte konventionelle Heizwärmeverteilungssystem entfällt.
- Im Warmwasserbereich können zur Deckung hoher Leistungsspitzen Speicher eingesetzt werden.

Mögliche Heizsysteme sind z. B.:

- vorrangig thermische Solaranlage zur Abdeckung des größten Teiles vom Restheizwärmebedarf
- Kleinstwärmepumpe im Kompaktgerät
- elektrisches Nachheizregister
- Holzpellet oder Biogasofen
- Mini-BHKW

Zusatzheizungen für mehr Komfort sind z. B.:

- Infrarotstrahler oder Radiatoren

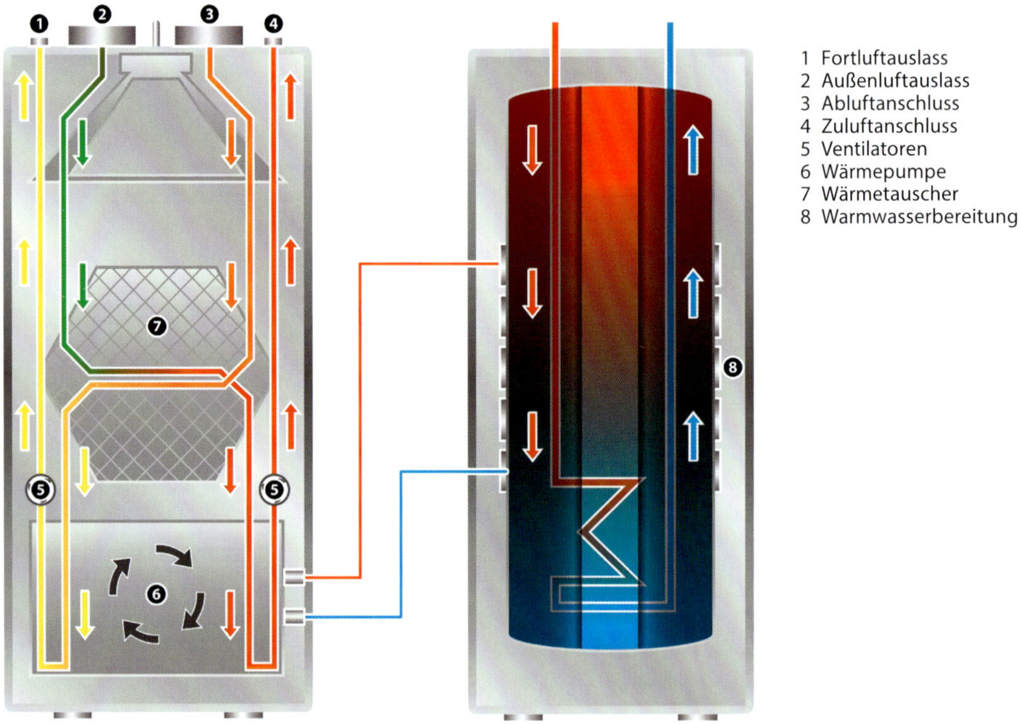

Abb. 3.65: Systemskizze einer Lüftungskompaktanlage mit Brauchwasserspeicher (Quelle: Laible Verlagsprojekte, Allensbach)

3.6 Kompaktanlagen für Lüftung, Heizung und Brauchwassererwärmung

Lüftungskompaktanlagen sind die Klassiker im Passivhaus. In nur einem Gerät übernehmen sie alle vitalen Haustechnikfunktionen des Gebäudes: Be- und Entlüftung, Raumtemperierung und Brauchwassererwärmung. Die zentralen Bausteine der Kompaktanlage sind:

- Ventilatoren für den Lufttransport
- Wärmeübertrager für die WRG
- Wärmepumpe zur Warmwassergewinnung
- Wasserspeicher für das erwärmte Brauchwasser (häufig separat stehend)

Dies alles ist in einem Gerät untergebracht, dessen zentrale Steuerung die Koordination und Priorisierung der verschiedenen und teils konkurrierenden Funktionen übernimmt (siehe Abb. 3.65). Die Kompaktheit der Anlagen erfreut den Bauherrn und ist umso erstaunlicher vor dem Hintergrund, dass mehrere getrennte Luftströme, Kalt- und Warmwasser, Kältemittel sowie elektrischer Strom in einer Lüftungskompaktanlage verarbeitet werden. Je nach Gerät und angeschlossener Peripherie kann auch die Sole von einem EWT oder das Wasser-Glykol-Gemisch von Sonnenkollektoren Ansprüche an die Steuerungsleistung stellen.

Allen Lüftungskompaktanlagen gemein ist ihre grundsätzliche Arbeitsweise. Ein – überraschend klein dimensionierter und sparsamer – Ventilator befördert Außenluft von einer Ansaugstelle zum Lüftungsgerät. Im Lüftungsgerät selbst durchströmt die kalte Außenluft den Wärmetauscher, wo die Wärme der verbrauchten Luft übertragen wird, ohne dass sich die Luftmoleküle selbst vermischen. Mindestens 75 % ihrer Wärme – so ist es in den Qualitätsanforderungen für das Passivhaus definiert – gibt die ausströmende Luft an die Frischluft ab. Tatsächlich erreichen die modernen Geräte deutlich höhere WRG-Grade: 80 bis 85 % sind gängige Werte. In den Übergangszeiten Herbst und Frühjahr reicht das Wärmerecycling in aller Regel aus, um die Temperatur in den Innenräumen behaglich zu halten. Im Sommer übrigens wird die WRG umgangen, dann passiert die Zuluft den Wärmetauscher in einem Bypass, wird also nicht erwärmt.

Über ein Luftkanalnetz strömt die warme Frischluft in die Wohnräume, wo sie unmerklich zirkuliert, bevor sie in den besonders belasteten Räumen (WC, Küche, Badezimmer) durch einen weiteren Ventilator abgesaugt wird. Von dort geht es zurück in den Wärmetauscher und dann als abgekühlte Fortluft ins Freie. In der Regel ist in den Kompaktanlagen eine Wärmepumpe integriert, die unter Nutzung der Umgebungswärme Warmwasser bereitet und an kalten Tagen den Restwärmebedarf deckt.

Lüftungskompaktanlagen sind seit Langem eingeführt und ausgereift. Etliche Geräte sind baulich seit Jahren unverändert. Zwischen 8.000 und 14.000 € muss der Bauherr dafür aufbringen, je nach Leistung, Funktionsumfang und Hersteller. Hinzu kommen das Luftverteilnetz sowie die Installations- und Wartungskosten. Letztere beinhalten den regelmäßigen Filteraustausch und die jährliche Inspektion mit Routinearbeiten. Folgekosten von 200 bis 300 € im Jahr sollten eingeplant werden.

Lüftungskompaktanlagen sind untrennbar mit der Geschichte und Definition des Passivhauses verbunden. Die niedrige Heizlast von 10 W/m^2 erlaubte es, sich ein Gebäude vorzustellen, das ganz ohne ein konventionelles Heizsystem auskommt und allein über temperierte Frischluft für ein angenehmes Wohnklima sorgt. Entsprechend sind die kompakten „Alleskönner“ unter den Lüftungsgeräten so ausgelegt, dass es ihnen gelingt, die Frischluft auf maximal 50 °C zu erwärmen, um damit die Wohnräume zu heizen bzw. warm zu halten.

Für große Wohnungen und kleinere Einfamilienhäuser sind Lüftungskompaktanlagen in der Regel sehr gut geeignet. Bei größeren Wohnflächen muss sorgfältig geprüft werden, ob und welche Geräte mit ausreichend hoher Leistung zur Verfügung stehen. Dies gilt insbesondere, wenn das Gebäude ausschließlich über die Zuluft erwärmt werden soll – hier kommen die meisten Geräte in größeren Häusern womöglich an eine Grenze.

Abb. 3.66: AEREX PHK 180 – hier mit 300-l-Wasserspeicher (Quelle: AEREX HaustechnikSysteme GmbH, Villingen-Schwenningen)

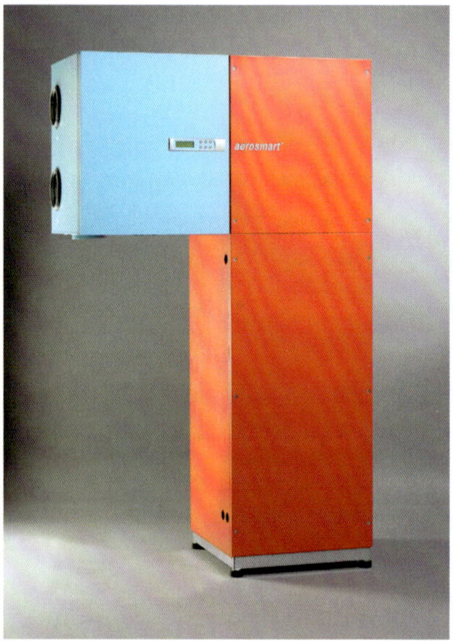

Abb. 3.67: Kompaktgerät aerosmart m (Quelle: www.drexel-weiss.at)

Das Kompaktgerät **AEREX PHK 180** (siehe Abb. 3.66) wird von dem Hersteller angeboten, der auch das erste Passivhauskompaktaggregat überhaupt entwickelt hat. Das Tochterunternehmen der Maico Elektroapparate-Fabrik stattet seit 1999 Passivhäuser mit Frischluftheizungen aus. Die AEREX HaustechnikSysteme GmbH hat ihr Gerät PHK 180 im Jahr 2013 als komplette Neuentwicklung und Nachfolger des lange angebotenen Geräts BW 175 vorgestellt. Neben einem Trinkwasserspeicher mit 300 l Fassungsvermögen kann auch ein 600-l-Pufferspeicher eingesetzt werden. Die Wassererwärmung kann solar unterstützt werden. Anders als früher hat das AEREX-Gerät nun den Bypass serienmäßig integriert. Die vollautomatische Regelung erfolgt über eine Touchscreen-Bedieneinheit oder via PC über den serienmäßig integrierten Webserver. Das Gerät hat von allen Kompaktgeräten die beste Elektroeffizienz (0,28 Wh/m³) und überzeugt durch einen sehr geringen Geräteschall.

Ein Langläufer unter den Passivhausgeräten ist **aerosmart m** der Drexel und Weiss energieeffiziente Haustechniksysteme GmbH (siehe Abb. 3.67). Entwickelt wurde das Gerät von Christof Drexel, dem wahrscheinlich erfahrensten Ingenieur für Lüftungskompaktgeräte überhaupt. Neben aerosmart m mit einer Nennluftmenge von 160 m³/h gibt es auch die Variante aerosmart l mit 205 m³/h Nennluft. Durch eine CO_2-geführte Luftmengenregelung verhindert die Steuerung zu trockene Raumluft im Winter. Bedient wird das Gerät intuitiv über einen Touchscreen. Das integrierte Steuerungssystem psiio erlaubt auch die Einbindung von verschiedensten Zusatzheizungen – vom Ofen bis zum Infrarotpaneel. Das Kompaktgerät kann wahlweise als Rechts- oder Linksausführung geliefert werden. Akustisch ist das Gerät sehr gut: Von keinem anderen Kompaktgerät geht so wenig Geräteschall aus. Auch die Elektroeffizienz ist als sehr gut zu bezeichnen.

Abb. 3.68: Genvex Combi 185L (Quelle: Genvex Marketing)

Abb. 3.69: Pichler PKOM4 – hinten: mit integriertem Wasserspeicher; vorne: ohne Wasserspeicher (Quelle: J. Pichler GmbH, Klagenfurt am Wörthersee)

Aus Dänemark stammt das für Passivhäuser geeignete Lüftungskompaktgerät **Genvex Combi 185L** der Firma Genvex A/S (siehe Abb. 3.68). Es hat neben dem Lüftungsgerät und der Brauchwasserwärmepumpe einen Warmwasserspeicher mit 185 l Inhalt. Üblicherweise kommt das Gerät in Passivhauswohnungen von 85 bis 150 m² Wohnfläche zum Einsatz. Es weist gute Schalldämmwerte auf, der Wärmetauscher erreicht aber nur einen mittelmäßigen Wärmebereitstellungsgrad. Für den Frostschutz muss wie auch bei den Geräten von AEREX und Drexel und Weiss eine externe Lösung gefunden werden, die in der Regel durch einen vorgeschalteten EWT (Luft oder Sole) erreicht wird.

Ein weiteres Produkt auf dem Markt ist das österreichische Gerät **PKOM4** der J. Pichler GmbH (siehe Abb. 3.69). Es fällt durch eine besonders kompakte und damit platzsparende Bauweise und einen vergleichsweise günstigen Preis auf. Die Werte für Elektroeffizienz, WRG und Geräteschall sind gut. Die thermische Leistung der Wärmepumpe ist allerdings deutlich niedriger als bei anderen Geräten. Dafür aber können Zulufterwärmung und Brauchwassererwärmung parallel betrieben werden. Als einziges Kompaktgerät für Passivhäuser überhaupt hat PKOM4 eine integrierte Feuchterückgewinnung, mit der in den Wintermonaten eine höhere relative Feuchte im Raum erreicht bzw. gehalten werden kann.

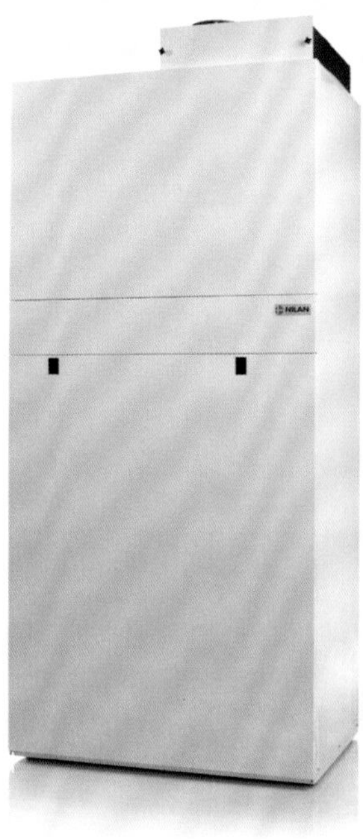

Abb. 3.70: Nilan Compact P – Kompaktanlage für Lüftung, Heizung, Warmwasser mit passiver und aktiver WRG (Quelle: Nilan GmbH)

Mit der **Nilan Compact P** der Nilan GmbH kommt eine weitere Kompaktanlage aus Dänemark (siehe Abb. 3.70). Wegen günstiger Preise und einer platzsparenden Bauweise ist das Gerät seit vielen Jahren beliebt. Unter allen Kompaktgeräten ist es das mit den hörbarsten Geräuschen – eine schallgeschützte Aufstellung ist immer wichtig, hier ist sie unbedingt notwendig. Das Vorschalten eines EWT ist sinnvoll. Die thermischen Leistungsdaten liegen eher im Mittelfeld, was kein Problem ist, wenn das Gerät in kleineren Wohnungen eingesetzt wird. Im Passivhausgeschosswohnungsbau ist das Gerät deshalb häufig zu finden. In Passivhauseinfamilienhäusern kann die Nilan-Anlage dagegen durchaus an ihre Grenzen kommen.

Bei den Geräten **LWZ 304 SOL** der STIEBEL ELTRON GmbH & Co. KG und **THZ 304 SOL** der tecalor GmbH handelt es sich um baugleiche Kompaktanlagen aus dem Haus Stiebel Eltron, die sich allein durch ihren Vertriebsweg unterscheiden (siehe Abb. 3.71). Das 304-Gerät ist bei Passivhausarchitekten beliebt, weil es als ein leistungsstarkes Allroundgerät gilt, das den unterschiedlichen Anforderungen der Bauherren gerecht wird. Hohe WRG-Werte, Einsatzmöglichkeit auch in größeren Passiveinfamilienhäusern, hohe thermische Leistungsdaten der Wärmepumpe, aber auch ein relativ hoher Preis zeichnen das Gerät aus. Auch der Geräteschall ist relativ hoch – was bei einer Aufstellung im schallgedämmten Technikraum bzw. im Keller kein Problem ist. Der Zusatz „SOL" im Namen des Aggregats steht für die mögliche Integration von Fotovoltaik oder Solarthermie. Verfügbar ist von Stiebel Eltron bzw. tecalor auch die leistungsstärkere Variante LWZ 504/THZ 504.

Abb. 3.71: Stiebel Eltron LWZ 304 SOL – baugleich auch von tecalor (Quelle: STIEBEL ELTRON GmbH & Co. KG, Holzminden)

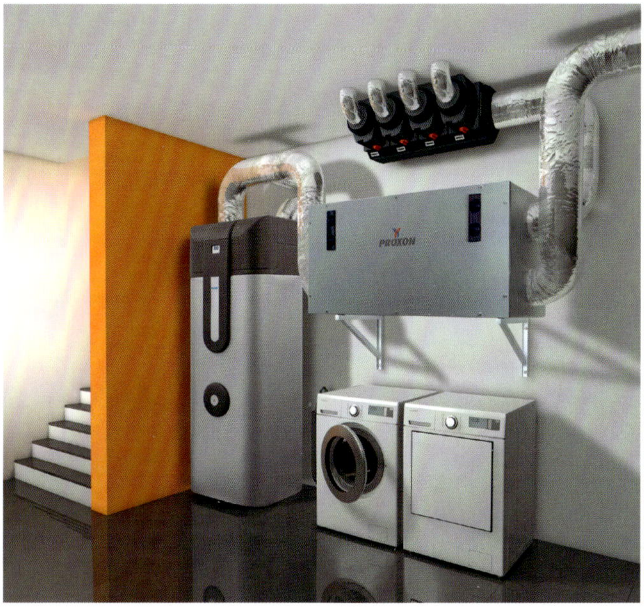

Abb. 3.72: Technikraum P-Serie (Quelle: ZIMMERMANN Lüftungs- und Wärmesysteme GmbH & Co. KG, Freudenberg)

Exklusiv an Fertighaushersteller und Hausanbieter wird das Gerät **Proxon P1/FWT1** des Produzenten ZIMMERMANN Lüftungs- und Wärmesysteme GmbH & Co. KG geliefert (siehe Abb. 3.72). Es handelt sich hierbei um ein ausgewogenes Gerät, das den Vergleich mit den Wettbewerbern hinsichtlich der wichtigen energetischen Daten und im Hinblick auf den Einsatzbereich nicht scheuen muss. Mit einem 300-l-Wasserspeicher bietet das Gerät zusammen mit AEREX den mit Abstand größten Vorrat an Warmwasser. Dafür ist der Trinkwasserspeicher mit einer eigenen Wärmepumpe ausgestattet. Der Einsatz eines EWT ist nicht notwendig. Die Proxon-Anlage ist das einzige Gerät, bei dem das Lüftungs- und Wärmepumpenmodul hängend an der Wand montiert wird.

Tabelle 3.7 zeigt die technischen Daten verschiedener Kompaktgeräte im Vergleich.

Tabelle 3.7: Technische Daten der passivhausgeeigneten Lüftungskompaktgeräte aus den Zertifikaten des Passivhaus Instituts nach Laible, 2017

Hersteller	AEREX Haustech-nikSysteme GmbH	Drexel und Weiss energieeffiziente Haustechnik-systeme GmbH	Genvex A/S	J. Pichler GmbH	Nilan GmbH	STIEBEL ELTRON GmbH & Co. KG		ZIMMERMANN Lüftungs- und Wärmesysteme GmbH & Co. KG
Gerätebezeichnung	PHK 180 mit PHK 300	aerosmart m	Combi 185L	PKOM4	Compact P	LWZ 304 SOL	LWZ 504	Proxon P1/FWT1 und T300
Arbeitspunkt in m³/h	–	–	150	–	172	–	–	–
Preise (ohne MwSt., ohne Zubehör) in €	10.465 1.432	13.560	keine Angabe	8.960	8.390	14.500	15.900	keine Angabe

Tabelle 3.7 (Fortsetzung): Technische Daten der passivhausgeeigneten Lüftungskompaktgeräte aus den Zertifikaten des Passivhaus Instituts nach Laible, 2017

Einsatzbereich von/bis in m³/h	130/230	137/204	110/175	121/192	120/205	160/230	160/230	146/230
Wärmebereitstellungsgrad in %	80	78	76	85	80	87	85	83
Elektroeffizienz in Wh/m³	0,28	0,29	0,31	0,33	0,4	0,42	0,37	0,32
Geräteschall in dB(A)	48	46	49	49	keine Angabe	56	56	55
bei m³/h	230	200	200	200		230	230	230
Luftdichtheit in %								
V_{Leck} intern	0,7	2,3	1,6	0,8	1	2,6	2,2	2,6
V_{Leck} extern	1,1	1,2	0,9	1,4	1,1	2	1	2,9
Frostschutz in °C	0	–3	4	–15	–4	–15	–15	–7
Primärenergiebedarf gesamt in kWh/(m² · a)	46	47,8	51,9	45	51,4	39	32	38
Messwerte Heizung (Arbeitspunkt +2 °C Außentemperatur)								
thermische Leistung Wärmepumpe in kW	1,48	1,18	1,24	0,774	0,78	3,93	3,5	1,39
COP Wärmepumpe	3,02	2,73	2,35	3,15	3,18	2,86	3,49	2,908
maximale Zulufttemperatur im Heizlastfall in °C	41	33	41	33	28,6	35	35	36
Messwerte Warmwasser (Arbeitspunkt +2 °C Außentemperatur)								
thermische Leistung Speicheraufheizung in kW	1,21	1,13	1	1,15	0,83	4	5,9	1,119
thermische Leistung Speichernachladung in kW	1,02	1,1	0,9	1,19	0,82	3,87	5,92	1,097
Arbeitszahl (COP) Speicheraufheizung	2,96	2,93	2,28	2,97	2,87	2,9	2,48	3,18
Arbeitszahl (COP) Speichernachladung	2,42	2,39	1,98	2,88	2,72	2,76	2,7	3
mittlere Speichertemperatur in °C	36,5	47,1	46,4	45	keine Angabe	48,8	49	42,9
spezifische Speicherverluste in W/K	1,75	1,6	1,9	1,51	keine Angabe	1,51	1,51	7,8
Größe Speicher in l	300	200	185	212	keine Angabe	235	235	300
Fortluftbeimischung in m³/h	–	–	–	200	keine Angabe	430	881	200

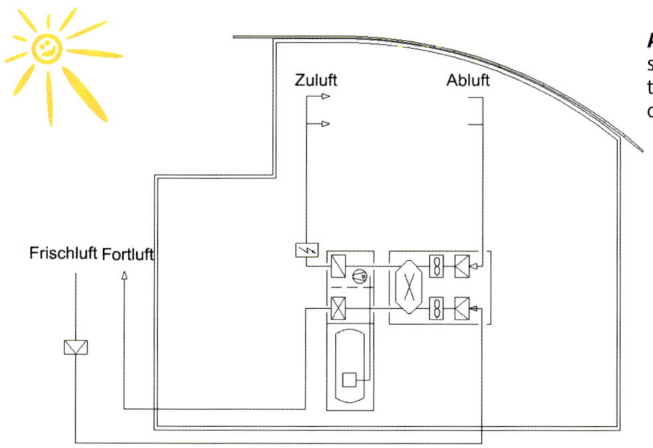

Abb. 3.73: Klassische Passivhaustechnik nach www.drexel-weiss.at

3.7 Versorgungssysteme

Die Versorgungstechnik des Passivhauses kann, wie bereits erwähnt, individuell ausgeführt werden und sollte auf das Bauprojekt und die Wünsche der Bauherren optimal abgestimmt sein. Im Folgenden werden 2 Beispiele angeführt, die die gängigsten Systeme im Passivhausbau darstellen.

Beispiel 1

Ein Passivhausstandardgebäude benötigt eine Heizleistung von 10 W/m², um das Gebäude zu erwärmen. Das in Abb. 3.73 dargestellte System ist das einfachste und meistverwendete Versorgungssystem. Es kann auf eine weitere Zusatzheizung – abgesehen von einem Nachheizregister – verzichtet werden.

Die erforderliche Frischluftmenge, die für eine gute Luftqualität eingebracht werden muss, wird über einen EWT auf 4 bis 10 °C vorgewärmt. Anschließend wird sie dem Wärmetauscher im Lüftungsgerät zugeführt. Der verbrauchten Abluft wird im Kreuz-Gegenstrom-Plattenwärmetauscher die Wärme zur statischen WRG entzogen und auf die Zuluft übertragen. Die frische Luft wird ohne Energieeinsatz – lediglich durch die hohe Effizienz des Wärmetauschers – fast auf Raumtemperatur erwärmt. Die restliche Wärme wird über ein Nachheizregister eingebracht.

Beispiel 2

Die in Beispiel 1 angeführte Passivhaustechnik wird zur Abdeckung der Spitzenlast um einen Ofen, wie z. B. einen Pellet, Stückholz oder Bioalkoholofen erweitert (siehe Abb. 3.74). Dies führt zur Senkung des Strombedarfs, denn die Heizleistung wird nun durch regenerative Energien erbracht.

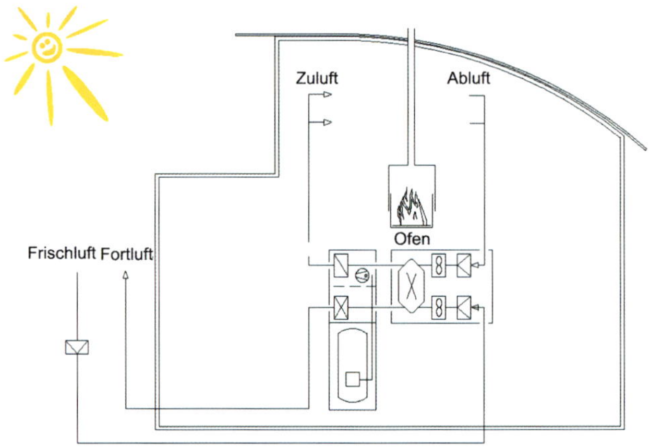

Abb. 3.74: Erweiterte Passivhaustechnik nach www.drexel-weiss.at

3.8 Zusammenfassung

Fast alle marktüblichen Systeme zur Wärmeversorgung sind im Passivhaus integrierbar. Entscheidend sind Energieeffizienz, primärenergetische Situation und Wirtschaftlichkeit. Je effizienter das System arbeitet, umso weniger Primärenergie wird verbraucht. Energieeffizienz ist wichtig, um die Kosten für den Energieträger so gering wie möglich zu halten. Die Versorgungstechnik sollte individuell auf das Objekt und seine Nutzer abgestimmt werden.

Die Versorgungstechnik im Passivhaus sollte 6 Forderungen erfüllen:

- Deckung des stark verringerten Heizwärmebedarfs
- Erzielen einer hochwirksamen Abluft-WRG
- Sicherung der Frischluftzufuhr und Entfeuchtung
- Abdeckung des gleichen Brauchwasserbedarfs wie in herkömmlichen Häusern
- technische, ökologische sowie ökonomische Effizienz
- vorrangig Einsatz erneuerbarer Energien

4 Qualitätssicherung

Das Passivhaus kann nur aufgrund der Qualitätsmaximierung optimal funktionieren. Die Realisierung eines Passivhauses erfordert eine sorgfältigere und aufwendigere Planung, als es bei herkömmlichen Gebäudestandards üblich ist. Die gestellten Qualitätsanforderungen des Passivhauses sind dabei nicht nur von den planenden Architekten und Fachingenieuren, sondern auch von Bauausführenden zu erfüllen. Das heißt, in der Bauvorbereitungsphase und der Bauausführung sollte ein gemeinsames Team aus Auftraggebern, Planern und Auftragnehmern durch enge Zusammenarbeit die Qualität des Passivhauses sichern.

Ein vor Baubeginn erstelltes Konzept, das individuell im Rahmen der Randbedingungen des Bauprojekts erarbeitet wurde, ist dabei unbedingt notwendig. Die Gebäudelage, das Bauvolumen und das *A*/*V*-Verhältnis (die Kompaktheit) des Gebäudes sowie die zukünftigen Bewohner und deren Nutzergewohnheiten bilden die Grundlage des weiteren Planungskonzepts.

Zur Sicherung der Qualität sind folgende Details explizit zu planen:

- die sorgfältig ausgeführte, lückenlose Luftdichtheit des Gebäudes
- die hochwärmegedämmte Hüllfläche des Gebäudes
- die Vermeidung von Wärmebrücken durch entsprechende Detailausbildung
- die Planung einer hochenergieeffizienten Lüftungsanlage
- die Kontrolle der Qualitätssicherung

In Kapitel 2 wurde bereits die wärmegedämmte Hüllfläche und Luftdichtheit eines Passivhauses geschildert. Im Folgenden wird nun erörtert, wie die Qualität der einzelnen Gewerke bereits während der Bauphase überprüft und gesichert werden kann. Die Kontrollen beinhalten Messungen der Luftdichtheit durch den Blower-Door-Test sowie der Wärmebrückenfreiheit durch Thermografieverfahren und sollten während der Bauphase bzw. vor dem Innenausbau durchgeführt werden. Nur so ist es möglich, eventuell auftretende Schwachstellen (Leckagen) problemlos und schnell zu beseitigen. Nachbesserungen am bereits fertig erstellten Haus sind dagegen meist aufwendig und kostenintensiv.

Weitere Aspekte der Qualitätssicherung bieten die Planung des Passivhauses mit dem PHPP, die Einregulierung der Lüftungsanlagen, die Ausstellung von Energie- und Gebäudepässen sowie eine Einweisung der Bewohner in die entsprechende Nutzung des Gebäudes.

Abb. 4.1: Blower-Door-Test

4.1 Blower-Door-Test

Die luftdichte Gebäudehülle des Passivhauses ist einer der wichtigsten Parameter, um einen Jahresheizwärmebedarf $Q_H \leq 15$ kWh/(m² · a) zu erreichen. Dringt kalte Außenluft über Leckagen der Gebäudehülle in das beheizte Gebäudeinnere (Infiltration), so muss diese ständig auf Raumtemperatur erwärmt werden. Strömt warme Innenluft über luftundichte Stellen der Gebäudehülle nach außen (Exfiltration), so muss dieser Wärmeverlust ebenfalls ersetzt werden. Beides führt zu einer Erhöhung des Jahresheizwärmebedarfs.

Die erlaubte Luftundichtigkeit eines Passivhauses wird durch die EnEV sowie die Norm DIN 4108-7 festgelegt und beschränkt den Luftaustausch durch die Gebäudehülle auf 0,6 Luftwechsel pro Stunde bei 50 Pa Differenzdruck (siehe Kapitel 1.3.1). Die Prüfung der Luftdurchlässigkeit der Gebäudehülle mittels Simulation einer Windbelastung wird mithilfe eines Drucktests durchgeführt (sog. Blower-Door-Test).

Die EnEV honoriert die Durchführung der Messung: Werden die Grenzwerte eingehalten, darf ein reduzierter Luftwechsel angesetzt werden. Bei Gebäuden mit Lüftungsanlage gehört der Blower-Door-Test zum Standard, da die mechanische Lüftung nur mit Dichtheitsnachweis im Energiebedarfsausweis berücksichtigt werden darf. Für Passivhäuser ist der Nachweis Pflicht.

Die **Messung** ermittelt unter Festlegung einer Druckdifferenz den Austausch des Gebäudeluftvolumens gegen Außenluft pro Stunde. Dabei wird in einer Außenöffnung (z. B. der Haus- oder Terrassentür) ein mit Folie bespannter Rahmen eingesetzt, der innerhalb der Folie ein Gebläse oder einen Ventilator enthält. Der Ventilator entzieht dem Gebäude die Luft. Es entstehen ein Unterdruck sowie ein Differenzdruck von 50 Pa zwischen Innen-

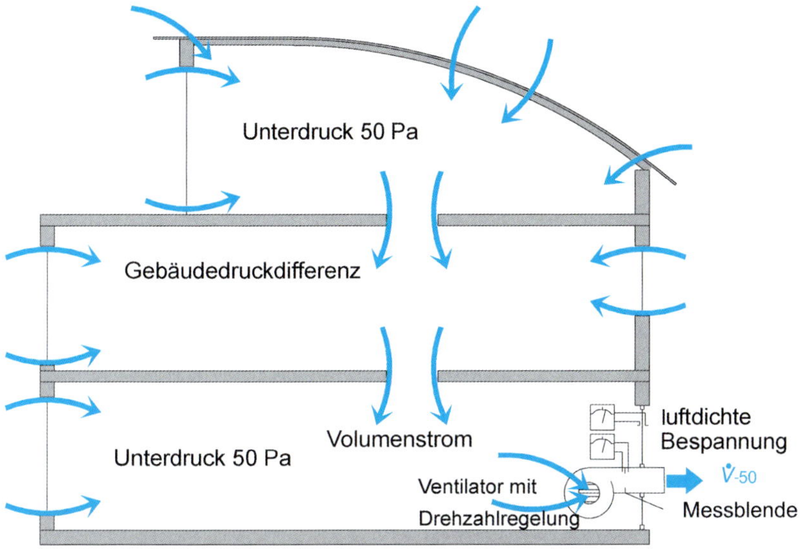

Abb. 4.2: Schematische Darstellung des Blower-Door-Tests

und Außenraum. Ebenso kann bei der Messung ein Überdruck durch ein Gebläse erzeugt werden. Um diesen Druck zu erhalten, muss die Blower Door die durch Leckagen der Gebäudehülle nachströmende Luft absaugen (siehe Abb. 4.1 und 4.2).

Durch die Messung des Luftvolumenstroms wird der Leckagestrom V_{50} (m^3/h) ermittelt, der – durch das beheizte Gebäudevolumen geteilt – den volumenbezogenen Leckagestrom n_{50} (h^{-1}) ergibt. Dabei beschreibt die Kenngröße n_{50} die Häufigkeit des ausgetauschten Luftvolumens bei einer Druckdifferenz von 50 Pa innerhalb einer Stunde und zeigt die Luftdichtheit des geprüften Gebäudes an. Der Staudruck auf der Luvseite des Hauses (dem Wind zugewandte Seite) entspricht bei der Messung mit 50 Pa einer Windgeschwindigkeit von 9,1 m/s. Dabei belasten 5 kg Gewicht jeden Quadratmeter Hüllfläche des Gebäudes.

Der Neubau eines Passivhauses sollte zum **Zeitpunkt** des Blower-Door-Tests alle luftabdichtenden Ebenen enthalten, d. h. die baulichen Komponenten, die zur Dichtheit führen. Um zu einer aussagekräftigen Bewertung zu gelangen, sollten daher folgende Arbeiten abgeschlossen sein:

- der innenseitige Putz von massiven Außenwänden
- bei Leichtbauweise die Anbringung der luftdichtenden Folie
- der Einbau und die Abdichtung von Fenstern sowie Außentüren
- die luftdichten Baustoff- und Bauteilübergänge (z. B. von Leicht- zu Massivbaubereichen)
- die Fixierung und Abdichtung von Dampfsperren
- der Einbau von Öffnungen (z. B. zum unbeheizten Dachbereich)
- die Abdichtung von Rohrdurchbrüchen durch die Gebäudehülle (z. B. für Elektro- oder Lüftungsinstallationen)
- der Einbau der Rollladenkästen

Um während der Messung die Stellen der Leckage besser orten und nachbessern zu können, sollten folgende Bauabschnitte noch nicht ausgeführt sein:

- die Innenraumverkleidungen in Form von Gipskartonplatten oder Holzvertäfelungen
- bei der Holzleichtbauweise die Innenraumverkleidung sowie eine eventuell benötigte zweite Dämmebene auf der Innenseite

Folgende Maßnahmen haben keinen Einfluss auf die Messung und können daher zu einem späteren Zeitpunkt ausgeführt werden:

- die außenseitige Anbringung von z. B. Putz, Holzverschalung oder WDVS
- die Auslegung von Fußbodendämmung oder eines Bodenbelags
- das Einbauen von Objekten (z. B. Wanne, Becken) im Sanitär- und Küchenbereich
- das Aufstellen von Haustechnikanlagen (die notwendigen Durchbrüche sollten bereits ausgeführt sein)
- die Montage von elektrischem Zubehör (z. B. Lichtschalter)

Um eine gezielte Druckdifferenz zu erreichen, sollten innerhalb des Gebäudes einige **Vorkehrungen** getroffen werden:

- die Öffnung der Innentüren, um die Druckdifferenz im gesamten beheizten Gebäudevolumen herzustellen
- die Schließung aller Öffnungen in der Gebäudehülle (z. B. Fenster, Türen)
- die Abdichtung und Schließung der Frischluft- bzw. Fortluftöffnung der Lüftungsanlage
- die Abdichtung der Abflussrohre mit Folie (Siphon noch nicht durch Wasser abgedichtet)

Um das Messergebnis möglichst exakt auswerten zu können, sollte eine Berechnung des belüfteten Innenraumvolumens sowie der Nettogrundfläche vorliegen. Während der Messung müssen alle Bauelemente der Hüllfläche wie Wände, Dächer und Fenster von innen gut erreichbar sein. An besonders windigen Tagen sollten keine Messungen durchgeführt werden.

Um den Luftverbund bei **Mehrfamilienhäusern** zu erreichen, müssen alle Innenraumtüren geöffnet sein. Sollen einzelne Wohnungen oder Brandabschnitte separat gemessen werden, müssen diese Bauabschnitte gegeneinander luftdicht ausgeführt sein. Bei der ersten Messung zeigt die Erfahrung, dass das Gebäude meist noch nicht vollkommen luftdicht erstellt ist und daher weitere Maßnahmen erforderlich werden. Jedoch können die meisten Nachbesserungen zeitgleich mit der Messung ohne geringen Aufwand ausgeführt werden. Erfordern größere Leckagen eine umfangreichere Nachbearbeitung, sollte nach deren Fertigstellung ein zweiter Messtermin zu Kontrollzwecken vereinbart werden.

4.1.1 Ortung von Leckagen

Um Leckagen zu orten und mögliche Bauschäden zu verhindern, bieten sich unterschiedliche Methoden an. Die gängigste ist das Erfühlen mit der

Abb. 4.3: Leckageortung durch Erfühlen mit der Hand
(Quelle: Dipl.-Ing. H. Trauernicht, Gebäudemesstechnik, www.luftdicht.de)

Abb. 4.4: Leckageortung mit einem Luftströmungsmessgerät
(Quelle: Dipl.-Ing. H. Trauernicht, Gebäudemesstechnik, www.luftdicht.de)

Abb. 4.5: Leckageortung mit einem Nebelgenerator
(Quelle: Dipl.-Ing. H. Trauernicht, Gebäudemesstechnik, www.luftdicht.de)

Abb. 4.6: Leckageortung mit einem Handnebelgerät
(Quelle: Dipl.-Ing. H. Trauernicht, Gebäudemesstechnik, www.luftdicht.de)

Hand. Selbst leichte Strömungen können durch den im Haus erzeugten Unterdruck entlang der inneren Gebäudehülle erspürt werden (siehe Abb. 4.3). Weitere Möglichkeiten sind sog. Visualisierungen der Schwachstellen.

Mit einem Luftströmungsmessgerät, dem sog. **Thermoanemometer,** kann die Strömungsgeschwindigkeit ermittelt werden. Ein zuvor aufgeheizter Sender misst die Abkühlung durch den auftretenden Luftstrom und zeigt die daraus resultierende Luftgeschwindigkeit in m/s an (siehe Abb. 4.4).

Wird im Gebäude während des Messverfahrens ein Überdruck erzeugt und durch den Einsatz eines **Nebelgenerators** ungiftiger Nebel in das Gebäude gefüllt, so tritt dieser an den Leckagen in der Gebäudehülle nach außen und ermöglicht dadurch deren Ortung bzw. Visualisierung (siehe Abb. 4.5). Bei dieser Ortungsmethode kann neben einem Nebelgenerator ebenso ein **Raucherzeuger** (sog. Reaktionspatronen) eingesetzt werden.

Wird der Blower-Door-Test durch Unterdruck im Gebäudeinneren ausgeführt, kann auch ein **Handnebelgerät** die durch Leckagen eintretenden Luftströme sichtbar machen (siehe Abb. 4.6).

Thermografische Aufnahmen mit einer Infrarotkamera zeigen während des Messverfahrens mit Unterdruck unterschiedliche Temperaturzonen an. Durch die eintretende Luftströmung an Leckagen der Hüllfläche wird diese stark abgekühlt. Anhand der Messskala mit Temperaturangaben können

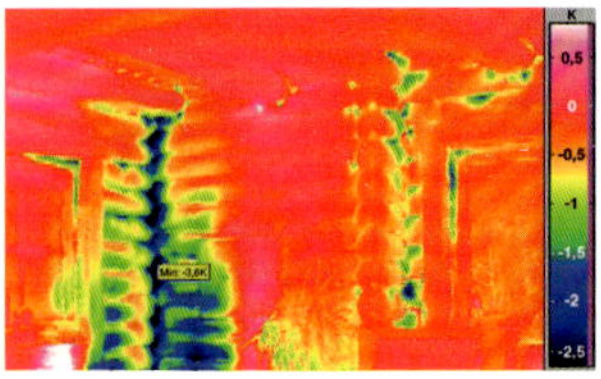

Abb. 4.7: Thermografiemessung (Quelle: Dipl.-Ing. H. Trauernicht, Gebäudemesstechnik, www.luftdicht.de)

die kalten Bereiche (blau) ermittelt werden (siehe Abb. 4.7). Die Thermografiemessung, die auch zur Ermittlung von möglichen Wärmebrücken dient, wird in Kapitel 4.2 näher erläutert.

4.1.2 Verluste und Folgeschäden durch Leckagen

Leckagen in der Gebäudehülle eines Passivhauses führen in mehrfacher Hinsicht zu Verlusten und Folgeschäden am Gebäude.

Warme Luft steigt durch den thermischen Auftrieb nach oben. Der Winddruck wirkt dabei auf die Fuge, drückt kalte Luft in den Innenraum und saugt warme Raumluft ins Freie. Diese **Wärmeverluste** müssen ersetzt werden und erhöhen den Heizenergiebedarf wesentlich.

Dabei sind zunächst die Lüftungswärmeverluste zu betrachten: Der gesamte Lüftungswärmeverlust in einem Gebäude setzt sich aus einem Gebäudefugenanteil und einem Bedarfslüftungsanteil zusammen. Letzterer entspricht der Fensterlüftung oder beim Passivhaus dem Verlust durch die kontrollierte Be- und Entlüftung. Dabei können Leckagen beim Passivhaus mit kontrollierter Be- und Entlüftung einen sog. Lüftungskurzschluss hervorrufen, da jede natürliche Druckdifferenz eine Luftbewegung erzeugt und den gewollten, künstlich aufgebauten Differenzdruck der Lüftungsanlage stört. Dieser Lüftungskurzschluss entsteht, wenn sich Leckagen in den Ablufträumen befinden, die dann als Zuluftöffnungen fungieren und keine bzw. eine nur unzureichende Belüftung der Zulufträume erlauben. Dabei geht die Effizienz dieser Anlagen, je nach Umfang der Luftundichtigkeit, teilweise oder ganz verloren. Wird zusätzlich ein Wärmetauscher integriert, so kann auch dieser nicht die entsprechende WRG leisten, da die warme Abluft zu großen Teilen durch die Leckagen und nicht durch den Wärmetauscher abgezogen wird.

In wärmegedämmten Außenbauteilen, bei denen durch fehlenden oder nicht dicht anliegenden Windschutz auf der Außenseite und fehlerhafte Luftdichtung auf der Innenseite eine Durchströmung poröser Dämmstoffe erfolgt, verschlechtert sich der U-Wert enorm. Bereits kleinste Leckagen in der Luftdichtheit lassen den eigentlich errechneten Transmissionswärmeverlust an diesen Stellen auf ein Mehrfaches steigen.

Die durch eine Fuge dringende warme Raumluft wird auf dem Weg durch die Dämmung zunehmend abgekühlt. Bei Erreichen des Taupunkts, d. h. etwas unter 10 °C bei normalen Raumbedingungen, kommt es zur Kondensation des in der Luft enthaltenen Wassers. Es fällt Feuchtigkeit aus, sodass eine **Schädigung der Bausubstanz,** insbesondere der Holzbauteile, die Folge sein kann. Durch eine solche Fuge im Dach sammelt sich pro

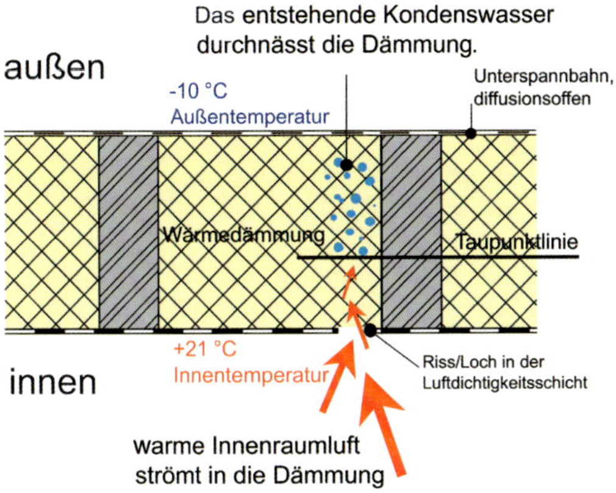

Abb. 4.8: Fugendurchströmung mit Tauwasserausfall

Tag bei einer Außentemperatur von 0 °C eine Wassermenge von 360 g. Zur Durchströmung kommt es infolge des thermischen Auftriebs (warme Innenraumluft, kalte Außenluft) und durch Druckunterschiede bei Winddruck bzw. -sog. Im Winter, wenn die Temperaturdifferenzen am größten sind, ist mit starken Durchströmungen auch ohne Windlast zu rechnen (siehe Abb. 4.8).

An besonders warmen Tagen wird durch Leckagen das Einströmen von warmen Luftmassen in das Gebäude ermöglicht. Der **sommerliche Wärmeschutz** ist in der Folge nicht mehr gewährleistet.

Die bei der Heizungsauslegung nicht berücksichtigten Wärmeverluste durch Luftundichtigkeiten können so groß werden, dass der entsprechende Raum bei geringer Außentemperatur nicht ausreichend geheizt werden kann. Da der Luftfeuchtegehalt kalter Luft geringer ist als derjenige warmer Luft, trocknet die warme Raumluft die kalten Luftmassen beim Eintreten in das Gebäude aus. Dies hat eine unangenehm niedrige Raumluftfeuchte zur Folge. Die kalte Luft erzeugt zudem aufgrund ihrer höheren spezifischen Dichte eine unangenehme Zugerscheinung auf dem Boden (Fußkälte). Mit ansteigendem Grad der Undichtigkeiten sinken daher die **Behaglichkeit** und der **Wohnkomfort.**

Luftundichtigkeiten ermöglichen zudem den Eintritt belasteter Luft in Form von **Schimmelpilzen, Staubpartikeln** und **Geruch** in die Wohnräume.

Durch Fugen tritt Luftschall ein, sodass der **Schallschutz** nach außen und zwischen Wohnungen nicht optimal ist, was zu einer hohen Geräuschbelastung führt.

4.2 Thermografiemessung

Um herauszufinden, in welchen Bereichen des Gebäudes Wärmebrücken vorhanden sind, bedarf es einer wärmetechnischen Analyse. Mit einer Infrarotkamera wird dabei ein Thermogramm erstellt, das alle Stellen mit Wärmeverlusten aufzeigt. Auf der Grundlage der wärmetechnischen Analyse erfolgt dann die Sanierung der Außenwände.

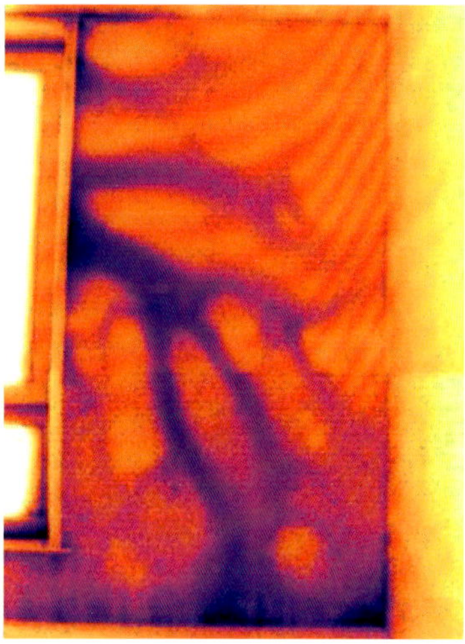

Abb. 4.9: Die Thermografiemessung zeigt die kalten Luftströme auf. (Quelle: Dipl.-Ing. H. Trauernicht, Gebäudemesstechnik, www.luftdicht.de)

Infrarotstrahlung (Wärmestrahlung) hat eine Wellenlänge, die zwar über die Haut, nicht aber vom menschlichen Auge wahrgenommen werden kann. Alle Gegenstände, deren Temperatur über dem absoluten Nullpunkt von –273 °C liegt (auch z. B. Eiswürfel), geben infrarote Wärmestrahlung ab. Je höher die Temperatur eines Objekts ist, desto intensiver ist die von ihm abgegebene Infrarotstrahlung.

Aufgabe der Thermografie ist es, die infrarote Strahlung mittels eines Detektors in elektrische Signale umzuwandeln und diese durch elektronische Datenverarbeitung in ein sog. Wärmebild umzurechnen. Bei diesen Wärmebildern wird jeder Temperatur eine bestimmte Farbe zugeordnet. Höhere Temperaturen werden in Rottönen, niedrigere Temperaturen in Blautönen dargestellt. Da für ein aussagekräftiges Wärmebild eine hohe Temperaturdifferenz zwischen Innenraum und Außenbereich erforderlich ist, sollte eine Thermografie möglichst im Herbst oder Winter durchgeführt werden.

Aufgrund des unterschiedlichen Farbverlaufs der Wärmebilder lassen sich Schwachstellen in der Gebäudehülle leicht ermitteln, denn die Fehlstellen heben sich vom Temperaturverlauf der Umgebung ab. Durch die Ausdehnung der kühleren Stelle und ihren Temperaturgrad lassen sich Schwachstellen und undichte Bereiche qualitativ einordnen. Die Luftdichtheitsschicht in Abb. 4.9 ist am Fenster nicht angeschlossen, sodass kalte Luft hinter der Innenverkleidung in Richtung Fußleiste strömt und dort in den Raum eintritt.

Das Verfahren der Thermografie eignet sich aber nicht nur zur Lokalisierung von Wärmebrücken am Haus. Im Bereich der Haustechnik können z. B. der Verlauf von Heizungsleitungen und Fußbodenheizungen, aber auch Lecks in Leitungssystemen lokalisiert werden.

Abb. 4.10: Schimmelbefall am Anschluss Fußboden/ Wand (Quelle: Transferstelle Bingen)

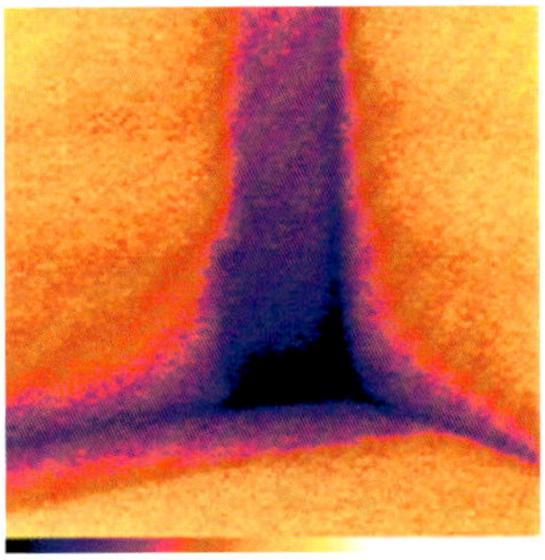

Abb. 4.11: Thermografiemessung der Wärmebrücke in Abb. 4.10 (Quelle: Transferstelle Bingen)

Abb. 4.12: Schimmelbefall am Anschluss Wand/Decke/ Rollladenkasten (Quelle: Deeters J.; Ingenieur- und Sachverständigenbüro Dipl.-Ing. J. Deeters, Meppen: Innenthermografie; Wärmebrücke und Schimmelpilzbildung Mehrfamilienhaus Bj. 1961)

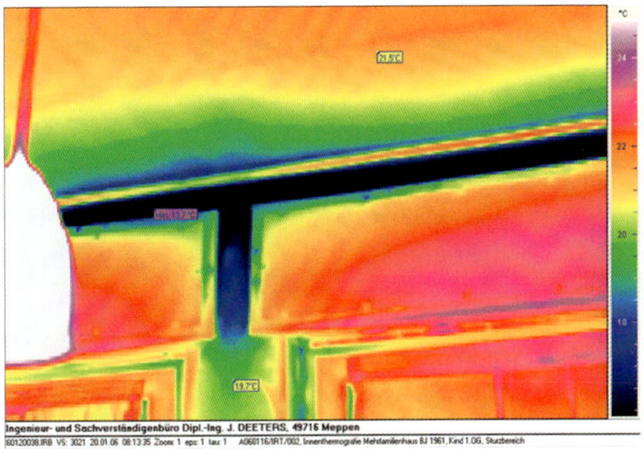

Abb. 4.13: Thermografiemessung der Wärmebrücke in Abb. 4.12 (Quelle: Deeters J.; Ingenieur- und Sachverständigenbüro Dipl.-Ing. J. Deeters, Meppen: Innenthermografie; Wärmebrücke und Schimmelpilzbildung Mehrfamilienhaus Bj. 1961)

Folgen und Beseitigung von Wärmebrücken

Wärmebrücken bewirken eine Abkühlung der Bauteile an der betroffenen Stelle. Wenn der Taupunkt der in der Raumluft enthaltenen Luftfeuchtigkeit unterschritten wird, bildet sich Kondenswasser an der ausgekühlten Stelle. Dies kann zu Feuchteschäden und gefährlicher Schimmelpilzbildung führen (siehe Abb. 4.10 bis 4.13).

Langfristig schädigen Wärmebrücken die **Bausubstanz** und mindern den Wert der Immobilie. Gerade bei Neubauten ist diese Gefahr sehr groß, da Häuser heutzutage aufgrund der Anforderungen der EnEV luftdicht gebaut werden müssen. Die Feuchtigkeit, die an Wärmebrücken auskondensiert, wird nicht mehr wie früher automatisch „weggelüftet".

Bei einem ansonsten gut gedämmten Gebäude können Wärmebrücken um bis zu 20 % höhere Heizkosten verursachen. Bei Niedrigenergiehäusern kann der **Wärmeverlust** sogar bis zu 40 % betragen.

Häufig verursachen Wärmebrücken sog. **Dehnungsschäden,** also Risse in Putz und Mauerwerk, da sich die verschiedenen Materialien unterschiedlich stark ausdehnen.

Wärmebrücken wirken sich umso schädlicher aus, je besser der Wärmeschutz eines Gebäudes an anderen Stellen ausgeführt ist. Sie führen nicht nur zu vermeidbaren Energieverlusten, sondern erhöhen die Schadensträchtigkeit von Gebäuden erheblich.

Wenn die Wärmebrücken lokalisiert sind, gilt es, sie zu beheben. Das lohnt sich in der Regel auch im Nachhinein, da die Kosten durch Energieverlust und Schäden an der Bausubstanz erheblich sein können. Wärmebrücken können in der Regel durch eine fachgemäße Isolierung beseitigt werden. Diese sollte immer von einem Fachmann ausgeführt werden, da eine Dämmung an der falschen Stelle mehr schadet, als sie nützt.

4.3 Einregulierung der Lüftungsanlage

Zur weiteren Qualitätssicherung eines Passivhauses gehört eine fachgerechte Einregulierung der Lüftungsanlage, denn Veränderungen der Anlagenluftdichtheit und -dämmung beeinflussen den Effizienzgrad der Lüftungsanlage enorm. So kann z. B. ein Meter ungedämmter Außen- und Fortluftkanal den Wärmebereitstellungsgrad des Wärmetauschers um 10 % senken und zur Überschreitung des Jahresheizwärmebedarfs von 15 kWh/($m^2 \cdot a$) führen.

Auch sollte der Luftwechsel der Anlage individuell auf die Nutzung des Passivhauses abgestimmt werden. Denn zu hohe Volumenströme verändern den WRG-Grad und das Gebäude entspricht nicht mehr dem Passivhausstandard (zu hohe notwendige Heizenergie, zu niedriger WRG-Grad der Lüftungsanlage). Wird ein zu niedriger Luftwechsel angesetzt, tritt eine erhöhte CO_2- und Feuchtigkeitsbelastung auf. Der Wohnkomfort wird deutlich gemindert. Daher sollten die Anlage und die verwendeten Rohrleitungen von einem Lüftungsplaner korrekt dimensioniert und auf Basis der berechneten Volumenströme bestimmt werden.

Eine effiziente Lüftungsanlage sollte modulierend auf eintretende Veränderungen reagieren können, d. h. ändert sich die Personenanzahl oder die Nutzung, sollte der Luftwechsel entsprechend reguliert werden können. Die meisten Anlagen weisen mindestens 3 Lüftungsstufen auf, wobei bei normaler Nutzung die Standardstufe gewählt wird. Eine Grundlüftung sollte bei längerer Abwesenheit und eine Maximallüftung bei erhöhter Personenzahl (z. B. bei Feiern) einstellbar sein. Die erste Einregulierung der installierten Lüftungsanlage sollte durch einen Fachbetrieb erfolgen, um die einwandfreie Funktionsweise der Anlage zu überprüfen. Ebenso sollte der Nutzer eine Einführung in die Anlagensteuerung erhalten.

4.4 Qualitätssicherung und -kontrolle

Zu einer exakten, detaillierten **Gebäudeplanung** als Grundlage für die Bauausführung gehören:

- klar bemaßte Ausführungspläne
- Detailskizzen zu allen Bauteilanschlüssen
- eine energetisch und wirtschaftlich angemessene Planung der einzusetzenden Baumaterialien
- eine individuell auf das Bauobjekt abgestimmte Haustechnik

Abb. 4.14: Logo zertifizierter Passivhaus-Handwerker (Quelle: Passivhaus Institut Darmstadt)

In allen Phasen der Planung und Ausführung der **Haustechnik** ist die Qualität sicherzustellen, um eine reibungslose Inbetriebnahme zu gewährleisten. Dazu gehören insbesondere:

- eine korrekte Planung und Auslegung der Lüftungsanlage
- eine sachgerechte Installation

Unter- oder überdimensionierte haustechnische Anlagen führen zu Einbußen in der Funktionalität und Energiebilanz. Langwieriges Nachjustieren der Anlagen allein bewirkt häufig eine emotionale Voreingenommenheit bei den Bewohnern. Störende Geräusche können auf Installationsfehler hinweisen und haben massiven Einfluss auf die Wohnqualität und die Zufriedenheit der Bewohner. Eine detaillierte Einweisung in die Bedienung der Haustechnik bei Bezug des Hauses ist unverzichtbar. Das stellt sicher, dass Qualität wahrgenommen wird und eine fehlerfreie Bedienung erfolgt.

Nur fachlich kompetente und erfahrene Techniker und Handwerker arbeiten und kooperieren adäquat. Daher sollten die **ausführenden Unternehmen** bezüglich Qualifikation, Erfahrung und Zuverlässigkeit sorgfältig ausgewählt werden. Die Qualifikation kann über die Informationsgemeinschaft Passivhaus (IG Passivhaus) als Zertifikat (zertifizierter Passivhaus-Handwerker) erworben werden (siehe Abb. 4.14). Die Weiterbildung konzentriert sich auf passivhausspezifische Besonderheiten (vgl. www.passivhaus-handwerk.de).

Gemeinsame und verbindliche Vereinbarungen sorgen für die Einhaltung von Qualität und Abläufen und erleichtern die Kommunikation und Information untereinander. Bei Bedarf muss eine fachliche Einweisung und Einarbeitung in die Grundlagen und Besonderheiten der Passivhausbauweise erfolgen, um das nötige Fachwissen zu vermitteln. Die Phase des Um- oder Neulernens ist sorgsam zu begleiten und die Bauleistung auf Korrektheit zu prüfen.

Eine wesentliche Aufgabe der Bauleitung besteht in der ständigen Überwachung und Kontrolle, um das richtige Ineinandergreifen der einzelnen Ausführungsgewerke zu erreichen und damit die Umsetzung der im Entwurf definierten und in der Baugenehmigung bestätigten Qualitäten und Quantitäten zu sichern.

In Kapitel 8 werden weitere Aspekte im Hinblick auf den Einfluss der Qualität auf die Wirtschaftlichkeit geschildert.

4.5 Zusammenfassung

Die hohen Anforderungen an das Gesamtsystem eines Passivhauses erfordern eine Sicherung der Qualität:

- Auswahl passivhaustauglicher Komponenten der Konstruktion schon in der Planungsphase
- detaillierte Pläne als Grundlage der Bauausführung
- Vermeidung von Wärmebrücken durch eine Berechnung der Energiebilanz mittels PHPP
- Durchführung des Blower-Door-Tests bereits im Rohbau zur Überprüfung der luftdichten Anschlüsse und Übergänge
- Einregulierung der Lüftungsanlage
- sorgfältige Überprüfung und Überwachung des ausführenden Handwerks während der Bauphase

5 Bestandssanierung mit Passivhauskomponenten

Der Bereich Bestandssanierung ist der Zukunftsmarkt. Die Herausforderungen sind komplex und erfordern Know-how von Spezialisten und eine gute Kooperation zwischen den Beteiligten (vgl. Tuschinski, 2010).

Es würde den Rahmen dieses Buches sprengen, hierauf detailliert einzugehen. Informationen und Sanierungsexperten sind in einschlägigen Veröffentlichungen zu finden (vgl. z. B. Passivhaus Institut Darmstadt, Protokollband 24 [2003], 32 [2005] und 39 [2009]; www.passiv.de.)

Etwa 80 % der Bestandsgebäude in Deutschland benötigen zu viel Heizenergie und erfüllen schon die Anforderungen der WärmeschutzV von 1985 nicht. Der Bedarf an fachmännischer, bauphysikalisch adäquater und qualitativ hochwertiger Sanierung ist damit enorm.

Abb. 5.1 zeigt den Wohnungsbestand Ende 2016 im Vergleich zu Baufertigstellungen und Baugenehmigungen. Die Baufertigstellungen hatten den niedrigsten Stand in 2009 mit 136.000 Wohneinheiten erreicht. Sie stiegen danach kontinuierlich an und erreichten 277.691 Einheiten in 2016.

Die Herausforderung an Sanierungsexperten besteht darin, Eigennutzer und Kleinanbieter, also Privatpersonen, von den richtigen und effizienten Sanierungs- oder Modernisierungsmaßnahmen zu überzeugen. Etwa 42 % der Wohneinheiten sind selbstgenutzt; 35 % werden auf dem Markt von privaten Kleinanbietern angeboten. Nur 23 % des Wohnungsbestands in Deutschland sind in der Hand von professionellen Anbietern (siehe Abb. 5.2).

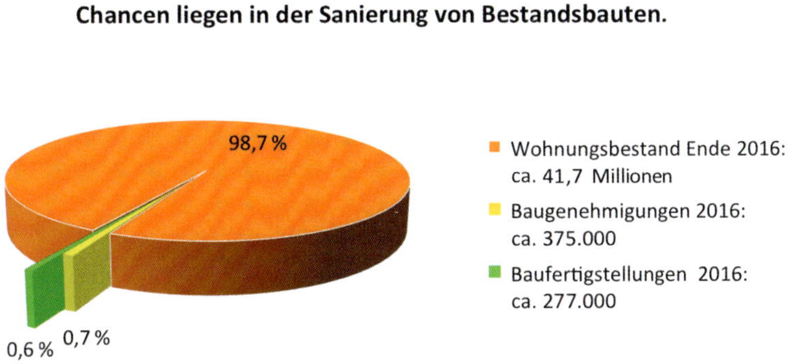

Abb. 5.1: Wohnbestand an Wohnungen Ende 2016 nach www.statistik-portal.de

Abb. 5.2: Eigentumsverteilung des Wohnungsbestandes in Deutschland nach JLL Wohnungsmarktbericht Deutschland 2013 (TWE: tausend Wohneinheiten)

Aus Tabelle 5.1 wird deutlich, welche attraktiven und anspruchsvollen Tätigkeitsfelder im Bereich Bestandssanierung liegen. Es besteht ein großer Bedarf an professioneller Fachexpertise und Beratungsqualität auf dem Weg der übergreifenden und professionellen Kommunikation und Kooperation.

Tabelle 5.1: Strategie- und Handlungsbereiche für Bestandssanierung – benötigte Kompetenzen und Qualifikationen

Forschung und Entwicklung (Bauphysiker, -chemiker, -techniker, Klimaingenieure)	**Wirtschaftlichkeit** (Betriebswirte, Marketers, Berater)	**Planung** (Architekten, Bauingenieure, Energieberater, Klimaingenieure, Stadtplaner)	**Gesellschaft** (Soziologen, Ökologen, Ökonome, Politologen, Behörden)
• Nutzung von Prinzipien (Simple Technology, Bionik, Funktion von Ökosystemen, Energieeinsparung) • Klimatechnik • ressourcenschonende Produktion und Logistik • energieeffiziente Technik, energieeffizientes Material • recyclebare und leichte Materialien • Energiegewinnung • ökonomisch und ökologisch vertretbare Qualitätsstandards • Entwicklung zusammen mit Planern, Bewohnern	• Markt- und Standortanalysen • Rating von Baubeständen • Rentabilitätsbewertung • Portfoliobewertung • Nutzungsbewertung • Erneuerungszyklen • Bestandspflege • Bewirtschaftungskonzepte • Facility Management • Objekt-Cash-flow • Finanzierungsberatung • Mietpreisstrukturen	• Städtebau und -leitbilder • zukunftsgerechte und nachhaltige Planung • Baualter und Typologien • Image- und Identitätsbildung • Analyse und Bewertung der Bausubstanz • neue Planungsmethoden • professionelle Instandsetzungskonzepte • Formgebung und -gestaltung • Konstruktion und Baustoffe • Baukosten und -standards • Masterpläne • Baumanagement • Qualitätsmanagement	• Schaffung von Sozialraum und soziokultureller Strukturen • Mobilitäts- und Bindungsmanagement • Aktivierungsstrategien • Quartiersmanagement • Belegungsmanagement • Betreuungskonzepte • Bewohnerzufriedenheit • Information und Beteiligung • Kommunikations-, Verhandlungsmanagement • Verhaltensmanagement • Schaffung von Anreizsystemen zu Bestandssanierungen • Anpassung HOAI • Flexibilisierung des Baurechts

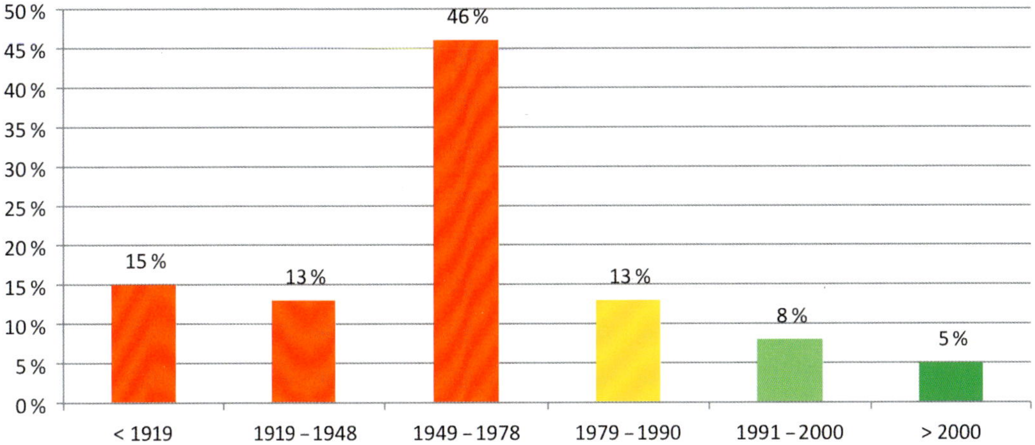

Abb. 5.3: Baualtersklassen der Wohngebäude in Deutschland nach JLL Wohnungsmarktbericht Deutschland 2013

Aus Abb. 5.3 ist erkennbar, in welchen Baualtersklassen sich die Wohngebäude in Deutschland befinden. Die Bundesregierung hat am 3. Dezember 2014 ein Aktionsprogramm zur Einhaltung der Klimaschutzziele bis 2020 beschlossen. 25 bis 30 Millionen Tonnen Treibhausgase sollen allein durch eine bessere Energieeffizienz bei Gebäuden eingespart werden. Wie das große Einsparpotenzial konkret genutzt werden soll, zeigt der beschlossene Nationale Aktionsplan Energieeffizienz (NAPE; vgl. BMWi, 2014).

Förderung durch die KfW bei Sanierungsmaßnahmen

Die nationale Förderbank KfW soll die Sanierung von Gebäuden stärker fördern. Die KfW vergibt zinsgünstige Kredite und Zuschüsse für Sanierungsmaßnahmen, die den Energieverbrauch eines Hauses senken. Effizienzmaßnahmen bei Gebäuden sollen zudem auch steuerlich gefördert werden. Auch die Energieberatung wird verbessert und weiterentwickelt.

Wie bei Neubauten wird der Aspekt Nachhaltigkeit zunehmend bedeutend. Auch hier fehlen Fachexperten, die Sanierungsprojekte gut und nachhaltig steuern und überzeugend kommunizieren.

Die **Ziele bei der Bestandssanierung** können folgende sein:

- Energiesparen durch verbesserte Wärmedämmung oder -erzeugung, verringerte Wärmebrücken, Luftdichtheit, sehr gute Fenster, Einsatz erneuerbarer Energien
- verbessertes Wohnklima, gesundes Wohnen und damit höhere Lebensqualität, z. B. durch effiziente, kontrollierte Lüftung mit WRG
- Erhalt der Gebäudesubstanz
- Sicherstellen eines höheren Gebäude- oder Wiederverkaufswertes

Besondere Herausforderungen stellen gesetzliche und brandschutztechnische Anforderungen oder andere Erfordernisse wie Denkmalschutz und bauliche oder gestalterische Einschränkungen dar. Bei angrenzenden Gebäuden sind die Nachbarn einzubinden, wenn die Sanierungsmaßnahmen in deren Grundstück eingreifen. Genau zu prüfen und zu berechnen gilt, was wirtschaftlich noch sinnvoll und effizient ist. Eine Sanierung nach KfW-Effizienzhaus 55/40 oder Passivhaus würden häufig sehr hohe Investitionen bedeuten, die sich wahrscheinlich nur über sehr lange Zeit amortisieren.

Eine Sanierung bzw. Modernisierung mit Passivhauskomponenten und nach Standards des Passivhauses ist aber wirtschaftlich sinnvoll und vertretbar.

Die Fördermöglichkeiten der Bestandssanierung oder -modernisierung sind sehr attraktiv und breiter als beim Neubau. Sie gelten sowohl für Privatpersonen als auch im gewerblichen oder kommunalen Bereich. In Kapitel 1.4 wird genauer auf diese Thematik eingegangen. Es ist immer ratsam, sich aktuell bei den Banken bzw. der KfW über Voraussetzungen, Anforderungen und Konditionen zu informieren.

Von der KfW geförderte Maßnahmen bei Wohngebäuden im kompakten Überblick (Stand 2018):

- Dämmung der Außenwände inkl. Sonnenschutz
- Dämmung der Dachflächen
- Dämmung der Kellerdecke
- Erneuerung der Fenster inkl. Sonnenschutz
- Einbau/Erneuerung einer Lüftungsanlage
- Austausch der Heizung
- solarthermische Anlage (Dach) und optionaler Stromspeicher
- Fotovoltaikanlage (Dach)
- Planungs- und Baubegleitungsleistungen

Die Gebäude müssen vor dem 1. Januar 1995 fertiggestellt worden sein.

Die KfW hat eine Kostenrechnung als Anhaltspunkt für die Bewertung verschiedener Sanierungsmaßnahmen erstellt:

- Dämmung der Kellerdecke: ca. 30 bis 40 €/m^2
- Dachdämmung: ca. 210 bis 230 €/m^2
- Außenwanddämmung: ca. 110 bis 130 €/m^2

Bei **Nichtwohngebäuden** fördert die KfW Gebäude, die durch die Sanierung den energetischen Standard KfW-Effizienshaus 70, 100 oder Denkmal erreichen. Ein Gebäude, das im Gesamten keinen dieser Standards erreichen kann, kann trotzdem bei Sanierung gefördert werden, wenn die Einzelmaßnahmen den energetischen Niveaus der KfW entsprechen. Die geförderten Einzelmaßnahmen sind:

- Wärmedämmung der Außenwände, der Geschossdecken, der Bodenfläche und des Daches
- Erneuerung und Aufbereitung von Fenstern, Vorhangfassaden, Außentüren und Toren
- sommerlicher Wärmeschutz
- Einbau, Austausch oder Optimierung von Lüftungs- und Klimaanlagen, auch Wärme-/Kälterückgewinnung, Abwärmenutzung

- Erneuerung oder Optimierung der Wärme-/Kälteerzeugung, -verteilung und -speicherung, auch Kraft-Wärme- und Kraft-Wärme-Kopplungsanlagen
- Austausch oder Optimierung der Beleuchtung
- Einbau oder Optimierung der Mess-, Steuer- und Regelungstechnik sowie der Gebäudeautomaten

Gefördert werden Maßnahmen, die zur Vorbereitung, Realisierung und Inbetriebnahme der im jeweiligen Programm geforderten Maßnahmen erforderlich sind, wie z. B.:

- Nebenarbeiten wie Ausbau und Entsorgung von Altanlagen
- Planungskosten, die notwendigerweise Bestandteil der Baumaßnahme sind
- Maßnahmen zur Einregulierung der geförderten Anlage
- Aufwendungen für Energiemanagementsysteme

Der aktuelle Stand der Fördermaßnahmen ist immer auf der Internetseite der KfW-Förderbank unter www.kfw.de abrufbar (siehe auch Kapitel 1.4).

5.1 Beratung und Planung der Sanierung

Diese Fragen stellen sich Hausbesitzer vor einer Sanierung oder Modernisierung (vgl. Passivhaus Institut Darmstadt, Protokollband 48, 2013):

- Was, wie, womit und wann sanieren? Welche Alternativen gibt es? Was bringt den höchsten Nutzen?
- Welche Vorgehensweise beim Sanieren bzw. Modernisieren – komplett oder schrittweise?
- Was muss ich investieren? Woran kann ich sparen? Was rechnet sich kurz-, mittel- und langfristig? Wie kann es finanziert werden?
- Wer ist der richtige und kompetente Partner für sachgerechte Planung, Durchführung und Kontrolle bei diesem Vorhaben?
- Wie kann ein Investor-Nutzer-Dilemma im Mietwohnungsbestand verhindert werden?

Hausbesitzern wird zu Beginn oft nicht klar sein, dass es sinnvoll oder gar notwendig ist, vielleicht mehr als nur eine Maßnahme zu realisieren.

Beispiel

> Bei Neubauten und energetisch sanierten Altbauten schreibt DIN 1946-6 seit Mai 2009 vor, den ausreichenden Luftwechsel im Haus durch einen Fachmann prüfen zu lassen. Bei Bedarf muss ein Lüftungskonzept erstellt werden. Ein manuelles Lüften ist nicht ausreichend.

Ziel im Beratungsgespräch ist, den sanierungswilligen Hausbesitzer vom persönlichen, gesundheitlichen und wirtschaftlichen Nutzen der Maßnahme zu überzeugen. Eine kompetente und verständliche Fachberatung sichert die Entscheidung, die notwendigen Sanierungen auch umzusetzen. Bei großen Sanierungsprojekten ist die rechtzeitige und professionelle Kommunikation und Information der Bewohner ein wesentlicher Erfolgsfaktor.

Anregungen zur Beratung sind in Kapitel 9 nachzulesen.

Grundüberlegungen bei Sanierungen sind (vgl. Passivhaus Institut Darmstadt, Protokollband 48, 2013):

- Schon eine konventionelle Variante mit einem mäßigen Wärmeschutz bringt einen kleinen Gewinn und ist besser als gar keine Sanierung.
- Den höchsten Gewinn aber bringt eine Dämmung nach Passivhausstandard.
- Eine kompetente Planung auf Basis der bauphysikalischen Gegebenheiten und Notwendigkeiten ist sicherzustellen.
- Bei jeder Einzelmaßnahme ist von Anfang an auf hohe thermische und energietechnische Effizienz und Qualität zu achten.
- Einzelmaßnahmen sind zeitlich und effizient aufeinander abzustimmen.
- Baukomponenten zum Sanieren bzw. Modernisieren sind vielfältig und oft kostengünstig. Weitere Kostensenkungen sind durch Großproduktionen, Standardisierungen oder vereinfachte technische Verfahren zu erwarten. Sonderwünsche im Passivhausstandard, wie z. B. Spezialfenster, können realisiert werden.

Für den Hausbesitzer und Sanierungsdurchführer entstehen durch eine **Komplettsanierung** diese Vorteile:

- Aufwand und Investitionen lassen sich durch Synergieeffekte und gute Abstimmung reduzieren (Beispiele: Planung, Baustelleneinrichtung, Gerätschaften, Gerüstbau).
- Störungen und Belastungen durch Maßnahmen, wie Lärm, Staub, Erschütterungen werden zeitlich begrenzt und sind einmalig. Wirkungsvolle Schutzvorkehrungen können getroffen werden.
- Bei Großprojekten können die Bewohner für die Dauer der Sanierung in andere Wohnungen ziehen. Bei kurzfristigen höheren Belastungen können schützende Maßnahmen ergriffen oder ein Urlaub eingeplant werden.
- Bei gleichzeitigem Instandsetzen zweier angrenzender Bauteile wird der Aufwand für Planung und Umsetzung und somit Kosten gespart. Bei schrittweiser Sanierung würde ein vorläufiger Bauteilabschluss fällig.
- Der Schutz oder das „Wieder-verletzen-Müssen" von schon sanierten Bauteilen entfällt (Beispiel: Fensteraustausch bei schon erneuertem WDVS).

Mögliche Vorteile, die sich bei einer **schrittweisen Sanierung** ergeben können:

- Über einen längeren Zeitraum eingeplante Investitionskosten können ein begrenztes Budget entlasten.
- Eine schrittweise Modernisierung ermöglicht, die Lebensdauer von noch guten Bauteilen auszunutzen, z. B. können energetisch noch vertretbare, optisch und funktional noch gute Fenster belassen werden; dadurch können aktuelle Modernisierungskosten gesenkt werden.
- Bei größeren und komplexen Maßnahmen ist es wirtschaftlich sinnvoll, diese erst durchzuführen, wenn der Instandsetzungs- oder Erneuerungsbedarf ohnehin fällig ist, z. B. wenn bei Dacheindeckung die Wärmedämmung auf das notwendige Niveau gebracht wird.

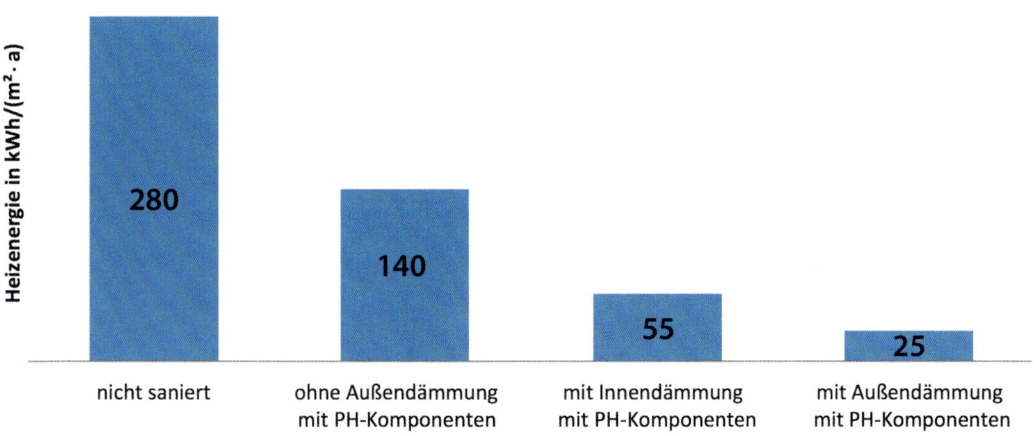

Abb. 5.4: Energieeinsparungen im Bestand durch Passivhauskomponenten nach Passivhaus Institut Darmstadt (PH: Passivhaus)

- Für die Bewohner kann es angenehmer sein, die Belastungen durch eine Sanierung bzw. Modernisierung mit zeitlichen Abständen zu erleben.

Im Beratungsgespräch wird das Vorgehen nach Abwägen auch möglicher Nachteile oder Konsequenzen vereinbart.

5.2 Sanieren mit Passivhauskomponenten

Hohe Energie- und CO_2-Einsparungen können im Sanierungsbereich durch die Verwendung von Passivhauskomponenten erreicht werden. Der Heizenergiebedarf alter Baubestände lässt sich dadurch von 280 kWh/($m^2 \cdot a$) auf bis zu 20 kWh/($m^2 \cdot a$) reduzieren und es bietet sich ein sehr günstiges Verhältnis zwischen Kosten der Sanierung und Nutzen der Energieeinsparung.

Die Anwendung von Passivhauskomponenten stellt Folgendes sicher:

- hohe Wärmedämmung
- Verminderung von Wärmebrücken
- Luftdichtheit
- höchster Wärmeschutz bei Fenstern

In Kombination mit einer energieeffizienten Versorgungstechnik mit einer Lüftungsanlage von hohem WRG-Grad werden enorme Energieeinsparungen erreicht. Nach DIN 1946-6 kann eine automatische Lüftung Pflicht werden.

Abb. 5.4 zeigt, in welchen Baualtersklassen Energieeinsparungen erwirtschaftet werden können. Dabei ist es nicht erforderlich, den Heizenergiebedarf auf die vom Passivhausstandard geforderten 15 kWh/($m^2 \cdot a$) zu reduzieren, sondern durch wirtschaftlich akzeptablen Aufwand eine hohe Reduzierung zu erhalten.

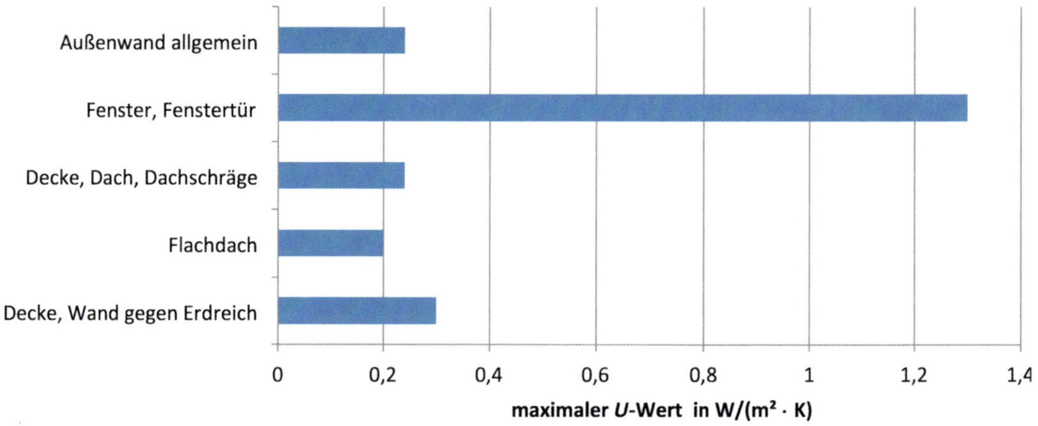

Abb. 5.5: Maximal zulässige U-Werte bei Bauteilsanierung nach EnEV 2014

Abb. 5.5 zeigt die nach EnEV 2014 zulässigen U-Werte bei Bauteilsanierungen.

Kritisch zu prüfen ist, ob bei einem Bestandsgebäude das Passivhausniveau wirtschaftlich vertretbar zu erreichen ist. Zuerst muss untersucht werden, ob das Gebäude architektonisch, funktional und bautechnisch sanierungswürdig ist. Wenn mindestens 2 dieser 3 Voraussetzungen erfüllt sind, sollte das Gebäude saniert werden. Wenn zu viele konstruktive Wärmebrücken vorhanden sind oder die erforderlichen Dämmschichten nicht erreicht werden können, ist das Erreichen eines Passivhausstandards nicht möglich.

Realisierte Beispiele zeigen, dass durch kompetente Beratung und Planung ein sehr viel besserer Standard im Vergleich zur Ausgangslage erreicht werden kann.

5.2.1 Wärmedämmung

Die Beseitigung jeder vorhandenen Wärmebrücke ist häufig wirtschaftlich unrentabel und nicht zwingend erforderlich. Wird die außen liegende Dämmstärke erhöht, reduzieren sich auch die Probleme an den Wärmebrücken. Eine gute Wärmedämmung führt zu einer Erhöhung der Oberflächentemperatur an der Innenwand und damit zu höheren Temperaturen des Bauteils, das die Wärmebrücke bildet und die Taupunktlinie überschreitet. So kommt es nicht zum Kondenswasserausfall und die durch Raumluftfeuchte bedingten Probleme werden vermieden.

Außendämmung

Erlaubt der Gebäudebestand eine Sanierung mit Außendämmung, lässt sich die Tauwasserbildung im Wandaufbau sehr gut vermeiden. Es darf aber an der Außenseite keine Wasserdampfdiffusionsschicht mit hohem Widerstand angebracht werden. Vorhandene Wärmebrücken aufgrund mangelnder Dämmung an den Deckenstirnseiten können vollständig überdämmt werden, was die Wärmeverluste erheblich reduziert.

Abb. 5.6: Anbringen der Wärmedämmung an der Fassade (Quelle: Passivhaus Institut Darmstadt)

Abb. 5.7: Wärmedämmung unterhalb der Fensterbank (Quelle: Passivhaus Institut Darmstadt)

Abb. 5.6 zeigt das Anbringen einer 20 cm starken Wärmedämmung an der Fassade. Als nicht brennbare Dämmung wird über den Fenstern ein Streifen Mineralwolle eingefügt.

Die Wärmedämmung in Abb. 5.7 wurde dicht an die Fensterbank herangeführt. Der alte Außenputz wurde zuvor als Untergrund für die Dämmung aufgespachtelt. Die Außendämmung erfordert keine Beseitigung von vorhandenen Schäden oder Verschmutzungen. Zum Schutz vor klimatischen Einflüssen muss die Dämmung bekleidet oder verputzt werden. WDVS oder hinterlüftete Konstruktionen erweisen sich dabei als zuverlässig.

Eine Neugestaltung der **Fassade** kann jedoch erheblich das Erscheinungsbild des Gebäudes verändern und ist im denkmalgeschützten Bereich meist nicht möglich. Befindet sich ein Gebäude unmittelbar auf der Grundstücksgrenze, kann die aufgebrachte Außendämmung die Grenze überschreiten. Die rechtzeitige Einbeziehung von Nachbarn verhindert Probleme. Vielleicht lässt sich auch anregen, gemeinsam zu sanieren. Baustelleneinrichtung usw. fiele nur einmal an, wodurch die Ausgaben gesenkt werden könnten. Erlaubt der Altbau aus den aufgeführten Gründen keine Wärmedämmung an der Außenwand, muss eine Innendämmung angebracht werden.

Innendämmung

Mit einer Innendämmung lassen sich auch Gründerzeitgebäude und Fachwerkhäuser auf ein verbessertes Wärmeschutzniveau bringen, ohne dass die Außenansicht verändert wird. Zusammen mit den von Passivhausneubauten bekannten Komponenten und Methoden kann der Heizwärmebedarf von Altbauten so auf weniger als ein Viertel reduziert werden. Die Innendämmung muss sorgfältig geplant und ausgeführt werden.

Im Gegensatz zur Außendämmung ist die Wärmedämmung an der Innenwandfläche erheblich einfacher und kann in einzelnen Schritten erfolgen. Die Innenseite der Dämmung erfordert jedoch eine Dampfsperre, die lückenlos und absolut dicht an die umgebenden Bauteile anschließend angebracht werden muss. Diese verhindert Tauwasserniederschlag innerhalb des Wandaufbaus.

Nachteilig bei der Innendämmung, die bei einem hohen Dämmstandard eine Dicke von bis zu 25 cm erreichen kann, ist die nicht unerhebliche Reduzierung der Wohnfläche. Um den Verlust zu verringern, empfehlen sich Wärmedämmungen mit sehr geringer Wärmeleitfähigkeit, z. B. VIP-Vakuumdämmung. Die durch die Stirnseiten der Decken entstehenden Wärmebrücken können über eine Innendämmung nicht reduziert werden. Sie erfordern anderweitige Maßnahmen zur Beseitigung. Liegen infolge der Innendämmung wasserführende Rohrleitungen im kalten Außenwandbereich, müssen diese gesondert gedämmt werden, um ein Gefrieren zu verhindern.

Damit Innendämmungen langfristig schadensfrei bleiben, ist zu beachten:

- Schlagregenschutz an der Außenseite
- Luftdichtheit
- Reduzierung der Wärmebrücken
- Verhinderung aufsteigender Feuchte
- kontrollierte Wohnungslüftung

Sowohl Konzepte mit guten Dampfbremsen auf der Innenseite als auch diffusionsoffene Dämmungen mit kapillaraktiven Dämmstoffen haben sich in der Praxis bewährt. Entscheidend ist hier, dass das gewählte Konzept konsequent durchgehalten und an den Standort sowie das Gebäude angepasst wird.

Mit einer gut ausgeführten Innendämmung und Passivhauskomponenten kann der Energiebedarf sensibler Altbauten deutlich unter das Anforderungsniveau der EnEV für den Neubau gebracht werden. Mit Außendämmung sind allerdings wirtschaftlich noch höhere Einsparungen realisierbar. Um die hohen Wärmeverluste durch die Außenwände von Altbauten zu reduzieren, ist eine Verbesserung des Wärmeschutzes aus bauphysikalischer und energieökonomischer Sicht besonders wichtig.

Wärmedämmung Dach

Ein bestehendes Dach kann wärmetechnisch auf Passivhausniveau gebracht werden. Dabei wird der gesamte Sparrenquerschnitt genutzt und mit Wärmedämmung ausgefüllt. Da die Sparren eine weitaus höhere Wärmeleitfähigkeit aufweisen als die eingebrachte Wärmedämmung, muss zur Vermeidung daraus resultierender Wärmebrücken eine Aufsparrendämmung erfolgen. Diese führt zusätzlich zum geforderten Wärmeschutz eines Passivhauses. Eine Dampfsperre, die raumseitig angebracht wird, dient zeitgleich der Winddichtheit. Vor der Sanierung eines Dachstuhls sollte von einem Statiker überprüft werden, ob die Tragfähigkeit der vorhandenen Sparren ausreicht oder ob sie eine Verstärkung benötigen.

Wärmedämmung Kellerdecke

Vorzugsweise sollte die Dämmung der Kellerdecke an der Deckenunterseite erfolgen, was eine ausreichende Geschosshöhe im Keller voraussetzt. Ist diese nicht gegeben, so kann die Wärmedämmung sowohl auf der Deckenunterseite als auch im Fußbodenaufbau der Deckenoberseite angebracht werden.

Fenster

Eine optimale passivhaustaugliche Modernisierung erfordert wärmetechnisch die Einbringung von Dreischeibenfenstern (sog. Warmfenster) oder direkt von Passivhausfenstern. Fenster an sich stellen die größten Schwachpunkte in der Gebäudehülle dar (wesentlich größerer U-Wert als der der Wand). Durch gut gedämmte Fenster kann dieser Wärmeverlust minimiert werden, wobei die solaren Gewinne erhalten bleiben. Aufgrund der verbesserten Dämmeigenschaften bleiben diese Fenster auch bei kritischen Randbedingungen auf der Innenseite relativ warm und tragen so zu hoher Behaglichkeit und Tauwasserfreiheit bei.

Es ist zu beachten, dass die Scheiben eine sog. warme Kante haben sollten, d. h. der Abstandhalter zwischen den Fensterscheiben sollte eine sehr geringe Wärmeleitfähigkeit aufweisen. Diese verhindert die typische Kältebrücke am Übergang Scheibe/Rahmen und damit Tauwasserbildung.

Alte Holzfenster wie in Abb. 5.8 sind meist undicht und führen aufgrund der gering wärmedämmenden Rahmen und der Einscheibenverglasung zu hohem Energieverlust.

Ein Passivhausfenster oder sog. Warmfenster spart durch die Dreifachverglasung, den wärmegedämmten Randverbund und Fensterrahmen besonders viel Heizenergie ein. Die eingebauten Warmfenster sollten, um ein hohes Energieeinsparpotenzial zu erreichen und damit dem Passivhausstandard gerecht zu werden, einen U_w-Wert von 0,7 bis 0,8 W/(m^2 · K) aufweisen. Der Einbau muss innerhalb der Dämmebene erfolgen und sollte eine Überlappung der Wärmedämmung auf die Fensterrahmen erhalten (siehe Abb. 5.9).

Luftdichtheit

Die wärmetechnische Modernisierung von Altbauten erfordert neben der Erhöhung der Wärmedämmstärken auch einen hohen Grad an Luftdichtheit, um mögliche Bauschäden zu vermeiden. In unkontrollierten Undichtigkeiten besteht sonst die Gefahr von Tauwasserausfall durch den mit der

Abb. 5.8: Altbaufenster (Quelle: Passivhaus Institut Darmstadt)

Abb. 5.9: Einbau eines Passivhausfensters (Quelle: Passivhaus Institut Darmstadt)

Abb. 5.10: Unbeheizter Dachbereich (Quelle: Passivhaus Institut Darmstadt)

Abb. 5.11: Luftdichtheitsfolie auf der Geschossdecke aus Abb. 5.10 (Quelle: Passivhaus Institut Darmstadt)

Luft ausströmenden Wasserdampf. Die Planungsgrundsätze aus dem Neubau lassen sich dabei auf die Modernisierung übertragen (siehe Kapitel 1.5).

Abb. 5.10 zeigt eine alte Holzbalkendecke über dem Obergeschoss, die den kalten Dachbereich nicht luftdicht zum beheizten Obergeschoss abschließt. Die Luftdichtheitsebene wird bei der Sanierung durch eine aufgebrachte Folie auf der Geschossdecke erreicht (siehe Abb. 5.11). Oberhalb der Folie wird die Wärmedämmung angebracht.

5.2.2 Lüftung

Eine ausreichende Lufterneuerung ist im sanierten Altbau zwingend. Die nach üblicher Auffassung empfohlene Stoßlüftung zweimal pro Tag reicht hier für das Abführen von Raumluftbelastungen nicht aus. Bei weiter gehender Luftdichtheit der Gebäudehülle muss nach DIN 1946-6 geprüft werden, ob eine ausreichende Lüftung möglich ist. Bei zu geringer Lufterneuerung muss ein Lüftungskonzept erstellt werden.

Das Thema Lüftung wird in Kapitel 3.1 ausführlich behandelt.

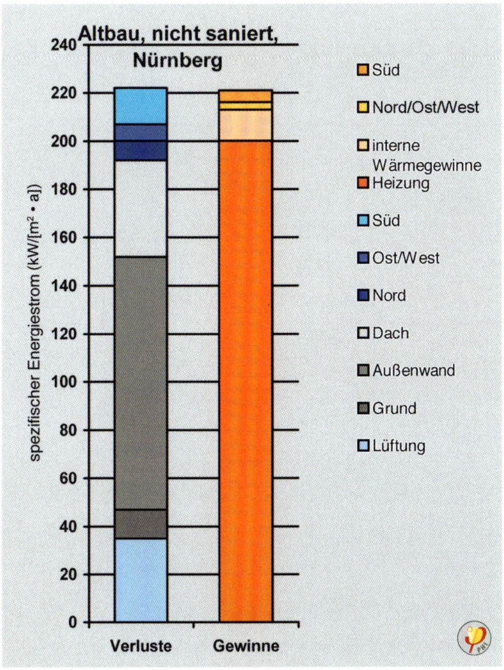

Abb. 5.12: Energiebilanz eines unsanierten Altbaus (Quelle: Passivhaus Institut Darmstadt, Protokollband Nr. 24 AkkPH Einsatz von Passivhaustechnologien bei Altbaumodernisierung)

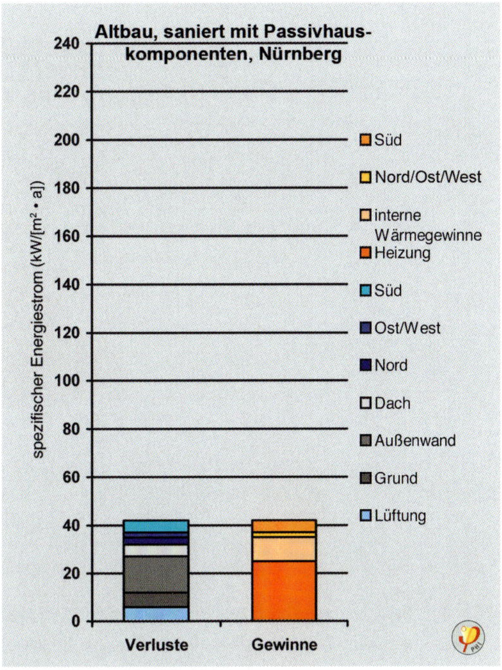

Abb. 5.13: Energiebilanz des Altbaus aus Abb. 5.12 nach der Sanierung (Quelle: Passivhaus Institut Darmstadt, Protokollband Nr. 24 AkkPH Einsatz von Passivhaustechnologien bei Altbaumodernisierung)

5.2.3 Energieeinsparung

Altbauten können nach erfolgreicher Sanierung mit Passivhauskomponenten eine Verbesserung der Energieeinsparung um bis zu einen Faktor von 10 erreichen. Diesen Berechnungen liegen die früheren Heizenergiebedarfswerte zugrunde.

Die grafische Darstellung der Energiebilanz eines unsanierten Altbaus in Abb. 5.12 verdeutlicht die hohen Wärmeverluste durch Außenwände und Dachgeschossdecke. Solargewinne spielen fast keine Rolle, da die Wärmeverluste hoch sind und überwiegend über das Heizsystem ausgeglichen werden müssen. Etwa 200 kWh/(m² · a) betrug der Heizwärmeverbrauch vor der Sanierung (20-l-Haus).

Abb. 5.13 zeigt, dass die gute Wärmedämmung die Wärmeverluste minimiert. Solarbeiträge und innere Wärmequellen ändern sich dagegen nur wenig – sie decken aber nun fast 50 % des Verlustes. Dadurch ist der Heizwärmebedarf nach der Sanierung sehr gering: Rechnerisch beträgt er 27,4 kWh/(m² · a); dies entspricht einem 2,7-l-Haus. Die Einsparung beträgt 87 %.

Die in Abb. 5.14 dokumentierten Verbrauchsmessungen wurden vom Forschungsinstitut für Wärmeschutz e. V. München (FIW München) durchgeführt. Die Messergebnisse für das gesamte Gebäude sind als blaue Quadrate

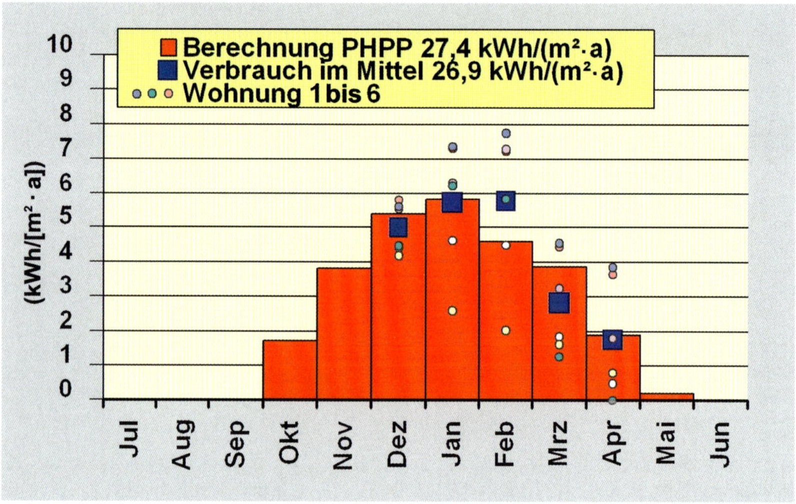

Abb. 5.14: Verbrauchsmessungen eines modernisierten Altbaus (Quelle: Passivhaus Institut Darmstadt)

dargestellt. Die Monatswerte beliefen sich im ersten Jahr nach der Modernisierung auf einen Heizenergiebedarf von 26,9 kWh/(m² · a), im zweiten Jahr auf nur noch 24 kWh/(m² · a). Der gemessene Verbrauch ist damit sogar noch geringer als der nach der PHPP-Berechnung ermittelte Wert (als rote Säulen dargestellt).

Der Heizenergieverbrauch in diesem Gebäude wurde durch die Sanierung um etwa einen Faktor 8 verringert: Der verbleibende Verbrauch ist extrem gering; er beträgt nur ca. 12 % des ursprünglichen Wertes. Die Grafik zeigt auch, dass einzelne Verbrauchswerte der verschiedenen Wohnungen durchaus unterschiedlich hoch sind. Dafür sind unterschiedliche Raumtemperaturen verantwortlich, aber auch die Häufigkeit des Fensteröffnens im Winter (vgl. Kapitel 9). Der höchste Einzelverbrauch liegt bei ca. 40 kWh/(m² · a) und damit um mehr als 80 % unter dem Verbrauchsdurchschnitt im ursprünglichen Zustand des Gebäudes.

5.3 Qualitätssicherung und Kontrolle: EnerPHit

Der Passivhausnachweis oder gar die Zertifizierung als Passivhaus ist ein weithin anerkannter Qualitätsausweis. Damit wird dem Bauherrn und potenziellen Käufern des Gebäudes bestätigt, dass das Bündel an Anforderungen, die an ein Passivhaus gestellt werden, tatsächlich eingehalten wurden. Grundsätzlich macht es dabei keinen Unterschied, ob es sich um einen Neubau oder eine energetische Modernisierung handelt, bei der durch die in diesem Kapitel vorgestellten Maßnahmen der Passivhausstandard erreicht wurde.

In vielen Fällen ist bei Sanierungen jedoch der Passivhausstandard nicht mit ökonomisch vernünftigem Aufwand zu erreichen. So kann es bei einem Bestandsgebäude Wärmebrücken geben, die sich bei einer Modernisierung nicht oder nur mit unverhältnismäßig hohem Mitteleinsatz vermeiden las-

Abb. 5.15: Das EnerPHit-Siegel bestätigt die mit vertretbarem wirtschaftlichem Aufwand bestmögliche energetische Sanierung. (Quelle: Passivhaus Institut Darmstadt)

sen. Genannt seien etwa die fehlende Bodenplattendämmung oder Erker und andere Vor- oder Rücksprünge. Bei innerstädtischen Lagen kann die Verschattungssituation solare Erträge verunmöglichen oder Vorgaben der Denkmalbehörde schränken den Einsatz dämmender Bauteile ein. In solchen Fällen möchten dennoch viele Bauherren mit reichlich Engagement ihren Altbau zumindest in Richtung Passivhaus sanieren, um Verbesserungen hinsichtlich Behaglichkeit, Bauschadensfreiheit, Wirtschaftlichkeit und Energiebedarf zu erreichen. Für sie hat das Passivhaus Institut mit EnerPHit ein Zertifizierungssystem entwickelt, das bescheinigt, dass ein Bestandsgebäude mit Passivhauskomponenten auf den bestmöglichen und zugleich ökonomisch vertretbaren Effizienzstandard gebracht wurde (siehe Abb. 5.15).

Um den EnerPHit-Standard zu erreichen, gibt es 2 alternative Verfahren, die zur Anwendung kommen können. Das **Bauteilverfahren** greift die Kriterien für zertifizierte Passivhauskomponenten auf und schwächt diese in ihren Anforderungen etwas ab – z. B. mit einem U_w-Wert für Fenster von 0,85 statt 0,80 W/(m² · K) oder einem Wärmebereitstellungsgrad der Lüftung von mindestens 75 statt 80 %. Ein weiter Unterschied ist, dass nicht jede einzelne Komponente die Passivhauskriterien erfüllen muss, sondern alle gleichartigen Bauteile dies im Durchschnitt erreichen müssen. Wenn also einzelne, z. B. sehr kleine Fenster nicht den erforderlichen U-Wert von 0,85 W/(m² · K) erreichen, kann dies durch Fenster mit besseren U-Werten kompensiert werden. Weiteres Entgegenkommen gibt es z. B., wenn auf Innendämmung zurückgegriffen werden muss: Dann darf der U-Wert bei 0,35 statt 0,15 W/(m² · K) liegen, weil die Verringerung der nutzbaren Fläche durch starke Innendämmung unverhältnismäßig wäre.

Außerdem sind Abweichungen beim Bauteilverfahren für eine Reihe von Fällen erlaubt, die als sozusagen „höhere Gewalt“ Planer und Bauherr zu Kompromissen zwingen. Zu nennen sind etwa Anforderungen der Denkmalschutzbehörden oder des Brandschutzes, gesetzliche Anforderungen sowie andere zwingende Gründe oder unzumutbare Anforderungen.

Die Alternative zum Bauteilverfahren ist das **Energiebedarfsverfahren,** dessen Vorgaben vergleichsweise einfach sind. Anders als beim Passivhaus muss der Heizwärmebedarf nicht bei maximal 15 kWh/(m² · a) liegen, sondern darf bei EnerPHit bis zu 25 kWh/(m² · a) erreichen.

Unabhängig davon, welches Verfahren angewandt wird, gibt es bei EnerPHit weitere spezielle Regelungen. Dazu zählt etwa eine weniger strenge Auslegung der Luftdichtheit. Der Luftwechsel beim Drucktest darf im sanierten Altbau bei n_{50} = maximal 1,0 h^{-1} liegen (anstatt 0,6 h^{-1}). Nicht alle Bestandsgebäude werden in einem Zug saniert. Häufig erfolgt die energetische Sanierung Schritt für Schritt über mehrere Jahre. Für diesen Fall kann bereits nach dem ersten Schritt eine Vorzertifizierung vorgenommen werden – sofern auch die folgenden Schritte bereits konkret geplant sind. Diese Vorzertifizierung gibt dem Bauherrn oder den Planern Gewissheit, dass das Gebäude am Ende – also nach allen Sanierungsmaßnahmen – auch den passenden Energiestandard erreicht.

Classic, Plus und Premium

Wie für Passivhäuser wurden 2015 auch für EnerPHit-Modernisierungen ab der Version 9 des Planungswerkzeugs PHPP die Zertifizierungsklassen Classic, Plus und Premium neu eingeführt. Dabei werden bei energetischen Sanierungen nach EnerPHit grundsätzlich die gleichen Kennwerte für den Bedarf an erneuerbarer Primärenergie einerseits und die Erzeugung erneuerbarer Energie andererseits gefordert. Allerdings erlaubt EnerPHit innerhalb enger Bandbreiten eine Kompensation: So kann der Bedarf an erneuerbarer Primärenergie um ± 15 kWh/(m² · a) von den geforderten 60 kWh/(m² · a) bei Classic, 45 kWh/(m² · a) bei Plus bzw. 30 kWh/(m² · a) bei Premium abweichen – unter der Bedingung, dass die Abweichung durch eine größere als die geforderte Erzeugung von erneuerbarer Energie ausgeglichen wird.

5.4 Zusammenfassung

Mit einer fachgerechten Sanierung oder Modernisierung werden direkt Energiekosten gespart. Der Bewohner gewinnt sofort mehr Wohn- und Lebensqualität. Die Wertbeständigkeit der Immobilie wird dauerhaft gesichert.

Wenn schon saniert wird, sollte konsequent vorgegangen werden. Mit nachgewiesen kompetenten und erfahrenen Partnern sollte das gelingen. Bei anspruchsvollen Veränderungen der Immobilie steckt der Teufel im Detail. Spätere Nachbesserungen kosten viel Geld und verursachen erneut erheblichen Aufwand.

Anwendbare Passivhauskomponenten in der Bestandssanierung sind

- eine hochwertige Wärmedämmung,
- die Reduzierung von Wärmebrücken,
- eine gute Luftdichtheit,
- eine Lüftungsanlage mit hohem WRG-Grad,
- der Einbau von Passivhausfenstern und
- eine effiziente Versorgungstechnik.

Passivhauskomponenten eignen sich für die Modernisierung im Gebäudebestand und bieten dort

- eine höhere Sicherheit gegenüber feuchtebedingten Bauschäden,
- eine Verbesserung der thermischen Behaglichkeit durch höhere Oberflächentemperaturen,
- eine Verdoppelung des möglichen Energiesparpotenzials und
- eine erhebliche Reduzierung der CO_2-Emissionen.

Eine hochwertige Modernisierung erhöht spürbar die Lebensqualität für die Bewohner und die Attraktivität der Modernisierung steigt beim Einsatz hocheffizienter Komponenten.

6 Passivhausbeispiele

Anhand der nachfolgend beschriebenen Referenzobjekte 6.1 bis 6.23 wird deutlich, dass sich Passivhäuser im äußeren Erscheinungsbild nicht von anderen Niedrigenergiehäusern unterscheiden müssen. Sie können in unterschiedlichen Bautypologien und Konstruktionsweisen ausgeführt sowie mit individueller Versorgungstechnik ausgestattet werden.

Vorgestellt werden vorrangig Wohngebäude als Einzelhäuser, Doppelhaushälften und Reihenhäuser, ebenso mehrere Mehrfamilienhäuser mit unterschiedlicher Nutzung (Wohnen, Tagespflegestätte und Heim für betreutes Wohnen), 3 Geschosswohnungsbauten (Wohnen und Studentenwohnheime) und 2 sanierte Altbauten mit Passivhauskomponenten. Außer den Wohngebäuden werden eine Grundschule, 2 Kindergärten, eine Doppelfeldturnhalle und mehrere Bürogebäude vorgestellt. Neben der massiven Bauweise werden auch Gebäude in Holzbauweise erläutert. Alle Projekte weisen unterschiedliche Versorgungstechniken auf, die individuell hinsichtlich der Orientierung der Gebäude, der Konstruktion, der späteren Nutzung und besonders der Wünsche der Bauherren abgestimmt wurden.

Die Kosten der Projekte 6.1 bis 6.5 liegen für die Gebäudeherstellung der Bauwerkskostengruppe (KG) 300 nach DIN 276-1 „Kosten im Bauwesen – Teil 1: Hochbau“ (2008) bei ca. 100.000,00 bis 120.000,00 €. Diese Werte umfassen den kompletten Ausbau der Passivhäuser auf Standardniveau. Bezogen auf das Raumvolumen ergeben sich Kosten von 140,00 €/m³. In einigen der zuvor genannten Objekten wurden Eigenleistungen der Bauherren erbracht oder eine gehobene Sanitärausstattung gewünscht, die nicht bei der Kostenaufstellung berücksichtigt wurden. Die Kostenangaben der ausgeführten Projekte sind als Durchschnittswerte zu betrachten. Bezüglich der KG 400 für die technischen Anlagen wurden zwischen 26.000,00 und 39.000,00 € investiert. Auch hier wird deutlich, dass die unterschiedliche angewandte Gebäudetechnik hohe Kostendifferenzen mit sich bringt.

KG 300:
- Bauwerk/Baukonstruktion/Bruttorauminhalt (BRI): 100.000,00 bis 120.000,00 €
- Gebäudeherstellungskosten (Ausbauhaus): 140,00 €/m³

KG 400:
- Bauwerk/technische Anlagen: 26.000,00 bis 39.000,00 € (Heizung, Lüftung, Sanitär, Elektro, Regenwasser)
- BRI gesamt KG 300 + 400: 200,00 bis 350,00 €/m³

Die Projekte 6.1 bis 6.10, 6.12, 6.14 und 6.15 sowie 6.17 bis 6.23 wurden entweder durch die Sommer Baustatik GmbH als Bauträger oder durch die Sommer Passivhaus GmbH als Planer und Bauleiter (Leistungsphasen

(1 bis 9) ausgeführt oder in Zusammenarbeit mit dem Büro bezüglich Statik und/oder Bauphysik betreut.

6.1 Einfamilienhaus, Erkelenz

Projekt 6.1 ist ein individuell geplantes, frei stehendes Einfamilienpassivhaus in Südwestlage. Die Fensterausrichtung ist nach Osten, Süden und Westen orientiert. Der $1^1/_2$-geschossige, mit Satteldach ausgeführte Bau wurde nicht unterkellert und daher der Haustechnikraum im Erdgeschoss untergebracht. Der Grundriss im Erdgeschoss ist durch einen großzügigen, offen gestalteten Wohn- mit angrenzendem Koch- und Essbereich geprägt. Bodentiefe, über Eck laufende Fenster nach Südwest geben dem Wohnraum ausreichend Belichtung und führen zu erheblichen Wärmegewinnen (siehe Abb. 6.1 bis 6.13, Tabelle 6.1).

Baudaten

Bauträger und Statik	Sommer Baustatik GmbH, Erkelenz
Entwurf	Architekturbüro J. + J. Viethen, Erkelenz
Planung Haustechnik	Ingenieurbüro Kunkel, Zwickau
Baujahr	2005
Haustyp	Einfamilienhaus
Wohnfläche in m²	132,95
Nutzfläche (NF), unbeheizt in m²	59,25
Ausrichtung	Südwest
Anzahl der Bewohner	4
BRI in m³	600,60
NF nach EnEV in m²	192,20
Kompaktheit A/V	0,72
Messergebnis Blower-Door-Test in h^{-1}	0,60
Primärenergiekennzahl in kWh/(m² · a) (Heizung, Hilfs- und Haushaltsstrom)	86,8
Primärenergiekennzahl in kWh/(m² · a) (Heizung und Hilfsstrom nach NF EnEV)	23,0
Jahresheizwärmebedarf Q_H in kWh/(m² · a)	14,9

Versorgungstechnik

EWT	30 m, DN 200
Lüftungsanlage mit WRG	Kreuz-Gegenstrom-Plattenwärmetauscher, AEREX Kompaktgerät (WRG 78 %)
Nachheizung der Zuluft	Luft-Luft-Wärmepumpe im Kompaktgerät
Wasserspeicher	Solar Latento Schichtenspeicher 500 l
Brauchwassererwärmung	10 m² Kollektorfläche (solarer Deckungsbeitrag 66 %), Heizstab 9 kW
Zusatz- bzw. Notheizung	elektrisches Nachheizregister
Regenwasserzisterne	5.000 l

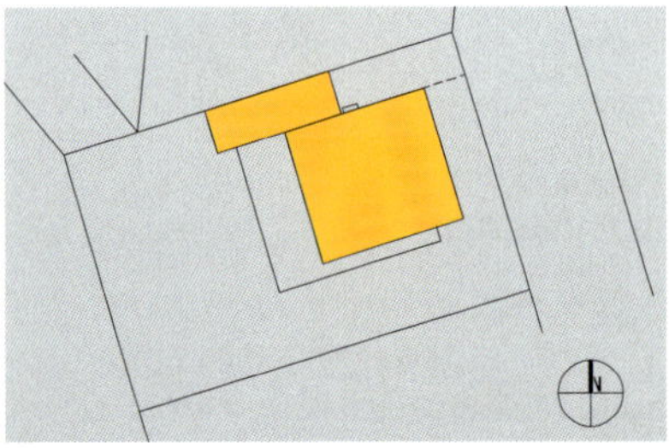

Abb. 6.1: Schematisierter Lageplan Einfamilienhaus, Erkelenz

Abb. 6.2: Ansicht Nordost, straßenseitig

Abb. 6.3: Versorgungstechnik im Haustechnikraum

Abb. 6.4: Ansicht West kurz nach der Fertigstellung

Abb. 6.5: Ansicht Südost mit Blick auf die große Kollektorfläche

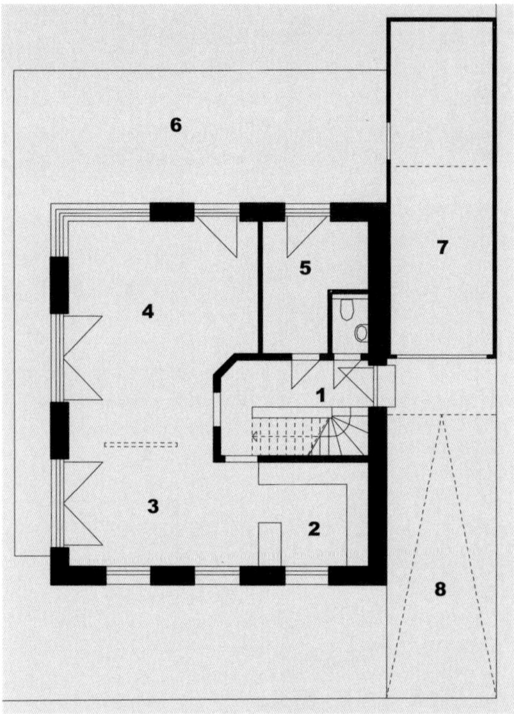

Abb. 6.6: Grundriss EG (M 1 : 200), Einfamilienhaus, Erkelenz

1 Eingang
2 Kochen
3 Essen
4 Wohnen
5 Hauswirtschaft/Haustechnik
6 Terrasse
7 Garage
8 Zufahrt

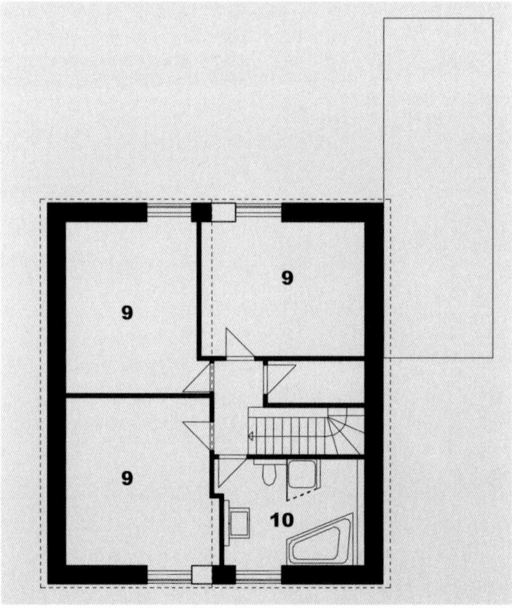

Abb. 6.7: Grundriss OG (M 1 : 200), Einfamilienhaus, Erkelenz

9 Schlafen
10 Bad/WC

Abb. 6.8: Wohnbereich

Abb. 6.9: Offener Kochbereich

Abb. 6.10: Bad/WC

Abb. 6.11: Offener Wohnbereich

Abb. 6.12: Freie Treppe

Abb. 6.13: Heller, lichtdurchfluteter Studiobereich

Bauweise

Tabelle 6.1: Konstruktionsaufbau Einfamilienhaus, Erkelenz

Bauteil	Materialschicht	Materialstärke in cm	*U*-Wert in W/(m² · K)
Bodenplatte (von oben nach unten)	Fußbodenbelag		
	Estrich	5,00	
	PE-Folie		
	Dämmung, WLG 035	20,00	
	Stahlbeton-Bodenplatte	20,00	
	PE-Folie		
	Perimeterdämmung, druckfest, WLG 035	10,00	
	Kies		
gesamt Sohle		**55,00**	**0,113**
Außenwandaufbau EG und OG (von innen)	Innenputz		
	Porenbeton PPW2	17,50	
	PS-Dämmung, WLG 035	30,00	
	Außenputz		
gesamt Außenwand		**47,50**	**0,095**
Dach (von innen)	Gipskartonplatten	1,30	
	Konterlattung (Installationsebene)		
	Lattung mit Untersparrendämmung, WLG 035	10,00	
	PE-Folie		
	Sparren 8/26 mit Zwischensparrendämmung	26,00	
	Unterspannbahn		
	Lattung Luftschicht/geschlossene Schalung		
	Zinkdeckung bzw. Lattung Luftschicht/Konterlattung/Lattung	1,50	
	Ziegeldeckung		
gesamt Dach		**38,80**	**0,108**
Fenster	PVC-Rahmen mit eingeschobenen Dämmprofilen Clima Design Fa. Rehau Dreifachverglasung mit Kryptonfüllung		U_f = **0,71** U_g = **0,60** g = **0,61**

6.2 Einfamilienhaus, Neersen

Projekt 6.2 ist ein individuell geplantes, frei stehendes, $1^1/_2$-geschossiges Einfamilienpassivhaus mit guter Südausrichtung, das nicht unterkellert ist. Das Haus überzeugt durch ein innovatives Haustechnikkonzept mit Lüftungsanlage und WRG, einer Erdwärmepumpe und einer groß dimensionierten Solaranlage sowie einem großen Pufferspeicher. Sobald der Pufferspeicher aufgeladen ist, wird die überschüssige Solarenergie in einem Erdwärmespeicher unterhalb der Bodenplatte eingelagert. Die nach Süden ausgerichtete Dachfläche trägt eine Fotovoltaikanlage, die den gesamten Strombedarf des Hauses deckt (siehe Abb. 6.14 bis 6.20, Tabelle 6.2).

Baudaten

Bauträger und Statik	Sommer Baustatik GmbH, Erkelenz
Entwurf	Sommer Passivhaus GmbH, Erkelenz
Planung Haustechnik	Ingenieurbüro Kunkel, Zwickau
Baujahr	2009
Haustyp	Einfamilienhaus
Wohnfläche in m^2	173,21
NF unbeheizt in m^2	47,12
Ausrichtung	Südwest
Anzahl der Bewohner	2
BRI in m^3	850,80
NF nach EnEV in m^2	272,40
Kompaktheit *A/V*	0,63
Messergebnis Blower-Door-Test in h^{-1}	0,6
Primärenergiekennzahl in kWh/($m^2 \cdot$ a) (Heizung, Hilfs- und Haushaltsstrom)	49,6
Primärenergiekennzahl in kWh/($m^2 \cdot$ a) (Heizung und Hilfsstrom nach NF EnEV)	22,6
Jahresheizwärmebedarf Q_H in kWh/($m^2 \cdot$ a)	15

Versorgungstechnik

EWT	nein
Lüftungsanlage mit WRG	Vario 350 LTM
Nachheizung der Zuluft	über Soleleitung
Wasserspeicher	750 l LTM
Brauchwassererwärmung	thermische Solaranlage und Wärmepumpe; Thermia Duo
Zusatz- bzw. Notheizung	elektrischer Heizstab, Fußbodenheizung
Regenwasserzisterne	nein

Abb. 6.14: Schematisierter Lageplan Einfamilienpassivhaus, Neersen

Abb. 6.15: Straßenansicht aus Norden mit Blick auf den Eingangsbereich

Abb. 6.16: Südöstliche Giebelseite mit größeren Glaselementen

Abb. 6.17: Die südliche Gartenansicht zeigt die installierten Fotovoltaikmodule auf dem Hausdach.

Abb. 6.18: Auf dem Garagendach sind die nach Süden ausgerichteten Solarmodule aufgeständert.

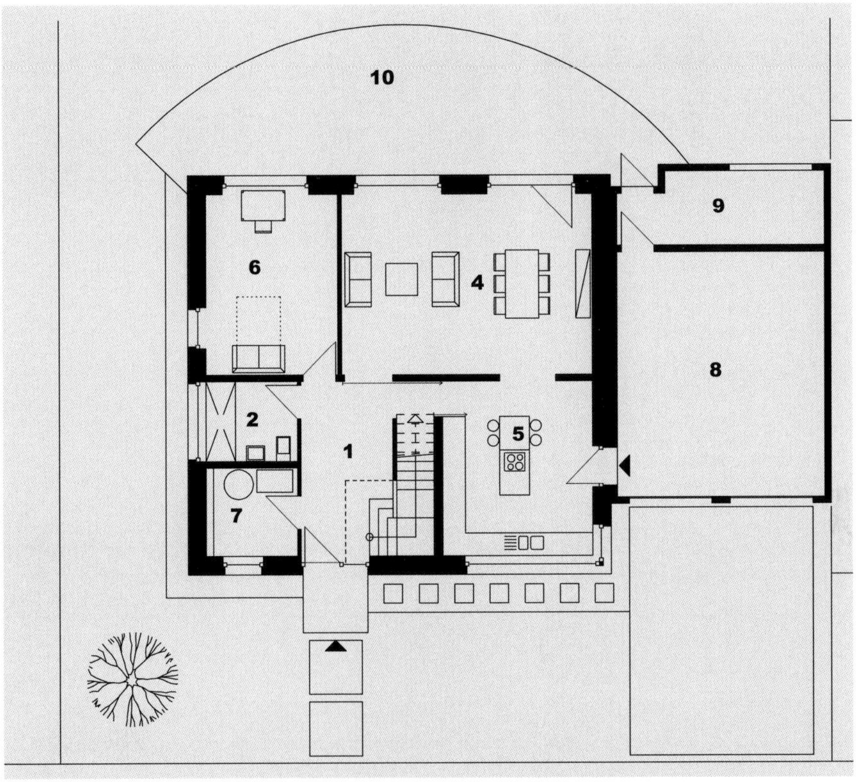

Abb. 6.19: Grundriss EG (M 1:200), Einfamilienpassivhaus, Neersen

1 Diele
2 Bad
4 Wohnen/Schlafen
5 Küche
6 Arbeiten
7 Haustechnik
8 Garage
9 Geräte
10 Terrasse

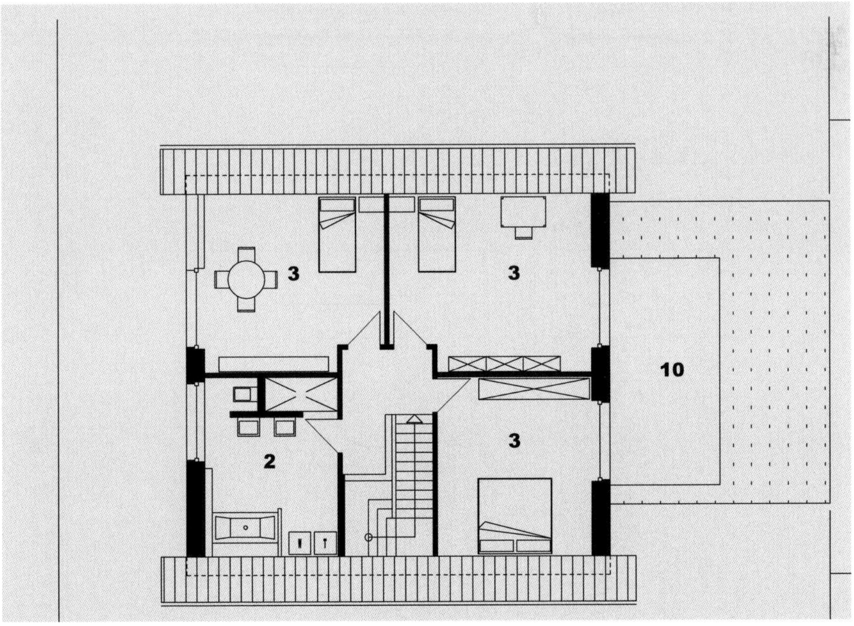

Abb. 6.20: Grundriss DG (M 1:200), Einfamilienpassivhaus, Neersen

2 Bad
3 Schlafen
10 Terrasse

Bauweise

Tabelle 6.2: Konstruktionsaufbau Einfamilienpassivhaus, Neersen

Bauteil	**Materialschicht**	**Materialstärke in cm**	***U*-Wert in W/(m² · K)**
Bodenplatte (von oben nach unten)	Fußbodenbelag	1,00	
	Heizestrich	6,50	
	Trittschalldämmung	3,00	
	Dämmung, WLG 035	16,00	
	Schweißbahn	0,50	
	Stahlbeton-Bodenplatte	25,00	
	Perimeterdämmung, druckfest, WLG 035	20,00	
	Kies		
gesamt Sohle		**72,00**	**0,083**
Außenwandaufbau EG und OG (von innen)	Innenputz	1,50	
	Kalksandstein	17,50	
	WDVS	30,00	
	Außenputz	1,50	
gesamt Außenwand		**50,50**	**0,112**
Dach (von innen)	Gipskarton auf Lattung	4,00	
	Konterlattung (Installationsebene) mit Untersparrendämmung	4,00	
	PE-Folie		
	Sparren 8/26 mit Zwischensparrendämmung, WLG 035	26,00	
	Koppelpfetten 10 cm mit Aufsparrendämmung	10,00	
	Unterspannbahn		
	Konterlattung 3/5	3,00	
	Tragelattung 3/5	3,00	
	Ziegeldeckung	1,50	
gesamt Dach		**51,50**	**0,089**
Fenster	Typ: Schüco Corona Si 82+, Thermo 8 Dreifachverglasung mit Argonfüllung		$U_f = 0{,}89$ $U_{w,\,eingebaut} = 0{,}73$ $U_g = 0{,}60$ $g = 0{,}50$

6.3 Einfamilienhaus, Meerbusch

Projekt 6.3 wurde am Rand eines bestehenden Wohngebietes in moderner Architektursprache geplant. Der 1½-geschossige Baukörper erhielt ein Pultdach, welches durch den Eingangskubus an der Ostseite unterbrochen wird. Das Erdgeschoss bietet einen großzügigen Wohn- und Essbereich. Das Dachgeschoss beinhaltet ein Split-Level, um die entstehende Raumhöhe des Pultdaches zu nutzen. Das Gebäude ist nach Westen orientiert, mit offener Süd- und Ostseite. Es ist unterkellert, mit einer Ausschachtung an der Süd- und Westseite, wodurch der im Kellergeschoss befindliche Hobbyraum erhebliche Raumqualität erhält. Aufgrund der örtlichen Gegebenheiten wurde eine alternative Lüftungsanlage mit angeschlossenem Sole-EWT in Form von Spiralkörben gewählt (siehe Abb. 6.21 bis 6.28, Tabelle 6.3).

Baudaten

Bauträger und Statik	Sommer Baustatik GmbH, Erkelenz
Entwurf	Sommer Baustatik GmbH, Erkelenz
Planung Haustechnik	Ingenieurbüro Kunkel, Zwickau
Baujahr	2007
Haustyp	Einfamilienhaus
Wohnfläche in m²	223,41
NF unbeheizt in m²	124,09
Ausrichtung	Südwest/West
Anzahl der Bewohner	4
BRI in m³	1.085,94
NF nach EnEV in m²	223,41
Kompaktheit *A/V*	0,60
Messergebnis Blower-Door-Test in h^{-1}	0,60
Primärenergiekennzahl in kWh/(m² · a) (Heizung, Hilfs- und Haushaltsstrom)	79,7
Primärenergiekennzahl in kWh/(m² · a) (Heizung und Hilfsstrom nach NF EnEV)	17,9
Jahresheizwärmebedarf Q_H in kWh/(m² · a)	15,1

Versorgungstechnik

EWT	35 m, DN 200
Lüftungsanlage mit WRG	Kreuz-Gegenstrom-Plattenwärmetauscher, LTM Airon, Vario 350 (WRG 95 %)
Nachheizung der Zuluft	Luft-Sole-Wärmepumpe im Kompaktgerät
Wasserspeicher	Brauchwasserspeicher integriert, 300 l
Brauchwassererwärmung	Erdsolekollektoren, 9 Spiralkollektoren (solarer Deckungsbeitrag ca. 68 %) LTM Thermia Komfort mit Wärmepumpe
Zusatz- bzw. Notheizung	Fußbodenheizung, optional Kühlung über das Fußbodenheizsystem
Regenwasserzisterne	5.000 l

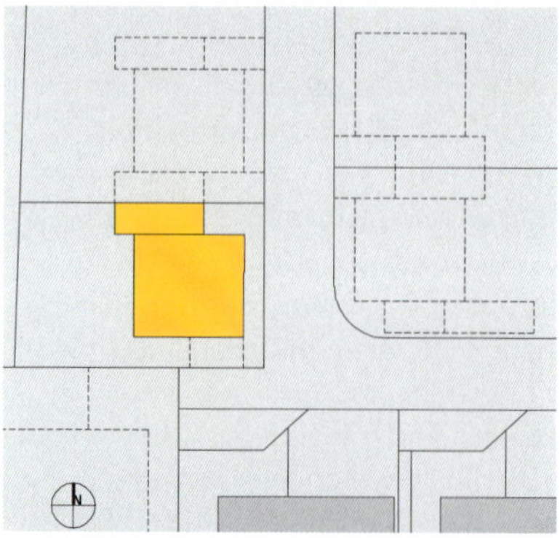

Abb. 6.21: Schematisierter Lageplan Einfamilienhaus, Meerbusch

Abb. 6.22: Hauseingangsseite im Osten mit klarer Akzentuierung durch Materialwechsel

Abb. 6.23: Ansicht Nordost mit übereck laufenden Fensterbändern

Abb. 6.24 Südwestliche Ansicht mit der Eckausstattung im KG

Abb. 6.25 Die nordwestliche Ansicht zeigt das kleine Fenster im Norden.

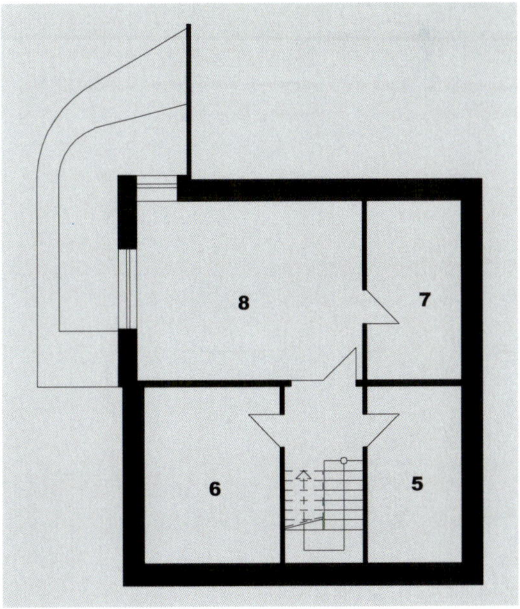

Abb. 6.26: Grundriss KG (M 1:200), Einfamilienhaus, Meerbusch

5 Haustechnik
6 Nebenraum
7 Keller
8 Hobby

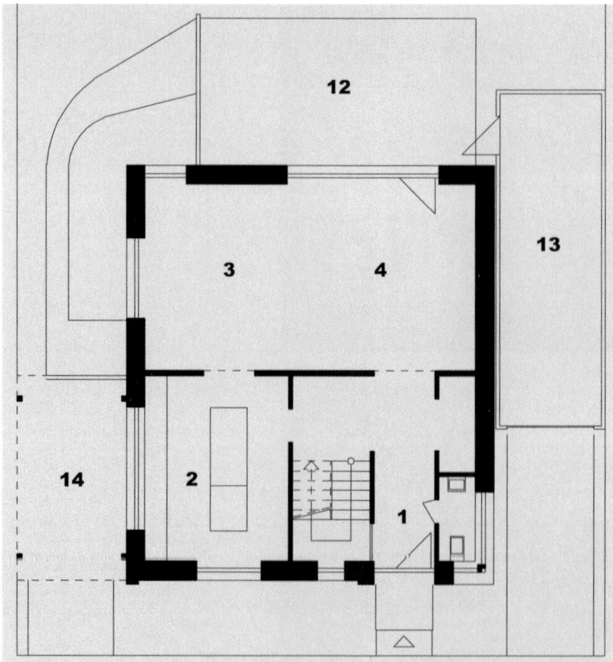

Abb. 6.27: Grundriss EG (M 1 : 200), Einfamilienhaus, Meerbusch

1 Eingang
2 Kochen
3 Essen
4 Wohnen
12 Terrasse
13 Garage
14 Carport

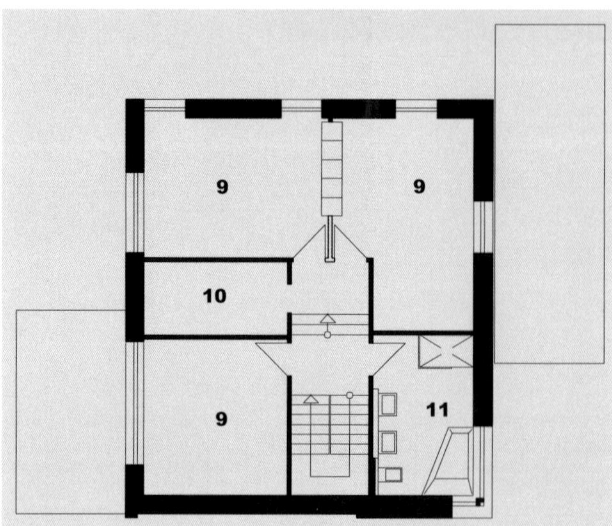

Abb. 6.28: Grundriss DG (M 1 : 200), Einfamilienhaus, Meerbusch

9 Schlafen
10 Ankleide
11 Bad/WC

Bauweise

Tabelle 6.3: Konstruktionsaufbau Einfamilienhaus, Meerbusch

Bauteil	Materialschicht	Materialstärke in cm	*U*-Wert in W/(m² · K)
Kellerdecke, beheizt (von oben nach unten)	Fußbodenbelag		
	Estrich	5,00	
	PE-Folie		
	Dämmung, WLG 035	20,00	
	Stahlbeton-Bodenplatte	20,00	
	2 Lagen PE-Folie		
gesamt Sohle		**45,00**	**0,166**
Außenwandaufbau 1 KG (von innen)	Innenputz		
	Porenbeton PPW2	36,50	
	PS-Dämmung, WLG 035	20,00	
gesamt Außenwand 1		**56,50**	**0,122**
Außenwandaufbau 2 EG und OG (von innen)	Innenputz		
	Porenbeton PPW2	17,50	
	PS-Dämmung, WLG 035	32,00	
	Außenputz		
gesamt Außenwand 2		**49,50**	**0,90**
Dach (von innen)	Gipskartonplatten	1,30	
	PE-Folie		
	Sparren 8/24 mit Zwischensparrendämmung, WLG 035	24,00	
	Untersparrendämmung, WLG 035	16,00	
	Unterspannbahn		
	Konterlattung		
	Schalung	1,50	
	Trennlage		
	Zinkeindeckung		
gesamt Dach		**42,80**	**0,097**
Fenster	PVC-Rahmen mit eingeschobenen Dämmprofilen Clima Design Fa. Rehau Dreifachverglasung mit Argonfüllung		$U_f = 0{,}71$ $U_g = 0{,}60$ $g = 0{,}55$

6.4 Einfamilienreihenhäuser, Meerbusch

Projekt 6.4 wurde in einem bestehenden Wohngebiet geplant, mit der Vorgabe, die Gebäude an die bestehende Nachbarbebauung anzupassen. Da das Grundstück nicht optimal ausgerichtet ist, wurden z. B. die Erker der 3 Einfamilienreihenhäuser zur Sonne ausgerichtet, um genügend solare Wärmegewinne zu erzielen. Die Wohnbereiche sind einschließlich der Küche durch einen offenen Grundriss geprägt (siehe Abb. 6.29 bis 6.36, Tabelle 6.4.).

Baudaten

Bauträger und Statik	Sommer Baustatik GmbH, Erkelenz
Entwurf	Architekturbüro J. + J. Viethen, Erkelenz
Planung Haustechnik	Ingenieurbüro Kunkel, Zwickau
Baujahr	2004
Haustyp	Einfamilienreihenhäuser/Reihenendhaus
Wohnfläche in m^2	168
NF unbeheizt in m^2	72,80
Ausrichtung	Nordost
Anzahl der Bewohner	4
BRI in m^3	752,50
NF nach EnEV in m^2	240,80
Kompaktheit A/V	0,54
Messergebnis Blower-Door-Test in h^{-1}	0,60
Primärenergiekennzahl in $kWh/(m^2 \cdot a)$ (Heizung, Hilfs- und Haushaltsstrom)	67,6
Primärenergiekennzahl in $kWh/(m^2 \cdot a)$ (Heizung und Hilfsstrom nach NF EnEV)	13,8
Jahresheizwärmebedarf Q_H in $kWh/(m^2 \cdot a)$	14,7

Versorgungstechnik

EWT	30 m, DN 200
Lüftungsanlage mit WRG	Kreuz-Gegenstrom-Plattenwärmetauscher, AEREX Kompaktgerät (WRG 78 %)
Nachheizung der Zuluft	Luft-Luft-Wärmepumpe im Kompaktgerät, elektrisches Nachheizregister
Wasserspeicher	Solarspeicher, 300 l
Brauchwassererwärmung	4,9 m^2 Kollektorfläche mit Vakuumkollektoren (solarer Deckungsbeitrag 66 %), Heizstab 2 kW
Zusatz- bzw. Notheizung	elektrischer Heizkonvektor im Bad, elektrische Fußbodenheizung im Wohnzimmer
Regenwasserzisterne	3.000 l

Abb. 6.29: Schematisierter Lageplan Einfamilienreihenhäuser, Meerbusch

Abb. 6.30: Straßenansicht im Südwesten

Abb. 6.31: Neben den Hauseingängen sind die in Richtung Süden ausgestellten Erker zu sehen.

Abb. 6.32: Auf der Gartenseite im Nordosten wurden die Erker östlich orientiert.

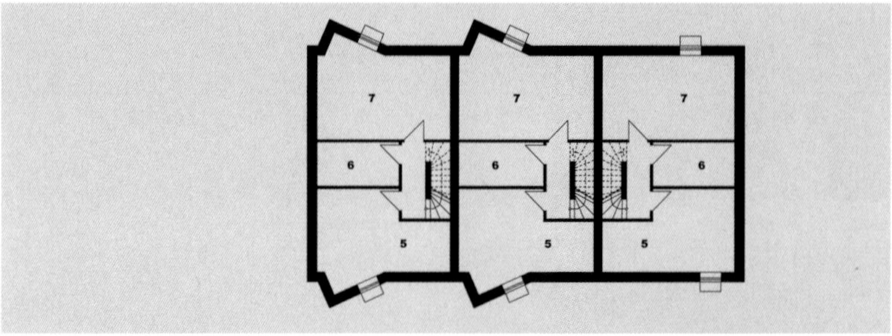

Abb. 6.33: Grundriss KG (M 1:400), Einfamilienreihenhäuser, Meerbusch

5 Haustechnik
6 Vorräte
7 Keller

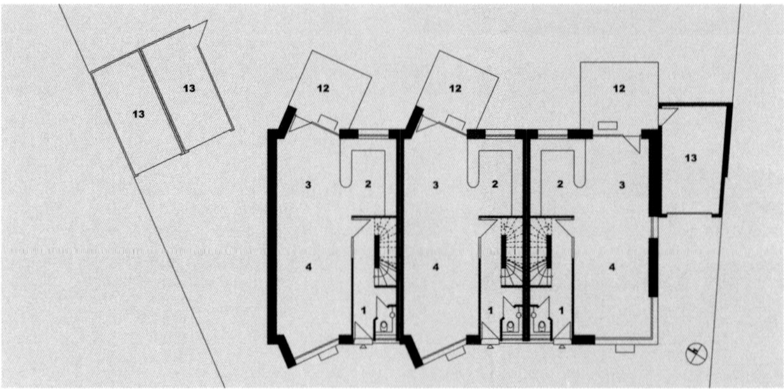

Abb. 6.34: Grundriss EG (M 1:400), Einfamilienreihenhäuser, Meerbusch

1 Eingang
2 Kochen
3 Essen
4 Wohnen
12 Terrasse
13 Garage

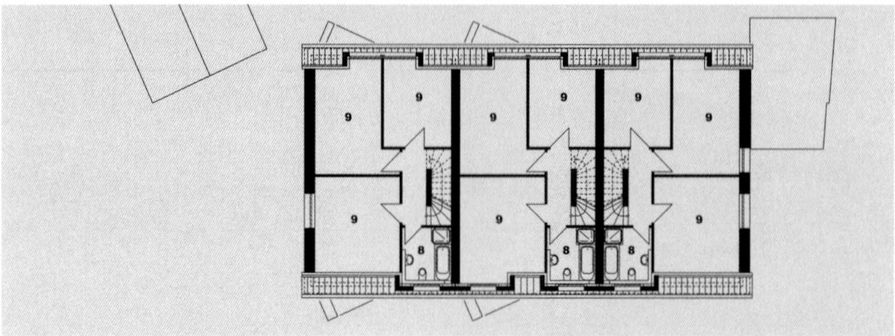

Abb. 6.35: Grundriss OG (M 1:400), Einfamilienreihenhäuser, Meerbusch

8 Bad/WC
9 Schlafen

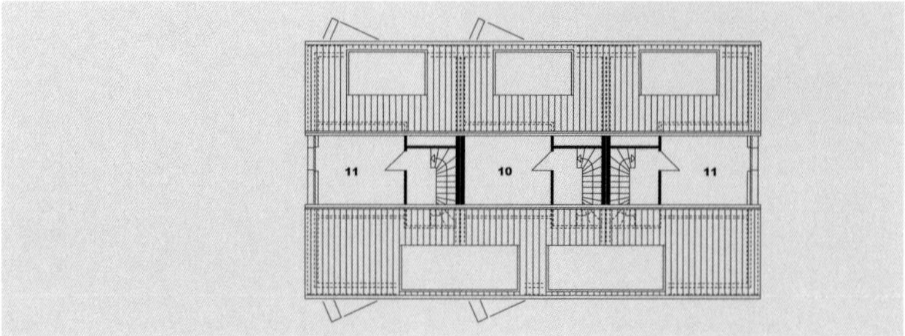

Abb. 6.36: Grundriss DG (M 1:400), Einfamilienreihenhäuser, Meerbusch

10 Abstellraum
11 Studio

Bauweise

Tabelle 6.4: Konstruktionsaufbau Einfamilienreihenhäuser, Meerbusch

Bauteil	Materialschicht	Materialstärke in cm	*U*-Wert in W/(m² · K)
Kellerdecke, beheizt (von oben nach unten)	Fußbodenbelag		
	Estrich	5,00	
	PE-Folie		
	Dämmung, WLG 035	20,00	
	Stahlfaserbeton-Bodenplatte	20,00	
	2 Lagen PE-Folie		
gesamt Sohle		**45,00**	**0,166**
Außenwandaufbau 1 KG, beheizt (von innen)	Innenputz		
	Porenbeton PPW2	36,50	
	Dickbeschichtung		
	Perimeterdämmung, WLG 035	20,00	
gesamt Außenwand 1		**56,50**	**0,105**
Außenwandaufbau 2 EG und OG (von innen)	Innenputz		
	Porenbeton PPW2	17,50	
	Dämmung, WLG 035	30,00	
	Außenputz		
gesamt Außenwand 2		**47,50**	**0,095**
Flachdach Erker (von unten nach oben)	Betondecke Hohlkörper	22,00	
	PE-Folie		
	Dämmung, WLG 035	25,00	
	PE-Folie		
	Flachdacheindeckung		
	Rollkies		
gesamt Flachdach Erker		**47,00**	**0,133**

Tabelle 6.4 (Fortsetzung): Konstruktionsaufbau Einfamilienreihenhäuser, Meerbusch

Bauteil	**Materialschicht**	**Materialstärke in cm**	***U*-Wert in W/(m² · K)**
Dach Gaube (von innen)	Gipskartonplatten	1,50	
	Konterlattung (Installationsebene)		
	PE-Folie		
	Lattung mit Untersparrendämmung, WLG 035	10,00	
	Sparren 8/26 mit Zwischensparrendämmung	24,00	
	Unterspannbahn		
	Konterlattung		
	Tragelattung		
	Ziegeldeckung	2,20	
gesamt Dach Gaube		**36,80**	**0,111**
Dach (von innen)	Gipskartonplatten	1,50	
	Konterlattung (Installationsebene)		
	PE-Folie		
	Lattung mit Untersparrendämmung, WLG 035	10,00	
	Sparren 8/26 mit Zwischensparrendämmung, WLG 035	24,00	
	Unterspannbahn		
	Konterlattung		
	Tragelattung		
	Ziegeldeckung	2,20	
gesamt Dach		**37,70**	**0,113**
Sohle Erker (von oben nach unten)	Fußbodenbelag		
	Estrich	5,00	
	PE-Folie		
	Dämmung, WLG 035	20,00	
	Stahlfaserbeton-Bodenplatte	20,00	
	2 Lagen PE-Folie		
gesamt Sohle Erker		**45,00**	**0,166**
Fenster	PVC-Rahmen mit eingeschobenen Dämmprofilen Clima Design Fa. Rehau Dreifachverglasung mit Argonfüllung		**$U_f = 0{,}64$** **$U_g = 0{,}60$** **$g = 0{,}50$**

6.5 Einfamilienreihenhäuser, Erkelenz

Projekt 6.5, 4 Einfamilienreihenhäuser mit Wölbdach, entspricht dem Sommer-Typenhaus und wurde in der Solarsiedlung im Neubaugebiet Erkelenz-Nord erstellt. Insgesamt sind in diesem Gebiet 11 Hausreihen in den Jahren 2001 bis 2011 entstanden. Dieser voll unterkellerte, 2½-geschossige Haustyp ermöglicht dem einzelnen Bauherrn im Inneren viele Möglichkeiten bezüglich der Raumaufteilung und des Ausbaus. Von der offenen Raumgestaltung bis zu einer Grundrissvariante mit bis zu 5 Schlafräumen ist alles umsetzbar. Der kompakte Baukörper und die ideale Südausrichtung entsprechen einer kostenoptimierten Passivhausbauweise (siehe Abb. 6.37 bis 6.53, Tabelle 6.5).

Baudaten

Bauträger und Statik	Sommer Baustatik GmbH, Erkelenz
Entwurf	Architekturbüro J. + J. Viethen, Erkelenz
Planung Haustechnik	Ingenieurbüro Kunkel, Zwickau
Baujahr	2004
Haustyp	Einfamilienreihenhäuser/Reihenendhaus
Wohnfläche in m^2	165,50
NF unbeheizt in m^2	46,40
Ausrichtung	Südwest
Anzahl der Bewohner	4
BRI in m^3	662,72
NF nach EnEV in m^2	212,10
Kompaktheit *A/V*	0,56
Messergebnis Blower-Door-Test in h^{-1}	0,60
Primärenergiekennzahl in $kWh/(m^2 \cdot a)$ (Heizung, Hilfs- und Haushaltsstrom)	74,1
Primärenergiekennzahl in $kWh/(m^2 \cdot a)$ (Heizung und Hilfsstrom nach NF EnEV)	23,7
Jahresheizwärmebedarf Q_H in $kWh/(m^2 \cdot a)$	14,8

Versorgungstechnik

EWT	30 m, DN 200
Lüftungsanlage mit WRG	Kreuz-Gegenstrom-Plattenwärmetauscher, AEREX Kompaktgerät (WRG 78 %)
Nachheizung der Zuluft	Luft-Luft-Wärmepumpe im Kompaktgerät, elektrisches Nachheizregister
Wasserspeicher	Solarspeicher, 300 l
Brauchwassererwärmung	4,9 m^2 Kollektorfläche mit Vakuumkollektoren (solarer Deckungsbeitrag 66 %), Heizstab 2 kW
Zusatz- bzw. Notheizung	elektrischer Heizkonvektor im Bad, elektrische Fußbodenheizung im Wohnzimmer
Regenwasserzisterne	3.000 l

Abb. 6.37: Schematisierter Lageplan Einfamilienreihenhäuser, Erkelenz

Abb. 6.38: Die Ansicht Ost zeigt die Eckfenster der Endhäuser.

Abb. 6.39: Ansicht Ost am Abend

Abb. 6.40: Haustechnikraum mit der gesamten Versorgungstechnik und den gedämmten Zuluftleitungen

Abb. 6.41: AEREX Solarspeicher (links), Kompaktgerät mit gedämmten Lüftungsleitungen (rechts)

Abb. 6.42: Zentrale Staubsaugeranlage

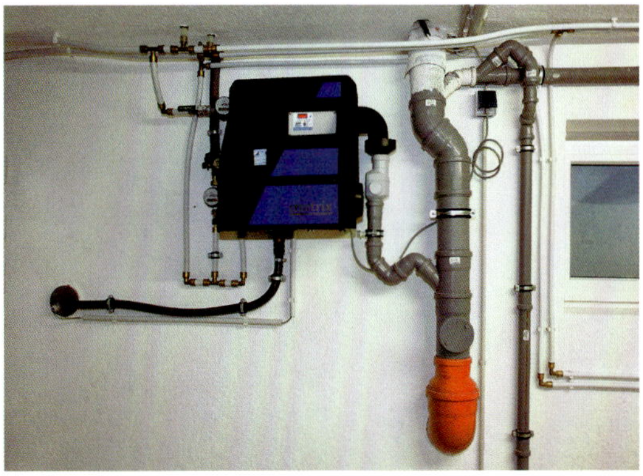

Abb. 6.43: Hauswasserwerk der Regenwassernutzungsanlage

Abb. 6.44: Ansicht Süd zeigt die großen Fensterfronten im EG und die aufgeständerten Solaranlagen.

Abb. 6.45: Die nördliche Ansicht zeigt die übereck laufenden Fenster im EG und OG.

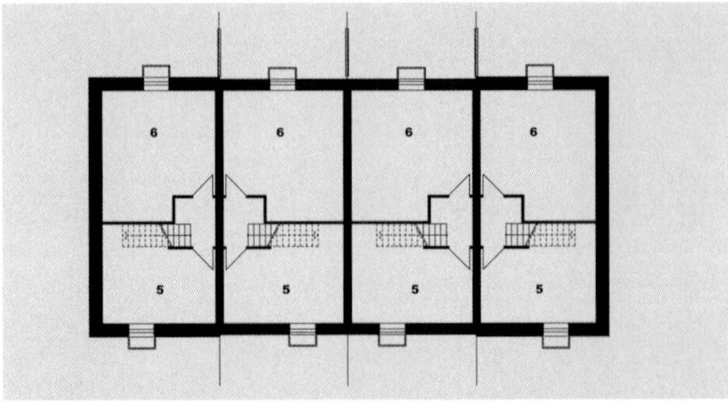

Abb. 6.46: Grundriss KG (M 1:400), Einfamilienreihenhäuser, Erkelenz

5 Haustechnik
6 Keller

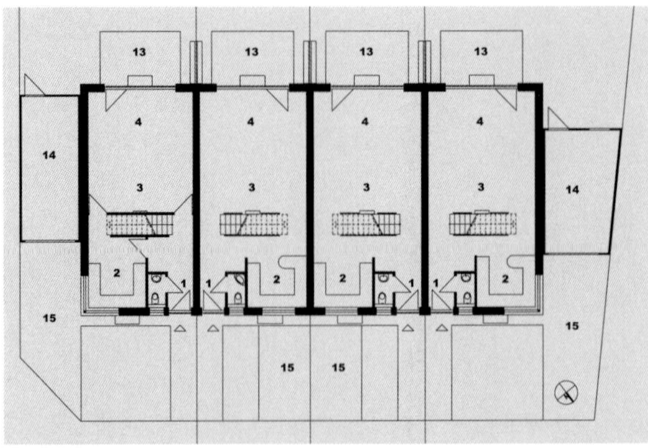

Abb. 6.47: Grundriss EG (M 1:400), Einfamilienreihenhäuser, Erkelenz

1 Eingang
2 Kochen
3 Essen
4 Wohnen
13 Terrasse
14 Garage
15 Stellplatz

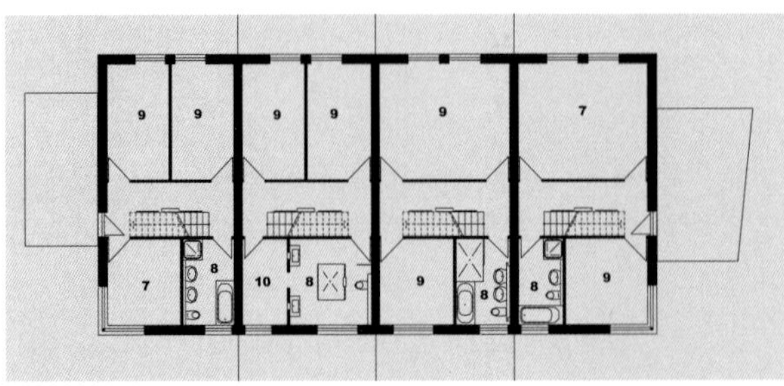

Abb. 6.48: Grundriss OG (M 1:400), Einfamilienreihenhäuser, Erkelenz

7 Arbeiten
8 Bad/WC
9 Schlafen
10 Ankleide

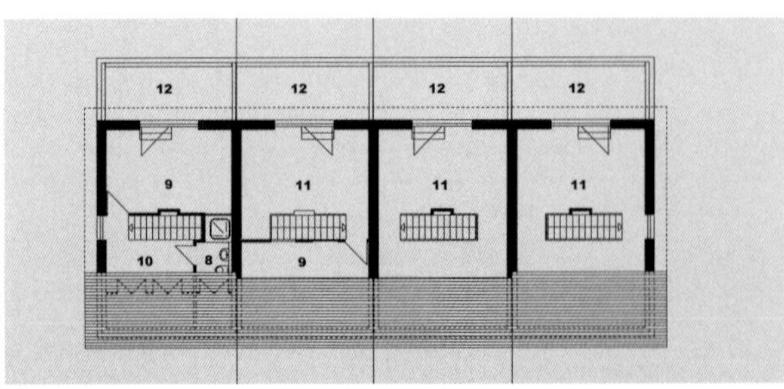

Abb. 6.49: Grundriss DG (M 1:400), Einfamilienreihenhäuser, Erkelenz

8 Bad/WC
9 Schlafen
10 Ankleide
11 Studio
12 Dachterrasse

Abb. 6.50: Blick in die Küche

Abb. 6.51: Leitungsschacht der Belüftungsrohre neben der Wohntreppe

Abb. 6.52: Bad

Abb. 6.53: Im offenen Dachgeschoss wurden die Zu- und Abluftrohre auf Wunsch der Bauherren nicht verkleidet.

Bauweise

Tabelle 6.5: Konstruktionsaufbau Einfamilienreihenhäuser, Erkelenz

Bauteil	**Materialschicht**	**Materialstärke in cm**	***U*-Wert in W/(m² · K)**
Kellerdecke, beheizt (von oben nach unten)	Fußbodenbelag		
	Estrich	5,00	
	PE-Folie		
	Dämmung, WLG 035	20,00	
	Stahlfaserbeton-Bodenplatte	18,00	
	2 Lagen PE-Folie		
gesamt Sohle		**43,00**	**0,167**

Tabelle 6.5 (Fortsetzung): Konstruktionsaufbau Einfamilienreihenhäuser, Erkelenz

Bauteil	**Materialschicht**	**Materialstärke in cm**	***U*-Wert in W/(m² · K)**
Außenwandaufbau 1 KG, beheizt (von innen)	Innenputz		
	Porenbeton PPW2	36,50	
	Dickbeschichtung		
	Perimeterdämmung, WLG 035	15,00	
gesamt Außenwand 1		**51,50**	**0,149**
Außenwandaufbau 2 EG und OG (von innen)	Innenputz		
	Porenbeton PPW2	17,50	
	Dämmung, WLG 035	20,00	
	Außenputz		
gesamt Außenwand 2		**37,50**	**0,143**
Dachterrasse (von unten nach oben)	Betondecke Hohlkörper	20,00	
	PE-Folie		
	Gefälledämmung, WLG 035	25,00	
	PE-Folie		
	Terrassenbelag im Feinkiesbett		
gesamt Dachterrasse		**45,00**	**0,134**
Dach (von innen)	Gipskartonplatten	1,30	
	abgehängte Konstruktion mit Dämmung, WLG 035	10,00	
	PE-Folie		
	Sparren 8/24 mit Zwischensparrendämmung, WLG 035	24,00	
	geschlossene Holzschalung, imprägniert		
	Unterspannbahn		
	Tragelattung		
	Zinkeindeckung	1,50	
gesamt Dach		**36,80**	**0,114**
Fenster	PVC-Rahmen mit eingeschobenen Dämmprofilen Clima Design Fa. Rehau Dreifachverglasung mit Argonfüllung		$U_f = 0,71$ $U_g = 0,70$ $g = 0,51$

6.6 Mehrfamilienhaus, Baesweiler

Projekt 6.6 ist ein Mehrfamilienhaus mit 9 Wohneinheiten im Passivhausstandard. Es wird durch betreutes Wohnen in rollstuhlgerechter Ausführung genutzt und wurde von der evangelischen Kirchengemeinde Baesweiler finanziert. Der 2½-geschossige Baukörper wurde voll unterkellert und ist nach Südwest/Nordost ausgerichtet. Die 9 hell belichteten Wohnungen, allesamt mit Balkon bzw. Terrasse, weisen unterschiedliche Grundrisse und Größenordnungen auf. Eine versetzte Dachstruktur löst den Kubus des Baukörpers auf (siehe Abb. 6.54 bis 6.62, Tabelle 6.6).

Baudaten

Bauphysik und Statik	Sommer Baustatik GmbH, Erkelenz
Entwurf	Architekturbüro Schaffrath, Baesweiler
Planung Haustechnik	Ingenieurbüro Kunkel, Zwickau
Baujahr	2005
Haustyp	Mehrfamilienhaus für 9 Wohneinheiten, betreutes Wohnen
Wohnfläche in m^2	740,30
NF unbeheizt in m^2	327,10
Ausrichtung	Südwest
Anzahl der Bewohner	18
BRI in m^3	3.335,60
NF nach EnEV in m^2	1.067,40
Kompaktheit A/V	0,43
Messergebnis Blower-Door-Test in h^{-1}	0,60
Primärenergiekennzahl in $kWh/(m^2 \cdot a)$ (Heizung, Hilfs- und Haushaltsstrom)	72
Primärenergiekennzahl in $kWh/(m^2 \cdot a)$ (Heizung und Hilfsstrom nach NF EnEV)	15,6
Jahresheizwärmebedarf Q_H in $kWh/(m^2 \cdot a)$	14

Versorgungstechnik

Erdkollektoren	36 Spiralsonden je 2 m und je 3 Sonden in Reihe geschaltet, LTM
Lüftungsanlage mit WRG	Kreuz-Gegenstrom-Plattenwärmetauscher, Airon Maxi K 1.000 (WRG 85 %)
Nachheizung der Zuluft	Wärmepumpe, LTM Thermia Duo; elektrisches Nachheizregister
Wasserspeicher	Kombispeicher, 1.000 l, ZEEH MTLWP
Brauchwassererwärmung	16 m^2 Kollektorfläche mit Vakuumkollektoren (solarer Deckungsbeitrag 66 %), Heizstab 6 kW
Zusatz- bzw. Notheizung	elektrische Fußbodenheizung in Bädern und Wohnzimmern
Regenwasserzisterne	nein

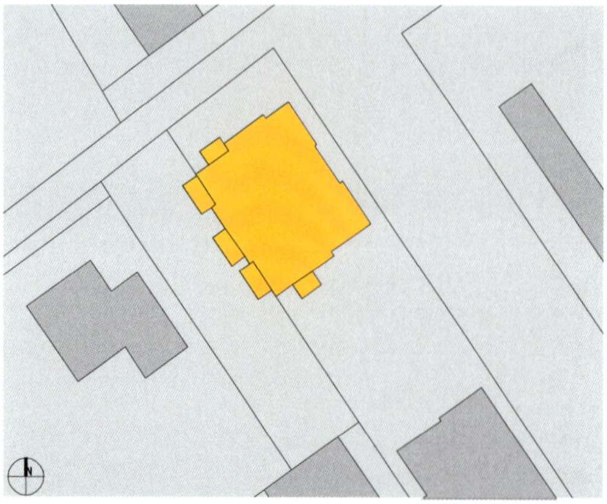

Abb. 6.54: Schematisierter Lageplan Mehrfamilienhaus, Baesweiler

Abb. 6.55: Ansicht Nordost mit Blick auf die Hauseingangsseite

Abb. 6.56: Die nördliche Ansicht zeigt den Blick auf die Lüftungsrohre.

Abb. 6.57: Die Südseite ist durch die vorgelagerten Balkone geprägt.

Abb. 6.58: Die südwestliche Ansicht zeigt die auf der Dachfläche integrierte Kollektorfläche.

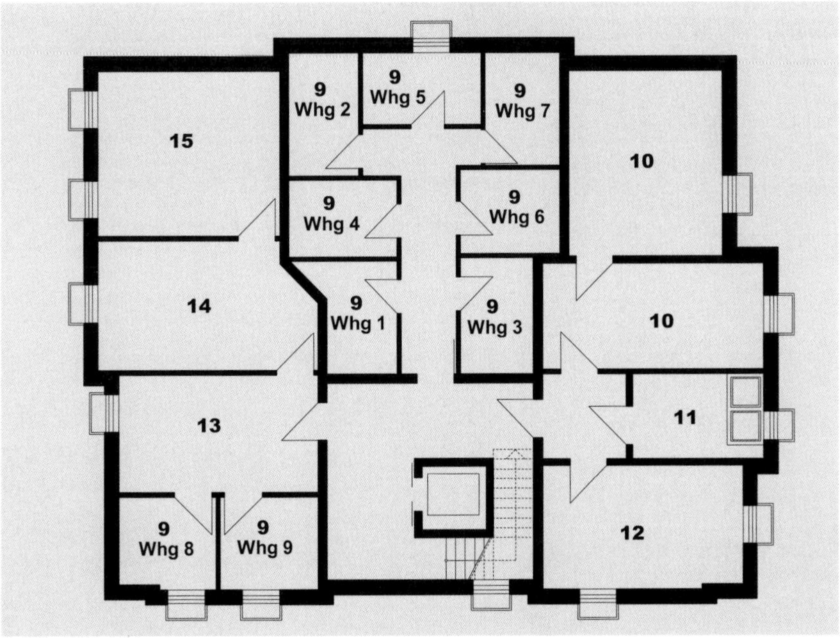

Abb. 6.59: Grundriss KG (M 1 : 200), Mehrfamilienhaus, Baesweiler

9 Keller
10 Haustechnik
11 Hausanschlussraum
12 Abfall
13 Rollstuhlwechselkeller
14 Waschen
15 Trocknen

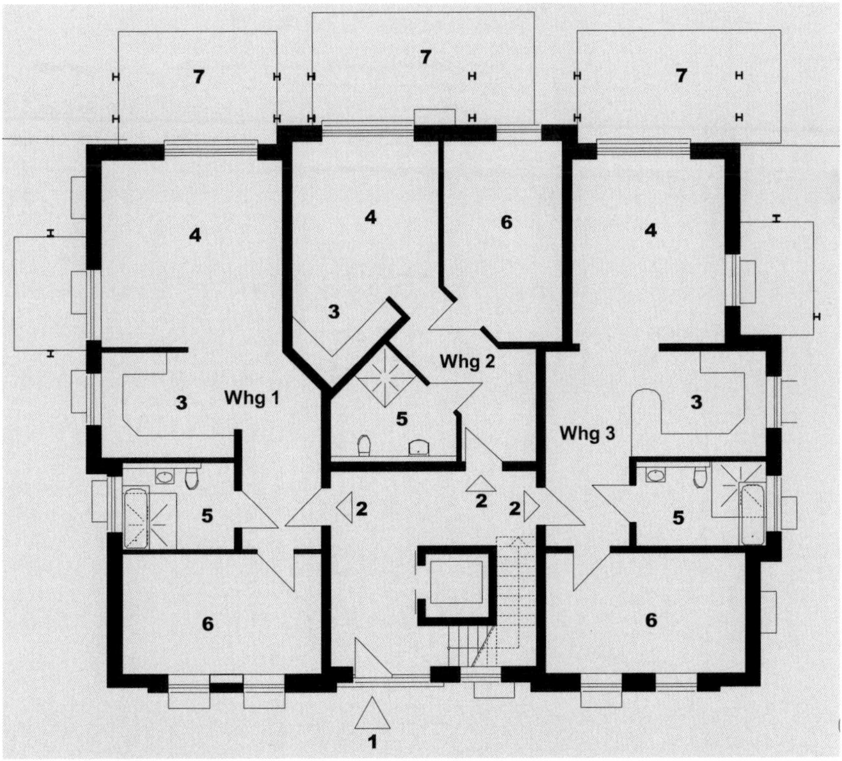

Abb. 6.60: Grundriss EG (M 1 : 200), Mehrfamilienhaus, Baesweiler

1 Zugang Haus
2 Eingang Wohnungen
3 Kochen
4 Wohnen
5 Bad/WC
6 Schlafen
7 Terrasse

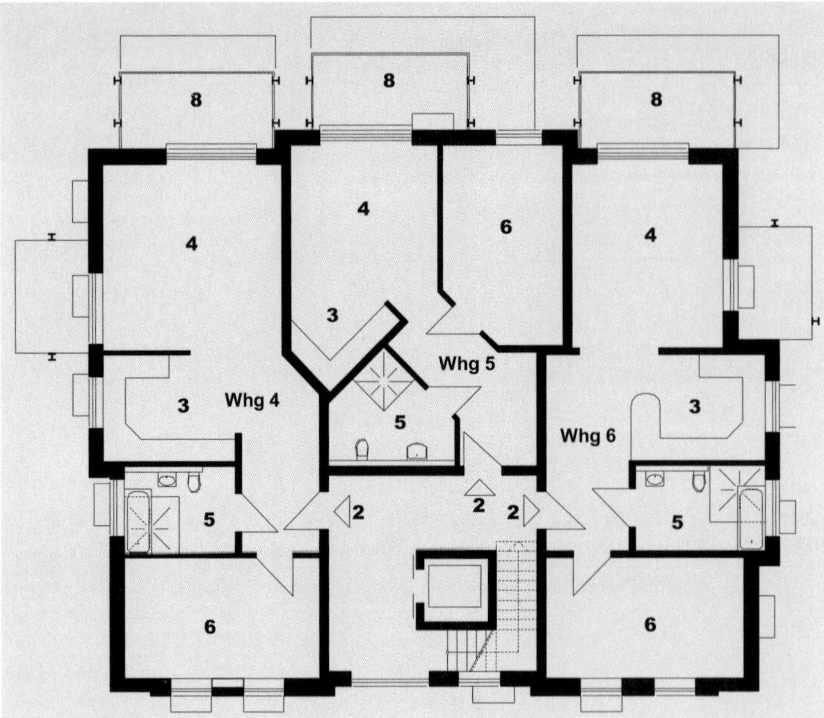

Abb. 6.61: Grundriss OG (M 1:200), Mehrfamilienhaus, Baesweiler

2 Eingang Wohnungen
3 Kochen
4 Wohnen
5 Bad/WC
6 Schlafen
8 Balkon

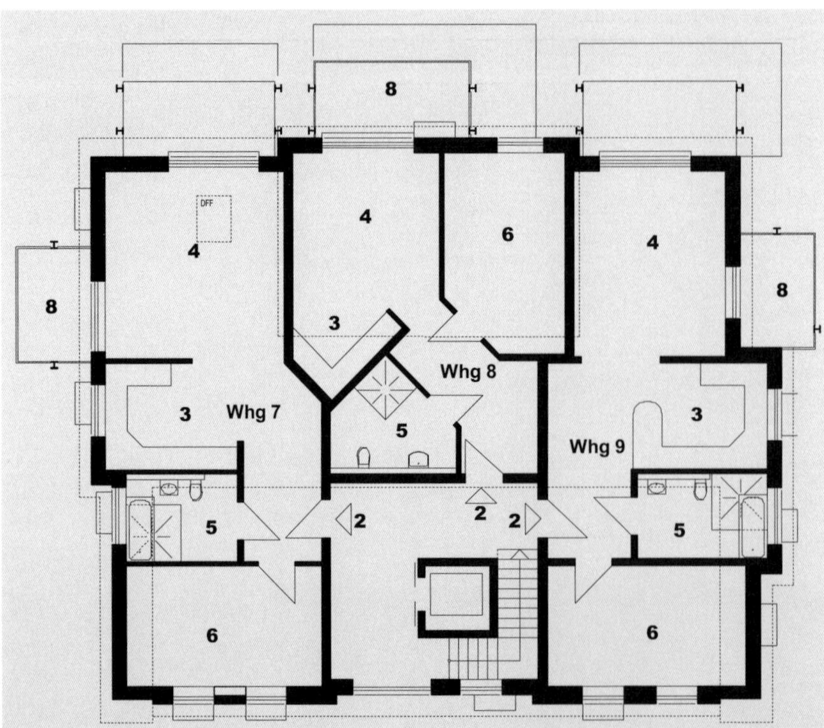

Abb. 6.62: Grundriss DG (M 1:200), Mehrfamilienhaus, Baesweiler

2 Eingang Wohnungen
3 Kochen
4 Wohnen
5 Bad/WC
6 Schlafen
8 Balkon

Bauweise

Tabelle 6.6: Konstruktionsaufbau Mehrfamilienhaus, Baesweiler

Bauteil	**Materialschicht**	**Materialstärke in cm**	***U*-Wert in W/(m² · K)**
Kellerdecke, beheizt (von oben nach unten)	Fußbodenbelag		
	Estrich	5,00	
	PE-Folie		
	Dämmung, WLG 035	20,00	
	Stahlfaserbeton-Bodenplatte	20,00	
	2 Lagen PE-Folie		
gesamt Sohle		**45,00**	**0,166**
Außenwandaufbau 1 KG, beheizt (von innen)	Innenputz		
	Porenbeton PPW2	36,50	
	Perimeterdämmung, WLG 035	14,00	
gesamt Außenwand 1		**50,50**	**0,162**
Außenwandaufbau 2 EG und OG (von innen)	Innenputz		
	Porenbeton PPW2	17,50	
	PS-Dämmung, WLG 035	20,00	
	Außenputz		
gesamt Außenwand 2		**37,50**	**0,146**
Dach (von innen)	innere homogene Schicht	1,30	
	Holzebene	20,00	
	Holzbalken/Stegebene	8,00	
	äußere homogene Schicht	1,50	
gesamt Dach		**30,80**	**0,138**
Fenster	PVC-Rahmen mit eingeschobenen Dämmprofilen Clima Design Fa. Rehau Dreifachverglasung mit Argonfüllung		$U_f = 0{,}71$ $U_g = 0{,}70$ $g = 0{,}48$

6.7 Mehrfamilienhaus, Düsseldorf

Projekt 6.7 ist ein Mehrfamilienhaus mit 42 Wohneinheiten auf 6 Etagen. Das Objekt ist unterkellert mit einer Tiefgarage. Die Lüftung der Wohnungen erfolgt gebäudezentral mit einer Lüftungsanlage auf dem Dach. Zur Warmwassererzeugung wird eine Luft-Wasser-Wärmepumpe eingesetzt, die durch eine Gasbrennwerttherme in Spitzenlastzeiten unterstützt wird. Für das Warmwasser werden in den einzelnen Wohnungen Frischwasserstationen benutzt, dadurch entfallen zusätzliche Zirkulationsleitungen für das Warmwasser (siehe Abb. 6.63 bis 6.71, Tabelle 6.7).

Baudaten

Bauphysik und Statik	Sommer Baustatik GmbH, Erkelenz
Entwurf	Architekten Döring Dahmen Joeressen, Düsseldorf
Planung Haustechnik	Sommer Passivhaus GmbH, Erkelenz
Baujahr	2017
Haustyp	Mehrfamilienhaus
Wohneinheiten	42
Energiebezugsfläche nach PHPP in m^2	2.951
BRI in m^3	12.657
NF nach EnEV in m^2	4.050
Kompaktheit A/V	0,30
Messergebnis Blower-Door-Test in h^{-1}	0,54
Primärenergiekennzahl in $kWh/(m^2 \cdot a)$ (Heizung, Hilfs- und Haushaltsstrom)	109
Primärenergiekennzahl in $kWh/(m^2 \cdot a)$ (Heizung und Hilfsstrom nach NF EnEV)	19,7
Jahresheizwärmebedarf Q_H in $kWh/(m^2 \cdot a)$	15

Versorgungstechnik

Erdkollektoren	nein
Lüftungsanlage mit WRG	Kreuz-Gegenstrom-Plattenwärmetauscher, AEREX Reco-Boxx 5000 ZXR
Heizung	Luft-Wasser-Wärmepumpe als Grundlasterzeuger, Gasbrennwerttherme als Spitzenlasterzeuger
Wasserspeicher	1.500-l-Pufferspeicher
Heizwärmeübergabe	Fußbodenheizung
Brauchwassererwärmung	über Wohnungsstationen

Abb. 6.63: Perspektive (Quelle: Döring Dahmen Joeressen Architekten, Düsseldorf)

Abb. 6.64: Straßenansicht (Quelle: Döring Dahmen Joeressen Architekten, Düsseldorf)

Abb. 6.65: Hofansicht (Quelle: Döring Dahmen Joeressen Architekten, Düsseldorf)

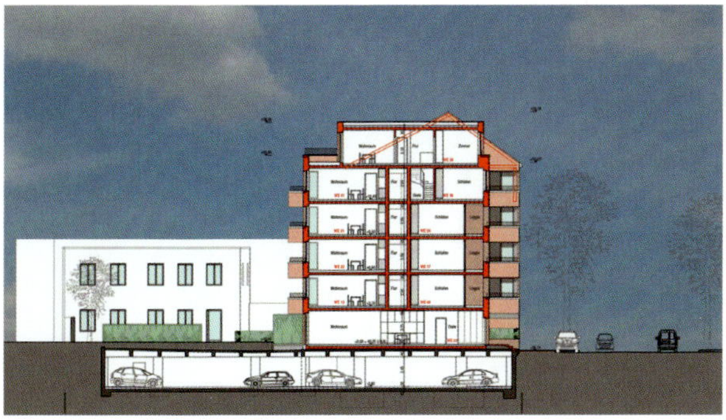

Abb. 6.66: Querschnitt (Quelle: Döring Dahmen Joeressen Architekten, Düsseldorf)

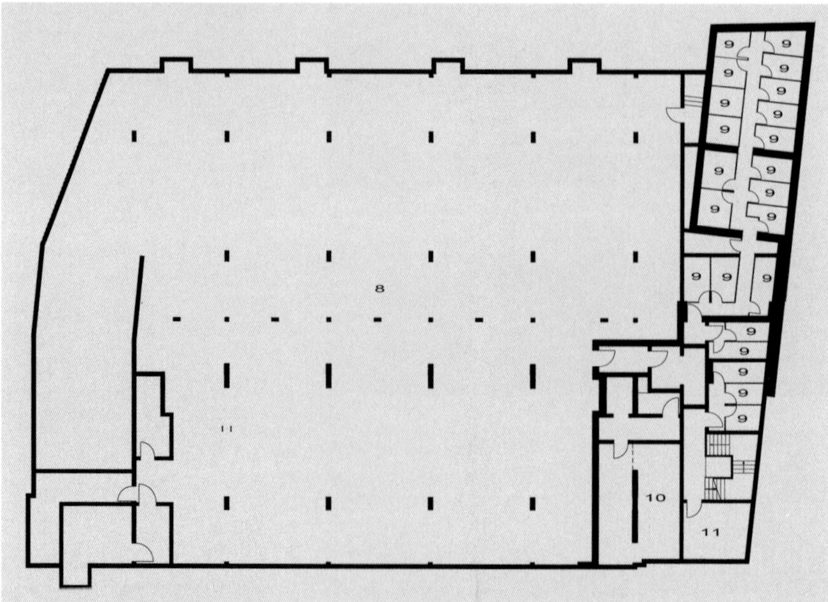

Abb. 6.67: Grundriss KG, Mehrfamilienhaus, Düsseldorf, nach Döring Dahmen Joeressen Architekten, Düsseldorf

8 Tiefgarage
9 Abstellräume
10 Waschkeller
11 Hausanschlussraum

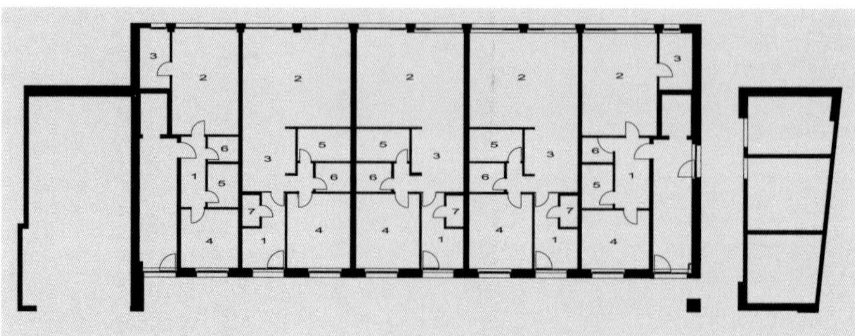

Abb. 6.68: Grundriss EG, Mehrfamilienhaus, Düsseldorf, nach Döring Dahmen Joeressen Architekten, Düsseldorf

1 Flur
2 Wohnraum
3 Küche
4 Schlafzimmer
5 Bad
6 Abstellraum
7 WC

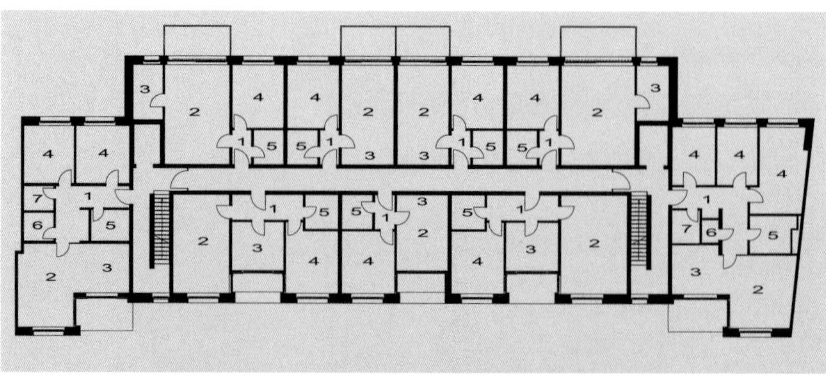

Abb. 6.69: Grundriss erstes bis drittes OG, Mehrfamilienhaus, Düsseldorf, nach Döring Dahmen Joeressen Architekten, Düsseldorf

1 Flur
2 Wohnraum
3 Küche
4 Schlafzimmer
5 Bad
6 Abstellraum
7 WC

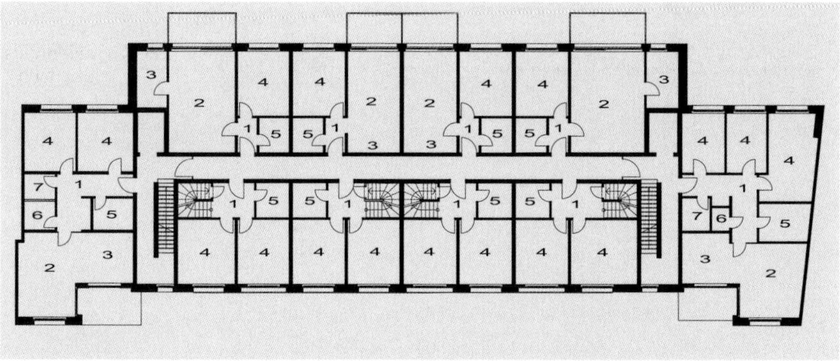

Abb. 6.70: Grundriss viertes OG, Mehrfamilienhaus, Düsseldorf, nach Döring Dahmen Joeressen Architekten, Düsseldorf

1 Flur
2 Wohnraum
3 Küche
4 Schlafzimmer
5 Bad
6 Abstellraum
7 WC

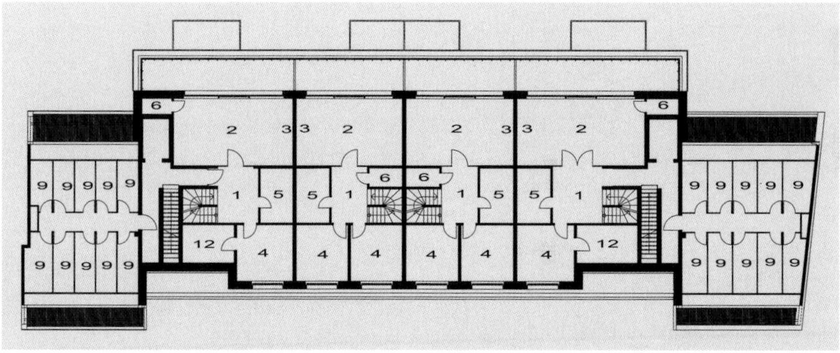

Abb. 6.71: Grundriss fünftes OG, Mehrfamilienhaus, Düsseldorf, nach Döring Dahmen Joeressen Architekten, Düsseldorf

1 Flur
2 Wohnraum
3 Küche
4 Schlafzimmer
5 Bad
6 Abstellraum
7 WC
9 Abstellräume
12 Ankleide

Bauweise

Tabelle 6.7: Konstruktionsaufbau Mehrfamilienhaus, Düsseldorf

Bauteil	Materialschicht	Materialstärke in cm	*U*-Wert in W/(m² · K)
EG-Boden gegen Tiefgarage	Estrich	6,50	
	Trittschalldämmung, WLG 040	3,00	
	Wärmedämmung, WLG 035	36,00	
	Stahlbeton	25,00	
gesamt Boden		**70,50**	**0,088**
Außenwand	Kalksandstein	24,00	
	Wärmedämmung, WLG 034	30,00	
	Riemchen	1,50	
gesamt Außenwand		**55,50**	**0,108**
Flachdach	Stahlbeton	20,00	
	Wärmedämmung, WLG 032	40,00	
gesamt Flachdach		**60,00**	**0,079**
Sparrendach	Gipskarton	1,25	
	Dampfsperre		
	Wärmedämmung, WLG 032	14,00	
	Sparren mit Zwischensparrendämmung, WLG 032	26,00	
	Unterspannbahn		
gesamt Sparrendach		**41,30**	**0,088**
Dachterrasse	Stahlbeton	22,00	
	Gefälledämmung, WLG 024	24,00	
	Abdichtung		
gesamt Dachterrasse		**46,00**	**0,098**
Fenster	Dreifachverglasung		U_f = **1,10** U_w = **0,78** U_g = **0,50** g = **0,50**

6.8 22-Mehrfamilienhaus, Baesweiler

Projekt 6.8 ist ein frei stehendes Mehrfamilienpassivhaus mit behindertengerechten Wohnungen und Tagespflege im Erdgeschoss. Es handelt sich um 2 dreigeschossige Baukörper, einer davon ist unterkellert. Ein Baukörper trägt ein Satteldach, der andere hat ein Flachdach. Die Erschließung der Wohnungen erfolgt über Laubengänge. In den Wohnungen gibt es eine Fußbodentemperierung mit Heiz- und Kühlfunktion. Des Weiteren gehört zur Haustechnik eine zentrale Lüftungsanlage im Keller mit WRG, vorgeschaltetem Sole-EWT und Volumenstromregelung in den Wohnungen. Restwärmeversorgung und Warmwasserbereitung laufen über eine Wärmepumpe mit Tiefenbohrung. Auf dem Dach befindet sich eine groß dimensionierte Solar- und Fotovoltaikanlage (siehe Abb. 6.72 bis 6.80, Tabelle 6.8).

Baudaten

Bauphysik und Statik	Sommer Baustatik GmbH, Erkelenz
Entwurf	Architekturbüro J. + J. Viethen, Erkelenz
Planung Haustechnik	Ingenieurbüro Kunkel, Zwickau
Baujahr	2011
Haustyp	Mehrfamilienhaus
Wohnfläche einschließlich Balkon (zur Hälfte) in m²	1.294,00
Gewerbe/Tagespflege in m²	281,00
NF KG, beheizt in m²	283,50
Ausrichtung	–
Anzahl der Bewohner	22 Appartments
BRI in m³	7.855,46
NF nach EnEV in m²	2.407,50
Kompaktheit *A/V*	0,43
Messergebnis Blower-Door-Test in h^{-1}	
Primärenergiekennzahl in kWh/(m² · a) (Heizung, Hilfs- und Haushaltsstrom)	57,1
Primärenergiekennzahl in kWh/(m² · a) (Heizung und Hilfsstrom nach NF EnEV)	21,5
Jahresheizwärmebedarf Q_H in kWh/(m² · a)	15

Versorgungstechnik

EWT	Luft-Erdreich-Wärmetauscher, Fa. NeTec
Lüftungsanlage mit WRG	Reco-Boxx ZX 3500, Fa. AEREX, nutzergesteuerte Min-Max-Umschaltung über wohnungsweise Volumenstromregler
Wärmepumpe	Wärmepumpe im Technikkeller: Stiebel Eltron
Nachheizung der Zuluft	Erdsonden, über Verteiler angebunden, elektrisches Vorheizregister Puffer für Heizung/Kühlung und Puffer für Warmwasserbereitung
Wasserspeicher	1.500 l
Brauchwassererwärmung	Warmwasserbereitung dezentral über Wohnungsstationen: Frischwasserstationen, Fa. Meibes, optional: thermische Solaranlage
Zusatz- bzw. Notheizung	3 Plattenheizkörper je Wohneinheit
Regenwasserzisterne	nein

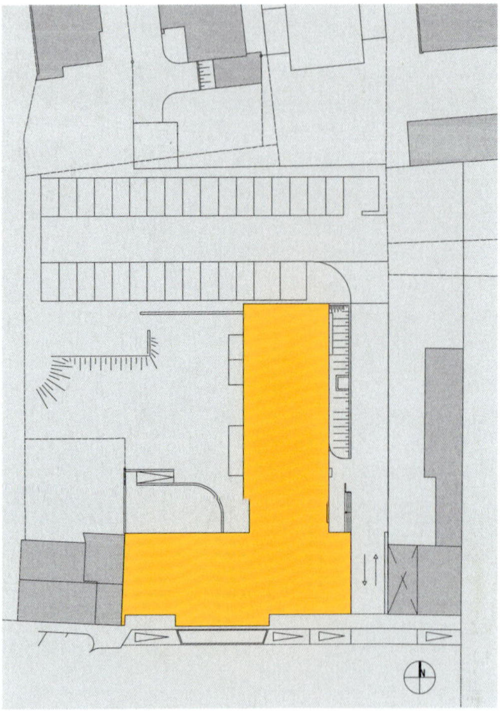

Abb. 6.72: Schematisierter Lageplan 22-Mehrfamilienhaus, Baesweiler, nach Architekturbüro J. + J. Viethen, Erkelenz

Abb. 6.73: Südansicht Straßenfront (Quelle: Architekturbüro J. + J. Viethen, Erkelenz)

Abb. 6.74: Westansicht Gartenseite (Quelle: Architekturbüro J. + J. Viethen, Erkelenz)

Abb. 6.75: Nordansicht Hofseite (Quelle: Architekturbüro J. + J. Viethen, Erkelenz)

Abb. 6.76: Ostansicht Hofseite (Quelle: Architekturbüro J. + J. Viethen, Erkelenz)

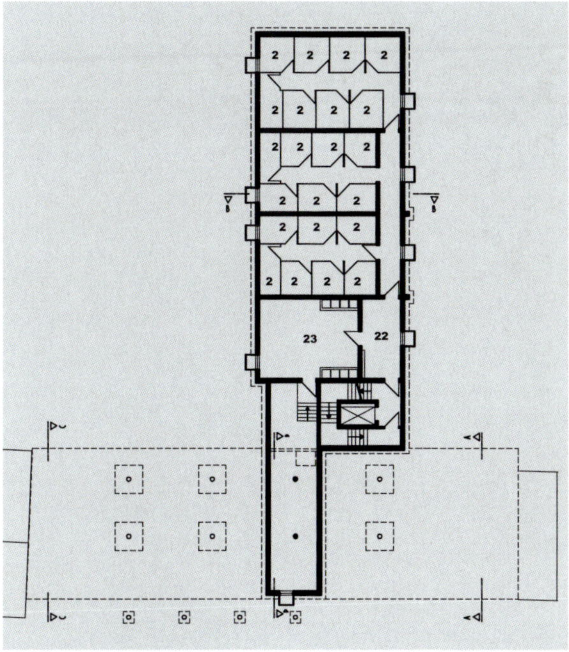

Abb. 6.77: Grundriss KG, 22-Mehrfamilienhaus, Baesweiler (M 1 : 500; nach Architekturbüro J. + J. Viethen, Erkelenz)

2 Abstellraum
22 Geräte
23 Waschen/Trocknen

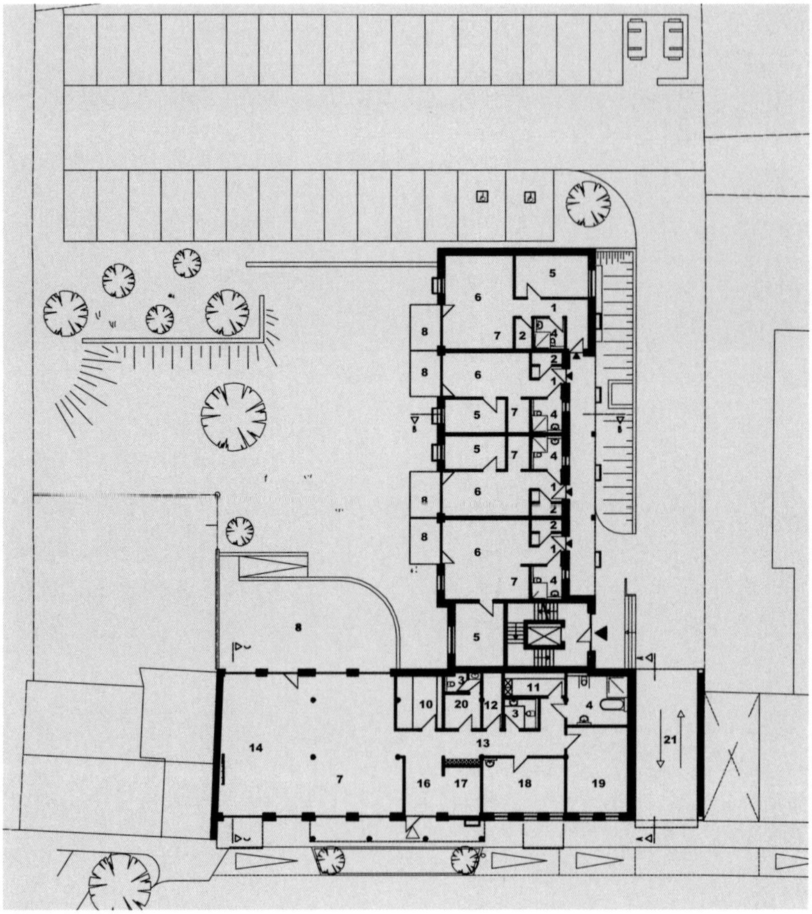

Abb. 6.78: Grundriss EG, 22-Mehrfamilienhaus, Baesweiler (M 1 : 500; nach Architekturbüro J. + J. Viethen, Erkelenz)

1 Diele
2 Abstellraum
3 WC
4 Bad
5 Schlafen
6 Wohnen
7 Küche
8 Terrasse/Balkon
10 Büro
11 Lager
12 Technik
13 Flur
14 Aufenthaltsraum/Gymnastik
16 Foyer/Empfang
17 Garderobe
18 Therapieraum
19 Ruheraum
20 Umkleide/Personal
21 Durchfahrt

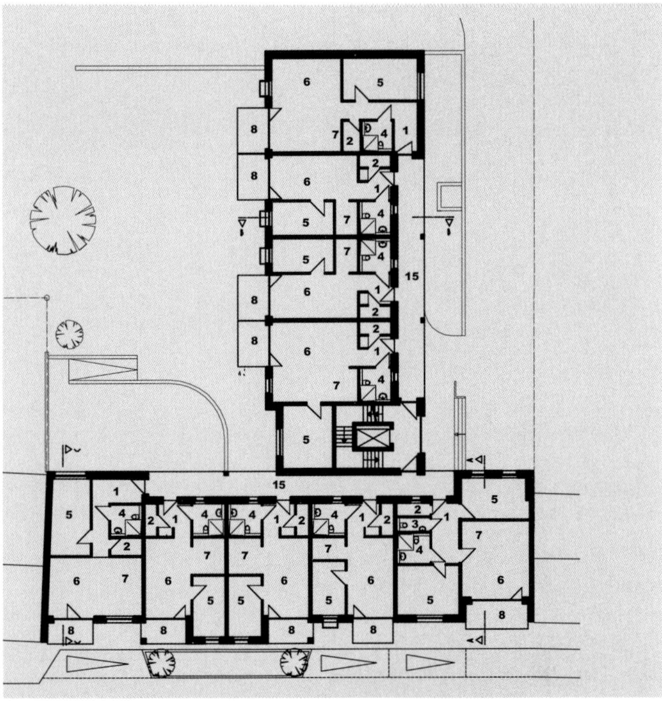

Abb. 6.79: Grundriss erstes OG, 22-Mehrfamilienhaus, Baesweiler (M 1:500; nach Architekturbüro J.+J. Viethen, Erkelenz)

1 Diele
2 Abstellraum
3 WC
4 Bad
5 Schlafen
6 Wohnen
7 Küche
8 Terrasse/Balkon
15 Laubengang

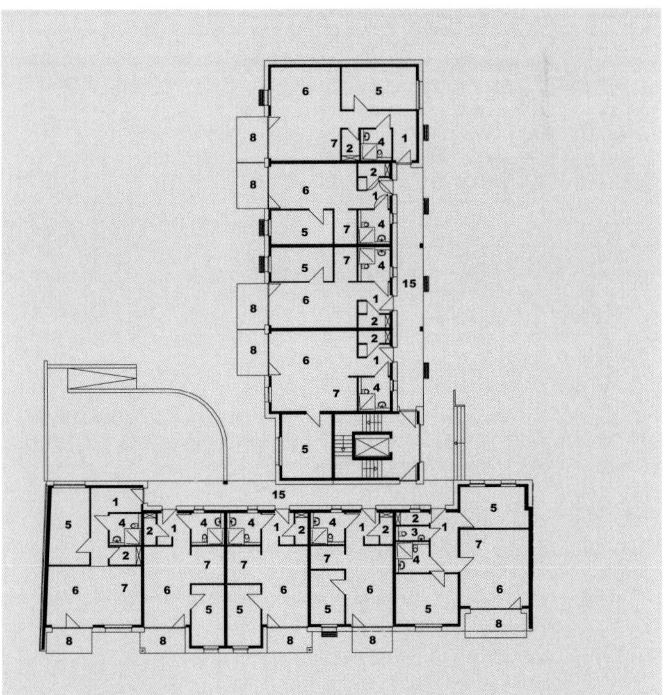

Abb. 6.80: Grundriss zweites OG, 22-Mehrfamilienhaus, Baesweiler (M 1:500; nach Architekturbüro J.+J. Viethen, Erkelenz)

1 Diele
2 Abstellraum
3 WC
4 Bad
5 Schlafen
6 Wohnen
7 Küche
8 Terrasse/Balkon
15 Laubengang

Bauweise

Tabelle 6.8: Konstruktionsaufbau 22-Mehrfamilienhaus, Baesweiler

Bauteil	Materialschicht	Materialstärke in cm	U-Wert in W/(m² · K)
Bodenplatte KG (von oben nach unten)	Fußbodenbelag		
	Estrich		
	Stahlbeton-Bodenplatte	30,00	
	PE-Folie		
	Perimeterdämmung, druckfest, WLG 038	20,00	
	Kies		
gesamt Sohle		**50,00**	**0,179**
Außenwandaufbau 1 KG an Erdreich (von innen)	Innenputz		
	Stahlbetonwände	25,00	
	Perimeterdämmung, druckfest, WLG 035	20,00	
gesamt Außenwand 1		**45,00**	**0,168**
Bodenplatte EG (von oben nach unten)	Belag		
	Estrich		
	Trittschalldämmung, WLG 045	3,00	
	Wärmedämmung, WLG 035	8,00	
	Stahlbeton-Bodenplatte	20,00	
	Perimeterdämmung, druckfest, WLG 038	10,00	
gesamt Bodenplatte EG		**41,00**	**0,171**
Außenwandaufbau 2 EG–zweites OG (von innen)	Innenputz	1,50	
	Kalksandstein	17,50	
	PS-Dämmung, WLG 035	30,00	
	Außenputz	1,50	
gesamt Außenwand 2		**50,50**	**0,112**
Laubengang erstes OG und Gehweg EG (von innen)	Betondecke	20,00	
	Wärme-/Trittschalldämmung, WLG 035	26,00	
	Gehbelag (ohne thermischen Einfluss)		
gesamt Laubengang und Gehweg		**46,00**	**0,129**

Tabelle 6.8 (Fortsetzung): Konstruktionsaufbau 22-Mehrfamilienhaus, Baesweiler

Bauteil	**Materialschicht**	**Materialstärke in cm**	***U*-Wert in W/(m² · K)**
OG Decke gegen Außenluft unten (u. a. Durchfahrt; von innen)	Betondecke	20,00	
	Wärme-/Trittschalldämmung, WLG 035	20,00	
gesamt Decke OG		**40,00**	**0,164**
Flachdach (von innen)	Innenputz		
	Stahlbetondecke	20,00	
	Dämmung, WLG 035	40,00	
	Unterspannbahn		
	Schalung		
	Foliendach		
gesamt Flachdach		**60,00**	**0,085**
Fenster	Typ: Schüco Corona Si 82+ Thermo 8 Dreifachverglasung mit Argonfüllung		U_f = **0,89** $U_{w, eingebaut}$ = **0,73** U_g = **0,60** g = **0,50**

6.9 Mehrfamilienhaus, Wuppertal

Mit 13 Wohneinheiten ist Projekt 6.9 ein funktional-ästhetisches Passivhaus mit höchstem Wohnniveau. Der vielschichtige Baukörper und der gekonnte Umgang mit verschiedenen Materialien bestimmt die markante Fassade. Die besondere Kubatur des Gebäudes wird ihm durch die auskragenden Vordächer und Balkone verliehen. Die Außenwände sind ein schönes Beispiel, wie ein WDVS mit Riemchen verbunden werden kann. Alle Energiestandards wurden berücksichtigt. Die Wohnungen verfügen über eine individuell regulierbare, kontrollierte Be- und Entlüftung mit WRG. Aufgrund des ökologischen Anspruchs verfügt das Gebäude über eine regenerative Energiequelle: Erdwärmesonden liefern Wärme dank einer Fußbodenheizung individuell in jede Wohnung. Solarthermie und Fotovoltaik ergänzen die Energiequellen sinnvoll. Das zertifizierte Passivhaus verfügt über eine ca. 30 cm starke Wärmedämmung im Fassadenbereich und eine spezielle Dreifachverglasung. Es wird 70 % weniger Energie benötigt als bei modernen Gebäuden nach EnEV. Auch das Interieur überzeugt durch hohe Standards – lichtdurchflutete Wohnungen, breite Flure und Böden mit Parkett oder Naturstein. Moderne Schließtechnik funktioniert über programmierbare Chips – ein Schlüssel wird nur noch für die Briefkastenanlage benötigt. Nachhaltigkeit auf allen Ebenen wird auch in der Tiefgarage garantiert: Durch Parkplätze mit entsprechenden Steckdosen für Elektroautos oder E-Bikes haben Mieter langfristig alle Möglichkeiten (siehe Abb. 6.81 bis 6.88, Tabelle 6.9).

Baudaten

Bauphysik und Statik	Sommer Baustatik GmbH, Erkelenz
Entwurf	Dipl.-Ing. Harald Gerlich, Wuppertal
Planung Haustechnik	Sommer Passivhaus GmbH, Erkelenz
Baujahr	2012
Haustyp	Mehrfamilienhaus
Wohneinheiten	13
Energiebezugsfläche nach PHPP in m^2	1.261
BRI in m^3	5.723
NF nach EnEV in m^2	1.831
Kompaktheit A/V	0,45
Messergebnis Blower-Door-Test in h^{-1}	0,47
Primärenergiekennzahl in $kWh/(m^2 \cdot a)$ (Heizung, Hilfs- und Haushaltsstrom)	81
Primärenergiekennzahl in $kWh/(m^2 \cdot a)$ (Heizung und Hilfsstrom nach NF EnEV)	24,8
Jahresheizwärmebedarf Q_H in $kWh/(m^2 \cdot a)$	15

Versorgungstechnik

Erdkollektoren	nein
Lüftungsanlage mit WRG	Kreuz-Gegenstrom-Plattenwärmetauscher, AEREX Reco-Boxx 2000 ZX
Heizung	Sole-Wasser-Wärmepumpe Stiebel Eltron WPF 27
Wasserspeicher	750-l-Pufferspeicher
Heizwärmeübergabe	Fußbodenheizung
Brauchwassererwärmung	bivalent: Solarthermie und Wärmepumpe 1.800-l-Warmwasserspeicher

Abb. 6.81: Rückansicht (Quelle: Björn Ueberholz, Wuppertal)

Abb. 6.82: Straßenansicht (Quelle: Björn Ueberholz, Wuppertal)

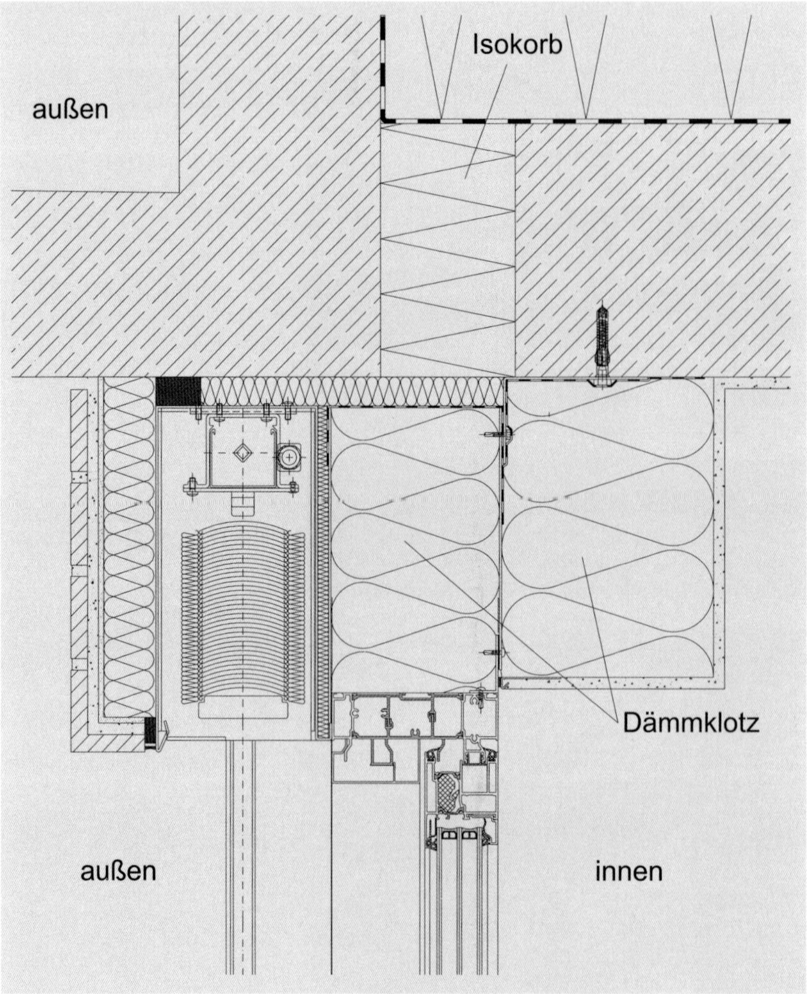

Abb. 6.83: Detail – wärmebrückenfreie Anbringung der Verschattung nach Dipl.-Ing. Harald Gerlich, Wuppertal

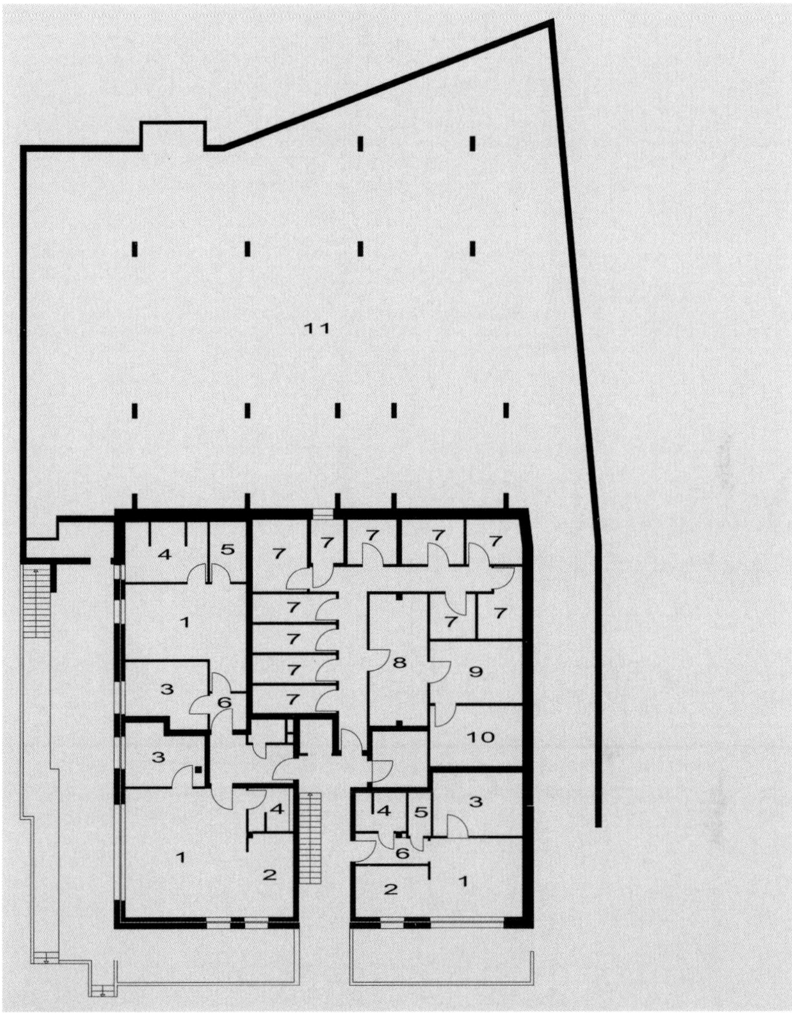

Abb. 6.84: Grundriss KG, Mehrfamilienhaus, Wuppertal, nach Dipl.-Ing. Harald Gerlich, Wuppertal

1 Wohnzimmer
2 Küche
3 Schlafzimmer
4 Bad/WC
5 Abstellraum
6 Flur
7 Kellerräume
8 Waschen/Trocknen
9 Heizung
10 Lüftung
11 Tiefgarage

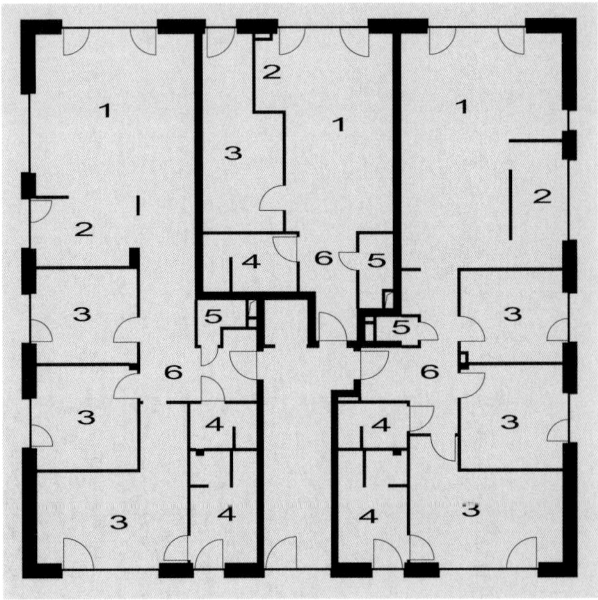

Abb. 6.85:
Grundriss EG, Mehrfamilienhaus, Wuppertal, nach Dipl.-Ing. Harald Gerlich, Wuppertal

1 Wohnzimmer
2 Küche
3 Schlafzimmer
4 Bad/WC
5 Abstellraum
6 Flur

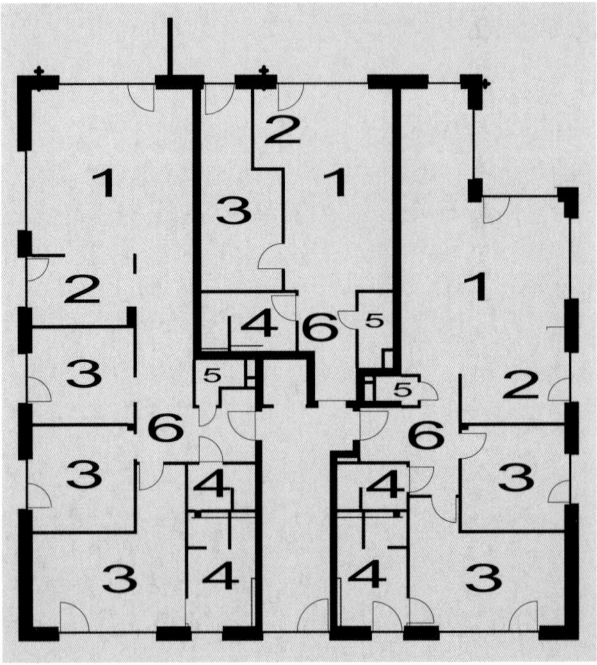

Abb. 6.86:
Grundriss erstes OG, Mehrfamilienhaus, Wuppertal, nach Dipl.-Ing. Harald Gerlich, Wuppertal

1 Wohnzimmer
2 Küche
3 Schlafzimmer
4 Bad/WC
5 Abstellraum
6 Flur

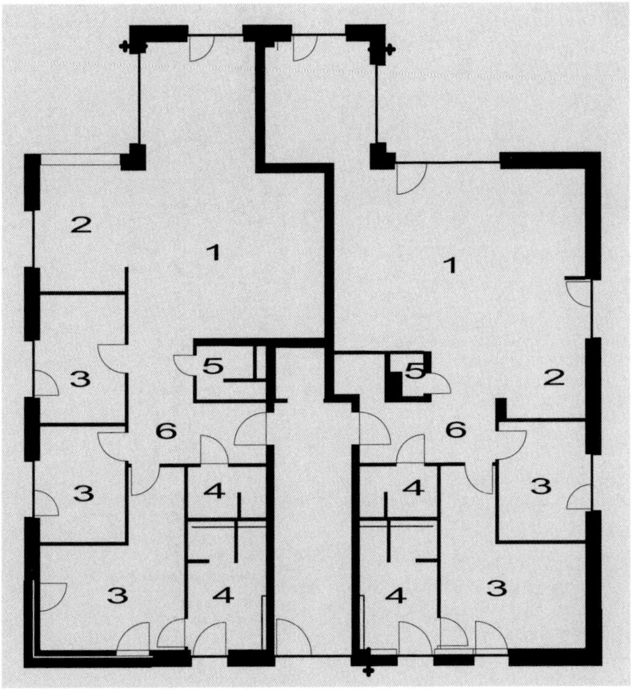

Abb. 6.87:
Grundriss zweites OG, Mehrfamilienhaus, Wuppertal, nach Dipl.-Ing. Harald Gerlich, Wuppertal

1 Wohnzimmer
2 Küche
3 Schlafzimmer
4 Bad/WC
5 Abstellraum
6 Flur

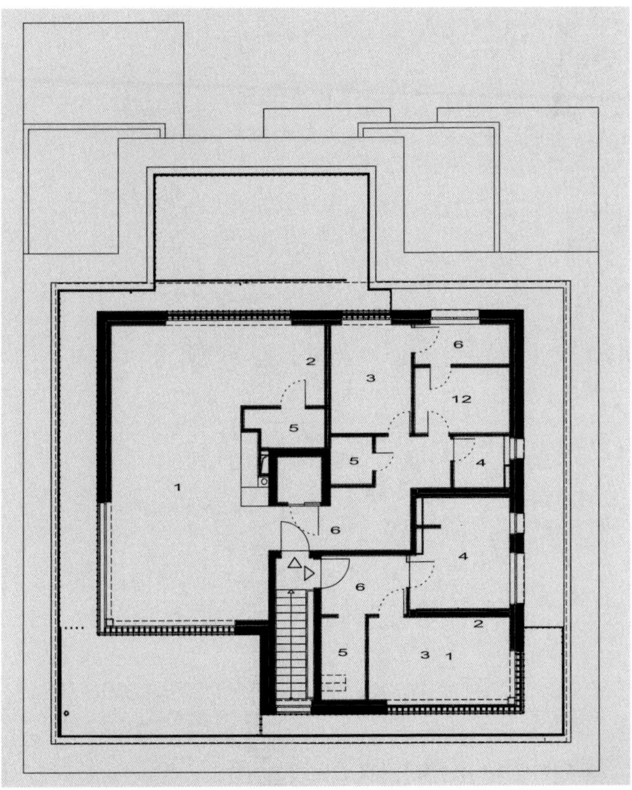

Abb. 6.88:
Grundriss STG, Mehrfamilienhaus, Wuppertal, nach Dipl.-Ing. Harald Gerlich, Wuppertal

1 Wohnzimmer
2 Küche
3 Schlafzimmer
4 Bad/WC
5 Abstellraum
6 Flur
12 Ankleide

Bauweise

Tabelle 6.9: Konstruktionsaufbau Mehrfamilienhaus, Wuppertal

Bauteil	**Materialschicht**	**Materialstärke in cm**	***U*-Wert in W/(m² · K)**
Bodenplatte KG	Wärme- und Trittschalldämmung	20,00	
	Stahlbeton	30,00	
	Styrodur® CS	10,00	
gesamt Decke		**60,00**	**0,115**
Außenwand	Kalksandstein	17,50	
	Wärmedämmung, WLG 035	30,00	
	Riemchen	1,00	
gesamt Außenwand		**48,50**	**0,112**
Außenwand KG	Stahlbeton	20,00	
	Wärmedämmung, WLG 035	30,00	
	Riemchen	4,00	
gesamt Außenwand KG		**54,00**	**0,113**
Flachdach	Stahlbeton	22,00	
	Wärmedämmung, WLG 032	32,00	
gesamt Flachdach		**54,00**	**0,098**
Dachterrasse	Stahlbeton	24,00	
	Gefälledämmung, WLG 024	20,00	
	Abdichtung		
gesamt Dachterrasse		**44,00**	**0,116**
Fenster	Dreifachverglasung		$U_f = 1{,}00$ $U_w = 0{,}78$ $U_g = 0{,}60$ $g = 0{,}50$

6.10 5-Mehrfamilienhaus, Willich-Neersen/Steene Dyk

Projekt 6.10 ist ein individuell geplantes, frei stehendes 5-Parteien-Passivhaus, das nicht unterkellert ist. Der 1½-geschossige Bau hat ein tief gezogenes Satteldach mit Gauben und Dachflächenfenstern sowie Balkone. Jede Wohnung ist mit einer eigenen Haustechnik ausgestattet, die jeweils im Abstellraum der Wohnung untergebracht ist. Heizen, Lüften und Warmwasserbereitung erfolgen über ein Kompaktgerät (siehe Abb. 6.89 bis 6.96, Tabelle 6.10).

Baudaten

Bauherr bzw. Bauträger	BHG Boochs, Schumacher, Mersmann, Willich
Entwurfsplanung	Dipl.-Ing. Manfred Boochs, Willich (†)
Ausführungsplanung	Planungswerkstatt Dipl.-Ing. Gabriele Lambertz, Mönchengladbach
Bauphysik und Statik	Sommer Baustatik GmbH, Erkelenz
Planung Haustechnik	Ing.-Büro Kunkel, Zwickau
weitere Informationen	www.lambertz-planung.de
Baujahr	2010
Haustyp	Mehrfamilienhaus, frei stehend
Wohneinheiten	5, Passivhaus
Bruttobauland in m^2	581
Wohnfläche in m^2	307,67
NF unbeheizt in m^2	20,62
Ausrichtung	West/Südwest
Anzahl der Bewohner/Wohneinheiten	maximal 2
Energiebezugsfläche nach PHPP in m^2	328,29
BRI in m^3	1.272
NF nach EnEV in m^2	407
Kompaktheit A/V	0,59
Messergebnis Blower-Door-Test in h^{-1}	0,6
Primärenergiekennzahl in $kWh/(m^2 \cdot a)$ (Heizung, Hilfs- und Haushaltsstrom)	64,5
Primärenergiekennzahl in $kWh/(m^2 \cdot a)$ (Heizung und Hilfsstrom nach NF EnEV)	29,0
Jahresheizwärmebedarf Q_H in $kWh/(m^2 \cdot a)$	14,5

Versorgungstechnik

EWT	nein
Lüftungsanlage mit WRG	Wärme der Abluft durch passiven Gegenstrom-Wärmetauscher und Wärmepumpe entzogen, gefilterte Frischluft durch Gegenstrom-Wärmetauscher und Wärmepumpe erwärmt (WRG > 90 %)
Nachheizung der Zuluft	elektrisches Nachheizregister
Wasserspeicher	integriert, 180 l
Brauchwassererwärmung	Heizung durch Wärmepumpe/Lüftung, Brauchwasser durch Wärmepumpe
Zusatz- bzw. Notheizung	elektrische Fußbodenheizung in Bad und Teilbereich Wohnen
Regenwasserzisterne	nein

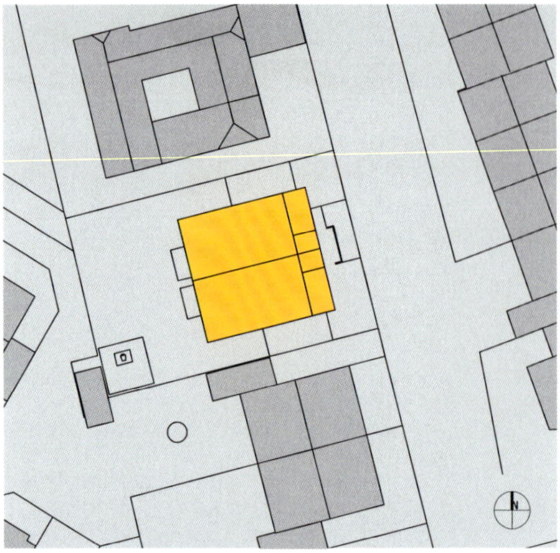

Abb. 6.89: Schematisierter Lageplan 5-Mehrfamilienhaus, Willich-Neersen/ Steene Dyk, nach Planung Manfred Boochs, Ausführung Planungswerkstatt Gabriele Lambertz

Abb. 6.90: Straßenansicht Ost (Quelle: Planung Manfred Boochs, Ausführung Planungswerkstatt Gabriele Lambertz)

Abb. 6.91: Nordöstlicher Blick auf den Rücks Eingangsbereichs (Quelle: Planung Manfred B Ausführung Planungswerkstatt Gabriele Laml

Abb. 6.92: Südöstliche Ansicht des Eingangsbereichs und der Garage (Quelle: Planung Manfred Boochs, Ausführung Planungswerkstatt Gabriele Lambertz)

Abb. 6.93: Westansicht der Rückseite mit au den Balkonen (Quelle: Planung Manfred Booc Ausführung Planungswerkstatt Gabriele Laml

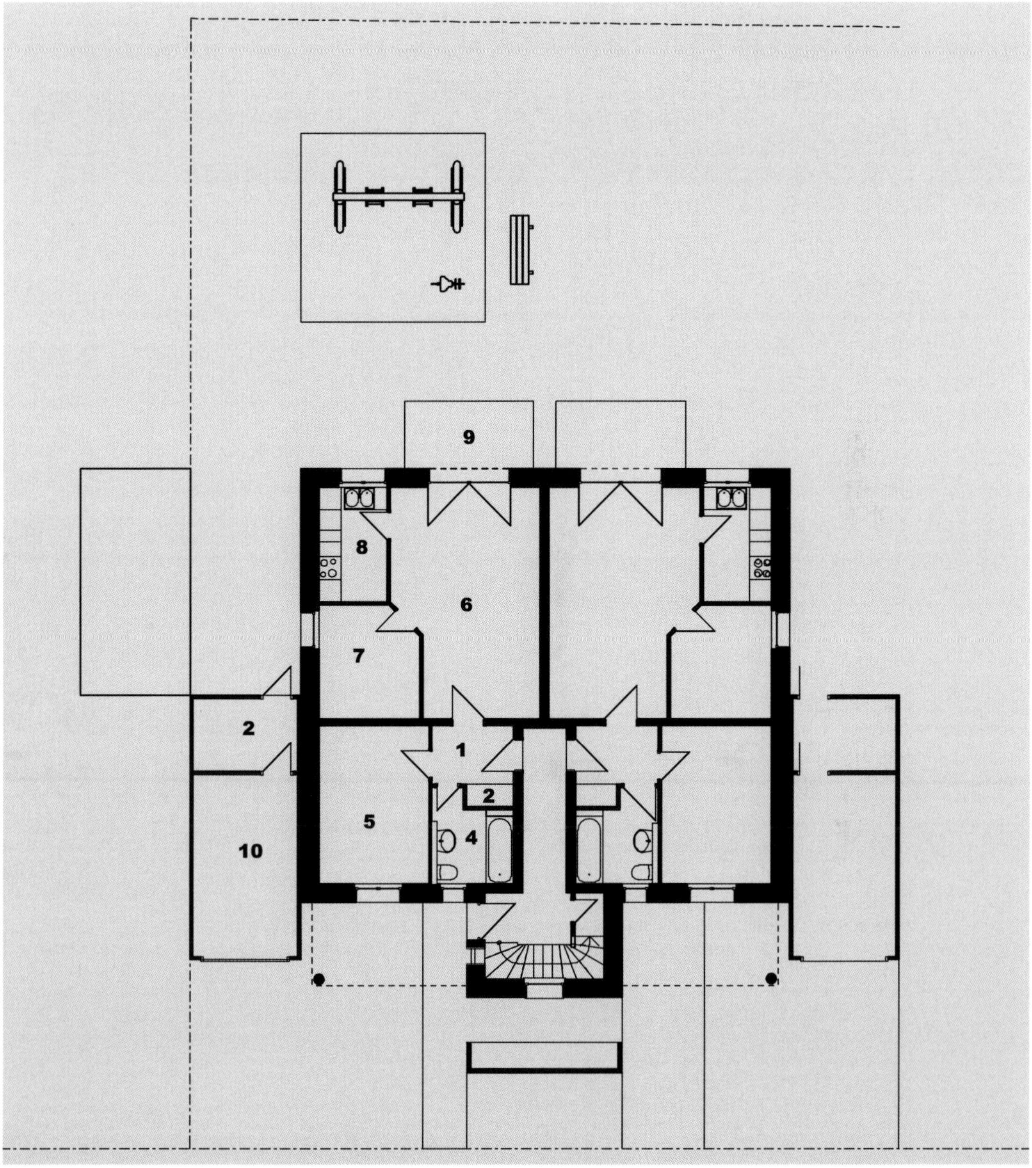

Abb. 6.94: Grundriss EG, 5-Mehrfamilienhaus, Willich-Neersen/Steene Dyk (M 1:200; nach Planung Manfred Boochs, Ausführung Planungswerkstatt Gabriele Lambertz)

1 Diele
2 Abstellraum
4 Bad
5 Schlafen
6 Wohnen
7 Arbeiten
8 Küche
9 Terrasse
10 Garage

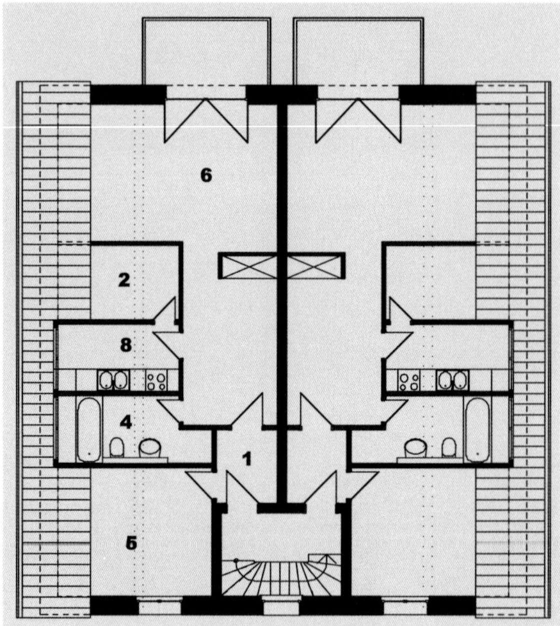

Abb. 6.95: Grundriss OG, 5-Mehrfamilienhaus, Willich-Neersen/Steene Dyk (M 1:200: nach Planung Manfred Boochs, Ausführung Planungswerkstatt Gabriele Lambertz)

1 Diele
2 Abstellraum
4 Bad
5 Schlafen
6 Wohnen
8 Küche

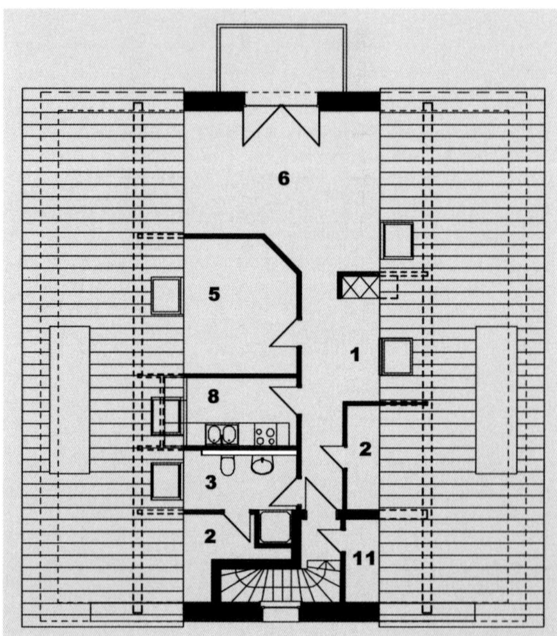

Abb. 6.96: Grundriss DG, 5-Mehrfamilienhaus, Willich-Neersen/Steene Dyk (M 1:200; nach Planung Manfred Boochs, Ausführung Planungswerkstatt Gabriele Lambertz)

1 Diele
2 Abstellraum
3 WC/Dusche
5 Schlafen
6 Wohnen
8 Küche
11 Haustechnik

Bauweise

Tabelle 6.10: Konstruktionsaufbau 5-Mehrfamilienhaus, Willich-Neersen/Steene Dyk

Bauteil	**Materialschicht**	**Materialstärke in cm**	***U*-Wert in W/(m² · K)**
Bodenplatte (von oben nach unten)	Fußbodenbelag	1,50	
	Estrich	9,50	
	Trittschalldämmung	5,00	
	Dämmung, WLG 035	20,00	
	Stahlbeton-Bodenplatte	20,00	
gesamt Sohle		**57,00**	**0,167**
Decke 1 EG gegen Außenluft (von oben nach unten)	Fußbodenbelag	1,50	
	Estrich	5,50	
	Trittschalldämmung	6,00	
	Stahlbetondecke	20,00	
	Dämmung, WLG 035	20,00	
	Außenputz	1,50	
gesamt Decke 1		**54,50**	**0,148**
Außenwandaufbau EG und DG (von innen)	Innenputz	1,50	
	Porenbetonsteine (PPW2)	17,50	
	WDVS	30,00	
	Außenputz	1,50	
gesamt Außenwand		**50,50**	**0,095**
Dachgauben (von innen)	Gipskartonplatten	1,30	
	Konterlattung mit Untersparrendämmung, WLG 035	10,00	
	Dampfsperre	20,00	
	Sparren 8/20 mit Zwischendämmung, WLG 035		
	Unterspannbahn		
	Tragelattung/Konterlattung	1,50	
	Ziegeldeckung		
gesamt Dachgauben		**32,80**	**0,117**

Tabelle 6.10 (Fortsetzung): Konstruktionsaufbau 5-Mehrfamilienhaus, Willich-Neersen/Steene Dyk

Bauteil	**Materialschicht**	**Materialstärke in cm**	***U*-Wert in W/(m² · K)**
Dach (von innen)	Gipskartonplatten	1,30	
	Konterlattung mit zwischengedämmter Installationsebene, WLG 035	6,00	
	Dampfsperre		
	Sparren 8/24 mit Zwischendämmung, WLG 035	24,00	
	Unterspannbahn		
	Lattung mit Aufsparrendämmung, WLG 035	10,00	
	Tragelattung/Konterlattung		
	Ziegeldeckung	1,50	
gesamt Dach		**42,80**	**0,089**
Fenster	Typ: Schüco Corona Si 82+ Thermo 8 Dreifachverglasung mit Argonfüllung		$U_f = 0{,}89$ $U_{w,\,eingebaut} = 0{,}73$ $U_g = 0{,}60$ $g = 0{,}50$

6.11 Sanierung und Umbau mit Passivhauskomponenten, Bretten

Projekt 6.11 in Bretten-Neibsheim entstand 2004 aus dem Umbau einer Scheune des vorletzten Jahrhunderts sowie einem angrenzenden Nachkriegsgebäude zu Wohngebäuden. Letztlich konnte kein Passivhausstandard erreicht werden, da u. a. die Nachbarbebauung die Bestandsgebäude zu sehr verschattet. Mithilfe der eingesetzten Passivhauskomponenten wurde jedoch ein energieeffizientes Wohnhaus mit Loftcharakter geschaffen (siehe Abb. 6.97 bis 6.101, Tabelle 6.11).

Eine besondere Herausforderung bei der Sanierung war die Ausführung einer Innendämmung bei einer direkt an das Nachbargrundstück grenzenden Wand. Hier musste die Dämmung lückenlos an das vorhandene Bruchsteinmauerwerk angeschlossen und fugenlos mit einer Dampfbremse verarbeitet werden. Vor die übrigen Wände wurden von außen vorgefertigte, mit 35 cm Mineralwolle gedämmte Holzelemente gestellt. Dadurch blieb die Bruchsteinwand im Innenraum weiterhin sichtbar. Das Dach wurde komplett neu erstellt. Der Lehmboden der Scheune wurde ausgekoffert, um eine neue Bodenplatte mit unterseitiger Dämmung einbauen zu können.

Baudaten

Entwurf und Planung	oehler faigle archkom, solar architektur, Bretten
Statik	IB Lachenmann, Prof. Dipl.-Ing. G. Lachenmann, Vaihingen/Enz
Haustechnik und Bauphysik	HLS Planung, Dipl.-Ing. Carsten Bisanz, Stuttgart
Baujahr	2004
Haustyp	Einfamilienhaus
Energiebezugsfläche nach PHPP in m^2	188
NF unbeheizt (Scheune) in m^2	61,90
BRI in m^3	913
Ausrichtung	verschattete Lage
Anzahl der Bewohner	4
Messergebnis Blower-Door-Test in h^{-1}	0,50
Primärenergiebedarf in kWh/($m^2 \cdot a$) (nach PHPP inkl. ges. Strombedarf)	97
Primärenergiebedarf in kWh/($m^2 \cdot a$) (Heizung, Lüftung und Warmwasser nach PHPP – bezogen auf EnEV)	41
Jahresheizwärmebedarf Q_H in kWh/($m^2 \cdot a$) (nach PHPP)	36
Baukosten inkl. MwSt. (KG 300 + 400) in €	183.800,00

Versorgungstechnik

EWT	nein
Lüftungsanlage mit WRG	Kreuz-Gegenstrom-Plattenwärmetauscher, Maico aeronorm WS 250 (WRG 92 %)
Nachheizung der Zuluft	k. A.
Wasserspeicher	k. A., 200 l
Brauchwassererwärmung	Warmwasserboiler, Viessmann
Zusatz- bzw. Notheizung	Gasbrennwertkessel, Viessmann
Regenwasserzisterne	nein

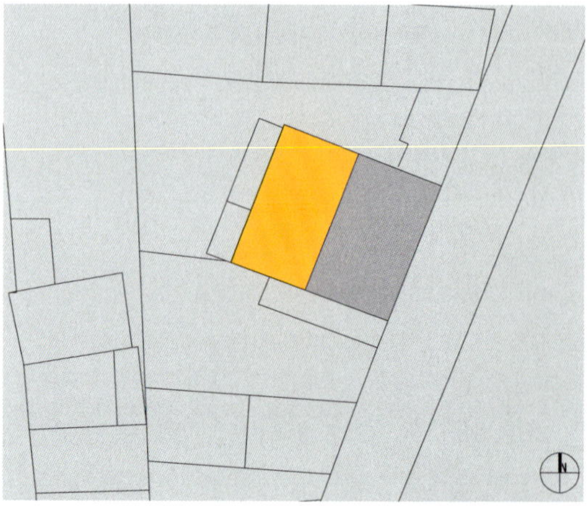

Abb. 6.97: Schematisierter Lageplan Sanierung und Umbau, Bretten, nach oehler faigle archkom

Abb. 6.98: Ansicht Nordwest zeigt den Terrasseneingang aus dem Essbereich (Quelle: oehler faigle archkom).

Abb. 6.99: Einblick in den offen gestalteten Wohn- und Essbereich (Quelle: oehler faigle archkom)

Abb. 6.100: Ehemalige Scheune (Quelle: oehler faigle archkom)

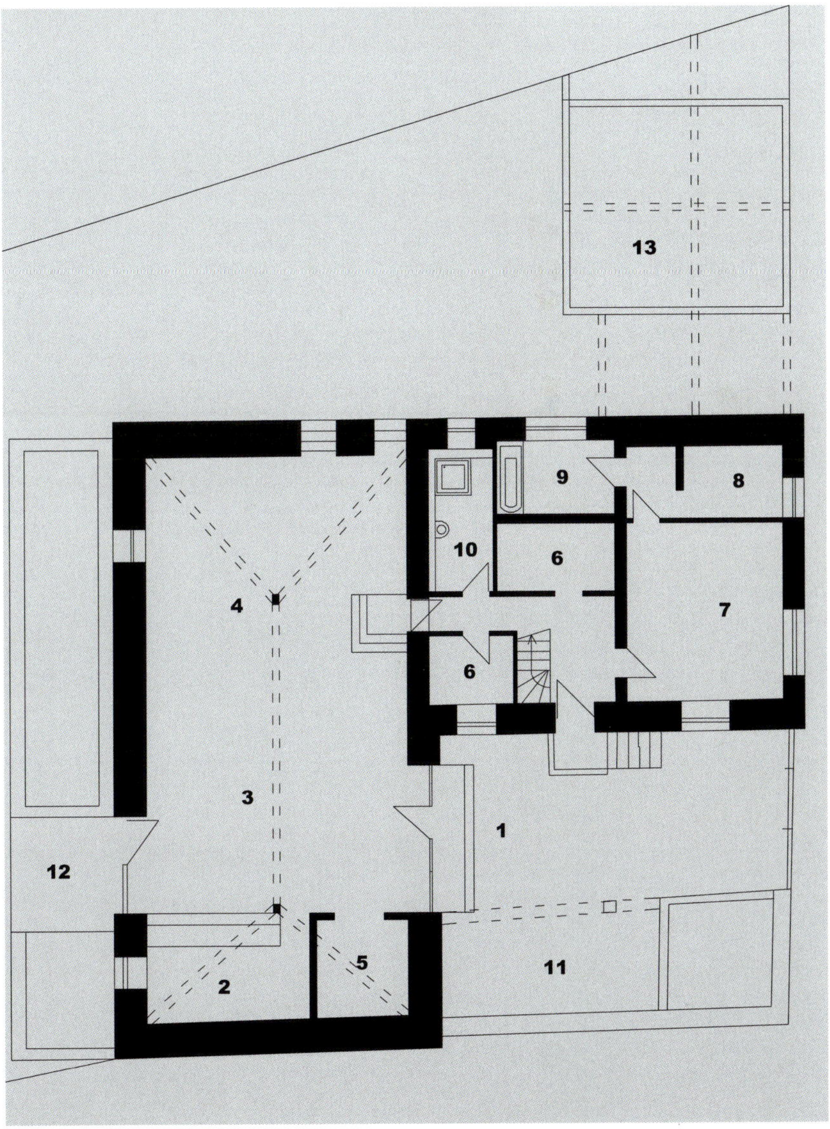

Abb. 6.101: Grundriss EG, Sanierung und Umbau, Bretten (M 1:200; nach oehler faigle archkom)

1 Eingang
2 Küche
3 Essen
4 Wohnen
5 Garderobe
6 Hauswirtschaftsraum/Haustechnik
7 Schlafen
8 Ankleide
9 Bad
10 WC
11 Schuppen
12 Terrasse
13 Garage

Bauweise

Tabelle 6.11: Konstruktionsaufbau Sanierung und Umbau, Bretten

Bauteil	Materialschicht	Materialstärke in cm	*U*-Wert in W/(m² · K)
Boden (von oben nach unten)	Parkett	1,50	
	Estrich	4,50	
	Trittschalldämmung	2,00	
	STB-Platte	20,00	
	XPS-Dämmung unterhalb der Bodenplatte (Dämmschürzen entlang der Fundamente)	24,00	
gesamt Sohle		**52,00**	**0,14**
Außenwand (von innen)	Natursteinmauer	60,00	
	Luftraum	5,00	
	OSB-Platte	1,50	
	Dämmung (Mineralwolle)	26,00	
	DWD-Platte	1,50	
	Holzverschalung	2,50	
gesamt Außenwand		**96,50**	**0,14**
Dach (von innen)	OSB-Platte	1,50	
	Holzstegträger mit Dämmung (Mineralwolle)	35,00	
	DWD-Platte	1,50	
	Lattung/Konterlattung/Lattung	5,00	
	Ziegeldeckung		
gesamt Dach		**43,00**	**0,097**
Fenster	Rahmen mit wärmegedämmten Holz-Aluminium-Profilen, Fa. Wiegand Dreifachverglasung mit Argonfüllung		$U_{w,\,eingebaut} = 0{,}92$ $U_g = 0{,}70$ $g = 0{,}52$

6.12 Wohnheim, Meerbusch

Projekt 6.12 ist ein Wohnheim mit 12 Wohneinheiten auf 2 Etagen. Die einzelnen Wohneinheiten sind als Einzimmerwohnungen mit kleinem Duschbad ausgeführt. Für die jeweils 6 Wohneinheiten einer Etage gibt es je einen großen Gemeinschaftsraum mit Küche. Die Lüftung erfolgt über eine zentrale Lüftungsanlage mit vorgeschaltetem EWT. Die restliche Heizwärme wird über eine Erdwärmepumpe bereitgestellt. Zur Warmwasserbereitung dient neben der Wärmepumpe eine auf dem Dach installierte Solaranlage (siehe Abb. 6.102 bis 6.106, Tabelle 6.12).

Baudaten

Bauphysik und Statik	Sommer Baustatik GmbH, Erkelenz
Entwurf	Dipl.-Ing. Architektin Verena Jansen
Planung Haustechnik	Sommer Passivhaus GmbH, Erkelenz
Baujahr	2013
Haustyp	Wohnheim
Wohneinheiten	12
Energiebezugsfläche nach PHPP in m^2	613
BRI in m^3	2.662
NF nach EnEV in m^2	852
Kompaktheit *A/V*	0,51
Messergebnis Blower-Door-Test in h^{-1}	0,39
Primärenergiekennzahl in kWh/($m^2 \cdot a$) (Heizung, Hilfs- und Haushaltsstrom)	101
Primärenergiekennzahl in kWh/($m^2 \cdot a$) (Heizung und Hilfsstrom nach NF EnEV)	16,9
Jahresheizwärmebedarf Q_H in kWh/($m^2 \cdot a$)	15

Versorgungstechnik

Erdkollektoren	EWT
Lüftungsanlage mit WRG	Kreuz-Gegenstrom-Plattenwärmetauscher, AEREX Reco-Boxx 1200 ZX
Heizung	Sole-Wasser-Wärmepumpe
Wasserspeicher	Pufferspeicher
Heizwärmeübergabe	Fußbodenheizung
Brauchwassererwärmung	bivalent: Solarthermie und Wärmepumpe

Abb. 6.102: Straßen- und Rückansicht

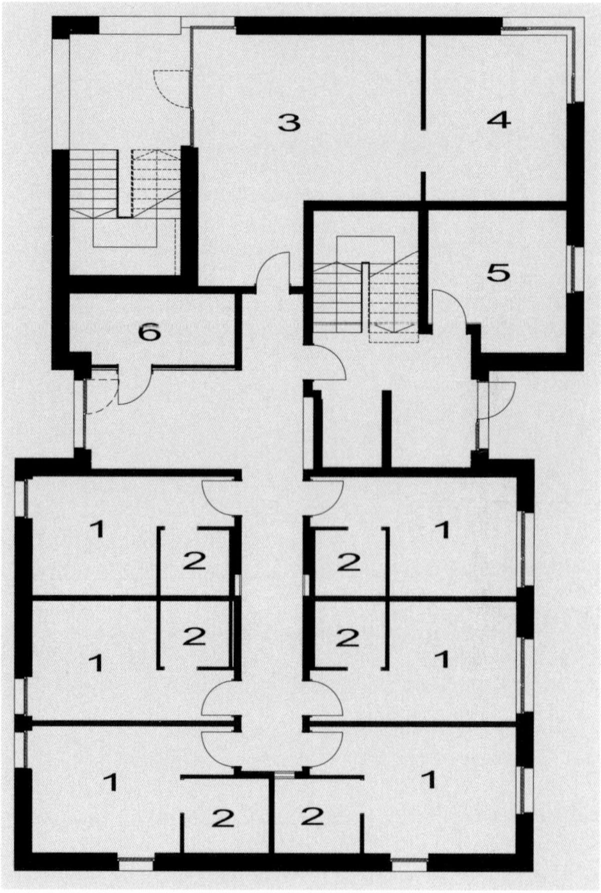

Abb. 6.103: Grundriss EG, Wohnheim, Meerbusch

1 Wohn-/Schlafraum
2 Bad
3 Gemeinschaftsraum
4 Küche
5 Hauswirtschaftsraum
6 Heizungsraum

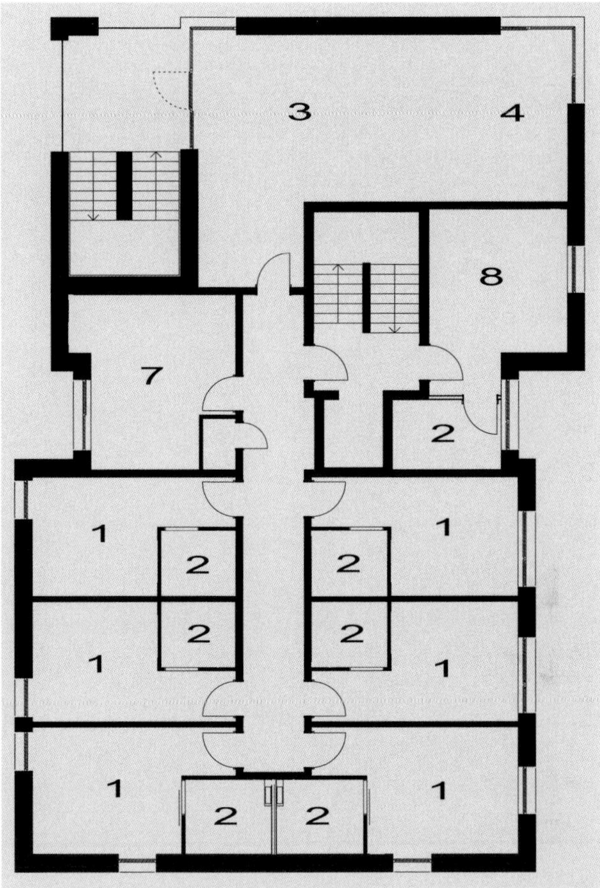

Abb. 6.104: Grundriss OG, Wohnheim, Meerbusch

1 Wohn-/Schlafraum
2 Bad
3 Gemeinschaftsraum
4 Küche
7 Duschbad
8 Mitarbeiterraum

Abb. 6.105: Straßenansicht

Abb. 6.106: Rückansicht

Bauweise

Tabelle 6.12: Konstruktionsaufbau Wohnheim, Meerbusch

Bauteil	Materialschicht	Materialstärke in cm	U-Wert in W/(m² · K)
Bodenplatte Sohle	Trittschalldämmung	3,00	
	Wärmedämmung, WLG 035	20,00	
	Stahlbeton	25,00	
	Styrodur® CS	10,00	
gesamt Sohle		**58,00**	**0,107**
Außenwand	Porenbeton (PPW4)	17,50	
	Wärmedämmung, WLG 032	26,00	
	Außenputz	1,00	
gesamt Außenwand		**44,50**	**0,102**
Sparren	Gipskarton	1,25	
	Dampfsperre	0,20	
	Wärmedämmung, WLG 032	12,00	
	Zwischensparrendämmung, WLG 032	24,00	
	Unterspannbahn	0,20	
gesamt Sparren		**37,65**	**0,098**
Flachdach	Stahlbeton	20,00	
	Wärmedämmung, WLG 035	36,00	
gesamt Flachdach		**56,00**	**0,095**
Decke unterseitig gegen Außenluft	Trittschalldämmung, WLG 040	3,00	
	Wärmedämmung, WLG 035	5,00	
	Stahlbeton	20,00	
	Wärmedämmung, WLG 024	10,00	
gesamt Decke		**38,00**	**0,167**
Fenster	Dreifachverglasung		$U_f = 1{,}20$ $U_w = 0{,}92$ $U_g = 0{,}70$ $g = 0{,}50$

6.13 Geschosswohnungsbau, Frankfurt a. M.

Projekt 6.13 entstand 2006 in Frankfurt a. M. als Wohnkomplex, bestehend aus 5 Baukörpern bzw. 15 Gebäuden mit 149 Wohn- und 4 Gewerbeeinheiten. Die 5 Baukörper im Passivhausstandard stehen, in Massiv- und Leichtbauweise realisiert, über einer natürlich belüfteten und belichteten Tiefgarage mit 156 Pkw-Stellplätzen. Die tragende Grundstruktur setzt sich aus rechteckigen Kammern in Form von 20 cm starken Stahlbetonwänden in Schottenbauweise zusammen. Die Fassade besteht aus kompletten Holzfassadenelementen mit bereits eingebauten Fenstern, die vollständig vorgefertigt angeliefert und mit einem zusätzlichen WDVS verkleidet wurden (siehe Abb. 6.107 bis 6.110, Tabelle 6.13).

Baudaten

Bauherr und Haustechnik	Frankfurter Aufbau AG, Frankfurt a. M.
Projektentwicklung	Urbane Projekte GmbH, Frankfurt a. M.
Architektur und Baumanagement	FAAG TECHNIK GmbH, Frankfurt a. M.
Statik	E+P Engelbach und Partner, Frankfurt a. M.
weitere Informationen	www.energie-projekte.de (Projekt 461) www.passivhausprojekte.de (Projekt 882)
Baujahr	2006
Haustyp	Geschosswohnungsbau
Wohneinheiten	149
Gewerbeeinheiten	4–8
Bruttobauland in m²	10.500
Energiebezugsfläche nach PHPP in m²	14.767
NF in m²	15.170
NF nach EnEV in m²	19.983
BRI in m³	93.573
Kompaktheit *A/V*	0,36
Ausrichtung	Nordsüd/Ostwest
Messergebnis Blower-Door-Test in h^{-1}	0,30
Primärenergiebedarf in kWh/(m² · a) (nach PHPP inkl. ges. Strombedarf)	120
Primärenergiebedarf in kWh/(m² · a) (Heizung, Lüftung und Warmwasser nach PHPP – bezogen auf EnEV)	40
Jahresheizwärmebedarf Q_H in kWh/(m² · a) (nach PHPP)	15

Versorgungstechnik

Die Lüftungszentralen mit Zu- und Abluftanlage und WRG wurden jeweils über den Treppenhäusern angeordnet. Sie versorgen die darunter liegenden Wohnungen durch vertikale Lüftungsschächte. Der Gebäudekomplex verfügt zusätzlich über 3 Heizzentralen mit Gasbrennwerttechnik.

EWT	nein
Lüftungsanlage mit WRG	1 Lüftungszentrale pro Gebäude, Außen-/Fortluft über Dach, Zu-/Abluft über F90-Schächte, je Wohneinheit Abzweige mit Volumenstromreglern und Nachheizregistern; Kreuz-Gegenstrom-Plattenwärmetauscher, LTM Maxi 1.000 (WRG 82,8 %)
Nachheizung der Zuluft	je Wohneinheit 1 Wasser-Luft-Nachheizregister
Wasserspeicher	3 Geräte, Schüco, 1.460 l
Heizung und Brauchwassererwärmung	Pufferspeicher, Hoval
Zusatz- bzw. Notheizung	s. o.
Regenwasserzisterne	nein

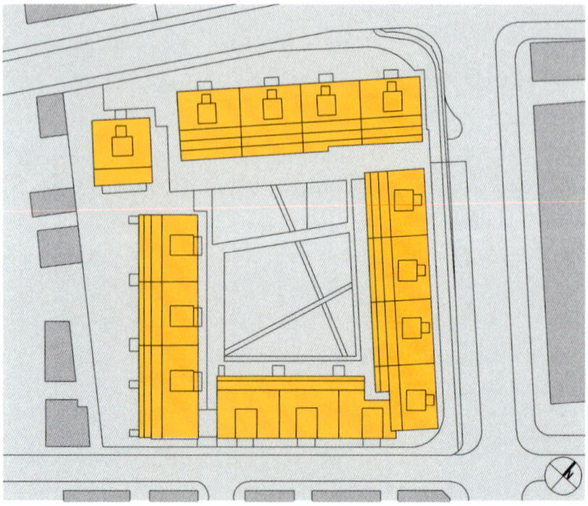

Abb. 6.107: Schematisierter Lageplan Geschosswohnungsbau, Frankfurt a. M., nach FAAG TECHNIK GmbH

Abb. 6.108: Blick in den Innenhof (Quelle: Architektur Computergrafik B. C. Horvath, Frankfurt a. M.)

Abb. 6.109: Montage der Fassade (Quelle: FAAG TECHNIK GmbH)

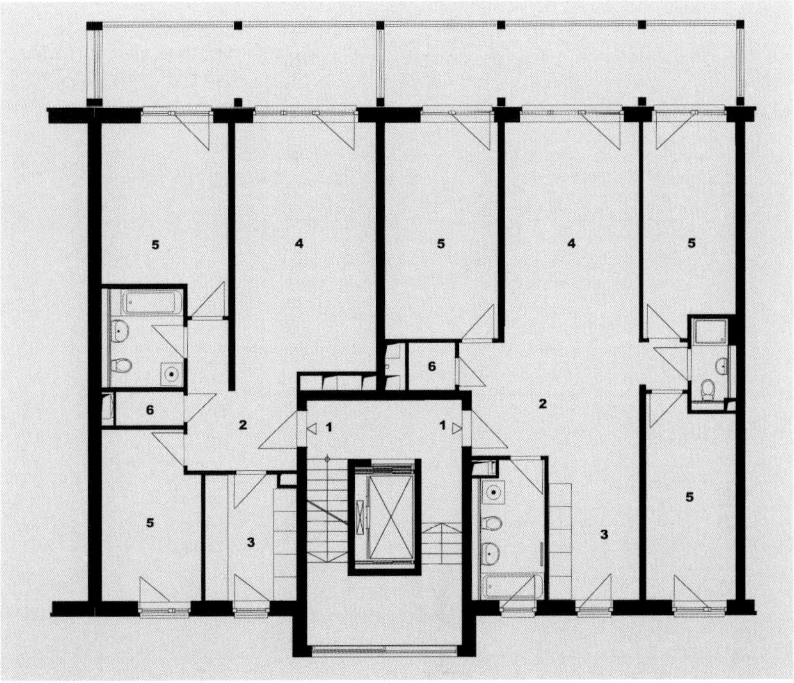

Abb. 6.110: Standardgrundriss, Geschosswohnungsbau, Frankfurt a. M. (M 1:200; nach FAAG TECHNIK GmbH)

1 Eingang
2 Flur
3 Küche
4 Wohnen/Essen
5 Zimmer
6 Abstellraum

Bauweise

Tabelle 6.13: Konstruktionsaufbau Geschosswohnungsbau, Frankfurt a. M.

Bauteil	Materialschicht	Materialstärke in cm	*U*-Wert in W/(m² · K)
Decke Tiefgarage (von oben nach unten)	Belag		
	Estrich		
	Trittschalldämmung		
	Stahlbetondecke	55,00	
	WDVS mit Mineralwolle	40,00	
	Putz	1,00	
gesamt Sohle		**96,00**	**0,10**
Bodenplatte unter Treppenhaus (von oben nach unten)	Stahlbetonplatte	60,00	
	Dämmung (Schaumglasplatten)	12,00	
gesamt Sohle		**72,00**	**0,39**
Außenwand 1, Holzbauwände nicht tragend elementiert (von innen)	Gipsfaserplatten	1,25	
	Folie		
	OSB-Platte	1,50	
	KVH-Ständer mit Mineralwolle	24,00	
	OSB-Platte	1,50	
	WDVS aus EPS	10,00	
	Putz	1,00	
gesamt Außenwand 1		**39,25**	**0,10**
Außenwand 2, Giebelwand tragend (von innen)	Stahlbetonwand	17,00	
	WDVS aus EPS	40,00	
	Putz	1,50	
gesamt Außenwand 2		**58,50**	**0,08**
Außenwand 3, KG Außenluft (von innen)	Porenbetonwand	24,00	
	WDVS aus EPS	20,00	
	Putz	1,50	
gesamt Außenwand 3		**49,50**	**0,11**
Außenwand 4, KG Erdreich (von innen)	Stahlbetonwand	25,00	
	Perimeterdämmung	18,00	
gesamt Außenwand 4		**43,00**	**0,21**

Tabelle 6.13 (Fortsetzung): Konstruktionsaufbau Geschosswohnungsbau, Frankfurt a. M.

Bauteil	**Materialschicht**	**Materialstärke in cm**	***U*-Wert in W/(m² · K)**
Dach 1, Holzbauelemente Staffelgeschoss (von innen)	Gipsfaserplatte	1,25	
	Dämmung (Mineralwolle)	4,00	
	Folie		
	OSB-Platte	1,50	
	BSH-Träger mit Mineralwolle	40,00	
	OSB-Platte	1,50	
	Abdichtung		
	Gründach		
gesamt Dach 1		**48,30**	**0,09**
Dach 2, Flachdach Vollgeschoss (von innen)	Stahlbetondecke	20,00	
	Gefälledämmung	34,00–60,00	
	Abdichtung		
	Dachbegrünung		
gesamt Dach 2		**54,00–80,00**	**0,07**
Dach 3, Flachdach Terrasse (von innen)	Stahlbetondecke	20,00	
	Gefälledämmung	24,00–30,00	
	Abdichtung		
	Terrassenbelag		
gesamt Dach 3		**44,00–50,00**	**0,11**
Fenster	Rahmen mit Kunststoffprofilen und Dämmschale sowie Rahmen mit Holzprofilen, Dämmschale und Aluminium, Fa. Internorm Rahmen mit Holzprofilen und Weichfaserdämmung, Fa. Etter Pfosten-Riegel-Fassade mit wärmegedämmter Holz-Aluminium-Konstruktion, HP 76 Fa. Raico Dreifachverglasung mit Kryptonfüllung		$U_{w,\text{ eingebaut}}$ = **0,85–0,90** U_g = **0,51–0,58** g = **0,46–0,52**

6.14 Studentenwohnheim, Kaldenkirchen

Das Studentenheim Objekt 6.14 ist ein modernes, durch seine geschwungene Bauform luftig-leicht und elegant wirkendes Gebäude. Durch seine Ecklage exponiert, kann sich jede Seite individuell und selbstbewusst präsentieren. Das Design und auch das Passivhauskonzept haben sowohl im Wettbewerb als auch die Anwohner und die Betreiber überzeugt. Das Wohnheim wird in Zusammenarbeit mit der Hochschule Fontys in Venlo betrieben.

Eine große Glasfassade auf der Rückseite in Südrichtung bringt viel Licht und hohe Wärmegewinne. In dem $2^1/_2$-stöckigen Gebäude sind 20 barrierefreie Appartments vorhanden. Eine spätere Verwendung für altersgerechtes Wohnen ist vorausschauend miteinkalkuliert. Lüftung mit WRG und eine Gas-Brennwerttherme in Kombination mit Solarkollektor- und Fotovoltaikanlagen sorgen für einen energiesparenden Betrieb (siehe Abb. 6.111 bis 6.118, Tabelle 6.14).

Baudaten

Entwurf und Projektentwicklung	Dipl.-Ing. Architekt Udo Thelen, Kempen
Architektur	Dipl.-Ing. Architekt Udo Thelen, Kempen
Statik	Sommer Baustatik GmbH, Erkelenz
Bauphysik	Sommer Baustatik GmbH, Erkelenz
Planung Haustechnik	Sommer Baustatik GmbH, Erkelenz, Ingenieurbüro Kunkel, Zwickau
Baujahr	2010/2011
Haustyp	Studentenwohnheim
Wohneinheiten	20
Personenzahl	21
Ausrichtung	
Wohnfläche in m^2	ca. 595,32
Gemeinschaftsfläche in m^2	ca. 34,25
NF unbeheizt in m^2 (inklusive innen liegender Flure)	ca. 420,42
Bruttobauland in m^2	ca. 1.230
Energiebezugsfläche nach PHPP in m^2	850,60
BRI in m^3	2.845,80
NF nach EnEV in m^2	1.198,20
Kompaktheit *A/V*	0,40
Messergebnis Blower-Door-Test in h^{-1}	
Primärenergiekennzahl in $kWh/(m^2 \cdot a)$ (Heizung, Hilfs- und Haushaltsstrom)	65,4
Primärenergiekennzahl in $kWh/(m^2 \cdot a)$ (Heizung und Hilfsstrom nach NF EnEV)	23,3
Jahresheizwärmebedarf Q_H in $kWh/(m^2 \cdot a)$	15

Versorgungstechnik

EWT	nein
Lüftungsanlage mit WRG	AEREX RecoBox 2.000
Nachheizung der Zuluft	über Brennwertgerät (Gas)
Wasserspeicher	ZEEH/350 l Kombispeicher
Frischwasserstation	Fa. Meibis
Brauchwassererwärmung	thermische Solaranlage, bei Bedarf Brennwerttherme
Zusatz- bzw. Notheizung	Fußbodenheizung
Regenwasserzisterne	nein

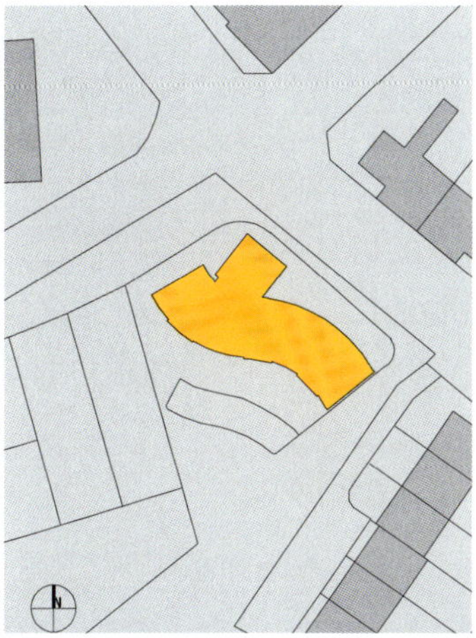

Abb. 6.111: Schematisierter Lageplan Studentenwohnheim, Kaldenkirchen, nach Planung und Bauleitung Dipl.-Ing. Architekt Udo Thelen, Marienburgstr. 26, 47906 Kempen

Abb. 6.112: Nördliche Straßenansicht zum Haupteingangsbereich (Quelle: Planung und Bauleitung Dipl.-Ing. Architekt Udo Thelen, Marienburgstr. 26, 47906 Kempen)

Abb. 6.113: Blick aus Osten zur Straßenfront (Quelle: Planung und Bauleitung Dipl.-Ing. Architekt Udo Thelen, Marienburgstr. 26, 47906 Kempen)

Abb. 6.114: Rückseite des Baukörpers mit großflächiger Verglasung im Südwesten (Quelle: Planung und Bauleitung Dipl.-Ing. Architekt Udo Thelen, Marienburgstr. 26, 47906 Kempen)

Abb. 6.115: Nachtansicht der verglasten Fassadenseite (Quelle: Planung und Bauleitung Dipl.-Ing. Architekt Udo Thelen, Marienburgstr. 26, 47906 Kempen)

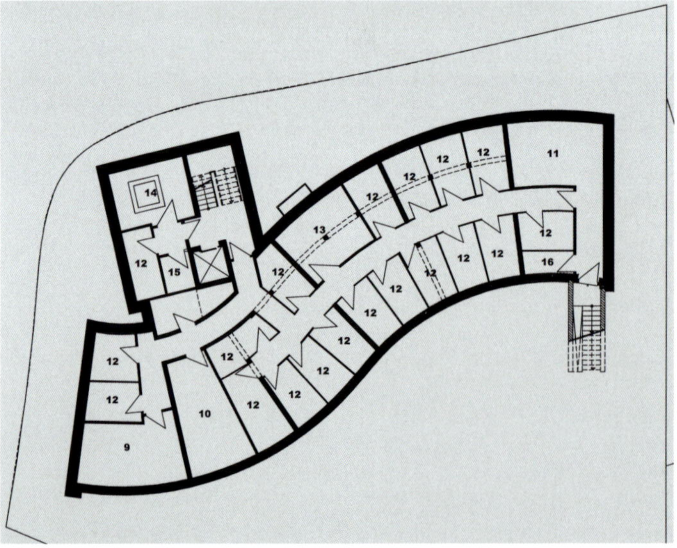

Abb. 6.116: Grundriss KG, Studentenwohnheim, Kaldenkirchen (M 1:400; nach Planung und Bauleitung Dipl.-Ing. Architekt Udo Thelen, Marienburgstr. 26, 47906 Kempen)

9 Waschen/Trocknen
10 Abstellraum
11 Fahrradabstellraum
12 Keller
13 Lüftung
14 Hausanschlussraum
15 Technik
16 Geräte

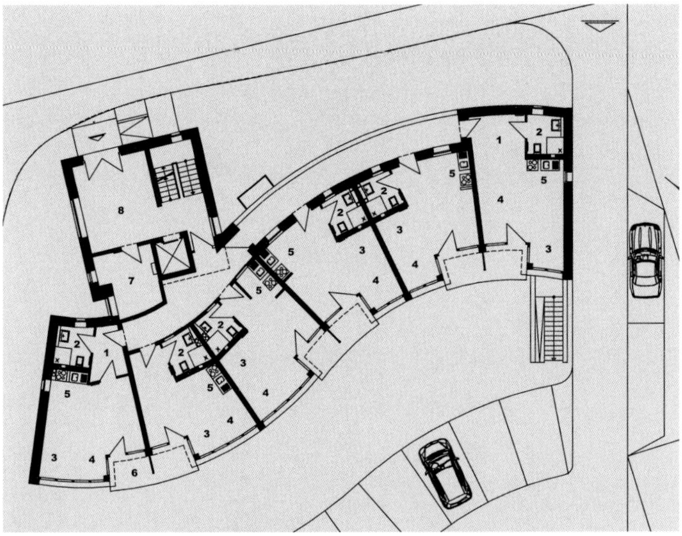

Abb. 6.117: Grundriss EG, Studentenwohnheim, Kaldenkirchen (M 1:400; nach Planung und Bauleitung Dipl.-Ing. Architekt Udo Thelen, Marienburgstr. 26, 47906 Kempen)

1 Diele
2 Bad
3 Schlafen
4 Wohnen
5 Küche
6 Terrasse
7 Büro
8 Foyer

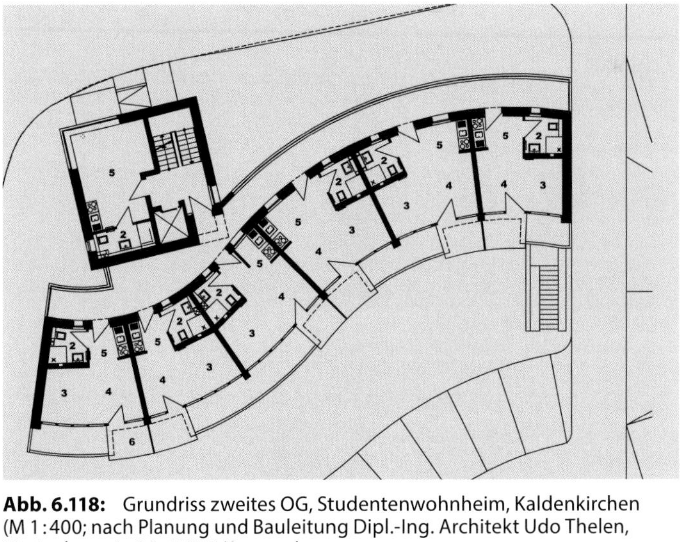

Abb. 6.118: Grundriss zweites OG, Studentenwohnheim, Kaldenkirchen (M 1:400; nach Planung und Bauleitung Dipl.-Ing. Architekt Udo Thelen, Marienburgstr. 26, 47906 Kempen)

2 Bad
3 Schlafen
4 Wohnen
5 Küche
6 Terrasse

Bauweise

Tabelle 6.14: Konstruktionsaufbau Studentenwohnheim, Kaldenkirchen

Bauteil	Materialschicht	Materialstärke in cm	U-Wert in W/(m² · K)
Bodenplatte (von oben nach unten)	Wärmetrittschalldämmung, WLG 035	10,00	
	Stahlbeton-Bodenplatte	30,00	
	PE-Folie		
	Perimeterdämmung, druckfest, WLG 038	10,00	
gesamt Sohle		**50,00**	**0,172**
Außenwandaufbau 1 KG an Erdreich (von innen)	Innenputz		
	Stahlbetonwand	36,50	
	Perimeterdämmung, druckfest, WLG 038	20,00	
gesamt Außenwand 1		**56,50**	**0,166**
Außenwandaufbau 2 EG–OG (von innen)	Innenputz	1,50	
	Kalksandstein	17,50	
	Wärmedämmung, WLG 035	30,00	
	Außenputz	1,50	
gesamt Außenwand 2		**50,50**	**0,112**
Außenwandaufbau 3 Staffelgeschoss (von innen)	Innenputz	1,50	
	Porenbeton (PPW 4)	17,50	
	Wärmedämmung, WLG 035	30,00	
	Außenputz	1,50	
gesamt Außenwand 3		**50,50**	**0,101**
Dachterrasse (von innen)	Stahlbetondecke	20,00	
	Wärmedämmung, WLG 024	20,00	
	Gehbelag (ohne thermischen Einfluss)		
gesamt Dachterrasse		**40,00**	**0,117**
Dach (von innen)	Innenputz		
	Stahlbetondecke	20,00	
	Wärmedämmung, WLG 035	40,00	
	Dachaufbau		
gesamt Dach		**60,00**	**0,086**
Fenster	Typ: Schüco Corona Si 82+ Dreifachverglasung mit Argonfüllung		$U_f = 0{,}89$ $U_{w,\,eingebaut} = 0{,}73$ $U_g = 0{,}60$ $g = 0{,}50$

6.15 Studentenwohnheim „Flux7“, Köln

Projekt 6.15 ist ein frei stehendes Studentenwohnheim nach Passivhausstandard und eines der größten Passivwohnhäuser in Europa. Der Baukörper mit 10.000 m² ist 140 m lang, 20 m breit und besitzt 312 Wohneinheiten. Das Gebäude besteht aus einer Tiefgarage und einem Kellerbereich mit Haustechnik- und Abstellräumen, 4 Geschossen und einem Staffelgeschoss mit Flachdach. Es ist in 7 Bauabschnitten gebaut und in 2011 fertiggestellt worden. Es gibt eine zentrale Lüftungsanlage je Bauabschnitt, Stand über Dach eingehaust. Die Energieversorgung erfolgt über Fernwärmeanschluss mit niedrigem Primärenergiekennwert (Abwärme aus Produktionsprozess), Warmwasserversorgung und Heizung der Wohnungen über Frischwasserstationen. Pro Bauabschnitt ist eine thermische Solar- und Fotovoltaikanlage vorhanden (siehe Abb. 6.119 bis 6.127, Tabelle 6.15).

Baudaten

Bauherr bzw. Bauträger	IBC Innovative Bau Concepte GmbH, Hürth
Entwurf und Projektentwicklung	Frank Görres + Partner Architekten, Köln
Architektur	Frank Görres + Partner Architekten, Köln
Statik	Sommer Baustatik GmbH, Erkelenz
Bauphysik	Sommer Baustatik GmbH, Erkelenz
Planung Haustechnik	Sommer Baustatik GmbH, Erkelenz, Ingenieurbüro Kunkel, Zwickau
Baujahr	2011
Haustyp	Studentenwohnheim
Wohneinheiten	312
Ausrichtung	Nordwest/Südost
Wohnfläche in m²	10.050
NF unbeheizt in m²	2.730
Bruttobauland in m²	8.180
Energiebezugsfläche nach PHPP in m²	10.928,61
BRI in m³	33.986,40
NF nach EnEV in m²	13.588,40
Kompaktheit *A/V*	0,26
Messergebnis Blower-Door-Test in h^{-1}	
Primärenergiekennzahl in kWh/(m² · a) (Heizung, Hilfs- und Haushaltsstrom)	73,8
Primärenergiekennzahl in kWh/(m² · a) (Heizung und Hilfsstrom nach NF EnEV)	24,8
Jahresheizwärmebedarf Q_H in kWh/(m² · a)	13

Versorgungstechnik

EWT	nein
Lüftungsanlage mit WRG	Lüftungsgerät: AEREX Reco-Boxx 3.500 ZX
Nachheizung der Zuluft	Vorheizregister
Wasserspeicher	Pufferspeicher im UG
Brauchwassererwärmung	Fernwärmeübergabestation mit Pufferspeicher im Keller für Heizung und Warmwasser optional: Solaranlage 40 m² zur regenerativen Wärmeerzeugung
Zusatz- bzw. Notheizung	je Wohnung 1 Wohnungsstation für Anschluss Heizkörper und Wasserbereitung mit Plattenwärmetauscher, Fernwärme und Heizkörper in Wohnräumen und Bad
Regenwasserzisterne	nein

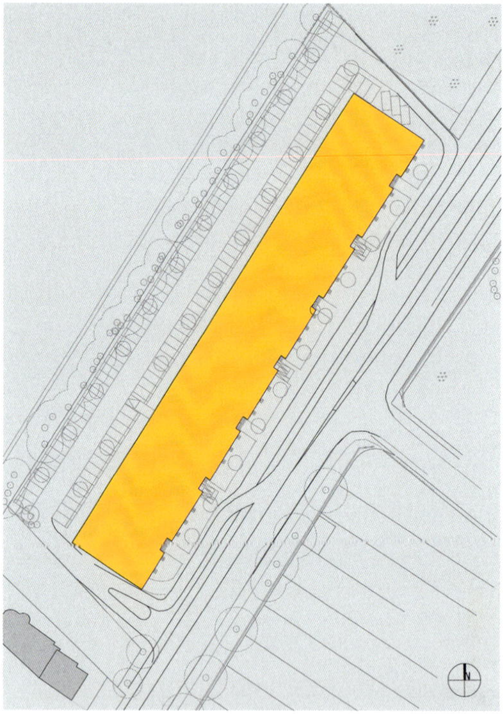

Abb. 6.119: Schematisierter Lageplan Studentenwohnheim, Köln, nach Frank Görres + Partner Architekten, Köln

Abb. 6.120: Südöstliche Straßenansicht mit Eingangsbereich und Zufahrt zur Tiefgarage (Quelle: Frank Görres + Partner Architekten, Köln)

Abb. 6.121: Nordwestliche Rückansicht mit vorgelagertem Parkbereich (Quelle: Frank Görres + Partner Architekten, Köln)

Abb. 6.122: Nordöstliche Seitenansicht (Quelle: Frank Görres + Partner Architekten, Köln)

Abb. 6.123: Südwestliche Seitenansicht (Quelle: Frank Görres + Partner Architekten, Köln)

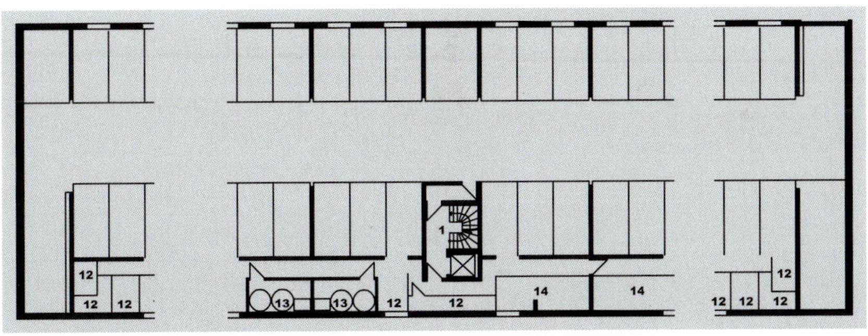

Abb. 6.124: Grundriss KG, Studentenwohnheim, Köln (M 1:500; nach Frank Görres + Partner Architekten, Köln)

1 Treppenhaus
12 Keller
13 Hausanschlussraum/Fernwärme
14 Fahrradkeller

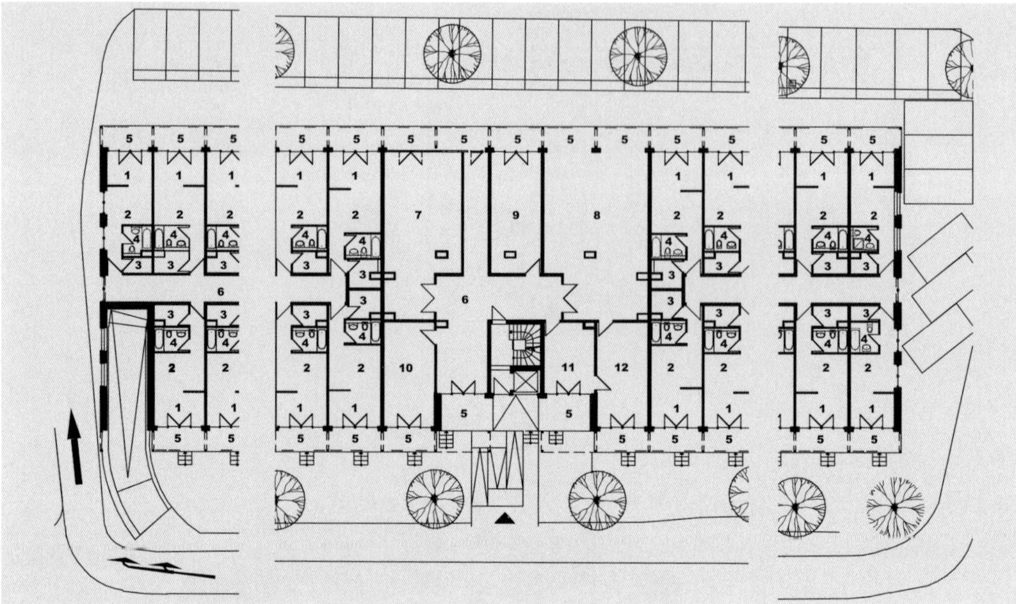

Abb. 6.125: Grundriss EG, Studentenwohnheim, Köln (M 1 : 500; nach Frank Görres + Partner Architekten, Köln)

1 Wohnen/Schlafen
2 Kochen
3 Abstellraum
4 Bad/Sanitär
5 Terrasse
6 Flur
7 Aufenthaltsraum
8 Internet/Medien
9 Fahrradwerkstatt
10 Waschsalon
11 Kiosk/Bistro
12 Gästeraum

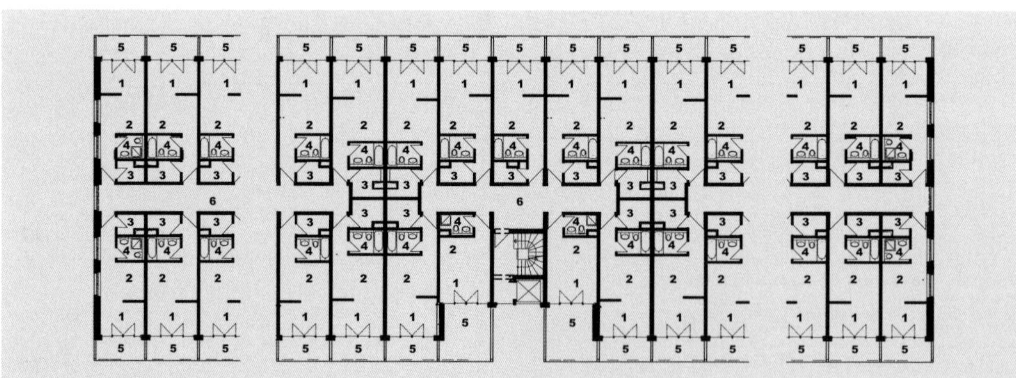

Abb. 6.126: Grundriss Obergeschosse, Studentenwohnheim, Köln (M 1 : 500; nach Frank Görres + Partner Architekten, Köln)

1 Wohnen/Schlafen
2 Kochen
3 Abstellraum
4 Bad/Sanitär
5 Terrasse
6 Flur

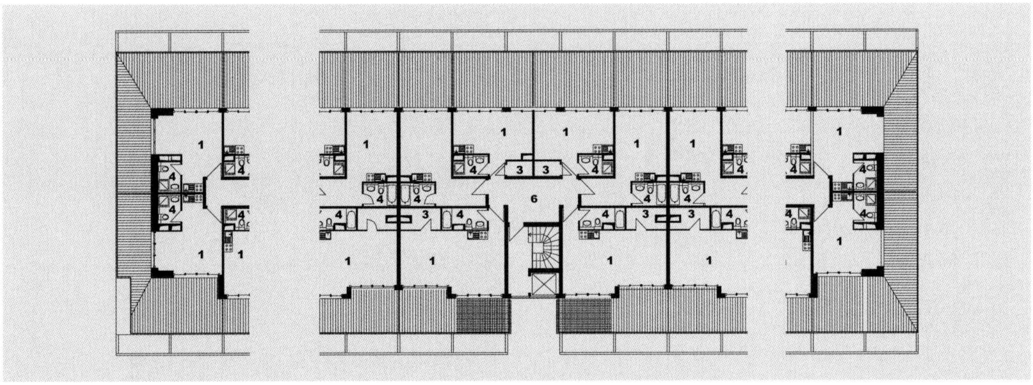

Abb. 6.127: Grundriss STG, Studentenwohnheim, Köln (M 1 : 500; nach Frank Görres + Partner Architekten, Köln)

1 Wohnen/Schlafen
2 Kochen
3 Abstellraum
4 Bad/Sanitär

Bauweise

Tabelle 6.15: Konstruktionsaufbau Studentenwohnheim, Köln

Bauteil	**Materialschicht**	**Materialstärke in cm**	***U*-Wert in W/(m² · K)**
Bodenplatte 1 Kellerbereich (von oben nach unten)	Anstrich	0,10	
	Zementestrich mit Trennlage	5,00	
	Wärmedämmung, WLG 035	10,00	
	Stahlbeton-Bodenplatte	35,00	
	PE-Folie		
	Perimeterdämmung, druckfest, WLG 038	10,00	
gesamt Sohle 1		**55,00**	**0,172**
Außenwandaufbau 1 KG gegen Erdreich (von innen)	Stahlbetonwand	30,00	
	Perimeterdämmung, druckfest, WLG 035	20,00	
gesamt Außenwand 1		**50,00**	**0,167**
Tiefgaragendecke (von innen)	Estrich		
	Wärme- und Trittschalldämmung	10,00	
	Stahlbetondecke	25,00	
	Dämmung (Tektalan), WLG 044	20,00	
gesamt TG Decke		**55,00**	**0,129**

Tabelle 6.15 (Fortsetzung): Konstruktionsaufbau Studentenwohnheim, Köln

Bauteil	Materialschicht	Materialstärke in cm	*U*-Wert in W/(m² · K)
KG-Decke gegen Außenluft oben (Eingangsbereich)	Stahlbetondecke	25,00	
	Wärmedämmung (PS), WLG 035	20,00	
	Gehbelag (ohne thermischen Einfluss)		
gesamt KG Decke		**45,00**	**0,167**
KG Wand zur Tiefgarage (von innen)	Kalksandstein	24,00	
	Dämmung (Tektalan), WLG 044	20,00	
gesamt KG Wand		**44,00**	**0,203**
Außenwandaufbau 2 EG + Obergeschosse (von innen)	Innenputz	1,50	
	Mauerwerk (Kalksandstein)	17,50	
	Wärmedämmung, WLG 035	30,00	
	Außenputz	1,00	
gesamt Außenwand 2		**50,00**	**0,112**
Dach 1 Hauptgebäude (von innen)	Holzschalung ohne Gipskartondecke		
	Lattung für GK-Decke mit Untersparrendämmung, WLG 035	6,00	
	Wind- und Dampfsperre	0,20	
	Sparren 6/20 mit Zwischensparrendämmung, WLG 035	20,00	
	Lattung mit Aufsparrendämmung, WLG 035	10,00	
	Dachschalung	2,50	
	Foliendach mit Dampfdruckausgleichsschicht, Gefälleschicht nicht brennbar		
gesamt Dach 1		**38,70**	**0,097**
Dach 2 Dachterrasse (von innen)	Betondecke	22,00	
	Dampfsperre und Dampfdruckausgleich	0,20	
	Wärme- und Trittschalldämmung, WLG 035 in Gefälle 2 %	20,00	
	Foliendach mit Dampfdruckausgleichsschicht	1,00	
	Lattung auf Schutzmatte	6,00	
	Beplankung Bankirai	2,40	
gesamt Dach 2		**51,60**	**0,167**
Fenster	Typ: Passivhaus-Kunststofffenster mit passivhaustauglichen Rahmenprofilen Dreifach-Wärmeschutzverglasung		$U_f = 1{,}00$ $U_{w,\,eingebaut} = 0{,}85$ $U_g = 0{,}60$ $g = 0{,}50$

6.16 Grundschule, Frankfurt a. M.

Projekt 6.16 wurde 2004 im Passivhausstandard zur Nutzung als Grundschule mit Kindertagesstätte und Turnhalle fertiggestellt. Die Abwärme von 25 Schülern und einem Lehrer reicht aus, um die Klassenräume auch im Winter warm zu halten. Bei neutraler Betrachtung der Gesamtkosten dieser Schule gegenüber einer Schule nach Frankfurter Standard (Berechnungszeitraum 40 Jahre) reduziert die Ausführung im Passivhausstandard die Betriebskosten (siehe Abb. 6.128 bis 6.134, Tabelle 6.16).

Baudaten

Entwurf	4a Architekten GmbH, Stuttgart
Statik	DBT Ingenieursozietät Deutsch-Buckert-Thomas, Frankfurt a. M.
Haustechnik	ICRZ, Hochbauamt Stadt Frankfurt, Ingenieurbüro Rösch, SHL Planungsbüro
Baujahr	2004
Haustyp	Grundschule und Turnhalle (16 Klassen mit ca. 400 Schülern), Kindertagesstätte (5 Gruppen mit jeweils 25 Kindern)
Bruttogeschossfläche in m²	8.785
Energiebezugsfläche nach PHPP in m²	7.670
NF nach EnEV in m²	7.670
BRI in m³	41.000
Kompaktheit *A/V* (mit 6.300 m² Turnhalle)	0,35
Messergebnis Blower-Door-Test in h^{-1}	0,46
Primärenergiebedarf in kWh/(m² · a) (nach PHPP inkl. ges. Strombedarf)	59
Primärenergiebedarf in kWh/(m² · a) (Heizung, Lüftung und Warmwasser nach PHPP – bezogen auf EnEV)	14
Jahresheizwärmebedarf Q_H in kWh/(m² · a) (nach PHPP)	15
Baukosten inkl. MwSt. (KG 300 + 400) in €/m² NF	1.288

Versorgungstechnik

Beheizt werden die 8.785 m² Bruttogeschossfläche der Schule durch 2 vollautomatische Holzpelletkessel. In jedem Klassenraum ist nur ein Heizkörper erforderlich. Die Frischluftzufuhr erfolgt über insgesamt 6 Lüftungsanlagen mit WRG. Zusätzlich wurde auf dem Dach der Schule eine Fotovoltaikanlage installiert.

EWT	nein
Lüftungsanlage mit WRG	unterschiedliche Gerätetypen in 3 Lüftungszentralen, Menerga (WRG 65 %)
Nachheizung der Zuluft	Radiatoren in den Klassenzimmern
Wasserspeicher	4 m² Warmwasserspeicher
Heizung und Brauchwassererwärmung	2 vollautomatische Holzpelletkessel (60 kW) mit Schneckenzuführung und Pelletspeicher, zentrale Warmwasserbereitung, direkt-elektrische Warmwasserbereitung bei Zapfstellen mit einer Entfernung > 30 m Fotovoltaikanlage (8 kW, Endausbau 45 kW), 225 m² Kollektorfläche
Regenwasserzisterne	nein

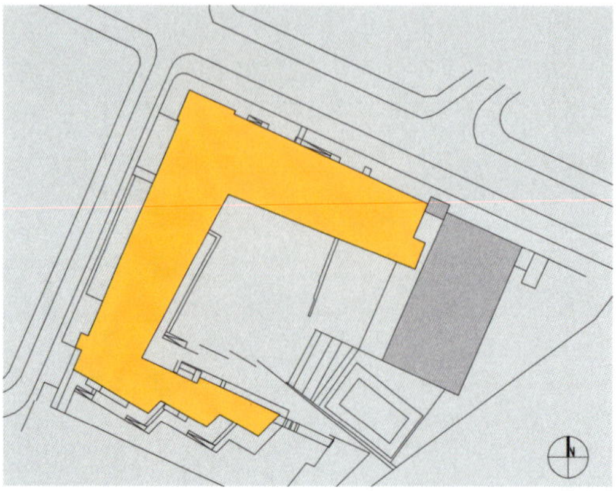

Abb. 6.128: Schematisierter Lageplan Grundschule, Frankfurt a. M., nach 4a Architekten

Abb. 6.129: Haupteingangsbereich der Schule im Nordwesten (Quelle: A. v. Salmuth, 4a Architekten)

Abb. 6.130: Blick in den Innenhof (Quelle: Christian Kandzia)

Abb. 6.131: Eingangsbereich (Quelle: Christian Kandzia)

Abb. 6.132: Treppenbereich (Quelle: Christian Kandzia)

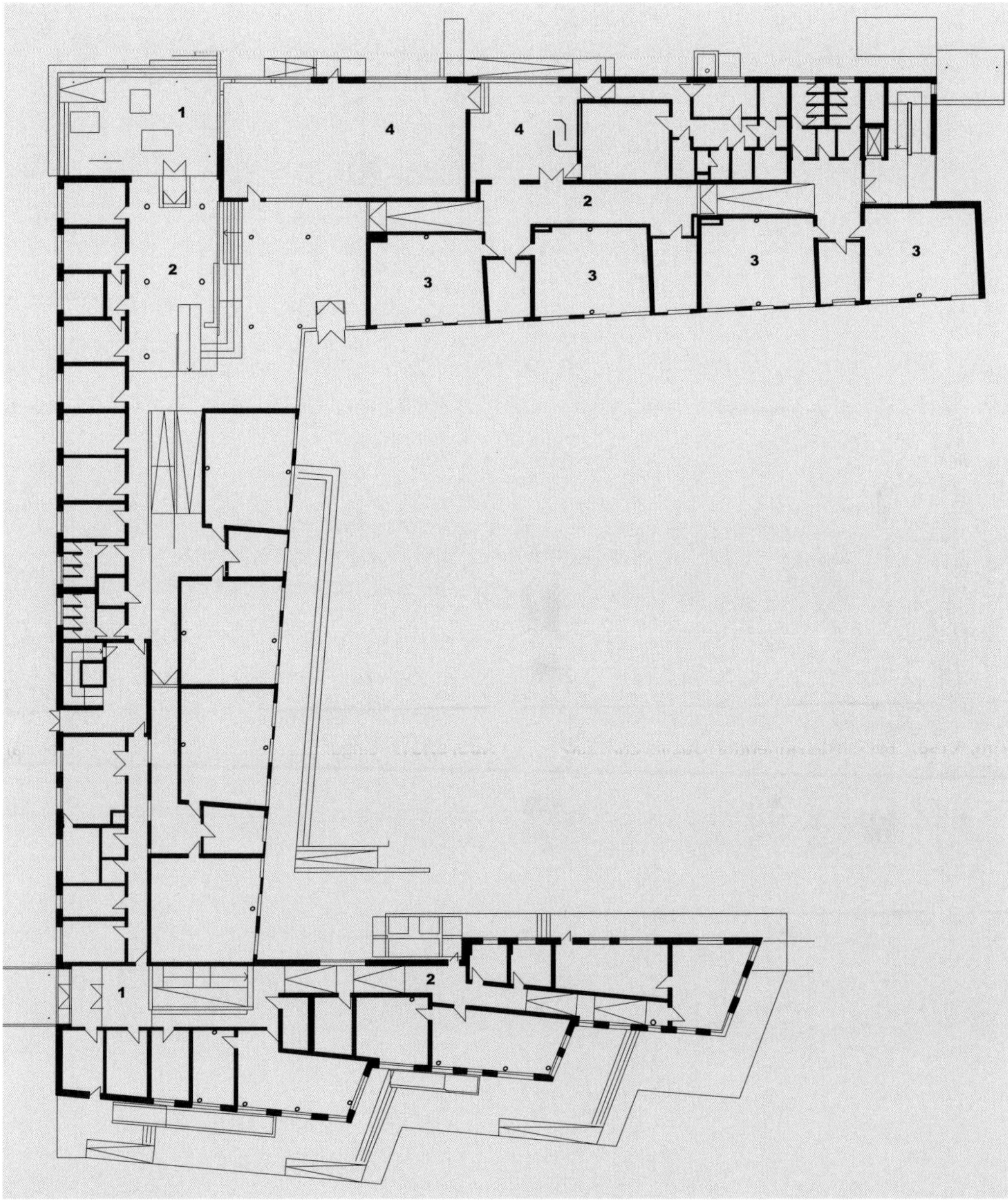

Abb. 6.133: Grundriss EG, Grundschule, Frankfurt a. M. (M 1 : 500; nach 4a Architekten)

1 Zugang Gebäude
2 Verkehrsfläche
3 Klassenzimmer
4 Mensa

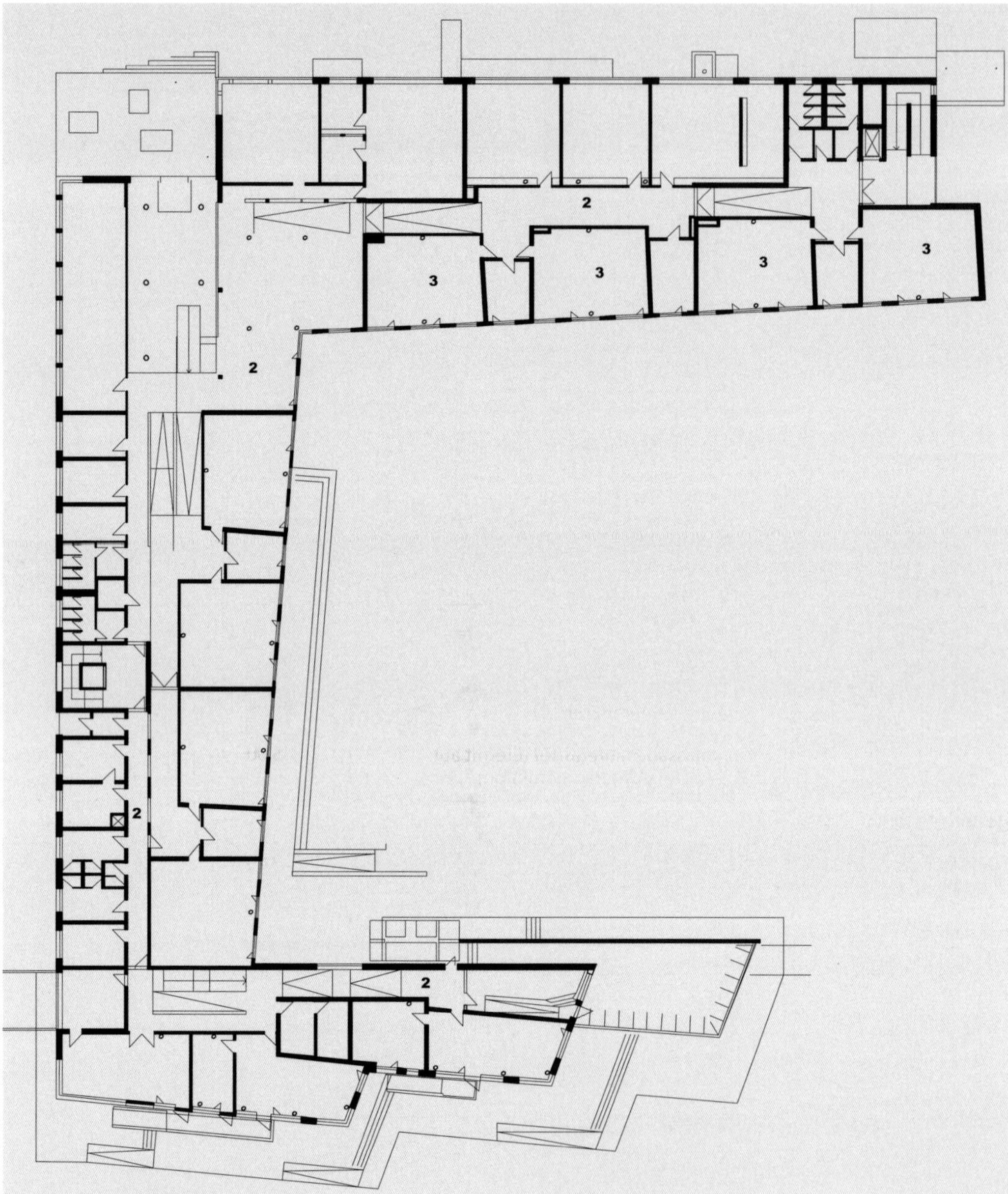

Abb. 6.134: Grundriss OG, Grundschule, Frankfurt a.M. (M 1:500; nach 4a Architekten)

2 Verkehrsfläche
3 Klassenzimmer

Bauweise

Tabelle 6.16: Konstruktionsaufbau Grundschule, Frankfurt a. M.

Bauteil	Materialschicht	Materialstärke in cm	*U*-Wert in W/(m² · K)
Boden (von oben nach unten)	Linoleum	0,05	
	Gipsfaserplatte	1,25	
	Gipsfaserplattenelement (Fertigestrich)	3,00	
	Trittschalldämmung	2,00	
	Dämmung EPS, WLG 035	10,00	
	Gipskartonplatte	1,25	
	Ausgleichsschüttung Blähton	4,00	
	Stahlbeton-Bodenplatte	50,00	
	vertikale Dämmschürzen im Sockelbereich		
gesamt Sohle		**71,55**	**0,21**
Außenwand (von innen)	Spachtelung		
	Stahlbetonwand	20,00	
	Dämmung (Mineralfaser)	28,00	
	Vorhangfassade hinterlüftet (Eternit auf Edelstahl-Holz-Unterkonstruktion)	5,00	
gesamt Außenwand		**53,00**	**0,16**
Flachdach (von innen)	Stahlbetondecke	28,00	
	Gefällewärmedämmung	30,00	
gesamt Dach		**58,00**	**0,11**
Fenster	Rahmen mit wärmegedämmten Holzprofilen, Passivhausfenster Fa. Molter Pfosten-Riegel-Fassade mit wärmegedämmter Holz-Aluminium-Konstruktion, Fa. Raico HP 76 Dreifachverglasung mit Argonfüllung		$U_{w,\,eingebaut}$ = **0,74** U_g = **0,60** g = **0,45**

6.17 Doppelfeldturnhalle, Nettetal-Kaldenkirchen

Bei Objekt 6.17 handelt es sich um eine Doppelfeldturnhalle in einem Schulzentrum. Die Turnhalle ist von der Ravensstraße her erschlossen und das gepflasterte Außengelände ist für ca. 70 Pkw-Stellplätze ausgelegt. Das Gebäude ist im Herbst 2011 für den Schul- und Vereinssport fertiggestellt worden. Die dritte Turnhalle im Ort enthält 2 teilbare Spielfelder mit Nebenräumen für Geräte und Organisation. Die Turnhalle beinhaltet 4 Umkleidekabinen und 2 Lehrerumkleidekabinen, alle jeweils mit kompletter Sanitäreinrichtung. Im Foyer wurde eine behindertengerechte Toilette eingerichtet. Im Untergeschoss befinden sich Technik-, Sanitäts- und Putzräume und im Obergeschoss eine Zuschauertribüne für 199 Personen sowie eine kleine Küche (siehe Abb. 6.135 bis 6.141, Tabelle 6.17).

Von außen präsentiert sich der Bau gegliedert durch einen vorgelagerten, eingeschossigen Bau, in dem sich u. a. die Geräteräume befinden. Eingang und Hauptfensterfront liegen auf der Südseite. Die Entscheidung der Stadt, das Gebäude im Passivhausstandard zu errichten, fiel aufgrund der erwarteten Energiebilanz. Diese hat die entstandenen Unterhaltungskosten deutlich gesenkt.

Baudaten

Bauherr bzw. Bauträger	Stadt Nettetal, Nettebetrieb, Doerkesplatz 11, 41334 Nettetal
Entwurf und Projektentwicklung	Kotschate-Architekten, Steyler Str. 73a, 41334 Nettetal
Architektur	Kotschate-Architekten, Steyler Str. 73a, 41334 Nettetal
Statik	Sommer Baustatik GmbH, Erkelenz
Bauphysik	Sommer Baustatik GmbH, Erkelenz
Planung Haustechnik	Ingenieurbüro Kunkel, Zwickau
weitere Informationen	www.kotschate-architekten.de
Baujahr	2011
Haustyp	Doppelfeldturnhalle mit Tribüne für 199 Zuschauer und 80 Stellplätze 2 Spieleinheiten
Bruttobauland in m^2	
– Bruttogeschossfläche EG in m^2	1.680
– Bruttogeschossfläche EG und OG in m^2	2.050
Ausrichtung	Südwest
Energiebezugsfläche nach PHPP in m^2	1.612,60
BRI in m^3	10.962,00
NF nach EnEV in m^2	4.384,80
Kompaktheit *A/V*	0,35
Messergebnis Blower-Door-Test in h^{-1}	
Primärenergiekennzahl in kWh/($m^2 \cdot a$) (Heizung, Hilfs- und Haushaltsstrom)	114,0
Primärenergiekennzahl in kWh/($m^2 \cdot a$) (Heizung und Hilfsstrom nach NF EnEV)	23
Jahresheizwärmebedarf Q_H in kWh/($m^2 \cdot a$)	15

Versorgungstechnik

EWT	nein
Lüftungsanlage mit WRG	Paul, Reinsdorf und Menerga, Mülheim/Ruhr
Nachheizung der Zuluft	mit Gas-Brennwertgerät
Wasserspeicher	1.500-l-Pufferspeicher (Viessmann)
Brauchwassererwärmung	Gas-Brennwertgerät
Zusatz- bzw. Notheizung	Heizkörper, elektrisches Nachheizregister mit Wärmepumpe
Regenwasserzisterne	nein

Abb. 6.135: Schematisierter Lageplan Doppelfeldturnhalle, Nettetal-Kaldenkirchen, nach Kotschate-Architekten, Steyler Str. 73a, 41334 Nettetal, Tel.: 02157 132033, Fax: 02157 3554, www.kotschate-architekten.de

Abb. 6.136: Perspektivische Ansicht der Südostseite mit Zugang zur Turnhalle (Quelle: Kotschate-Architekten, Steyler Str. 73a, 41334 Nettetal, Tel.: 02157 132033, Fax: 02157 3554, www.kotschate-architekten.de)

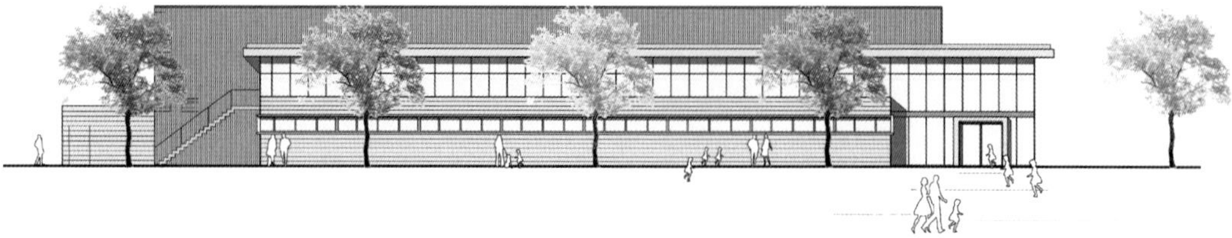

Abb. 6.137: Südliche Ansicht auf den Eingangsbereich (Quelle: Kotschate-Architekten, Steyler Str. 73a, 41334 Nettetal, Tel.: 02157 132033, Fax: 02157 3554, www.kotschate-architekten.de)

Abb. 6.138: Seitenansicht Osten (Quelle: Kotschate-Architekten, Steyler Str. 73a, 41334 Nettetal, Tel.: 02157 132033, Fax: 02157 3554, www.kotschate-architekten.de)

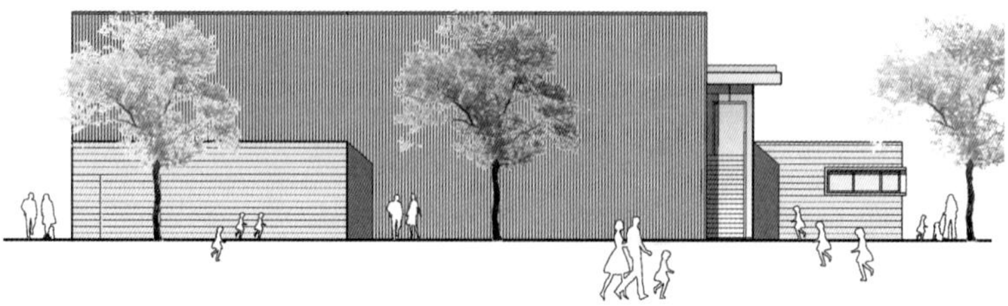

Abb. 6.139: Seitenansicht Westen (Quelle: Kotschate-Architekten, Steyler Str. 73a, 41334 Nettetal, Tel.: 02157 132033, Fax: 02157 3554, www.kotschate-architekten.de)

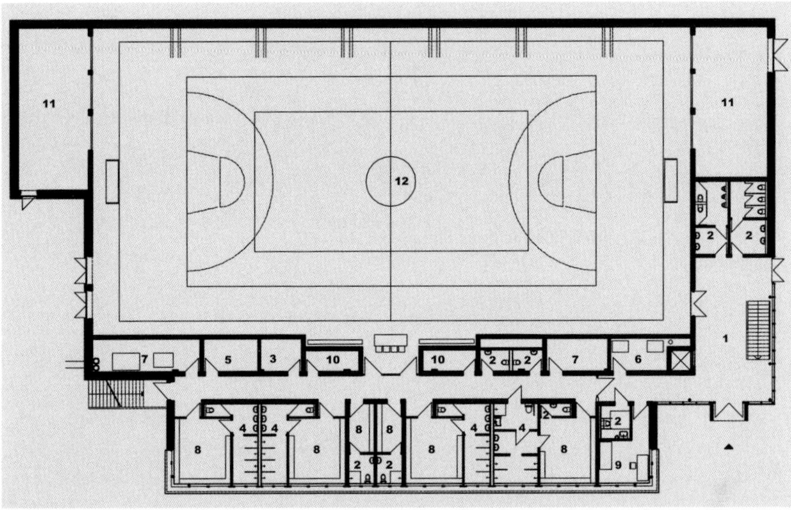

Abb. 6.140: Grundriss EG, Doppelfeldturnhalle, Nettetal-Kaldenkirchen
(M 1:500; nach Kotschate-Architekten, Steyler Str. 73a, 41334 Nettetal, Tel.: 02157 132033, Fax: 02157 3554, www.kotschate-architekten.de)

1 Foyer	7 Lüftungszentrale
2 WC	8 Umkleide
3 Abstellraum	9 Hausmeister/Arzt
4 Bad/Sanitär	10 Regie
5 Hausanschlussraum	11 Geräte
6 Heizungsraum	12 Spielfeld

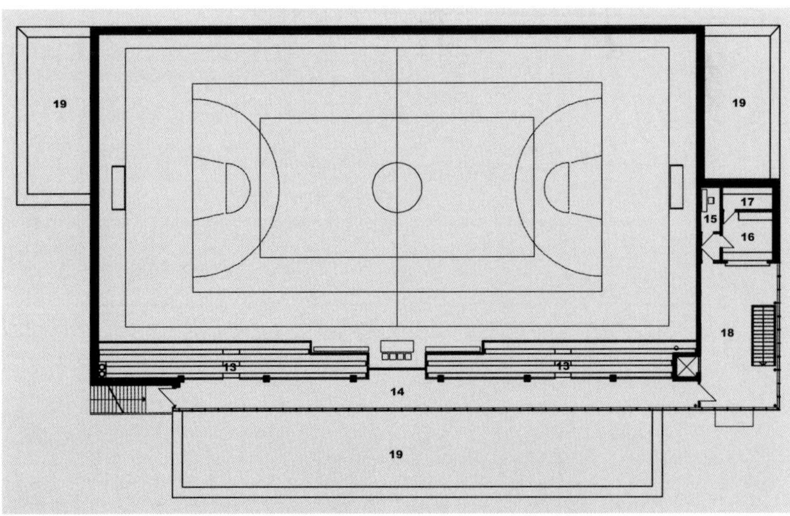

Abb. 6.141: Grundriss OG, Doppelfeldturnhalle, Nettetal-Kaldenkirchen
(M 1:500; nach Kotschate-Architekten, Steyler Str. 73a, 41334 Nettetal, Tel.: 02157 132033, Fax: 02157 3554, www.kotschate-architekten.de)

13 Tribüne	16 Imbiss
14 Flur	17 Lager
15 Technik	19 begrüntes Flachdach

Bauweise

Tabelle 6.17: Konstruktionsaufbau Doppelfeldturnhalle, Nettetal-Kaldenkirchen

Bauteil	Materialschicht	Materialstärke in cm	*U*-Wert in W/(m² · K)
EG Bodenplatte (von oben nach unten)	Sportbodenoberbelag Linoleum	0,30	
	Sportboden mit Unterkonstruktion	10,00	
	Stahlbetondecke	20,00	
	Glasschaumschotter, WLG 085	70,00	
gesamt Sohle		**100,30**	**0,118**
Außenwand (von innen nach außen)	Innenputz	1,50	
	Porenbetonsteine (PPW 6)	24,00	
	Wärmedämmung, WLG 035	20,00	
	Außenputz	1,00	
gesamt Außenwand		**46,50**	**0,139**
Dach über Sporthalle (von innen nach außen)	Tragwerk Holzleimbinder	100,00	
	Stahltrapezblech	15,00	
	Dampfsperre		
	Dämmung Mineralwolle, WLG 040	8,00	
	Wärmedämmung, WLG 035	24,00	
	Foliendach PVC	0,50	
gesamt Dach		**152,00**	**0,110**
Fenster	Pfosten-Riegel-Fassade Aluminium im Foyer- und Flurbereich		**U_f = 1,10 $U_{w, eingebaut}$ = 0,90 U_g = 0,60 g = 0,50 (gerechnete Werte laut PHPP)**
	Typ: Passivhaus-Kunststofffenster im Bereich Umkleide		**U_f = 0,89 $U_{w, eingebaut}$ = 0,80 U_g = 0,60 g = 0,50 (gerechnete Werte laut PHPP)**

6.18 Verwaltungsgebäude, Mönchengladbach

Projekt 6.18 ist ein nicht unterkellertes Verwaltungsgebäude über 3 Etagen in Passivhausstandard. Die Beheizung und Kühlung ist durchgängig über die Unterdecke realisiert. Eine reversible Sole-Wasser-Wärmepumpe als Wärme-/Kälteerzeuger beheizt oder kühlt die Räume. Die zentrale Trinkwassererwärmung erfolgt aus hygienischen Gründen dezentral und elektrisch. Das Gebäude verfügt über keine solare Unterstützung für die Trink- oder Heizwassererwärmung. Die reversible Wärmepumpe ermöglicht zur Kühlung einen optimierten Betrieb und kombiniert passive und aktive Kühlung. Zu Beginn der Kühlperiode kann über die passive Kühlung die geringe Soletemperatur genutzt werden, wobei der Verdichter der Wärmepumpe nicht in Betrieb geht. Über die passive Kühlstation wird hierbei das konstante Temperaturniveau der Erdschichten als Kältequelle genutzt. Auf dem Dach ist das Zentrallüftungsgerät installiert, das über Druckkonstantregelung gefahren wird, wobei die beiden Seminarräume über Volumenstromregler bedarfsabhängig (CO_2-Regelung) mit Frischluft versorgt werden. Die übrigen Räume erhalten konstante Volumenströme. Das Zentrallüftungsgerät ist wärmebrückenfrei auf Stützfüße gestellt (siehe Abb. 6.142 bis 6.145, Tabelle 6.18).

Im Rahmen der Lüftungsanlagen-Richtlinie NRW (LüAR NRW) zum Brandschutz sind K90-Brandschutzklappen mit Federrücklauf installiert. Als regeltechnische Maßnahme ist die Anlage extern abschaltbar (Signal z. B. über Brandmelder). Eine Rauchüberwachung im Zuluftkanal schaltet bei Auslösung die Anlage ab. Bei jeder Abschaltung werden auch die Brandschutzklappen geschlossen (Federrücklaufmotor).

Baudaten

Bauphysik und Statik	Sommer Baustatik GmbH, Erkelenz
Entwurf	bdmp Architekten & Stadtplaner BDA GmbH & Co. KG, Mönchengladbach
Planung Haustechnik	Sommer Passivhaus GmbH, Erkelenz
Baujahr	2012
Haustyp	Verwaltungsgebäude
Energiebezugsfläche nach PHPP in m^2	929
BRI in m^3	2.602
Kompaktheit A/V	0,80
Messergebnis Blower-Door-Test in h^{-1}	0,57
Primärenergiekennzahl in $kWh/(m^2 \cdot a)$ (Heizung, Hilfs- und Haushaltsstrom)	65
Jahresheizwärmebedarf Q_H in $kWh/(m^2 \cdot a)$	15

Versorgungstechnik

Erdkollektoren	nein
Lüftungsanlage mit WRG	Zentrallüftungsgerät, Menerga Resolair
Heizung	reversible Sole-Wasser-Wärmepumpe, Weißhaupt
Wasserspeicher	Pufferspeicher
Heizwärmeübergabe	Heiz- und Kühldecken, Fa. Zent-Frenger
Brauchwassererwärmung	dezentrale Durchlauferhitzer
Regenwassernutzung	75-l-Zwischenspeicher für WCs, Urinale und Ausgussbecken

Abb. 6.142: Außenansicht (Quelle: bolzen + mehring architekten bda GmbH, Mönchengladbach)

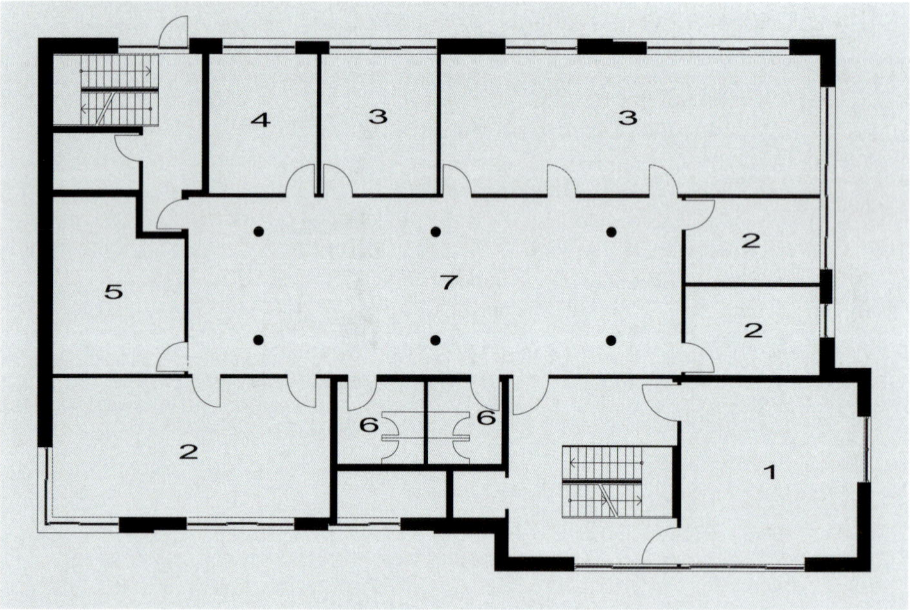

Abb. 6.143: Grundriss EG, Verwaltungsgebäude, Mönchengladbach, nach bolzen + mehring architekten bda GmbH, Mönchengladbach

1 Empfang
2 Büro
3 Besprechung/Schulung
4 EDV
5 Technik
6 WC
7 Aufenthalt

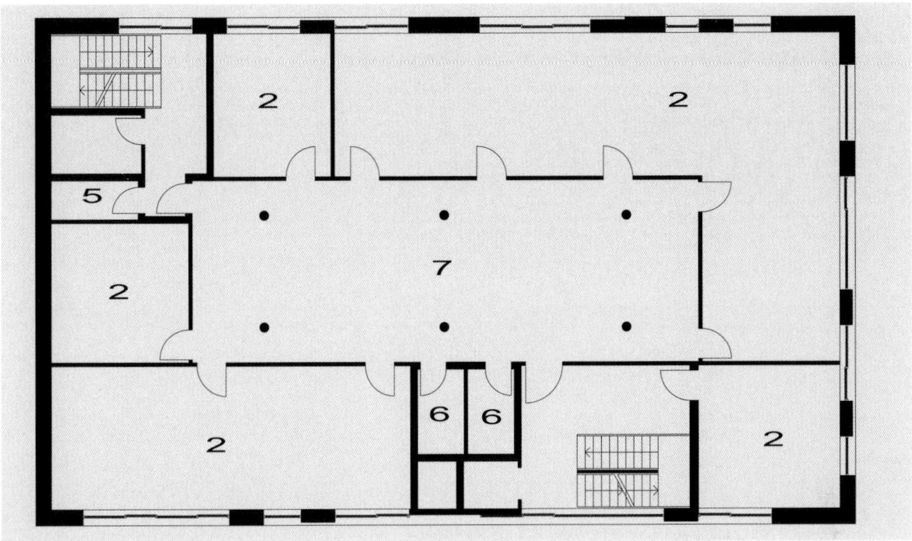

Abb. 6.144: Grundriss OG, Verwaltungsgebäude, Mönchengladbach, nach bolzen + mehring architekten bda GmbH, Mönchengladbach

2 Büro
5 Technik
6 WC
7 Aufenthalt

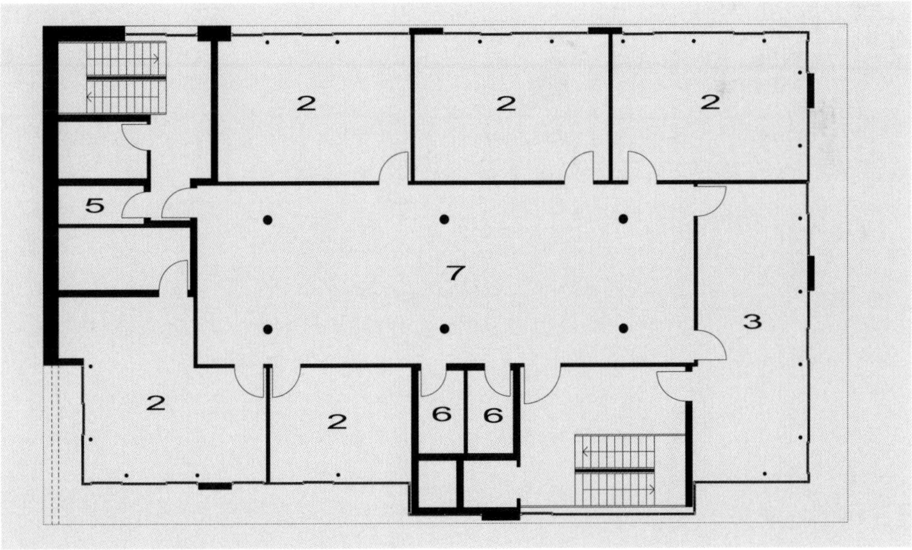

Abb. 6.145: Grundriss DG, Verwaltungsgebäude, Mönchengladbach, nach bolzen + mehring architekten bda GmbH, Mönchengladbach

2 Büro
3 Besprechung/Schulung
5 Technik
6 WC
7 Aufenthalt

Bauweise

Tabelle 6.18: Konstruktionsaufbau Verwaltungsgebäude, Mönchengladbach

Bauteil	Materialschicht	Materialstärke in cm	*U*-Wert in W/(m² · K)
Bodenplatte Sohle	Stahlbeton	35,00	
	Styrodur® CS	20,00	
gesamt Sohle		**55,00**	**0,174**
Außenwand	Stahlbeton	24,00	
	Wärmedämmung, WLG 032	30,00	
	Außenputz	1,00	
gesamt Außenwand		**55,00**	**0,103**
Flachdach	Stahlbeton	25,00	
	Wärmedämmung, WLG 032	40,00	
gesamt Flachdach		**65,00**	**0,078**
Dachterrasse	Stahlbeton	28,00	
	Wärmedämmung, WLG 024	20,00	
	Gehbelag		
gesamt Dachterrasse		**48,00**	**0,116**
Fenster	Dreifachverglasung		U_f = **1,00** U_w = **0,79** U_g = **0,60** g = **0,50**

6.19 Begegnungsstätte, Immerath

Projekt 6.19 ist der erste Kirchenneubau in Deutschland, der als Massivbau dem Passivhausstandard entspricht (Baujahr 2015). Als Sakralbau stellt er eine besondere Herausforderung dar, insbesondere weil ein Glockenturm errichtet wurde und das Gebäude kein WDVS besitzt. Die Außenwand sollte farblich und vom Material her dem alten Kirchengebäude gleichen, das im Zuge der Ortsumsiedlung aufgrund des Tagebaus abgerissen wurde. Die Außenwandkonstruktion ist monolithisch, zum Einsatz kam der PORO-TON®-T7®-Planziegel mit Perlit-Füllung des Herstellers Wienerberger. Mit einer Wärmeleitfähigkeit λ 0,07 W/(m · K) erfüllt er die Vorgaben für KfW-Effizienzhäuser. Der Planziegel hat eine Stärke von 490 mm. Darauf ist eine 20 mm Kerndämmung aufgetragen und nach außen ist ein Verblender mit 115 mm Stärke davorgesetzt.

Das Begegnungszentrum ist aufgeteilt in eine Kapelle, eine Sakristei, Versammlungsräume, Sanitärräume, Küche, Lager und Büroräume. Der anliegende Glockenturm hat eine Höhe von 15,7 m (mehrere Ebenen). Die Stützkonstruktion im Turminneren trägt 3 Glocken.

Zur Wärmeerzeugung ist eine Sole-Wasser-Wärmepumpe installiert. Die im Gebäude befindliche Installation der Soleleitungen beginnt im Technikraum, zur Laufzeitoptimierung bzw. hydraulischen Entkopplung ist ein 500-l-Heizwasser-Pufferspeicher vorgesehen. Die Wärmeübergabe erfolgt über eine Fußbodenheizung. Das Zentrallüftungsgerät ZXA 2000 der Firma AEREX sorgt für eine kontrollierte Belüftung. Die Zuluft wird vorkonditioniert. Ein dazugehöriger Sole-Wärmetauscher wird über die Soleleitung der Wärmepumpe mitversorgt. Die Trinkwarmwassererwärmung wird über direktelektrische Kleindurchlauferhitzer dezentral realisiert; somit wird kein Trinkwasser gespeichert oder über Zirkulationsleitungen umgewälzt und die dazugehörigen Wärmeverluste entfallen.

Zwischen dem Eingangsbereich und Kapelle sowie der Sakristei mit dem Raum für das Begegnungszentrum ist ein mehr als 20 m langes Lichtband zwischen den Gebäudeteilen eingebaut. Die Verbindung musste für die Passivhausvorgaben wärmebrückenfrei ausgelegt werden (siehe Abb. 6.146 bis 6.152, Tabelle 6.19).

Baudaten

Bauphysik und Statik	Sommer Baustatik GmbH, Erkelenz
Entwurf	Architekturbüro Klomp, Erkelenz
Planung Haustechnik	Sommer Passivhaus GmbH, Erkelenz
Baujahr	2015
Haustyp	Begegnungszentrum
Energiebezugsfläche nach PHPP in m^2	631
BRI in m^3	1.892
Kompaktheit A/V	0,79
Messergebnis Blower-Door-Test in h^{-1}	0,55
Primärenergiekennzahl in kWh/(m^2 · a) (Heizung, Hilfs- und Haushaltsstrom)	111
Jahresheizwärmebedarf Q_H in kWh/(m^2 · a)	15

Versorgungstechnik

Erdkollektoren	Sole-EWT; Netec
Lüftungsanlage mit WRG	Zentrallüftungsgerät, AEREX Reco-Boxx 2000 ZXA
Heizung	Sole-Wasser-Wärmepumpe, Dimplex SI 18TU
Wasserspeicher	500-l-Pufferspeicher, Dimplex PSW 500
Heizwärmeübergabe	Fußbodenheizung
Brauchwassererwärmung	dezentrale Durchlauferhitzer

Abb. 6.146: Außenansicht

Abb. 6.147: Glockenstuhl

Abb. 6.148: Lichtband

Abb. 6.149: Lichtband

Abb. 6.150: Innenwand zur Kapelle

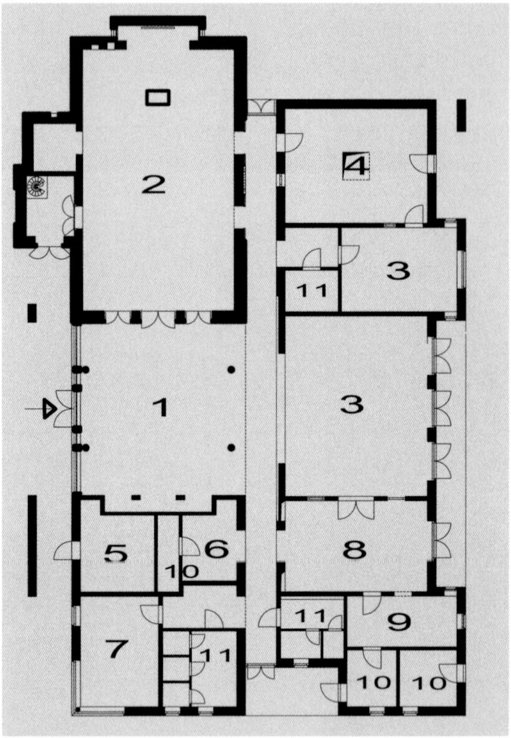

Abb. 6.151: Grundriss, Begegnungsstätte, Immerath, nach Architekturbüro Klomp, Erkelenz

1 Foyer
2 Kapelle
3 Versammlungsraum
4 Sakristei
5 Technik
6 Garderobe
7 Archiv
8 Vorraum
9 Küche
10 Lager
11 WC

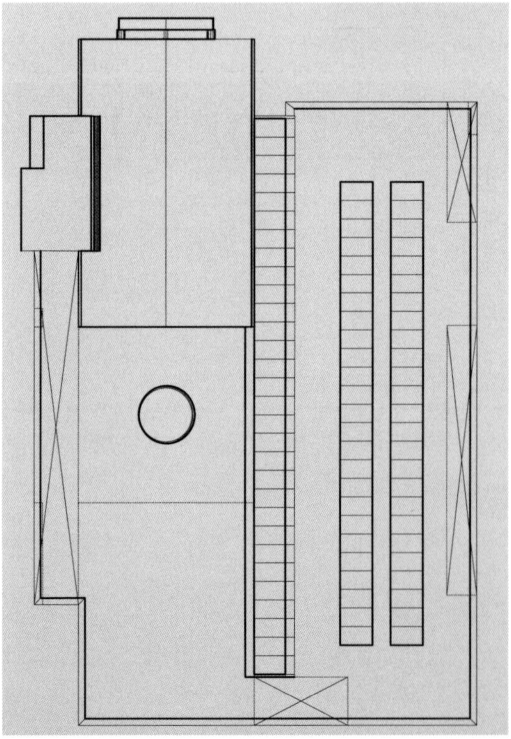

Abb. 6.152: Dachaufsicht, Begegnungsstätte, Immerath, nach Architekturbüro Klomp, Erkelenz

Bauweise

Tabelle 6.19: Konstruktionsaufbau Begegnungsstätte, Immerath

Bauteil	Materialschicht	Materialstärke in cm	*U*-Wert in W/(m² · K)
Bodenplatte Sohle	Trittschalldämmung	3,00	
	Wärmedämmung, WLG 035	20,00	
	Stahlbeton	25,00	
	Perimeterdämmung, WLG 038	10,00	
gesamt Sohle		**58,00**	**0,107**
Außenwand verputzt	POROTON®-T7®-P	49,00	
	Außenputz	1,00	
gesamt Außenwand verputzt		**50,00**	**0,139**
Außenwand mit Verblender	POROTON®-T7®-P	49,00	
	Kerndämmung, WLG 035	2,00	
	Verblender	11,50	
gesamt Außenwand mit Verblender		**62,50**	**0,127**
Flachdach	Stahlbeton	25,00	
	Wärmedämmung, WLG 032	40,00	
gesamt Flachdach		**65,00**	**0,078**
Sparren	Gipskarton	1,25	
	Wärmedämmung, WLG 032	12,00	
	Zwischensparrendämmung, WLG 032	28,00	
gesamt Sparren		**41,25**	**0,089**
Fenster	Dreifachverglasung		$U_f = 0{,}89$ $U_w = 0{,}81$ $U_g = 0{,}60$ $g = 0{,}50$

6.20 Kindertagesstätte, Ratheim

Projekt 6.20 ist eine Kindertagesstätte, die in Hückelhoven-Ratheim entstehen soll. Die Kindertagesstätte ist für 3 Gruppen ausgelegt. Jede dieser Gruppen hat einen eigenen Gruppenraum, angeschlossen an diesen sind jeweils ein Sanitär-, ein Neben- und ein Differenzierungsraum. Die Schrägdächer sind als Pultdach mit Trapezblechprofilen und insgesamt 32 cm Dämmung ausgeführt und erreichen einen sehr geringen U-Wert von nur 0,092 W/(m² · K). Aufgrund der Süd- bzw. Ostlage der Gruppenräume und der großen Fensteröffnungen in diese Richtungen wird ein Großteil des Sonnenlichts eingefangen. Zur Nordseite sind hauptsächlich Nebenräume mit kleinen Fensterflächen realisiert (siehe Abb. 6.153 bis 6.155, Tabelle 6.20).

Die Lüftung wird über 2 zentrale Lüftungsgeräte erfolgen. Der Restwärmebedarf wird mit einem Fernwärmeanschluss abgedeckt und über ein Fußbodenheizungssystem verteilt.

Baudaten

Bauphysik und Statik	Sommer Baustatik GmbH, Erkelenz
Entwurf	Architekturbüro J. + J. Viethen, Erkelenz
Planung Haustechnik	Sommer Passivhaus GmbH, Erkelenz
Baujahr	voraussichtlich 2018
Haustyp	Kindertagesstätte
Energiebezugsfläche nach PHPP in m²	673
BRI in m³	3.436
NF nach EnEV in m²	673
Kompaktheit A/V	0,72
Primärenergiekennzahl in kWh/(m² · a) (Heizung, Hilfs- und Haushaltsstrom)	51
Primärenergiekennzahl in kWh/(m² · a) (Heizung und Hilfsstrom nach NF EnEV)	90
Jahresheizwärmebedarf Q_H in kWh/(m² · a)	15

Versorgungstechnik

Erdkollektoren	nein
Lüftungsanlage mit WRG	zweimal Kreuz-Gegenstrom-Plattenwärmetauscher, AEREX Reco-Boxx 1000 Flat
Heizung	Fernwärme
Wasserspeicher	nein
Heizwärmeübergabe	Fußbodenheizung
Brauchwassererwärmung	Fernwärme

Abb. 6.153: Ansicht Südwest (Quelle: Architekturbüro J. + J. Viethen, Erkelenz)

Abb. 6.154: Ansicht Südost (Quelle: Architekturbüro J. + J. Viethen, Erkelenz)

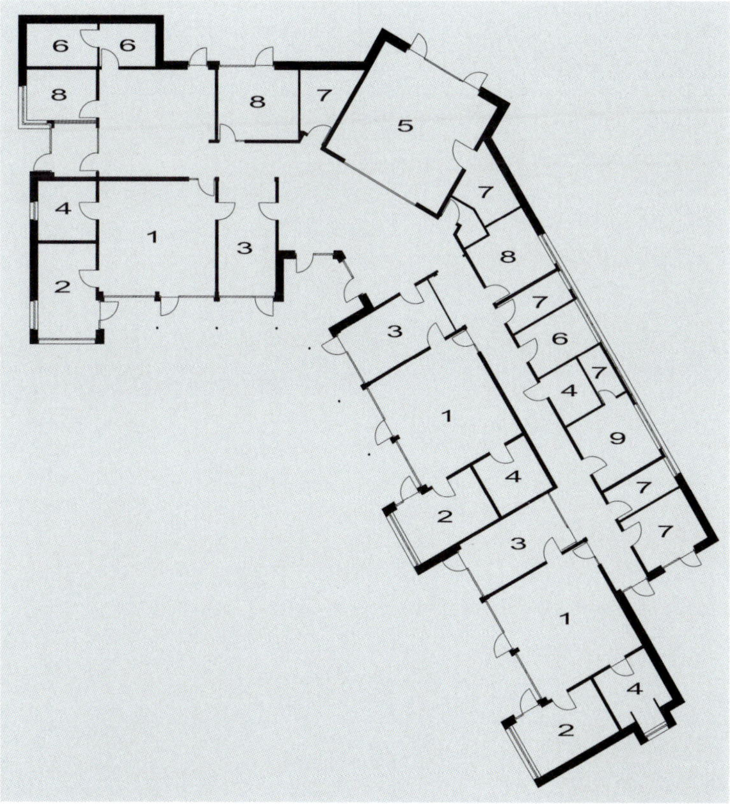

Abb. 6.155: Grundriss EG, Kindertagesstätte, Ratheim, nach Architekturbüro J. + J. Viethen, Erkelenz

1 Gruppenraum
2 Gruppennebenraum
3 Differenzierung
4 Sanitär
5 Mehrzweckraum
6 Technik
7 Abstellraum
8 Büro/Personalraum
9 Küche

Bauweise

Tabelle 6.20: Konstruktionsaufbau Kindertagesstätte, Ratheim

Bauteil	**Materialschicht**	**Materialstärke in cm**	***U*-Wert in W/(m² · K)**
Bodenplatte Sohle	Zementestrich	6,00	
	Trittschalldämmung	3,00	
	Wärmedämmung, WLG 035	20,00	
	Stahlbeton	25,00	
	Styrodur® CS	10,00	
gesamt Sohle		**64,00**	**0,106**
Außenwand	Innenputz	1,50	
	Kalksand-Plan-Element	17,50	
	Wärmedämmung, WLG 035	30,00	
	Außenputz/Riemchen	1,00	
gesamt Außenwand		**50,00**	**0,112**
Flachdach	Gipsputz	1,50	
	Stahlbeton	20,00	
	Wärmedämmung, WLG 032	40,00	
gesamt Flachdach		**61,50**	**0,085**
Fenster	Dreifachverglasung		$U_f = 1{,}00$ $U_w = 0{,}75$ $U_g = 0{,}50$ $g = 0{,}55$

6.21 Kindertagesstätte, Wuppertal

Projekt 6.21 ist eine Kindertagesstätte, die in Wuppertal gebaut wird. Die Kindertagesstätte ist für 5 Gruppen ausgelegt. Jede Gruppe hat einen eigenen Gruppenraum, einen kleinen Nebenraum mit Kochzeile und einen Differenzierungsraum. Die Gruppenräume sind alle nach Süden ausgerichtet und mit großen Fensterflächen versehen. In der Mitte des Gebäudes ist ein Mehrzweckraum als einziger Gebäudeteil höher ausgeführt mit einer kleinen Galerie. Im nach Süden gerichteten Gebäudeteil befinden sich die Räume für das Personal wie Sanitärräume mit Duschen und Besprechungsraum sowie eine Werkstatt (siehe Abb. 6.156 bis 6.160, Tabelle 6.21).

Das Gebäude wird zentral durch eine AEREX Reco-Boxx be- und entlüftet. Die Fußbodenheizung wird über eine Luft-Wärmepumpe betrieben und das Warmwasser in den Sanitärräumen dezentral durch Durchlauferhitzer erzeugt. Damit kann die Wärmepumpe auf einem idealen Niveau von 35 °C laufen und darüber hinaus entstehen keine erhöhten Speicherverluste durch einen Trinkwasserspeicher.

Baudaten

Bauphysik und Statik	Sommer Baustatik GmbH, Erkelenz
Entwurf	Dipl.-Ing. Architekt Dominik Gerlich, Wuppertal
Planung Haustechnik	Sommer Passivhaus GmbH, Erkelenz
Baujahr	voraussichtlich 2018/2019
Haustyp	Kindertagesstätte
Energiebezugsfläche nach PHPP in m^2	1.129
BRI in m^3	7.460
NF nach EnEV in m^2	1.255
Kompaktheit A/V	0,54
Primärenergiekennzahl in $kWh/(m^2 \cdot a)$ (Heizung, Hilfs- und Haushaltsstrom)	36
Primärenergiekennzahl in $kWh/(m^2 \cdot a)$ (Heizung und Hilfsstrom nach NF EnEV)	95,4
Jahresheizwärmebedarf Q_H in $kWh/(m^2 \cdot a)$	15

Versorgungstechnik

Erdkollektoren	nein
Lüftungsanlage mit WRG	Kreuz-Gegenstrom-Plattenwärmetauscher, AEREX Reco-Boxx 3000 ZXR
Heizung	Luft-Wasser-Wärmepumpe
Wasserspeicher	Pufferspeicher
Heizwärmeübergabe	Fußbodenheizung
Brauchwassererwärmung	dezentrale Durchlauferhitzer

Abb. 6.156: Südansicht (Quelle: Dipl.-Ing. Dominik Gerlich, Wuppertal)

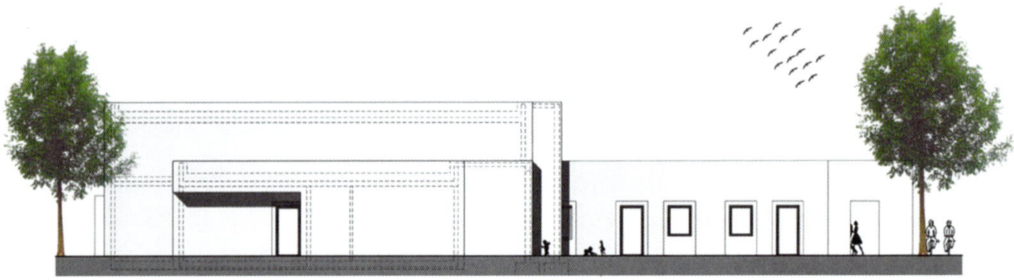

Abb. 6.157: Westansicht (Quelle: Dipl.-Ing. Dominik Gerlich, Wuppertal)

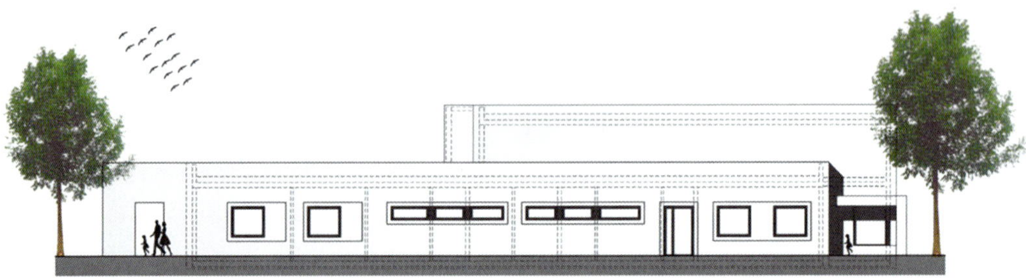

Abb. 6.158: Ostansicht (Quelle: Dipl.-Ing. Dominik Gerlich, Wuppertal)

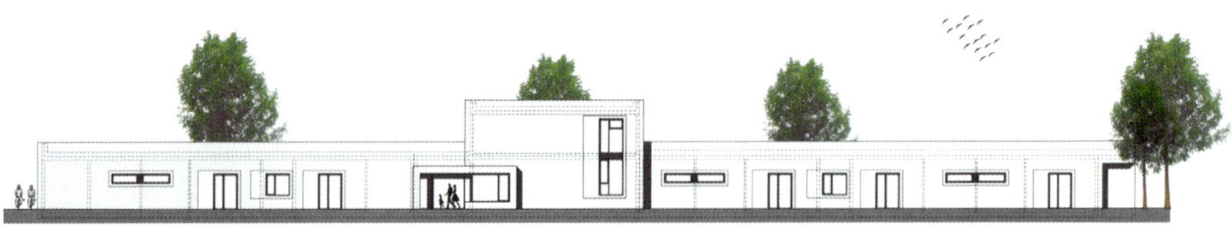

Abb. 6.159: Nordansicht (Quelle: Dipl.-Ing. Dominik Gerlich, Wuppertal)

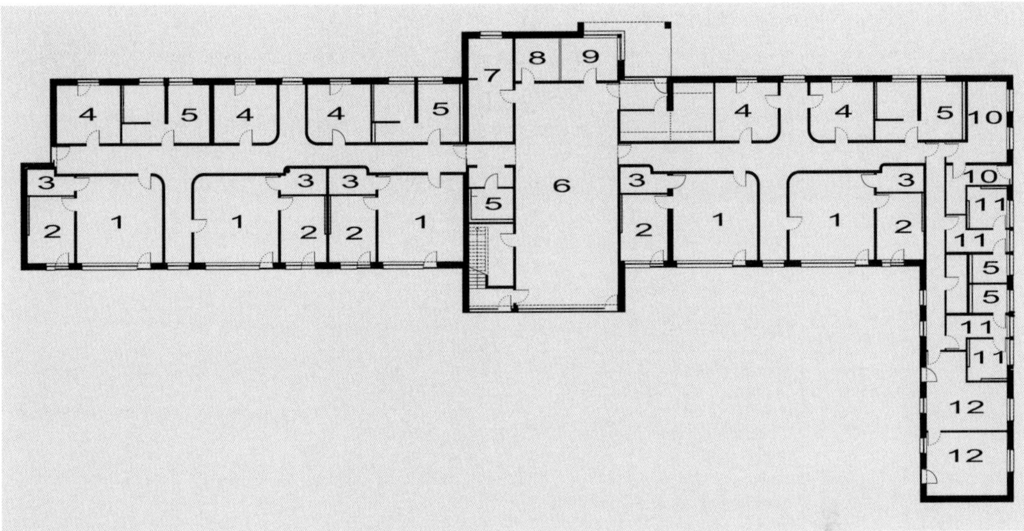

Abb. 6.160: Grundriss EG, Kindertagesstätte, Wuppertal, nach Dipl.-Ing. Dominik Gerlich, Wuppertal

1 Gruppenraum
2 Gruppennebenraum
3 Abstellraum
4 Differenzierung
5 WC
6 Mehrzweckraum
7 Therapie
8 Technik
9 Leitung
10 Küche
11 Umkleide/Duschen
12 Personalräume

Bauweise

Tabelle 6.21: Konstruktionsaufbau Kindertagesstätte, Wuppertal

Bauteil	**Materialschicht**	**Materialstärke in cm**	***U*-Wert in W/(m² · K)**
Bodenplatte Sohle	Zementestrich	6,00	
	Trittschalldämmung	3,00	
	Wärmedämmung, WLG 035	20,00	
	Stahlbeton	30,00	
	Styrodur® CS	10,00	
gesamt Sohle		**69,00**	**0,106**
Außenwand	Innenputz	1,50	
	Kalksandstein	20,00	
	Wärmedämmung, WLG 035	30,00	
	Außenputz/Riemchen	2,00	
gesamt Außenwand		**53,50**	**0,111**
Flachdach	Gipsputz	1,50	
	Stahlbeton	25,00	
	Wärmedämmung, WLG 035	40,00	
gesamt Flachdach		**66,50**	**0,085**
Fenster	Dreifachverglasung		$U_f = 1{,}00$ $U_w = 0{,}76$ $U_g = 0{,}60$ $g = 0{,}55$

6.22 Bürogebäude, Mönchengladbach

Projekt 6.22 ist ein Bürogebäude mit 45 Büros für 121 Angestellte, das in Mönchengladbach gebaut wird. Das Gebäude wird 4 Etagen haben und zur Westseite an die zur gleichen Firma gehörenden und schon bestehenden Gebäude angebaut werden. Im Erdgeschoss ist ein großer Pausenraum eingeplant (siehe Abb. 6.161 bis 6.167, Tabelle 6.22).

Das Objekt wird durch eine zentrale Lüftungsanlage mit Frischluft versorgt. Das Gebäude wird mit betonkernaktivierten Decken ausgestattet, die die Büros im Winter über eine Luft-Wasser-Wärmepumpe erwärmen und im Sommer zum Kühlen genutzt werden.

Baudaten

Bauphysik und Statik	Sommer Baustatik GmbH, Erkelenz
Entwurf	Dornieden Generalbau GmbH, Mönchengladbach
Planung Haustechnik	Sommer Passivhaus GmbH, Erkelenz
Baujahr	voraussichtlich 2019
Haustyp	Bürogebäude
Energiebezugsfläche nach PHPP in m^2	2.217
BRI in m^3	9.815
NF nach EnEV in m^2	2.510
Kompaktheit A/V	0,36
Primärenergiekennzahl in $kWh/(m^2 \cdot a)$ (Heizung, Hilfs- und Haushaltsstrom)	85
Primärenergiekennzahl in $kWh/(m^2 \cdot a)$ (Heizung und Hilfsstrom nach NF EnEV)	55,6
Jahresheizwärmebedarf Q_H in $kWh/(m^2 \cdot a)$	14

Versorgungstechnik

Erdkollektoren	nein
Lüftungsanlage mit WRG	Zentrallüftungsgerät, AEREX Reco-Boxx
Heizung	Luft-Wasser-Wärmepumpe
Wasserspeicher	Pufferspeicher
Heizwärmeübergabe	Betonkernaktivierung/Klimadecken
Brauchwassererwärmung	dezentrale Durchlauferhitzer

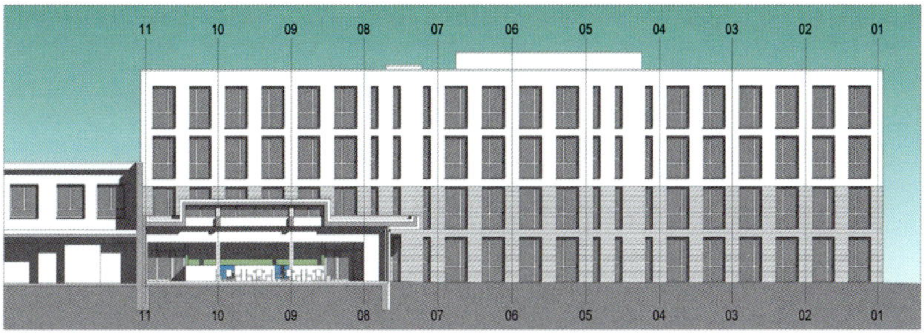

Abb. 6.161: Südansicht mit eingezeichneten und nummerierten Achsen (Quelle: Dornieden Generalbau GmbH, Mönchengladbach)

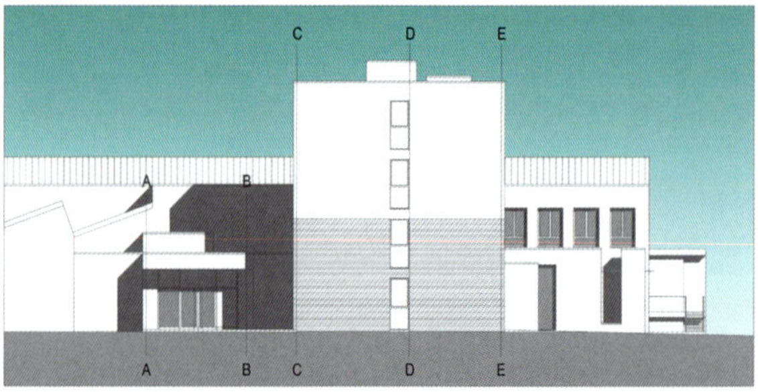

Abb. 6.162: Ostansicht mit eingezeichneten Achsen
(Quelle: Dornieden Generalbau GmbH, Mönchengladbach)

Abb. 6.163: Nordansicht mit eingezeichneten und nummerierten Achsen
(Quelle: Dornieden Generalbau GmbH, Mönchengladbach)

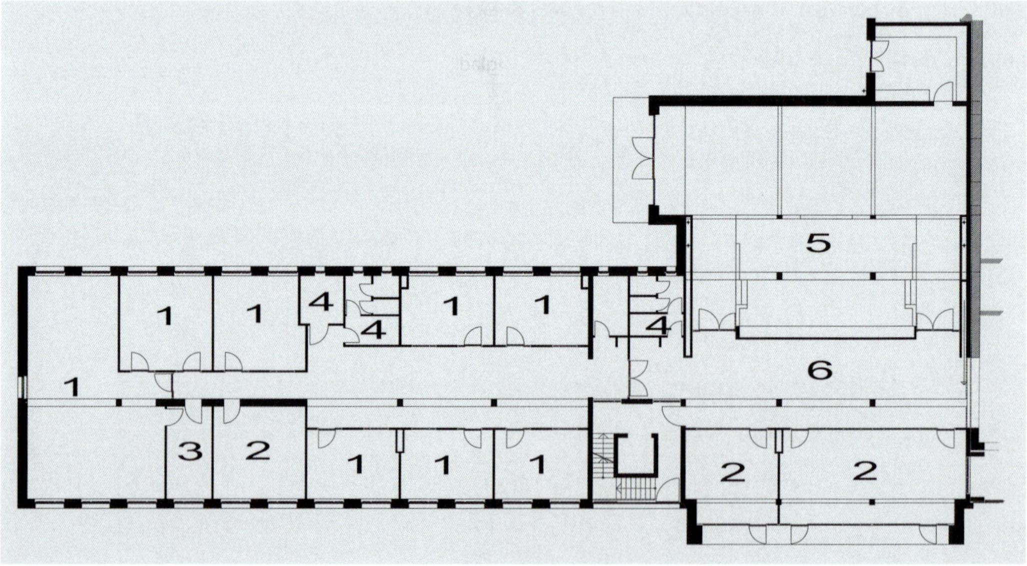

Abb. 6.164: Grundriss EG, Bürogebäude, Mönchengladbach, nach Dornieden Generalbau GmbH, Mönchengladbach

1 Büro
2 Besprechung
3 Technik
4 WC
5 Pausenraum
6 Foyer

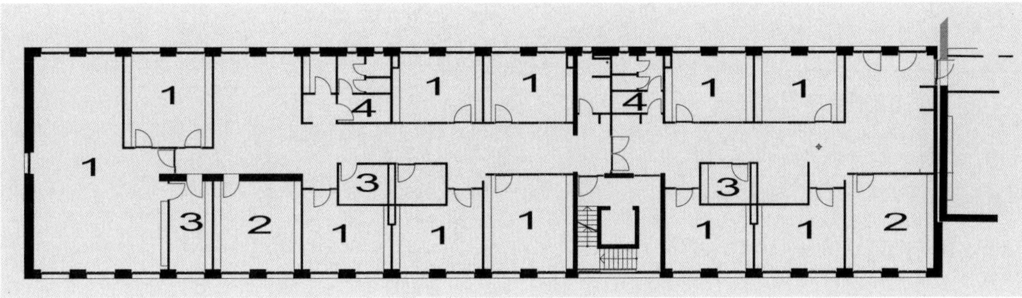

Abb. 6.165: Grundriss erstes OG, Bürogebäude, Mönchengladbach, nach Dornieden Generalbau GmbH, Mönchengladbach

1 Büro
2 Besprechung
3 Technik
4 WC

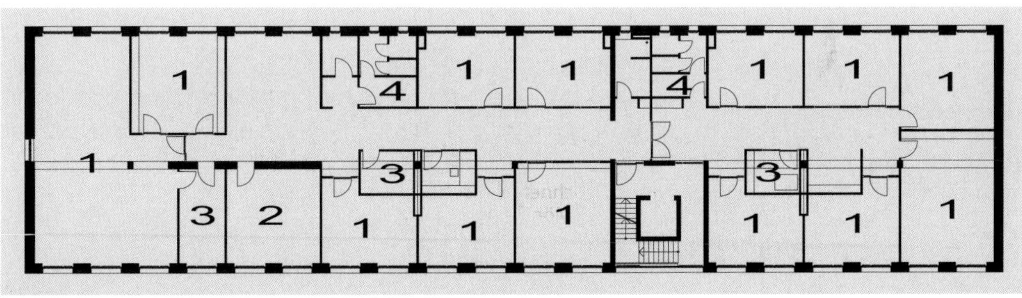

Abb. 6.166: Grundriss zweites OG, Bürogebäude, Mönchengladbach, nach Dornieden Generalbau GmbH, Mönchengladbach

1 Büro
2 Besprechung
3 Technik
4 WC

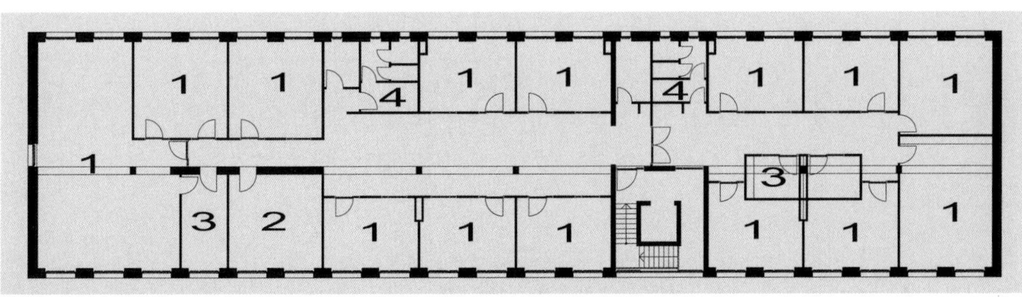

Abb. 6.167: Grundriss drittes OG, Bürogebäude, Mönchengladbach, nach Dornieden Generalbau GmbH, Mönchengladbachh

1 Büro
2 Besprechung
3 Technik
4 WC

Bauweise

Tabelle 6.22: Konstruktionsaufbau Bürogebäude, Mönchengladbach

Bauteil	Materialschicht	Materialstärke in cm	*U*-Wert in W/(m² · K)
Bodenplatte Sohle	Zementestrich	6,50	
	Trittschalldämmung	3,00	
	Wärmedämmung, WLG 035	10,00	
	Stahlbeton	25,00	
	Styrodur® CS	10,00	
gesamt Sohle		**54,50**	**0,152**
Außenwand	Kalksand-Plan-Element	20,00	
	Wärmedämmung, WLG 040	30,00	
	Außenputz/Riemchen	2,00	
gesamt Außenwand		**52,00**	**0,127**
Flachdach	Gipsputz	1,50	
	Stahlbeton	20,00	
	Wärmedämmung, WLG 035	40,00	
gesamt Flachdach		**61,50**	**0,085**
Fenster	Dreifachverglasung		$U_f = 1,05$ $U_w = 0,80$ $U_g = 0,50$ $g = 0,50$

6.23 Bürogebäude, Heinsberg

Objekt 6.23 ist ein Bürogebäude der Arbeiterwohlfahrt in Heinsberg. Im Erdgeschoss befinden sich ein großer Aufenthaltsraum sowie 2 Ruheräume. Im Obergeschoss sind die Büros und Besprechungsräume angesiedelt. Die großen Fensterflächen im Erdgeschoss im Südwesten des Gebäudes werden im Sommer mit einem Sonnenschutz verschattet, damit der Aufenthaltsraum nicht überhitzt (siehe Abb. 6.168 bis 6.173, Tabelle 6.23).

Das zentrale Lüftungsgerät der Firma Wolf ist auf dem Flachdach platziert und versorgt das gesamte Gebäude mit frischer Luft. Die an kalten Wintertagen zusätzlich nötige und nicht durch die WRG der Lüftungsanlage sowie interne Wärmequellen gedeckte Wärme wird über eine Nahwärmeanlage bereitgestellt.

Baudaten

Bauphysik und Statik	Sommer Baustatik GmbH, Erkelenz
Entwurf	Architekturbüro J. + J. Viethen, Erkelenz
Planung Haustechnik	Sommer Passivhaus GmbH, Erkelenz
Baujahr	2016
Haustyp	Bürogebäude
Energiebezugsfläche nach PHPP in m^2	963
BRI in m^3	2.695
Kompaktheit A/V	0,82
Primärenergiekennzahl in $kWh/(m^2 \cdot a)$ (Heizung, Hilfs- und Haushaltsstrom)	92
Jahresheizwärmebedarf Q_H in $kWh/(m^2 \cdot a)$	14

Versorgungstechnik

Erdkollektoren	nein
Lüftungsanlage mit WRG	Kreuz-Gegenstrom-Plattenwärmetauscher, Wolf CKL-A-4400
Heizung	Nahwärme
Heizwärmeübergabe	Heizkörper
Brauchwassererwärmung	dezentrale Durchlauferhitzer

Abb. 6.168: Ostansicht (Quelle: Architekturbüro J. + J. Viethen, Erkelenz)

Abb. 6.169: Westansicht (Quelle: Architekturbüro J. + J. Viethen, Erkelenz)

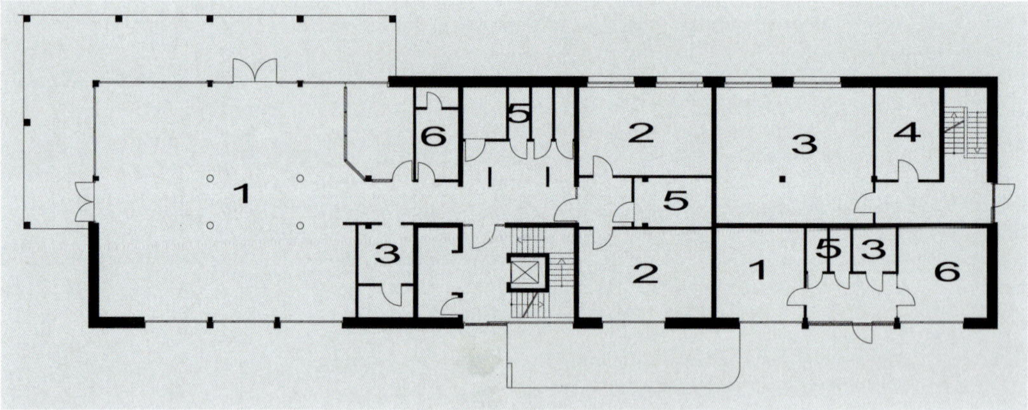

Abb. 6.170: Grundriss EG, Bürogebäude, Heinsberg, nach Architekturbüro J. + J. Viethen, Erkelenz

1 Aufenthalt
2 Ruheraum
3 Lager/Archiv
4 Technik
5 Sanitär
6 Personal

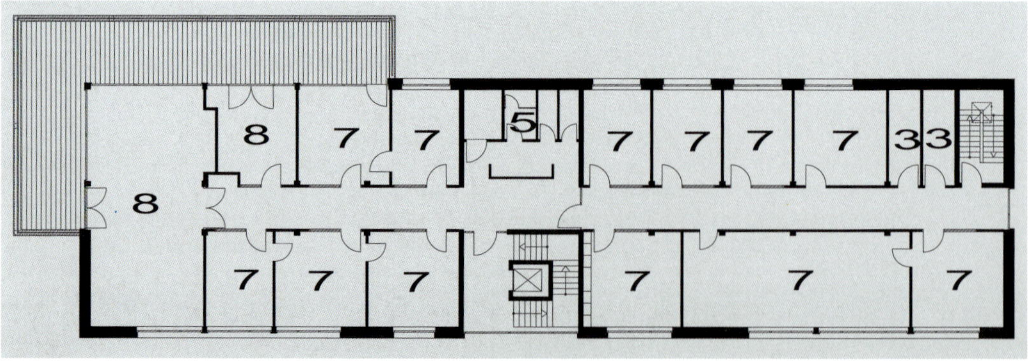

Abb. 6.171: Grundriss OG, Bürogebäude, Heinsberg, nach Architekturbüro J. + J. Viethen, Erkelenz

3 Lager
5 Sanitär
7 Büro
8 Besprechung

Abb. 6.172: Seitenansicht

Abb. 6.173: Lüftungsanlage auf dem Dach

Bauweise

Tabelle 6.23: Konstruktionsaufbau Bürogebäude, Heinsberg

Bauteil	Materialschicht	Materialstärke in cm	*U*-Wert in W/(m² · K)
Bodenplatte Sohle	Zementestrich	6,50	
	Trittschalldämmung	3,00	
	Wärmedämmung, WLG 035	10,00	
	Stahlbeton	25,00	
	Styrodur® CS	10,00	
gesamt Sohle		**54,50**	**0,152**
Außenwand	Kalksandstein	24,00	
	Wärmedämmung, WLG 035	30,00	
	Außenputz	1,00	
gesamt Außenwand		**55,00**	**0,111**
Flachdach	Gipsputz	1,50	
	Stahlbeton	20,00	
	Wärmedämmung, WLG 035	36,00	
gesamt Flachdach		**57,50**	**0,095**
Fenster	Dreifachverglasung		$U_f = 1{,}40$ $U_w = 0{,}79$ $U_g = 0{,}60$ $g = 0{,}30/0{,}55$

7 Passivhäuser in verschiedenen Bautypologien

Passivhäuser können in unterschiedlichen Bautypen, z. B. als frei stehendes Einfamilienhaus oder als Reihenmittelhaus, ausgeführt werden. Auch die Erstellung größerer Bauprojekte, wie mehrgeschossiger Wohnhäuser oder gewerblicher bzw. öffentlicher Bauten, z. B. Verwaltungsbauten oder Schulen, sind im Passivhausstandard möglich. Entscheidend ist dabei die Kompaktheit des Gebäudes (siehe Kapitel 1.1.2).

In diesem Kapitel wird das Passivhaus anhand der Referenzobjekte von Wohnhäusern in seinen unterschiedlichen Typologien bezüglich des *A/V*-Verhältnisses, der gewählten Technikanlage und dem daraus resultierenden Heizwärmebedarf verglichen.

Der Vergleich der verschiedenen Bautypologien bezieht sich auf Referenzobjekte, die durch die Firma Sommer bereits erstellt wurden. Nicht alle herangezogenen Objekte sind in Kapitel 6 aufgeführt.

7.1 Vergleich der *A/V*-Verhältnisse

Tabelle 7.1 vergleicht das *A/V*-Verhältnis der unterschiedlichen Bautypen.

Der Vergleich in Tabelle 7.1 zeigt deutlich, dass ein Reihenmittelhaus mit einem Wert von 0,39 ein sehr günstiges *A/V*-Verhältnis hat, was an den geringen Wandaußenflächen liegt, denn lediglich Stirn- und Rückseite bilden eine Außenwandfläche. Das Reihenendhaus liegt mit einem *A/V*-Verhältnis von 0,56 durch zusätzliche Außenwandflächen entsprechend höher. Das mehrgeschossige Wohnhaus mit 9 Wohneinheiten weist durch seine Kompaktheit einen noch geringeren Wert als das Reiheneckhaus auf. Das höchste *A/V*-Verhältnis mit einem Wert von 0,67 hat das frei stehende Einfamilienhaus in eingeschossiger Bauweise. Treberspurg/Smutny/Grünner, 2010, betrachten die Errichtungskosten in Abhängigkeit von der Kompaktheit: „*Der Anteil an kostenintensiver Gebäudehülle pro geschaffene Nutzfläche hat für Niedrigenergiehäuser und Passivhäuser einen maßgeblichen Einfluss auf die Errichtungskosten. Die Analyse von 24 Wiener Wohnhausanlagen (Fertigstellung 2003–2008) zeigt einen deutlichen Zusammenhang zwischen Kompaktheit und Errichtungskosten. Kompaktere Wohnhausanlagen sind deutlich kostengünstiger als jene mit hohem Hüllflächenfaktor (Oberflächen-Volumen-Verhältnis). Ein A-V-Verhältnis von 0,2, 0,3 bzw. 0,4 m^2/m^3 bewirkt Kosten von etwa 1.300, 1.400 bzw. 1.500 €/m^2 [bei Wohnhausanlagen]. PH befinden sich etwa im selben Bereich wie NEH. Die Errichtungskosten sind im Allgemeinen sehr stark von der Größe und der Kompaktheit einer Wohnhausanlage abhängig.*“ (Treberspurg/Smutny/Grünner, 2010, S. 6)

Tabelle 7.1: Vergleich der Bautypen in Bezug auf das *A*/*V*-Verhältnis

Bautyp	**frei stehendes Einfamilienhaus, eingeschossig**	**frei stehendes Einfamilienhaus**	**frei stehendes Einfamilienhaus, L-Form**	**Doppelhaushälfte in Baulücke**
Ansicht				
Keller	–	ja	ja	–
Grundriss	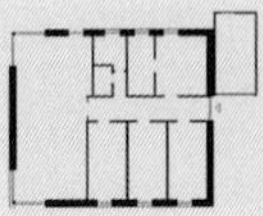	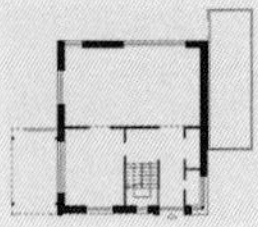	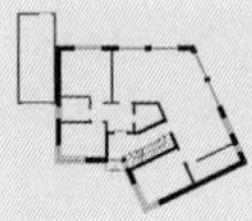	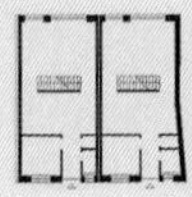
A/*V*-Verhältnis	**0,67**	**0,60**	**0,58**	**0,46**

Bautyp	**Einfamilienreihenhaus, Eckhaus**	**Einfamilien-Reihenmittelhaus**	**Wohnhaus mit 9 Wohneinheiten, mehrgeschossig**
Ansicht			
Keller	ja	ja	ja
Grundriss	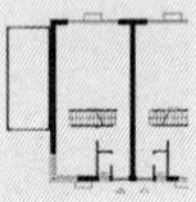	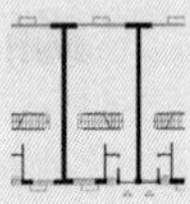	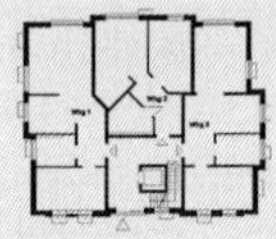
A/*V*-Verhältnis	**0,56**	**0,39**	**0,43**

7.2 Bilanzierung des Heizwärmebedarfs

Anhand der ermittelten Daten im PHPP ergaben sich die in Abb. 7.1 dargestellten Werte bezüglich des Heizwärmebedarfs der unterschiedlichen Bautypen.

Für das Reihenmittelhaus ergibt sich mit 9,4 kWh/(m^2 · a) der niedrigste Heizwärmebedarf. Durch die geringen Transmissionswärmeverluste kann trotz der geringen Solargewinne ein enorm niedriger Wärmebedarf erreicht werden. Dem folgt das Mehrfamilienwohnhaus mit einem Heizwärmebedarf von 14,0 kWh/(m^2 · a). Die Transmissionswärmeverluste liegen mit 27,7 kWh/(m^2 · a) jedoch schon deutlich höher und resultieren aus den größeren Außenwandflächen (siehe Abb. 7.1). Bei den frei stehenden Passivhäusern steigen diese Verluste über 30 kWh/(m^2 · a), können aber durch die höheren solaren Gewinne aufgefangen werden. Durch diesen Ausgleich kann ein Heizwärmebedarf von 15 kWh/(m^2 · a) erreicht werden.

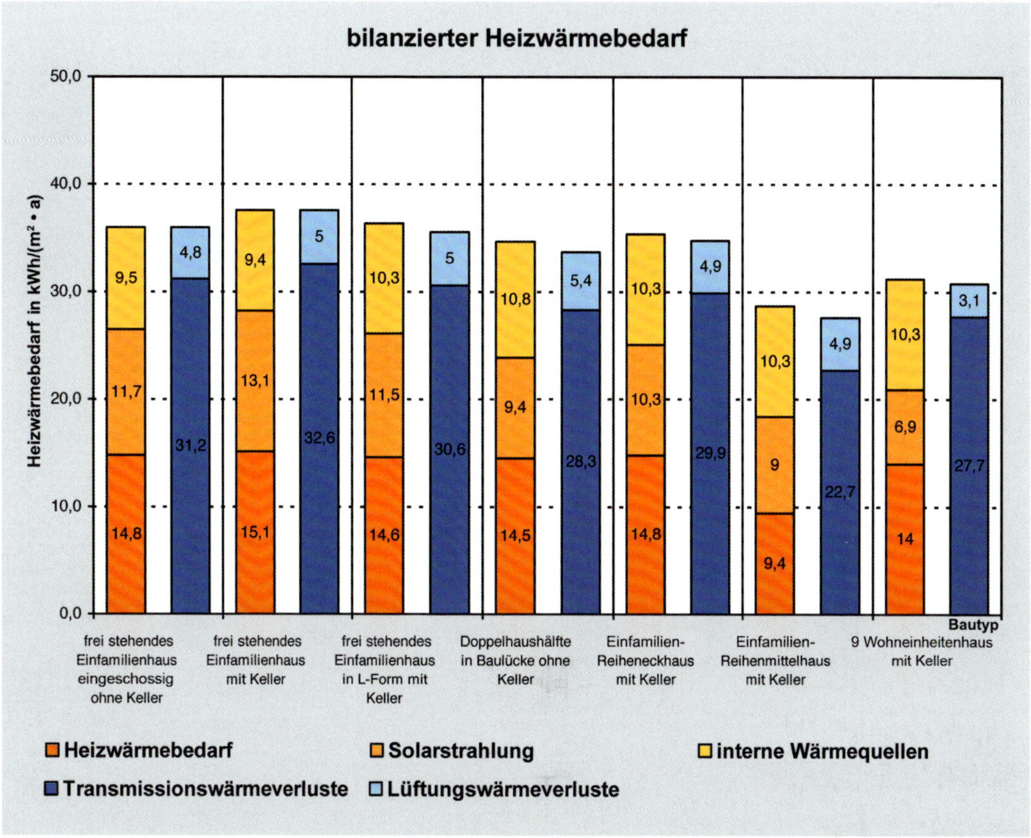

Abb. 7.1: Heizwärmebedarf der verschiedenen Bautypen

7.3 Zusammenhang *A*/*V*-Verhältnis/Heizwärmebedarf

Um den Zusammenhang zwischen *A*/*V*-Verhältnis und Heizwärmebedarf nochmals zu verdeutlichen, findet sich in Tabelle 7.2 eine Aufstellung aller genannten Werte.

Die Tabelle zeigt, dass die Haustypen mit dem günstigsten *A*/*V*-Verhältnis auch den geringsten Heizwärmebedarf haben. So ergab sich für das Reihenmittelhaus mit dem *A*/*V*-Verhältnis von 0,39 ein Heizwärmebedarf von lediglich 9,4 kWh/($m^2 \cdot a$). Die Transmissionswärmeverluste liegen bei 22,7 kWh/($m^2 \cdot a$). Auch das mehrgeschossige Wohnhaus mit 9 Wohneinheiten bestätigt durch den geringen Heizwärmebedarf von 14 kWh/($m^2 \cdot a$) das gute *A*/*V*-Verhältnis. Die Differenz des eingeschossigen frei stehenden Einfamilienhauses mit dem größten Wert von 0,67 zum ebenfalls frei stehenden Einfamilienhaus mit einem Wert von 0,60 basiert auf unterschiedlichen Himmelsausrichtungen, dem Anteil der Verglasungsflächen und den damit verbundenen differenzierten solaren Gewinnen sowie den unterschiedlichen Dämmstärken.

Tabelle 7.2: Zusammenhang von *A*/*V*-Verhältnis und Heizwärmebedarf der unterschiedlichen Bautypen

Bautyp	**frei stehendes Einfamilienhaus, eingeschossig**	**frei stehendes Einfamilienhaus**	**frei stehendes Einfamilienhaus, L-Form**	**Doppelhaushälfte in Baulücke**	**Einfamilienreihenhaus, Eckhaus**	**Einfamilien-Reihenmittelhaus**	**Wohnhaus mit 9 Wohneinheiten, mehrgeschossig**
Keller	–	ja	ja	–	ja	ja	ja
A/*V*-Verhältnis	0,67	0,60	0,58	0,46	0,56	0,39	0,43
Heizwärmebedarf in kWh/($m^2 \cdot a$)	14,8	15,1	14,6	14,5	14,8	9,4	14,0

8 Wirtschaftlichkeit

Noch vor wenigen Jahren wurde die durchschnittliche Energieeinsparung von 90 % gegenüber konventionell erstellten Gebäuden innerhalb der gesamten Lebenszeit eines Passivhauses für unmöglich erklärt. Eine Fülle an praktischen Beispielen beweist inzwischen, dass das Passivhauskonzept zuverlässig funktioniert. Dennoch halten sich, gerade im Hinblick auf Einfamilienhäuser, einige Bedenken, die es zu klären gilt.

8.1 Hinweise zur effektiven Beratung des Bauherrn

Die Barriere „Preis“ scheint einer der häufigsten Gründe zu sein, die zögern lassen, ein Passivhaus zu bauen oder zu erwerben. Bauherren haben konkrete Erwartungen an den Erwerb und die Unterhaltung ihres zukünftigen Heimes.

Bauherren möchten

- ein bezahlbares Haus,
- eine sehr gute Qualität zu einem akzeptablen Preis,
- Energie einsparen und unabhängig von steigenden Energiepreisen sein,
- langlebige und einfach zu bedienende Hauselemente,
- überschaubare und planbare Kosten für den Betrieb und die Wartung der Haustechnik,
- mittel- und langfristig geringe Folgekosten,
- eine hohe Wertbeständigkeit,
- einen hohen Wiederverkaufswert auch bei verschärften gesetzlichen Wärmeschutzanforderungen,
- eine ansprechende Optik usw.

Argumentativ lässt sich die Wirtschaftlichkeit des Passivhauses durch Zahlen gut belegen. Im Hintergrund stehen jedoch **Bedenken** und damit **emotionale Barrieren:** Die Prinzipien des Passivhausbaus sind neu, innovativ, andersartig und ungewohnt. Die eingesetzte Technik funktioniert anders als bekannt. Das Einschätzen von Konsequenzen fällt schwer, da man auf keine eigenen Erfahrungen zurückgreifen kann. Das verursacht Unsicherheit und erschwert das Verstehen. Der Bauherr benötigt bei dieser Investition deshalb ein besonders sicheres Gefühl, um richtig entscheiden zu können.

Einige Strategien, beim Bauherrn Vertrauen und Sicherheit bezüglich der Preiswürdigkeit zu schaffen, sind:

- Bestätigung, dass die Erwartungen verstanden werden und diese befriedigend gelöst werden können

- Vorwegnehmen möglicher Bedenken, indem der Berater sie aktiv anspricht und Sachverhalte in einer positiven, verständlichen Sprache erklärt
- Beschreibung emotionalen Nutzens, z. B.: „Sie können sicher sein, …“, „Sie können darauf vertrauen, …“ oder „Ihre Familie freut sich über …“

Sind positive Bilder und Verständnis aufgebaut, greifen Sachargumente leichter:

- Bei der Gebäudeplanung wird Wert auf eine sehr gute Abstimmung der einzelnen Bau- und Technikkomponenten aufeinander gelegt. Das senkt Baukosten sowie laufende Kosten für Heizung und Warmwasserbereitung und macht unabhängig von Energiepreisen.
- Technisch wird der Bau des Hauses unter strenger Beachtung von Leistungsfähigkeit und Qualität bei Materialien und Technik realisiert. Das schafft dauerhafte Wertbeständigkeit und Freude am Haus.
- Befürchtete Mehrinvestitionen treten nicht ein oder lassen sich durch definierte Maßnahmen kompensieren. Wegfallende laufende Betriebskosten entlasten das Haushaltsbudget.
- Es ist nur eine relativ geringe Investition nötig, um von einem Niedrigenergiehaus zum Passivhaus zu gelangen, das wesentliche Vorteile bietet.

Am Ende des Beratungsprozesses steht eine Entscheidung des Bauherrn, die rational und emotional begründet ist (siehe auch Hinweise zur Kommunikation in Kapitel 9).

8.2 Bauinvestitionen

Im Folgenden werden verschiedene Kostenebenen aus Fachsicht dargestellt.

8.2.1 Erfahrungen

Die Frage nach den zu erwartenden Investitionen ist nicht immer leicht zu beantworten. Sie hängt von verschiedenen Faktoren ab und macht Vergleiche schwierig (Stadt Frankfurt, Energiereferat, 2010). Zu berücksichtigende Faktoren können sein:

- Vergleichsmaßstab (Standardhaus nach EnEV 2014, KfW-Effizienzhaus 55 oder 40)
- Neubau oder Sanierung
- Haustyp (Einfamilien-, Mehrfamilienhaus, Geschosswohnungsbau)
- Wohnfläche (vergleichbar sind realistischerweise nur identische Wohnflächen)
- Erfahrung des Planers (die ersten Passivhäuser sind immer die teuersten!)
- Zeitpunkt der Entscheidung zum Passivhaus (je später, desto teurer wird es)

(Mehr-)Investitionen sind also sehr stark objektabhängig.

Hinweis: Die in diesem Kapitel aufgezeigten Studien und Vergleiche beruhen zum Teil noch auf einer Vergleichsbasis der EnEV 2009. Da die neue EnEV 2014 erst ab dem 1. Januar 2016 für ein höheres energetisches Niveau der Standardbauten gesorgt hat, sind zu diesem neuen Vergleichspunkt noch nicht so viele Untersuchungen angestellt worden. Weiterhin sind durch die Verschärfung der EnEV die Baukosten für „normale“ Neubauten

Tabelle 8.1: Vergleich der Investitionskosten für ein Einfamilien-, ein Reihenmittel- und ein Mehrfamilienhaus in Passivhausbauweise mit denen für den Bau entsprechender Häuser gemäß den Vorgaben der EnEV 2009, nach Passivhaus Kompendium, 2010/Werkgruppe Freiburg, www.phk-verlag.de und www.werkgruppe-freiburg.de

Bauteil	Einfamilienwohnhaus		Reihenmittelhaus		Mehrfamilienwohnhaus	
	EnEV 2009	Passivhaus	EnEV 2009	Passivhaus	EnEV 2009	Passivhaus
Dach						
• *U*-Wert in W/(m² · K)	0,30		0,31		0,18	0,09
• Kosten in %	100	123,2	100	130,6	100	114,6
Wand						
• *U*-Wert in W/(m² · K)	0,23	0,13	0,26	0,18	0,23	0,13
• Kosten in %	100	116,8	100	107,4	100	116,8
Kellerdecke						
• *U*-Wert in W/(m² · K)	0,40	0,16	0,40	0,20	0,26	0,13
• Kosten in %	100	126,8	100	116,8	100	121,3
Fenster						
• *U*-Wert in W/(m² · K)	1,30	0,80	1,30	0,80	1,30	0,80
• Kosten in %	100	160	100	160	100	160
Haustechnik						
• Ausstattung	Pellet kombikessel	Pellet-kombikessel Lüftungsanlage mit WRG	Pellet-kombikessel	Pellet-kombikessel Lüftungsanlage mit WRG	Pellet-kombikessel	Pellet-kombikessel Lüftungsanlage mit WRG
• Kosten in %	100	126,0	100	128,6	100	132,9
Kostenvergleich: Summe aller Bauteile und Gewerke in %	**100**	**109,5**	**100**	**108,6**	**100**	**109,3**

etwas angestiegen und damit die Kostenunterschiede zwischen EnEV und Passivhaus noch weiter gesunken. Aus diesen Gründen können die Vergleiche mit der EnEV 2009 auch weiterhin benutzt werden, um Schlüsse zu ziehen.

Um die Baukosten eines Passivhauses zu beleuchten, wird eine Studie der Werkgruppe Freiburg (Laible, 2010) sowie anderer Autoren betrachtet. Tabelle 8.1 zeigt die Kosten eines Einfamilien-, eines Reihenmittel- und eines Mehrfamilienhauses in Passivhausbauweise gegenüber einem nach EnEV 2009 geplanten Gebäude.

Demnach kostet ein massiv gebautes Passivhaus rund 9 % mehr als ein Haus gemäß den Vorgaben der EnEV 2009. Die Kostenschere schließt sich zuneh-

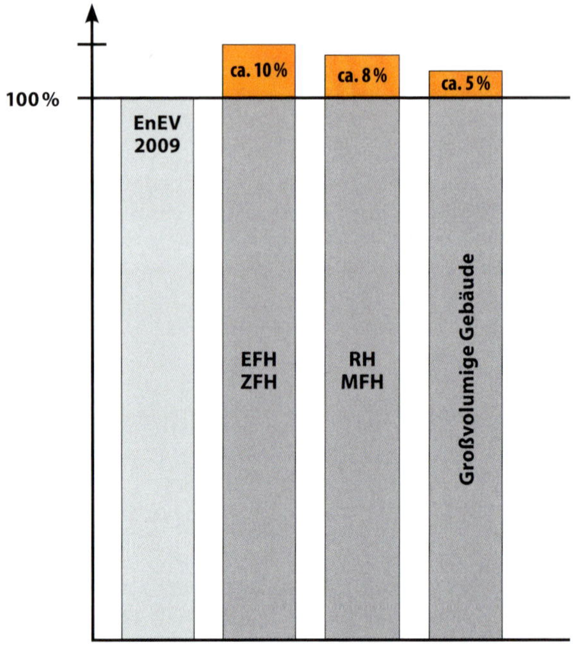

Abb. 8.1: Durchschnittliche Mehrinvestition beim Bauen nach Passivhausstandard in Abhängigkeit von Haustyp und Kostengruppen 300 und 400 gemäß DIN 276-1 nach Informationsgemeinschaft Passivhaus Deutschland, „Aktiv für mehr Behaglichkeit: Das Passivhaus". Informationsbroschüre. Darmstadt 2003–2010, www.ig-passivhaus.de

mend zwischen den 3 Gebäudetypen. Das Passivhaus wird, relativ gesehen, deutlich günstiger. In der Studie wurde die Preisdifferenz zu anderen Effizienzhäusern nach KfW nicht untersucht. Da hier aber in hohem Maß ebenfalls Passivhaustechnik zum Einsatz kommt, sind die Unterschiede nur noch klein. Es ist mit etwa 2 bis 3 % Mehrkosten beim Passivhausbau gegenüber einem KfW-Effizienzhaus 55 zu rechnen.

Die Stadt Frankfurt hat die Kosten eines Passivhauses (Einfamilienhaus) im Vergleich zu einem Haus ermitteln lassen, das die Grenzwerte nach EnEV 2009 sowie des EEWärmeG gerade noch einhält (siehe Stadt Frankfurt, Energiereferat, 2010).

Beim Neubau eines Einfamilienhauses mit 162 m² Wohnfläche betragen die Baukosten nach DIN 276-1, KG 3 und 4, für ein Standardhaus nach EnEV 2009 1.784 €/m², für ein Passivhaus 1.914 €/m²; das sind 7,3 % Mehrinvestitionen für das Passivhaus (Stadt Frankfurt, Energiereferat, 2010). Genaue Details können der Studie entnommen werden.

In anderen Veröffentlichungen liegen die benannten Mehrinvestitionen bei Einfamilienhäusern zwischen 10 und 15 %, bei Mehrfamilienhäusern zwischen 5 und 8 %. In der Broschüre „Aktiv für mehr Behaglichkeit: Das Passivhaus" (Informationsgemeinschaft Passivhaus Deutschland, 2010) wird als Faustregel eine Mehrinvestition zwischen 5 und 10 % angegeben (siehe Abb. 8.1).

Die Erfahrungen des Autors decken sich mit den o. g. Daten.

Tabelle 8.2: Kostenvergleich EnEV/Passivhaus auf Basis eigener Untersuchungen für ein geplantes Passivhaus

Gewerkgruppe	geschätzte Kosten nach EnEV 2014 in €	geschätzte Kosten Passivhaus in €	geschätzte Mehrkosten in €
Baueinrichtung	5.000,00	5.000,00	0,00
Erdarbeiten/Entwässerung	9.636,55	9.636,55	0,00
Mauerarbeiten/(Stahl-)Betonarbeiten	50.362,90	50.362,90	0,00
Zimmermann	4.018,80	4.018,80	0,00
Dachdecker	5.286,60	5.286,60	0,00
Fenster/Verschattung	15.900,00	22.656,50	6.756,50
Trockenbau/Innenwände	13.900,00	15.240,50	1.340,50
Klempnerarbeiten	1.338,70	1.338,70	0,00
Elektro	10.000,00	11.000,00	1.000,00
Innenputz	5.696,80	5.696,80	0,00
Estrich	6.531,50	6.531,50	0,00
WDVS	22.500,00	28.544,00	6.044,00
Fliesen/Werkstoffe/Bodenbeläge	7.873,25	7.873,25	0,00
Innentüren	3.665,00	3.665,00	0,00
Schlosser	2.665,00	2.665,00	0,00
Sanitär, Heizung und Lüftung	31.200,00	41.300,00	10.100,00
gesamt	**195.575,10**	**220.816,10**	**25.241,00**

Aus der Verschärfung der EnEV 2014 in 2016 haben sich die Kostenunterschiede nochmals verringert. Nach einer Untersuchung von Laible Verlagsprojekte liegen im Wohnungsbau die Mehrkosten für die Gebäudehülle bei einem Passivhaus im Bereich von 3 bis 5 % der Baukosten (siehe Horn, 2018).

In Tabelle 8.2 sind die Kosten für ein vom Autor mitgeplantes Passivhaus zu sehen. Neben der Beheizung über die Zuluft wurde in diesem Projekt noch ein konventionelles Heizungssystem gewünscht. Dadurch fallen die Mehrkosten im Bereich Heizung von etwa 10.000 € stark ins Gewicht. Die Mehrkosten rein durch die Gebäudehülle liegen nur etwa bei 15.000 €, was eine Kostensteigerung von 7,7 % gegenüber EnEV bewirkt. Insgesamt entstehen mit der geplanten Heizung Mehrkosten von etwa 25.000 €, dies entspricht etwa 12,9 %. Die Mehrkosten des Passivhauses können je nach Projekt stark abweichen, weswegen bereits im Vorfeld eine genaue Untersuchung der jeweiligen Situation notwendig ist. Ebenso können Bauherrenentscheidungen diese Kosten stark beeinflussen.

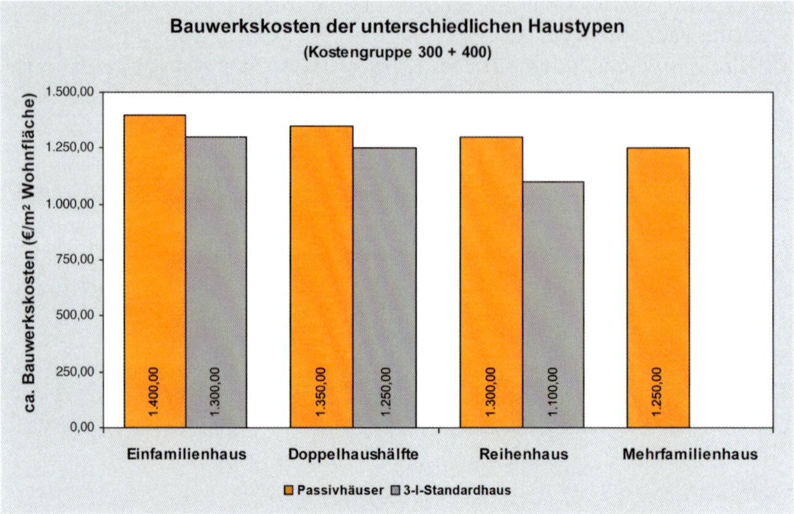

Abb. 8.2: Bauwerkskosten (Kostengruppen 300 und 400) der unterschiedlichen Bautypologien nach ILS-Schrift NRW 202, 2007/2010

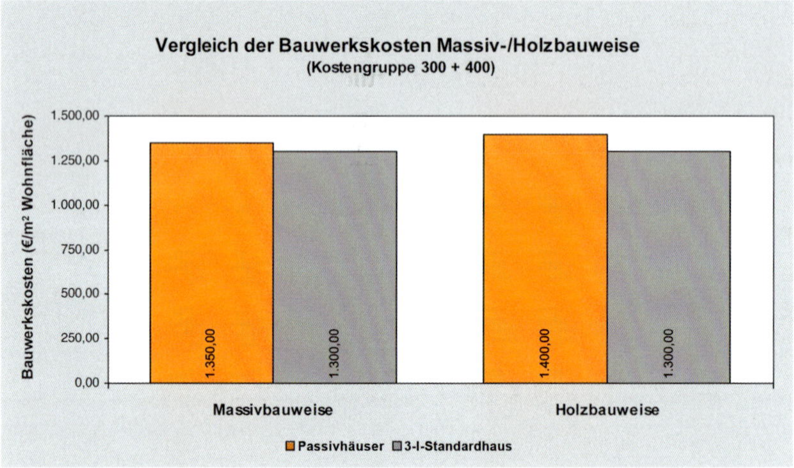

Abb. 8.3: Bauwerkskosten verschiedener Bauweisen nach ILS-Schrift NRW 202, 2007/2010

Die Verschärfung der EnEV bewirkt also eine Annäherung der Kosten eines Standardbaus an die des Passivhauses. Positiv für den Passivhausbauherrn wirken sich fallende Preise für Passivhauskomponenten aus – ein Trend, der sich durch Massen- oder Serienproduktion u. a. weiter fortsetzen wird.

8.2.2 Detaillierte Betrachtung der Investitionen

Um die Baukosten eines Passivwohnhauses mit denen eines 3-l-Standardgebäudes vergleichen zu können, wird auf eine Studie des Ministeriums für Bauen und Verkehr des Landes Nordrhein-Westfalen vom Institut für Landes- und Stadtentwicklungsforschung und Bauwesen (ILS-Schrift NRW 202, 2007) auf einer Grundlage von ca. 350 Projekten sowie auf vom Autor erstellte Passivhausprojekte zurückgegriffen. Die Kostengruppen 300 und 400 werden in Abb. 8.2 bei unterschiedlichen Bauweisen zusammenfassend betrachtet.

Die Baukosten liegen bei beiden Bauweisen am höchsten beim Einfamilienhaus. Mit zunehmend kompakterem Wohnhaustyp sinken die Kosten pro Quadratmeter Wohnfläche. Beim Mehrfamilienhaus lagen keine Vergleichswerte im Bereich des 3-l-Standardhauses vor. Die Kosten eines Passivhauses liegen, unabhängig vom Haustyp, um ca. 100 bis 150 €/m² Wohnfläche höher.

Im Vergleich der Kosten der Massivbau- mit denen der Holzbauweise im Passivhausbau ist die kostengünstigere Lösung in der Massivbauweise mit ca. 1.350,00 €/m² Wohnfläche zu sehen. Im 3-l-Standardhaus sind keine Kostendifferenzen innerhalb der unterschiedlichen Bauweisen zu erkennen (siehe Abb. 8.3).

8.3 Zusätzliche Investitionen und entfallende Kosten

Der Erfolg des Passivhauskonzepts basiert auf der konsequenten Umsetzung der Energieeffizienz.

8.3.1 Grundüberlegungen zur Wirtschaftlichkeit

Die Wirtschaftlichkeit eines Passivhauses beim Erstellen und bei der späteren Nutzung hängt von verschiedenen Faktoren ab:

Der **Besitzer oder Bewohner** des Passivhauses hat durch folgende Faktoren Einfluss:

- qualitative Anforderungen an das Haus
- Akzeptanz des Konzeptes Passivhaus
- eigenes Verhalten

Gerade Betriebskosten zeigen deutlich, wie Motivation, Akzeptanz des Passivhauskonzeptes und Verhalten die Kosten beeinflussen (vgl. ILS-Schrift NRW 2007/2010; Keul, 2009). Eine gute Beratung und Einweisung bei Einzug verstärken positive Erwartungen und verhindern damit höhere Betriebskosten (siehe Kapitel 9).

Auch die **Rahmenbedingungen,** unter denen gebaut wird, spielen eine wichtige Rolle:

- Forderungen durch die aktuelle EnEV oder die KfW für Darlehen
- Neubau, Sanierung, Haustyp, Wohnfläche usw.
- Lärmschutzzone

Der **Planer** garantiert durch seine Professionalität der Bedarfsanalyse und Beratung sowie seine Erfahrung bei der Planung möglichst geringen Aufwand, Schnelligkeit, Wirtschaftlichkeit, Qualität der Planung und Kostenoptimierung von Beginn an. Ein konsequentes Umsetzen der Standards zur Energieeffizienz und das Beachten der bauphysikalischen Bedingungen sind zwingend erforderlich. Die Planung der hochgedämmten Außenhülle sollte ohne konstruktiven Mehraufwand erfolgen. Eine individuelle und optimale Abstimmung der Hauskomponenten senkt Investitions- und Betriebskosten.

Die **ausführenden Fachbetriebe** beeinflussen das Ergebnis durch ihre fachliche Kompetenz und Erfahrung sowie durch ihre Einkaufskonditionen.

Der Bauherr kann beim Passivhausbau Eigenleistungen erbringen. Zu klären ist aufgrund der hohen Anforderungen an Kenntnissen, wo dies realistisch und wirklich kostensparend ist. Informationen zu Eigenleistungen beim Passivhausbau sind im Internet zu finden.

Wichtig ist auch die **Kommunikation und Zusammenarbeit der Beteiligten.** Ein gemeinsames Verständnis der notwendigen Qualität sichert die korrekte fachliche Bauausführung. Zu Beginn einer Zusammenarbeit mit wenig erfahrenen, lokalen Fachbetrieben ist es unerlässlich, die Anforderungen und Erwartungen genau zu kommunizieren. Bei Bedarf ist in die Techniken einzuweisen. Denn in der laufenden Umsetzung sind Korrekturen schwierig, teuer und frustrierend. Das bewirkt möglicherweise auch beim Bauherrn negative Gefühle.

Zufriedenheit und die adäquate Bedienung der Haustechnik sind stark abhängig von einer angemessenen und laiengerechten Einweisung (ILS-Journal Forschung 2/10, 2010; Keul 2009). Fehlerhafte Bedienung sowie nicht verstandene Grundprinzipien des Passivhauses erhöhen die Betriebskosten.

Ebenfalls ist die **Qualität von Materialien und Technik** ausschlaggebend. Das Angebot an Materialien ist vielfältig und die Qualität sehr gut. Weitere Preisreduktionen sind zu erwarten.

Die genannten Faktoren treffen ebenso auf die Qualitätssicherung und -kontrolle zu (siehe Kapitel 4.4). Weitere Informationen zur Wirtschaftlichkeit sind unter www.passivhaus-ratgeber.com oder in der Broschüre „Kalksandstein – Passivhaus – Plusenergiehaus“ (2011; www.kalksandstein.de) nachzulesen.

8.3.2 Minderkosten und Mehrinvestitionen

Im Passivhausbau **entfallen Kosten** für:

- konventionelle Heizungsanlagen, Heizkörper, Fußboden- oder Wandheizung und die dazugehörige Technik
- Gasanschluss, Gaszähler oder Öltank
- gesicherten Heizraum oder Brennstofflager (bei Pelletheizungen wird ein kleiner Lagerraum benötigt)
- Kellerausbau, wenn es gewünscht wird
- Lärmschutzfenster (dreifachverglaste Fenster für den Passivhausbau haben gleichzeitig die höchste Lärmschutzstufe)
- Kaminzüge (bei Wärmepumpe)
- Kaminkehrer

Offene Feuerstellen, Kaminöfen oder klassische Kachelöfen sind nicht erlaubt in einem Niedrigenergiehaus mit luftdichter Hülle. Ohne technische Vorkehrungen kann jedoch ein preisgünstiger Ethanolofen betrieben werden. Dafür ist kein Kamin notwendig.

Laufend geringere Betriebskosten entlasten das Haushaltsbudget bei:

- Warmwasserzubereitung, Heizung
- Unterhalt und Wartung der Haustechnik
- Zeitaufwand durch Abrechnung von Nebenkosten bei Vermietung

Die zur Beheizung oder Belüftung eingesetzten Geräte zeichnen sich durch geringen mechanischen Verschleiß bzw. geringe Materialbelastung aus. Klassische Öl- oder Gasbrenner mit extremen thermischen Belastungen sind verschleiß- und reparaturanfälliger. Mieter der Passivhauswohnungen „Hansa Allee Westend", Frankfurt a. M., profitieren hiervon: Der Heizenergieverbrauch ist in ihrem Haus so niedrig, dass keine separaten Nebenkosten für Heizung und Warmwasser mehr abgerechnet werden (www.abg-fh.com).

Mehrinvestitionen sind einzukalkulieren für:

- besonders hochwertige Dämmung/Dämmstoff nach Volumen
- automatische Komfortlüftung, zentrale oder dezentrale Lüftungstechnik mit WRG
- Fenster mit Dreifach-Wärmeschutzverglasung und sog. warmer Kante
- Detaillösungen für die Abdichtung (luftdichte Gebäudehülle) und zur Vermeidung von Wärmebrücken
- Sonderlösungen, wie z. B. eine Katzenklappe

Bei Neubauten und energetisch sanierten Altbauten schreibt DIN 1946-6 seit Mai 2009 vor, dass ein Fachmann den ausreichenden Luftwechsel im Haus überprüfen muss. Bei Bedarf muss ein Lüftungskonzept erstellt werden. Damit wären es dann keine „Mehr"-Investitionen mehr im Vergleich zu anderen Häusern bzw. Wohnungen.

Mögliche Sparpotenziale beim (Passiv-)Hausbau sind durch eine geschickte Bauplanung zu erzielen. Komfort oder Langlebigkeit des Gebäudes können mit ökonomischer Planung trotzdem gewährleistet werden. Der Bauherr gewinnt dadurch freies Budget für Investitionen in Haustechnik, Dämmung o. a.

Unter www.passivhaus-ratgeber.de sind entsprechende Berechnungen, bezogen auf eine Grundfläche von 115 m^2, dargestellt (siehe Tabelle 8.3).

In Abb. 8.4 werden die Mehr- und Minderkosten zahlenmäßig verglichen, wobei es sich um ungefähre Angaben handelt, die bei Bauprojekten unterschiedlicher Größe schwanken können. Grundlage bildet hier der Passivhausstandard im Einfamilienhausbau.

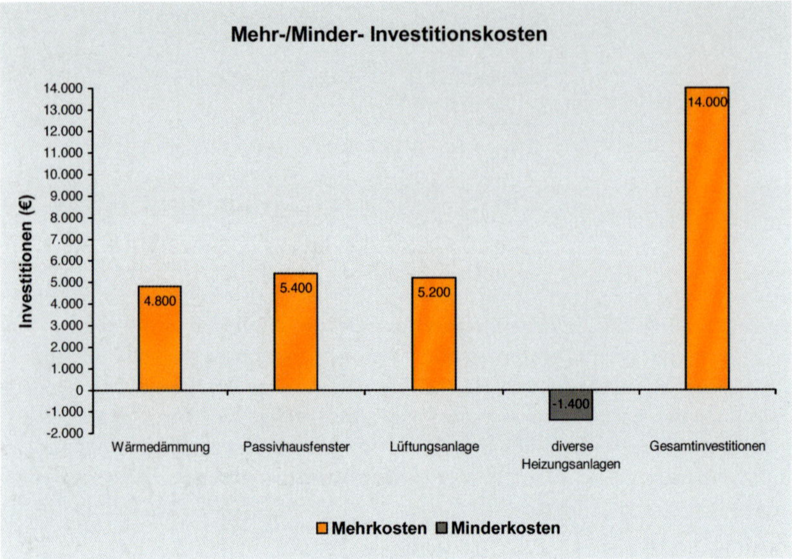

Abb. 8.4: Durchschnittliche Mehr- bzw. Minderkosten für ein Passivhaus nach www.passipedia.de/grundlagen/wirtschaftlichkeit/wirtschaftlichkeit_von_baulichen_energiesparmassnahmen/sind_passivhaeuser_wirtschaftlich

Tabelle 8.3: Einsparpotenziale beim Passivhausbau nach www.passivhaus-ratgeber.de

Bauteil	**Beschreibung**		**Sparpotenzial**
	Details	**Berechnung der Mehrkosten**	
Keller	Der Verzicht auf einen Keller spart sehr viel Geld; bei Bau eines Kellers fallen Mehrkosten an für:		4.600 € + 1.575 € + 28.500 € + 14.950 € = 49.625 €
	Bodenaushub, Abfuhr und eventuell Deponierung von Bodenaushub	ca. 115 m² × 2 m = 230 m³, ca. 20 €/m³ für mittlere Böden → **Mehrkosten** von 230 m³ · 20 €/m³ = 4.600 €	
	Hinterfüllen, Verdichten von Boden mit Maschineneinsatz, Lagern von Aushub	rundherum ca. 1 m breit und 2 m hoch; ca. 90 m³; ca. 17,50 €/m³ → **Mehrkosten** von 90 m³ · 17,50 €/m³ = 1.575 €	
	Kellerwände aus WU-Beton	(d = 20 cm, bewehrt): (2,20 m × 10,72 m) · 4 = 95 m²; ca. 300 €/m² → **Mehrkosten** von 95 m² · 300 €/m² = 28.500 €	
	Kellerdecke aus Filigranplatten und Ortbeton	(d = 20 cm): Fläche ca. 115 m²; ca. 130 €/m² → **Mehrkosten** von 115 m² · 130 €/m² = 14.950 €	
	Unter Berücksichtigung weiterer Kosten, wie Erstellen von Innenwänden, Dämmmaßnahmen, Putz, Bodenbeläge, Kellerfenster, Drainagemaßnahmen, Elektroinstallation, Treppe, belaufen sich Gesamtmehrkosten für einen Keller schnell auf:		ca. 55.000–60.000 €

Tabelle 8.3 (Fortsetzung): Einsparpotenziale beim Passivhausbau nach www.passivhaus-ratgeber.de

Bauteil	Beschreibung		Sparpotenzial
	Details	**Berechnung der Mehrkosten**	
Dachflächenfenster	Dachflächenfenster, Wohnraumfenster mit Isolierverglasung, Eindeck- und Flügelrahmen einschließlich Auswechseln, Anschluss an die Dachhaut, Zubehörteilen, Abdichten und Oberflächenbehandlung	pro Stück ca. 1.750 € bei einer Größe von ca. 1,5 bis 2,0 m² in einfacher Ausstattung; bei angenommenen 4 Dachflächen-Wohnraumfenstern: → **Mehrkosten** von ca. 4 · 1.750 € = 7.000 €	7.000 €
Schornstein	Schornstein entfällt		ca. 3.500–4.000 € laufende Kosten für Reinigung, Abnahmegebühren
	einzügiger Schornstein aus Betonformteilen, Dämmmaterial, Innenrohr aus Keramik, mit Zubehörteilen und Nebenleistungen	bei einer Höhe von ca. 9 m: → **Mehrkosten** von ca. 2.800 €	
	zusätzliche Kosten für Verschieferung oder eine Mauerwerksverblendung des Schornsteinkopfes	→ **Mehrkosten** von ca. 700–1.200 €	
Dachform und Dacheindeckung	Ein herkömmliches Satteldach mit 45° Dachneigung hat eine Dachfläche von ca. 180 m².		Einsparen von 50 m² Dachfläche
	Die Alternative Pultdach hat eine Dachfläche von ca. 130 m², bezogen auf eine gegebene Grundfläche von 115 m² und einen allseitigen Überstand von ca. 30 cm.		
	kostengünstigeres Bauen durch einfachere Holzkonstruktion (z. B. nur eine Mittelpfette, keine Zangen, weniger Dachlatten usw.), Halbieren der Dachrinnenlänge und Anzahl der Fallrohre, geringerer Verbrauch von Dämmmaterial, schnellere Montage des Daches		ca. 790 € + 2.600 € + 2.500 € + 7.000 € + 1.620 € + 600 € = 15.200 €
	Einsparen einer Mittelpfette verringert Kosten (herstellen, verzimmern, imprägnieren, Befestigungsmittel usw.).	16 cm × 26 cm, 12 m lang; ca. 66 €/m → **Mehrkosten** von ca. 12 m · 66 €/m = 792 €	
	Beim Pultdach fällt die komplette Kehlbalkenlage (Zangen) weg; Kosten verringern sich im Vergleich zum Satteldach um:		
	Herstellen und Verzimmern	Abstand von 80 cm, ca. 15 Zangen (8 cm × 24 cm) von ca. 3,5 m Länge; ca. 50 €/m → **Mehrkosten** von ca. 15 · 3,5 m · 50 €/m = 2.625 €	
	Einbauen der Sparrenkonstruktion (50 m² mehr Dachfläche)	ca. 50 €/m² → **Mehrkosten** von ca. 50 m² · 50 €/m² = 2.500 €	
	Zwischensparrendämmung (50 m²) und Aufsparrendämmung (50 m²)	ca. 140 €/m² für Dämmung und Einbau → **Mehrkosten** von 50 m² · 140 €/m² = 7.000 €	
	Dachentwässerung beim Pultdach: nur eine Seite; Kupferblechhängerinne mit Halterungen, Befestigungsteilen, Einläufen und Anschlüssen, Laubfangkörben und Fallrohren	ca. 135 €/m → **Mehrkosten** von ca. 12 m · 135 €/m = 1.620 €	
	Eindecken mit großformatigen Faserzementwellplatten (Eternit Berliner Welle) spart Geld.	50 m² Tonpfannen, ca. 12 €/m² teurer als Berliner Welle → **Mehrkosten** von 50 m² · 12 €/m² = 600 €	

Tabelle 8.3 (Fortsetzung): Einsparpotenziale beim Passivhausbau nach www.passivhaus-ratgeber.de

Bauteil	Beschreibung		Sparpotenzial
	Details	**Berechnung der Mehrkosten**	
Gebäudeform und Fenster	Rechteckige Gebäudeformen und der Verzicht auf Vorsprünge, Ausbauten, Erker, Rundbögen u. a. haben viele Vorteile:		> 10.000 €
	Vermeiden von Wärmebrücken, geringere Kosten beim Einmessen des Gebäudes, kürzere Bauzeit, weniger Aufwand (z. B. aufwendig gemauerte Verzierungen, Verwenden von speziellen Formsteinen oder Abfangkonstruktionen); Eigenleistung bei einfachen Gewerken durch Bauherrn möglich		
	komplizierte Fensterformen mit Rundbögen und Dreiecken, Fenstersprossen verteuern		
	Anzahl der Fenstertypen möglichst gering halten (bessere Einkaufskonditionen, kürzere und schnellere Bauzeiten durch kleine Serien, Routineeffekt)		
	Ein Einschätzen der möglichen Sparpotenziale durch die Wahl einer einfachen Gebäudeform ohne Kenntnis weiterer Planungsdetails ist schwierig; nach Meinung der Autoren vom o. g. Webportal liegen die Einsparpotenziale bei ca. 10.000 € und mehr.		
Garage	Einzel-Carport	ca. 3,0 m × 6,0 m, vierseitig offen → **Kosten** von ca. 2.000 €	ca. 13.000 € bei Nutzung Carport
	gemauerte Garage (inkl. Verblender und Satteldach)	→ **Kosten** von ca. 15.000 €	
Erdgashausanschluss	Hausanschlüsse entfallen	→ **Kosten** von ca. 2.500 € (je nach Energieversorger)	2.500 € + 500 € = 3.000 € sowie jährliche Zusatzkosten
	Kosten des Heizungsbauers für Verziehen der Gasleitung zu Verbrauchern, Materialkosten entfallen	→ **Kosten** von ca. 500 €	
	Es entfallen jährliche Emissionsmessung, Abgaswegeüberprüfung.		
Treppe	gerade laufende Treppen günstiger als gewendelte Treppen; Kosten reduzieren durch Verzicht auf aufwendige Naturstein- oder Plattenbeläge, Verwenden von Fertigteiltreppen statt speziell angefertigter Treppen; Einschubboden-, ggf. Kellertreppe entfällt (kein Dachraum oberhalb des Obergeschosses vorhanden)		6.500 € – 4.500 € = 2.000 € bei gerader Treppenführung
	Treppe als gerade Konstruktion geplant	→ **Kosten** von ca. 4.500 €	
	gewendelte Treppe in ähnlicher Ausstattung	→ **Kosten** von ca. 6.500 €	
zentraler Technikraum	effiziente Planung: möglichst kurze Wege aller relevanten Ver- und Entsorgungsleitungen vom Technikraum, in dem die Hauptstränge zentral geführt werden, zu den Anschlüssen (gilt für Wasser- bzw. Abwasser-, Zu- und Abluftleitungen der zentralen Lüftungsanlage); Lüftungsrohre möglichst geradlinig führen (reduziert Installationsaufwand, senkt Kosten, verringert die einzubauende Ventilatorleistung); durch Zentrierung im Technikraum reicht ein Abwasserrohr zur Kanalisation hin aus (geringere Kosten durch weniger Aushub, kürzeren Rohrweg, Vermeiden von Abzweig- bzw. Sammelpunkten usw.); weiterer Vorteil: nur eine Bodendurchdringung = Wärmebrücke Ohne Detailkenntnisse ist Einspareffekt schwer zu berechnen; es erscheint realistisch, von ca. 2.000 €, auf das Gesamtgebäude bezogen, auszugehen; die Materialeinsparung ist hier der entscheidende Faktor. → **Mehrkosten** von ca. 2.000 €		ca. 2.000 €

Tabelle 8.3 (Fortsetzung): Einsparpotenziale beim Passivhausbau nach www.passivhaus-ratgeber.de

Bauteil	Beschreibung: Details	Beschreibung: Berechnung der Mehrkosten	Sparpotenzial
Jalousien statt Rollläden	Vorteile außen liegender Jalousien: gut in Fenster integrierbar wegen des kleineren Kastens, keine Wärmebrücken, da Wanddurchdringung durch elektrischen Antrieb entfällt, innen liegende Rollladenkästen sind bauphysikalisch weniger geeignet		15.000 € – 10.000 € = 5.000 €
	Rollladenkonstruktion kostet Material, Zubehör, Einbau: • Kästen in hochwärmegedämmter Ausführung (30 cm × 30 cm): ca. 150 €/m • Rollladenpanzer als Normalprofil: ca. 120 €/m^2 • elektrischer Antrieb: ca. 480 €/Stück	Gesamtkosten ca. 750 €/m; bei angenommenen 20 m: → **Kosten** von 20 m · 750 €/m = 15.000 €	
	elektrisch betriebene Außenjalousien (Lauflänge bis ca. 2,20 m)	ca. 500 €/m; etwa benötigt: 20 m → **Kosten** von 20 m · 500 €/m = 10.000 €	
Rohbau	Kosteneinsparung durch Materialauswahl:		ca. 6.000 €
	Verblendmauerwerk: • günstig: NF-(Normalformat-)Stein ca. 30 €/m^2 • teuer: DF-(Dünnformat-)Stein ca. 60 €/m^2 sowie längere Bauzeit, mehr Mörtel	bei angenommenen ca. 200 m^2 Mauerwerksfläche: → **Mehrkosten** von 200 m^2 · (60 €/m^2 – 30 €/m^2) = 6.000 €	
	Innenwände: Kalksandstein in den Formaten 4 bzw. 6 DF mit Stoßverzahnung, Verwendung von Dünnbettmörtel: geringere Bauzeit und Materialkosten bei gleichzeitig guten Schallwerten; teurer: Vermauerung kleinformatiger Kalksandsteine mit Zementmörtel		
	Dämmstoffe: Preisunterschiede bei gleicher Wärmeleitfähigkeit von bis zu 50 % und mehr; ökologische Dämmstoffe, wie Kork oder hochdämmende Vakuumisolationspaneele, sind sehr teuer. Für Passivhäuser kommen nur Dämmstoffe mit ausgezeichneten Wärmeleitfähigkeiten oder anderen speziellen Eigenschaften (hohe Druckfestigkeit) in Betracht		
Heizung	Installation einer effizienten Heizungsanlage mit Gasbrennwertkessel, zentraler Warmwasserbereitung über Ladepumpe (Speicher ca. 160 l), Heizkörpern in allen Räumen, Fußbodenerwärmung in ausgesuchten Räumen (z. B. Bad, Wohnen), Kessel außentemperaturabhängig gesteuert	ca. 150 €/m^2 Wohnfläche; bei angenommenen 150 m^2: → **Kosten** von 150 m^2 · 150 €/m^2 = 22.500 €	ca. 22.500 € gegengerechnet werden müssen Kosten für kontrollierte Be- und Entlüftung
	Kosten der kontrollierten Be- und Entlüftungsanlage mit WRG, eventuell notwendige Wärmepumpe zur Deckung des Restwärmebedarfs: Kosten können nicht exakt angegeben werden.		
mögliche Kosteneinsparungen bei geschickter Planung			**ca. 140.000 €**

8.4 Finanzierung

Wenn die benötigten Mehrkosten des Passivhauses nicht durch das Eigenkapital des Bauherrn finanziert werden können, müssen sie durch einen höheren Hypothekenkredit abgedeckt werden. Bei angenommenem 4,7 % Zins und 1,6 % Tilgung bedeutet dies eine Kapitaldienstmehrbelastung von jährlich 945,00 €. Wird das Bauvorhaben noch durch einen zinsvergünstigten Kredit der KfW „Ökologisch Bauen" für das KfW-Effizienzhaus 55/Passivhaus mit 100 % Auszahlung und Zinsen, die ca. 0,5 % unter Marktniveau liegen, je nach Laufzeit und tilgungsfreien Anlaufjahren finanziert, erhält der Bauherr z. B. für ein Einfamilienhaus 100.000,00 €. Durch die günstige Verzinsung entsteht eine jährliche Minderbelastung von rund 500,00 €. Im Beispiel in Tabelle 8.4 werden damit die Belastungen der investierten Mehrkosten ganz ausgeglichen.

Hinzu kommen die fortlaufenden Energieeinsparungen von jährlich ca. 715,00 € bei den derzeitigen Brennstoffkosten, da im Passivhaus nur noch ca. 2.290 kWh Brennstoff für Heizung und 350 kWh Strom für die Lüftung benötigt werden, im konventionellen Haus jedoch ca. 13.300 kWh Heizöl oder Erdgas. Der jährliche Strombedarf der Lüftungsanlage wird mit 65,00 € veranschlagt.

Für die weiteren Berechnungen werden 15.000,00 € zusätzliche Investitionen im Vergleich zu einem Standardhaus angenommen. Für diesen Mehrbetrag ist der Passivhausstandard bei einem Einfamilienhaus in jedem Fall umsetzbar. Erfahrungsgemäß kann die Investition durchaus geringer ausfallen. Der Vergleich in Tabelle 8.4 bezieht sich auf die Erstellung eines Passivhauses mit einer Grundfläche von 150 m² und nennt überschlägige Beträge.

Die aufgeführte Berechnung verdeutlicht nicht nur die anfänglich geleisteten Mehrkosten, sondern auch die daraus resultierenden Einsparungen in den Folgejahren.

Der Strombedarf und damit die Unterhaltskosten werden durch die im Normalfall als Heizung verwendete, strombetriebene Wärmepumpe erhöht. Die Wärmepumpen wandeln 1 kWh elektrische Energie in ca. 3 kWh Heizleistung um. Der gesamte Stromverbrauch (Warmwasser, Licht, Heizung usw.) eines Passiveinfamilienhauses mit 150 m² Gesamtfläche kann mit ca. 6.000 kWh im Jahr angenommen werden. Etwa jeweils 50 % davon entfallen auf den Wärmebedarf (Heizung bzw. Warmwasser) und den sonstigen Verbrauch (Licht, Küchengeräte usw.). Der Wartungsaufwand für die Haustechnik entspricht dem eines normalen Wohnhauses.

Neben dem Energieverbrauch sollten auch die anfallenden **Nebenkosten** bei der Wirtschaftlichkeit eines Passivhauses in Betracht gezogen werden. Dabei müssen, neben den fixen Nebenkosten, die unabhängig vom Energieverbrauch entstehenden, auch vom Heizsystem verursachten Nebenkosten berücksichtigt werden.

Die Versorgungstechnik im Passivhaus besteht vorrangig aus der dringend erforderlichen Be- und Entlüftungsanlage mit hohem WRG-Grad. Diesen Anlagen werden in den meisten Fällen weitere Komponenten zur Primär-

Tabelle 8.4: Beispielhafter Kostenvergleich eines Passivhauses im Vergleich zum Standardhaus nach Passivhaus Institut Darmstadt

	Kosten in €	Einsparung in €
Zusatzinvestition	**15.000,00**	
zusätzlicher Kapitaldienst im ersten Jahr (Bank)	945,00	
Entlastung durch Zinsförderung im ersten Jahr		500,00
Heizenergieeinsparung (11.000 kWh/a = 0,65 €/l Heizöl)		715,00
Stromkosten der Lüftung (0,28 €/kWh)	100,00	
Verringerung der Belastung in den ersten Jahren		**170,00**

energieeinsparung hinzugefügt. Ein vorgeschalteter EWT, eine Wärmepumpe und eine Solaranlage mit angeschlossenem Pufferspeicher u. a. tragen zur Einsparung von Energie bei. Sie reduzieren erheblich die Nebenkosten, da der Stromverbrauch gegenüber einer Luftheizung enorm gesenkt wird. Als Verursacher anzurechnender Kosten kann bei der Passivhaustechnik lediglich das Auswechseln der Lüftungsfilter herangezogen werden. Diese sind sehr günstig.

Das Einsparpotenzial bei den Nebenkosten liegt infolge der energieeffizienten Versorgungstechnik im Passivhausbereich bei bis zu 80 % gegenüber den herkömmlich betriebenen Heizsystemen.

Die Investitionen für die Haustechnik bewegen sich sowohl beim Passiv- als auch beim Standardhaus im gleichen Rahmen, da das Entfallen der gängigen Heizanlage mit Brenner, Schornstein und der zu installierenden Heizkörper die Kosten einer eingebauten Lüftungsanlage mit Wärmepumpe und Luftkanalnetz deckt. Lediglich die zusätzlichen Kosten der Passivhausfenster und der hochgedämmten Gebäudehülle kommen im Vergleich zum Tragen und betragen ca. 8 % der Bausumme.

Diese zusätzlich entstehenden Kosten werden jedoch durch die eingesparten Energiekosten rasch aufgefangen. Spart das Passivhaus noch durch günstige, von der KfW geförderte Kredite Finanzkosten ein, ist es von Anfang an günstiger als ein konventionell erstelltes Haus.

8.5 Energieeinsparungen

Bevor Energieeinsparungen zum Tragen kommen, müssen zunächst die zusätzlichen Kosten in das Passivhaus investiert werden. Die anfänglich höheren Investitionen werden jedoch erst aufgefangen, wenn auf ein herkömmliches Heizsystem verzichtet wird und mit dem gleichen Kostenaufwand ein hochenergieeffizientes Lüftungssystem mit hoher WRG verwendet wird. So kann z. B. ein Passivhaus mit einem Lüftungssystem eine Energieeinsparung von 90 % erreichen, da es zur Wohnraumbeheizung im Jahr nur 15 kWh/m² Wohnfläche benötigt. Dies entspricht ca. 1,5 l Öl oder

Tabelle 8.5: Beispielhafter Vergleich der Kosten- und Energieeinsparung

Vergleichsrechnung Energieverbrauch	Einfamilienpassivhaus	Einfamilienhaus nach EnEV 2014
Heizen (150 m² Wohnfläche)	15 kWh/a/m² · 150 m² = 2.250 kWh/a	80 kWh · 150 m² = 12.000 kWh/a
Warmwasser (4 Personen)	700 kWh/a/Person · 4 Personen = 2.100 kWh/a	im Heizanteil enthalten
gesamt Heizen + Warmwasser	4.350 kWh/a	12.000 kWh/a
Kosten Strom (Annahme: Erdwärmepumpe mit Jahresarbeitszahl 4)	0,29 €/kWh · 4.350 kWh : 4 ~ **320 €/a**	–
Kosten Gas	–	0,09 €/kWh · 12.000,00 kWh = **1.080 €/a**
Gebühren Gaszähler	–	**180 €/a**
Gebühren Schornsteinfeger	–	**40 €/a**
Gesamtkosten	320 €/12 Monate ~ **27 €/Monat**	1.300 €/12 Monate ~ **110 €/Monat**
allgemeine Nebenkosten (ohne Haushaltsstrom und Telefon)	**80 €/a**	**100 €/a**
monatliche Differenz = 83 € Ersparnis im Passivhaus		

1,5 m³ Erdgas. Ein nach EnEV erstellter Neubau mit einer konventionellen Heizanlage benötigt im gleichen Zeitraum beispielsweise 6 bis 10 l Öl/m².

Tabelle 8.5 zeigt den Vergleich von Einfamilienhäusern in Passivhausbauweise und nach EnEV in Bezug auf die Kosten- und Energieeinsparung.

8.6 Amortisation

Als Amortisationsdauer wird jener Zeitraum angesehen, nach dem die aus einer Investition mit allen Nebenkosten und Zinsbelastungen resultierenden Einsparungen oder Auszahlungen größer als das investierte Kapital (die Einzahlung) samt Kapitalkosten (Zinsdienst) geworden sind.

In der Solartechnik gibt es 2 Amortisationszeiten, die energetische und die finanzielle. Die energetische Amortisation (auch Energierücklaufzeit) einer Solaranlage gibt die Zeit an, in der die Anlage die Energiemenge erzeugt, die zu ihrer eigenen Herstellung benötigt wurde. Solaranlagen zur Brauchwassererwärmung amortisieren sich im Schnitt nach 1,2 bis 2,5 Jahren, Anlagen zur Stromerzeugung amortisieren sich nach 4 bis 8 Jahren. Die finanzielle Amortisation, also die Zeit, nach der sich eine solarthermische Anlage rechnet, ist von den Techniken für die Warmwassererzeugung abhängig sowie von den Zuschüssen, die man für den Einbau einer Solaranlage erhält.

Tabelle 8.6: Investitionskosten und Ertrag einer Fotovoltaikanlage für ein Haus mit 150 m² Wohnfläche und einer Wohneinheit (WE) mit KfW-Programm 153

Kenngröße	**Rechnung**	**Ergebnis**
Auslegung Fotovoltaikanlage nach Jahresertrag	150 m² · 10 kWh/a/m² + 1 WE · 500 kWh/WE	2.000 kWh/a
Leistung der Fotovoltaikanlage	2.000 kWh/a : 800 kWh/kW$_p$	2,5 kWp
Leistung des Stromspeicher	2,5 kW$_p$ · 1 h	2,5 kWh
Investitionskosten	2,5 kW$_p$ · 1.800 €/kW$_p$ + 2,5 kWh · 1.200 €/kWh	7.500 €
KfW-Förderung	5.000 €/WE · 1 WE	5.000 €
Kostenersparnis durch Eigenverbrauch	2.000 kWh/a · 40 % · 0,29 €	230 €/a
Gewinn durch Einspeisung	2.000 kWh/a · 60 % · 0,12 €	144 €/a
Ertrag pro Jahr mit Nebenkosten		330 €/a

Bei Fotovoltaikanlagen spielen die Höhe der Einspeisevergütung, die steuerliche Behandlung und zusätzliche Investitionsförderungen wie z. B. KfW 40+ (Programm 153) ebenfalls eine Rolle. Fotovoltaikanlagen können sich heutzutage bei bedarfsgerechter guter Auslegung schnell amortisieren, da der produzierte und in das öffentliche Stromnetz eingespeiste Strom nach dem EEG über 20 Jahre vergütet wird.

Das Beispiel in Tabelle 8.6 zeigt die Investitionskosten und den Ertrag einer Fotovoltaikanlage mit Batteriespeicher für ein Haus mit 150 m² Wohnfläche und einer Wohneinheit auf. Es ist zu sehen, dass den Investitionskosten von etwa 7.500 € ein jährlicher Ertrag von 330 € gegenübersteht, was einer Rendite von etwa 4,5 % entspricht. Wird die von der KfW zur Verfügung gestellte Förderung für eine solche Fotovoltaikanlage noch mitbetrachtet, so sinken die Investitionskosten auf 2.500 € und es ließe sich eine Rendite von knapp 13 % verwirklichen.

Bei der wirtschaftlichen Betrachtung eines Gebäudes sind nicht nur die Baukosten, sondern ganz wesentlich die langfristige Kostenentwicklung aufgrund der hohen Lebensdauer relevant. Für eine langfristige Betrachtung der Investitionskosten sind mehrere Faktoren zu berücksichtigen:

- der Energieverbrauch
- die Lebensdauer der Komponenten (Haustechnik, Bauteile)
- der Energiebedarf für den Hilfsstrom
- die Nebenkosten und Grundgebühren
- die Energiekostensteigerung
- die Finanzierung
- die staatlichen Fördermittel

Das Passivhaus erfüllt als System und in seinen einzelnen Baukomponenten höchste Qualitätsanforderungen. Die einzelnen Komponenten haben eine außergewöhnlich hohe Lebensdauer. In der Haustechnik (z. B. Lüftungsanlage) gibt es kaum Verschleißteile. Die für Reparaturen und Verschleiß anfällige herkömmliche Heizungsanlage wird beim Passivhaus sehr oft über-

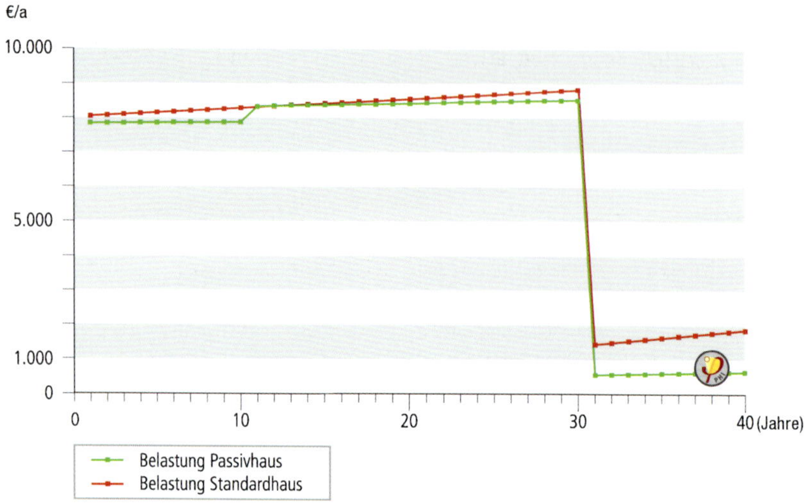

Abb. 8.5: Zeitlicher Verlauf der Kostenbelastung bei einem Haus nach EnEV 2009 und einem Passivhaus (Quelle: Informationsgemeinschaft Passivhaus Deutschland, „Aktiv für mehr Behaglichkeit: Das Passivhaus". Informationsbroschüre. Darmstadt 2003–2010, www.ig-passivhaus.de)

flüssig und verursacht somit auch z. B. keine Wartungskosten. Die hohe Lebensdauer der Lüftungsanlage gegenüber einer Heizungsanlage minimiert teure Reinvestitionen. Die Ausführungsqualität ist von zentraler Bedeutung dafür, das Prinzip des Passivhauses zu erfüllen. Die Wärmebrückenfreiheit, eine luftdichte Gebäudehülle zur Gewährleistung einer effizienten Lüftungstechnik sowie sämtliche Fenster- und Bauteilanschlüsse sind mit einem finanziellen Mehraufwand verbunden; dafür steigen die Qualität und Lebensdauer des Bauprojekts. Statistisch gesehen werden bei einem konventionellen Bauprojekt in den ersten 8 Jahren Kosten durch Bauschäden und Mängel in Höhe von durchschnittlich ca. 20.000 € pro Einfamilienhaus verursacht.

Unter Berücksichtigung dieser Faktoren und der staatlichen Förderung kann der monatliche Finanzierungsbedarf für ein Passivhaus von Anfang an geringer ausfallen als bei einem Haus in traditioneller Bauweise.

Abb. 8.5 zeigt eine Beispielrechnung unter der Annahme gleich bleibender Kapitalmarktbedingungen und einer realen Energiepreissteigerung von 2 % pro Jahr (Basis: 58 ct/l Heizöl bzw. m^3 Erdgas).

8.7 Nutzenargumentation im Gespräch mit dem Bauherrn

Die Interessenten und späteren Passivhausbauherrn sollten zu den anfänglich etwas höheren Investitionen wissen:

- Sie sparen durch die gute Dämmung viel Heizenergie und haben dauerhaft niedrige Heizkosten, auch aufgrund der solaren Wärmegewinne.
- Der Passivhausbewohner kann Energiepreissteigerungen ruhig entgegen sehen. Niedrige Verbrauchskosten schonen das Haushaltsbudget.
- Im Haus ist immer frische, gesunde Raumluft. Dafür sorgt die automatische Komfortlüftung. Sorgfältiges manuelles Lüften entfällt.
- Eine behagliche Raumtemperatur ist im Winter und Sommer sichergestellt.
- Mehrinvestitionen halten sich mit 8 bis 10 % im Rahmen. Staatliche Förderungen entlasten das Investitionsvolumen.
- Das Passivhaus ist auf Dauer wertbeständig und wird auch in Zukunft einen höheren Wiederverkaufswert erzielen.
- Das Passivhaus hält auch in Zukunft den gesetzlichen Anforderungen stand.

8.8 Zusammenfassung

Mehrkosten, die bei einem Passivhaus aufgrund der bauphysikalischen Innovationen entstehen, wie

- mehr Dämmmaterial,
- die Passivhausfenster und
- die Energietechnik,

rechtfertigen sich dennoch.

Ohne die **Minderkosten,** z. B. für eine Heizungsanlage, zu betrachten, sprechen die erheblichen Energieeinsparungen bei steigenden Preisen für sich.

Es rechnet sich also, ein Passivhaus zu bauen.

9 Wohn- und Lebensqualität im Passivhaus – überzeugend kommuniziert

Passivhausinteressenten, -bauherren und -bewohner sollen sich in allen Phasen ihres Interesses, der Entscheidung und schließlich des Wohnens wohl fühlen. In diesem Kapitel werden neben baufachlichen Argumenten auch Aspekte der Motivation, der Kommunikation und der Beratung vermittelt. Diese haben massiven Einfluss auf das Erleben von Wohn- und Lebensqualität und die Zufriedenheit von Passivhausbauherren und -bewohnern nach Einzug ins neue Passivhaus (ILS-Schrift NRW 202, 2007). *„Für die erfolgreiche Aneignung einer innovativen Wohnform wie dem Passivhaus ist für die subjektive Wahrnehmung und Bewertung von objektiven Merkmalen (z. B. Haustechnik) die soziale Vermittlung der Technik und die Kommunikation über Erfolg und Störungen wesentlich.“* (Keul, 2009, S. 4)

Die Psychologie ermöglicht eine gemeinsame Sprache.

9.1 Motivation

Der Wunsch, ein Passivhaus zu bewohnen, basiert bei vielen Menschen auf der Bereitschaft, umweltbewusst und gesund zu leben. Der Bewusstseinswandel, aktiv Energie einzusparen, die CO_2-Emmission zu senken und die Umwelt zu schonen, erfasst immer größere Anteile der Bevölkerung. Diese Menschen sind bereit, neue Verhaltensweisen auszuprobieren, Lebensgewohnheiten zu ändern und stehen Innovationen, wie dem Bau eines Passivhauses, aufgeschlossen gegenüber.

Abb. 9.1 gibt die Ergebnisse einer Studie aus dem Jahr 2010 wieder: Es entschieden sich 62,6 % der Bewohner eines Passivhauses aus eigener Über-

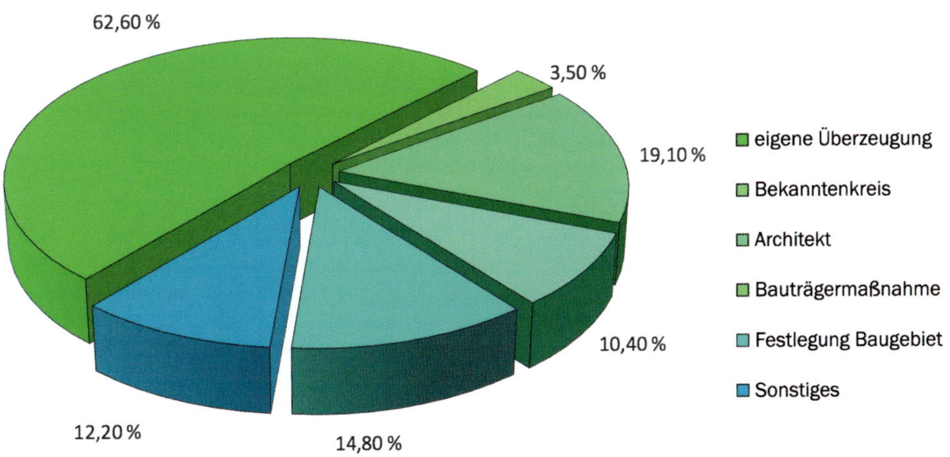

Abb. 9.1: Motivation zur Entscheidung für ein Passivhaus nach ILS-Journal Forschung 2/10, 2010

zeugung für ein Wohnhaus im Passivhausstandard, 14,8 % dagegen aufgrund der Festlegungen für ein Passivhaus im Baugebiet. Auf diesem Wege tragen Architekten, Bauträger und Kommunen zur Förderung des Passivhausbaus bei.

Auf der anderen Seite jedoch bestehen noch Bedenken und Skepsis trotz in großem Umfang vorhandenen Informationsmaterials und vielfältiger Werbeaktivitäten. Diese Skepsis ist sowohl auf Seiten potenzieller Bauherren als auch bei Baufachleuten zu beobachten (vgl. z. B. Schulze, 2010). Das Passivhauskonzept stellt vieles infrage, was über Jahrhunderte als normal und vernünftig galt. Unmittelbare Erfahrungen und Vergleichswerte fehlen, die ein sicheres Gefühl bei der Entscheidungsfindung vermitteln. Die Materie ist komplex, Routinen und Gewohnheiten passen nicht mehr. Ein Umlernen ist unumgänglich. Das macht zusätzliche Anstrengungen erforderlich und reduziert die Eigenmotivation, ein neues Wohnkonzept zu akzeptieren.

Die o. g. Studien belegen auch: Passivhausbewohner, die sich nicht angemessen beraten oder in die Haustechnik eingewiesen fühlten, haben und machen mehr Probleme. Die angestrebten Energiewerte werden nicht erzielt. Deshalb sind sie unzufriedener und teilen das auch Freunden und Bekannten mit.

Hinweis: Die adäquate Kommunikation ist der Schlüssel dazu, Motivation zu fördern, Sicherheit zu geben, Wissen zu vermitteln und damit Verhalten zu beeinflussen.

Ein Architekt oder Bauträger muss dem Passivhausinteressenten und potenziellem Bauherrn durch ausgestrahlte Eigenmotivation, sichere Fachkompetenz und nutzerorientierte Kommunikation Vertrauen vermitteln.

Das Kompetenznetzwerk IG-Passivhaus hat dafür mit der Wissensdatenbank Passipedia eine Zusatzqualifikation eingeführt: den „zertifizierten Passivhaus-Planer“ bzw. den „zertifizierten Passivhaus-Berater“. Diese Qualifikationen sind geschützt und an die qualifizierte Person gebunden (vgl. Kapitel 1.5.1).

Hinweis: Die eigene **Motivation als Bauexperte** wirkt sich sehr stark und oft unbewusst auf die Beziehung zu dem Passivhausinteressenten aus.

Bestehen beispielsweise Befürchtungen, durch die Passivhausprinzipien eingeschränkt zu sein oder durch die hohen Baukosten keine Aufträge zu erhalten, bewirkt dies Folgendes: Im ersten Schritt werden negative Bewertungen und dadurch eine Abwehrhaltung aufgebaut. Im zweiten Schritt wird der eigene Blick verengt (sog. Tunnelblick) und fokussiert auf die negativen Aspekte des Passivhausprinzips. Das verstärkt das Gefühl, mit den eigenen Befürchtungen recht gehabt zu haben. Diese eingeschränkte Wahrnehmungsfähigkeit verhindert, das sichere und bekannte Fachterrain zu erweitern und neue Chancen im Bereich Passivhausbau zu entdecken. Die eigene Motivation, sich mit der Fachmaterie zu beschäftigen, und die Begeisterung werden gebremst. Im Gespräch mit dem potenziellen Passivhauskunden würde die Überzeugungsfähigkeit gemindert.

Die eigene Motivation kann gestärkt werden, in dem man die positiven Wünsche hinter den oben genannten Befürchtungen erkennt: Freiheit und

Kreativität in der Gestaltung bzw. die Sicherheit zu haben, Aufträge zu erhalten. Mit diesem Blick auf das Positive ergeben intensivere Recherchen zahlreiche kreative Gestaltungsmöglichkeiten und wirtschaftlich verträgliche Lösungen auch beim Passivhausbau. Es ist eine reizvolle Herausforderung, das Passivhaus optisch ansprechend zu gestalten. Neue Baustoffe und -systeme, bewährte Prinzipien der Kostenreduktion und attraktive Finanzierungsmöglichkeiten erlauben Passivhausangebote, die einen Passivhausinteressenten bzw. -käufer überzeugen. Eine Chance ist auch, sich als Architekt oder Bauträger durch den neuen Hausbaustil von Mitbewerbern zu unterscheiden. So schafft man sich einen hohen Wiedererkennungswert. Der Passivhausinteressent oder -bauherr erlebt diese positive Motivation des Architekten oder Bauträgers als vertrauensbildend.

Hinweis: Die eigene Motivation, als Passivhausfachexperte auch die Rolle als **Passivhausberater** kompetent einzunehmen, fördert zusätzlich das Vertrauensverhältnis zum Passivhauskunden.

Akzeptiert der Passivhausexperte seine Rolle als Berater und Verkäufer, fällt es ihm leichter, den Passivhausinteressenten oder -bauherrn als „Kunden" zu benennen und zu akzeptieren. Es fällt dann auch leichter, den Wunsch des „Passivhauskunden" (er ist ja Laie) nach **verständlicher und kundenorientierter Kommunikation und Information** zu erfüllen. In der Vergleichsstudie zum Wohnen im Passivhaus und konventionellen Haus (Keul, 2009) wird besonders auf die Konsequenzen einer nicht adäquaten Laien-Experten-Kommunikation eingegangen.

9.2 Kommunikation und Beratung

Der potenzielle Passivhausbauherr kommt prinzipiell aufgeschlossen und am Passivhaus interessiert zum Gespräch mit dem Architekten oder Bauträger. Er ist heute in der Regel auch gut vorinformiert. Das Internet bietet dafür vielfältige Möglichkeiten. Auch die wachsende Zahl fertiggestellter Gebäude stellt einen hohen realen Informationswert dar – im positiven wie im negativen Sinne.

Wenn nach dem Kontakt kein weiteres Interesse mehr gezeigt wird, ist das Beratungsgespräch nicht optimal verlaufen. Der Aufbau einer vertrauensvollen Beziehung hat stets Vorrang vor der Beantwortung von Sachfragen. Deshalb werden im Folgenden einige Anregungen für ein gelungenes Beratungsgespräch gegeben.

9.2.1 Gesprächsvorbereitung

Um sich auf ein Gespräch gut vorzubereiten, ist es hilfreich, sich die Bedürfnisse des potenziellen Bauherrn bewusst zu machen.

Dieser erwartet grundsätzlich zuerst einmal **Wertschätzung und Zeit.** Für den Architekten oder Bauträger als Berater bedeutet das,

- mindestens eine Stunde, besser mehr Zeit einzuplanen, um möglichst alle bestehenden Fragen des Kunden beantworten zu können,
- gut vorbereitet zu sein und klare Ziele zu haben,
- eine entspannte Gesprächsumgebung zu schaffen,

- eine positive Grundhaltung durch eine angemessene, wertschätzende und positive Sprache zu vermitteln,
- das Interesse des Gegenübers für ein sehr fortschrittliches, aber auch sehr komplexes Konzept anzuerkennen und
- die Person des Gesprächspartners unabhängig von dessen Verhalten immer wertschätzend zu behandeln.

Besonders wertschätzend empfindet es der Passivhausinteressent, wenn sein Gesprächspartner sich in seine Situation gut eingedacht hat und zusätzliche, wertvolle Hinweise gibt.

Der Passivhausinteressent erwartet zudem **Begeisterung, Kompetenz und professionelles Verhalten,** um Vertrauen zu dem ihn beratenden Architekten oder Bauträger aufbauen zu können. Die Neugierde und die Bereitschaft, sich auf etwas Neues einzulassen, hängen stark davon ab, wie er im Gespräch **Authentizität** erlebt. Der Architekt oder Bauträger bereitet sich fachlich und mental auf das Gespräch vor. Er sorgt dafür, dass er ausgeglichen und konzentriert ist. Er geht mit einer positiven Haltung in das Gespräch mit dem Passivhausinteressenten. Hilfreich sind hierzu kurze Entspannungsübungen, das Ausblenden anderer Tätigkeiten oder negativer Gedanken.

Der potenzielle Bauherr erwartet darüber hinaus **Verständnis und Geduld.** Er wird Bedenken äußern, Gehörtes oder Gelesenes benennen. Er wird unter Umständen auch Fehlinformationen aus Gesprächen mit anderen Anbietern, die andere Konzepte bevorzugen, mitbringen. Der Berater bleibt neutral und souverän, indem er

- Informationen adäquat und leicht verständlich vermittelt,
- die Ideen oder Konzepte anderer anerkennt, statt sie abzuwerten, und
- die Wünsche und Fragen des Passivhausinteressenten ernst nimmt.

9.2.2 Beratung

Die Grundlage eines erfolgreichen Beratungsgespräches ist eine **klare und nachvollziehbare Gesprächsstruktur.** Dazu gehören:

- Erläutern von Vorgehen, Inhalten und Zeitrahmen des Gesprächs
- Klären von Situation und Rahmenbedingungen, Wünschen und Zielen des potenziellen Bauherrn (Bedarfsanalyse)
- Erläutern der Ziele des Architekten oder Bauträgers für das Gespräch
- Festlegen von weiteren Schritten für Folgegespräche

In das Gespräch werden alle einbezogen, die am Haus interessiert sind oder darin leben werden. Die gute Einbindung fördert, dass getroffene Entscheidungen durch alle Beteiligten gestützt werden. In der Praxis hat sich ein sehr gut illustriertes und verständliches Buch „Wir bauen uns ein Passivhaus" (Freirer/Frankel, 2007) als hilfreich erwiesen, auch Kinder zu begeistern.

Professionelles Beraterverhalten zeigt sich im Gespräch durch gutes Zuhören und Nachfragen. Der Architekt oder Bauträger sollte in eigenen Worten wiederholen, was er verstanden hat. Gezieltes Nachfragen, ob er richtig verstanden worden ist, vermeidet ebenfalls Missverständnisse. Hier empfiehlt sich die Formulierung „Habe ich es verständlich erklärt?" statt „Haben Sie mich/es verstanden?".

Der Architekt oder Bauträger als Berater spricht nutzergerecht und nutzenorientiert. Dadurch wird eine gleichwertige und damit vertrauenfördernde Beziehung hergestellt. Das heißt:

- Fachsprache vermeiden
- technische Details leicht verständlich und anhand typischer Alltagssituationen oder im Vergleich zu bekannten oder häufig genutzten Geräten erläutern
- bildhaft sprechen
- Materialien zeigen („begreifen" lassen), Referenzobjekte vorstellen
- Möglichkeit der Besichtigung von bewohnten Objekten einräumen

Sehr nützlich ist die Fähigkeit, positive Umdeutungen und Formulierungen zu finden, die das Gespräch voranbringen. Das verhindert Kommunikationsfallen, wie Rechthabenwollen, Besserwissen oder Abwerten.

Beispiel

> Die Reaktion „Das ist ein Vorurteil!" oder „Das ist ein Mythos!" auf geäußerte Bedenken des potenziellen Passivhausbauherrn wertet den Gesprächspartner als leichtgläubig ab. Positiv aufgenommen und umformuliert könnte die Antwort des Architekten oder Bauträgers lauten: „Das ist ein wichtiger Punkt, gut, dass Sie danach fragen..." oder „Ich habe verstanden, dass es Ihnen wichtig ist, die Fenster öffnen zu können/wirtschaftlich zu bauen.". Anstatt eine Frage mit „Das geht nicht." zu beantworten, ist diese Alternative zielführender: „Wenn wir Ihren Vorschlag realisieren, würde das zur Folge haben, dass ... Möchten Sie das? Als Alternative ist Folgendes geeignet: ..."

Wichtig ist auch, dem Passivhausinteressenten stets das Gefühl zu vermitteln, autonom zu sein und die Wahl zu haben. Dazu sollte er zu Möglichkeiten der Realisierung, möglichen Auswirkungen oder Konsequenzen von gewünschten Änderungen informiert werden. Er soll die Möglichkeit bekommen, bewusst „kritisch" alle Informationen zu prüfen, um sämtliche offenen Fragen oder Bedenken klären zu können. Damit lassen sich nachträglich entstehende Probleme verhindern. Um Unsicherheit zu nehmen, kann die Zusicherung hilfreich sein, beim Einzug eine gute Einweisung zu geben und gerade in der Anfangszeit mit Rat und Tat zur Seite zu stehen.

Hat sich der Passivhausinteressent zur Zusammenarbeit entschlossen, muss zunächst eine **detaillierte Auftragsklärung** erfolgen. Sämtliche Sach- und Detailfragen sind zu besprechen: Was wird wie, womit, wann, wo und von wem erledigt? Wie sehen die Rahmenbedingungen, wie Vorgaben, Finanzierung, Bezahlmodus usw., aus? Welche Rolle und Aufgabe haben Bauherr, Architekt, Bauträger usw.? Bereits im Vorfeld sollte auch besprochen werden, wie in kritischen Situationen der Umgang miteinander erfolgen soll. Dies lässt sich in einer entspannten Situation einfacher als in einer Krise klären.

Bei der **Vertragsschließung** schließlich sollten alle Beteiligten mit dem Gespräch und den Vereinbarungen zufrieden sein; alle Inhalte sollten klar und verstanden sein. Eine kleine Feier oder ein Anstoßen auf die Zusammenarbeit kann die Verbindlichkeit weiter steigern.

9.3 Einweisung des Bauherrn beim Einzug in das Passivhaus

Das Passivhaus ist gebaut. Oft wird zu wenig bedacht, dass Motivation, positive Grundeinstellungen und freudige Erwartungen an das Leben im Passivhaus in den ersten Wochen getrübt werden können. Das Passivhaus erfordert aktives Umlernen und das Abtrainieren von Gewohntem. Die subjektive Wahrnehmung und Bewertung anfänglicher Probleme sind für die Zufriedenheit des Bauherrn wesentlich, nicht, ob die Veränderung objektiv erfolgreich verläuft.

In der Praxis als untauglich erwiesen haben sich kurze Einweisungen oder das Übergeben von Unterlagen, ebenso wenig der Hinweis auf das Internet (ILS-Schrift NRW 202, 2007/2010; Keul, 2009). Stattdessen sollte der Bauherr die Möglichkeit erhalten, **direkt positive Erfahrungen** gerade mit der innovativen Technik sammeln zu können. Architekt oder Bauträger können dafür sorgen,

- indem sie den Alltag im Passivhaus mit seinen Vorteilen, aber auch mit den zu erwartenden Veränderungen beschreiben,
- indem sie aus der Erfahrung gewonnene Tipps, wie die Eingewöhnung schneller erfolgen kann, weitergeben,
- indem sie bei größeren Objekten eine telefonische Hotline einrichten und
- durch das gezielte Einweisen in die Technik und das Beschreiben von adäquatem Verhalten im Normalbetrieb und bei Störungen. Bewährt haben sich ein gemeinsames Einüben der Anwendungen sowie das Bestätigen und Bestärken jeder richtigen Anwendung.

Untersuchungen (ILS-Schrift NRW 202, 2007/2010; Keul, 2009) belegen: Die Zufriedenheit mit dem Passivhaus ist umso größer und die sachgerechte Funktion gerade der Haustechnik umso sicherer, je besser die Einweisung und die Begleitung in der Eingewöhnungsphase waren. Motivierte Bewohner verbrauchen weniger Energie, da sie passivhausgerecht handeln. Offene Fenster im Winter oder im Schlafzimmer können z. B. Hinweise darauf sein, dass eine erneute Einweisung erforderlich ist.

Es ist sinnvoll, nach Hausübergabe und Einzug mit dem Bauherrn in Kontakt zu bleiben. Nach angemessener Zeit sollte nachgefragt werden, ob der Umgang mit dem Passivhaus problemlos ist und die Haustechnik verstanden wurde. Auch die Möglichkeit weiterer Einweisungen sollte angeboten werden.

9.4 Wohngesundheit

In Zusammenarbeit mit der Medizinischen Universität Wien (Institut für Umwelthygiene) und der IG Passivhaus Österreich hat das Österreichische Institut für Baubiologie und Bauökologie (IBO) von 2010 bis 2013 ein vom Klima- und Energiefonds gefördertes Forschungsprojekt zum Thema „Bewohnergesundheit und Raumluftqualität in neu errichteten, energieeffizienten Wohnhäusern" durchgeführt (siehe Tappler u. a., 2014). Die dabei gemessenen Werte der Schadstoffkonzentrationen und der CO_2-Gehalte in Schlafräumen lagen deutlich unter denen aus Vergleichsobjekten mit Fensterlüftung. Insgesamt ergab sich eine wesentlich bessere Raumluftqualität in Häusern mit mechanischer Lüftung. Umfragen unter den Bewohnern zeigten, dass diese auch ihren Gesundheitsstatus und die subjektiv empfundene Raumluftqualität höher einschätzten als Personen aus der Vergleichsgruppe.

9.5 Typische Fragen und Bedenken zum Wohnen im Passivhaus

Passivhausinteressenten und -bewohner finden Antworten zu ihren Fragen oder Bedenken in zahlreichen Ratgebern, auf Internetseiten oder in bei Bezug des Hauses ausgehändigten Handbüchern. Jedoch vermitteln diese die Antworten meist entweder auf zu hohem oder zu niedrigem Niveau. *„Um sozial Erfolg zu haben, darf ein Passivhaus nicht zu kompliziert sein [...] und seine Vorgänge sollten für Laien funktionell beobachtbar sein."* (Keul, 2009, S. 4)

Die genannte Studie weist auch darauf hin, sorgfältig zu kommunizieren, um mögliche Irritationen, Ängste und pauschale Ablehnung des Passivhauses als *„sick building"* zu vermeiden (siehe Keul, 2009). Im Folgenden werden alternative Antwortmöglichkeiten und andere Vorgehensweisen vorgestellt.

Hilfreich ist das Berücksichtigen einiger Kommunikationsregeln, die teilweise bereits im Zusammenhang mit dem Beratungsgespräch aufgeführt wurden:

- Die oft unausgesprochenen Sorgen und Gefühle müssen wahr- und ernst genommen werden. Sie müssen zuerst auf der emotionalen Ebene geklärt werden, bevor die sachlichen Erläuterungen folgen.
- Fragen und Bedenken müssen wertfrei und geduldig aufgenommen und beantwortet werden. Das Aufgreifen der Wortwahl des Passivhausinteressenten oder -bewohners fördert bei ihm das Gefühl, verstanden zu werden.
- Bedenken werden direkt positiv umgedeutet und in Wünsche oder Bedürfnisse umformuliert. Dies lenkt die Aufmerksamkeit auf angemessene Lösungen und stärkt das Vertrauen zwischen den Gesprächspartnern.

Besonders diese Kommunikationsregel kann für den Befragten anspruchsvoll sein, da die Bedenken häufig negativ oder wertend formuliert werden. Dadurch wirken sie direkt auf der emotionalen Ebene und greifen unter Umständen das Selbstwertgefühl an. Das kann beim Befragten ungewollt zu dem Bedürfnis führen, sich rechtfertigen zu müssen, sachlich zu antworten und damit aneinander vorbeizureden oder im negativen Tenor zu reagieren.

- Die Antworten sollten Bekanntes aus dem Alltag (Ungewohntes schafft Unsicherheit) aufgreifen, bildhaft sowie leicht verständlich und sowohl nutzen- als auch nutzerorientiert formuliert sein. Fachsprache sollte vermieden werden.

- Der Fragende wird in die Lösungsfindung oder Beantwortung miteinbezogen. Das kann durch angemessene Fragen und „Wir"-Formulierungen geschehen und bewirkt eine gleichwertige Beziehung zwischen den Gesprächspartnern.

Hinweis: Es ist situativ zu entscheiden, welche Vorgehensweise und Tiefe der Antwort angemessen ist.

9.5.1 Lüftung

Luftdichtheit/Öffnen von Fenstern

Typische Bedenken eines Passivhausinteressenten bzw. -bewohners sind, dass keine Fenster geöffnet werden dürfen. Er befürchtet zudem, die Luftdichtheit könne gesundheitliche Schäden und Schimmelbildung zur Folge haben. Der Gedanke daran, die Lüftung könne unangenehmen Zug und Lärm verursachen, löst bei ihm Stress aus.

Um auf dieses Bedürfnis nach frischer, gesunder Luft, einem ruhigen Haus und gutem Schlaf einzugehen, könnte das Vorgehen des Architekten oder Bauträgers beim Beratungsgespräch folgendermaßen aussehen:

„Gut, dass Sie danach fragen. Frische, gesunde Luft ist wichtig. Ihre Sorge kann ich Ihnen gleich nehmen: Fenster können und dürfen Sie öffnen (...). Lassen Sie uns gemeinsam anschauen, wie im Passivhaus gute Luft sichergestellt wird und welche Vorteile Sie haben.

Wozu ist Lüften wichtig? Die Luft im Raum wird schnell verbraucht oder riecht nach einiger Zeit stickig bzw. muffig (z. B. durch Ausdünstungen von Möbeln, Teppichen usw.). Feuchtigkeitsniederschlag und Schimmelbildung müssen verhindert werden. Vergleichen wir doch das Wohnen in einem herkömmlichen Haus oder Niedrigenergiehaus ohne automatische, kontrollierte Lüftung mit dem Wohnen in einem Passivhaus. Hier ist eine automatische, kontrollierte Komfortlüftung die Regel."

Im Anschluss an diese Einleitung kann das Schildern zuerst der Nachteile des manuellen Lüftens und danach das der Vorteile einer automatischen, kontrollierten Lüftung überzeugend wirken.

Nachteile beim manuellen Lüften:

- Ausreichende Lüftung erreicht man nur durch mindestens drei- bis viermaliges Stoßlüften pro Tag (Fenster weit öffnen, Durchzug für ca. 5 Minuten, theoretisch auch nachts). Für Berufstätige z. B. ist dieser Aufwand kaum realisierbar. Der Durchzug kann sehr unangenehm sein. Ein Fenster nur zu kippen, reicht nicht aus.
- Häufiges Öffnen von Fenstern und unkontrolliertes Lüften in den kalten Monaten führt zu einem hohen Wärmeverlust und damit zu hohen Heizkosten. Im ungünstigen Fall kann dieser Wärmeverlust sogar bis zu 50 % der Heizkosten ausmachen.
- In der Sommerhitze kommt beim Lüften ungewollt warme Luft ins Haus.
- Mit dem Lüften gelangen Schmutz, Staub, manchmal auch schlechter Geruch, Pollen, Insekten u. a. ins Hausinnere. Für Allergiker ist das besonders belastend.

- Mit dem Lüften kann Lärm aus der Umgebung ins Haus dringen (z. B. von einer vielbefahrenen Straße oder einem Flughafen).
- Zu geringes oder falsches Lüften fördert Feuchtigkeitsniederschlag und gesundheitsschädliche Schimmelbildung. Schimmel erkennt man oft erst am grünlich-gräulichschwarzen Belag, wenn bereits Schäden entstanden sind. Besonders gut ist Feuchtigkeitsniederschlag im Winter zu sehen. Im Schlaf- oder Badezimmer bilden sich Wassertropfen in den Fensterkanten bei nur einfach- oder zweifachverglasten Fenstern. Die Wassertropfen perlen herunter und versickern im Teppichboden oder im Laminat. Auch an anderen kalten Stellen (Kältebrücken) kann sich Feuchtigkeit niederschlagen, was man oft erst durch Schimmel sieht. Aber auch im Sommer kann sich ein feiner Feuchtigkeitsfilm ablegen. Hausmilben, die ein feucht-warmes Milieu bevorzugen, vermehren sich darin ebenfalls stark.

Im Alltag werden diese **Vorteile einer automatischen, kontrollierten Lüftung** geschätzt:

- Das Öffnen der Fenster ist in einem Passivhaus natürlich erlaubt. Jedoch nimmt das Bedürfnis dazu merklich ab, da der Körper gute Luft signalisiert, auch nachts. Nächtliches Aufwachen oder ein stickiges Gefühl, verursacht durch verbrauchte Luft, lassen nach.
- Die Lüftung sorgt kontinuierlich und automatisch für frische, gesunde Luft zu jeder Zeit, tagsüber und nachts, bei Anwesenheit und im Urlaub, im Sommer wie im Winter.
- Luftfilter fangen Schmutz, Schwebstoffe, Pollen (allergieauslösende Stoffe) u. a. ab. Für Allergiker erhöht die kontrollierte Lüftung die Lebensqualität erheblich.
- In keinem Raum kann die Luftfeuchtigkeit zu hoch werden. Die feuchte, warme Luft wird kontinuierlich abtransportiert.
- Die Lüftung wird so geregelt, dass dem Haus gleichmäßig temperierte Luft zugeführt wird. Dadurch wird bei kalten Außentemperaturen gewährleistet, dass angewärmte Luft einströmt. Im Sommer wird zu warme Außenluft auf die eingestellte Innentemperatur abgekühlt. Zusätzlich sorgt die sorgfältig geplante Verschattung für einen Kühleffekt.
- Die Be- und Entlüftung erfolgt im Wohnbereich geräuschlos und ohne bemerkbare Luftströme (kann durch ein in die Luft gehaltenes Blatt Papier verdeutlicht werden). Das Gerät selbst, das nur Geräusche in der Stärke eines Kühlschranks produziert, wird im Keller oder einem separaten Technikraum untergebracht. Sollte trotzdem ein lautes Geräusch wahrgenommen werden, ist das möglicherweise ein Hinweis auf eine nötige Wartung.
- Der Lärmschutz ist gesichert, da Fenster geschlossen bleiben können.

Staubaufwirbelung

Manchmal sorgen sich Hausfrauen oder auch durch eine Allergie belastete Personen, dass durch die Lüftungsanlage Staub aufgewirbelt wird.

Sicherheit bieten kann der beratende Passivhausexperte durch folgendes Vorgehen:

„Ihre Sorge möchte ich Ihnen nehmen. Durch die Lüftung wird kein Staub aufgewirbelt, der Luftstrom ist sehr gering (im Musterhaus demonstrieren durch ein Blatt Papier). Die Lüftungsanlage bietet sogar die Vorteile, Staub und Allergene aus der Außenluft herauszufiltern. Wenn es ein Nutzen für Ihre Überlegungen zum Hausbau ist, berate ich Sie gerne, welche Möglichkeiten es zur Vermeidung von Staubaufkommen noch gibt."

9.5.2 Wohntemperatur, -klima, Behaglichkeit, Wohnkomfort

Zusatzheizung

Dem Passivhausinteressenten bzw. -bewohner ist manchmal nicht verständlich, wieso im Winter zugeheizt werden muss oder im Bad eine Zusatzheizung sinnvoll ist.

Eine erfolgreiche Antwortstrategie des Architekten oder Bauträgers könnte folgendermaßen aussehen:

„Das ist eine berechtigte Frage. Ich habe die Aussage ‚Das Passivhaus kommt ohne herkömmliche Heizung aus.' vielleicht auch nicht deutlich genug erklärt. Lassen Sie uns an einer kleinen Zeichnung anschauen, welche Energien im Passivhaus genutzt werden und was passiert, wenn eine Energiequelle ausfällt. Dann wird es leichter verständlich. Die Sonne und interne Wärmequellen, wie z. B. die Beleuchtung, Küchengeräte, die Dusche oder auch die Hausbewohner selbst, produzieren Energie in Form von Wärme.

Wenn die Sonne nicht scheint, besonders im Winter, oder keine oder nicht genügend interne Wärmequellen Wärme liefern, muss es Nachheizmöglichkeiten geben. Das können kleine Heizlüfter, elektrische Handtuchtrockner, eine Fußbodentemperierung o. Ä. sein. Der Stromverbrauch dafür ist gering. Konnte ich Ihre Frage damit klären und Ihnen Ihre Sorgen nehmen?"

Bad- und Raumtemperatur

Eine oft geäußerte Sorge von Passivhausinteressenten oder -bewohnern besteht darin, im Passivhaus, vor allem im Bad oder im Winter, könnten 20 °C zu kalt sein. Eine Befürchtung kann auch sein, die Temperatur nicht selbst oder nicht raumgerecht regeln zu können.

Der Architekt bzw. Bauträger könnte im Gespräch so vorgehen:

„Ihr Wunsch ist, die Temperaturen im ganzen Haus oder in einzelnen Räumen so regeln zu können, wie Sie es möchten. Lassen Sie uns gemeinsam überlegen, wie die Raumtemperatur geregelt werden soll. Ich erläutere gerne, welche Möglichkeiten Ihnen dabei offen stehen. Es ist mir im zweiten Schritt wichtig, dass Sie die Lüftungsautomatik und die Bedienung verstehen und sich dabei sicher fühlen. Wir werden die Einstellungen in Ruhe und genau besprechen."

Folgende Argumente und eine Handzeichnung können im weiteren Gesprächsverlauf nützlich sein:

Die Innenraumtemperatur wird von Passivhausbewohnern erfahrungsgemäß auf ca. 20 °C eingestellt, und als angenehm empfunden, selbst im Winter. In einem Haus mit nur einfach- oder doppelverglasten Fenstern und unzureichender Isolierung können gerade im Winter Missempfindungen und Unbehaglichkeit auftreten. Das wird durch die ungleiche Verteilung der Temperaturen im Wohnraum verursacht. Die Außenkälte kühlt die Fensterscheiben stark ab. In der Nähe des Fensters ist es kühler als in anderen Raumbereichen. Ein Temperaturunterschied von schon ca. 5 °C wird als unbehaglich empfunden. Um dies auszugleichen, wurde stets versucht, stärker zu heizen, was aber kaum gelingt.

Im Passivhaus herrscht durch die gute Dämmung der Außenwände und die dreifachverglasten Fenster weitgehend eine ähnliche Temperatur an Fenstern, Fußboden, Außen- und Innenwänden. Die Temperatur wird deshalb als angenehm empfunden, auch wenn es durchschnittlich nur 20 °C sind. Der Raum kann zum wohligen Sitzen auch in Fensternähe genutzt werden. Selbstverständlich kann aber auch individuell eine etwas höhere Grundeinstellung gewählt und **selbst** eingestellt werden.

Falls dem Passivhausbewohner die Temperatur im Bad jedoch trotzdem nicht ausreichen sollte, kann ein elektrischer Handtuchheizkörper effizient und preisgünstig Abhilfe schaffen.

Schlafzimmertemperatur

Einige Passivhausinteressenten bzw. -bewohner bevorzugen eine kühle Schlafzimmertemperatur oder nachts geöffnete Fenster. Ihre Sorge ist, dass eine höhere Schlafzimmertemperatur oder Nichtlüftung gesundheitsschädlich sind.

Folgende Antwort des Architekten oder Bauträgers kann hier überzeugend wirken:

„Tiefes, ungestörtes Schlafen ist wichtig für die Gesundheit. Der Körper signalisiert sehr schnell durch Durchschlafen, ob genügend frische Luft und eine angenehme Schlaftemperatur vorhanden sind. Die Komfortlüftung und eine angenehme Grundeinstellung von 20 °C sind schlaffördernd. Früher galt ein geheiztes Schlafzimmer in der Nacht als schlafstörend und zu stickig. Um das zu verhindern, wurde entweder gar nicht geheizt oder das Fenster offen gelassen. Eine dicke, schwere Decke sollte für ausreichende Körperwärme sorgen. Die eigenen Erfahrungen von meinen Passivhausbauherren sowie Langzeituntersuchungen bestätigen den Vorteil des Passivhauses: Es gewährleistet eine konstante, angenehme Temperatur sowie ausreichend frische Luft."

Zu trockene Luft

Eine Erfahrung von Passivhausbewohnern kann sein, dass sie besonders im Winter die Raumluft als zu trocken empfinden. Die Sorge kann sein, dadurch gesundheitliche Probleme zu bekommen.

Der Architekt oder Bauträger kann durch folgende Gesprächsführung beruhigen:

„Es ist richtig wahrgenommen, dass die Raumluft im Winter trockener ist. Die feuchte und verbrauchte Luft wird ja abtransportiert. Ich werde kontrollieren, wie hoch die Raumluftfeuchte ist. Bei Bedarf regulieren wir die Luftwechselrate oder die Feuchtigkeitsrückgewinnung auf ca. 40 bis 50 % Raumluftfeuchtigkeit. Dann haben Sie ein angenehmes Gefühl (vgl. ILS-Schrift NRW 202, 2007/2010). Man kann aber auch durch Pflanzen oder spezielle Luftbefeuchter eine angenehme Luftqualität schaffen."

Überhitzung im Sommer

Passivhausinteressenten bzw. -bewohner möchten im Sommer angenehme Temperatur auch in den nach Süden ausgerichteten Räumen. Sie haben von einer Überhitzung des Hauses wegen der großen Fenster nach Süden gehört.

Der Architekt oder Bauträger kann die Regulierung des Raumklimas so erläutern:

„Ihr Wunsch, eine angenehme Raumtemperatur auch im Sommer zu haben, verstehe ich sehr gut. Bei der Passivhausplanung wird deswegen schon beim Entwurf eine gute Verschattung an der Sonnenseite geplant. Zudem kann im Sommer die zu warme Außenluft durch einen vorgeschalteten Erdwärmetauscher oder Sole-Erdwärmetauscher heruntergekühlt werden. Dabei wird die kühle und kostenlose Erdtemperatur von 8 bis 10 °C genutzt. Insgesamt sind es folgende Vorteile des Passivhauses, die ein gutes Raumklima im Sommer wie Winter bewirken: die gute Dämmung, die Kälte und Hitze aus dem Haus fern hält, die Komfortlüftung, die automatisch und kontrolliert für gute Luft sorgt, sowie die gut geplanten Fenster, die durch viel Licht das Wohlbefinden steigern."

9.5.3 Technik und Wartung

Bedienung

Großen Respekt haben Passivhausinteressenten oder -bewohner vor der Haustechnik. Sie sorgen sich, die komplizierte Bedienung nicht beherrschen zu können oder von der Technik zu stark abhängig zu werden.

Schon in den ersten Gesprächen mit den potenziellen Passivhausbauherren ist es vertrauenfördernd, die möglichen Sorgen und Gefühle vorwegzunehmen:

„Ich kann mir vorstellen, dass Sie sich Gedanken machen über die komplexe und noch ungewohnte Haustechnik. Ich sichere Ihnen zu, Ihnen im Vorfeld, beim Bezug und auch in der Folgezeit die Bedienung leicht zu machen."

Eine alternative Vorgehensweise könnte sein:

„Sie möchten die Technik verstehen und leicht und sicher bedienen können. Also lassen Sie uns das zusammen in Ruhe anschauen. Bitte fragen Sie sofort nach, wenn Sie etwas nicht verstehen. Mir ist es ganz wichtig, dass Sie sich wohl fühlen – selbstverständlich erhalten Sie später eine ausführliche und sorgfältige Erläuterung der Haustechnik, wenn Sie in Ihr neues Heim einziehen."

Lüftungstechniker oder Passivhausexperten müssen sich genügend Zeit nehmen, die Bedienung leicht verständlich zu erläutern. Sie lassen die Bedienung mehrfach üben, bis der Passivhausbauherr sie beherrscht. Der Techniker bietet seine Fachkompetenz bei späteren Fragen an. Nützlich ist, den Passivhausbewohnern die Unterschiede zwischen Normalbetrieb und eventuellen Anzeichen von technischen Störungen zu beschreiben. So können sie selbst rechtzeitig agieren.

Wartungskosten

Passivhausinteressenten bzw. -bewohner hegen die Sorge, durch Wartung und Verschleiß der umfangreichen Technikanlage entstünden hohe Folgekosten. Sie möchten eine Planbarkeit von Kosten und Aufwand.

Folgende Argumentation kann hier beruhigend wirken:

„Es gibt ein sicheres Gefühl bei der Entscheidung zu einem Passivhaus, auch schon die Folgekosten kalkulieren zu können. Sie möchten keine unangenehmen Überraschungen erleben. Es gilt die Faustregel: Die Geräte halten umso länger, je weniger Geräteteile extremen Temperaturen oder mechanischen Belastungen ausgesetzt sind. Beispiele sind Öl- oder Gasbrenner, die ausgetauscht werden müssen. Beim Passivhaus entfallen extrem beanspruchte Geräte."

Der Passivhausberater beschreibt verständlich den Aufbau der Technik, die Garantieleistungen und die Wartung. Er legt dabei Wert darauf, die leicht selbst durchführbaren Kontrollen oder Wartungen aufzuzeigen. Eine Vergleichsrechnung hebt die Vorteile des Passivhauses in der Bewirtschaftung hervor.

Umsetzbarkeit von Zusatzwünschen

Unklar ist vielen Passivhausinteressenten bzw. -bewohnern, ob zusätzliche Wünsche, wie ein offener Kamin, ein Küchenabzug oder eine Katzenklappe, auch in einem Passivhaus realisiert werden können. Hier spielt u. a. das Bedürfnis nach Gemütlichkeit und Wohlbefinden für Mensch und Tier eine Rolle.

Der Architekt oder Bauträger könnte in diesem Fall folgendermaßen beraten:

„Ein offener Kamin oder ein warmer Kaminofen verschaffen Behaglichkeit. In einem Passivhaus ist das auch realisierbar. Aber es sind einige Dinge gut zu bedenken, z. B., ob das Ihren Zielen auch unter Wirtschaftlichkeitsaspekten entspricht. Es muss ein Kamin bzw. Kaminofen mit einer innenluftunabhängigen Verbrennung gewählt werden. Das heißt, es wäre eine ‚geschlossene' Feuerstelle, die über einen Doppelschornstein Luft zieht und Verbrennungsgase abgibt. Der Bau eines Schornsteins bei einem doppelgeschossigen Haus würde ca. 3.000 bis 5.000 € Mehrkosten verursachen. Es werden zudem laufende Kosten für den Schornsteinfeger für Reinigung und Gebühren anfallen. Zu bedenken ist ein weiterer Aspekt: die hohe Raumtemperatur, die in kürzester Zeit entstehen würde – bedingt durch die hohe Wärmeeffizienz der Wände. Als interessante Alternative bietet sich z. B. ein Ethanolofen an, der im Gegensatz zum offenen Kamin sogar ohne Schmutzentwicklung brennt.

(...) Selbstverständlich gibt es auch geeignete Küchenabzüge bzw. passivhaustaugliche Katzenklappen, die unter Beachtung einiger Punkte in ein Passivhaus eingebaut werden können."

9.5.4 Qualität, Wertbeständigkeit, Nachhaltigkeit, Wirtschaftlichkeit

Notwendigkeit von Passivhausfenstern

Viele Passivhausinteressenten und -bewohner möchten gern wissen, ob nicht auch der Einbau einfacherer, billigerer Fenster möglich wäre. Einige erschrecken auch wegen der hohen Kosten. Sie möchten sicher sein, dass sich die Investition lohnt oder sich die Kosten amortisieren.

Der Architekt oder Bauträger kann hier überzeugen, indem er die Vorteile dreifachverglaster Fenster (Warmfenster) und ihren Nutzen im Alltagsleben erläutert. Er kann über Möglichkeiten der Kostenreduktion durch gute Planung, die Nutzung ähnlicher Fenstertypen, günstiger Einkaufskonditionen usw. informieren.

Wiederverkaufswert

Einige Passivhausinteressenten interessiert auch der Wiederverkaufswert eines Passivhauses.

Hier ist eventuell folgende Argumentationsweise geeignet:

Der Passivhausbauherr besitzt ein wertbeständiges und nachhaltiges Objekt. Auf jeden Fall besteht für ihn aber die Sicherheit, dass sein Haus auch den Anforderungen der Zukunft entsprechen wird. Einem potenziellen Käufer bietet das Passivhaus zahlreiche Vorteile. Nach Erfahrungen des Autors lassen sich Passivhäuser auch sehr gut wiederverkaufen; so erzielten Objekte, die vor mehr als 10 Jahren gebaut wurden, beim Verkauf fast den doppelten Preis.

9.5.5 Investitionen, Amortisation und Förderfähigkeit

Ein potenzieller Passivhausbauherr fürchtet verständlicherweise die Zusatzkosten eines Passivhauses bzw. zweifelt an der Amortisation einer solchen Investition. Er ist sich nicht sicher, ob er die gleichen Vorteile nicht auch durch den Bau eines kostengünstigeren Niedrigenergiehauses erzielen könnte. Der Passivhausbauherr möchte den Mehrwert kennen.

Eine mögliche Argumentation des Architekten oder Bauträgers könnte folgenden Vorgaben entsprechen:

Der Passivhausbauherr möchte die Investitionen für ein Passivhaus vor sich rechtfertigen und verantworten können. Er möchte das Haus finanzieren können, ohne seinen Lebensstandard einschränken zu müssen. Eine Beispielrechnung der Kosten z. B. eines KfW-Effizienzhauses 70 beim Bau, aber auch in der langjährigen Bewirtschaftung, im Vergleich zu denen eines Passivhauses kann ihm ein klares Bild der nötigen Investitionen, aber auch der möglichen Einsparungen verschaffen (vgl. Kapitel 8). Auch folgende Punkte können zur Entscheidungsfindung beitragen:

- Welche Folgen ergeben sich im Vergleich der beiden Bauweisen für das Wohlbefinden, den Wohnkomfort und die Energiekosten?
- Welche Stellschrauben gibt es, um die Investitionen im finanzierbaren Rahmen zu halten und das Passivhaus zu realisieren?
- Welche KfW- und andere Sonderförderungen unterstützen den Wunsch nach einem Passivhaus (siehe Kapitel 1.4)?
- Wie wirkt sich die Mehrinvestition auf den Wiederverkaufswert des Hauses aus?

9.5.6 Baulage, Bau- und Ausführungsart

Wahlfreiheit des Bauplatzes

Potenzielle Passivhausbauherren beschäftigt oft die Frage, ob ein Passivhaus überall gebaut werden kann. Auch ob ein Gemeindezentrum, ein Kindergarten, ein Lebensmittelgeschäft o. Ä. in Passivhausbauweise erstellt werden kann, wird hin und wieder gefragt.

Die Antwortstrategie kann in folgende Richtung gehen:

Grundsätzlich besteht die Wahlfreiheit, überall ein Passivhaus bauen zu können. Inzwischen gibt es sogar schon eine Antarktisstation, Supermärkte, Hallenbäder, Bürogebäude u. Ä. in Passivhausbauweise. Bei der Ausrichtung des Gebäudes lohnt sich, eine exponierte Lage zu haben. Darauf ist bei der Wahl des Bauplatzes zu achten, damit die Sonnenenergie gut genutzt werden kann.

Immer mehr Gemeinden weisen heute Neubaugebiete als Klimaschutzsiedlungen aus. In diesen Gebieten erhalten nur Niedrigenergie- bzw. Gebäude nach dem Passivhausstandard eine Baugenehmigung.

Einschränkungen durch die Passivhausanforderungen

Einige Passivhausinteressenten fühlen sich durch die kastenförmige Grundplanung, die Passivhausfenster und die Materialvorgaben eingeschränkt. Hinter diesen Fragen stehen Wünsche nach Individualität, Ansehen oder Prestige und Ästhetik.

Hier kann der Architekt oder Bauträger fachkundig über die vielfältigen Möglichkeiten im Passivhausbau beraten:

Ein Katalog oder eine Präsentation von Passivhausbeispielen zeigt die architektonischen und optischen Gestaltungsmöglichkeiten. Sehr beeindruckt sind potenzielle Passivhausbauherren oft durch die Besichtigung einer Passivhaussiedlung. Die Wünsche des Passivhausinteressenten können daraufhin überprüft werden, ob sie mit der Passivhaustechnik realisierbar sind.

In eine andere Richtung weist die Frage, ob eine Wohnung oder ein Haus auf Passivhausstandard gebracht werden kann. Hierbei sind die Bestandsbesitzer sehr oft erschrocken, wie hoch Investitionen sein müssen, damit die Sanierung oder Modernisierung wirklich einen Nutzen bringt.

Der Architekt oder Sanierungsexperte ist hier gefordert, zu überzeugen und Sicherheit zu bieten, dass diese Investition notwendig ist. Er wird eine sorg-

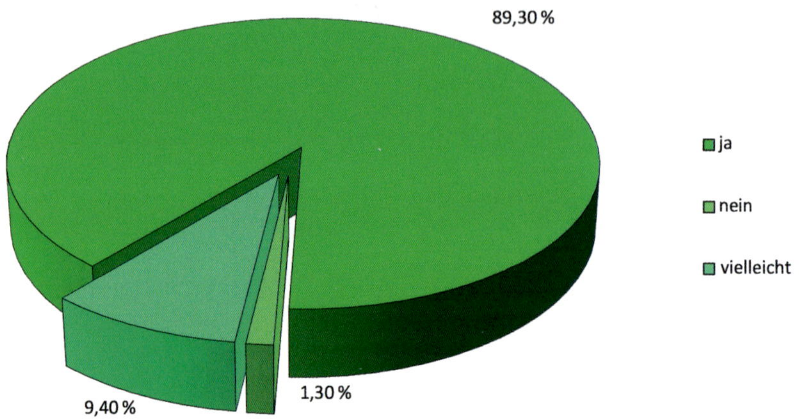

Abb. 9.2: Bewohner, die wieder ein Passivhaus bauen würden, nach ILS-Journal Forschung 2/10, 2010

fältige Bestandsaufnahme anbieten und dem Bestandsinhaber die Möglichkeiten sehr detailliert erläutern. Eine nach Passivhausstandard sanierte Wohnung wäre energiebilanztechnisch sehr gut. Es ist genau zu prüfen, was bautechnisch und -physikalisch machbar sowie von den angrenzenden Bauten her möglich ist. Die genaue Berechnung des Kosten-Nutzen-Verhältnisses ist hier essenziell.

9.6 Zusammenfassung

Laut ILS-Journal Forschung 2/10, 2010, würden nach den derzeitigen Erfahrungsberichten knapp 90 % der Bewohner eines Passivhauses erneut ein Haus mit diesem Baustandard bauen und knapp 10 % der Bewohner waren zum Befragungszeitpunkt noch unschlüssig. Das Ergebnis zeigt auch, dass selbst Bewohner, die nicht aus eigener Motivation zum Bau eines Passivhauses kamen, von den Qualitäten überzeugt werden konnten (siehe Abb. 9.2).

Ein Passivhaus erfordert keine umfassenden Änderungen der Lebensgewohnheiten. Die sehr gut wärmegedämmte Gebäudehülle und die hocheffiziente Lüftungsanlage machen es nicht zu einem sog. Hightech-Haus

Die überzeugenden Vorteile des Passivhauses sind

- die warmen Wandoberflächen im Winter,
- die Vermeidung von Tauwasser- und Schimmelbildung,
- die sehr gute Luftqualität,
- die Energieeinsparung und Senkung der Nebenkosten,
- die Entlastung der Umwelt,
- der sehr hohe Wohnkomfort,
- die gesteigerte Lebensqualität.

Die Wohnzufriedenheit im Passivhaus hängt stark von der kompetenten Vermittlung dieser Wohnform und -technik ab. Hier liegen Optimierungspotenziale in der Kommunikation.

10 Rückblick, Gegenwart und Zukunft

10.1 Rückblick

Das Passivhaus Institut in Darmstadt und der dort tätige Prof. Feist sind Pioniere des Passivhausbaus und genießen dafür weltweites Ansehen. Von ihnen wurden Standards gesetzt.

Das erste Passivhaus in Deutschland wurde 1991 in Darmstadt-Kranichstein von Dr. Wolfgang Feist gebaut. Die 4 Reihenhäuser weisen seit Baubezug einen kontinuierlichen Heizenergieverbrauch von durchschnittlich 10 kWh/(m² · a) auf. Im Jahre 1998 plante das Architekturbüro oehler faigle archkom in Bretten das erste frei stehende Passivwohnhaus, und schon 1999 wurde das erste Mehrfamilienpassivhaus in Freiburg, im Stadtteil Vauban, gebaut.

Die ersten Erkenntnisse im Passivhausbau ließen dann Passivhaussiedlungen entstehen: in Wiesbaden mit 21, in Hannover-Kronsberg mit 32 und in Stuttgart mit 52 Häusern.

In einer Studie hat CEPHEUS (Cost efficient Passive Houses as European Standards) die Tragfähigkeit des Passivhauskonzepts auf europäischer Ebene geprüft und erwiesen. In Deutschland, Schweden, Österreich, der Schweiz und Frankreich wurden insgesamt 221 Wohneinheiten in 14 Bauprojekten als Passivhäuser realisiert und die Daten von 1998 bis 2001 erhoben. Der Energieverbrauch dieser Häuser war um rund 80 % niedriger als bei Referenzneubauten, welche die jeweiligen nationalen Anforderungen einhielten. Auch die Zufriedenheit der Bewohner war hoch (siehe Schnieders, 2003).

Während der Entwicklung des Passivhauses wurden Massiv-, Holz- und Schalungstechnikbauweisen angewendet. Neben Wohngebäuden findet man die Passivbauweise auch bei Büro-, Industrie- und öffentlichen Gebäuden, wie Schulen, Turnhallen, Lebensmittelmärkten, Kindergärten und Heimen. Herausragende Beispiele hierfür sind das Altenheim in Mönchengladbach-Neuwerk, das Studentenwohnheim in der Molkereistraße in Wien und das zum Passivhaus modernisierte Studentenwohnheim „Burse“ in Wuppertal.

In den USA wurde 2006 in Bemidji, Minnesota, das erste Passivhaus für das „Deutsch-als-Fremdsprache-Programm Waldsee“ erstellt. Finanziert wurde das Projekt in Waldsee mithilfe der Deutschen Bundesstiftung Umwelt und mehrerer deutscher Firmen.

10.2 Gegenwart

10.2.1 Passivhausbau in Deutschland, Österreich und anderen Ländern

Österreich und Deutschland sind führend bei der Anzahl der Passivhausbauten sowie im Bereich Technologie und Innovation. Im Jahre 2017 waren rund 30.000 Einheiten (1 Einheit entspricht 100 m^2) in Deutschland, 18.000 in Österreich realisiert (nach IG Passivhaus, Österreich). Weltweit sind es über 65.000, Tendenz steigend.

Deutschland ist bezüglich der Anzahl gebauter Passivhäuser führend, Österreich besitzt dagegen die höchste Dichte an Passivhäusern: Dort sind etwa 25 % aller Passivhäuser Europas gebaut. In Österreich werden bereits rund 25 bis 30 % aller Neubauten im Passivhausstandard ausgeführt. Die konsequente Umsetzung des Passivhausstandards wird auch in Großprojekten realisiert.

Regionale Unterschiede

Es gibt Unterschiede zwischen West- und Ostdeutschland: In Baden-Württemberg, dem deutschen Spitzenreiter, kamen 2009 2,4 Passivhäuser auf 100.000 Einwohner, in Sachsen, der ostdeutschen Spitze, waren es nur 0,78. Auffallend ist auch, dass die öffentliche Hand in Westdeutschland die Passivbauweise konsequenter nutzt und den kommunalen Haushalt dadurch entlastet.

Hessen agiert energiepolitisch weit voraus und setzte einen weiteren, wichtigen Baustein seiner Nachhaltigkeitsstrategie in die Praxis um, indem bereits im August 2010 im staatlichen Hochbau des Landes neue, einheitliche Standards für die Energieeffizienz von Neubauten und Bestandsgebäuden eingeführt wurden (siehe www.hmdf.hessen.de). Alle Neubauten sind als „Fast-Nullenergiegebäude" zu errichten; damit übertrifft der Neubaubestand des Landes sogar das energetische Passivhausniveau. Konkret bedeutet die Neuregelung, dass bei allen neuen Bauprojekten die Gebäude so zu errichten sind, dass die Gebäudehülle die Anforderungen der EnEV 2009 im Mittel um 50 % unterschreitet. Diese Anforderung übererfüllt auch noch das heutige Niveau der EnEV 2014. Dieser Richtwert entspricht Passivhausniveau.

In Österreich sind regionale Unterschiede ebenfalls noch zu beobachten. Die Tendenz zur flächendeckenden Realisierung nimmt aber auch hier zu.

Beispiele

Das „Lu-Teco" in Ludwigshafen (siehe Abb. 10.1) ist das größte Nullenergiebürogebäude der Welt.

Mit insgesamt 354 Wohnungen ist das „Lodenareal" in Innsbruck eine der weltweit größten Passivhaussiedlungen (siehe Abb. 10.2). Das Ziel war, Mietwohnungen mit extrem geringen Heizkosten und sehr hohem Wohnkomfort zu schaffen. In einem mehrjährigen Forschungsprojekt wurde gezeigt, dass die Mehrkosten durch erhöhten Materialaufwand beim Bau der

Abb. 10.1: Das „Lu-Teco" in Ludwigshafen ist das vermutlich größte Bürogebäude in Passivhausstandard der Welt mit einer Nutzfläche von rund 10.000 m². (Quelle: GAG Ludwigshafen am Rhein, Aktiengesellschaft für Wohnungs-, Gewerbe- und Städtebau)

Abb. 10.2: „Lodenareal" in Innsbruck (Quelle: Fotograf Lackner, Christof; Bauvorhaben Lodenareal der Neuen Heimat Tirol)

Wohnungsanlage über die CO_2-Einsparungen beim Betrieb mehr als ausgeglichen werden. Die Heizkosten der Wohnungen in dieser Siedlung lagen im Durchschnitt bei 0,19 €/m².

Wien war schon mit vielen früheren Passivhausprojekten eine der führenden Städte im Bereich Passivhausstandard. Nun setzt Wien einen weiteren Meilenstein: Hier entsteht die größte Passivhaussiedlung Europas, die „Seestadt Aspern". Derzeit sind etwa 2.600 von 8.500 Wohneinheiten fertiggestellt.

Abb. 10.3: „Eurogate" in Wien (Quelle: Albert Wimmer ZT-GmbH/beyer.co.at)

Die Siedlung „Eurogate" im dritten Bezirk in Wien soll im Endausbau 2.000 Wohnungen im Passivhausstandard bieten (siehe Abb. 10.3). In einem ersten Bauabschnitt sind bereits 7 Mehrfamilienobjekte entstanden, ab 2020 soll es mit dem zweiten Bauabschnitt weitergehen und rund 1.600 bis 2.000 Wohnungen sowie 8.000 Arbeitsplätze sollen entstehen.

Seit 2012 baut Heidelberg die größte Passivhaussiedlung der Welt. Die „Bahnstadt", so der Name des neuen Quartiers, ist mit 116 Hektar Fläche größer als die Heidelberger Altstadt. 5.500 Menschen sollen hier wohnen und 7.000 werden hier arbeiten. Ende 2016 waren rund 2.200 Wohnungen fertiggestellt und es lebten knapp 3.400 Menschen dort. Es ist eines der größten Städtebauprojekte in Deutschland, 2 Milliarden € soll es kosten.

Passivhäuser sind so international wie noch nie. Der in Deutschland konzipierte und inzwischen weltweit bekannte Baustandard beweist: Es ist bereits heute möglich, nachhaltig, komfortabel und kostengünstig zu bauen bzw. zu sanieren. Das erste kanadische Passivhaus „Olympic Home" in Whistler wurde zu den Winterspielen 2010 fertiggestellt und vom Passivhaus Institut Darmstadt zertifiziert. In Kamakura, Japan, entstand das erste Familienwohnhaus nach Passivhausstandard. Großbritannien hat im Oktober 2010 in Islington die erste große Passivhauskonferenz durchgeführt. Im englischsprachigen Raum ist das Wort „Passivhaus" übernommen worden (siehe www.passivhaus.org.uk). In Tramore, Irland, entstand weltweit der erste Passivhaussupermarkt „eco store". Zur Expo 2010 in Shanghai wurde das Hamburg-Haus als Repräsentationsgebäude und als erstes zertifiziertes Passivhaus in China eröffnet.

Nichtwohngebäude nach Passivhausstandard zu bauen, kann bautechnisch und -physikalisch sehr anspruchsvoll sein. Als Beispiele seien Lebensmittelsupermärkte (siehe Tramore, Irland) mit Anforderungen an Kühlung und Beleuchtung sowie Hallenbäder wegen der Regulierung von Luftfeuchte, Wasser- und Raumtemperatur genannt.

Bauen in extremen Klimazonen stellt weitere Herausforderungen an Planung, Haustechnik und Materialien (z. B. Schutz vor Wärme, Ausgleich sehr hoher und niedriger Temperaturen, Kühlung und Reduktion von Luftfeuchte). Die neue belgische Forschungsstation „Prinzessin Elisabeth" in der Antarktis wurde nach Passivhausbauweise errichtet und ist seit 2009 in Betrieb.

Ghanas erstes Passivhaus, gebaut in 2014, soll Wohnkomfort schaffen und das Stromnetz entlasten – und könnte Afrikas Bauindustrie grundlegend verändern. Während es in Europa darum geht, gegen Kälte zu dämmen, sind in den Tropen Hitze und hohe Luftfeuchtigkeit die große Herausforderung. 70 % Energie können eingespart werden, wenn die Klimaanlage den größten Teil des Tages ausgeschaltet bleiben kann.

Katar hat 2013 im Rahmen eines Forschungsprojekts ein Passivhaus erstellt. Indem die Hitze draußen gehalten wird, soll die Klimaanlage nur 10 % der Energie verbrauchen, die sonst in vergleichbaren Wohngebäuden notwendig ist.

Chinesische und russische Delegationen sind in Europa und besonders in Deutschland unterwegs und suchen Kontakte für kooperative Zusammenarbeit, um die Herausforderungen der Zukunft in den eigenen Ländern lösen zu können.

Auch in Europa – vor allem im Norden – werden in den kommenden Jahrzehnten die sich als Folge des Klimawandels ändernden Umweltbedingungen neue Herausforderungen für den Passivhausbau mit sich bringen.

10.2.2 Qualifizierung zum Passivhausspezialisten

Der Bedarf an Passivhausspezialisten ist immens. Es gibt Zusatzqualifikationen zum Passivhaus-Planer oder -Berater, teils zertifiziert. In Deutschland gibt es mit Stand 2017 mehr als 130.000 bei der Kammer eingetragene Architekten, die Zahl der beim Kompetenznetzwerk IG-Passivhaus registrierten Passivhaus-Berater und -Planer lag Mitte 2017 bei knapp 1.000. Diese deutlich gestiegene Zahl zeigt, dass Planer und Architekten sich für die Zukunft rüsten. Mit der zunehmenden Bedeutung des energieeffizienten Bauens wächst auch der Bedarf an entsprechendem Fachwissen.

An der Fachhochschule Erfurt wird seit 2008 der Master-of-Arts-Studiengang „Passivhaus +, Energie und Form" mit 25 Studienplätzen angeboten. Wünschenswert wäre, den Bereich Passivhausbau universitär noch stärker auszubauen und attraktiver zu machen.

Das Passivhaus Institut Darmstadt und andere Anbieter offerieren Weiterbildungen, Arbeitsgruppen und Kongresse.

Kurse zur Vorbereitung auf die Prüfung zum zertifizierten Passivhaus-Planer/-Berater sind z. B. unter www.passivhausplaner.eu oder auch unter www.passivhaus-info.de/weiterbildung.php zu finden.

10.3 Zukunft

10.3.1 Demografischer Wandel

Argumente für das Bauen oder Sanieren nach Passivhausstandard ergeben sich ebenfalls vor dem Hintergrund des demografischen Wandels, des Wunsches nach Individualität und Lebensqualität sowie der damit verbundenen Effekte.

Der Heizenergiebedarf von Mehrfamilienhäusern ist seit 2003 deutschlandweit stetig gesunken. Da jedoch gleichzeitig die Gesamtfläche pro Person größer geworden ist, werden die energie- und klimapolitischen Ziele der Bundesregierung nicht erreicht.

2016 wurden in Deutschland rund 18 % des gesamten Endenergieverbrauchs für die Raumwärme privater Haushalte genutzt (siehe www.umweltbundesamt.de). Nach einer Studie des Deutschen Instituts für Wirtschaftsforschung e. V. (DIW Berlin) in Zusammenarbeit mit dem Energiedienstleister ista Deutschland, deren Ergebnisse auf über 3 Millionen anonymisierten Daten aus Heizkostenabrechnungen und Energieausweisen basieren, ist der Heizenergiebedarf von Mehrfamilienhäusern – d. h. hier der um witterungsbedingte und klimatische Einflüsse bereinigte Heizenergieverbrauch – deutschlandweit in den Jahren 2008 bis 2016 pro m^2 Wohnfläche um knapp 10 % gesunken (siehe Michelsen/Ritter, 2017). Da jedoch die Ansprüche an Wohnraum steigen und somit die Gesamtwohnfläche größer geworden ist, ging der Gesamtenergieverbrauch im gleichen Zeitraum um lediglich 7 % zurück (siehe www.umweltbundesamt.de).

Es ist daher notwendig, den Fokus auf die Energieeffizienz von Gebäuden zu legen, resümiert das DIW Berlin. Laut den klimapolitischen Zielen Deutschlands soll der Primärenergiebedarf von Gebäuden bis zum Jahr 2050 um 80 % gegenüber dem Jahr 2008 gesenkt werden. Dafür müsste die energetische Sanierungsrate auf mindestens 2 % gesteigert werden und sehr viel mehr erneuerbare Energien müssten im Bereich Gebäudeheizung und Warmwasser eingesetzt werden.

Die Entwicklung beim Energieverbrauch privater Haushalte der letzten Jahre zeigt Tabelle 10.1.

Das Wohnflächenwachstum – in Verbindung mit einer steigenden Wohnfläche je Haushalt und sinkender Haushaltsgröße – hat verschiedene Gründe. Ein wesentlicher Grund für die Entwicklung ist die überproportionale Zunahme der Ein- und Zweipersonenhaushalte.

2016 gab es in Deutschland rund 41 Millionen Haushalte. Im Vergleich zum Jahr 2000 (38,1 Millionen Haushalte) ist dies ein Anstieg von rund 7,4 %. Der Anteil der Einpersonenhaushalte ist in diesem Zeitraum von 36,1 auf 41,1 % angestiegen, der Anteil der Zweipersonenhaushalte recht konstant bei 34 % geblieben und der der Drei- oder Mehrpersonenhaushalte von 30,6 auf 25 % gesunken. Die durchschnittliche Haushaltsgröße sank von 2,04 Personen im Jahr 2009 auf etwa 2,00 im Jahr 2015 und wird vermutlich auf 1,90 im Jahr 2035 weiter sinken. Insgesamt nimmt die Zahl der Haushalte

Tabelle 10.1: Entwicklung Energieverbrauch der privaten Haushalte für Wohnen zwischen 2010 und 2016 nach Statistisches Bundesamt, 2018

Energieträger und Anwendungsbereiche	**2010**	**2014**	**2015**	**2016**	**2016 zu 2015**	**2016 zu 2010**
	(Mrd. kWh)				**Veränderung (%)**	
Energieträger:						
• Mineralöl	140	128	130	124	−4,3	−11,7
• Gas	254	246	255	268	5,0	5,4
• Strom	140	131	129	129	−0,4	−7,9
• Fernwärme	46	48	49	47	−4,5	3,4
• Kohle	13	8	8	8	−4,2	−38,3
• erneuerbare Energien	76	83	84	90	6,3	18,1
insgesamt	**669**	**644**	**656**	**665**	**1,4**	**−0,5**
Anwendungsbereiche:						
• Raumwärme	469	446	458	468	2,2	−0,3
• Warmwasser	85	92	93	93	0,8	9,8
• Kochen, Trocknen, Bügeln	42	39	38	38	−0,4	−8,9
• Haushaltsgeräte (inkl. Kommunikation)	60	57	56	56	−1,0	−6,5
• Beleuchtung	13	11	11	10	−4,9	−20,7
insgesamt	**669**	**644**	**656**	**665**	**1,4**	**−0,5**
nicht temperaturbereinigt	732	559	631	648	2,7	−11,5
Gesamtenergieverbrauch je Haushalt in kWh	**16.594**	**16.012**	**16.088**	**16.245**	**1,0**	**−2,1**

trotz schrumpfender Bevölkerung leicht zu; die Haushaltsmitglieder werden jedoch immer älter (siehe www.destatis.de).

Faktoren im Bereich Raumwärme, die der demografische Wandel betrifft, sind (Engel, 2009):

- Heizungsdauer
- Umfang der zu Hause verbrachten Zeit (ist im Rentenalter erhöht; Zeitbudgeterhebung)
- Wärmeempfinden
- Wärmebedarf (steigt im Alter deutlich an; Ausgaben für Wärmeenergie nach Altersgruppe)
- Wohnfläche (siehe Abb. 10.4)

Je älter die Personen in einem Haushalt sind, desto höher ist der Raumwärmebedarf je Haushaltsmitglied. Je weniger Mitglieder im Haushalt, desto größer ist die Wärmenachfrage je Haushaltsmitglied. Auch oder gerade im Alter sichert das Bauen oder Sanieren im Passivhausstandard also die Bedürfnisse nach hoher Wohnqualität und gleichmäßiger Behaglichkeit – ohne Anstrengung oder Aufwand.

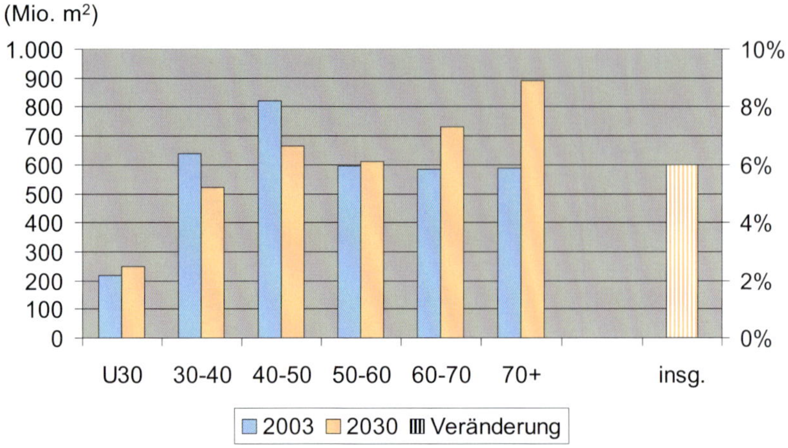

Abb. 10.4: Wohnfläche nach Altersgruppen (Quelle: Abschlussveranstaltung InfraDem-Projekt, Vortrag K. Engel, 16. Juni 2009, Berlin [Koordination: Dr. W. Kuckshinrichs, Forschungszentrum Jülich, IEK–STE])

Je kleiner der Haushalt ist und je mehr Wohnfläche pro Person in Anspruch genommen wird, desto größer ist auch der Heiz- und Strombedarf. Der Energieverbrauch pro Haushaltsmitglied ist in einem Single-Haushalt nahezu doppelt so hoch wie in einem Drei- und Mehrpersonenhaushalt. In Zukunft werden Single- und Kleinhaushalte im Rahmen des demografischen Wandels und der Tendenz zu noch mehr Individualität, Lebensqualität und damit auch Wohnqualität und -raum weiter zunehmen. Gerade für diese Haushalte erfüllen Passivhäuser die Bedürfnisse nach Lebens- und Wohnqualität, mehr Freiheit und Wellness, ohne dass man sich um regelmäßiges Lüften, Heizen usw. kümmern muss.

10.3.2 Markt und Entwicklungen

Es gibt eine Fülle von regionalen und globalen Trends (vgl. z. B. Heinzelbecker, 2010):

- Null- und Plusenergiehäuser – das Passivhaus ist die Grundlage.
- Sprunghafte Innovationen bei Materialien und Technik, größere Auswahl an standardisierten Bauelementen, steigender Bedarf – Produktions- und Baukosten werden wirtschaftlich immer attraktiver. Multifunktionale, effiziente und gut designte Materialien erlauben planerische Freiheiten und schnelles, einfaches Bauen.
- Gebäude der Zukunft: perfekt vernetzt und mit allen Informations- und Kommunikationssystemen ausgestattet; die Visionen gehen noch weiter zum „mitdenkenden“ Gebäude.
- Das Bewusstsein für Gesundheit, Lebensqualität und Wohnkomfort in jeder Lebensphase und an jedem Ort steigt weiter – neue Chancen erwachsen für Passivhausgestalter und -erbauer, kreativ und innovativ tätig zu sein und das gesamte Spielfeld der Techniken und Materialien einzusetzen.
- Anforderungen an Umweltverträglichkeit, Unabhängigkeit von fossilen Energien usw. steigen weiter. Passivhaus-Planer und -erbauer können

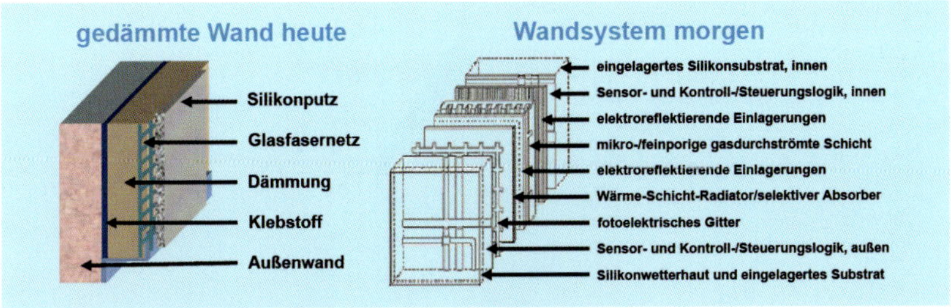

Abb. 10.5: Die Wand – ein System (Quelle: BASF SE)

nachhaltig und verantwortlich Zeichen setzen und helfen, die Zukunft zu sichern.

Neue Materialien spielen in Zukunft eine große Rolle. Informations-, Nanotechnologie u. a. innovative Technologiezweige sind Wachstumsmärkte:

- klimatisch „mitdenkende" Materialien (z. B. intelligente Wand- und Fassadensysteme; siehe Abb. 10.5)
- selbstheilende Materialien
- bionische Gebäudehüllen
- Beton neu definiert: ultrahochfest, transparent
- demontierbare und recyclingfähige Gebäude
- adaptive Verbundwerkstoffe
- Flüssigkristallfenster
- schaltbare Oberflächenstrukturen usw. (z. B. organische Fotovoltaik für die gesamte Gebäudehülle, Nanotechnologie)

2 Punkte seien herausgestellt, da sie besondere Chancen für die Differenzierung und Marktstellung von Passivhausexperten bieten können:

Zukunft im Altbau

Der Sanierungsbedarf ist hier sehr hoch (siehe Wuppertal Institut für Klima, Umwelt, Energie GmbH, 2008).

Der Gesamtbestand (Stand 2016) in Deutschland liegt bei ca. 18,8 Millionen Wohngebäuden mit insgesamt 41,7 Millionen Wohnungen, von denen ca. 75 % vor 1979 errichtet wurden. Das prognostizierte Neubauvolumen beträgt im Durchschnitt nur etwa 1 % pro Jahr (siehe Statistisches Bundesamt, 2017).

Unter Ressourceneffizienz-Gesichtspunkten ist es wünschenswert, einen möglichst großen Anteil der vorhandenen Gebäudesubstanz und Infrastrukturanbindungen zu nutzen und den Gebäudebestand durch kleinere Umbauten und energetische Sanierungen aufzuwerten. Bis zu ⅔ der lebenszyklusweit erforderlichen (Bau-)Materialströme lassen sich dabei im Vergleich zum Neubau einsparen.

Die technisch realisierbare Gebäudeenergieeffizienz hat sich drastisch verbessert. Viele dieser bestehenden Gebäude könnten durch nachträgliche energetische Sanierungen den Heizwärmebedarf in der Nutzungsphase drosseln und so langfristig Kosten sparen. Dem CO_2-Gebäudereport 2007 des Bundesministeriums für Verkehr, Bau und Stadtentwicklung zufolge

Abb. 10.6: Nachhaltiges Bauen (Quelle: BASF SE)

wurden in der Zeit von 1989 bis 2006 weniger als 30 % des Gebäudebestandes energetisch saniert. Die Sanierungsquote ist angesichts des verbleibenden Potenzials also nach wie vor sehr gering.

Die Bilanz hat sich nach Angaben des Bundesministeriums für Wirtschaft und Energie (BMWi) seitdem deutlich verbessert. Über 4,6 Millionen Wohnungen wurden mithilfe der Förderung energetisch seit 2006 saniert oder neu gebaut. Insgesamt wurden damit rund 283 Milliarden € in die Energieeffizienz von Gebäuden investiert (siehe www.bmwi.de).

Bisher stellt die Bundesregierung jährlich Fördermittel von rund 2 Milliarden € zur Verfügung und bietet damit weitere Anreize für energieeffizientes Bauen und Sanieren. Der Markt benötigt hier dringend spezialisierte und kompetente Passivhausfachleute. Er bietet ein sicheres und anspruchsvolles Arbeitsfeld.

Lebenszyklusweite Gebäudeoptimierung

Bei diesem Thema geht es um den Nachweis von Ressourceneffizienz und Nachhaltigkeit (Wuppertaler Institut für Klima, Umwelt, Energie GmbH, 2008; Heinzelbecker, 2010). Bei Gebäuden, die in der Zukunft gebaut bzw. umgebaut werden, wird der Kostenfaktor auch jenseits der reinen Bauphase eine zentrale Rolle einnehmen. Es ist anzunehmen, dass sich künftig Technologien noch schneller durchsetzen werden, die zur deutlichen Kostenreduktion bei Errichtung, Betrieb, Erhaltung und auch beim Recycling oder der Entsorgung eines Gebäudes führen. Der Perspektivenwechsel von einer reinen Investitionskostenorientierung (Errichtung) zu einer Gesamtkostenrechnung, die Investition, Betrieb und Erhaltung berücksichtigt, vollzieht sich bereits. Eine umfassende Gesamtkostenrechnung schließt die gesamten Lebenszykluskosten eines Gebäudes, somit auch die Entsorgungskosten (Verwertung von Baurestmassen, Deponierung), in die Bewertung ein (siehe Abb. 10.6).

Bauherren sind immer mehr daran interessiert, eine Antwort auf die Frage zu erhalten, was sie einmal an nachfolgende Generationen vererben. Was

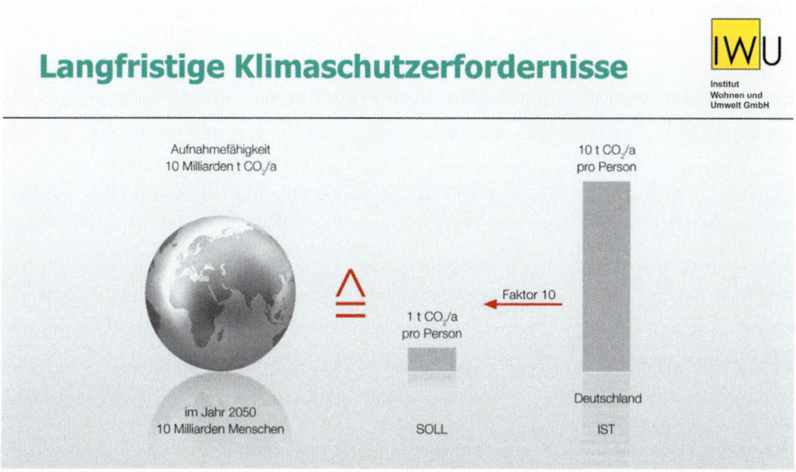

Abb. 10.7: Herausforderung Klimaschutz (Quelle: IWU Institut Wohnen und Umfeld, Darmstadt). Die Klima-Enquete-Kommissionen fordern bis zum Jahr 2050 eine CO_2-Einsparung von 80 % in den Industriestaaten und von 50 % weltweit. Deutschland muss eine Einsparung von 90 % erbringen.

die Materialtrennung für WDVS angeht, gibt es inzwischen technische Lösungen. Im Hinblick auf die Trennung der WDVS vom übrigen Bauschutt steht die Entwicklung übrigens erst an ihrem Anfang, was einen Grund hat: Von den Häusern in Deutschland, die seit etwa den 1970er- und 1980er-Jahren mit Styropor® gedämmt wurden, ist der Bestand nach wie vor vorhanden und der Anteil der Abrisse noch gering. Das erklärt auch, warum von den verbauten Mengen an Styropor® nur ein kleiner Teil im Bauschutt auftaucht.

Der Gesetzgeber will bisher, dass die Dämmstoffe verbrannt werden und keinesfalls auf dem Müll landen. Damit ist eine saubere Verbrennung und energetische Verwertung möglich. Etwa die Hälfte der zur Produktion eingesetzten Energie wird zurückgewonnen. WDVS bestehen im Grunde aus dem Styropor® selbst, aus Putz und Kleber. Es sind daher besondere Verbrennungsanlagen notwendig. In Zukunft wird es weitere Techniken der Materialtrennung geben. Inzwischen ist auch das Aufschäumen zu neuen EPS-Platten möglich. Zwar sind sicherlich noch nicht alle Trenn-, Reinigungs- und Logistikprobleme gelöst. Aber es gibt schon jetzt eine Reihe von sinnvollen Entsorgungsmöglichkeiten.

Fazit: Wie in anderen Bereichen wird auch im Passivhausbau neben der Fachlichkeit gefordert, breit und in Prozessketten zu denken. Eine enge Zusammenarbeit zwischen allen Beteiligten ist deshalb unerlässlich. Fachleute, die das zusätzlich bieten, haben gute Zukunftschancen.

10.3.3 Umwelt, Klimaschutz und CO_2-Reduktion

Es ist erwiesen, dass sich der Klimawandel bereits vollzieht. Die Ursachen liegen in den Verbrennungsprozessen von Kohle, Erdöl und Erdgas. Ernsthaftes Handeln ist unausweichlich, wenn den nächsten Generationen eine lebenswürdige Zukunft bleiben soll. Der Energieverbrauch ist der Schlüssel zur Lösung des Klimaproblems. Ein hoher Energieverbrauch ist kein Zeichen von Wohlstand, sondern eines von Ineffizienz. Mit erheblich effizienterer Energienutzung kann der Energiebedarf auch in den Industrieländern so stark verringert werden, dass eine nachhaltige Versorgung möglich wird. Der fossile Energieverbrauch wird dann sehr gering ausfallen, ohne dass es zu Einschränkungen des Wohlstands kommt. Das Passivhaus ist ein gutes Beispiel dafür.

Effizientere Energienutzung ist inzwischen eingeleitet worden. Es stehen entsprechende **Technologien,** wie das Passivhaus oder Niedrigenergiefahrzeuge, die wirtschaftlich einsetzbar sind, zur Verfügung oder sind in der Entwicklung. Die CO_2-Abgabe in die Atmosphäre kann bis 2050 auf deutlich weniger als $^1/_{10}$ des Wertes von 1990 abgesenkt werden – bei gleichzeitigem Wachstum des Wohlstandes in der Welt. Abb. 10.7 zeigt die Herausforderung an die Industrienationen.

Private Haushalte haben einen großen Einfluss auf den CO_2-Ausstoß (siehe Abb. 10.8). Nur das Bauen oder Sanieren auf der Grundlage Passivhausstandard haben hier eine hohe Potenz, zu einer CO_2-Erniedrigung beizutragen.

Abb. 10.9 zeigt eine Zusammenfassung der Auswirkungen einer breit angelegten Effizienzverbesserung auf den Wohlstand und die Umweltbelastung. Eine Effizienzverbesserung von 2,8 % im Jahr könnte verteilt werden

- auf eine Zunahme an durch Energiedienstleistungen erbrachten Wohlstand (z. B. beheizte Wohnfläche) um 1,4 % und
- eine Abnahme des erforderlichen Energieeinsatzes um ebenfalls 1,4 %.

Gelingt es, eine Effizienzsteigerung von 2,8 % im Jahr aufrechtzuerhalten, kann die Energiedienstleistung bis in 50 Jahren verdoppelt und gleichzeitig der Energieverbrauch halbiert werden.

Die dargestellte Vorgehensweise kann das sog. Energieproblem nicht nur entschärfen, sondern tatsächlich vollständig lösen. Durch die Reduktion des Verbrauchs in den Industrieländern entsteht Spielraum für eine Nachholentwicklung an Energiedienstleistungen auch in heute armen Ländern, selbstverständlich auch dort mit Systemen von hoher Effizienz. Die Endlichkeit der Vorräte an fossiler Energie ist immer wieder beschworen worden. Aber auch ein endlicher Vorrat kann beliebig lange vorhalten – wenn er nur immer sparsamer verwendet wird.

Eine zunehmende **Effizienzsteigerung** ist prinzipiell möglich, da ihr keine ernsthaften Grenzen gesetzt sind. Die Summe des Energieverbrauchs unter einer solchen „Abklingkurve" ist auch auf beliebig lange Zeit endlich – sie beträgt bei einer Abnahme um 1,4 % gerade das 72-Fache des Verbrauchs im Anfangsjahr. So viele fossile Primärenergieträger stehen aber in jedem Fall auch unter Gesichtspunkten des nachhaltigen Umweltschutzes zur Verfügung. Im Übrigen: Irgendwann wird die weitere Effizienzzunahme nicht mehr unbedingt im dargestellten Ausmaß benötigt; spätestens dann, wenn die zunehmenden Versorgungsbeiträge der regenerativen Energieträger den abnehmenden Jahresverbrauch decken können, ist die Aufgabe gelöst.

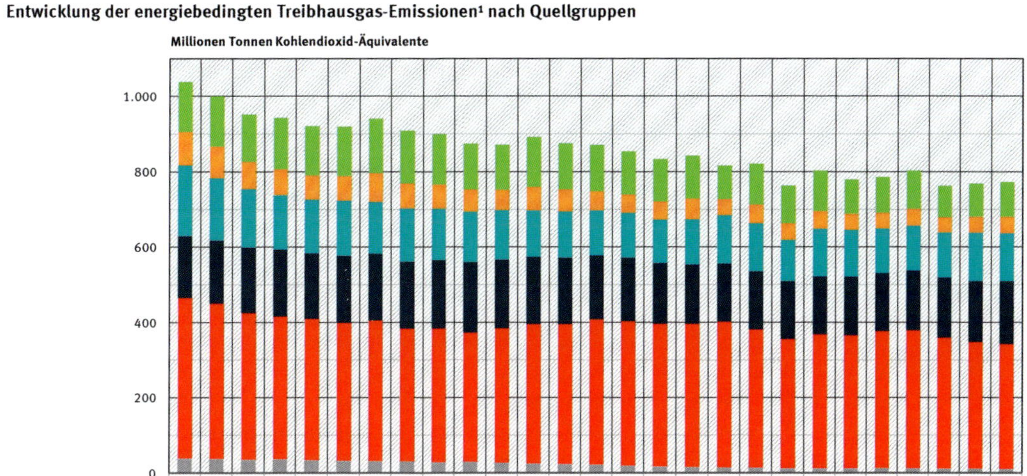

	1990	1991	1992	1993	1994	1995	1996	1997	1998	1999	2000	2001	2002	2003
Haushalte	132	134	125	136	130	130	144	140	133	121	119	132	122	123
Gewerbe, Handel, Dienstleistung	88	83	72	69	64	65	76	66	64	59	54	62	58	50
Industrie	187	165	155	144	142	146	136	140	136	134	130	123	122	119
Verkehr	164	167	173	178	174	178	178	178	182	187	183	179	177	170
Energiewirtschaft	427	413	391	380	377	368	375	354	356	345	358	371	373	387
Diffuse Emissionen	38	37	35	36	33	31	31	30	27	28	26	24	23	21
Summe	1037	1000	951	942	920	918	939	908	898	874	871	891	875	870

	2004	2005	2006	2007	2008	2009	2010	2011	2012	2013	2014	2015	2016
Haushalte	114	112	114	89	108	100	107	91	95	101	83	88	91
Gewerbe, Handel, Dienstleistung	48	48	54	42	50	45	48	43	42	45	42	43	45
Industrie	118	115	120	128	127	109	125	123	118	119	118	127	126
Verkehr	170	161	157	154	154	153	154	156	155	159	160	163	167
Energiewirtschaft	384	379	381	388	368	345	357	354	364	367	349	337	332
Diffuse Emissionen	18	16	15	13	13	11	11	11	12	12	10	11	10
Summe	853	832	842	816	820	763	802	779	785	802	762	768	772

Abb. 10.8: Entwicklung der energiebedingten Treibhausgas-Emissionen nach Quellgruppen (Quelle: Umweltbundesamt: Nationale Trendtabellen für die deutsche Berichterstattung atmosphärischer Emissionen 1990–2016, Stand: 01/2018)

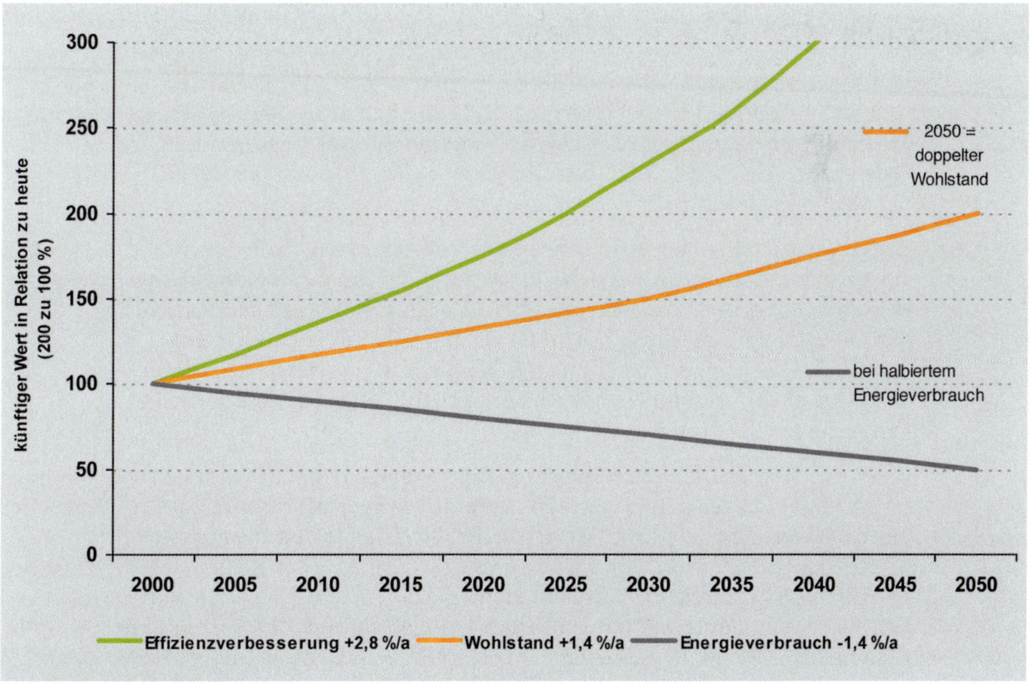

Abb. 10.9: Auswirkungen der Effizienzverbesserung nach Passivhaus Institut Darmstadt

Danach müssen sich das Wachstum an (energieverbrauchsinduzierendem) Wohlstand, die verbleibende Effizienzsteigerung und das Wachstum an regenerativ bereitgestellter Energie die Waage halten.

10.3.4 Passivhäuser als Gewinn

Die immer mehr geforderte und zwingend erforderliche Entlastung unserer Umwelt bezüglich sowie der CO_2-Emissionen als auch der Emissionen, die bei der Umwandlung von anderen Energien entstehen, wird durch Passivhäuser erfüllt. Doch neben den erwünschten Emissionsminderungen bietet das Passivhaus eine Win-Win-Strategie für alle Mitwirkenden:

Durch die nachhaltig bessere Qualität eines Passivhauses erreicht es eine Wertsteigerung und wird als Mietobjekt attraktiver. Die Betriebskosten sinken durch den geringen Energieverbrauch; gleichzeitig steigen die Behaglichkeit und der Wohnkomfort. Dies macht das Passivhaus zum Gewinn für den **Bauherrn.**

Da beim Bau eines Passivhauses eine hohe Qualität des ausführenden **Handwerks** gefordert wird, steigt das Niveau der Bauarbeiten und fördert damit das Auftragsvolumen.

Da für Passivhäuser ausschließlich hochwertige Produkte, z. B. Passivhausfenster, genutzt werden, entsteht für die **Industrie** durch Fortschreiten des Passivhausbaus eine beständig stabile Nachfrage. Des Weiteren wird die Motivation zu neuen Innovationen gefördert.

Die erhöhte Nachfrage nach **langlebigen Konsumgütern** auch im Bausektor führt zu einer stabilen, zusätzlichen Beschäftigung im Inland. Bei positiver Gesamtstimmung gegenüber der hier gestellten Aufgabe kann die Motivation spürbar verbessert werden. Die gestellten Aufgaben steigern die Nachfrage nach Arbeitskräften in allen Sektoren und auf allen Qualifikationsstufen. Die Qualifikation aller Beteiligten (Planung und Gewerbe) wird gefordert und allein dadurch spürbar erhöht.

Durch den extrem niedrigen Energieverbrauch eines Passivhauses wird die **Umwelt** über die gesamte Lebenszeit des Gebäudes spürbar entlastet. Ein klimabewusstes und damit energieeffizientes Bauen sollte der Leitgedanke der Zukunft sein. Das Passivhaus trägt mit über 80 % Energiekostenersparnis erheblich dazu bei. Denn der beispiellose Heizwärmebedarf mit 15 kWh/($m^2 \cdot a$) schont nicht nur die Umwelt, sondern auch die finanzielle Belastung der Bauherren.

10.4 Zusammenfassung

Die zukünftige Herausforderung der Bauwirtschaft besteht darin, nachhaltiges Bauen, ganzheitliche Wirtschaftlichkeit und soziale Verantwortung in Einklang zu bringen sowie eine noch intensivere Zusammenarbeit zwischen Materiallieferanten, Planern, Architekten und Investoren sowie Behörden zu leben.

11 Anhang

11.1 Normen

DIN 276-1 : 2008-12 Kosten im Bauwesen – Teil 1: Hochbau

DIN 277-1 : 2016-01 Grundflächen und Rauminhalte im Bauwesen – Teil 1: Hochbau

DIN 1946-2 : 1994-01 Raumlufttechnik; Gesundheitstechnische Anforderungen (VDI-Lüftungsregeln) [zurückgezogen]

DIN 1946-6 : 2009-05 Raumlufttechnik – Teil 6: Lüftung von Wohnungen – Allgemeine Anforderungen, Anforderungen zur Bemessung, Ausführung und Kennzeichnung, Übergabe/Übernahme (Abnahme) und Instandhaltung

DIN 1946-6 Beiblatt 1 : 2012-09 Raumlufttechnik – Teil 6: Lüftung von Wohnungen – Allgemeine Anforderungen, Anforderungen zur Bemessung, Ausführung und Kennzeichnung, Übergabe/Übernahme (Abnahme) und Instandhaltung – Beiblatt 1: Beispielberechnungen für ausgewählte Lüftungssysteme

DIN 1946-6 Beiblatt 2 : 2013-03 Raumlufttechnik – Teil 6: Lüftung von Wohnungen – Allgemeine Anforderungen, Anforderungen zur Bemessung, Ausführung und Kennzeichnung, Übergabe/Übernahme (Abnahme) und Instandhaltung – Beiblatt 2: Lüftungskonzept

DIN 1946-6 Beiblatt 3 : 2017-06 Raumlufttechnik – Teil 6: Lüftung von Wohnungen – Allgemeine Anforderungen, Anforderungen zur Bemessung, Ausführung und Kennzeichnung, Übergabe/Übernahme (Abnahme) und Instandhaltung – Beiblatt 3: Gemeinsamer und nicht gemeinsamer Betrieb von Lüftungsgeräten und Einzelraumfeuerstätten für feste Brennstoffe – Installationsregel

DIN 1946-6 Beiblatt 4 : 2017-06 Raumlufttechnik – Teil 6: Lüftung von Wohnungen – Allgemeine Anforderungen, Anforderungen zur Bemessung, Ausführung und Kennzeichnung, Übergabe/Übernahme (Abnahme) und Instandhaltung – Beiblatt 4: Gemeinsamer Betrieb von Lüftungsgeräten und Einzelraumfeuerstätten für feste Brennstoffe – Installationsbeispiele

E DIN 1946-6 Beiblatt 5 : 2015-12 Raumlufttechnik – Teil 6: Lüftung von Wohnungen – Allgemeine Anforderungen, Anforderungen zur Bemessung, Ausführung und Kennzeichnung, Übergabe/Übernahme (Abnahme) und Instandhaltung – Beiblatt 5: Kellerlüftung

DIN 4102-1 : 1998-05 Brandverhalten von Baustoffen und Bauteilen – Teil 1: Baustoffe; Begriffe, Anforderungen und Prüfungen

DIN 4108 : 1952-07 Wärmeschutz im Hochbau [zurückgezogen]

DIN 4108 Beiblatt 2 : 2006-03 Wärmeschutz und Energie-Einsparung in Gebäuden – Wärmebrücken – Planungs- und Ausführungsbeispiele

DIN 4108-1 : 1981-08 Wärmeschutz im Hochbau; Größen und Einheiten [zurückgezogen]

DIN 4108-2 : 1981-08 Wärmeschutz im Hochbau; Wärmedämmung und Wärmespeicherung; Anforderungen und Hinweise für Planung und Ausführung [zurückgezogen]

DIN 4108-2 : 2013-02 Wärmeschutz und Energie-Einsparung in Gebäuden – Teil 2: Mindestanforderungen an den Wärmeschutz

DIN V 4108-6 : 2003-06 Wärmeschutz und Energie-Einsparung in Gebäuden – Teil 6: Berechnung des Jahresheizwärme- und des Jahresheizenergiebedarfs

DIN V 4108-6 Berichtigung 1 : 2004-03 Berichtigungen zu DIN V 4108-6 : 2003-06

DIN 4108-7 : 2011-01 Wärmeschutz und Energie-Einsparung in Gebäuden – Teil 7: Luftdichtheit von Gebäuden – Anforderungen, Planungs- und Ausführungsempfehlungen sowie -beispiele

DIN 4701 : 1959-01 Regeln für die Berechnung des Wärmebedarfs von Gebäuden [zurückgezogen]

DIN 4701-1 : 1983-03 Regeln für die Berechnung des Wärmebedarfs von Gebäuden – Grundlagen der Berechnung [zurückgezogen]

DIN V 4701-10 : 2003-08 Energetische Bewertung heiz- und raumlufttechnischer Anlagen – Teil 10: Heizung, Trinkwassererwärmung, Lüftung

DIN SPEC 4701-10/A1 : 2012-07 Energetische Bewertung heiz- und raumlufttechnischer Anlagen – Teil 10: Heizung, Trinkwassererwärmung, Lüftung; Änderung A1 [zurückgezogen]

DIN 4719:2009-07 Lüftung von Wohnungen – Anforderungen, Leistungsprüfungen und Kennzeichnung von Lüftungsgeräten

DIN 14676:2012-09 Rauchwarnmelder für Wohnhäuser, Wohnungen und Räume mit wohnungsähnlicher Nutzung – Einbau, Betrieb und Instandhaltung

DIN 18017-3:2009-09 Lüftung von Bädern und Toilettenräumen ohne Außenfenster – Teil 3: Lüftung mit Ventilatoren

DIN V 18599:2011-12 Energetische Bewertung von Gebäuden – Berechnung des Nutz-, End- und Primärenergiebedarfs für Heizung, Kühlung, Lüftung, Trinkwarmwasser und Beleuchtung [Vornormenreihe; Ausgabe 2011-12 zurückgezogen, jedoch Bezug der EnEV 2014 auf die Teile dieser Ausgabe]

DIN V 18599-1:2016-10 Energetische Bewertung von Gebäuden – Berechnung des Nutz-, End- und Primärenergiebedarfs für Heizung, Kühlung, Lüftung, Trinkwarmwasser und Beleuchtung – Teil 1: Allgemeine Bilanzierungsverfahren, Begriffe, Zonierung und Bewertung der Energieträger

DIN V 18599-2:2016-10 Energetische Bewertung von Gebäuden – Berechnung des Nutz-, End- und Primärenergiebedarfs für Heizung, Kühlung, Lüftung, Trinkwarmwasser und Beleuchtung – Teil 2: Nutzenergiebedarf für Heizen und Kühlen von Gebäudezonen

DIN V 18599-3:2016-10 Energetische Bewertung von Gebäuden – Berechnung des Nutz-, End- und Primärenergiebedarfs für Heizung, Kühlung, Lüftung, Trinkwarmwasser und Beleuchtung – Teil 3: Nutzenergiebedarf für die energetische Luftaufbereitung

DIN V 18599-4:2016-10 Energetische Bewertung von Gebäuden – Berechnung des Nutz-, End- und Primärenergiebedarfs für Heizung, Kühlung, Lüftung, Trinkwarmwasser und Beleuchtung – Teil 4: Nutz- und Endenergiebedarf für Beleuchtung

DIN V 18599-5:2016-10 Energetische Bewertung von Gebäuden – Berechnung des Nutz-, End- und Primärenergiebedarfs für Heizung, Kühlung, Lüftung, Trinkwarmwasser und Beleuchtung – Teil 5: Endenergiebedarf von Heizsystemen

DIN V 18599-6:2016-10 Energetische Bewertung von Gebäuden – Berechnung des Nutz-, End- und Primärenergiebedarfs für Heizung, Kühlung, Lüftung, Trinkwarmwasser und Beleuchtung – Teil 6: Endenergiebedarf von Lüftungsanlagen, Luftheizungsanlagen und Kühlsystemen für den Wohnungsbau

DIN V 18599-7:2016-10 Energetische Bewertung von Gebäuden – Berechnung des Nutz-, End- und Primärenergiebedarfs für Heizung, Kühlung, Lüftung, Trinkwarmwasser und Beleuchtung – Teil 7: Endenergiebedarf von Raumlufttechnik- und Klimakältesystemen für den Nichtwohnungsbau

DIN V 18599-8:2016-10 Energetische Bewertung von Gebäuden – Berechnung des Nutz-, End- und Primärenergiebedarfs für Heizung, Kühlung, Lüftung, Trinkwarmwasser und Beleuchtung – Teil 8: Nutz- und Endenergiebedarf von Warmwasserbereitungssystemen

DIN V 18599-9:2016-10 Energetische Bewertung von Gebäuden – Berechnung des Nutz-, End- und Primärenergiebedarfs für Heizung, Kühlung, Lüftung, Trinkwarmwasser und Beleuchtung – Teil 9: End- und Primärenergiebedarf von stromproduzierenden Anlagen

DIN V 18599-10:2016-10 Energetische Bewertung von Gebäuden – Berechnung des Nutz-, End- und Primärenergiebedarfs für Heizung, Kühlung, Lüftung, Trinkwarmwasser und Beleuchtung – Teil 10: Nutzungsrandbedingungen, Klimadaten

DIN V 18599-11:2016-10 Energetische Bewertung von Gebäuden – Berechnung des Nutz-, End- und Primärenergiebedarfs für Heizung, Kühlung, Lüftung, Trinkwarmwasser und Beleuchtung – Teil 11: Gebäudeautomation

DIN V 18599-12:2017-04 Energetische Bewertung von Gebäuden – Berechnung des Nutz-, End- und Primärenergiebedarfs für Heizung, Kühlung, Lüftung, Trinkwarmwasser und Beleuchtung – Teil 12: Tabellenverfahren für Wohngebäude

DIN EN 779:2012-10 Partikel-Luftfilter für die allgemeine Raumlufttechnik – Bestimmung der Filterleistung; Deutsche Fassung EN 779:2012 [zurückgezogen]

DIN EN 832:2003-06 Wärmetechnisches Verhalten von Gebäuden – Berechnung des Heizenergiebedarfs – Wohngebäude (enthält Berichtigung AC:2002); Deutsche Fassung EN 832:1998 + AC:2002 [zurückgezogen]

DIN EN 12831-1:2017-09 Energetische Bewertung von Gebäuden – Verfahren zur Berechnung der Norm-Heizlast – Teil 1: Raumheizlast, Modul M3-3; Deutsche Fassung EN 12831-1:2017

DIN EN 13141-7:2011-01 Lüftung von Gebäuden – Leistungsprüfungen von Bauteilen/Produkten für die Lüftung von Wohnungen – Teil 7: Leistungsprüfung von mechanischen Zuluft- und Ablufteinheiten (einschließlich Wärmerückgewinnung) für mechanische Lüftungsanlagen in Wohneinheiten

(Wohnung oder Einfamilienhaus); Deutsche Fassung EN 13141-7:2010

DIN EN 13142:2013-06 Lüftung von Gebäuden – Bauteile/Produkte für die Lüftung von Wohnungen – Geforderte und frei wählbare Leistungskenngrößen; Deutsche Fassung EN 13142:2013

DIN EN 13829:2001-02 Wärmetechnisches Verhalten von Gebäuden – Bestimmung der Luftdurchlässigkeit von Gebäuden – Differenzdruckverfahren (ISO 9972:1996, modifiziert); Deutsche Fassung EN 13829:2000 [zurückgezogen]

DIN EN 14134:2004-04 Lüftung von Gebäuden – Leistungsprüfung und Einbaukontrollen von Lüftungsanlagen von Wohnungen; Deutsche Fassung EN 14134:2004

E DIN EN 16798-1:2015-07 Gesamtenergieeffizienz von Gebäuden – Teil 1: Eingangsparameter für das Innenraumklima zur Auslegung und Bewertung der Energieeffizienz von Gebäuden bezüglich Raumluftqualität, Temperatur, Licht und Akustik; – Module M1-6; Deutsche und Englische Fassung prEN 16798-1:2015

DIN EN 16798-3:2017-11 Energetische Bewertung von Gebäuden – Lüftung von Gebäuden – Teil 3: Lüftung von Nichtwohngebäuden – Leistungsanforderungen an Lüftungs- und Klimaanlagen und Raumkühlsysteme (Module M5-1, M5-4); Deutsche Fassung EN 16798-3:2017

DIN EN 16798-7:2017-11 Energetische Bewertung von Gebäuden – Lüftung von Gebäuden – Teil 7: Berechnungsmethoden zur Bestimmung der Luftvolumenströme in Gebäuden einschließlich Infiltration (Modul M5-5); Deutsche Fassung EN 16798-7 : 2017

DIN EN ISO 6946:2008-04 Bauteile – Wärmedurchlasswiderstand und Wärmedurchgangskoeffizient – Berechnungsverfahren (ISO 6946:2007); Deutsche Fassung EN ISO 6946:2007 [zurückgezogen]

DIN EN ISO 6946:2018-03 Bauteile – Wärmedurchlasswiderstand und Wärmedurchgangskoeffizient – Berechnungsverfahren (ISO 6946:2017); Deutsche Fassung EN ISO 6946:2017

DIN EN ISO 16890-1:2017-08 Luftfilter für die allgemeine Raumlufttechnik – Teil 1: Technische Bestimmungen, Anforderungen und Effizienzklassifizierungssystem, basierend auf dem Feinstaubabscheidegrad (ePM) (ISO 16890-1:2016); Deutsche Fassung EN ISO 16890-1:2016

PD CEN/TR 14788:2006-05-31 Ventilation for buildings. Design and dimensioning of residential ventilation systems

11.2 Rechtsvorschriften

Bauordnung für das Land Nordrhein-Westfalen – Landesbauordnung – (BauO NRW) in der Fassung der Bekanntmachung vom 01.03.2000 (Gesetz- und Verordnungsblatt NRW, S. 256), zuletzt geändert durch § 90 Abs. 1 Satz 2 der Landesbauordnung vom 15.12.2016 (Gesetz- und Verordnungsblatt NRW, S. 1162)

Gesetz für den Ausbau erneuerbarer Energien (Erneuerbare-Energien-Gesetz – EEG 2017) vom 21.07.2014 (Bundesgesetzblatt I, S. 1066), zuletzt geändert durch Artikel 1 des Gesetzes vom 17.07.2017 (Bundesgesetzblatt I, S. 2532)

Gesetz zur Förderung Erneuerbarer Energien im Wärmebereich (Erneuerbare-Energien-Wärmegesetz – EEWärmeG) vom 07.08.2008 (Bundesgesetzblatt I, S. 1658), zuletzt geändert durch Artikel 9 des Gesetzes vom 20.10.2015 (Bundesgesetzblatt I, S. 1722)

Gesetz zur Ordnung des Wasserhaushalts (Wasserhaushaltsgesetz – WHG) vom 31.07.2009 (Bundesgesetzblatt I, S. 2585), zuletzt geändert durch Artikel 1 des Gesetzes vom 18.07.2017 (Bundesgesetzblatt I, S. 2771)

Musterbauordnung (MBO), Fassung November 2002, zuletzt geändert durch Beschluss der Bauministerkonferenz vom 13.05.2016

Richtlinie 2008/50/EG des Europäischen Parlaments und des Rates vom 21. Mai 2008 über Luftqualität und saubere Luft für Europa, Amtsblatt der Europäischen Union, 11.06.2008, Nr. L 152, S. 1–44

Richtlinie 2009/125/EG des Europäischen Parlaments und des Rates vom 21. Oktober 2009 zur Schaffung eines Rahmens für die Festlegung von Anforderungen an die umweltgerechte

Gestaltung energieverbrauchsrelevanter Produkte, Amtsblatt der Europäischen Union, 31.10.2009, Nr. L 285/10, S. 10–35

Richtlinie 2010/31/EU des Europäischen Parlaments und des Rates vom 19. Mai 2010 über die Gesamtenergieeffizienz von Gebäuden, Amtsblatt der Europäischen Union, 08.06.2010, Nr. L 153, S. 13–35

Richtlinie über brandschutztechnische Anforderungen an Lüftungsanlagen (Lüftungsanlagen-Richtlinie – LüAR NRW), Fassung Mai 2003, eingeführt als technische Baubestimmung nach § 3 Abs. 3 BauO NRW in der Fassung der Bekanntmachung vom 01.03.2000 (Gesetz- und Verordnungsblatt NRW, S. 256/SGV. NRW. 232), geändert durch Gesetz vom 09.05.2000 (Gesetz- und Verordnungsblatt NRW, S. 439)

Verordnung (EU) Nr. 1253/2014 der Kommission vom 7. Juli 2014 zur Durchführung der Richtlinie 2009/125/EG des Europäischen Parlaments und des Rates hinsichtlich der Anforderungen an die umweltgerechte Gestaltung von Lüftungsanlagen, Amtsblatt der Europäischen Union, 25.11.2014, Nr. L 337, S. 8–26

Verordnung (EU) Nr. 1254/2014 der Kommission vom 11. Juli 2014 zur Ergänzung der Richtlinie 2010/30/EU des Europäischen Parlaments und des Rates im Hinblick auf die Kennzeichnung von Wohnraumlüftungsgeräten in Bezug auf den Energieverbrauch, Amtsblatt der Europäischen Union, 25.11.2014, Nr. L 337, S. 27–45

Verordnung über die Honorare für Architekten- und Ingenieurleistungen (Honorarordnung für Architekten und Ingenieure – HOAI) vom 10.07.2013 (Bundesgesetzblatt I, S. 2276)

Verordnung über einen energiesparenden Wärmeschutz bei Gebäuden (Wärmeschutzverordnung – WärmeschutzV) vom 16.08.1994 (Bundesgesetzblatt I, S. 2121) [am 01.02.2002 abgelöst von der ersten EnEV]

Verordnung über energiesparende Anforderungen an heizungstechnische Anlagen und Warmwasseranlagen (Heizungsanlagen-Verordnung – HeizAnlV), Neufassung gemäß Bekanntmachung vom 04.05.1998 (Bundesgesetzblatt I, S. 851) [am 01.02.2002 abgelöst von der ersten EnEV]

Verordnung über energiesparenden Wärmeschutz und energiesparende Anlagentechnik bei Gebäuden (Energieeinsparverordnung – EnEV) vom 24.07.2007 (Bundesgesetzblatt I, S. 1519), zuletzt geändert durch Artikel 3 der Verordnung vom 24.10.2015 (Bundesgesetzblatt I, S. 1789)

Verordnung zur Berechnung der Wohnfläche (Wohnflächenverordnung – WoFlV) vom 25.11.2003 (Bundesgesetzblatt I, S. 2346)

11.3 Literatur

AktivPlus e. V. (Hrsg.): AktivPlus-Gebäude. Anwenderhandbuch zu den Merkmalen. 2. Aufl. Braunschweig: AktivPlus e. V., 2016

Arbeitsgemeinschaft für sparsame Energie- und Wasserverwendung (ASEW) im Verband kommunaler Unternehmen (Hrsg.): Warmes Wasser – energieeffizient erzeugen und rationell verwenden. Stand: 01/2008. Köln: ASEW GbR, 2008 (Broschürenreihe „Spar Energie – wir zeigen wie“)

Blume, Dirk; Ludwig, Stefan; Otte, Joachim: Das kostengünstige mehrgeschossige Passivhaus in verdichteter Bauweise. Abschlussbericht, Teil 3: Anforderungen an kostengünstige, passivhausgeeignete MFH-Lüftungsanlagen und Überprüfung am Pilotprojekt. Stuttgart: Fraunhofer IRB Verlag, 2001

Bretzke, Axel: Planung und Bau der Passivhaus Grundschule, Kalbacher Höhe 15, Frankfurt am Main [online]. Frankfurt a. M.: Hochbauamt der Stadt Frankfurt, 2005. Internet: https://passipedia.de/_media/picopen/fachaufsatz-riedberg.pdf [Zugriff: 18.04.2018]

Bundesministerium für Wirtschaft und Energie (BMWi, Hrsg.): Ein gutes Stück Arbeit. Mehr aus Energie machen. Nationaler Aktionsplan Energieeffizienz. Stand: Dezember 2014. Berlin: Bundesministerium für Wirtschaft und Energie (BMWi), 2014

Dietrich, Bernd: RWE Bau-Handbuch mit EnEV 2009: Praxiswissen für Ihr Bauprojekt. 14. Aufl. Frankfurt a. M.: Ew Medien und Kongresse, 2010

Engel, Kerstin: Zur Energienachfrage von Haushalten. In: Infrastruktur & Demografische Entwicklung (INFRADEM),

Abschlussveranstaltung 16.06.2009, Berlin

European Commission (Hrsg.): Environment fact sheet: moving towards clean air for Europe [online]. Brüssel: European Commission, 2006. Internet: http://ec.europa.eu/environment/pubs/pdf/factsheets/air.pdf [Zugriff: 18.04.2018]

Fachkommission Bauaufsicht der Bauministerkonferenz: Bauaufsichtliche Richtlinie über die Lüftung fensterloser Küchen, Bäder und Toilettenräume in Wohnungen. In: DIBt Mitteilungen 41 (2010), Nr. 5, S. 199–200

Fachverband Wärmedämm-Verbundsysteme e.V.: Technische Systeminformation. Kompendium WDVS und Brandschutz. Baden-Baden: Fachverband Wärmedämm-Verbundsysteme e.V., 2016

Fehlauer, Klaus; Winkler, Heiko: Wie gut ist die Software zur DIN V 18599? Ergebnisse aus dem F&E-Projekt „Qualitätsprüfung für Energieausweis-Software" des BBR/BmVBS Instituts für angewandte Informatik im Bauwesen e. V. Wismar: Technologie- und Forschungszentrum, 2009

Freirer, Martina; Frankel, Alexandra: Wir bauen uns ein Passivhaus. Melk: Gugler GmbH, 2007

Graf, Anton: Neue Passivhäuser – 24 Beispiele für den Energiestandard der Zukunft – Deutschland, Österreich, Schweiz. München: Verlag Georg D. W. Callwey GmbH & Co. KG, 2003

Grobe, Carsten: Passivhäuser planen und bauen. München: Verlag Georg D. W. Callwey GmbH & Co. KG, 2002

Heinzelbecker, Klaus: Bau 2020 – Herausforderungen, Trends und Szenarien. In: BauPortal 122 (2010), Nr. 1, S. 2–5

Horn, Gerrit: Wahre Bauteilkosten. Was kostet wirklich mehr im Passivhaus? In: Laible, Johannes (Hrsg.): Passivhaus Kompendium 2018. Allensbach: Laible Verlagsprojekte, 2018, S. 34–36

Informationsgemeinschaft Passivhaus Deutschland: Aktiv für mehr Behaglichkeit: Das Passivhaus. 6. Aufl. Darmstadt: Informationsgemeinschaft Passivhaus Deutschland, 2010

Institut für Landes- und Stadtentwicklungsforschung gGmbH (ILS, Hrsg.); Berndgen-Kaiser, Andrea; Fox-Kämper, Runrid: Leben im Passivhaus. Baukonstruktion, Baukosten, Energieverbrauch, Bewohnererfahrungen. ILS-Schrift 202 (2007). Dortmund: Institut für Landes- und Stadtentwicklungsforschung gGmbH (ILS), 2007/2010 [E-Book 2010]

Institut für Landes- und Stadtentwicklungsforschung gGmbH (ILS, Hrsg.): ILS-Journal Forschung 2 (2010). Dortmund: Institut für Landes- und Stadtentwicklungsforschung gGmbH (ILS), 2010

Jones Lang LaSalle (JLL, Hrsg.): Wohnungsmarktbericht Deutschland 2013. Berlin: Jones Lang LaSalle, 2013

Keul, Alexander: Umweltpsychologische Evaluation (POE) von sechs Wiener Passivhaussiedlungen (225 Wohneinheiten) im Vergleich zu konventionellen Bauten (156 Wohneinheiten). Bericht zum Wiener Wohnbauforschungstag 17.11.2009 [online]. Wien: Magistratsabteilung 50, Referat für Wohnbauforschung und internationale Beziehungen, 2009. Internet: www.wohnbauforschung.at/index.php?inc=download&id=340 [Zugriff: 18.04.2018]

Laible, Johannes: Passivhaus Kompendium 2010. Allensbach: Laible Verlagsprojekte, 2010

Laible, Johannes: Passivhaus Kompendium 2017. Allensbach: Laible Verlagsprojekte, 2017

Michelsen, Claus; Ritter, Nolan: Wärmemonitor 2016: Die „zweite Miete" sinkt trotz gestiegenem Heizenergiebedarf. In: DIW Berlin (Hrsg.): DIW Wochenbericht 38/2017. Wärmemonitor 2016. Berlin: Deutsches Institut für Wirtschaftsforschung e. V. (DIW Berlin), 2017, S. 777–785

Passivhaus Institut Darmstadt (Hrsg.): Einsatz von Passivhaustechnologien bei der Altbau-Modernisierung. Protokollband 24. Darmstadt: Passivhaus Institut, 2003

Passivhaus Institut Darmstadt (Hrsg.): Faktor 4 auch bei sensiblen Altbauten: Passivhauskomponenten + Innendämmung. Protokollband 32. Darmstadt: Passivhaus Institut, 2005

Passivhaus Institut Darmstadt (Hrsg.): Schrittweise Modernisierung mit Passivhaus-Komponenten. Protokollband 39. Darmstadt: Passivhaus Institut, 2009

Passivhaus Institut Darmstadt (Hrsg.): Einsatz von Passivhaustechnologien bei der Modernisierung von Nichtwohngebäuden. Protokollband 48. Darmstadt: Passivhaus Institut, 2013

Passivhaus Institut Darmstadt (Hrsg.): Anforderungen und Prüfverfahren zur energetischen und schalltechnischen Beurteilung von fassadenintegrierten Passivhaus-Lüftungsgeräten [online]. Darmstadt: Passivhaus Institut, 2015. Internet: www.passiv.de/downloads/03_zertifizierungskriterien_lueftungsgeraete_einzelraeume.pdf [Zugriff: 18.04.2018]

Pregizer, Dieter: Grundlagen und Bau eines Passivhauses. Heidelberg: C. F. Müller Verlag, Hüthig GmbH & Co. KG, 2002

Schnieders, Jürgen: CEPHEUS – measurement results from more than 100 dwelling units in passive houses. In: European Council for an Energy Efficient Economy (Hrsg.): eceee 2003 Summer Study. Time to turn down energy demand. Stockholm: European Council for an Energy Efficient Economy (eceee), 2003, S. 341–351

Schulze, Rainer: Das Passivhaus überzeugt Skeptiker nur langsam. In: Frankfurter Allgemeine Zeitung vom 16.03.2010

Simon, Günther; Simon, Nicole: Das energieoptimierte Haus – Planungshandbuch mit Projektbeispielen. 1. Aufl. Berlin: Bauwerk Verlag GmbH, 2004

Stadt Frankfurt, Energiereferat (Hrsg.): Passivhäuser: Die wirklichen Kosten [online]. Frankfurt a. M.: Energiereferat der Stadt Frankfurt, 2010. Internet: www.energiewende-sta.de/wp-content/uploads/2010/07/Studie-Kostenvergleich-Neubau.pdf [Zugriff: 18.04.2018]

Statistisches Bundesamt (Hrsg.): Bautätigkeit und Wohnungen. Bestand an Wohnungen [online]. Wiesbaden: Statistisches Bundesamt, 2017 (Fachserie 5 Reihe 3). Internet: www.destatis.de/DE/Publikationen/Thematisch/Bauen/Wohnsituation/BestandWohnungen2050300167004.pdf?__blob=publicationFile [Zugriff: 18.04.2018]

Statistisches Bundesamt (Hrsg.): Energieverbrauch privater Haushalte für Wohnen steigt weiter. Pressemitteilung Nr. 068 vom 01.03.2018 [online]. Wiesbaden: Statistisches Bundesamt, 2018. Internet: www.destatis.de/DE/PresseService/Presse/Pressemitteilungen/2018/03/PD18_068_85.html [Zugriff: 18.04.2018]

Tappler, Peter; Hutter, Hans-Peter; Hengsberger, Herwig; Ringer, Wolfgang u. a.: Lüftung 3.0. Bewohnergesundheit und Raumluftqualität in neu errichteten, energieeffizienten Wohnhäusern. Ergänzter Endbericht, erstellt am 13.07.2014 [online]. Wien: Österreichisches Institut für Baubiologie und Bauökologie (IBO), 2014. Internet: www.innenraumanalytik.at/pdfs/lueftung_2014.pdf [Zugriff: 18.04.2018]

Treberspurg, Martin; Smutny, Roman; Grünner, Roman: Energiemonitoring der bestehenden Passiv-Wohnhausanlagen in Wien [online]. Plenum Freitag Dresden 2010. Darmstadt: Passivhaus Institut, 2010. Internet: https://passipedia.de/_media/picopen/d_14pht_plenum_freitag_smutny_roman.pdf [Zugriff: 18.04.2018]

Tuschinski, Melita: Baubestand EU-weit im Blick. Die Europäische Gebäuderichtlinie 2010 fordert energieeffiziente Altbauten und verstärkt die Rolle des Energieausweises im Baubestand. In: Bausubstanz 3 (2010), S. 26–31

United Nations – Department of Economic and Social Affairs, Population Division (Hrsg.): World Population Prospects. The 2017 Revision. Key Findings and Advance Tables [online]. New York: United Nations, 2017. Internet: http://esa.un.org/unpd/wpp/Publications/Files/WPP2017_KeyFindings.pdf [Zugriff: 18.04.2018]

VDI 4640 Blatt 1 : 2010-06 Thermische Nutzung des Untergrunds. Grundlagen, Genehmigungen, Umweltaspekte. Düsseldorf: Verein Deutscher Ingenieure, 2010

VDI 4640 Blatt 1 Berichtigung : 2011-12 Thermische Nutzung des Untergrunds. Grundlagen, Genehmigungen, Umweltaspekte. Berichtigung zur Richtlinie VDI 4640 Blatt 1 : 2010-06. Düsseldorf: Verein Deutscher Ingenieure, 2011

VDI 4640 Blatt 2 : 2001-09 Thermische Nutzung des Untergrunds. Erdgekoppelte Wärmepumpenanlagen. Düsseldorf: Verein Deutscher Ingenieure, 2001

VDI 4640 Blatt 3 : 2001-06 Thermische Nutzung des Untergrunds. Unterirdische thermische Energiespeicher. Düsseldorf: Verein Deutscher Ingenieure, 2001

VDI 4640 Blatt 4 : 2004-09 Thermische Nutzung des Untergrunds. Direkte Nutzungen. Düsseldorf: Verein Deutscher Ingenieure, 2004

VDI 4640 Blatt 5 : 2016-08 Thermische Nutzung des Untergrunds. Thermal Response Test. Düsseldorf: Verein Deutscher Ingenieure, 2016 [Entwurf]

VDI 6022 Blatt 1 : 2018-01 Raumlufttechnik, Raumluftqualität. Hygieneanforderungen an raumlufttechnische Anlagen und Geräte (VDI-Lüftungsregeln). Düsseldorf: Verein Deutscher Ingenieure, 2018

Weizsäcker v., Ernst Ulrich; Lovins, Amory B.; Lovins, L. Hunter: Faktor Vier – Doppelter Wohlstand – halbierter Naturverbrauch. München: Verlagsgruppe Droemer Knaur GmbH & Co. KG, 2004

Weltgesundheitsorganisation (WHO), WHO-Regionalbüro für Europa (Hrsg.): Neue Untersuchung der WHO belegt: Luftverschmutzung kostet Volkswirtschaften in der Europäischen Region jährlich 1,6 Billionen US-$ in Form von Krankheitslast und Todesfällen [online]. Kopenhagen: WHO-Regionalbüro für Europa, 2015. Internet: www.euro.who.int/de/media-centre/sections/press-releases/2015/04/air-pollution-costs-european-economies-us$-1.6-trillion-a-year-in-diseases-and-deaths,-new-who-study-says [Zugriff: 18.04.2018]

Wuppertal Institut für Klima, Umwelt, Energie GmbH (Hrsg.): Alte Orte, neuer Glanz – ressourceneffizientes Bauen und Wohnen im Bestand. Wuppertal: Wuppertal Institut für Klima, Umwelt, Energie GmbH, 2008

11.4 Websites

Bei der Recherche haben wir Wissenswertes bei den aufgeführten Internetlinks gefunden. Wir übernehmen aber keine Gewähr für die Inhalte, die Aktualität, die Korrektheit, die Vollständigkeit, die Qualität oder die wettbewerbsrechtliche Zulässigkeit der bereitgestellten Internetlinks oder deren Inhalten. Die Verantwortung tragen jeweils die Anbieter.

Passiv-, Niedrigenergiehäuser, Bauen usw.

ABG Frankfurt Holding GmbH, http://www.abg-fh.com

Akademie der Ingenieure GmbH, http://www.akademie-der-ingenieure.de

Atlas Sanierung, Forum, http://www.detail360.de

bau + energiekonzepte, Uelzen, http://www.bau-energiekonzepte.de

BAU.NET, Forum „Bauen und Wohnen", http://www.bau.net

BauNetz Media, Berlin, Online-Fachlexikon, http://www.baunetzwissen.de

Baustoffsammlung der Fakultät für Architektur der TU München, http://wdb.ebb1.arch.tu-muenchen.de/daemmst.php

Bauzukunft GmbH, Ried im Oberinntal, http://www.oekoportal.de

Brueggemann, Kiel, http://www.passivhaus-konkret.de

Bücherl, München, http://www.energiesparhaus-ratgeber.de

Building Research Establishment Ltd. zusammen mit PHI, Darmstadt, http://www.passivhaus.org.uk

Cost Efficient Passive Houses as European Standards, http://www.cepheus.de

Deutsche Energie-Agentur GmbH (dena), Berlin, http://www.zukunft-haus.info

Disch, Freiburg, http://www.plusenergiehaus.de

Effizienz21 GmbH & Co. KG, Düsseldorf, http://www.effizienz21.de

Energie Concept, Müller und Mühlbauer GmbH, Happurg, http://www.energie-concept.de

Fachhochschule Deggendorf, Fakultät Bauingenieurwesen, http://www.th-deg.de

Fachportal. Daniel Franke, Leipzig, http://www.passivhaus-ratgeber.com

Gebaute Passivhaus Projekte, Datenbank, http://www-passiv hausprojekte.de

Grobe, Hannover, http://www.passivhaus.de

Haus Sanieren Forum, http://www.energieeffizient-sanieren.org

heinze, Informationen im Baubereich, http://www.heinze.de

Henjes GmbH & Co. KG, Oyten, www.henjes.de

IG Passivhaus – Das Netzwerk für Information, Qualität und Weiterbildung, PHI, Darmstadt, http://www.ig-passivhaus.de

IG Passivhaus Österreich, Wien, http://www.igpassivhaus.at oder http://www.igpassivhaus.cuisine.at

International Passive House Association; PHI, Darmstadt, http://www.passivehouse-international.org

klimaschutz region Hannover, http://www.passivhaus-plattform.de

Klimatop, Lautrach/Markt Rettenbach, http://www.klimatop.info/technik_allgemein.html

Kotschate-Architekten, http://www.kotschate-architekten.de

LANG consulting – Konsulent für innovative Baukonzepte Passivhäuser im Alt- und Neubau, http://www.passivehouse.at

MS Media Systems, Schwerin, http://www.energiesparhaus.info

Müller, Berlin, http://www.passivhaus-blog.com

Neue Heimat Tirol, Gemeinnützige WohnungsGmbH, http://www.neueheimattirol.at

Passivhaus Dienstleistung GmbH, Darmstadt, http://www.passivhaus-info.de oder http://www.passivhausprojekte.de

Passivhaus Institut, Darmstadt, http://www.passiv.de, http://www.passivehouse.com, http://www.passivhausplaner.eu, http://www.passivhauskurs.de oder http://www.passivhaustagung.de

Passivhaus Kompendium, http://www.verlagsprojekte.de

Planungswerkstatt Dipl.-Ing. Gabriele Lambertz, http://www.lambertz-planung.de

solares bauen, Ingenieurgesellschaft für Energieplanung, Freiburg, http://www.zero-haus.de

Statistische Ämter des Bundes und der Länder, http://www.statistik-portal.de

Technische Universität München, Fakultät für Architektur, Fachgebiet Holzbau, http://www.holz-tum.de

Unger, Dresden, http://www.netzwerk-nachhaltig-bauen.de

WEKA MEDIA, Kissing, http://www.weka.de

Werkgruppe Freiburg, http://www.werkgruppe-freiburg.de

Förderung und Fördermittel

Bremer Energie-Konsens GmbH, http://www.energiekonsens.de

Bundesamt für Wirtschaft und Ausfuhrkontrolle (BAFA), http://www.bafa.de

Bundesministerium für Wirtschaft und Energie, Berlin, http://www.foerderdatenbank.de

EffizienzOffensive Energie (EOR), http://www.eor.de

Fördermittel-Datenbank des BINE-Informationsdienstes (mit Infos zu Bund, Ländern, Kommunen und Energieversorgern), http://www.energiefoerderung.info

Fördermitteldatenbank, febis Service GmbH, Frankfurt, http://www.foerderdata.de

Hamburgische Wohnungsbaukreditanstalt, http://www.wk-hamburg.de

Hessisches Ministerium für Umwelt, Energie, Landwirtschaft und Verbraucherschutz, http://www.hmulv.hessen.de

Investitionsbank Berlin, http://www.ibb.de

InvestitionsBank des Landes Brandenburg, http://www.ilb.de

Investitionsbank Schleswig-Holstein, http://www.ib-sh.de

KfW-Information Energieeffizient Sanieren Kredit, Frankfurt, http://www.kfw.de

Kreditanstalt für Wiederaufbau (KfW Bankengruppe), Frankfurt a. M., http://www.kfw.de

Landesbank für Bauen und Verkehr, Land Brandenburg, http://lbv.brandenburg.de

L-Bank, Staatsbank Baden-Württemberg, http://www.l-bank.de

Ministerium für Infrastruktur und Landwirtschaft, Land Brandenburg, http://www.mil.brandenburg.de

Ministerium für Klimaschutz, Umwelt, Landwirtschaft, Natur- und Verbraucherschutz, Programm progres.nrw, http://www.progres.nrw.de

NBank, http://www.nbank.de

NRW.Bank, http://www.nrw-bank.de

Oberste Baubehörde im Bayerischen Staatsministerium des Inneren, http://www.wohnen.bayern.de

Sachsen-Anhalt, http://www.sachsen-anhalt.de

Sächsische AufbauBank, http://www.sab.sachsen.de

Stiftung Warentest, http://www.test.de

Thüringer Aufbaubank, http://www.aufbaubank.de

Umweltbank, Nürnberg, http://www.umweltbank.de

wohnnet.at, Online-Plattform, Österreich, http://www.wohnnet.at

Energie, Energieberatung und Energiesparen

Aktionskreis Energie e. V., https://aktionskreis-energie.de

Arbeitsgemeinschaft für sparsamen und umweltfreundlichen Energieverbrauch, Berlin, http://www.asue.de

BINE „Innovative Energie-Projekte“, Internetportal, http://www.energie-projekte.de

Bundesverband Deutscher Baustoff-Fachhandel, Berlin, http://www.energiefachberater.de

Bundesverband Energie und Wasserwirtschaft, Berlin, http://www.bdew.de

Das Energieportal. Energieausweis – Energieberater – Energieberatung, http://www.das-energieportal.de

Deutsche Energie-Agentur, Berlin, http://www.dena.de, http://www.stromeffizienz.de oder http://www.thema-energie.de

Deutsches Energieberater-Netzwerk (DEN), Frankfurt a. M., http://www.deutsches-energieberaternetzwerk.de

EnergieAgentur.NRW, Düsseldorf, http://www.energieagentur.nrw.de

energieconcept GmbH, http://www.energie-concept.de

Energiesparen im Haushalt, http://www.energiesparen-im-haushalt.de

energytech.at, Plattform für innovative Technologien in den Bereichen Erneuerbare Energie und Energieeffizienz, http://energy-tech.at

Fachinformationszentrum (FIZ), Karlsruhe, Energieforschung für die Praxis, http://www.bine.info

fe.bis-Fördermittel Energie. Beratung Informationsservice, Frankfurt a. M., http://www.fe-bis.de

GIH Gebäudeenergieberater Ingenieure Handwerker Bundesverband, Stuttgart, http://www.gih.de

Hessisches Ministerium der Finanzen, http://www.finanzen.hessen.de

Nierobis, Lars (Dipl.-Ing.), Staatlich anerkannter Energieberater, http://www.waermedaemmstoffe.com

Oeko-Institut, Freiburg, http://www.ecotopten.de

O. Ö. Energiesparverband, Linz, http://www.esv.or.at

spargeräte.de, http://www.spargeräte.de

Transferstelle Bingen (TSB), http://www.tsb-energie.de

Verbraucherzentrale Bundesverband Berlin, http://www.vz-berlin.de

Erneuerbare Energien

BEE Bundesverband Erneuerbare Energie, Berlin, http://www.wind-energie.de

BMUNR, http://www.erneuerbare-energien.de

Bundesverband Solarwirtschaft (BSW-Solar), Berlin, http://www.solarwirtschaft.de

Bundesverband WärmePumpe (BWP), Berlin, http://www.waermepumpe.de

Bundesverband Windenergie e. V., http://www.wind-energie.de

Deutsche Gesellschaft für Sonnenenergie, München, http://www.dgs.de

Deutscher Energie-Pellet-Verband, Berlin, http://www.depv.de

Fraunhofer-Institut für Solare Energiesysteme ISE, Freiburg, http://www.ise-fraunhofer.de

SHG GmbH, Norderstedt, Solar-Lexikon, http://www.solar-handelsplattform.de

Solaranlagen-Portal.de, http://www.solaranlagen-portal.de

Solarfoerderung.de, http://www.solarfoerderung.de

Klima, Ökologie und Umwelt

Bundesministerium für Land- und Forstwirtschaft, Umwelt und Wasserwirtschaft (BMLFUW), Wien, http://www.klimaaktiv.at

Bundesministerium für Umwelt, Naturschutz und Reaktorsicherheit, http://www.bmub-bund.de

Bundesministerium für Verkehr, Innovation und Technologie, Wien, http://www.nachhaltigwirtschaften.at

co2online GmbH, Berlin, http://www.klima-sucht-schutz.de

Institut für Landes- und Stadtentwicklungsforschung gGmbH, http://www.ils-forschung.de

Institut Wohnen und Umwelt (IWU), Darmstadt, http://www.iwu.de

Oeko-Institut, Freiburg, http://www.oeko-institut.de

Österreichisches Institut für Baubiologie und Bauökologie, http://www.ibo.at

Umweltinstitut, München, http://www.umweltinstitut.org

Wirtschaftsministerium Baden-Württemberg, Informationsplattform „Betrieblicher Umweltschutz in Baden-Württemberg“, http://www.bubw.de

Wuppertaler Institut für Klima, Umwelt, Energie, Wuppertal, http://www.wupperinst.org

Hersteller

anders bauen und wohnen, http://www.abwshop.de

Dämmstoffe, http//www.innodaemm.de/daemmstoffe/phenolharz.html und http://www.pavatex.com

Einblasdämmtechnik, http://www.isotom.de

Fenster, http://www.kneer-suedfenster.de

Fenster, Holz, http://www.proholzfenster.de

Fenster, Türen, http://www.kochs.de und http://www.gaulhofer.de

Fenster, Türen, Holz, Holz-Alu, http://www.optiwin.net

Fenster, Türen, Rollläden, http://www.reha.de, http://www.schmidt-visbek.de, http://www.schueco.de, http://www.sekura-fenster.de und http://www.unilux.de

Fenster, Türen, u. a. Holz-Alu-Titan, (Schwing-)Drehfenster, http://www.famaxx-solution.de

Fenster, Türen, Vordächer, http://www.biffar.de

Fenster, Türen, Wärmetechnik, http://www.haeussler-fenster.de

Fenster, u. a. All-in-One mit integrierter Verschattung, http://www.faco-ag.ch und http://www.beck-heun.de

Frischwasserstationen, http://www.strasshofer.de

Gebäudemesstechnik, http://www.luftdicht.de

Geschossdeckendämmung, http://www.geschossdecken dämmung.de

Glasschaum, Perimeterdämmung, http://www.misapor.de

Glasschaumgranulat, http://www.technopor.com

Glasschaumplatten, -schotter, http://www.glapor.de

Heizsysteme, Frischwassersysteme, http://www.buderus.de

Heiztechnik, http://www.capito-gmbh.de

Holzbetonverbund, patentierte Verbundelemente, http://www.timco.ch

Isokörbe, thermische Trennung von Balkonen, http://www.schoeck.de

Klimatechnik, Belüftung, Fassade, http://www.swentibold.com

Kompaktanlagen Lüftung/Heizung, http://www.drexel-weiss.at und http://www.effiziento.de

Kunststoffe, http://www.plasticsportal.net

Lüftungstechnik, http://www.ltm-ulm.de und http://www.aerex.de

Neopor®-Hartschaum, http://www.schaumaplast.com

NETEC. Soleerdwärmetauscher, http://www.sole-ewt.de

Passivhausholzfenster, http://www.passivhausring.de und http://www.warmfenster.de

Perisave System foamglas, http://www.foamglas.de

Rangeo Energiepfähle, http://www.rehau.com und http://www.centrum.de

Ringschalungen Attikaschalung, http://www.lohrelement.de

Rohrisolierungen, http://www.armacell.com und http://www.badshop-web.de

Rollläden, http://www.perfecta-rolladen.de

Schaumglas, http://www.geocell-schaumglas.eu

Schaumglasschotter, http://www.bauweise.net und http://www.glasschaum.com

Sole-EWT, http://www.systemair.com

Sonnenschutz, Klimatechnik, Brandschutz; u. a. Shadowvoltaik, http://www.colt-info.de

Sonnenschutz Verschattung, http://www.dako.eu, http://www.warema.de, http://www.roma.de, http://www.sta-markisen.de, http://www.metallbaumueller.eu und http://www.ft-wittmann.de

Sonnenschutz Verschattung Fenster (ehemals http://www.t3d.de), http://www.sachsenland-bauelemente.de

Vakuumisolationspaneele, http://www.vacu-isotec.de und http://www.vaku-isotherm.de

11.5 Stichwortverzeichnis